Stephan Füchtner, Thomas Wegerich Hg.

# Das Handbuch der Personalberatung

Stephan Füchtner, Thomas Wegerich Hg.

# Das Handbuch der Personalberatung

Eine Branche im Umbruch

Frankfurter Allgemeine Buch

**Bibliografische Information der Deutschen Nationalbibliothek**
Die Deutsche Nationalbibliothek verzeichnet diese Publikation
in der Deutschen Nationalbibliografie; detaillierte bibliografische
Daten sind im Internet über http://dnb.d-nb.de abrufbar.

Stephan Füchtner, Thomas Wegerich Hg.
**Das Handbuch der Personalberatung**
Eine Branche im Umbruch

**2., vollständig überarbeitete und erweiterte Auflage**
**Mit einer empirischen Untersuchung von Christine Wegerich**

F.A.Z.-Institut für Management-,
Markt- und Medieninformationen GmbH
Mainzer Landstraße 199
60326 Frankfurt am Main
Geschäftsführung: Volker Sach und Dr. André Hülsbömer

Frankfurt am Main 2011

ISBN 978-3-89981-249-7

Frankfurter Allgemeine Buch

Copyright   F.A.Z.-Institut für Management-,
            Markt- und Medieninformationen GmbH
            60326 Frankfurt am Main
Gestaltung
Umschlag/Satz   Anja Desch
Druck   CPI Moravia Books s.r.o., Brněnská 1024, CZ-691 23 Pohořelice

Printed in EU

# Inhalt

# III Branchenbezogene Personalberatung

# V

## Branchenbarometer & Ausblick

# VI

## Anhang

# Vorwort der Herausgeber

Wir freuen uns, knapp drei Jahre nach dem Erscheinen der Erstauflage dieses Buches jetzt die aktualisierte und wesentlich erweiterte Neuauflage vorlegen zu können.

Es ist viel passiert seit 2008. Zum Zeitpunkt des Erscheinens der Vorauflage war bereits zu ahnen, dass sich die lange schwelende Immobilienkrise zu einer veritablen Finanz- und schließlich zur größten weltumspannenden Wirtschaftskrise seit 1929 ausweiten würde. Diese Krise kennt ein markantes Datum, denn nach dem Zusammenbruch von Lehman Brothers am 15. September 2008 war nichts mehr so wie zuvor.

Das gilt in vielerlei Hinsicht auch für die Personalberatungsbranche selbst. Seinerzeit ging abrupt ein nie gekannter wirtschaftlicher Aufschwung in einem lange erfolgsverwöhnten Wirtschaftszweig zu Ende. Es folgten zwei schmerzliche Jahre, die für viele durch massive Umsatz- und Erlöseinschnitte sowie durch unvermeidliche interne Umstrukturierungen geprägt waren.

Die Talsohle ist inzwischen durchschritten, die Personalberatungsbranche wächst im zweiten Jahr in Folge wieder. Und dennoch haben sich einige grundlegende Parameter verändert, die wir Ihnen in diesem Buch vorstellen möchten. So ist es unübersehbar, dass die Erwartungshaltung an die Qualität der Dienstleistung in der Personalberatung immens gestiegen ist. Und zwar auf Seiten der Unternehmen und der Kandidaten. Das wird zukünftig Auswirkungen auf den Wettbewerb in der Personalberatungsbranche haben.

Zwar ist es wohl noch immer so, dass es sich dabei um eine Branche handelt, über die es viele und ganz unterschiedliche Einschätzungen gibt: „Schillernd", „diskret" und „verschwiegen" etwa sind Attribute, die Außenstehenden in den Sinn kommen mögen, wenn es um diesen Berufszweig geht, den man indes auch ganz anders beschreiben kann. Denn: Die professionelle Personalberatung ist eine noch recht junge, aber sehr konsequent unternehmensnahe und – vor allem – wertschöpfende Dienstleistung. Ausgehend von diesem Selbstverständnis, haben sich in diesem Handbuch anerkannte und langjährig erfahrene Berater aus einem der in Deutschland führenden Personalberatungsunternehmen zusammengefunden, um zu zeigen, wie die Praxis tatsächlich aussieht. Die Konzeption des Buches entspricht dabei dem immer wichtiger werdenden Ansatz, dem zufolge Personalberater branchenbezogen und damit sehr spezialisiert für ihre Kunden arbeiten. In einer international geprägten Wirtschaft und vor dem Hintergrund immer komplexer werdender Aufgabenstellungen in der Unternehmenspraxis ist es unerlässlich, dass ein Berater ein tiefes Verständnis der jeweiligen Abläufe, Strukturen und Märkte entwickelt, um so auf Augenhöhe mit den Ansprechpartnern in Unternehmen und mit den Kandidaten agieren zu können. Nur wenn die dazu erforderlichen Kenntnisse vorhanden sind, wird ein Berater erkennen können, welche Persönlichkeiten ein Unternehmen in einer bestimmten Situation benötigt, um positive und nachhaltige Beiträge für dessen weitere Entwicklung zu geben.

Wir haben daher einen inhaltlichen Aufbau des Buches gewählt, der unsere Interpretation der Personalberatungspraxis unterstreichen soll. In einem ersten Abschnitt des Handbuches finden Sie einen aktuellen Überblick über die Personalberatungsbranche und die darin erkennbaren unternehmerischen Konzepte. Zudem war es uns wichtig, den Ablauf eines Executive-Search-Projekts – und damit das handwerkliche und in der Praxis übliche Vorgehen eines Personalberaters – sehr detailliert vorzustellen. Wir hoffen, Ihnen als unserem Leser damit alle erforderlichen Informationen zu geben, um die Branche insgesamt transparenter werden zu lassen.

Im Mittelpunkt des Handbuches indes stehen die Beteiligten eines jeden Personalberatungsprozesses: Kunden, Kandidaten und Berater. Es ist unser Anliegen, dieses Beziehungsverhältnis zu beleuchten. Die Grundlage dafür bildet die Innensicht der Berater. Sie finden in diesem Handbuch sehr ausführliche Beiträge, in denen erfahrene Profis im Executive Search über die von ihnen begleiteten Branchen berichten. Erfasst haben wir dabei alle für Deutschland wichtigen Wirtschaftszweige. Neben einer Bestandsaufnahme wirtschaftlicher Rahmendaten, aktueller Entwicklungen und erkennbarer Trends in den jeweiligen Bereichen erfahren Sie aus erster Hand, welche Besonderheiten es jeweils in Bezug auf die Personalberatung gibt. Die damit verbundene Kenntnis über Branchen und Personen ist nach unserer Überzeugung einer der wesentlichen Erfolgsfaktoren für eine wertschöpfende und nachhaltige Personalberatung.

Allerdings: Mit der Innensicht der Personalberater gibt sich dieses Handbuch nicht zufrieden. Im zweiten Hauptteil finden Sie – und das erstmals in dieser Neuauflage – gleich mehrere Beiträge, die sich unter anderem mit Fragen des Management Audits, des erfolgreichen On-boarding-Prozesses, aber auch mit der gestiegenen Praxisbedeutung des Aufsichtsrats im Rahmen der Diskussion um eine gute Unternehmensführung (Corporate Governance) beschäftigen. Wir freuen uns, dass wir für diesen Teil unseres Handbuches namhafte Experten aus Wissenschaft und Journalismus, aber auch aus der Beratungspraxis gewinnen konnten.

Aus Sicht der Herausgeber ist ein weiterer Perspektivenwechsel in diesem Handbuch besonders hervorzuheben – eine ausführliche Darstellung der Erfolgsfaktoren in der Personalberatung aus dem Blickwinkel der Nachfragerseite dieser Dienstleistung: der Kunden.

Im Rahmen einer im Vergleich zur Vorauflage nochmals ausgeweiteten Onlinebefragung haben wir wiederum die relevanten Entscheidungsträger in fast 4.000 Unternehmen aller Größen und Branchen gefragt, welche Erwartungen sie an einen Personalberater haben, wie und nach welchen Kriterien sie die Qualität der Zusammenarbeit bewerten und wo gegebenenfalls Ansätze für eine Optimierung liegen. Wir freuen uns darüber, dass der von uns gewählte empirische Ansatz in der Praxis so wohlwollend aufgenommen worden ist. Allen Teilnehmern an der Befragung möchten wir sehr herzlich danken für ihre wertvolle Mitwirkung, ohne die das Projekt in der vorliegenden Form nicht hätte entstehen können.

Die Auswertung der Onlinebefragung sowie die wissenschaftliche Einordnung und Vertiefung auf der Grundlage von zahlreichen Telefoninterviews und persönlichen Gesprächen mit hochrangigen Entscheidungsträgern hat Frau Prof. Dr.-Ing. Christine Wegerich M.A. (Hochschule Würzburg) auch für die zweite Auflage dieses Handbuches für uns übernommen. Wir möchten Christine Wegerich für ihren Einsatz im Rahmen dieses Handbuches einen ganz besonders herzlichen Dank aussprechen. Der von ihr erarbeitete empirische Teil ist ein Kernstück des gesamten Werks und ermöglicht es uns erst, unsere Erfahrungen und Ansichten über die Personalberatungspraxis wissenschaftlich zu untermauern.

Ein weiterer sehr herzlicher Dank gilt Frau Simone Lunova, Referentin Unternehmenskommunikation der GEMINI Executive Search GmbH, die das gesamte Buchprojekt intern mit großem Engagement und besonderer Sorgfalt erfolgreich koordiniert hat.

Und schließlich: Wir bedanken uns bei unserer umsichtigen Lektorin Frau Juliane Streicher sowie bei Frau Danja Hetjens, Leiterin von

„Frankfurter Allgemeine Buch", die gemeinsam mit ihrem Team das Projekt erneut so professionell wie jederzeit fördernd und wohlwollend begleitet hat.

Das dabei entstandene Handbuch ist aus unserer Sicht besonders geeignet, um alle Facetten der Personalberatung zur Geltung zu bringen. Diesen inhaltlichen Ansatz haben wir bereits in der ersten Auflage verfolgt, und wir hoffen, Ihnen als unserem Leser damit erneut ein umfassendes Kompendium für Ihre berufliche Praxis an die Hand zu geben.

Auf Ihre Anregungen zu dem vorliegenden Handbuch freuen wir uns. Wir möchten Sie sehr gern einladen, uns per Mail unter s.fuechtner@gemini-exs.com und t.wegerich@boorberg.de ein offenes Feedback zu geben, das wir gern bei den Folgeauflagen des „Handbuch der Personalberatung" berücksichtigen werden.

Aufgrund der besseren Lesbarkeit wird in diesem Buch oft nur die männliche Schreibweise verwendet, Frauen sollen damit aber gleichermaßen angesprochen sein.

Nun wünschen wir Ihnen eine kurzweilige und gewinnbringende Lektüre des Buches.

Bad Homburg und Stuttgart, im August 2011

Stephan Füchtner                    Prof. Dr. Thomas Wegerich

# Geleitwort

Die zweite Auflage des Werks „Das Handbuch der Personalberatung" ist wiederum gute Fachliteratur: fundiert durch langjährig tätige Praxisautoren und auf Anwendung orientiert. Dieses Handbuch wendet sich an Unternehmen als Nachfrager der Dienstleistung, an Kandidaten als diejenigen, die im Mittelpunkt der Bemühungen aller stehen, und schließlich an die Beraterzunft selbst.

Als Vorsitzender des Beirats der GEMINI Executive Search GmbH liegt mir sehr daran, die Personalberatung als wertschöpfende und unternehmensnahe Dienstleistung verständlicher zu machen. Alle Autoren dieses Buches sind als Personalberater erfolgreich tätig oder beschäftigen sich wissenschaftlich oder praktisch mit den Themen Personal- und Organisationsentwicklung, so dass sichergestellt ist, dass mit hohem Sachverstand über eine nicht immer transparente Branche berichtet wird. Erfreulich ist, dass in der Neuauflage erstmals auch externe Experten zu Wort kommen, die Schlaglichter werfen auf Bereiche und Themen, die mit der Personalberatung eng verbunden sind: Management Audits, Interim Management sowie – weiter gefasst – Strukturänderungen in Unternehmen durch die fortdauernde Debatte um Corporate Governance.

Da ich seit vielen Jahren in verschiedenen Funktionen – als Unternehmer, Universitätslehrer, Politiker und in Aufsichtsgremien – in vielfältiger Verbindung zu Unternehmern und Unternehmen stehe, weiß ich, wie stark die Personalberatung als professionell verstandene und moderne Dienstleistung mit den jeweils handelnden Personen verknüpft ist. Es ist daher für den Leser gut, dass sich in diesem Handbuch Praktiker zu Wort melden. Alle wichtigen Bereiche der Wirtschaft werden sehr klar und nachvollziehbar behandelt – das ermöglicht einen sonst eher selten gewährten Blick hinter die Kulissen.

Ich begrüße es, dass die Herausgeber des Buches die Gefahr der „Betriebsblindheit" erkannt haben und daher neben der Beraterseite den wichtigen und für den unternehmerischen Erfolg in der Personalberatung entscheidenden Partner, die Unternehmen, konzeptionell einbezogen haben. Die auch in der zweiten Auflage durchgeführte umfassende empirische Untersuchung erlaubt Rückschlüsse auf die so wichtige Kundensicht – sie stellt daher eine wesentliche Bereicherung im Hinblick auf den praktischen Nutzwert des Buches für Sie als Leser dar.

Konkreten beruflichen Nutzen aus diesem Buch ziehen können viele: Entscheidungsträger in Unternehmen, insbesondere Personalverantwortliche, aber auch Kandidaten, die sich im Vorfeld einer geplanten beruflichen Veränderung sachgerecht informieren möchten.

Insgesamt: Ich unterstreiche mein Fazit aus der Vorauflage. „Das Handbuch der Personalberatung" ist ambitionierte Fachliteratur, die einen jetzt noch höheren und immer praxisorientierten Informationswert hat. Daher wünsche ich der Neuauflage wiederum die verdiente Aufmerksamkeit und eine erfolgreiche Aufnahme im Markt der Leser.

Bad Urach, im August 2011

Prof. Dr. Helmut Haussmann
Bundeswirtschaftsminister a. D.
Vorsitzender des Beirats der GEMINI Executive Search GmbH

# I

## Einleitung

# Der Einbruch, die Herausforderungen, der Aufbruch: Ein Marktüberblick

Klaus Werle, Hamburg

## I.  Die Ausgangslage: drastischer Einbruch 2009, massive Trendumkehr 2010

Etwas abgeschieden inmitten gepflegter Wiesen und kleiner Wäldchen gelegen und ausgestattet mit reichlich Antiquitäten und Gemälden aus der Kaiserzeit, bietet das Schlosshotel Kronberg das angemessene Ambiente für herrschaftliche Empfänge. Ein standesgemäßer Ort also, den die Association of Executive Search Consultants (AESC) an einem nebligen Abend Ende Oktober 2010 für ihre jährliche Tagung ausgewählt hatte. Nur ein kleiner Schönheitsfehler trübte die Feierlichkeit im Fünf-Sterne-Hotel: Eigentlich gab es wenig zu feiern.

Denn die Branche der Personalberater blickte auf einen Rückschlag von geradezu historischen Dimensionen zurück: Nachdem über viele Jahre Einnahmen und Erträge stetig und beeindruckend gestiegen waren und im Jahr 2008 in Deutschland gar ein Höchststand von 1,49 Milliarden Euro Umsatz erreicht worden war, war das Geschäft 2009 mit nie gekannter Drastik eingebrochen. Laut einer Studie des Bundesverbands Deutscher Unternehmensberater e.V. (BDU 2010/2011) stieg der Umsatz der deutschen Personalberater 2010 um 18,2 Prozent auf 1,3 Milliarden Euro im Vergleich zum Vorjahr, als er um 26,2 Prozent auf 1,1 Milliarden Euro gesunken war. Weltweit fiel der Umsatz 2009 nach dem Rekord des Jahres 2008 von 11 Milliarden US-Dollar gar um rund ein Drittel auf nur noch 7,4 Milliarden US-Dollar. Selbst global agierende Spitzenspieler wie Heidrick & Struggles erlebten damals ein katastrophales Jahr. Und die in Europa als führend geltende Gesellschaft Egon Zehnder verbuchte einen Einnahmenrückgang von 22 Prozent auf rund 340 Millionen Euro. Ein erfolgsverwöhnter Berufsstand blickte in den Abgrund.

### 1.  Blick in den Abgrund

Im folgenden Beitrag sollen wesentliche Eckdaten und Trends für den deutschen Markt der Personalberater vorgestellt werden: wie die Talsohle des Jahres 2009 durchschritten wurde, welche Treiber für die deutliche Erholung entscheidend sind, und vor allem, welche Folgen die Krise für die Branche hatte und mit welchen Entwicklungen sie sich künftig wird auseinandersetzen müssen. Als Grundlage dient die erwähnte BDU-Studie „Personalberatung in Deutschland", für die im März und April 2011 rund 200 Personalberatungsgesellschaften befragt wurden, davon etwa ein Drittel der großen Beratungsfirmen mit mehr als 5 Millionen Euro Umsatz. Die BDU-Studie zeichnet somit ein ebenso umfassendes wie repräsentatives Bild der Branche.

Die Wirtschaftskrise und der weltweite Konjunktureinbruch, die sich bereits im letzten Quartal 2008 andeuteten, trafen im Verlauf des folgenden Jahres die Industrie sowie in direkter Folge auch die Personalberatungen mit voller Wucht. In vielen Branchen kam das Jobkarussell beinahe vollständig zum Stillstand, Personalentscheidungen wurden auf unbestimmte Zeit verschoben oder gleich ganz gestrichen. Vor allem auf den mittleren Ebenen wurden offene Positionen nicht wieder besetzt. Wer will schon gern an aufgeblähten Hierarchien festhalten, wenn in der Produktion Entlassungslisten kursieren? Lediglich im Topmanagement blieb die Zahl der Suchen mehr oder weniger konstant – gerade in schwierigen Zeiten werden Vorstände und Geschäftsführer eher schneller und häufiger ausgewechselt als in Schönwetterperioden. Doch naturgemäß konnte dieses schmale Segment den allgemeinen Einbruch nur unzureichend abfedern.

Und nicht nur die Unternehmen scheuten die Kosten für die aufwendigen Suchen, auch die Kandidaten gingen auf Tauchstation: Im unsicheren Umfeld scheuten viele den Wechsel, die Ansprache gestaltete sich zunehmend schwierig.

Viele Personalberatungen mussten 2009 ihre Mitarbeiter auf Kurzarbeit setzen – oder sogar Leute entlassen. So sank die Zahl der Personalberater um 8,5 Prozent von 5.420 im Jahr 2008 noch auf knapp 5.000 im darauffolgenden Jahr (BDU-Studie 2009/2010, S. 3). Nicht wenige Firmen mussten ganz aufgeben, darunter die renommierte, auf die Finanzbranche spezialisierte Beratung Smith & Jessen. Insgesamt sank die Zahl der Personalberatungen in Deutschland 2009 um 7 Prozent auf 1.830 (2008: rund 1.970). Besonders heftig traf es die kleineren Gesellschaften mit einem Jahresumsatz unter 100.000 Euro: Von ihnen schieden 14 Prozent als Marktteilnehmer aus (BDU-Studie 2009/2010, S. 3). Generell gilt: Je niedriger die Umsatzklasse, desto mehr Beratungen verzeichneten ein Umsatzminus von mehr als 25 Prozent. Ein Grund hierfür dürfte gewesen sein, dass die Klientenunternehmen nur wenige neue Mitarbeiter im Mittelmanagement gesucht hatten.

Mit der negativen Entwicklung fand eine fantastische Zeit zunächst ihr vorläufiges Ende. In fünf aufeinanderfolgenden Jahren war der Branchenumsatz gestiegen; zwischen 2003 und 2008 verzeichneten die Personalberater ein addiertes Marktplus von insgesamt 72 Prozent. „Wir können auf fette Jahre zurückschauen", sagte Wolfgang Lichius, Vorsitzender des Fachverbands Personalberatung. Der tiefe Fall im Jahr 2009 markierte damit gleichzeitig das höchste Branchenminus am Ende eines einzelnen Geschäftsjahres, seitdem regelmäßig Marktstudien durch den BDU durchgeführt werden (BDU-Studie 2009/2010, S. 4). 2010 sah die Situation wieder besser aus: Es wurden nicht nur wieder Berater eingestellt – hier gab es eine Steigerung von 6 Prozent –, sondern auch die Zahl der Beratungsunternehmen stieg auf 1.900. Beratungen in den niedrigeren Umsatzklassen verzeichneten im Gegensatz zu 2009 mindestens ein durchschnittliches Umsatzwachstum von 11,8 Prozent.

## 2.   Zu neuen Höhen

So katastrophal sich die Situation Mitte 2009 auch darstellte – der von einigen Marktbeobachtern angestimmte Abgesang auf das traditionelle Geschäftsmodell erwies sich also als verfrüht. Schon im Dezember 2009 meldeten erstmals seit über einem Jahr wieder mehr Personalberater einen gestiegenen Umsatz für den Verlauf der vergangenen drei Monate als einen gesunkenen. Gleichzeitig stieg die Zahl derjenigen, die für die nächsten sechs Monate eine günstigere Geschäftsentwicklung erwarteten, auf 46 Prozent (BDU-Studie 2009/2010, S. 5).

Was sich hier andeutete, wuchs sich im Laufe des Jahres 2010 zu einer massiven Trendumkehr aus. Um stolze 18 Prozent legte der Umsatz 2010 nach BDU-Angaben in Deutschland wieder zu. Vor allem die Autoindustrie und der Finanzsektor meldeten sich als Kunden zurück, sie besetzten 2010 mit Hilfe der Headhunter zwischen 10 und 15 Prozent mehr Stellen als im Vorjahr. Insgesamt stieg die Zahl der besetzten Stellen um gut 6.000 auf mehr als 44.000.

So zeigt sich die Lage wieder deutlich rosiger. Die Wirtschaft boomt, und mit ihr ist der Stellenmarkt in Bewegung gekommen. Die Zeichen stehen auf Wachstum und verstärken den langfristigen, durch den demographischen Wandel getriebenen Trend hin zum Mangel an qualifizierten Fach- und Führungskräften. Der „Kampf um die Köpfe" tobt heftiger als je zuvor, und derzeit ist nicht abzusehen, dass er an Intensität verlieren wird: Bis zum Jahr 2020 werden aus den geburtenstarken Jahrgängen der Nachkriegszeit etwa doppelt so viele gut ausgebildete Akademiker aus dem Berufsleben ausscheiden, wie Hochschulabsolventen in den Arbeitsmarkt nachrücken. Hinzu kommt, dass gerade in konjunkturell starken Zeiten die Verweildauer von Managern und Experten in ihren Positionen zusätzlich abnimmt: Der Wechselwille ist zurück. Und nicht zuletzt eröffnen die infolge der Finanzkrise verschärften Regeln der Corporate Governance den Personalberatungen neue, lukrative Geschäftsfelder: Compliance-Manager sind plötzlich so rar wie begehrt, ebenso professionelle Aufsichtsräte, die zudem nicht mehr wie noch vor einigen Jahren per Handschlag auf dem Golfplatz rekrutiert, sondern über Dienstleister gesucht werden. Firmen wie Spencer Stuart und andere erwirtschaften bereits 10 Prozent ihres Geschäfts mit der Suche nach qualifizierten Kontrolleuren.

Gute Wachstumsprognosen, Umsatzsteigerung durch Neueinstellung von Beratern, steigende Zahl der Suchaufträge und neue Geschäftsfelder – da nimmt es nicht Wunder, dass die Mehrheit der Personalberater wieder optimistisch in die Zukunft blickt. Ulrich Ackermann, Chef der Deutschland-Sektion der AESC, prophezeite gar schon Ende 2010 beste Aussichten: „2011 wird das Rekordjahr 2008 noch deutlich übertreffen." Die gute Laune ist zurück. Und mit ihr das Selbstbewusstsein.

## II.  Klienten, Kompetenzen, Kandidaten: Wie Personalberatung in Deutschland funktioniert

Die Kernkompetenz von Personalberatungsunternehmen ist einfach zu definieren: Sie besorgen die Suche und Auswahl von Fach- und Führungskräften im Auftrag einer bestimmten Firma. Mit dieser Personalberatung im engeren Sinn erzielten die Gesellschaften im Jahr 2009 gut 83 Prozent ihrer Einnahmen beziehungsweise 915 Millionen Euro (BDU-Studie 2009/2010, S. 7), 2010 waren es gar 85,5 Prozent beziehungsweise 1,06 Milliarden Euro. Dabei ist der prozentuale Anteil 2009 im Vergleich zu 2008 um gut 5 Prozentpunkte gefallen; die Umsätze allerdings um mehr als 30 Prozent. Besonders die großen Beratungen haben deshalb in der Krise alternative Geschäftsfelder wie Management Audits, Führungskräftecoaching, Outplacement- sowie Changemanagementberatung ausgebaut, worauf später noch eingegangen wird (siehe S. 80ff.).

Für die klassische Personalsuche hat die reine Direktsuche dabei 2009 deutlich an Gewicht gewonnen. Aufgrund der angesprochenen mangelnden Wechselbereitschaft vieler Kandidaten mussten die Berater in deutlich mehr Auswahlprojekten auf die unmittelbare, persönliche Ansprache von Damen und Herren zurückgreifen, um deren Interesse zu wecken. Die reine Direktsuche wurde dabei besonders von den großen mit 66 Prozent (2008: 59 Prozent) und mittelgroßen Gesellschaften mit 46 Prozent (2008: 45 Prozent) eingesetzt. 2010 schwächte sich dieser Effekt jedoch wieder etwas ab, die großen Beratungen arbeiteten bei 57 Prozent ihrer Personalsuche mit reiner Direktansprache, die mittelgroßen bei 44 Prozent der Mandate (BDU-Studie 2010/2011, S. 8)

Bei der Honorargestaltung nutzen die Beratungen unterschiedliche Modelle. Zentrale Bedeutung hat dabei traditionell die „Drittelregelung", bei der ein Drittel des Honorars bei Vertragsabschluss, ein Drittel bei der Präsentation des oder der Kandidaten und das fehlende Drittel bei Unterzeichnung des Arbeitsvertrags gezahlt wird. Trotz schwierigen konjunkturellen Umfelds konnten die meisten Gesellschaften im Jahr 2009 die durchschnittliche Honorarhöhe über alle Größenklassen hinweg mit 25 Prozent des Zieleinkommens des Kandidaten stabil halten. Dies galt gleichermaßen auch für 2010. Ein Teil der Beratungen arbeitet dabei mit festen Mindesteinkommenshöhen. Große Personalberatungen mit mehr als 2,5 Millionen Euro Umsatz, die auf diese Praxis setzen, legen dabei ein durchschnittliches Mindestzieleinkommen von 92.000 Euro zugrunde, mittelgroße Gesellschaften ziehen die Grenze bei 67.000 Euro (BDU-Studie 2009/2010, S. 9).

Durch die Krise geriet auch die Klientenstruktur der Personalberatungsgesellschaften in Bewegung. Prinzipiell zeigt sich in der Praxis immer wieder, dass die großen Personalberatungen stärker in den Großunternehmen und Konzernen verankert sind; in den meisten DAX-Konzernen etwa ist, wenn es um die Suche nach einem Vorstand oder Aufsichtsrat geht, die Auftragsvergabe an eine Topberatung wie Egon Zehnder quasi Pflicht – es sei denn, ein renommierter Einzelkämpfer wie Hermann Sendele oder Heiner Thorborg erhält den Zuschlag. Mittelständische Unternehmen hingegen sind eher bereit, auch mit mittleren und kleineren Beratungen zu kooperieren.

Wichtigster Nachfrager von Personaldienstleistungen mit einem Anteil von gut 41 Prozent (oder 446 Millionen Euro) war 2009 und 2010 das verarbeitende Gewerbe. Doch während 2009 etwa die Konsumgüterindustrie mit einem Umsatzrückgang von „nur" 23 Prozent relativ stabil blieb, brach das Geschäft mit Unternehmen aus dem Fahrzeugbau um mehr als die Hälfte ein. Auch in der Finanzdienstleistungsbranche machte sich die Krise 2009 erheblich bemerkbar und schickte die Einnahmen auf Talfahrt (minus 31 Prozent im Vergleich zu 2008, das entspricht rund 50 Millionen Euro). Trotzdem war die Finanzdienstleistungsbranche 2009 und 2010 mit fast 11 Prozent Anteil nach wie vor einer der größten Umsatzbringer – und im Aufschwung wird ihre Bedeutung auch 2011 weiter zunehmen (BDU-Studie 2009/2010, S. 10f).

Die geringsten Einbußen 2009 verzeichneten die Personalberatungen im Geschäft mit Unternehmen des Sozial- und Gesundheitswesens (minus 4 Prozent) sowie der öffentlichen Verwaltung (minus 8 Prozent). Noch allerdings gelten beide Sektoren als wenig glamourös; sie trugen 2010 mit etwa 7 Prozent (Gesundheits- und Sozialwesen) beziehungsweise 1,7 Prozent (öffentliche Verwaltung) nur kleinere Teile zum Gesamtumsatz bei.

Und wer sind nun die begehrten Köpfe, um die Personalberater im Klientenauftrag werben? Traditionell werden vor allem Marketing- und Vertriebsexperten gesucht – noch 2007 machten diese Positionen 28,5 Prozent der Suchaufträge aus. In der Krise jedoch verloren die besonders in Boomzeiten gefragten Marketingfachleute an Bedeutung; stattdessen standen Restrukturierungsmanager, Sanierer und Experten für Compliance sowie Corporate Governance höher im Kurs. Auch die Bereiche Finanzen und Controlling sind, unabhängig von der konjunkturellen Lage, starke Umsatzbringer.

Bemerkenswert ist, dass sich rund jede fünfte Suche auf Positionen in der obersten Unternehmensebene bezieht. Dies zeigt zwei Dinge: Zum einen wird der Großteil des Geschäfts (nämlich gut 80 Prozent) mit weniger glamourösen Jobs im Mittelmanagement gemacht, auf die sich nur selten das Augenmerk der Öffentlichkeit richtet und die zwar Geld bringen, aber wenig zum Renommee von Beratungsfirmen beitragen. Zum anderen aber belegt die Besetzung der Jobs im Topmanagement die hohe Qualität der Personalberatung als Dienstleistung, die einen messbaren und direkt wertschöpfenden Beitrag zum Unternehmenserfolg darstellt. Die Berater selbst benötigen hierfür nicht nur sensibles, kundiges und diskretes Vorgehen, sondern vor allem auch intensive Kenntnis der jeweiligen Branche und ihrer Netzwerke, um den Topkandidaten wie auch den Auftraggebern auf Augenhöhe begegnen zu können (vgl. dazu Füchtner/T. Wegerich, S. 542ff., und C. Wegerich, S. 425ff.).

## III.   Einzelkämpfer, Boutiquen, börsennotierte Konzerne: der deutsche Personalberatungsmarkt im Überblick

Mit Unterstützung von Personalberatern wurden im Jahr 2010 44.700 Positionen in der deutschen Wirtschaft, Industrie und Verwaltung neu besetzt. Dabei waren über 5.000 Berater für ihre Auftraggeber auf der Suche nach geeigneten Kandidaten. Im Durchschnitt bearbeitete jeder Berater neun Suchaufträge. Bei den größeren Firmen mit mehr als 5 Millionen Euro Umsatz waren es rund 14 Klientenmandate, bei denen in der Umsatzklasse zwischen 1 und 5 Millionen Euro lag der Wert bei zehn Aufträgen (BDU-Studie 2010/2011, S. 3).

Die Größe der Personalberatungen auf dem deutschen Markt variiert stark. Es gibt große, international agierende Konzerne wie Korn/Ferry oder Heidrick & Struggles, mittelgroße Unternehmen wie Heads! oder GEMINI Executive Search – die Aufsteiger der vergangenen Jahre –, diverse kleinere, oft spezialisierte Boutiquen und auch viele Einzelkämpfer, von denen einige so legendär wie erfolgreich sind, darunter Hermann Sendele, Heiner Thorborg oder Altmeister Dieter Rickert.

Den Löwenanteil am Gesamtumsatz halten dabei die großen Namen. So agieren in Deutschland zwar nur 40 Personalberatungen mit einem Umsatz von mehr als 5 Millionen Euro pro Jahr, doch ihr Anteil am Marktvolumen liegt bei mehr als 40 Prozent. Umgekehrt kommen 2009 die 300 Beratungen mit Einnahmen von weniger als 100.000 Euro auf nicht mehr als 1,5 Prozent des Gesamtumsatzes und haben in der Krise am stärksten gelitten; viele mussten aufgeben.

Die Großen machen aber nicht nur mehr Umsatz, sie ergattern auch die lukrativeren Aufträge. Dies zeigt ein Vergleich des geldmäßigen Marktanteils mit ihrem Anteil an den Suchaufträgen: Um auf die erwähnten gut 40 Prozent Umsatzanteil zu kommen, genügen ihnen 25 Prozent der insgesamt besetzten Positionen. Zum Vergleich: Die Beratungen mit 100.000 bis 250.000 Euro Jahresumsatz tragen 10,1 Prozent zum Marktvolumen bei – müssen dafür aber 15 Prozent der Positionen besetzen. Das heißt: Ihr Honorar pro Suchauftrag ist deutlich geringer. Dies wiederum hatte in und nach der Krise bemerkenswerte Auswirkungen: Während bereits Anfang 2010 83 Prozent der Beratungsgesellschaften mit mehr als 2,5 Millionen Euro Jahresumsatz mit einer positiven Wachstumsprognose starten konnten, waren es bei den kleineren Beratungen (unter 500.000 Euro Jahresumsatz) nur 72 Prozent. Im Jahresverlauf steigerte sich diese Tendenz noch, 90 Prozent der großen Beratungen verzeichneten eine Zunahme des Umsatzes, bei den kleineren konnte dies nur jedes fünfte Unternehmen berichten. Eine gewisse kritische Größe, verbunden vor allem mit einem funktionierenden internationalen Netzwerk sowie der Fähigkeit, konjunkturelle Schwankungen zumindest teilweise durch das Ausweichen auf alternative Geschäftsfelder zu kompensieren, scheint ein starker Wettbewerbsvorteil zu sein.

Ein Ranking der größten Personalberatungen in Deutschland zu erstellen stellt angesichts der großen Verschwiegenheit in Teilen der

Branche, aber auch wegen der unterschiedlichen Rechnungsmethoden und diverser Abgrenzungsproblematiken (werden nur Direktsuchen oder auch Anzeigensuchen gezählt, um nur einen Aspekt zu nennen) eine gewisse Herausforderung und innerhalb der Branche ein Dauerstreitthema dar. Der BDU listet in seiner aktuellen Studie als Top-5-Personalberatungen auf (Umsätze von 2010): Kienbaum Executive Consultants (68 Millionen Euro), Egon Zehnder International (64,9 Millionen Euro), Baumann Unternehmensberatung (31,9 Millionen Euro) sowie Heads! (27,1 Millionen Euro). 2009 mussten mit Ausnahme der Personalberatung Heads!, die auch im Krisenjahr ihre Erlöse stabil halten konnte, genau diese Top 5 Umsatzeinbußen von rund 20 Prozent hinnehmen (BDU-Studie 2009/2010, S. 6).

Nimmt man dagegen das reine Executive Search, also die Suche erst ab einer bestimmten Hierarchieebene oder Einkommensklasse (meist ab 150.000 Euro Jahresgehalt), zum Maßstab, kommt etwa der Branchendienst ConsultingStar für das Jahr 2008 zu einem abweichenden Ranking, in dem sich auf den ersten Plätzen finden: Egon Zehnder, Odgers Berndtson, Heidrick & Struggles, Heads! sowie Russell Reynolds. Es ist eben alles eine Frage der Perspektive, und die vielzitierte Diskretion der Zunft bezieht sich auch (und gerade) auf die eigenen Unternehmensfinanzen.

## IV. Neue Konkurrenten, rauere Sitten: Wie die Krise den Markt verändert hat

Es scheint, als seien die Personalberatungen im Land noch mal mit einem blauen Auge davongekommen. Die Konjunktur brummt, Fachkräfte werden beinahe überall händeringend gesucht, und für den Kampf um die besten Köpfe setzen die Unternehmen wieder auf die Experten. Alles halb so wild also, zurück auf den Status quo ante von 2008 und von dort aus immer weiter nach oben? Ganz so einfach ist es nicht, ein Zurück in die Zukunft ist für die meisten Marktteilnehmer keine ernstzunehmende Option. Zu viel hat sich durch die Krise verändert, zu viele langfristige Entwicklungen wurden verstärkt, als dass wieder *business as usual* gelten könnte.

Da ist – erstens – atmosphärisch etwas ins Wanken geraten: Das traditionelle Gentlemen's Agreement einer ebenso verschwiegenen wie honorigen Branche mit ihren zahlreichen ungeschriebenen Ehrenkodexen wurde in der Krise auf eine harte Probe gestellt – und nicht jeder hat sie bestanden. Unverlangt eingesandte Kandidatenvorschläge etwa (vornehm „Kaltakquise" genannt) nahmen in der Krise zu, ebenso wie radikale Rabatte und Preisabschläge, mit denen um Aufträge gekämpft wurde. Beides früher absolute No-Gos, doch in schwierigen Zeiten „ist längst nicht jeder Berater standhaft", wie Peter Herrendorf sagt, der Deutschland-Chef von Odgers Berndtson. Ob und in welchem Umfang die Rabatte wieder aufgehoben werden können und die Zunft zu ihren Ehrenkodexen zurückkehrt, kann nur die Zukunft weisen. Fest steht aber bereits jetzt: Die Auftraggeber fanden die härtere Gangart oft gar nicht so übel; schließlich müssen auch sie auf die Kosten achten.

Da ist – zweitens – die stärkere Konkurrenz durch soziale Netzwerke, wenngleich Xing & Co. auch fleißig von den Personalberatungen selbst genutzt werden. Knapp 70 Prozent der in der BDU-Studie Befragten gehen davon aus, dass die Social Networks künftig auch für die Suche in der ersten und zweiten Führungsebene an Bedeutung gewinnen werden. Xing zum Beispiel hat gut vier Millionen Nutzerprofile online – da sehen die Datenbanken selbst großer Personalberatungen alt aus. Noch gibt sich das Onlinenetzwerk demütig; man sehe sich „nicht als Konkurrenz zu den klassischen Jobbörsen, sondern als komplementäres Recruiting-Angebot". Doch 2009, während viele Personalberatungen mit Erlösrückgängen zu kämpfen hatten, erzielte Xing im Segment „E-Recruiting" ein Umsatzwachstum von 11 Prozent – für viele in der Branche ein Menetekel.

Dass die Zurückhaltung der Unternehmen künftig bei der Direktansprache endet, daran glaubt inzwischen kaum noch jemand. „Die Schwelle, ab der die Firmen für die Personalsuche einen externen Dienstleister beauftragen, wird künftig höher liegen", prophezeit Stephan Füchtner, Geschäftsführender Gesellschafter von GEMINI Executive Search.

Denn wenn sie ohnehin nur eine Liste der relevanten Kandidaten auf Xing bekommen, fragen sich immer mehr Unternehmen, warum sie dann nicht selbst suchen und das Beraterhonorar sparen sollen? Besonders nach Kandidaten mit einem Jahreseinkommen bis 150.000 Euro suchen Unternehmen mittlerweile verstärkt selbst. Angefangen haben sie damit in der Krise, doch inzwischen haben auch große Konzerne professionelle Recruiting-Abteilungen, in denen oft ehemalige Headhunter arbeiten und ihr Know-how einbringen. Und wenn das gut funktioniert, warum sollte man in guten Zeiten wieder damit aufhören? Laut dem IT-Branchenverband BITKOM setzen bereits 12 Prozent der Firmen beim Recruiting auf soziale Netzwerke; die Otto-Gruppe, um nur ein Beispiel zu nennen, besetzt schon jetzt jede fünfte Position über ihre Social-Media-Aktivitäten.

All das bedeutet sicherlich nicht, dass für die klassischen Personalberatungen nun das Totenglöckchen läuten müsste. Gerade spezialisierte Suchen sowie Suchen im Topsegment werden sich mit Xing oder Facebook schwerlich meistern lassen. Doch die Zunft muss sich anpassen – und mehr bieten als eine Namensliste.

Denn – und dies ist die dritte große Veränderung – die Klienten sind selbstbewusster geworden. Und anspruchsvoller. Sie prüfen die Qualität, drehen an der Preisschraube und erhöhen den Druck. Hatten die Personalberater früher meist zwölf Wochen Suchzeit, sind mittlerweile sechs Wochen gang und gäbe. Abstriche bei der Qualität machen die Kunden natürlich trotzdem nicht. Stattdessen schicken sie die Beratungen in immer härtere Pitches und verlangen mehr Vielfalt und mehr Tempo zum gleichen Preis. Oder sie zahlen das vereinbarte Honorar erst, wenn der Kandidat seine Stelle auch tatsächlich angetreten oder sogar die Probezeit erfolgreich gemeistert hat. Auch Rahmenverträge nehmen zu: Sie bieten den Personalberatern zwar einen garantierten Jahresumsatz, drücken aber die Honorare – und treiben vielen großen Headhuntern Tränen in die Augen. Denn hält ein Kandidat im Job nicht, was man sich von ihm versprochen hat, muss der Berater wieder ran – ohne weiteres Honorar, nur auf Spesen. Branchenexperten gehen davon aus, dass der Druck auf die Preise weiter anhalten wird. „Der Trend geht eher in Richtung Honorarkappung und Einziehung von Obergrenzen", sagt GEMINI Executive-Search-Chef Füchtner. Zumal sich in den Unternehmen immer häufiger der Einkauf einschaltet und die Vergütung weiter drückt: So rechnen 83 Prozent der großen Beratungsgesellschaften und immerhin noch 66 Prozent der kleineren damit, dass die Bedeutung der Einkaufsabteilung des Klienten bei der Auftragsvergabe weiter zunehmen wird. Vorbei die Zeiten, wo ein Handschlag zwischen Abteilungsleiter und Headhunter genügte.

So haben die globale Wirtschaftskrise und der anschließende Konjunkturaufschwung eine Branche im Wandel zurückgelassen: Nach der Durststrecke verdienen die Personalberater wieder gut, die Aussichten sind rosig. Aber sie müssen auch mehr dafür tun. Beste Drähte in die Deutschland AG, eine Mischung aus Charisma und Chuzpe, dazu in feinen Zwirn gewandet und bevorzugt in eleganten Hotellobbys beheimatet, dabei das Geld mit leichter Hand verdienend – dieses Image war einmal. Die Zukunft ist professioneller, pragmatischer, transparenter und fordernder. Wer sich nicht wandelt, wird es künftig schwer haben.

# V.    Alles bleibt anders: Was die Zukunft bringt

## 1.    Ergänzende Geschäftsfelder

Um die wegbrechenden Einnahmen im Kerngeschäft wenigstens teilweise zu kompensieren, haben insbesondere einige große Personalberatungen in der Krise andere Geschäftsfelder ausgebaut. Besonders das Führungskräftecoaching und die Management Audits sind hier zu nennen. Mit dieser Analyse der Stärken und Schwächen von Führungskräften erzielt etwa Egon Zehnder International bereits rund ein Fünftel seines Umsatzes. Heidrick & Struggles plant, mittelfristig mit den lukrativen Nebenjobs bis zu 40 Prozent seiner weltweiten Erlöse zu generieren. Zum gesamten Marktvolumen trugen die Nebengeschäfte 2009 insgesamt schon fast 11 Prozent bei, wovon der Löwenanteil auf die Management Audits (8,7 Prozent) und das Führungskräftecoaching (2,1 Prozent) entfiel (BDU-Studie 2010/2010, S. 7). Daneben bieten die Gesellschaften auch Outplacement-, Changemanagement- und sonstige HR-Beratung an.

Dass die Nebengeschäfte auch in guten Zeiten so rasant weiterwachsen wie in der Wirtschaftsflaute (allein auf dem Feld der Management Audits schnellte der Umsatz zwischen 2008 und 2009 von 67 auf 105 Millionen Euro in die Höhe), gilt als unwahrscheinlich. Ebenso unwahrscheinlich ist jedoch, dass diese Beratungsfelder einfach wieder verschwinden. Gerade vor dem Hintergrund der beschriebenen höheren Anforderungen, die Kunden an die Personalberater stellen und die oft von der reinen Suche bis ins Strategisch-Analytische reichen, könnte es sich als Vorteil erweisen, auch in Nebenbereichen gut aufgestellt zu sein. So will etwa Korn/Ferry sein Beratungsgeschäft unter dem Titel „Leadership and Talent Consulting", das noch 2009 nur 4 Prozent der Firmenerlöse erzielte, weiter ausbauen. Die Überlegung dahinter: Vor dem Hintergrund der demographischen Entwicklung werden junge Leute schneller in Führungspositionen kommen und dabei Beratung und Unterstützung benötigen. Auch das nach wie vor schnell wachsende Segment der Vergütungsberatung, das von neuen Gesetzen zum Risikomanagement beziehungsweise zur Angemessenheit von Vorstandszahlungen profitiert, gilt unter Personalberatern als attraktiv (vgl. dazu Evers, S. 88). Die Ergebnisse der BDU-Umfrage 2009 weisen in eine ähnliche Richtung: So gehen 81 Prozent der befragten großen Gesellschaften davon aus, dass sie „verstärkt eine beratende Rolle" jenseits „von reinen Beschaffungsaufgaben" übernehmen werden (BDU-Studie 2009/2010, S. 16).

## 2. Go East!

Eine andere Entwicklung ist bereits konkret zu beobachten und wird künftig noch dominanter werden: Das Personalberatungsgeschäft zieht gen Osten. Da die geschäftliche Entwicklung der Beratungen eng mit den unternehmerischen Entscheidungen ihrer Auftraggeber verknüpft ist, wird auch ihr Tätigkeitsfeld internationaler. Immer weniger Suchaufträge machen an der deutschen Grenze halt. Bei den großen Personalberatungsgesellschaften erfolgt die Kandidatensuche bereits in mehr als einem Drittel aller Fälle entweder ausschließlich oder kombiniert grenzüberschreitend (BDU-Studie 2010/2011, S. 8).

Und grenzüberschreitend bedeutet meist: Asien. Derzeit stammen 30 Prozent des „world spending" aus dem asiatischen Raum – in 20 Jahren wird sich dieser Wert verdoppelt haben. In den boomenden Märkten Chinas oder Indiens sind gute Leute längst zur Schlüsselressource geworden, die über Erfolg oder Misserfolg eines Unternehmens entscheidet. Entsprechend groß ist die Nachfrage. Noch 2005 lag der Asien-Anteil am Gesamtgeschäft etwa bei Heidrick & Struggles bei 10 Prozent – heute ist er doppelt so hoch. Gesellschaften wie Kienbaum planen die Eröffnung diverser neuer Büros im asiatisch-pazifischen Umfeld. So stimmten sagenhafte 100 Prozent der großen Personalberatungsfirmen der Aussage zu, dass das Suchfeld „immer internationaler" werde – und immerhin noch 79 Prozent der kleineren Gesellschaften (BDU-Studie 2009/2010, S. 23). Auch 2010 bestätigte sich der Trend zur Internationalisierung.

Dieser freut naturgemäß besonders die großen Gesellschaften mit ihrer weltweiten Präsenz und ihren einheitlichen Standards, die eine schnelle Abstimmung über Kontinente hinweg sowie eine büroübergreifende Qualität gewährleisten, wie sie sich immer mehr Kunden wünschen. Für mittlere und kleinere Anbieter bedeutet das: Sie müssen über feste Netzwerke oder projektbezogene Kooperationspartner mit den großen internationalen Anbietern mithalten – oder sie erleiden einen Wettbewerbsnachteil.

## 3. Schärferer Wettbewerb und Marktbereinigung

Ein solcher verschärfter Wettbewerb jedoch könnte schwerwiegende Folgen haben. In der Branche ist man sich einig, dass die Krise von 2009, so schnell sie auch überwunden scheint, eine entscheidende Zäsur in der Geschichte der Personalberatungen darstellt. 80 Prozent der in der BDU-Studie 2009 Befragten erwarten für die Zukunft einen sich verschärfenden Wettbewerb (und zwar über alle Größenklassen hinweg); 90 Prozent sind der Meinung, dass die Kluft zwischen erfolgreichen und weniger erfolgreichen Beratungsfirmen künftig größer wird (BDU-Studie 2009/2010, S. 13). Beide Effekte zusammen könnten zu einer Reduzierung der Spieler im Markt führen, die bereits in Ansätzen zu erkennen ist. Laut BDU-Umfrage 2009 erwarten 81 Prozent der großen und 58 Prozent der kleineren Beratungsunternehmen eine „Marktkonsolidierung", in deren Verlauf „die Zahl der kleineren Anbieter noch einmal deutlich abnehmen" wird (BDU-Studie 2009/2010, S. 16).

Aber: Ob diese Marktbereinigung vor allem, wie von vielen prognostiziert, die Kleinen trifft, ist dabei längst nicht ausgemacht. Sicher, die großen Beratungsgesellschaften haben mehr Ressourcen, eine internationalere Präsenz, ein dichteres Netzwerk. Allerdings ist das Personalberatungsgeschäft, wie oben beschrieben, anspruchsvoller und komplexer geworden. Es stellt an beide Seiten, Kunden wie Beratungen, neue Ansprüche. So erwarten 85 Prozent der Studienteilnehmer, dass die Anforderungen vor der eigentlichen Projektvergabe (Präsentationen, Pitches, Beautycontest etc.) weiter steigen werden (BDU-Studie 2009/2010, S. 14). Die Kundenseite wiederum ist vor und während der Suchen präsenter und fordert ein präziseres Monitoring von Prozessen und Erfolgen. All das macht die Beziehung zwischen Kunde und Personalberater intensiver, die Abläufe transparenter: Nie haben die Kunden über bessere Kenntnisse der Marktstrukturen und der Vorgehensweise in einem Suchprojekt verfügt als heute. Die Beraterpersönlichkeit wird daher weiterhin das zentrale Auswahlkriterium darstellen – dies könnte für mittlere und kleinere Gesellschaften durchaus zum Vorteil werden.

## 4.    Geänderte Kandidatenprofile

Schließlich und nicht zuletzt wird sich auch das entscheidende Element des Kerngeschäfts der Personalberatungen in Zukunft verändern: die Kandidatensuche selbst. Zum einen wird die Einhaltung ethischer Projekt- und Berufsstandards durch den Berater zu einem wichtigeren Auswahlkriterium für den Klienten. Mehr als 80 Prozent der befragten Gesellschaften sind sich sicher, dass Unternehmen mit hohen ethischen Standards Marktvorteile besitzen (BDU-Studie 2010/2011, S.16). Zum anderen werden neue Kandidatenprofile in den Fokus rücken: Im Zuge der demographischen Entwicklung werden mehr ältere Mitarbeiter und Frauen nachgefragt werden – für Aufsichtsräte etwa werden bereits jetzt verstärkt weibliche Kandidaten bei den Personalberatungen angefragt. Auf Kandidatenseite wiederum spielt die Vereinbarkeit von Karriere und Familie eine immer wichtigere Rolle; mehr als 80 Prozent der Personalberater gehen davon aus, dass sich dieser Trend noch verstärken wird (BDU-Studie 2009/2010, S. 20). Mehr als die Hälfte der Befragten gehen 2010 sogar davon aus, dass der Berater auch bei diesen Themen künftig gefragt sein wird (BDU-Studie 2010/2011, S. 25). Zudem wird vor diesem Hintergrund auch der Mittelstand eine stärkere Rolle im Geschäft der Personalberatungen einnehmen als bisher.

Betrachtet man die krisenbedingten Veränderungen auf dem Markt der Personalberater zusammen mit den großen Entwicklungen der Zukunft, scheint eines festzustehen: Die Zeiten des – vom Begriff her waidmännisch-archaisch anmutenden – Headhunters, der nur sein Adressbuch konsultieren und stoisch seine Datenbanken durchforsten muss, um ein mehr als auskömmliches Dasein zu fristen, sind passé. Die Wirtschaft ist geprägt von ständigen Prozessveränderungen, von sich immer schneller wandelnden Märkten und vom internationalen Wettbewerb um die besten Köpfe. In diesem Umfeld sind Personalberater gefragt, die strategisch und ganzheitlich denken und ihre Klienten über die konkrete Suche hinaus klug beraten. Statt eines simplen „Recruit" wird der Auftrag künftig immer öfter lauten: „Recruit, develop, sustain!" Der „Jäger auf der Pirsch nach Köpfen", so formuliert es Hubertus Graf Douglas, der Deutschland-Chef von Korn/Ferry, muss sich wandeln „zum Heger und Pfleger, zum Beobachter und Begleiter seines Reviers". Sonst wird er selbst zum Gejagten.

Im Jahr 2010 übrigens sorgte ein Headhunter in Deutschland für Furore: Roger Brown, ebenso brillant wie geltungs- und verschwendungssüchtig, fragte die Kandidaten in den Vorstellungsgesprächen nach ihren Kunstvorlieben aus – um ihnen anschließend ihre wertvollsten Bilder zu klauen. Das ging so lange gut, bis er an einen Manager geriet, der selbst ihn an Skrupellosigkeit noch übertraf. Am Ende zahlreicher verwirrender Wendungen und rasanter Verfolgungsjagden hieß der Sieger trotzdem – Roger Brown. Sein Lebensmotto schien sich erneut bewährt zu haben: „Es sind nicht die Smartesten, die am erfolgreichsten sind, weder an der Börse noch in der Personalberatung, sondern die Rücksichtslosesten und Zynischsten." In Wahrheit existiert Roger Brown natürlich nicht. Er ist eine Romanfigur des norwegischen Krimiautors Jo Nesbø. Der Personalberatungsbranche ist zu wünschen, dass er genau das bleibt: eine Kunstfigur.

# Das Einmaleins der Praxistools in der Personalberatung – Entmystifizierung einer heute etablierten und unternehmensnahen Dienstleistung

Stefan Diemer, München, und Stephan Füchtner, Bad Homburg

## I. Geschichtliche Entwicklung der Personalberatung

Die Personalberatung ist eine immer noch vergleichsweise junge Branche in Deutschland, die sich in den vergangenen 30 Jahren entwickelt und in den verschiedenen Märkten positioniert hat. Nach dem Zweiten Weltkrieg etablierte sich aufgrund der schnell fortschreitenden Industrialisierung die Dienstleistung der professionellen Personalberatung zunächst in den USA. Anfang der 50er Jahre des vergangenen Jahrhunderts wurde hier die Methode des sogenannten Executive Search geprägt, wobei sich das Tätigkeitsfeld der Personalberatungen zunächst auf das Topmanagement in den Unternehmen bezog.

Ende der 50er Jahre veränderte sich nicht zuletzt durch die verstärkte Etablierung internationaler Unternehmen in Deutschland auch hier das Vorgehen bei der Besetzung von Führungspositionen. Man erkannte, dass der passende Kandidat oft nicht im eigenen Unternehmen zu finden war und auch über ein Zeitungsinserat nicht erreicht werden konnte. Da die Unternehmen jedoch nicht unmittelbar an den idealen Kandidaten – der nicht selten bei einem direkten Wettbewerber tätig war – herantreten konnten, nutzte man zunehmend die Professionalität einer auf Executive Search ausgerichteten Personalberatung (vgl. auch den Beitrag von Dutschei/Maier/Meinshausen, S. 381ff., der die Entwicklung der Professional Services Firms allgemein beschreibt).

Im Laufe der Zeit haben sich die Anforderungen an eine Führungskraft verändert. In Zeiten euphorischer Booms, tiefer Abstürze wie fundamentaler Krisen und schneller technologischer Veränderungen ist ein neuer Managertypus gefragt (vgl. dazu Werle, S. 16ff.). Gesucht wird heute der kreative, antizipierende, strategisch geschulte und denkende Kopf, der in der Lage ist, auf die nationalen wie internationalen Anforderungen eines schnelllebigen Markts mit in der Regel kurzen Produktzyklen sicher und nachhaltig zu reagieren. Er sollte charakterstark sein, für etwas einstehen und sowohl in der Krise als auch im Wachstum Haltung zeigen. Seine Umgebung intellektuell und emotional zu reflektieren, um sie darauf basierend mit klaren

Vor- und Einstellungen zu beeinflussen, zeichnet einen erfolgreichen Manager unserer Zeit aus.

Daneben haben Faktoren wie Globalisierung, zunehmende Technisierung und Spezialisierung in weiten Teilen der Arbeitswelt sowie nicht zuletzt die zu beobachtende sinkende Verweildauer in Positionen und Organisationen eine über alle Managementebenen und Branchen hinweg zu verzeichnende Knappheit an Führungs- und Fachkräften hervorgerufen.

Vor diesem Hintergrund ist in der Praxis heute erkennbar: Executive-Search-Beratungen bieten nicht alle das gleiche Leistungsportfolio an (vgl. dazu Müller-Albrecht, S. 57ff.), aber zumindest die etablierten Unternehmen verpflichten sich zu einer weit gehenden inhaltlichen Einhaltung hoher professioneller Standards und Prozesse.

Personalberatungen unterscheiden sich sowohl in Bezug auf die Größe und die Mitarbeiterzahl, aber auch im Hinblick auf die von ihnen betreuten Geschäftsfelder sowie insbesondere durch die Expertise ihrer jeweiligen Beraterinnen und Berater. Neben dem spezifischen Methodenwissen in der Personalberatung verfügen diese in der Regel über profunde Branchen- und Marktkenntnisse und sind oftmals entsprechend dieser Spezialisierung in sogenannten Competence-Centern (auch Practice-Groups oder noch ausgeprägter Communities) organisiert. Im Mittelpunkt steht dabei die Definition abgrenzbarer Branchencluster, die aus Sicht der Beratung eine relativ homogene Kunden- und Kandidatenstruktur aufweisen. In einem so definierten Umfeld die gleiche Sprache zu sprechen ist häufig nicht nur notwendige Voraussetzung dafür, auf Akzeptanz bei Kunden dieser Branche zu stoßen und damit einen Suchauftrag überhaupt erst zu erhalten, sondern erleichtert dem Executive-Search-Berater die Arbeit zudem enorm. Die damit in der Praxis heute häufig zum Ausdruck kommende strategische Aufstellung der Personalberatungen zeigt, welch große Bedeutung der Konzentration auf bestimmte Branchen inzwischen beizumessen ist (vgl. dazu Füchtner/T. Wegerich, S. 542ff., und C. Wegerich, S. 425ff.).

Nicht zu unterschätzen ist daneben die spezifische Kompetenz des Beraters bezogen auf bestimmte Funktionen (etwa Finanzen/Controlling, Human Resources, Supply-Chain-Management), auf Hierarchieebenen (etwa Vorstands-/Geschäftsführerpositionen, Aufsichtsräte – vgl. dazu Smend, S. 80ff.) oder auf bestimmte Strukturmerkmale der zu beratenden Unternehmen (etwa familiengeführte Unternehmen, Aktiengesellschaften), die sich bei professionell aufgestellten Personalberatungsunternehmen nicht selten ebenfalls als – virtuelle – Organisationseinheiten finden.

Aus all dem ist zu schließen: Der Entwicklung der Personalberatungsunternehmen, sich über das Methodisch-Prozessuale hinaus immer
stärker inhaltlich kompetenzbezogen aufzustellen, folgt somit die
nicht zu übersehende und anhaltende Tendenz in den jeweiligen
Märkten: Spezialisierung und Fokussierung sind das Gebot der Stunde.
Dies wird in aller Regel ermöglicht und begleitet von der aktiven Einbindung der Berater in umfassende berufliche Netzwerke der jeweiligen Branche; man wird ein Teil einer Community (vgl. dazu mit weiteren Nachweisen die wissenschaftliche Auswertung von C. Wegerich,
S. 425ff.).

## II. Direct Search & more: Personalberatung als eine moderne und vielschichtige Dienstleistung

> *„Ich benütze nicht nur das Gehirn, das ich besitze,*
> *sondern ich borge mir noch zusätzlich,*
> *was ich bekommen kann.“*

Thomas Woodrow Wilson (* 28.12.1856, † 3.2.1924),
US-amerikanischer Präsident

Nach dem Blick auf die Märkte lohnt ein genauerer Blick auf die handelnden Personen in der Personalberatung: Betrachtet man hier die
jeweils spezifische Organisations- und Prozessführung, so wird bei der
Aufzählung des Dienstleistungsangebots neben dem Executive Search
als Kernkompetenz eine Reihe von weiteren hochkarätigen Leistungsangeboten erkennbar. In der Praxis wird nahezu jeder Berater, der eng
mit seinem Klienten, dem ihn beauftragenden Unternehmen, zusam-
menarbeitet, auch in den meisten der nachfolgend aufgeführten Pro-
zessbereichen der Wertschöpfungskette tätig – und zwar in aller Regel
ohne ausdrückliche Nennung dieser weitergehenden Einzelleistungen:

• Personalstrategie
• Personalplanung
• Personalmarketing
• Personalbeschaffung/Personalgewinnung
• Personalbeurteilung
• Personalentwicklung, Aus- und Weiterbildung
• Personalbindung, Personalaustritt, Ruhestandsregelungen
• Kompensationsmodelle und Vergütungsberatung

- Begleitung bei der Organisationsentwicklung
- strategische und konzeptionelle Fragestellungen in der Personalarbeit

Ein Personalberater, der seinen Auftrag professionell ausführt, hat bei nahezu allen Mandaten einzelne der oben genannten Themen mit zu behandeln und Lösungen dafür zu entwickeln. Dazu ein Beispiel: Bei jeder neu zu besetzenden Position wird ein professionell handelnder Berater im Einzelfall überprüfen, ob die damit verbundene hierarchische Einbindung in dem jeweiligen Unternehmen angemessen und sinnvoll ist: Sind die eingeführten und seit langem praktizierten Berichtswege in einem Unternehmen zu vereinbaren mit der neuen Position im Management? Haben sich die bisher etablierten „reporting lines" inzwischen nicht längst als „Irrwege" und/oder Hemmschwellen für eine effiziente und schlanke Form des Managements erwiesen? – Die entsprechenden Antworten auf diese Fragen bringen den Berater oft und sehr schnell an den Punkt, das von ihm betreute Unternehmen auch in Bezug auf die weitere Ausgestaltung der Organisationsentwicklung zu begleiten. Daran wird deutlich, dass in der Praxis heute vielfach Dienstleistungen erforderlich und auch erwünscht sind, die über das reine Executive Search hinausgehen. Diese Dienstleistungen haben, wie das zuvor genannte Beispiel zeigt, ganz unmittelbaren Einfluss auf die Wertschöpfung und die Effizienz eines bestimmten Unternehmens.

Die Wirtschaft hat in den zurückliegenden Jahren zunehmend erkannt, dass Personalberatungen aufgrund ihrer Kenntnis des Markts und der handelnden Persönlichkeiten ihren Kunden mit einem weitergehenden Angebotsportfolio und Informationen zur Verfügung stehen können. Dazu gehört, um ein weiteres relevantes Beispiel zu nennen, unter anderem die Potentialanalyse von Führungskräften in den verschiedenen Managementebenen (auch Management Appraisal, Management Audit; siehe dazu Obermann, S. 122). Diese Potentialanalysen werden inzwischen auch in immer größerem Maß als Instrument für die Personalauswahl und -entwicklung eingesetzt. Durch zahlreiche Einzelinterviews entsteht für die jeweilige Unternehmensleitung zum einen die nötige Transparenz, um Mitarbeiter entsprechend ihrer Potentiale zu fördern und richtig zu platzieren, und zum anderen ein Gesamtbild, das die aktuelle Managementsituation im Unternehmen widerspiegelt.

# III. Die Akteure im Rahmen eines fein austarierten Dreiecksverhältnisses: Personalberatung – auftraggebendes Unternehmen – Kandidat

Wer genau gehört nun in das Beziehungsgeflecht einer erfolgreichen Personalberatung? Wer sind die Akteure, und welche jeweiligen Erwartungen, Rechte und Pflichten haben sie?

## 1. Die Personalberatung/der Berater

Zunächst lohnt die Betrachtung der am Markt tätigen und mit ihren Prozessen und Vorgehensmodellen im Mittelpunkt dieses Handbuches stehenden Personalberatung. Sie muss sich und dem auftraggebenden Unternehmen, handelnd durch den branchen-, funktions- und hierarchiekompetenten Berater, innerhalb kürzester Zeit einen professionellen Überblick über alle für die zu besetzende Position in Betracht kommenden Kandidaten verschaffen und in vielen intensiven und vertraulich geführten Gesprächen diagnostizieren, wer die ideale Besetzung für eine bestimmte vakante Position verkörpert. Doch eine Verpflichtung besteht nicht nur gegenüber dem beauftragenden Unternehmen, sondern auch gegenüber den vom jeweiligen Personalberater angesprochenen Kandidaten, bei denen es sich in aller Regel um Gesprächspartner handelt, die einen gültigen Arbeitsvertrag haben. So muss in der Praxis in jedem Einzelfall abgewogen werden, ob die gebotene Perspektive für den Kandidaten eine konsequente Fortsetzung seines bis dahin oft durchgängig erfolgreichen beruflichen Werdegangs darstellt.

Es mag überraschen, dass an dieser Stelle auch Aspekte der Eigentümerstruktur betrachtet werden. Zunehmend sind jedoch häufig originär angelsächsisch domizilierte Executive-Search-Unternehmen als Aktiengesellschaften präsent, deren Anteile sich sogar zum Teil in Streubesitz befinden. Wie die Veröffentlichungspflichten einer AG mit den unbedingten Diskretionserfordernissen der spezifischen Dienstleistung in Einklang zu bringen sein sollen, erscheint schon allein als nahezu unmöglicher Spagat. Wie sich das bisweilen kurzfristige Profitstreben der Aktionäre mit einer auf Nachhaltigkeit und gleichermaßen langfristige wie vertrauensvolle Kundenbeziehungen ausgerichteten Geschäftspolitik vertragen soll, ist ebenso schwer nachvollziehbar.

Schließlich bleibt noch die Frage, ob es Auswirkungen auf die Beratungsqualität geben mag, wenn das Beratungsunternehmen einerseits von angestellten Managern geführt wird, während im anderen Fall echte Unternehmer mit signifikanter Beteiligung die Verantwortung tragen. Dieser Punkt sei der Beurteilung des Markts überlassen.

Der Berater selbst muss über ein belastbares und möglichst großes Netzwerk innerhalb der Community verfügen, in der er sich positioniert. Er ist ein integraler Bestandteil des Umfelds, in dem er sich bewegt und kennt bereits viele der dort handelnden Personen. Er verfügt – wie bereits erwähnt – über die notwendigen Kenntnisse und Erfahrungen, um mit den Kandidaten Branchenspezifika erörtern zu können. Der Berater strahlt somit Kompetenz aus, ist darüber hinaus aber auch eine Persönlichkeit im besten Sinne. Nicht zuletzt deshalb wird er als Gesprächspartner und Ratgeber auf Klienten- wie auf Kandidatenseite akzeptiert (vgl. weiterführend dazu Füchtner/T. Wegerich, S. 542ff., und C. Wegerich, S. 425ff.).

## 2. Das auftraggebende Unternehmen

Ein Perspektivenwechsel führt uns zu dem auftraggebenden Unternehmen, wobei es sich auch um eine Institution oder eine Behörde handeln kann. In der Praxis wird der Auftraggeber auch als Kunde, Klient, Client oder Mandant bezeichnet. In jedem Fall gilt: Der Auftraggeber muss dem Berater seines Vertrauens nicht nur allgemein verfügbare Daten über den erzielten Umsatz, die hergestellten Produkte etc. zur Verfügung stellen, sondern ihm ergänzend Interna offenbaren, die für die erfolgreiche Besetzung mit entscheidend sein können. Unabhängig davon, ob es sich um Nachfolger handelt, die ohne Wissen des aktuellen Stelleninhabers gesucht werden, oder um neu geschaffene Positionen, die dem Wettbewerber mitunter strategisch wichtige Ausrichtungen des beauftragenden Unternehmens aufzeigen könnten– die Praxiserfahrung zeigt: Ohne dieses unabdingbare (Hintergrund-)Wissen ist eine erfolgreiche Durchführung eines konkreten Executive-Search-Auftrags nicht möglich. Grundvoraussetzung für die notwendige Vertrauensbasis ist dabei während des gesamten Projektverlaufs eine kontinuierliche, offene und vertrauensvolle Kommunikation zwischen Auftraggeber und Berater.

## 3. Der Kandidat

Das beschriebene Beziehungsdreieck wird komplettiert durch einen Blick auf den Kandidaten, den ein Personalberater für die Besetzung einer vakanten Position in einem anderen Unternehmen in Betracht zieht. Der Kandidat befindet sich in einer komfortablen Position, denn er ist kein Bewerber, vielmehr kann er sich zunächst in aller Ruhe mit den erhaltenen Informationen zu seiner möglichen Karriereentwicklung befassen. Selbst ein Gespräch mit seinem potentiellen neuen Arbeitgeber kann er in der Regel ohne Entscheidungszwang absolvieren.

In der Praxis gilt jedoch folgender Grundsatz: Jeder Kandidat sollte sich dessen bewusst sein, dass er die einzelnen Schritte im Hinblick auf einen Unternehmenswechsel nur dann gehen und Gespräche mit dem Berater und dem interessierten Unternehmen nur dann führen sollte, wenn er ernsthaft an der angebotenen Position interessiert ist. Andernfalls läuft der heute umworbene Kandidat Gefahr, morgen nicht nur von seinem potentiellen neuen Arbeitgeber, sondern vor allem auch von dem jeweiligen Personalberater ins Abseits gestellt zu werden, weil man nicht mehr bereit ist, ihn als Gesprächspartner ernst zu nehmen.

Gleichwohl – und unabhängig von den zuvor skizzierten unterschiedlichen Interessenlagen der Parteien – gilt: Alle Beteiligten verfolgen das erklärte gemeinsame Ziel. Der von dem jeweiligen Berater identifizierte, optimal für eine zu besetzende Position geeignete Kandidat soll innerhalb kürzester Zeit für die vakante Position des konkreten Auftraggebers gewonnen werden.

## IV.    Viele Wege führen nach Rom – oder: Königsweg Executive Search?

> *„Zusammenkommen ist ein Beginn,*
> *Zusammenbleiben ist ein Fortschritt,*
> *Zusammenarbeiten ist ein Erfolg."*

Henry Ford (* 30.7.1863, † 07.04.1947)

Wie findet ein Unternehmen den gesuchten und dringend benötigten neuen Mitarbeiter als Führungskraft? Wie kommt eine Führungskraft zu einer neuen Herausforderung – vielleicht gerade bei einem anderen Unternehmen? Diese in der Praxis maßgeblichen Fragen sollen im nachfolgenden Kapitel beantwortet werden.

# 1. Zwei Seiten einer Medaille: Personalgewinnung durch Unternehmen – Aufstieg auf der Karriereleiter für Kandidaten

Es gibt verschiedene Wege für ein Unternehmen, die Führungskräfte der Zukunft für sich zu gewinnen. Viele dieser Wege gehen Organisationen selbst über eine professionelle „interne Personalentwicklung". Dies gelingt manchen Unternehmen besser, anderen weniger gut. Daneben hat sich allerdings in den vergangenen Jahren in der Unternehmenspraxis die Ansicht durchgesetzt, dass einige Managementfähigkeiten nur durch nachhaltige Funktions- und auch Organisationswechsel entwickelt werden können.

Aus Sicht eines Kandidaten gibt es als erste Option zur Kontaktaufnahme mit einem möglichen neuen Arbeitgeber die Initiativbewerbung bei dem Unternehmen selbst. Der Vorteil liegt darin, dass unternehmensseitig eine solche Bewerbung meist sehr individuell geprüft wird und kein Wettbewerb zu anderen Kandidaten stattfindet. Der Nachteil liegt darin, dass dem Bewerber konkrete und spezifische Bedarfe meist unbekannt sind, sofern solche überhaupt existieren. Bei exponierten Managementfunktionen ist dieser Weg zudem – insbesondere aus Gründen der Diskretion – häufig nicht mehr gestaltbar, da der Kandidat mit der Kontaktaufnahme natürlich sein Interesse an einem Wechsel publik macht. Aus Sicht der Unternehmen stellen Initiativbewerbungen jedoch eine „kostenlose" Ressource dar, die seriös, systematisch und professionell ausgewertet werden sollte.

Eine Alternative dazu ist die Bewerbung auf eine vom suchenden Unternehmen direkt geschaltete Anzeige oder auf die einer Personalberatung, sofern eine solche dazwischengeschaltet wurde. Für den Kandidaten hat eine solche „Bewerbung" den Vorteil, sie gezielt auf einen ihm durch die Anzeige bekanntgemachten Bedarf ausrichten zu können. Nachteil ist jedoch die meist ausgeprägte Wettbewerbssituation, die entsteht, wenn sich mehrere potentiell geeignete Kandidaten auf die Vakanz bewerben. Da ein auf diese Weise gestalteter Suchprozess vom bedarfstragenden Unternehmen oder der Beratung seiner Wahl kaum aktiv gesteuert werden kann – die Hoffnung, dass sich die „richtigen" Kandidaten bewerben, muss reichen –, haben beide Wege jedoch an Bedeutung stark verloren, ganz besonders die diesbezügliche Nutzung von Printmedien.

Soziale Netzwerke (Applikationen des Web 2.0 wie etwa Xing, LinkedIn, aber auch Facebook) gewinnen bei der Suche nach Kandidaten an Bedeutung und belegen in der Rangfolge der Suchmethoden immerhin inzwischen Platz eins, gefolgt von internetbasierten Anwendungen wie Onlinejobbörsen (vgl. auch Füchtner [Hrsg.], Stiegler: Die Auswirkungen des

Web 2.0 auf Personalberatungen und Kandidaten, Bad Homburg, 2010). Daraus folgt für Kandidaten, dass sie ein Bewusstsein dafür entwickeln sollten, was wo im Internet über sie zu finden ist. Konsequent weitergeführt, folgt für Kandidaten daraus die Notwendigkeit, professionelles Reputationsmanagement in eigener Sache zu leisten. Damit stellen soziale Netzwerke, die von Unternehmen ausgewertet werden, um mit einem potentiellen Kandidaten in Kontakt zu treten oder sich ein besseres Urteil über ihn zu erlauben, in jedem Fall eine Erweiterung des Toolsets für das suchende Unternehmen dar. Sind all diese Wege nicht zielführend oder lassen andere Gründe diese Alternative nicht zu, wählen Unternehmen zumeist den Weg über die Direktansprache, das Executive Search, mit der Erwartung, im Zuge des dann erfolgenden systematischen und vor allem aktiv gestaltbaren Prozesses der Suche und Auswahl den passenden Kandidaten in einer überschaubaren Zeit gewinnen zu können. Für die Praxis gilt derzeit: Die Direktansprache dominiert trotz Web 2.0 weiterhin das Personalberatungsgeschäft.

## 2. Direct Search als probates Mittel

Auch in der Personalberatung kann niemand mit absoluter Sicherheit sagen, welcher Weg tatsächlich „Königsweg" ist. Nachfolgend seien jedoch einige Kriterien genannt, die für die Entscheidung sprechen, Executive Search zu nutzen:

- Der Markt ist extrem „eng" und die Zielgruppe der Kandidaten damit sehr klein.

- Die zu besetzende Position ist sehr spezialisiert, geeignete Kandidaten sind daher in der oder den relevanten Branche(n) bekannt.

- Die zu besetzende Position ist in der Hierarchie des Unternehmens besonders exponiert angesiedelt.

- Vertraulichkeit muss während des Prozesses zur Besetzung der Position in hohem Maße gewährleistet sein und ist Voraussetzung für die erfolgreiche Durchführung des Executive-Search-Auftrags.

Der zentrale Vorteil des Executive Search liegt in dem systematischen und aktiven Prozess der Suche und Auswahl begründet. Das Unternehmen kann so passende Kandidaten erreichen: entweder aufgrund der systematischen Suche durch die Beratung oder weil die Kandidaten der Beratung aus ähnlichen Profilsuchen bereits bekannt sind oder weil die Kandidaten zum Netzwerk des Beraters gehören. Der Prozess lässt sich zudem immer wieder aufs Neue initiativ ausrichten. So können gemachte Erfahrungen unmittelbar in die Gestaltung des weiteren Projektverlaufs einfließen. Es findet ein kontinuierlicher Abgleich zwischen den Vorstellungen des suchenden Unternehmens und den Möglichkeiten des Markts statt, was für alle Beteiligten erhebliche Lerneffekte zeitigen kann. Und es ist nicht zuletzt das einzige Verfahren zur externen Gewinnung von Leistungsträgern, bei dem über eine entsprechende Ressourcensteuerung der Personalberatung überhaupt ein zeitlicher Rahmen definiert werden kann, innerhalb dessen eine Einstellung höchstwahrscheinlich möglich wird. Nur der guten Ordnung halber: Verbindliche Zusagen von Maximalfristen sind auch der bestaufgestellten Beratung nicht möglich, da die Zeitdauer auch von vielgestaltigen externen Faktoren maßgeblich beeinflusst wird.

Ob Executive Search damit als „Königsweg" bezeichnet werden kann, sei zunächst einmal dahingestellt. Es unterscheidet sich jedoch signifikant von anderen Vorgehensmodellen und weist zweifelsohne einige entscheidende Vorzüge auf, sofern bestimmte Prinzipien (Kapitel V., S. 50f.) und Prozessschritte (Kapitel VI., S. 51ff.) beachtet werden.

## 3.    Das Search Project

Als ausgewiesener Spezialist für die Personalsuche – Identifikation, Auswahl und Gewinnung – handelt eine professionell arbeitende Personalberatung ausschließlich exklusiv im Auftrag des Kunden. Hierbei hat sich ein Prozess in der begleitenden Beratung zur Suche und Auswahl etabliert, der sich im Verlauf der Bearbeitung eines Auftrags (zumeist bezeichnet als Search Project, Assignment oder Executive Search) als „typisch" und damit auch professionellen Standards entsprechend beschreiben lässt.

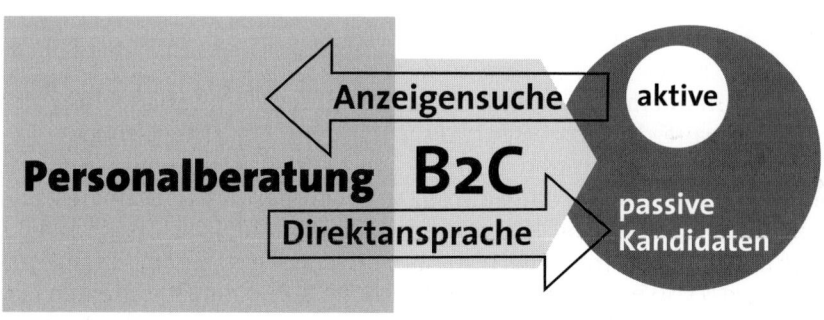

*Abbildung 1: Anzeigensuche versus Direktansprache*

In der Praxis geht sowohl der anzeigengestützten Suche als auch der Direktansprache in der Planungsphase eine detaillierte Besprechung zwischen Kunde und Berater („Briefing", vgl. dazu Kapitel VI., S. 51ff.) voraus. Dabei besteht in der jeweiligen Auswahl- („Qualifying") und Abschlussphase („Closing") trotz der vorhandenen Vertragserzielung zwischen Unternehmen und Berater auch ein von Vertrauen geprägtes „Vertragsverhältnis" zwischen Kandidat und Berater. Dieses umfasst alle Kandidaten, somit auch diejenigen, denen abzusagen ist, und nicht nur die Kandidaten, die im Prozess verbleiben.

## 4. Der Beratungsprozess in grafischer Darstellung

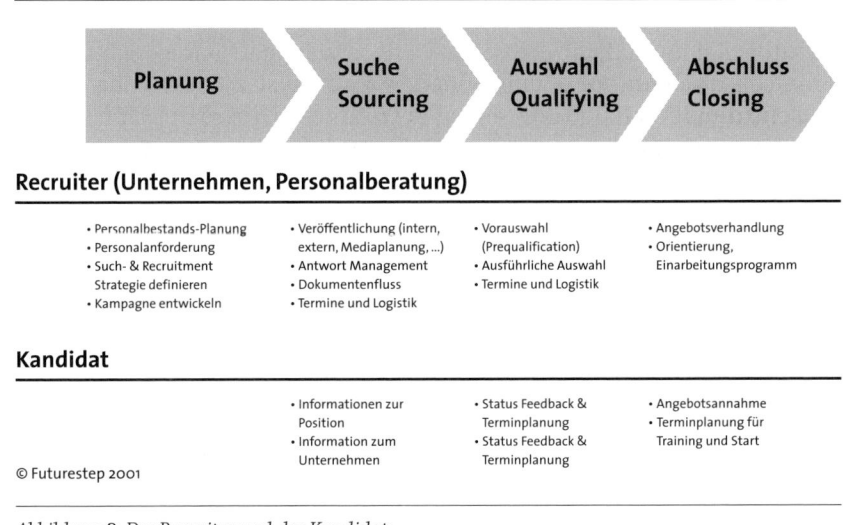

Abbildung 2: Der Recruiter und der Kandidat

# V. Fairplay in der Personalberatung

Die Personalberatung ist sowohl in ihren Prozessen als auch in ihrer Wirkung auf die Prozesspartner Unternehmen und Kandidat von Seriosität und Diskretion geprägt. Um beide Faktoren stets und für alle Beteiligten sicher zu wahren, strebt die professionell agierende Personalberatung eine offene und partnerschaftliche Zusammenarbeit mit ihren Auftraggebern an, die von beiderseitiger Loyalität getragen wird. Das Vertrauen des Kunden in die Kompetenz des Beraters ist dabei eine wesentliche Voraussetzung für eine solch enge Geschäftsbeziehung.

40

Es erscheint daher sinnvoll und für beiden Seiten wünschenswert, nachfolgende Punkte auch vertraglich sicherzustellen:

- Kapazität: Die Personalberatung versichert, dass der zur erfolgreichen und raschen Durchführung des Beratungsauftrags erforderliche Berater mit seiner speziellen Kompetenz und zeitlichen Kapazität sowie seinem Prozessteam präsent ist und zur Verfügung steht.

- Restriktionen bei der Auftragsbearbeitung: Auftraggeber und Beratung informieren sich vorab gegenseitig über potentielle Interessenkonflikte, die sich aufgrund aktueller Geschäftsbeziehungen beider Seiten ergeben – mit der Folge, dass die Personalberatung möglicherweise bestimmte Zielfirmen nicht in die Suche einbeziehen kann.

- No-Touch-Regel: Es wird eine No-Touch-Regel vereinbart. Dies bedeutet, dass sich die Beratung verpflichtet, innerhalb eines bestimmten Zeitraums nach Abschluss des Mandats keinen Arbeitnehmer des Auftraggebers anzusprechen. Dies sollte abhängig von der Größe des Unternehmens, Geschäftsfeldes oder entsprechend der beauftragten Business-Units vereinbart werden.

- Referenzen: Der Auftraggeber kann sich über eine gezielte Befragung von unterschiedlichen Ansprechpartnern bei Unternehmen, die bereits mit dem Berater zusammengearbeitet haben, ein Bild von dessen Leistungsfähigkeit, der dahinterstehenden Organisation und den gewonnenen Erfahrungen machen.

## VI. Der Executive-Search-Prozess

Wie kann sich ein professionell agierendes Executive-Search-Beratungsunternehmen in diesem anspruchsvollen Spannungsfeld positionieren, einen wichtigen Beitrag zur erfolgreichen Rekrutierung erstklassiger und zum suchenden Unternehmen „passender" Kandidaten leisten und dabei Letztere kompetent und vertrauensvoll durch einen sensiblen und für alle Beteiligten wichtigen Prozess führen?

Die Antwort darauf beginnt mit einigen einfach klingenden und grundsätzlich für alle Branchen geltenden Erkenntnissen zum Executive-Search-Prozess: sowohl die Klienten der Beratung als auch die Kandidaten haben zu Recht den Anspruch, dass der jeweilige Executive-Search-Berater in ihrem Sektor über hinreichende Erfahrungen verfügt. Der Berater sollte die Strukturen sowie die Verfassung der Branche, ihre wichtigsten Unternehmen, deren handelnde Personen und nicht zuletzt die Themen kennen, die zum aktuellen Zeitpunkt auf der Agenda stehen; er sollte „Mitglied" der entsprechenden Community sein. Damit sind nicht tagesaktuelle Ereignisse gemeint, sehr wohl aber grundlegende Tendenzen und Strömungen innerhalb der Branche (vgl. ausführlich dazu Füchtner/T. Wegerich, S. 542ff., Tarhan, S. 67ff.).

Die vermeintliche Erfolgsformel „je mehr Erfahrung, desto besser" geht aus einem einfachen Grunde nicht auf, denn eine erfolgreich im Markt agierende Executive-Search-Beratung braucht immer auch ein ausreichend großes Suchfeld, um Mandate seriös bearbeiten zu können. Anders gesagt: Unterstellt, dass grundlegende Prinzipien wie Kundenschutz gegenüber anderen Vertragspartnern beachtet werden, besteht in der Praxis oftmals ein gegenläufiges Verhältnis zwischen Branchenerfahrung und Freiheitsgraden im Suchprozess.

Idealerweise verfügt die Beratung jedoch bereits über ein Netzwerk aus Kandidaten, das durch viele aktuelle oder in jüngerer Vergangenheit geführte Mandate für wenige Klienten entstanden ist. Ist das der Fall, dann entwickelt sich ein System, das sich selbst verstärkend zu der nachfolgend beschriebenen Win-win-win-Situation führt.

Das erste Win steht für den Vorteil des auftraggebenden Klienten: Bereits vorhandene Kontakte des Beratungsunternehmens zu Kandidaten sind schneller und zielorientierter nutzbar als Kontakte, die erst aufgebaut werden müssen.

Das zweite Win steht für den Vorteil des Kandidaten: Er lernt, dass ein Kontakt zu dem betreffenden Berater auch dann sinnvoll sein kann, wenn man hinsichtlich der dafür Anlass gebenden Vakanz nicht zusammenkommt, da die Beratung über mehrere Klienten im entsprechenden Umfeld verfügt, die zudem unterschiedlich positioniert sind. Das Spektrum der Optionen, die dem Kandidaten geboten werden, ist größer und damit auch sein Nutzen aus dem Kontakt.

Das dritte Win steht für den Vorteil des Beratungsunternehmens: Es erwirbt sich zunehmend einen Ruf als relevanter Player auf dem Teilmarkt für Führungskräfte.

Um die Arbeit eines erfolgreichen Personalberaters projektbezogen darzustellen, soll im Folgenden aufgezeigt werden, wie ein erfolgreicher Direct-Search-Prozess aussehen kann:

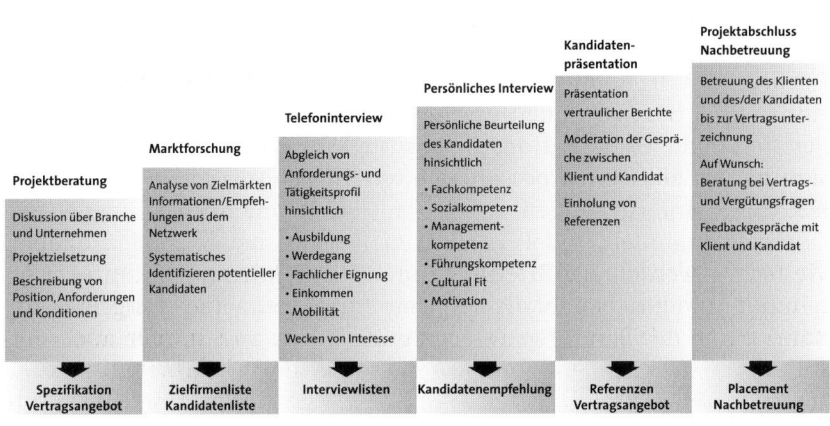

| Projektberatung | Marktforschung | Telefoninterview | Persönliches Interview | Kandidatenpräsentation | Projektabschluss Nachbetreuung |
|---|---|---|---|---|---|
| Diskussion über Branche und Unternehmen | Analyse von Zielmärkten | Abgleich von Anforderungs- und Tätigkeitsprofil hinsichtlich | Persönliche Beurteilung des Kandidaten hinsichtlich | Präsentation vertraulicher Berichte | Betreuung des Klienten und des/der Kandidaten bis zur Vertragsunterzeichnung |
| Projektzielsetzung | Informationen/Empfehlungen aus dem Netzwerk | | | Moderation der Gespräche zwischen Klient und Kandidat | Auf Wunsch: |
| Beschreibung von Position, Anforderungen und Konditionen | Systematisches Identifizieren potentieller Kandidaten | • Ausbildung • Werdegang • Fachlicher Eignung • Einkommen • Mobilität | • Fachkompetenz • Sozialkompetenz • Managementkompetenz • Führungskompetenz • Cultural Fit • Motivation | Einholung von Referenzen | Beratung bei Vertrags- und Vergütungsfragen Feedbackgespräche mit Klient und Kandidat |
| | | Wecken von Interesse | | | |
| **Spezifikation Vertragsangebot** | **Zielfirmenliste Kandidatenliste** | **Interviewlisten** | **Kandidatenempfehlung** | **Referenzen Vertragsangebot** | **Placement Nachbetreuung** |

*Abbildung 3: Der Executive-Search-Prozess*

## 1.   Ermittlung des potentiellen Beratungsbedarfs

Durch Akquisitions-, Marketing- oder Vertriebsaktivitäten wird seitens der Beratungsgesellschaft der Bedarf an externer Unterstützung zur begleitenden Personalsuche und Auswahl bei potentiellen Auftraggebern ermittelt.

## 2.   Erste Terminvereinbarung mit einem Repräsentanten des möglichen Auftraggebers

Dieser Termin ermöglicht es der Beratung, sich selbst mit ihren handelnden Akteuren, ihrer Philosophie und ihrer Expertise vorzustellen. Zusammen mit dem potentiellen Auftraggeber kann der individuelle Personalbedarf konkretisiert werden.

## 3.   Angebot

Der Berater erstellt ein individuelles Angebot für den potentiellen Auftraggeber unter Angabe der Suchstrategie, der geplanten Vorgehensweise, einer detaillierten Leistungsbeschreibung, der Reporting- und Dokumentationsaktivitäten, der Honorarhöhe mit den Zahlungsmodalitäten, einer Garantieerklärung und der Datenschutzbestimmungen. Dieses Papier ist umfassend, eindeutig, verständlich und transparent, genügt dabei aber auch den relevanten gesetzlichen Anforderungen.

## 4. Briefinggespräch

Es findet ein professionelles Briefing im Rahmen eines persönlichen Gesprächs statt. Im Mittelpunkt stehen dabei alle relevanten Informationen über das suchende Unternehmen, die Einbettung der vakanten Position in die Organisation, die positionsspezifischen Aufgaben sowie sich daraus ableitende persönliche, qualifikations- sowie erfahrungsbezogene Anforderungen sowie weitere Rahmenbedingungen wie Dotierungsrahmen und Perspektiven für den neuen Stelleninhaber. Weiterhin werden im Briefinggespräch Zielfirmen, Off-limits-Unternehmen und gegebenenfalls konkrete Ansprechpartner festgelegt, die dann durch das Beratungsunternehmen direkt angesprochen werden sollen.

Daran nehmen auf Klientenseite idealerweise alle relevanten Entscheider teil, die am Suchprozess beteiligt sind. Auf Seiten der Beratung nimmt der projektverantwortliche Berater teil und gegebenenfalls der Spezialist aus dem Research der Beratung, der die telefonische Erstansprache potentieller Kandidaten durchführen wird („Research-Associate").

## 5. Unternehmens- und Anforderungsprofil

Im Anschluss werden die wesentlichen Gesprächsergebnisse durch den Berater schriftlich in Form einer Spezifikation (auch: Job Description, Specification, Positionsprofil) zusammengefasst. Diese fasst analog zu den Inhalten des Briefinggesprächs eine Darstellung des suchenden Unternehmens, die organisatorische Eingliederung der vakanten Position, das Aufgabengebiet sowie das Idealprofil geeigneter Kandidaten zusammen. Folgende Eckdaten sollten enthalten sein:

- Strukturdaten zum Unternehmen („facts & figures")
- Strategie des Unternehmens (falls für die Position relevant)
- Position (Kennzeichnung)
- hierarchische Eingliederung in die Organisation
- Standort
- Aufgaben und Verantwortlichkeiten des künftigen Stelleninhabers
- Anforderungen an die Persönlichkeit des künftigen Stelleninhabers
- erforderliche Qualifikation des künftigen Stelleninhabers
- Entwicklungsmöglichkeiten des künftigen Stelleninhabers
- Kompensation, monetäre und geldwerte Bestandteile

Eine der wichtigsten Voraussetzungen für die erfolgreiche Durchführung des Beratungsauftrags ist, dass der Berater ein klares Verständnis der zu besetzenden Position, der Anforderungen an den künftigen Stelleninhaber sowie der spezifischen Unternehmenskultur des Auftraggebers entwickelt. Professionelle Executive-Search-Unternehmen gehen dabei in der Regel über eine deskriptive Bestätigung der erhaltenen Positionsbeschreibung hinaus. Sie unterstützen den Auftraggeber aktiv dabei, das Verständnis der konkreten Vakanz – auch im Vergleich zu bestehenden, vergleichbaren Positionen im Markt – zu entwickeln, bei Bedarf zu modifizieren oder gar zu verbessern.

Im Anschluss sollte die Darstellung des Unternehmens- und Aufgabenprofils durch den Berater vom Auftraggeber gegebenenfalls inhaltlich kritisch geprüft und für die weitere vertrauliche Verwendung durch den Berater freigegeben werden.

Auch für die Erstansprache durch den Researchspezialisten ist die Spezifikation eine wichtige Informations- und Arbeitsgrundlage. Sie sollte jedoch nicht in einer frühen Phase der telefonischen Ansprache an interessierte Kandidaten verschickt, sondern dem Kandidaten frühestens – wenn überhaupt – im Rahmen eines persönlichen Gesprächs mit dem Berater ausgehändigt werden. Die Gründe dafür liegen sowohl im Bereich der Diskretion sowie vor allem aber auch in der optimalen und aktiven Motivation eines potentiellen Kandidaten, die über einen persönlichen – zunächst telefonischen und später persönlichen – Gedankenaustausch immer besser und zielgerichteter erfolgen kann als über ein vorgefertigtes Papier, so zutreffend dessen Inhalte auch formuliert sein mögen.

Nach Abschluss dieser Planungsphase beginnt der aktive Suchprozess durch die Personalberatung. Während des Abstimmungsprozesses sollte der Berater bereits in seinem Netzwerk nach potentiellen Kandidaten Ausschau halten.

6. Projektteam

Die Beratung stellt ein internes Projektteam zusammen, das in der Regel aus dem projektverantwortlichen Berater besteht, ergänzt um Spezialisten in Research (Identifikation und Direktansprache) und Assistenz. Der Berater stellt weiterhin sicher, dass alle Mitglieder des Projektteams die für ihre jeweilige Aufgabe relevanten Informationen über Inhalt und Vorgehen des konkreten Suchprojekts erhalten.

## 7. Zielfirmenliste (Target List)

Im nächsten Schritt wird eine Zielfirmenliste (Target List) erstellt. Diese enthält Unternehmen, in denen der potentielle Kandidat aktuell tätig sein könnte. Die Firmen der Target List werden unter Berücksichtigung der relevanten Faktoren – wie zum Beispiel Branche, Region, Unternehmensgröße, Rechtsform, vergleichbare Prozesse und Verantwortlichkeiten – ausgewählt.

Diese Target List sollte nach Erstellung vom Kunden kritisch geprüft werden. Unerlässlich ist dies, da sich auf der Target List Unternehmen finden können, die – falls noch nicht im Briefinggespräch erwähnt – in besonderer Beziehung zum Klienten stehen (etwa als Kunde oder Lieferant). Man spricht dann von den „off-limits", in denen die Personalberatung keinesfalls für den Kunden aktiv werden darf. Nach der entsprechenden Freigabe durch den Kunden kann mit der Identifikation der Kandidaten begonnen werden.

## 8. Identifikation

In der Folgezeit werden mögliche Kandidaten in den Zielfirmen in einem systematischen, qualifizierten Suchprozess identifiziert (Market Research, Marktanalyse, Identifikation).

## 9. Ansprache

Auf Grundlage des Abgleichs mit der Datenbank der Beratung sowie eines systematischen tagesaktuellen Identifikationsprozesses im Bereich der definierten Zielunternehmen entsteht eine Liste von aufgrund der Einschlägigkeit ihrer heutigen Tätigkeit potentiell ansprechbaren Kandidaten (Long List).

Sobald die „Marktforschung" abgeschlossen ist, erfolgt die gezielte aktive Ansprache vorausgewählter Kandidaten, die in den Zielfirmen identifiziert wurden. Wenn der „potentielle Kandidat" nach einem Erstkontakt weiteres Gesprächsinteresse signalisiert, wird ein zweiter Kontakt der Vorauswahl vereinbart. Hierbei ist es unerlässlich, dass ein professioneller Researcher der Personalberatung mit dem interessierten und gesprächsbereiten Kandidaten ein strukturiertes „Interview" führt, meist am Telefon.

Im Rahmen einer solchen Ansprache ist bereits eine Einschätzung dar-über zu treffen, ob der Kandidat grundsätzlich für die zu besetzende Position geeignet sein könnte. Diese Einschätzung sollte bereits deut-lich über eine Plausibilitätsprüfung hinausreichen.

Entscheidend ist in dieser Phase des Suchprozesses im Rahmen einer ersten telefonischen Ansprache indes der folgende Punkt: Es muss gelingen, das Interesse des Gesprächspartners, der eventuell geeignet sein könnte, zu wecken. Es geht dabei nicht darum, ihn bereits jetzt von der konkreten Stelle bei dem jeweiligen Klienten nachhaltig zu begeistern. Ziel ist es vielmehr, herauszufinden, ob der potentielle Kan-didat innerlich bereit ist für den nächsten Prozessschritt.

Konkret bedeutet das, dass in einem Telefongespräch mit dem Research-spezialisten des Beratungsunternehmens Interesse an einem persönli-chen Gespräch mit dem Berater zu wecken ist. Bei diesem persönlichen Gespräch mit dem Berater geht es um den nächsten Prozessschritt: ein persönliches Gespräch mit dem Klienten, um ein runderes Bild zu erhalten, Informationen aus erster Hand und nicht zuletzt einen höchstpersönlichen Eindruck von den handelnden Personen und dem dort herrschenden Gesprächsklima zu bekommen.

## 10. Interview

Nachdem alle in Frage kommenden Kandidaten angesprochen wurden und sich der Researcher mit dem verantwortlichen Berater einen Über-blick über alle in Betracht kommenden Kandidaten verschafft hat, wer-den die Kandidaten, die in die engere Wahl kommen, zu einem persön-lichen Interview mit dem Berater eingeladen. Hier erfolgt dann ein ausführliches, persönliches, halbstrukturiertes Interview, das eine gründliche Analyse des Werdegangs einschließt. Gegebenenfalls kön-nen hierbei weitere „Werkzeuge" der Eignungsdiagnostik zum Einsatz kommen (wie zum Beispiel Case-Studies, Business-Cases, Tests, Einzel-Assessments).

Im Rahmen des Interviews, das der Executive-Search-Berater mit inter-essierten und potentiell denkbaren Kandidaten führt, sind zwei Ziele zu erreichen: Zum einen geht es darum, den Gesprächspartner für eine mögliche berufliche Entwicklungsoption zu interessieren, zum anderen gilt es, herauszufinden, ob er dafür ernsthaft in Frage kommt.

Von Bedeutung ist die Frage, ob der Kandidat zu der konkreten Aufga-be und in das gegebene Umfeld in dem suchenden Unternehmen passt.

Dabei geht es jedoch weniger um die Anwendung eignungsdiagnostischer Instrumente mit definierten prognostischen Validitäten, sondern in dieser Phase um Plausibilitäten. Bleiben hier noch Unsicherheiten oder gar Zweifel an der Eignung, sollte dies in späteren Prozessphasen validiert werden. Im positiven Fall hat man dann einen weiter motivierten und potentiell geeigneten Kandidaten, im negativen Fall wird man dem Kandidaten absagen.

Es geht auch darum, die kulturellen Unterschiede suchender Unternehmen inhaltlich aufzunehmen, in ihrem Wesen zu (er-)kennen und valide Einschätzungen zu treffen, ob ein Kandidat in die jeweilige Struktur und Kultur passt oder nicht. Damit sind in erster Linie die sogenannten weichen Faktoren angesprochen, die mit einem Arbeitgeber verbunden werden. Die Spannbreite kann hier von der Kommunikationskultur im Unternehmen bis zum Wertekanon und zum vorherrschenden Leistungsethos reichen.

Wichtig ist die Erkenntnis, dass nachhaltiges Zusammenpassen zwischen suchendem Unternehmen und dem Kandidaten nie etwas mit absoluten Gültigkeiten zu tun hat, sondern immer nur individuell beantwortet werden kann. Natürlich gibt es auch Kriterien dafür, ob ein Kandidat per se „gut" oder „schlecht" ist. Fast immer in solchen Prozessen geht es jedoch darum, ob ein Kandidat passt oder nicht passt: zu einem konkreten Umfeld, zu konkreten Anforderungen, zu konkreten Personen und einer konkreten Unternehmenskultur.

## 11.    Vertraulicher Bericht

Nach dem persönlich geführten Interview durch den Berater und der hierbei erfolgten Auditierung der jeweiligen Kandidaten werden wechselbereite, geeignete Kandidaten dem Kunden mittels eines „Vertraulichen Berichts" (oder auch: Confidential Report, Gutachten, Profile) vorgestellt. Es empfiehlt sich, Struktur, Layout und Design der Berichte einheitlich zu wählen, um dem Kunden eine gute Vergleichbarkeit verschiedener Profile zu ermöglichen.

Der Vertrauliche Bericht enthält

• allgemeine Informationen (Name, Familienstand, Alter, Adresse) zum Kandidaten und seiner Erreichbarkeit;

• Angaben zum aktuellen Einkommen und dessen Zusammensetzung, Gehaltsvorstellungen bei einem Wechsel und Kündigungsfrist;

48

- eine Übersicht über Aus- und Weiterbildung sowie über den beruflichen Werdegang des Kandidaten;

- eine fachliche und persönliche Einschätzung des Beraters.

## 12. Präsentation

Nunmehr liegt der nächste Schritt zur Besetzung der Position beim Auftraggeber. Dieser gibt zunächst eine Rückmeldung (Client-Feedback) zu den vom Berater vorgeschlagenen Kandidaten, um diese bei einer sogenannten Erstpräsentation kennenlernen zu können.

Zunächst ist an eine triviale Erkenntnis zu erinnern, die in Kandidatenmärkten Gültigkeit hat: Das Eisen muss geschmiedet werden, solange es heiß ist. Für die Vertreter des Klienten, eines nicht selten erfolgreich agierenden, namhaften und expansiven Unternehmens, ist es in dieser Phase von großer Bedeutung, zu verinnerlichen und danach zu handeln, für das Unternehmen als potentiellen Arbeitgeber eines in Frage kommenden Kandidaten zu werben. Dem Kandidaten ist somit zu gestatten, sich als Gesprächspartner auf Augenhöhe zu positionieren.

Ausschlaggebend für den gemeinsamen Erfolg ist es vielmehr, dass Klient und Berater eine schlüssige und konsistente Kommunikationsstrategie gegenüber dem Kandidaten festlegen, um diesem die Vorzüge des an der Besetzung einer bestimmten Position interessierten Unternehmens als in Frage kommender Arbeitgeber darzulegen.

Selbstverständlich darf und muss in einem solchen Gespräch auch die fachliche, erfahrungsseitige und persönliche Eignung eines Kandidaten hinterfragt werden. Dies sollte jedoch behutsam, mit dem notwendigen Fingerspitzengefühl und immer in dem Bewusstsein geschehen, dass letztlich beide Seiten zu Erkenntnisgewinn kommen müssen, um eine gut fundierte Entscheidung über den ins Auge gefassten Wechsel oder die geplante Einstellung treffen zu können. Denn: Aus Sicht des Klienten ist es nicht zielführend, wenn der eignungsdiagnostisch übergründlich durchleuchtete und schließlich als geeignet befundene Kandidat womöglich über diesen Prozess das Interesse an dem Wechselschritt verloren hat.

Werden all diese Nebenbedingungen berücksichtigt und entsteht damit eine vertrauensvolle Gesprächsatmosphäre, sind die Voraussetzungen für einen optimalen Verlauf gegeben: Alle Gesprächspartner sind bereit, etwas zu geben, und wollen etwas voneinander, nämlich Informationen zur Vorbereitung einer validen Entscheidung.

Das Gespräch läuft gut, Klient und Kandidat verabreden sich für ein zweites vertiefendes Gespräch. Der Berater holt auf Wunsch des Klienten und in Abstimmung mit dem Kandidaten Referenzen ein oder er bereitet den Kandidaten prozessual, inhaltlich unter Umständen auf ein eignungsdiagnostisches Verfahren vor, das bei seinem Klienten standardmäßig eingesetzt wird. Weiterhin kann er die Rolle des Mittlers zwischen den Interessen beider Seiten in Zusammenhang mit den anstehenden Vertragsverhandlungen einnehmen.

Ein wichtiger Aspekt ist nicht zuletzt auch die zeitnahe und gleichermaßen offene wie diplomatische Kommunikation negativer Rückmeldungen gegenüber den Kandidaten. Dabei handelt es sich in aller Regel um mehr oder weniger präzise begründete Absagen des suchenden Unternehmens, die dem betroffenen Kandidaten durch den Berater nahezubringen sind. Dieses Feedback sollte zum einen so offen und klar wie möglich sein, um dem Kandidaten einen Mehrwert in Gestalt eines entsprechenden Erkenntnisgewinns für zukünftige ähnliche Prozesse zu geben, zum anderen für den Kandidaten nachvollziehbar und akzeptabel sein, insbesondere sollte es nicht sein Selbstwertgefuhl angreifen.

## 13.  Einsatz weiterer Auswahlinstrumente

*a) Referenzen*
Bei vielen Führungspositionen auf der ersten Ebene (Vorstand, Geschäftsführung) werden durch die Personalberatung ergänzende Referenzgespräche (*„reference checks"*) durchgeführt; ansonsten geschieht dies nach Bedarf und Wunsch des Auftraggebers. Hierzu werden vom potentiellen Kandidaten benannte Referenzpersonen – in der Regel seine früheren Vorgesetzten oder Kollegen – zu seinen Kenntnissen, Fähigkeiten, Aspekten seiner Persönlichkeit und bisherigen beruflichen Erfolgen befragt. Da sich der Berater als Teil der entsprechenden Community verstehen sollte, kann er die Leistungen und Erfolge der Kandidaten häufig auch durch Sourcing-Gespräche indirekt verifizieren.

Bei positiv Präsentation und kultureller „Passung" sowie fachlicher Eignung – eine abschließende Einschätzung vermag unter Umständen auch erst einige Gesprächen später erfolgen – erhält der letztlich passende Kandidat ein Vertragsangebot. Der Personalberater begleitet auch hier auf Wunsch moderierend und beratend die Vertragsverhandlungen.

*b) Assessment-Center (AC)*

Zunächst ist zu unterscheiden zwischen Gruppen- und Einzel-Assessments. Gruppen-ACs scheiden aus Diskretionsgründen im Regelfall vollständig aus. Bei Einzel-ACs kann zum einen der Fall betrachtet werden, dass das suchende Unternehmen ein solches Verfahren standardmäßig bei der Besetzung bestimmter Positionen zur Anwendung bringt. Insbesondere in großen Konzernen zählt das zum üblichen Vorgehensrepertoire. Ein solches Einzel-AC kann von externen Beratern durchgeführt werden, die zumeist nicht identisch mit der suchenden Beratung sind, oder auch von (spezialisierten) Mitarbeitern des suchenden Unternehmens selbst. Da der Executive-Search-Berater bereits über die Notwendigkeit eines solchen Verfahrens informiert ist, kann er den Kandidaten frühzeitig darauf einstimmen und versuchen, mögliche Akzeptanzhürden im Zusammenspiel mit den Entscheidern auf Klientenseite abzubauen.

Der Kandidat hat meist nur die Wahl, entweder an dem Verfahren teilzunehmen oder bei einer Ablehnung des Verfahrens nicht mehr weiter ernsthaft berücksichtigt zu werden. Insofern steht und fällt die Akzeptanz des Verfahrens mit der Professionalität seiner Vorbereitung und Durchführung, vor allem jedoch mit der vorherigen Kommunikation mit dem Kandidaten über das Verfahren.

Möglich ist auch, dass das mit der Suche beauftragte Beratungsunternehmen gebeten wird, zur eignungsdiagnostischen Absicherung der Gesprächsergebnisse ein Einzel-AC durchzuführen. Großer Vorteil dieser häufig bei mittelständischen Kunden zur Anwendung kommenden Vorgehensweise ist, dass das AC maßgeschneidert werden kann auf die vakante Position und die daraus abgeleiteten Anforderungen, die die Beratung bestens kennt und beurteilen kann. Als möglicher Nachteil wird bisweilen empfunden, dass sich für die Beratung ein Interessenkonflikt daraus ergeben könnte, wenn sie die Ergebnisse ihrer eigenen (Such-)Arbeit bewerten soll.

*c) Psychologische Testverfahren*

Psychologische Testverfahren seien noch genannt, die es unter bestimmten Voraussetzungen erlauben, Aussagen über Teilaspekte der Persönlichkeit zu treffen. Ohne an dieser Stelle die Validität solcher Verfahren qualifizieren zu wollen, ist ihre Akzeptanz bei direkt angesprochenen Kandidaten so gering, dass sie in der beraterischen Praxis kaum eine nennenswerte Rolle spielen.

Gleichwohl ergibt sich sowohl vor- wie auch nachgelagert die Notwendigkeit, mit dem betroffenen Kandidaten intensiv zu sprechen, um ihm die Vorteile und den für ihn konkret entstehenden Nutzen des Vorgehens transparent zu machen.

## 14.	Vertragsfindungs- und Integrationsphase

Am eigentlichen Vertragsgespräch nimmt der Executive-Search-Berater nicht notwendigerweise persönlich teil. Dennoch kann er aus dem Hintergrund viel bewirken: Seine Leistung in der Vertragsfindungsphase liegt zunächst einmal darin, durch die beidseitige Vorbereitung und Einstimmung auf die entscheidenden Gespräche zwischen dem Kandidaten und dem suchenden Unternehmen sicherzustellen, dass die Erwartungshaltungen an das zu erzielende Ergebnis in einem plausiblen Korridor liegen. Auf mögliche Hürden sollte bereits im Vorfeld hingewiesen werden. Der Berater sollte sich somit als Sparringspartner oder Coach oder auch bisweilen als Unterhändler verstehen, der vor allem sicherstellt, dass beidseitig professionell miteinander umgegangen wird und dass es für keine Seite in der abschließenden Gesprächsrunde unliebsame Überraschungen gibt.

Hat man vertraglich zueinander gefunden, folgt die Phase der Integration des Kandidaten bei seinem neuen Arbeitgeber. Auch hier steht der Berater weiter im Hintergrund zur Verfügung und kann sowohl vom Kandidaten als auch von seinem Klienten als Ratgeber und Coach genutzt werden.

Aus zwei Gründen hat der Berater ein hohes Interesse, in dieser Phase professionelle Dienste zu leisten: Zum einen ist Bestandteil des Beratungsvertrags eine „Garantieklausel", in der sich das Executive-Search-Unternehmen zur honorarfreien Nachleistung verpflichtet, wenn ein empfohlener und vom Klienten eingestellter Kandidat das Unternehmen innerhalb der Probezeit (in Deutschland maximal sechs Monate) wieder verlässt. Zum anderen leben die Kunden-Berater-Beziehungen von Dauerhaftigkeit, Langfristigkeit und Kontinuität. Allein deshalb besteht die Notwendigkeit, eine Unzufriedenheit des Klienten in jeder Phase der Zusammenarbeit auszuschließen.

# VII. Zeitlicher Ablauf und Honorierung von Executive-Search-Dienstleistungen

Die von der Beratung am besten beeinflussbare Zeitdauer ist die zwischen der Erteilung eines Suchauftrags und der Präsentation einer Auswahl geeignet erscheinender Kandidaten. Unter Berücksichtigung aller diesen Abschnitt des Suchprozesses beeinflussenden Kriterien liegt die Zeitspanne häufig zwischen vier und acht Wochen. Die Zeit für entsprechende Entscheidungsabläufe beim Klienten hinzugerechnet, korrespondiert dies durchaus mit den Erwartungen erfahrener Praktiker. Diese fordern gern pauschal Schnelligkeit der Umsetzung, konkretisieren ihre zeitlichen Vorstellungen dann aber in ähnlicher Dimension.

Entscheidend ist hier neben einer möglichst hohen Zuverlässigkeit der Einschätzung des Zeitablaufs vor allem eine regelmäßige Kommunikation mit dem Klienten über Fortschritte oder Probleme des Suchprojekts. Diese wird häufig auch erwünscht, ohne dass ein konkreter Anlass dafür vorliegt.

Ohne im Folgenden detailliert auf spezifische Honorarmodelle einzugehen, sollen jedoch einige Plausibilitäten und Grundzusammenhänge erörtert werden.

Die wichtigsten Kriterien für die Bemessung der Honorarhöhe sind die eingeschätzte Schwierigkeit der Suche, die Bedeutung der zu besetzenden Position und die voraussichtliche Höhe des Jahresgesamteinkommens eines neuen Stelleninhabers. Vor diesem Hintergrund oszilliert das Beratungshonorar bei einer Einzelsuche nicht selten zwischen 30 und 33 Prozent der Jahresdotierung der vakanten Position. Es kann unterschieden werden zwischen festen Honoraren und der Höhe nach variablen Vereinbarungen, die sich dann nach dem tatsächlichen Jahreseinkommen des platzierten Kandidaten richten, das naturgemäß erst am Ende des Prozesses verbindlich feststeht. Eine seriöse Executive-Search-Beratung wird verbindliche Honorargrößen immer erst dann kalkulieren und benennen, nachdem sie sich detailliert mit der Suchthematik hat auseinandersetzen können.

Hinzu kommen jeweils alle in Verbindung mit dem Suchprozess anfallenden Spesen, insbesondere Reisekosten für Berater und Kandidaten.

Einem mehr oder weniger starken Erfolgsbezug wird durch die Gestaltung der Fakturierung des Honorars Rechnung getragen. Die logischen Extreme sind eine rein zeitbezogene Honorierung des Beraters in drei oder vier monatlichen Raten ohne unmittelbare Erfolgsabhängigkeit einerseits oder die vollständige Erfolgsabhängigkeit andererseits – das Honorar wird dann erst nach Platzierung eines Kandidaten fällig. Die bewährten Üblichkeiten seriös und professionell agierender Executive-Search-Beratungen liegen in einer Spannbreite zwischen zeitbezogener Honorierung und der sogenannten Drittelregelung, nach der ein Drittel der fest vereinbarten oder zunächst kalkulatorisch veranschlagten Honorargröße nach Auftragserteilung gezahlt wird, das zweite Drittel nach der Präsentation von Kandidaten beim Klienten und das dritte Drittel oder die sich ergebende Differenz zwischen kalkuliertem und tatsächlichem Honorar nach der Unterschrift eines von der Beratung präsentierten Kandidaten unter den Arbeitsvertrag mit dem suchenden Unternehmen.

Wenngleich klientenseitig nahezu durchgängig die Forderung nach möglichst hoher Erfolgsorientierung besteht, wird dabei doch nahezu immer übersehen, dass mit zunehmender Abhängigkeit der Honorarzahlungen von der Platzierung die Qualität und die Unabhängigkeit der Beratung in Gefahr gebracht werden: Wegen der mangelhaften Anreizkompatibilität des Honorarkonzepts kann beraterseitig die Empfehlung der Einstellung eines möglichst hochdotierten Kandidaten in den Vordergrund rücken, weil dies zu einem hohen Honorar führt. Und dabei muss es sich keinesfalls zwangsläufig um den am besten geeigneten Kandidaten handeln.

Ein unabhängiges Benchmarking interner Kandidaten des Klienten mit externen, vom Beratungsunternehmen zu identifizierenden Kandidaten – eine häufig anzutreffende Problemkonstellation – ist zudem völlig außerhalb jeder Anreizkompatibilität für den Berater: Bedeutet eine Empfehlung des objektiv vielleicht am besten geeigneten internen Kandidaten dann doch immer gleichzeitig auch den Verzicht auf nennenswerte Honorarteile.

Vor dem Hintergrund eines vertrauensvollen Miteinanders sollte eine stimmige Honorarvereinbarung für Executive-Search-Dienstleistungen Grundlage für systematisches und professionelles Agieren der Beratung sein, was wiederum einen zentralen Eckpfeiler des gemeinsam erwünschten Beratungserfolgs darstellt.


## VIII.  Golden Rules

Lassen Sie uns am Ende dieses Kapitels noch zwei in der Praxis besonders wichtige Punkte, auch als „Golden Rules" bezeichnet, näher definieren:

1.   Exklusivität

Immer wieder gibt es Unternehmen, die den Beratungsauftrag gern an mehrere Beratungsgesellschaften zeitgleich vergeben wollen, um dann mit demjenigen, der zuerst die Stelle besetzt, das Suchprojekt abzuschließen. Da es sich insbesondere im Bereich Executive Search um ausgeprägt vertrauliche Interna und diskret zu handhabende Daten sowie Prozesse handelt, spricht jedoch viel mehr für eine exklusive Auftragserteilung. Diese schließt vor allem „Doppelansprachen" im Markt aus, die nicht nur die Beratung, sondern letztlich auch den Auftraggeber in einen Erklärungsnotstand bringen können. Darüber hinaus wirkt ein solches Vorgehen auch auf die angesprochenen Kandidaten irritierend und unprofessionell.

2.   Enge Kommunikation zwischen Auftraggeber und Beratung

Je nach Schwierigkeitsgrad des Auftrags, den Anforderungen der zu besetzenden Position an den künftigen Stelleninhaber, der Verfügbarkeit qualifizierter Kandidaten sowie einer Reihe weiterer Faktoren kann es nur wenige Tage, einige Wochen oder auch mehrere Monate dauern, bis ein Auftrag abgeschlossen ist. Ein seriöser Personalberater wird den Kunden während der gesamten Laufzeit regelmäßig über den Fortschritt des Projekts informiert halten. Dies erfolgt zumeist über regelmäßige Berichte, die eine kurze schriftliche Zusammenfassung über angesprochene Kandidaten, Reaktionen aus dem Markt, Schwierigkeiten bei der Identifizierung oder Ansprache von Kandidaten und nicht zuletzt über Kandidaten in der engeren Auswahl des Suchprojekts enthalten.

# IX.   Fazit

Unter üblichen Bedingungen ist die Position nun besetzt. Einschließlich der Entscheidungszeit des Klienten hat der Gesamtprozess – beginnend beim Briefinggespräch mit unmittelbar anschließender Auftragserteilung bis zur Unterschrift des Kandidaten unter den Arbeits-/Dienstvertrag – ziemlich genau drei Monate gedauert.

In dieser Zeit haben der Auftraggeber und sein Personalberater im Rahmen eines engen Arbeitsverhältnisses einander nicht nur gut kennengelernt, sondern es hat sich auch ein tragfähiges Vertrauensverhältnis entwickelt. Beide haben konstruktiv, ergebnisorientiert und vor allem gemeinsam an der Lösung des Besetzungsproblems mitgewirkt.

Neben aller inhaltlicher und prozessbezogener Professionalität hat der Berater dabei ausgeprägtes Commitment und umfassende Dienstleistungsorientierung spüren lassen. Unternehmen und Berater sowie der neue Stelleninhaber, der einen Karriereschritt machen konnte, sind mit dem Projekterfolg zufrieden.

Wird hier ein unwahrscheinliches Best-Case-Szenario beschrieben, die Realität schön geredet? – Keineswegs! Erfreulicherweise handelt es sich hier immer noch um das am häufigsten erzielte Ergebnis.

Verdeutlicht werden soll an dieser Stelle aber vor allem, dass es sich bei Executive Search um ein „People Business" in Reinform handelt: Es steht und fällt eben auch damit, wie gut sich die Protagonisten des Prozesses verstehen und wie sehr sie einander vertrauen.

Als Kunde sollte man nach der Entscheidung darüber, welchen Personalberater man einsetzt, die man sich nicht einfach gemacht hat, dem ausgewählten Berater ein gewisses Grundvertrauen entgegenbringen, dass er sein Handwerk versteht und das Richtige tun oder veranlassen wird, um die Vakanz bestmöglich zu besetzen. Man sollte grundsätzlich den Rat des Beraters ernst nehmen und verlässlicher Partner im Miteinander sein.

Als Berater ist man gut beraten, engagiert, initiativ und aktiv in engem kommunikativem Schulterschluss mit seinem Auftraggeber an der Problemlösung zu arbeiten.

Unvorhersehbare Probleme während des Suchprozesses bekommen einen ganz anderen Charakter, wenn sie nicht mit dem nagenden Zweifel verbunden sind, dass die Schuld eigentlich doch beim Berater – oder Kunden – liegt, sondern wenn man tief davon überzeugt ist, zusammen mit seinem Gegenüber am gleichen Tauende zu ziehen.

Auf diese Weise lassen sich auch schwierige Besetzungsthemen gemeinsam, vertrauensvoll und professionell in Angriff nehmen und zum Erfolg führen.

# Personalberatung –
# Eine inzwischen fast erwachsene Branche

Roman Müller-Albrecht, Bad Homburg

## I. Einführung

Als Personalberater erlebt man immer wieder spannende Situationen. Man diskutiert mit Kunden und wird mit neuartigen und sehr interessanten Themen konfrontiert. Diese Gespräche machen zugleich auch deutlich, in welcher Tiefe das Vertrauensverhältnis zwischen Kunde und Berater besteht, wie einsam die Führungskraft häufig ist und wie sehr externe Impulse gebraucht und abgefordert werden. In solchen Situationen erfährt Personalberatung eine Ausgestaltung, die weit über die Suche und die Auswahl von Führungskräften hinausgeht. Alle Fragen, die einem dabei gestellt werden, aus eigener Erfahrung und mit entsprechender Kompetenz zu beantworten ist unmöglich.

Einige Beispiele dazu: Während eines Besuches bei einem HR-verantwortlichen Executive eines großen deutschen Konzerns, der global agiert und seit langem über ein exzellentes Employer-Branding verfügt, kamen wir auf das Thema „Diversity" zu sprechen. Bereits besprochen hatten wir die exzellente Führungskräfteentwicklung, die geringe Fluktuationsrate, das Herausbilden von zukünftigen Young Business Leaders, die optimale Nachwuchsarbeit sowie den ungewöhnlich vertrauensvollen und zukunftsgerichteten Umgang über alle Führungsebenen hinweg. Verbunden mit sehr guten Markterfolgen, der guten Förderung von Frauen und damit einer im DAX-Vergleich weit überdurchschnittlichen Quote von Frauen in Führungspositionen, stellte sich für uns die Frage, warum das Gegenüber das Thema „Diversity" überhaupt angeschnitten hatte.

Tatsache war, dass der Fokus der Überlegungen zum Thema „Diversity" weit über die aktuellen Diskussionen zum Thema „Frauenquote" hinausging. Problem war, dass aufgrund der sich stark verändernden Märkte – der zunehmenden Internationalisierung in Kombination mit der geringen Fluktuationsrate – das Unternehmen von unserem Gesprächspartner als deutlich zu „teutonisch" empfunden wurde. Dies machte vor allem klar, dass kulturelle Impulse, die dem Unternehmen Weiterentwicklung bieten, häufig nicht genug in die Organisation getragen werden und sich daraus die Sorge ableitete, ob dies nicht auf lange Sicht gerade zum Problem und zu mangelnder Wettbewerbsfähigkeit führen würde. Sehr schnell gelangte diese Diskussion in verschiedenen Verästelungen zu einer heute häufig anzutreffenden Neudefinition von Karriere, dem Ringen um neuartige Work-Life-Balances, den veränderten Anforderungen und Kommunikationsgewohnheiten durch neue Technologien etc. Das heißt, ein breiter Reigen von Themenstellungen rund um den Bereich Personal wurde durchdiskutiert, immer vor dem Hintergrund eines vertrauensvollen, fairen und partnerschaftlichen Umgangs miteinander.

Es lassen sich weitere Erlebnisse aufzählen, die vielleicht thematisch anders gelagert sind, aber in der Problemstellung genau gleich laufende Gespräche mit CEOs oder Eigentümern mittelgroßer Organisationen darstellen: Diskussionen über Arbeitszeitmodelle zur Bewältigung der Finanzkrise vor dem Hintergrund der notwendigen Bedeutung von Stammbelegschaften oder über Coachingmaßnahmen für den gerade erst extern eingestellten Neu-Geschäftsführer. Thema eines solchen Gesprächs mit einem CEO oder Eigentümer kann aber auch die Auditierung seiner seit Jahren mit ihm gewachsenen Führungsmannschaft sein, von der er sich nicht sicher ist, ob sie das Projekt 2020 mit ihm gemeinsam noch erreichen kann, oder die ausgeprägte Bitte, ihm bei der Aufstellung oder Neubesetzung seines Beirats behilflich zu sein.

Alles zusammengenommen handelt es sich um Themen, die einerseits eine jahrzehntelange Vertrauensbeziehung zwischen dem Personalberater und seinem Kunden deutlich machen, die aber andererseits aufgrund der ausgeprägten Vielfalt des Services, die im Rahmen von Personalberatung angeboten wird, so umfassend sind, das sie heute qualifiziert von einer Person so gar nicht mehr abgedeckt werden können. Dies ist sicherlich auch der größte Unterschied zu ähnlichen Gesprächen vor 20 Jahren. Der Markt ist reifer geworden, ist in einer anderen Phase seines Lebenszyklus, und damit haben die Anforderungen an die einzelnen Teildisziplinen und die Beherrschung des dort notwendigen Instrumentariums zugenommen.

## II. Personalberatung heute – Generalist versus fokussierter Teamplayer

Gerade der „Funktionsexperte" im Konzern sucht für seine Fragestellung einen themenzentrierten Experten und weiß darüber hinaus sehr genau, was er anhand welcher Fragen im Vorfeld schon an Expertise abklären und an Erwartung an die Dienstleistung knüpfen kann. Dies gilt in zunehmendem Maße auch für kleinere Unternehmen, die ebenfalls immer spezialisierter eigene Recruiting-Abteilungen, Shared-Service-Center (etwa für Lohn und Gehaltsabrechnungen), Management-Development-Abteilungen (von Training über Development bis hin zum Senior Executive Coaching), Compensation- & Benefits-Bereiche sowie Spezialisten für Arbeitsmodelle, Tarifpolitik und Ähnliches aufbauen. Der Markt ist ohne jede Frage reifer geworden. Dies schlägt auch auf die Gesprächspartnerschaft auf Executive-Ebene durch. Selbst ein Inhaber oder CEO bindet heute erheblich stärker im Vorfeld die Fachexperten mit ein, um die Auswahl zu validieren. Er entscheidet seltener allein. Daneben werden (mit teilweise extrem elaborierten Angebotsaufforderungen) auch Einkaufsabteilungen zunehmend mit eingeschaltet.

All dies verändert den Markt an Personalberatungen deutlich und verstärkt die Notwendigkeit, mit immer mehr Spezialisierung ein exzellentes Wissen aufzubauen, das dann mit Qualität angeboten werden kann. Andererseits schränkt es deutlich die Möglichkeiten ein, als Allrounder wirklich profund und mit Qualität Lösungsangebote direkt entwickeln zu können. Dies hat erhebliche Auswirkungen auf die handelnden Personen der Berater selbst.

Wo früher starke, individuelle Einzelpersönlichkeiten über ein persönliches Vertrauensverhältnis sowohl in der Akquisition als auch häufig in der Delivery agieren konnten, rückt zunehmend der Teamgedanke mit spezialisierten Mitgliedern – ihre Einzelexpertise in ein Gesamtangebot einbringend – und damit das Ganze in den Vordergrund. Trotz allem ist Ende der 90er Jahre des vergangenen Jahrhunderts der Versuch der damaligen TMP, ein komplettes Lösungsangebot aus einer Hand anzubieten, in dieser Form gescheitert, und seither hat keine der großen Beratungsorganisationen dieses Thema wieder aufgegriffen. Dies liegt nicht zuletzt daran, dass die Notwendigkeit inhaltlicher Tiefe, verbunden mit der Durchsteuerung der Einzelkompetenzen zu einem Gesamtlösungsangebot in einem solch reifen Markt inzwischen so sehr an Komplexität zugenommen hat, dass es nahezu unmöglich ist, dem Bedürfnis der Kunden Rechnung zu tragen, so dass die Glaubwürdigkeit solcher Lösungsangebote aus einer Hand leidet. Dabei sind sowohl die alten Fragen bezüglich der „Chinese Walls" zwischen den einzelnen Teildisziplinen immer noch virulent; zudem haben die Anforderungen an Kompetenz und Know-how heute eine qualitativ andere Bedeutung. Nur mit Fokussierung und einer neuen Bescheidenheit in der Sache, gepaart mit verbessertem Know-how für das „Beratungsprodukt" ist Erfolg noch möglich. Persönlichkeit, Vertrauensverhältnis und individuelles Standing sind wie eh und je nötig. Heute sind diese Qualitäten allerdings lediglich notwendige Bedingungen einer personalberaterischen Topleistung. Hinreichend sind sie im heutigen Umfeld häufig aber nicht mehr. Der von Personalberatern im Alltag dauernd erlebte und gemanagte Change hat sie selbst erreicht.

## III.  Der Personalberatungsmarkt

### 1.  Überblick

Dieser Zusammenhang ist umso interessanter, als sich die Personalberatungsunternehmen diesem Thema bisher eigentlich kaum gestellt haben. Schaut man auf eine der wesentlichen Interessenvertretungen der Personalberatung, den BDU, so findet man dort unter anderem drei Fachverbände: einen für Outplacementberatung (dieses Thema soll in diesem Buch nicht weiter thematisiert werden) sowie die Fachverbände Personalberatung und Personalmanagement. Der Fachverband Personalmanagement weist dabei lediglich 24 Mitglieder aus (BDU 2011). Damit ist dieses Thema beim BDU zwar aus dem klassischen Fachverband Personalberatung ausgegliedert, aber Schnittflächen, Gemeinsamkeiten oder Unterschiede werden keinesfalls deutlich herausgearbeitet.

Am stärksten ist eindeutig der Fachverband Personalberatung, der zurzeit aus rund 70 Mitgliedern besteht und der mit dem jährlich stattfindenden Personalberatertag auf dem Petersberg eine gute Wahrnehmung in der Öffentlichkeit für sich verbuchen kann. Nicht zuletzt wird seine Bedeutung dadurch untermauert, dass der BDU jedes Jahr eine Studie zum Personalberatungsmarkt vorlegt und einen Gesamtmarkt aufzeigt, dessen Umsatz im Jahr 2010 immerhin 1,3 Milliarden Euro betrug (Quelle: BDU-Marktstudie „Personalmarkt in Deutschland 2010/2011").

### 2.  Zielsetzung dieses Praxishandbuches

Hier zeigt sich nun, dass die Suche und Auswahl von Führungskräften und Experten mit 81,7 Prozent den deutlich größten Anteil am Umsatz dieses Markts hat. Gerade mal ein Zehntel, nämlich 8,7 Prozent, Marktanteil hat noch der Bereich Managementdiagnostik. Alle anderen Bereiche wie die Besetzung von Beiräten und Aufsichtsräten, Management-Coaching oder Outplacement sind mit Marktanteilsgrößen von 0,8 Prozent bis 3,8 Prozent von eher untergeordneter Bedeutung. Bera-

60

tungsangebote wie die Themenstellungen Vorstandsvergütung oder Interim Management finden in der BDU-Studie überhaupt keine Erwähnung. Interessant ist darüber hinaus, dass das Thema Managementdiagnostik eigentlich ausschließlich bei den großen Personalberatungen mit 12 Prozent Umsatzanteil relevant ausgeprägt ist (Quelle: BDU-Studie 2010).

Widerspricht dies nun der oben aufgestellten These, dass wir uns in einem zunehmend reifer werdenden Markt bewegen und die Fragestellungen an einen erfolgreichen Personalberater eher zunehmen? Antwort: eindeutig nein.

Sicherlich werden die Funktionsteiligkeit der Themenstellungen und der Anspruch an ansprechend fundiertes Know-how zu diesen Themenstellungen von den eher breit aufgestellten Konzernen getrieben, die immer stärker den Druck verspüren, zugunsten ihrer eigenen Wettbewerbsfähigkeit im globalen Markt hierauf Antworten zu finden. Konzerne werden nun wiederum von den eher großen Personalberatungen betreut. Beide müssen im Zusammenspiel die richtigen Antworten finden. Aber wie schon oben dargestellt, beschäftigen diese Fragen auch erfolgreiche Mittelständler in einem globalen Markt. Aufgrund ihrer Aufstellung und ihres Vorgehens werden sie allerdings seltener mit nur einem Personalberater diese Vielfalt an Themen diskutieren. Wie gerade die großen (eher nicht spezialisierten) Personalberatungen diese Anforderungen in ihren Qualitätsanspruch integrieren und echte Kompetenz in Zukunft sicherstellen werden, bleibt spannend zu beobachten.

Antworten darauf sind bisher mit einem wirklich nachvollziehbaren, konzeptionell tragfähigen Rahmen nicht entwickelt worden. Ziel scheint es eher zu sein, bisherige Leistungsangebote weiterzuentwickeln und neue (umsatzversprechende) Leistungsangebote anzudocken, ohne dabei die Notwendigkeit einer Gesamtkonzeption hinreichend zu berücksichtigen. Auf Sicht wird aber gerade die Beantwortung der Frage nach der Verortung der Teildisziplin im Ganzen und die Kompetenzentwicklung in dieser Teildisziplin den Erfolg für eine Personalberatung der Zukunft bestimmen. Dieses Buch verfolgt nun einen anderen Ansatz, indem es für die einzelnen Teildisziplinen ausgewiesene Experten zu Wort kommen lässt, die dadurch Personalberatung in ihrer ganzen Breite aufzeigen.

Es handelt sich dabei um eindeutig ausgewiesene Spezialisten, die sich mit klarer Fokussierung und Kompetenz in ihren jeweiligen Teilsegmenten darstellen. Gerade diese Vorgehensweise gewährleistet, dass eben genau diejenigen zu Wort kommen, die nicht nur ihre jeweiligen Märkte exzellent verstehen, sondern aufgrund jahrelanger Erfahrung inzwischen ein fundiertes Know-how und eine adäquate Problemlösungskompetenz für die Themenstellungen der Kunden aufgebaut haben. Dabei reicht die Palette der Dienstleistungsangebote von solchen, die schon eher länger am Markt etabliert sind, bis hin zu solchen, die sich in den vergangenen Jahren entwickeln und ausbauen konnten oder sogar in Deutschland gerade erst den Kinderschuhen entwachsen.

Welche von den Spezialisten erbrachten Dienstleistungsangebote könnten nun für den Kunden relevant sein? Hierzu haben wir eine Auswahl getroffen und versucht, mit den folgenden Überblicksartikeln einen ersten Eindruck über die Marktspezifika, die Besonderheiten und die Trends in den jeweiligen Segmenten zu vermitteln. Dies soll als Orientierungshilfe dienen, damit Entscheider erste Einschätzungen treffen und zielgerichtete Problemlösungen entwickeln können, die adäquat und langfristig etabliert dem Unternehmen relevant weiterhelfen.

## IV.  Teildisziplinen in der Personalberatung

### 1.  Executive Search

Zunächst einmal gilt es, die Dienstleistung Personalberatung im Sinne des BDU mit einem Marktanteil von über 80 Prozent, nämlich die Suche und Auswahl von Führungskräften, zu beschreiben. These ist auch hier, dass sich dieser am weitesten entwickelte Markt ebenfalls in einem erheblichen Umbruchprozess befindet, der durch die Finanzmarktkrise der Jahre 2008/2009 eine erhebliche Verschärfung erfahren hat. Allerdings war die Finanzmarktkrise nicht Auslöser dieses Veränderungsprozesses, und die veränderten Rahmenbedingungen werden fortlaufend in den nächsten Jahren eher noch an Gewicht gewinnen. Was zukünftig zu tun ist, um die Executive-Search-Dienstleistung weiterhin am Markt mit Nachfrage auszustatten, beschreibt Tarik Tarhan in seinem Artikel (siehe S. 67ff.).

### 2.  Aufsichtsratstätigkeit im Wandel

Ein weiterer Punkt hat für die Arbeit der Personalberatungen stark an Bedeutung gewonnen: Gemeint ist die Tätigkeit in Bezug auf Aufsichtsräte/Beiräte, die nicht nur aufgrund der vielfach in der Finanzmarktkrise als obszön empfundenen Vorstandsvergütungen wichtiger geworden ist. Auch für die Aufsichtsratsarbeit erleben wir eine Professionalisierung und juristische Notwendigkeiten, die dieses Amt verändern, wie es seit einer Generation nicht erlebt worden ist.

Wie wird sich die Aufsichtsratsarbeit zukünftig entlang des deutschen Corporate Government Kodex entwickeln? Welches sind die Themenstellungen, die zukünftigen Aufgaben, Pflichten und Rechte der Aufsichtsratsmitglieder? Und in welche Richtung wird sich die Aufsichtsratstätigkeit entwickeln? Hierzu finden Sie einen exzellenten Überblick von Dr. Axel Smend, der die wesentlichen Trends dieses Markts als Insider darstellt (siehe S. 80ff.).

## 3. Vorstandsvergütung

In direktem Zusammenhang damit steht der Artikel zur Vorstandsvergütung nach der Krise – ein Thema, das ebenfalls durch die jüngste Finanzmarktkrise ein erheblich höheres Augenmerk genießt. Nicht zuletzt mit dem Gesetz zur Angemessenheit der Vorstandsvergütung vom August 2009 haben sich einige Spielregeln geändert, und die Unternehmen haben mit einer Vielzahl von Maßnahmen reagiert. Der Vorstandsvergütung einen eigenen Artikel zu widmen empfiehlt sich auch deshalb, weil das Interesse der Öffentlichkeit an der häufig im Geschäftsbericht dargestellten Geschäftsführungs-/Vorstandsvergütung hoch ist. Auch hier lassen sich aus dem Artikel von Dr. Heinz Evers nicht nur Handlungsoptionen entwickeln, sondern Sie als Leser erhalten einen umfassenden Überblick über die aktuellen Anforderungen, Einflussfaktoren und Variablen sowie über die Zusammensetzung der Vorstandsvergütungen, die im Gesamtkontext des Personalberatungsmarkts von erheblicher Bedeutung sind (siehe S. 88ff.).

## 4. Coaching – eine noch junge Dienstleistung in der Personalberatung

Im Weiteren wird eine zunehmend auch in Deutschland an Bedeutung gewinnende Dienstleistung beschrieben: Coachingaktivitäten für Executives. Dr. Sabine Dembkowski, die seit langer Zeit in diesem Markt erfolgreich tätig ist, hat sich ganz bewusst auf das Thema Onboarding im Bereich des Coachings konzentriert, weil sich dies aktuell in Deutschland am leichtesten etablieren lässt (siehe S. 107ff.). Coaching – eine Dienstleistung, die sich insbesondere in den USA schon sehr viel deutlicher durchgesetzt hat – ist in Deutschland immer noch mit einem Makel versehen, der negative Folgewirkungen für die zu coachende Person haben kann.

Fragen wie „Warum kann denn die Führungskraft diese Probleme nicht allein lösen?", „Braucht er bei der Unterstützung seiner Arbeit schon einen Psychiater?", „Wofür bezahlen wir ihn eigentlich?" und die offen oder auch nicht offen ausgesprochene Vermutung, dass hier einer überforderten Führungskraft unter die Arme gegriffen werden muss – all dies sind in Deutschland immer noch weit verbreitete Vorurteile. Dass selbst „starke" Manager im Rahmen eines umfassenden Coachings nicht nur den Spiegel vorgehalten bekommen, sondern auch von einem neutralen Experten Hilfestellung erfahren, die letztlich vor allem dem Unternehmen zum Vorteil gereicht, setzt sich als Erkenntnis in Deutschland erst langsam durch. Gerade Coaching wird immer noch als Schwäche gewertet, und dieses Eingeständnis fällt Managern immer noch schwer. Solange sich nicht auch in Deutschland eine Kultur durchsetzt, die den komplexen Anforderungen, die an den Einzelnen gestellt werden, auch eine entsprechende Hilfestellung gegenüberstellt, werden wir in Deutschland weiterhin Potentiale verschenken, die als Fähigkeiten in unseren Führungskräften schlummern. Klar erkennbar ist aber auch, dass in den USA diese Themenstellung schon erheblich offensiver und aktiver angegangen wird, so dass für Deutschland die Hoffnung bleibt, mit qualifizierten Experten auch für uns ungenutzte Potentiale erschließen zu können.

## 5. Management Audit

Erheblich anerkannter im Markt und deutlich etablierter sind alle Themenstellungen rund um das Management Audit, die seit Jahrzehnten in Deutschland inzwischen zur Praxis zählen. Allgemein bekannt sind sicherlich polarisierende Vokabeln wie Auswahl-Audit versus Entwicklungs-Audit oder die verschiedensten Geschichten über eingesetzte Testverfahren und Validierungsmethoden. Der Artikel von Prof. Dr. Christof Obermann, einem seit Jahrzehnten in diesem Bereich prominenten Akteur, zeigt die wesentlichen Zusammenhänge zum Thema Management Audit auf (siehe S. 122ff.).

## 6. Interim Management

Eine in Deutschland bisher eher selten beschriebene Unterkategorie von Personalberatungsdienstleistung ist das Interim Management. Diesem Markt widmet sich Ludwig Heuse, der seit Jahrzehnten über profunde Kenntnisse in diesem Markt verfügt (siehe S. 136ff.). In einem ersten Überblick werden auch hier sowohl die Entwicklung als auch ganz konkret Vergütungsstrukturen und vertragliche Konstellationen aufgezeigt. Dabei werden sowohl die Besonderheiten des Einsatzes von Interim Managern als auch die Grenzen eines solchen Einsatzes deutlich.

## V.  Branchenbezogene Betrachtung, empirische Auswertungen, Thesen & Trends

In einem weiteren Schwerpunkt dieses Praxishandbuches wird zunächst die personalberaterische Arbeit exemplarisch in allen wichtigen Zweigen der deutschen Wirtschaft von erfahrenen Executive-Search-Beratern dargestellt. Branchenbesonderheiten werden herausgearbeitet, ein Marktüberblick wird jeweils sehr detailliert gegeben.

Im dritten Hauptteil des Handbuches erwartet Sie eine umfassende empirische Untersuchung auf der Grundlage einer Onlinebefragung von fast 4.000 Unternehmen sowie vertiefender Einzelinterviews mit Unternehmensvertretern der obersten Führungsebene, die wir nach ihrer Einschätzung einer erfolgreichen und wertschöpfenden Personalberatungstätigkeit befragt haben. Die damit vermittelte Kundensicht bringt einen besonderen Perspektivenwechsel, von dem Sie als Leser profitieren werden (siehe Füchtner/T. Wegerich, S. 542ff.). Darauf aufbauend haben wir zum Abschluss einige Thesen und Trends für Sie zusammengestellt, die einen Ausblick auf die wichtigen Themen und Anforderungen an eine professionelle Personalberatung geben sollen (siehe C. Wegerich, S. 425ff.).

## VI.  Ausblick

Insgesamt versucht dieses Buch also, anhand von Expertenbeiträgen den Personalberatungsmarkt in seiner gesamten Breite zu analysieren und aufzuarbeiten, einen ersten Einstieg zu geben und damit Lösungsansätze für die Kunden an die Hand zu geben. In einem immer reifer werdenden, damit aber immer funktionsteiliger organisierten Markt stellt dies den Versuch dar, den Kunden für die Vielzahl ihrer Probleme adäquate Lösungsansätze zu bieten. Dies trägt dazu bei, die Wettbewerbsfähigkeit der deutschen Wirtschaft im globalen Wettbewerb nicht nur zu erhalten, sondern auch weiterzuentwickeln.

In welcher Form dieses Leistungsangebot von den Kunden zukünftig abgefragt wird und ob Dienstleistungen aus einer Hand angeboten oder durch Spezialisten erbracht werden, diese Fragen wird der Markt beantworten.

Ein verstärkter Kompetenzaufbau verbunden mit der Fokussierung jedes einzelnen agierenden Personalberaters ist zugleich eine dringende Notwendigkeit, um zukünftig nicht nur am Markt erfolgreich zu sein, sondern vor allem Marktbedürfnisse adäquat aufzunehmen, relevante Lösungen zu entwickeln und damit die richtigen Antworten finden zu können.

Bescheidenheit in der Auseinandersetzung mit sich selbst und die Erkenntnis realer, eigener Kompetenz sind nötig. Die intensive Auseinandersetzung mit eigenen Stärken/Schwächen, die Weiterentwicklung der persönlichen Kompetenzen und die Bereitschaft, in einem sich schnell ändernden Wettbewerbsumfeld an sich selbst zu arbeiten, werden wesentliche Erfolgsfaktoren der Zukunft sein.

Personalberater, die ausschließlich als Generalist oder starke, individuelle Einzelpersönlichkeit versuchen, den Herausforderungen der Zukunft zu begegnen, werden ebenso wenig erfolgreich sein wie die nicht fokussierten, mit mangelnder Kompetenz ausgestatteten Allrounder. Die Zukunft gehört den Beratern, die im Team ein echtes Miteinander pflegen, in der Lage sind, sich gut zu vernetzen, und ihre eigenen Stärken und Schwächen so einzuschätzen wissen, dass sie für adäquate Problemlösungen Partner, Kollegen oder befreundete Unternehmen mit ins Boot holen werden. In Zeiten einer sich immer schneller drehenden Welt (mit technischen Möglichkeiten ausgestattet, die vor zehn Jahren noch undenkbar waren) sind fortwährendes Lernen, lebenslange Weiterentwicklung und hervorragendes Knowledge-Management eine Überlebensnotwendigkeit geworden. Die Zukunft gehört denjenigen, die mit Fleiß, Erfahrung und der Bereitschaft zum Wandel jeden Tag am Markt dazulernen und sich à jour halten.

# Executive Search im Wandel:
# Was zu tun ist, um am Markt erfolgreich zu sein

Tarik Tarhan, Stuttgart

## I. Definition des Begriffs „Executive Search" – Beschreibung der bisherigen Vorgehensweise

Mit dem Begriff „Executive Search" ist im Folgenden die Suche und Auswahl sowie die Besetzung von Positionen auf der ersten und zweiten Führungsebene bei Klientenunternehmen durch das Mittel der Direktansprache gemeint. In Bezug auf Details sei auf den Beitrag von Diemer/Füchtner (siehe S. 30ff.) verwiesen.

Im langläufig praktizierten Geschäftsmodell des Executive Search wird ein Suchmandat grundsätzlich vom Klientenunternehmen vergeben. Die Suche nach Kandidatinnen und Kandidaten wird gemäß der ausgereiften bis sehr klaren Vorstellung (Anforderungsprofil) des Klienten ausgerichtet, wobei der Executive-Search-Berater auf Basis seiner Erfahrung aus dem Markt seinen Input für den Feinschliff des Anforderungsprofils beisteuert. Die einzelnen Prozessschritte sollen nachfolgend kurz skizziert werden:

1. Projektberatung: Diskussion über Branche und Unternehmen sowie Beschreibung der Projektzielsetzung, der Position und der Anforderungen an potentielle Kandidatinnen und Kandidaten

2. Marktforschung: Analyse von Zielmärkten, Sammeln von Informationen/Empfehlungen aus dem Netzwerk sowie systematisches Identifizieren potentieller Kandidaten

3. Telefoninterview: Abgleich des Erfahrungs- mit dem Anforderungsprofil hinsichtlich Ausbildung, Werdegang, fachlicher Eignung, Einkommen, Mobilität

4. Persönliches Interview: Kandidatenbeurteilung hinsichtlich Fachkompetenz, Sozialkompetenz, emotionaler Kompetenz, Managementkompetenz, Führungsverhalten, Cultural Fit und Motivation

5. Präsentation des Kandidaten: Bereitstellen vertraulicher Berichte für den Auftraggeber, Moderation der Gespräche zwischen dem Klienten und dem Kandidaten, Einholung von Referenzen

6. Projektabschluss/Nachbetreuung: Betreuung beider Seiten bei der Vertragsunterzeichnung, auf Wunsch: Beratung bei Vertrags- und Vergütungsfragen, Feedbackgespräche mit dem Klienten und dem Kandidaten.

## II. Executive Search im Wandel – die Kernthesen

1. Das bisherige Vorgehensmodell des Executive Search steht vor dem Hintergrund sich wandelnder Marktgegebenheiten unter Druck, und es werden neue Anforderungen an die Branche gestellt. Informationsvorsprünge schrumpfen, und Klientenunternehmen erwarten einen klaren Mehrwert – die Suche, Ansprache, Auswahl und Präsentation nach vorgegebenen Parametern wird diesem Anspruch immer weniger gerecht.

2. Eine systematische Vorgehensweise, strukturiertes Arbeiten und Prozesssicherheit des Executive-Search-Beraters sind nur noch notwendige Bedingungen, aber keine signifikanten Differenzierungsmerkmale mehr. Der Mehrwert für Klientenunternehmen wird erst durch die konsequente Verfolgung eines Kompetenzmodells mit entsprechender Fokussierung des Executive-Search-Beraters erreicht. Um eine tiefe Ausprägung dieser Fokussierung erreichen zu können, muss er Teil seiner Community sein und sich zum Trusted Partner seines Klienten entwickeln (vgl. dazu Füchtner/T. Wegerich, S. 542ff., und Tils, S. 406ff.).

3. Durch die Fokussierung mehrerer Beraterkollegen innerhalb einer Executive-Search-Organisation auf eine Community und eine sehr engmaschige Vernetzung potenziert sich das Know-how des einzelnen Mitglieds in dieser Community, die Leistungsfähigkeit ist also im Vergleich zu Einzelberatern oder kleinen Boutiquen deutlich größer. Voraussetzung hierfür: Kommunikation und Zusammenarbeit werden nicht durch die Grenzen einer Profitcenterorganisation gehemmt. Hier kommen die Vorteile des One-firm-Konzepts deutlich zum Tragen (vgl. dazu Müller-Albrecht, S. 57ff.).

Es gelten neue Spielregeln, die die Arbeit der Executive-Search-Berater tiefgreifend beeinflussen. Gründe dafür sind:

- die Globalisierung und die sich daraus ergebende intensivere Wettbewerbssituation der Klientenunternehmen

- kürzere Schwankungszyklen der wirtschaftlichen Rahmenbedingungen mit signifikanten Ausschlägen

- immer ungenauer kalkulierbare Entscheidungsparameter der Klienten

- höhere Anforderungen der Klienten an die Geschwindigkeit der Ergebnisse

- verschärfte Anforderungen bezüglich Compliance

- Stärkung der Einkaufsabteilungen

- intensive Nutzung der Möglichkeiten des Internets (Stichworte: Web 2.0, soziale Netzwerke) und der zusätzlichen Instrumente, die Klienten zur Verfügung stehen

Zur weiteren Erläuterung der sich verändernden Rahmenbedingungen gerade im Hinblick auf nutzbare Informationsquellen und deren Qualität sei an dieser Stelle auf die GEMINI-Studie „Auswirkungen des Web 2.0 auf Personalberatungen und Kandidaten" in der Reihe Management & Markets verwiesen (Einzelheiten finden Sie unter www.gemini-exs.com).

Mit den oben aufgeführten Einflussfaktoren und den sich daraus ergebenden neuen Rahmenbedingungen geht die Notwendigkeit zum grundlegenden Wandel des Vorgehensmodells im Executive Search einher. Es reicht bei weitem nicht mehr aus, die handwerkliche Abwicklung eines Suchprozesses erst nach Auftragsvergabe zu beginnen. Der Suchprozess als solcher wird zwar zukünftig weiterhin die Erfolgsgrundlage für jede Stellenbesetzung bleiben, jedoch findet eine Entkoppelung vom konkreten Startschuss für einen dezidierten Suchauftrag statt, und es kommt eine Reihe weiterer Anforderungen für den Projekterfolg hinzu.

Als intimer Kenner der Branche seiner Klienten, durch seine aktive Präsenz innerhalb dieser Community und die Übernahme gestalterischer Aufgaben wird der Executive-Search-Berater zum Market Maker. Er steht seinen Klienten als vertrauensvoller Informant zur Seite, knüpft in ihrem Namen Kontakte, vereint Netzwerke und schafft dadurch individuelle Foren für den direkten Ideenaustausch.

Dies geschieht im Idealfall auf einer breiten Plattform, mit anderen Worten: Es bewegen sich mehrere Executive-Search-Berater einer Personalberatung innerhalb derselben Community und arbeiten eng zusammen. Durch dieses Miteinander und die Vernetzung der einzelnen Informationsvorsprünge kommt es nicht zu einer simplen Addition der Potentiale, sondern diese multiplizieren sich gemäß der Netzwerktheorie und führen zu deutlich mehr Durchschlagskraft.

Die Rahmensetzung durch Communities und die enge Verknüpfung einzelberaterischer Individualität führen also zu einem deutlich größeren Mehrwert für das Klientenunternehmen. Dieser Mehrwert kann zusätzlich noch weiter gesteigert werden, indem die Personalberatung den internen Informationsaustausch zwischen den Executive-Search-Beratern unterschiedlicher Communities aktiv fördert. So entstehen inhaltlich fundierte und kreative Lösungsansätze, die aus team- und hierarchieübergreifenden Blickwinkeln erarbeitet werden und in das jeweilige Suchprojekt einfließen.

Diese Vorgehensweise hat mehr mit Kultur als mit Führung zu tun und kann deshalb auch nicht als Prozess oder gar Arbeitsanweisung innerhalb der Personalberatung vorgegeben werden. Voraussetzung für dieses Miteinander ist eine von Fairness und tiefem Vertrauen geprägte gemeinschaftsorientierte Unternehmenskultur, die nicht durch einzelne Profitcenter und damit verbundene Egoismen bestimmt ist.

Es ist demnach eine deutliche Weiterentwicklung der Philosophie und des entsprechenden Leistungsangebots des Executive Search notwendig, die die Erklimmung der nächsten Evolutionsstufe von der verlängerten Werkbank des Klientenunternehmens zum kreativen Impulsgeber zur Folge hat – also vom ausführenden Dienstleister zum ebenbürtigen Partner, der in vielerlei Inhaltsebenen auf Augenhöhe agiert (vgl. dazu Füchtner/T. Wegerich, S. 542ff., und C. Wegerich, S. 425ff.).

Der Executive-Search-Berater muss für seine Klienten zum gesuchten (Gesprächs-)Partner bei der Ausgestaltung der Projektion der strategischen Unternehmensvision auf die aufbauorganisatorische Ebene werden und den Zugang zu potentiellen Wegbereitern hierfür sicherstellen.

Seine bisherige Kernkompetenz muss dafür deutlich erweitert werden: Das Suchen und Finden von Führungskräften durch eine systematische Marktbearbeitung bietet nur einen limitierten Mehrwert für den Auftraggeber; zukünftig geht es um den Ad-hoc-Zugang zu Personen, die weichenstellende Schlüsselpositionen für eine zügige Transformation im Klientenunternehmen einnehmen können.

Dies stellt das Beraterkollegium im Markt vor neue Herausforderungen und erfordert die Vertiefung bestehender und die Entwicklung neuer Kompetenzen. Erst durch diese wird der Executive-Search-Berater befähigt, seinen Klienten einen Wettbewerbsvorteil zu verschaffen – nicht nur durch die eindimensionale Gestaltung der Aufbauorganisation, sondern durch die Verknüpfung mit der strategischen Metaebene. Genau das macht dann den Unterschied zwischen einem bloßen „Headhunter" und dem wesentlich höher und anders positionierten Executive-Search-Berater aus.

## III. Der Lösungsansatz: die Kompetenz, die Community und der Executive-Search-Berater als „Trusted Partner"

Um für seine Klientenunternehmen einen messbaren Wettbewerbsvorteil realisieren zu können und sich durch seine Positionierung gegenüber anderen Marktteilnehmern abzuheben, muss der Executive-Search-Berater zunächst seine Kompetenz schärfen. Diese kann unterschiedlichste Ausprägungen aufweisen und reicht von den klassischen Grundlagen der Methoden- und Prozesskompetenz über die Branchen- und Industriekompetenz, die Funktionskompetenz (beispielsweise Beschaffung, Vertrieb, Finanzen, Personalwirtschaft) und die Hierarchiekompetenz bis zur Kompetenz bezüglich der Zusammenarbeit mit unterschiedlichen Unternehmensstrukturen (etwa Konzerne, Mittelstand). Einzelheiten dazu finden Sie ebenfalls in dem Beitrag von Diemer/Füchtner (siehe S. 30ff.).

### 1.    Die Frage ist: Was ist Kompetenz, und wie entsteht sie?

Der Kompetenzbegriff beschreibt sowohl die Fähigkeit als auch die Qualifikation, Problemstellungen zu erfassen, für die identifizierten Probleme Lösungen zu erarbeiten, als auch die Bereitschaft, diese Lösungen umzusetzen. Die Grundlagen für die Fähigkeit ergeben sich aus der persönlichen Disposition, ergänzt um die Selbstreflexion, sowie den daraus gezogenen Schlüssen für Handlungsmuster; die erforderliche Qualifikation erwirbt man durch Bildung und Erfahrung.

Nun sind die potentiellen Stoßrichtungen für Executive-Search-Berater auf Basis dieses Kompetenzmodells sehr verzweigt und bergen die Gefahr, dass man sich durch den Anspruch, allem gleichermaßen gerecht werden zu wollen, verzettelt und seine Kompetenz dadurch verwässert. Der klassische Bedeutungskern von „Kompetenz" umfasst demnach die Fähigkeit, die Qualifikation sowie die Bereitschaft zum Handeln und wird um das Erfordernis der klaren Fokussierung erweitert. Diese Fokussierung kann durch die Gliederung der verschiedenen potentiellen Stoßrichtungen über die Bildung von Communities herbeigeführt werden und mündet somit in einer Reduzierung der Komplexität.

Communities beschreiben in diesem Zusammenhang zusammengefasste, relativ homogene Kunden- und Kandidatengruppen (vgl. dazu Diemer/Füchtner, S. 30ff.), in denen der Executive-Search-Berater seine Kompetenz aufgebaut hat und in denen er seine Erfahrung zur Anwendung bringt. Er ist Teil und integriertes Mitglied der Community, ist in ihr sehr gut vernetzt, spricht ihre Sprache, kennt ihre Megatrends, weiß um die Wettbewerbssituation und um potentielle Kräfteverschiebungen und hat direkten Zugang zu Expertenmeinungen. Er beobachtet Werteentwicklungen und mögliche Paradigmenwechsel, kanalisiert Stimmungen aus dem Markt und bringt diese in Relation zu der mittel- und langfristigen Agenda seiner Klientenunternehmen. Diese breite Informationsbasis stellt er in den Dienst seiner Klientenunternehmen und wird somit nicht auf einen „Lieferantenstatus" für die Suche und Auswahl von Führungskräften reduziert.

Auf der personenbezogenen Ebene ist der Executive-Search-Berater über die berufliche und private Agenda sowie die damit verbundenen Zielsetzungen seiner Auftraggeber detailliert informiert. Zur beruflichen Agenda gehören beispielsweise der Ausbau der Führungsstruktur, eine stärker team-, markt- und kundenfokussierte Unternehmenskultur, Internationalisierung, Produkt- oder Dienstleistungsdiversifizierung oder Kostenreduzierung. Die persönliche Agenda kann die Weiterentwicklung der eigenen Karriere, die Erweiterung des persönlichen Netzwerks oder aber auch die Schaffung von Freiräumen und mehr Zeit für die Familie beinhalten. Mit dieser Kombination ist diese Person dann Auftraggeber und potentieller Kandidat zugleich.

Auf dieser Basis agiert der Executive-Search-Berater als „Sounding Board" und ist in der Lage, sein Dienstleistungsportfolio und seine individuelle Persönlichkeit gemäß der Ziele seines Klienten zum Einsatz zu bringen und dadurch seinen direkten Mehrwert zu erhöhen.

Daraus erwächst eine enge Geschäftspartnerschaft, die langfristig auf die Ebene des „Trusted Partner" führt. Auf dem Weg dorthin durchläuft die Klientenbeziehung nach dem Modell von Andrew Sobel (vgl.

Sobel, A.: All For One: 10 Strategies for Building Trusted Client Partnerships, 2009) insgesamt sechs Beziehungsvorstufen. Diese sind:

1. Kontakt: Ein persönliches Treffen hat stattgefunden.

2. Bekanntschaft: Der Geschäftskontakt besteht bereits seit einer Weile.

3. Anerkannter Experte: Der Geschäftskontakt hat sich zu einer aktiven Geschäftsbeziehung entwickelt; der Berater wird als sehr kompetent wahrgenommen und macht eine exzellente Arbeit.

4. Regelmäßiger Lieferant: Die aktive Geschäftsbeziehung besteht bereits seit einer Weile; der Berater liefert regelmäßig und in einer konstant sehr guten Qualität.

5. Vertrauter Ratgeber: Der Auftraggeber vertraut dem Urteilsvermögen des Beraters über seine Executive-Search-Arbeit hinaus; er wird punktuell als „Sounding Board" für communityrelevante Themenstellungen gehört.

6. Trusted Partner: Die Geschäftsbeziehung wird als langfristige Partnerschaft betrachtet, die die Weichenstellung für die zukünftige Unternehmens- und Geschäftsentwicklung unterstützt. Der Berater wird als der passendste Partner, den der Markt zu bieten hat, gesehen und ist eng in die Planung des Klientenunternehmens eingebunden. Dadurch kann er eine vorausschauende Marktbeobachtung innerhalb der Community durchführen.

Wenn die Geschäftsbeziehung rein auf die Auftraggeber-Dienstleister-Ebene beschränkt ist, bleiben viele interessante und für das Klientenunternehmen relevante Informationen, die der Executive-Search-Berater aus seinem Tagesgeschäft aus der Community heraus erhält, ungenutzt. Auf den Ebenen 1 und 6 erfolgt der wahre Wertzuwachs für Klienten, jedoch ist, bis diese Ebenen erreicht sind – wie oben beschrieben –, ein langer Weg mit unbedingt zu erreichenden Meilensteinen zu gehen.

2.    Die Frage ist auch: Wie entwickelt man sich zum Trusted Partner?

Rein technisch gesehen ist es für einen Executive-Search-Berater vergleichsweise einfach, Teil einer Community zu werden. Durch das Lesen relevanter Fachzeitschriften und Bücher, die Teilnahme an Kongressen, Messen und Ausstellungen, den direkten Aufbau von Kontakten zu den handelnden Personen im Markt, das Führen von Expertengesprächen und die Durchführung von Studien eignet man sich mit der Zeit entsprechendes Know-how an und ist somit am Puls der Community. Auf dieser Basis hat man dann Zugang zu Personen und Informationen, die die Ausgangslage für die Positionierung als Trusted Partner bilden. Tatsache ist jedoch: Die Kompetenz im Fachgebiet und in der Community reicht bei weitem nicht aus.

Der Schlüssel im Beziehungsgeflecht ist definitiv das Vertrauen des und zum Klienten, das durch Transparenz und Berechenbarkeit, Ehrlichkeit und Verlässlichkeit, Glaubwürdigkeit und Authentizität, Zuwendung und Fürsorge sowie nicht zuletzt durch einen respektvollen Umgang entsteht. Als Ausgangspunkt können Gemeinsamkeiten, gemeinsame Ziele oder die gegenseitige Unterstützung bei der Erreichung der eigenen Ziele dienen.

Nach Charles H. Green (vgl. Maister, D. H./Green, C. H./ Galford, R. M.: The Trusted Advisor, 2001), der zum Thema der vertrauensbasierten Kundenbeziehungen den Ruf eines internationalen Experten genießt, vertrauen Klienten ihrem Trusted Partner persönlich auf eine Weise, die über dessen Fachgebiet hinausgeht. Ein Zitat von Green belegt das: „Vertrauen ist primär eine individuelle Eigenschaft zwischenmenschlicher Beziehungen und weniger eine Qualität des Unternehmens. Von den vier Komponenten von Vertrauen – Glaubwürdigkeit, Zuverlässigkeit, Vertrautheit und Selbstorientierung – hat nur eine, nämlich die Zuverlässigkeit, viel mit dem Unternehmen zu tun. Die drei anderen beziehen sich fast ausschließlich auf die Einzelperson" (vgl. Interview von Charles Green vom 08.09.2003 mit SAP.INFO).

Womit wir wieder bei der oben beschriebenen einzelberaterischen Individualität und dem Thema Fokussierung des Executive-Search-Beraters angekommen wären. Ein „Hans Dampf in allen Gassen" strahlt wohl nur wenig Vertrauenswürdigkeit aus, wohingegen der offene Ausspruch „Das weiß ich leider nicht" ein klares Signal dafür ist, dass der Berater seine persönlichen Grenzen kennt. Will man als Trusted Partner angesehen werden, muss man seinen Klienten nicht nur sagen, was man kann, sondern fairerweise und ehrlicherweise auch, was man nicht kann. Das schafft Vertrauen.

## IV. Voraussetzungen für und Anforderungen an das Trusted-Partner-Modell

Die prinzipiellen Voraussetzungen, um das Trusted-Partner-Modell über die Theorie hinaus auch in der Praxis aktiv leben zu können, sind klar zu benennen. Die Keimzelle für diesen Entwicklungspfad ist zunächst die Bereitschaft des Executive-Search-Beraters, sein persönliches Vorgehensmodell vom bedarfsorientierten reagierenden Dienstleister zum aktiven Impulsgeber auszurichten.

Grundvoraussetzung, um diese Ausrichtung erfolgreich durchführen zu können, ist der Zugang des Executive-Search-Beraters zu Aufsichts- und Beiräten, Hauptanteilseignern, Investoren, Vorständen, Geschäftsführern, Personalverantwortlichen oder anderen hochrangigen Entscheidungsträgern innerhalb des Klientenunternehmens.

Diese Entscheidungsträger müssen sich im Laufe der Geschäftsbeziehung zunehmend öffnen und dem Executive-Search-Berater einen tiefen Einblick in die Struktur, die Unternehmensstrategie, zukünftige Vorhaben, geplante Initiativen und konkrete Zielsetzungen gewähren. Fallweise geht diese Offenheit bis dahin, dem Trusted Partner Ergebnisse strategischer Businessdevelopment-Workshops zu übermitteln oder ihn sogar als Teilnehmer hierzu einzuladen. So kann er die angestrebte Unternehmensentwicklung verinnerlichen und heute schon ein Gespür dafür entwickeln, was der Klient zukünftig plant, um durch die diskrete Kanalisierung der dafür notwendigen Kontakte vorbereitende Arbeiten zu leisten.

Durch die Anforderung der absoluten Vertraulichkeit ist sicher sehr leicht nachvollziehbar, weshalb eine breite Ansprache des aktiv suchenden Kandidatenmarkts durch eine Zeitungs- oder Internetanzeige im Rahmen dieser Philosophie extrem kontraproduktiv wäre. Nicht zuletzt aus diesem Grund sind Personalberatungen, die auch das Mittel der anzeigengestützten Suche nutzen, im Gegensatz zu reinen Executive-Search-Beratern für das Trusted-Partner-Modell ungeeignet.

Was sind die Anforderungen des Klientenunternehmens? – Die Antwort ist einfach, denn es gibt nur eine: der Executive-Search-Berater muss Mehrwert schaffen. Dies kann natürlich auf institutioneller und persönlicher Ebene mannigfaltige Ausprägungen haben. Zum Teil wurde in diesem Beitrag bereits darauf eingegangen. Zusammengefasst ergeben sich folgende Werthebel:

- Zugang zu Informationen
- Zugang zu Personen
- Zugang zu Netzwerken
- Zugang zu Kandidatenmärkten
- Zugang zu anderen Communities
- Aufbau von Beziehungen

Andererseits ist der Executive-Search-Berater gleichermaßen auf Daten und Fakten wie auch auf informelle Informationen angewiesen, um eine Community, seinen darin agierenden Klienten und seine Anforderungen gut zu kennen und damit eine Basis für das Trusted-Advisor-Modell zu schaffen. Dadurch wird ihm ein tiefer Einblick in die ausschlaggebenden Mechanismen und internen Zusammenhänge im Unternehmen gewährt.

Folgendes sollte der Berater über seine Klientenunternehmen unbedingt wissen:

- Unternehmenskultur und Leitbild: Was will das Unternehmen verkörpern, welche Werte werden im Unternehmen gelebt, und welche Grundregeln gibt es?

- Vision: Wie sieht das Zukunftsbild des Unternehmens aus?

- Strategie und Ziele: Wie lautet die Unternehmensstrategie, und wie sind die langfristigen Ziele definiert?

- Finanzen: Wie sind die Umsatz- und Gewinnentwicklung, die Profitabilität, die Kostenstruktur, die Liquidität?

- Organisation und Struktur: Wie ist das Unternehmen aufgebaut, wer sind die (offiziellen und inoffiziellen) Entscheider, und welche Aufgabengebiete decken sie ab, wie ist die Zusammenarbeit organisiert?

- Entscheidungsprozesse: Wo verlaufen formelle und informelle Kommunikationskanäle, wer sind die Meinungsbildner, und welche Einflussfaktoren bei Entscheidungsfindungen gibt es noch?

- Trends: Welche Stoßrichtungen und Tendenzen verfolgt das Unternehmen, und welche Trends beherrschen die Community?

- Operative Herausforderungen: Ist die Einführung neuer Produkte geplant, laufen Kostenreduzierungsprogramme?

- Wettbewerbsstruktur: Wer sind die Wettbewerber des Klienten, wo liegen ihre Stärken, wo ihre Schwächen?

- Partnerschaften und Allianzen: Welche Kooperationsvereinbarungen und Partnerschaften hat das Unternehmen, und wie werden diese im Tagesgeschäft gelebt?

- Kunden: Welche Kundengruppen werden bedient, wer sind die wichtigsten Kunden des Unternehmens, und was beeinflusst deren Kaufentscheidung?

- Lieferanten: Wer sind die Hauptlieferanten, und wie stark hängt der Unternehmenserfolg von ihnen ab?

Mit dieser Informationsdichte kann der Executive-Search-Berater sein Klientenunternehmen adäquat im Kreis der dafür relevanten Führungspersönlichkeiten vertreten und wird hier als beim Auftraggeber fundiert verankerter Gesprächspartner akzeptiert. Somit hat er sich die Grundlage erarbeitet, auf der er nun die Beziehungsebene des Trusted Partners anstreben kann.

Für die Entwicklung zum Trusted Partner sind seitens des Beraters jedoch noch einige weitere grundlegende Kriterien zu erfüllen:

- intellektuelle Aufnahmefähigkeit und inhaltliche Kompetenz mit einem Verständnis der fachlichen Themenstellungen seiner Klienten

- eine ausgeprägte Persönlichkeit mit klarem Profil

- ein Höchstmaß an sozialer Kompetenz und exzellentes Beziehungsmanagement

- Integrität in Verbindung mit der Fähigkeit zur Einflussnahme auf Entscheiderebene

- offenes, ehrliches und verlässliches Erwartungsmanagement

- Verfügbarkeit für eine langfristig ausgerichtete Geschäftsbeziehung

- Fähigkeit zur langfristig priorisierten Fokussierung auf den Mehrwert für den Klienten

- Einsatz und Commitment

Erst wenn alle oben beschriebenen Rahmenbedingungen, Voraussetzungen und Anforderungen erfüllt sind, ist die Entwicklung zum Trusted Partner möglich. Diese hängt zwar auch noch von nicht steuer- und
planbaren Einflussfaktoren ab, jedoch verfügt man damit über das
notwendige Handwerkzeug.

## V.  Zusammenfassung und Fazit

Zusammenfassend ist die nachhaltige Positionierung als Trusted Partner innerhalb einer Community als ein zeitintensiver Prozess zu
beschreiben, der vor allem Kompetenz und persönliches Commitment
erfordert. Der Mehrwert für Klienten ergibt sich aus der Vernetzung
individueller Informationsvorsprünge und die enge Zusammenarbeit
mehrerer Executive-Search-Berater innerhalb einer Community.
Dadurch multipliziert sich deren Potential und wird durch die Kooperation über Communitygrenzen hinweg nochmals zusätzlich deutlich
gesteigert.

Dabei muss Executive Search nicht grundsätzlich neu erfunden werden. Die aufgrund der sich wandelnden Marktgegebenheiten zukünftig jedoch dringend zu erreichende Neupositionierung der Branche
ergibt sich aus ihrer schlüssigen Weiterentwicklung und ist ein Prozess, der aktiv anzustoßen und zu steuern ist. Dabei werden – genau
wie in der Evolutionslehre der Biologie – disruptive Elemente dieser
Weiterentwicklung zu einer Marktbereinigung führen und keinen
maßgeblichen Handlungsspielraum mehr für veränderungsresistente
Executive-Search-Berater bieten. Diese Unternehmen sinken dann ab
vom Berater zum austauschbaren Personalbeschaffer, das damit verbundene Serviceangebot wird zu einem Commodity ohne Differenzierungsmerkmal.

### Literatur

Maister, David H./Green, Charles H. und Galford, Robert M.: The Trusted Advisor,
Free Press Verlag 2001

SAP.INFO (Hrsg.): Interview mit Charles Green vom 08.09.2003 http://en.sap.info/
trust-is-mainly-a-human-interaction-quality"/3903, abgerufen am 11.06.2009

Sobel, Andrew: All For One: 10 Strategies for Building Trusted Client Partnerships,
Weinheim 2009

# II

Personalberatung –
Mehr als Executive Search

# Vom „Abnicker" zum „Berufsaufsichtsrat" – Die Anforderungen an Unternehmenskontrolleure steigen

Axel Smend, Berlin

## I.  Markt für Kontrollgremien

In Deutschland gibt es etwa 1.100 börsennotierte und 13.000 nicht börsennotierte Aktiengesellschaften. Die Zahl der jeweiligen Aufsichtsratsmitglieder in börsennotierten Gesellschaften hängt gemäß § 95 Aktiengesetz (AktG) von der Höhe des Grundkapitals ab. Daneben haben GmbHs mit mehr als 500 Arbeitnehmern gemäß § 77 Betriebsverfassungsgesetz (BetrVG) Aufsichtsratsgremien zu bilden. Es gibt etwa 5.000 GmbHs dieser Größenordnung in Deutschland.

Weiterhin ist zu denken an die Kontrollgremien in Unternehmen mit öffentlicher Beteiligung (Bund, Land, Kommunen; vgl. dazu Heilgenthal, S. 318ff.). Die wichtigen Funktionen von Beiratsgremien mit Kontrollfunktion – sehr häufig bei Familienunternehmen – seien nur der guten Ordnung halber erwähnt, wie auch die Aufsichtsgremien im Diakonie-, Krankenhaus-, Sozial- und Stiftungsbereich.

Diese Kontrollgremien haben in der Regel drei Kernaufgaben:

1. Auswahl von Vorstand oder Geschäftsführung
2. Kontrolle der Arbeit von Vorstand oder Geschäftsführung
3. Beratung von Vorstand oder Geschäftsführung

## II.    Die wesentlichen Anforderungen an Aufsichtsräte

Eine Aufsichtsratstätigkeit ist heute kein Amt für „Amateure", sondern Arbeit für „Profis", insbesondere in der Rolle der/des Aufsichtsratsvorsitzenden.

Wenn früher Aufsichtsratsmitgliedern in ihrem „Ehrenamt" vermeintliche Fehler unterliefen, so gelangte dies nicht an die Öffentlichkeit. Rat und Reputation der Kontrollgremien galten als unantastbar. Heute werden vermeintliche Fehler nicht nur in der Hauptversammlung angesprochen, sondern auch in den Medien diskutiert.

# 1. „Weiche" Faktoren

*a) Unabhängigkeit*

Eine angemessene Wahrnehmung von Kontroll- und Beratungsaufgaben durch den Aufsichtsrat setzt unter anderem auch eine möglichst konfliktfreie Diskussion zwischen den Gremien und zwischen den Aufsichtsratsmitgliedern selbst voraus. Gegenseitige Rücksichtnahmen aus persönlichen oder beruflichen Gründen helfen keiner Sitzung, in der im Einzelfall auch „unbequeme" Fragen zu stellen und auch harte Maßnahmen einzufordern sind. Ein großes Maß an Unabhängigkeit der Aufsichtsratsmitglieder ist gefragt: So sollten möglichst Kunden, Lieferanten, Banker und Berater des Unternehmens nicht auch im Aufsichts- oder Beirat vertreten sein. Auch hier gilt die Erfahrung: „In die Hand, die einen füttert, beißt man nicht."

*b) Zeit*

Wenn jemandem ein Aufsichtsratsmandat angetragen wird, so muss er sich ehrlich und ernsthaft prüfen, ob er zur Wahrnehmung dieses Mandats auch die erforderliche Zeit hat: Neben den regulär stattfindenden Aufsichtsratssitzungen (viermal im Jahr) ist zu denken an weitere fallweise einzuberufende Sitzungen, an die Arbeit zwischen den Sitzungen (insbesondere bei Sanierungsfällen ist das ein ganz wesentlicher Faktor), an die Vor- und Nachbereitung einer Sitzung und an die Sitzungen in Ausschüssen; dies gilt insbesondere dann, wenn jemand Aufsichtsratsvorsitzende(r) ist. Als solche(r) ist sie/er dann „Dreh- und Angelpunkt" der Aufsichtsratsarbeit und hat diese verantwortlich zu organisieren.

Bei Zeitmangel ist von der Übernahme eines Mandats abzusehen; das Aufsichtsratsmitglied bietet dann keinen substantiellen Mehrwert für Aufsichtsrat, Vorstand und für das Unternehmen.

*c) Rückgrat*

Gefragt sind vor allem Charakter und Rückgrat, um Vorstand oder Geschäftsführung beraten und kontrollieren zu können. Mehr denn je sind kritische Aufsichtsräte gefragt, die Sachverhalte hinterfragen, auf Risiken hinweisen und unweigerlich zu ergreifende Maßnahmen auch tatsächlich einfordern.

Hieran hat es zum Beispiel vor und während der jüngsten Finanzkrise gemangelt. Unabhängigkeit, Rückgrat, Kontroll- und Sachkompetenz der Aufsichtsräte wären notwendig gewesen, um Risiken zu hinterfragen. Letzteres ist weitestgehend nicht geschehen. Hervorzuheben ist die Courage einiger Aufsichtsratsmitglieder, die freimütig bekannt haben, dass sie manche Finanztransaktionen nicht verstehen würden und daher auch sehr kritisch solche Transaktionen geprüft haben. Es gehört Mut dazu, in einem Gremium – vor allem in einem großen – zuzugeben, dass man etwas nicht verstanden hat.

### d) Arbeit
Häufig wird immer noch nicht erkannt, dass Aufsichtsratstätigkeit kein „Ehrenamt" ist, sondern mitunter harte Arbeit bedeutet. Das Selbstverständnis, dem Unternehmen zu dienen, wird verkannt.

### e) Strategieberatung
Das Zusammenwirken von Aufsichtsrat und Vorstand bei der Strategieberatung findet leider nur sehr selten statt. Diese gemeinsame Beratung ist aber unter anderem Kernaufgabe beider Gremien. Die/der Aufsichtsratsvorsitzende hat diese Aufgabe zu initiieren.

### f) Risikomanagementsystem
Vielfach wird die Überwachung des Themas „Risikomanagement" deutlich vernachlässigt.

Der Aufsichtsrat hat zu prüfen:

• Ist ein Risikomanagementsystem eingerichtet worden?
• Kontrolliert der Vorstand auch das Risikomanagementsystem?

### g) Verfügbarkeit von Unterlagen
Oft mangelt es an der rechtzeitigen Verfügbarkeit sitzungsrelevanter Unterlagen.

### h) Beurteilung des Vorstands/der Geschäftsführung
Die Beurteilung des Vorstands oder der Geschäftsführung wird sehr oft gar nicht oder nur marginal vorgenommen.

### i) Öffentliche Hand/Externe
Bei Unternehmen der öffentlichen Hand ist zu beobachten, dass die Berufung externer Fachleute in die Überwachungsgremien deutlich unterentwickelt ist, insbesondere auf kommunaler Ebene (vgl. dazu Heilgenthal, S. 318ff.).

### j) Aufsichtsratsvorsitzende(r)
Die Praxis zeigt allzu oft: Die/Der Aufsichtsratsvorsitzende geriert sich häufig als dominanter „Bestimmer" – aber nicht als Moderator; darunter leidet die Diskussionskultur im Gremium.

*k) Weisungsbefugnis*
Der Versuchung, sich in die Alltagsgeschäfte der Geschäftsleitung einzumischen und dieser Weisungen zu erteilen, unterliegt noch immer so manche(r) Aufsichtsratsvorsitzende(r).

## 2. „Harte" Faktoren

Ein Aufsichtsratsmitglied muss in der Lage sein, eine angemessene wirtschaftliche Kontrolle über das operative Geschäft des jeweils tätigen Vorstandsgremiums auszuüben und auch – seinen eigenen Erfahrungen und Kenntnissen entsprechend – dieses Gremium zu beraten. Seine Rolle ist hierbei die des kritischen Sparringspartners.

So ist es konsequent, dass das Aufsichtsratsmitglied die einschlägigen Gesetze kennt und auch die Kernbotschaften des Deutschen Corporate Governance Kodex (DCGK) oder bei Unternehmen der öffentlichen Hand die des Deutschen Public Governance Kodex (DPGK).

Zentrale Themen im Kodex sind:

*a) Kernziel nachhaltige Wertschöpfung*
Das Prinzip der Nachhaltigkeit findet sich bereits in der Erstfassung des Kodex wieder. Dort heißt es, dass der Vorstand zur Steigerung des nachhaltigen Unternehmenswerts verpflichtet ist. Dies hat der Aufsichtsrat zu hinterfragen und zu kontrollieren.

*b) Angemessenheit der Vergütung*
Das im Jahr 2009 in Kraft getretene Gesetz zur Angemessenheit der Vorstandsvergütung hat die Empfehlungen aus dem Kodex in das Aktiengesetz übernommen und zugleich verschärft. Mithin wurde eine Anpassung des Kodex an die neue Gesetzeslage notwendig. Der Aufsichtsrat hat entsprechend zu agieren.

*c) Persönliche Haftung*
Ein weiteres wichtiges Thema der Corporate Governance ist die persönliche Haftung von Organmitgliedern. Damit hängt die Fragestellung zusammen, inwieweit es sachgerecht ist, dass Schäden, die durch schuldhaft pflichtwidriges Verhalten von Vorständen oder Aufsichtsräten verursacht werden, durch Haftpflichtversicherungen vollständig abgedeckt werden dürfen.

*d) Professionalisierung der Aufsichtsräte*

Die Kontrollaufgaben des Aufsichtsrats sind in den vergangenen Jahren immer komplexer geworden. Durch Gesetze, Rechtsprechung und Kodex sind die Anforderungen an die Mitglieder des Aufsichtsrats deutlich gestiegen. Die Weiterbildung obliegt naturgemäß den Aufsichtsratsmitgliedern selbst.

Folgende Lerninhalte sollte ein Aufsichtsratsmitglied vor der Mandatsübernahme in der Regel verinnerlicht haben:

* Aufgaben, Pflichten und Rechte der Aufsichtsratsmitglieder (Compliance)
* Haftung und Verantwortung der Aufsichtsratsmitglieder; D&O-Versicherung
* Zusammenspiel von Vorstand und Aufsichtsrat
* Größe und Zusammensetzung des Aufsichtsrats/Mitbestimmung
* Arbeit des/r Aufsichtsratsvorsitzenden
* Vorstands- und Aufsichtsratsvergütung
* Struktur und Inhalt von Jahresabschlüssen
* Kontroll- und Risikomanagementsystem

*e) Mehr Frauen in Vorstand und Aufsichtsrat (Diversity)*

Im Jahr 2010 hat die Regierungskommission DCGK das Thema „Diversity" in den Mittelpunkt ihrer Arbeit gestellt. Hintergrund ist vor allem die Tatsache, dass in Vorständen und Aufsichtsräten immer noch zu wenige Frauen tätig sind. Das Bewusstsein, dass hier Handlungsbedarf besteht und die Bereitschaft, dies zu ändern, sind in der Wirtschaft vorhanden. Das zeigen im Übrigen personelle Veränderungen bei bedeutenden Unternehmen wie E.ON, SAP, Siemens und ThyssenKrupp, aber auch Initiativen zur Frauenförderung bei der Deutschen Telekom oder der Lufthansa.

## III.  Kontrolle der Kontrolleure – die Effizienzprüfung

Sowohl im Corporate Governance Kodex als auch im Public Governance Kodex ist vorgesehen, dass das Überwachungsorgan regelmäßig die Qualität und die Effizienz seiner Tätigkeit überprüfen lassen sollte. Diese Empfehlung korrespondiert mit den entsprechenden Regelungen aller internationalen Governance Kodizes. Die Beurteilung von Leistung, Qualität und Effizienz der Aufsichtsratsarbeit ist das Herzstück des Kodex, denn in ihr spiegeln sich der gesamte Umgang und das Verhalten des Aufsichtsrats zu allen aufsichtsratsrelevanten Themen wider.

Es ist gewiss schwer vorstellbar, dass Herman Josef Abs oder Paul Lichtenberg sich einer Beurteilung ihrer Kontrollfähigkeiten unterzogen hätten. Wenn früher Kontrollmitgliedern vermeintliche Fehler unterliefen, so gelangte dies nicht an die Öffentlichkeit. Heute arbeiten zwar Aufsichtsräte wesentlich professioneller als früher, aber ihr Ansehen in der Öffentlichkeit ist mittlerweile auf einem Tiefpunkt angelangt. Eine professionell durchgeführte Beurteilung der Aufsichtsratsarbeit schafft hier Abhilfe. Allerdings zählt eine solche Evaluierung, die ja in beiden Kodizes vorgesehen ist, nicht immer zu den Lieblingsbeschäftigungen der Gremienmitglieder selbst. So verwundert es auch nicht, dass es vor allem überdurchschnittlich starke Aufsichtsratsvorsitzende sind, die ihr Gremium einer Evaluierung unterziehen lassen.

Bekanntlich sollen Aufsichtsratsmitglieder in ihrer Kontroll- und Sparringspartnerfunktion einen Mehrwert für den Vorstand und für das Unternehmen bedeuten, denn ihre Tätigkeit ist heute mehr denn je Vertrauensfaktor für Aktionäre, Mitarbeiter, Fremdkapitalgeber, Finanzwelt und Geschäftspartner.

Bei einer Evaluierung, die im Übrigen keine „Prüfung" ist, sondern lediglich eine Bestandsaufnahme mit Empfehlungen zur optimaleren Aufsichtsratsarbeit, geht es um folgende aufsichtsratsrelevante Parameter: Zusammensetzung; Satzung und Organisation; Pflichten; Struktur/Arbeitsweise/Aufsichtsratsvorsitzende(r); Organisation und Durchführung der Aufsichtsratsitzung selbst; Unabhängigkeit/Interessenkonflikte; Vergütung; Arbeit der Ausschüsse; Selbstverständnis des Aufsichtsrats, auch zu dem strategisch immer bedeutender werdenden Thema der „Sozialen Verantwortung". Zu diesen Kriterien werden – tunlichst durch eine gremienerfahrene neutrale Persönlichkeit, die auf Augenhöhe mit dem Aufsichtsrat verkehrt – strukturierte, anonyme Interviews geführt, das heißt, nur der Fragesteller kennt die einzelnen Antworten der Aufsichtsratsmitglieder. Kritikpunkte und Defizite werden vorzugsweise eher einem Neutralen in Einzelgesprächen gegenüber erwähnt als offen im Gremium selbst, insbesondere dann, wenn man schon über einige Jahre zusammen Gremienarbeit geleistet hat.

Bei diesen Einzelgesprächen geht es nicht um schulisches Abfragen von bestimmten Inhalten wie bei einer Geschichtsarbeit, sondern um vertiefte Diskussionen zur praktisch ablaufenden Aufsichtsratsarbeit. Das setzt voraus, dass sich der Beurteiler nicht nur mit dem Unternehmen und dessen Zukunft auseinandergesetzt hat, sondern auch mit den vorhandenen Satzungen der Gesellschaft. Auch ist ein Gespräch mit dem Vorstand zu empfehlen, denn auch der Aufsichtsrat muss wissen, wie sein wichtigster Partner, der Vorstand, die Kontroll- und Beratungsarbeit des Aufsichtsrats wahrnimmt. Häufig kommt es hier zu eklatanten Unterschieden in Eigen- und Fremdwahrnehmung.

Im Anschluss an die anonymen Einzelgespräche wird ein Bericht erstellt, der insbesondere Feststellungen, Empfehlungen und Anmerkungen zu oben aufgerufenen Kriterien enthält. Hierbei sind Hinweise zur Best Practice besonders wertvoll – also: Wie sieht es üblicherweise in gut geführten börsennotierten Unternehmen (DAX, MDAX, TecDAX usw.) in Bezug auf die zu untersuchenden Themen und Bereiche aus?

Jede(r) Aufsichtsratsvorsitzende(r) sollte willens sein, die Arbeit des Gremiums zumindest dem allgemeinen Standard anzupassen und nach Diskussion des Berichts im Aufsichtsrat entsprechende Änderungsbeschlüsse herbeizuführen.

Fazit: Entscheidend bei der Evaluierung ist nicht nur die Bestandsaufnahme, sondern insbesondere das Vermitteln von Best Practice, also konkreten Handlungsempfehlungen gemäß gängiger, korrekter und effizienter Praxis für die Aufsichtsratsmitglieder.

## IV.    Aufsichtsratstätigkeit – quo vadis?

Es hat immer – auch ohne Kodizes und auch während der Finanzkrise – in Deutschland Aufsichtsratsmitglieder gegeben, die hervorragende Arbeit geleistet haben. Im Übrigen hat sich im vergangenen Jahrzehnt – und dies in zunehmendem Maße – das eigene Selbstverständnis der meisten Aufsichtsratsmitglieder zur Aufsichtsratsarbeit deutlich verbessert. Zu dieser Entwicklung hat insbesondere die simple, aber wichtige Einsicht beigetragen, dass die Annahme eines Aufsichtsratsmandats in der Regel heute nicht das Abnicken von Vorstandsentscheidungen bedeutet, sondern durchaus „knallharte Arbeit" mit sich bringt, die auch nur mit Sachkompetenz, Erfahrung und einem dafür angemessenen Zeitbudget erledigt werden kann.

Immer mehr Unternehmer, auch Persönlichkeiten ab Anfang 50, beginnen, Freude an ihren Aufsichtsratsmandaten zu haben, und erwägen, „Berufsaufsichtsrat" zu werden, also etwa drei bis sechs Mandate als Aufsichtsrat wahrzunehmen, in der Regel als Vorsitzender, unter Aufgabe ihrer bisherigen Tätigkeit. Die Vorzüge sind nicht zu übersehen: wenig Routine, Kennenlernen diverser Branchen und anderer interessanter Persönlichkeiten, Einbringen eigener Erfahrungen sowie neue Gestaltungsmöglichkeiten. Jüngere Aufsichtsratsmitglieder sind durchaus gefragt; vor 15 Jahren und früher konnten Manager mit Anfang 50 Vorstand sein, heute haben sie nicht selten in diesem Alter schon zehn Jahre Erfahrung auf der Topebene und suchen nach neuen Herausforderungen. Da mag das Berufsbild eines „Berufsaufsichtsrats" durchaus eine echte Alternative sein. Gewiss spielt bei solchen Gedanken auch die Frage der Vergütung eine entscheidende Rolle. Außerhalb der DAX-Unternehmen gibt es teilweise erhebliche Unterschiede in der Vergütung von Aufsichts- und Beiräten (fest/variabel). Die Spanne ist groß und reicht von 20.000 bis 120.000 Euro p.a. für ein Mandat – Tendenz steigend. Es darf nicht vergessen werden, dass die/der Aufsichtsratsvorsitzende in der Regel die doppelte oder die 1,5-fache Vergütung erhält, im Verhältnis zu den ordentlichen Aufsichtsratsmitgliedern.

In Großbritannien und USA sind „Berufsaufseher" keine Seltenheit. Auch in Deutschland gibt es „Berufsaufsichtsräte"; prominentestes Beispiel ist sicherlich der derzeitige Chefaufseher der Deutschen Bank, Prof. Dr. Clemens Börsig.

# Vorstandsvergütung nach der Krise

Heinz Evers, Gummersbach

## I.    Vergütung am Pranger

Die Vorstandsvergütung steht seit über einem Jahrzehnt in der öffentlichen Kritik. Mehr als andere, gewichtigere Aspekte der Corporate Governance füllt die Diskussion über überhöhte Bezüge, unangemessene Vergütungssteigerungen oder die Fragwürdigkeit von Options- und Bonusprogrammen die Spalten der Wirtschaftspresse. Die Gründe dafür sind vielfältig.

Mit zunehmender Globalisierung der Wirtschaft, insbesondere der Kapitalmärkte, erfolgte seit Mitte der 90er Jahre eine starke Ausrichtung der deutschen Unternehmen am Shareholdervalue. Die Zielsetzung der nachhaltigen Steigerung des Unternehmenswerts – vielfach einseitig gleichgesetzt mit externem Börsenwert – verlangte zugleich die Neuorientierung der bisherigen Vorstandsvergütung. Ihre erfolgsbezogenen, variablen Anteile wurden unter Anreizaspekten als zu gering, ihr Jahresbezug als zu kurzfristig und ihre vorwiegend bilanziellen Bezugsgrößen als kaum zielführend moniert. Als gelungene Muster empfahlen sich stattdessen die Executive-Vergütungen US-amerikanischer Unternehmen. Ihre Attraktivität für deutsche Manager beruhte nicht allein auf ihren aktienkursbasierten Long-term Incentives (LTI), sondern gleichermaßen auf ihrem um ein Vielfaches höheren Gesamtniveau.

Infolgedessen wurden in den Börsengesellschaften innerhalb weniger Jahre zusätzlich zur bisherigen Vergütung Aktienoptionspläne flächendeckend eingeführt. Ihre oftmals dilettantische Ausgestaltung, vor allem die außerordentliche Honorierung wenig anspruchsvoller Erfolgsziele, rief in der Öffentlichkeit einen Sturm der Entrüstung hervor. Man prangerte die schamlose Bereicherung der Manager an und forderte angesichts ihrer ungehemmten Selbstbedienungsmentalität erstmals gesetzliche Beschränkungen.

Einen weiteren Kritikpunkt bot die konkrete Umsetzung der geforderten stärkeren Erfolgsorientierung der Vergütungen. Die direkte Anbindung der variablen Bezüge an die Unternehmensergebnisse führte zu deutlich höheren Vergütungen. So stiegen etwa die Vorstandsbezüge in den DAX-Unternehmen von 1998 bis 2008 um nahezu 250 Prozent. Angesichts von Arbeitsplatzabbau und Tarifsteigerungen von kaum 25 Prozent in dieser Zeit wird dieser drastische Anstieg der Vorstandsbezüge in der Öffentlichkeit als ungerechtfertigt und maßlos empfunden. Die enorm gestiegenen Jahrestantiemen nährten überdies den Eindruck, dass die Vorstände sich zu sehr an den kurzfristigen Interessen ihrer Shareholder oder gar Sharetrader orientieren und darüber die nachhaltige Wertsteigerung ihrer Unternehmen vernachlässigen.

In jüngster Zeit hat die Finanzmarktkrise die übermäßige Kurzfristorientierung der Vergütungsanreize insbesondere im Bankensektor nachdrücklich belegt und den Gesetzgeber zur Intervention veranlasst. Mit dem Gesetz zur Angemessenheit der Vorstandsvergütung (VorstAG) vom August 2009 sollen die Anreize zu einer nachhaltig erfolgreichen Unternehmensführung gestärkt und das Eingehen unverantwortlicher Risiken möglichst verhindert werden. Die Auswirkungen dieses Gesetzes dürften die Vergütungspolitik in den nächsten Jahren maßgeblich verändern.

Da die vielfältigen Entwicklungen der Vorstandsvergütung in der öffentlichen Diskussion oftmals nur unzutreffend oder gar polemisch verzerrt dargestellt sind, sollen die folgenden Ausführungen ein realistisches Bild der Vorstandsvergütungen zeichnen sowie insbesondere ihre aktuellen Zielsetzungen und Entwicklungsrichtungen aufzeigen. Sie sollen damit den Aufsichtsratsmitgliedern Informationen, Anregungen und Leitlinien bieten, ihre vergütungspolitische Aufgabenstellung im Sinne guter Corporate Governance zu erfüllen (vgl. dazu Smend, S. 80ff.). Zugleich sollen sie den betroffenen Managern ein vertieftes Verständnis der Vorstandsvergütung vermitteln und ihnen so eine nützliche Orientierung für die eigenen Verhandlungen bei Neubestellungen oder Vertragsverlängerungen bieten.

## II.  Angemessene Festsetzung der Vorstandsvergütung

### 1.  Grundlagen

Die Vorstandsvergütung umfasst die Summe aller materiellen Leistungen, die die Unternehmen den Vorstandsmitgliedern als Gegenwert für ihre Arbeitsleistungen zuwenden. Dazu gehören neben den laufenden festen und variablen Bezügen auch alle sonstigen Geld- und Sachleistungen, wie einmalige Sonderzahlungen, die Gewährung eigener

Aktien, die Überlassung von Dienstwagen oder die Prämienzahlung für Unfallversicherungen. Dies gilt nicht nur für Leistungen während der aktiven Zeit, sondern betrifft gleichermaßen Leistungszusagen für die Zeit nach dem Ausscheiden, wie Abfindungen, Ruhegehälter oder Hinterbliebenenversorgungen.

Mit ihrer Vergütungspolitik verfolgen die Unternehmen die generelle Zielsetzung, durch attraktive Höhe, Struktur und Ausgestaltung der Vergütung, hochqualifizierte Manager für sich zu gewinnen, zu gezielten Leistungsanstrengungen zu motivieren und auf Dauer zu binden – dies unter Beachtung des Wirtschaftlichkeitsprinzips zu vertretbaren Kosten.

Die Festsetzung der Vorstandsvergütung in allen Einzelkomponenten obliegt heute dem Aufsichtsratsplenum. Der bislang zuständige Personalausschuss hat in dieser Hinsicht lediglich noch vorbereitende Funktion. Der Aufsichtsrat hat gemäß § 87 Absatz 1 AktG dafür zu sorgen, dass die Gesamtbezüge „in einem angemessenen Verhältnis zu den Aufgaben und Leistungen des Vorstandsmitglieds und zur Lage der Gesellschaft stehen und die übliche Vergütung nicht ohne besondere Gründe übersteigen". Nach der Gesetzesbegründung umfasst die Üblichkeit der Vergütung primär die horizontale Vergleichbarkeit mit Vergütungen in Unternehmen der gleichen Branche und Größe möglichst im Inland. Darüber hinaus soll aber auch der vertikale Vergleich mit dem Lohn- und Gehaltsgefüge im eigenen Unternehmen herangezogen werden.

Trotz dieser Konkretisierungen bleibt das gesetzliche Angemessenheitsgebot unbestimmt. Die angemessene Vorstandsvergütung lässt sich nicht im Sinne eines eindeutigen, absoluten Betrags festlegen. Der Aufsichtsrat muss in jedem Einzelfall unter Würdigung der genannten Beurteilungsmaßstäbe zu einer Entscheidung gelangen. Im Gegensatz zu den übrigen Bemessungskriterien, die letztlich nur relative Anhaltspunkte bieten, liefert die marktübliche Vergütung den Aufsichtsräten den konkreten finanziellen Orientierungsrahmen. Die Vergütungspraxis vergleichbarer Unternehmen bildet insofern den Ausgangspunkt der angemessenen Vergütungsfestsetzung. Die dazu nötigen Informationen lassen sich heute mit Hilfe überbetrieblicher Vergütungsstudien, etwa der Kienbaum Vergütungsberatung, oder durch gezielte Marktrecherchen spezialisierter Berater beschaffen. Dabei ist entsprechend der Empfehlung des Deutschen Corporate Governance Kodex auf Unabhängigkeit des Beraters vom Vorstand und von dem jeweiligen Unternehmen zu achten.

## 2.  Bemessungsparameter

Um die Peergroup der Unternehmen für den Vergütungsvergleich zutreffend zusammenzustellen, benötigt man zunächst einen Überblick über die wesentlichen Determinanten der Vorstandsvergütung und ihre konkreten Auswirkungen.

*a) Unternehmensgröße*
Der weitaus stärkste Bestimmungsfaktor ist heute die Unternehmensgröße. Je größer die Unternehmen, desto höher sind die Bezüge der Vorstände. Begründet wird dies durch die enge Beziehung zwischen Aufgabenstellung und Vergütung. Die Leitung größerer Unternehmen ist komplexer, stellt höhere Anforderungen an die Fähigkeiten und das Engagement der Manager und ist regelmäßig mit höherer Personal- und Kapitalverantwortung verbunden.

Wie stark dieser Zusammenhang in der Wirtschaft ausgeprägt ist, zeigt die folgende Tabelle für den Größenparameter „Beschäftigtenzahl" auf der Grundlage eines Samples namhafter Börsengesellschaften aus allen Branchen.[1]

| Unternehmen mit Beschäftigten | Vorstandsbezüge 2009 pro Kopf in Tsd. Euro | | |
|---|---|---|---|
| | unteres Quartil | Median | oberes Quartil |
| bis 250 | 210 | 330 | 450 |
| 250 bis 500 | 240 | 310 | 540 |
| 500 bis 1.000 | 350 | 470 | 560 |
| 1.000 bis 5.000 | 420 | 530 | 1.050 |
| 5.000 bis 10.000 | 540 | 910 | 1.170 |
| 10.000 bis 50.000 | 810 | 1.140 | 1.620 |
| über 50.000 | 1.640 | 2.360 | 3.270 |

*Tabelle 1: Vorstandsvergütung 2009 in Börsengesellschaften nach Unternehmensgröße*

---

[1]  Ausgewertet wurden vom Autor die Geschäftsberichte 2009 von ca. 200 Unternehmen aus den Börsensegmenten DAX, MDAX, SDAX, TecDAX und GEX. Dargestellt sind die durchschnittlichen Pro-Kopf-Bezüge (= Jahresvergütung inkl. LTI-Neuzuteilung, aber ohne LTI-Auszahlung oder Pensionsaufwand). Der angegebene Median (Zentralwert der Verteilung) wird von jeweils 50 Prozent der in der Größenklasse ermittelten Bezüge unter- bzw. überschritten. Die Quartilswerte wiederum halbieren die unteren bzw. oberen 50 Prozent dieser Verteilung; sie begrenzen den „Normalbereich" der Vergütung, stellen also keineswegs die Extremwerte dar.

Die Pro-Kopf-Bezüge der Vorstandsmitglieder steigen von der niedrigsten bis zur höchsten Beschäftigtenklasse um mehr als das Siebenfache an. Wie die Quartilswerte belegen, erstrecken sich um die Mittelwerte in den einzelnen Größenkategorien erhebliche Vergütungsspannen. Sie reichen in den Extremen durchweg von minus 50 Prozent bis plus 100 Prozent der ausgewiesenen Mediane.

Angesichts ihres überragenden Einflusses auf die Vorstandsvergütung kommt der Unternehmensgröße für die Auswahl der Vergleichsunternehmen das entscheidende Gewicht zu. Dabei empfiehlt sich zumeist ein kombinierter Ansatz von Beschäftigtenzahl und einem zusätzlichen branchenbezogenen Größenparameter, wie etwa den Umsatzerlösen in Industrie und Handel oder der Bilanzsumme bei Banken und Versicherungen. Ausgehend von den Merkmalsausprägungen des eigenen Unternehmens ist die Größenklasse pragmatisch so festzulegen, dass sie ein Sample von 10 bis 20 Unternehmen möglichst vergleichbarer Geschäftstätigkeit umfasst. Die Bandbreite der Vergütungsdaten dieser Unternehmen – durch geeignete Verteilungsmaße strukturiert – bietet zwar keinen normativen Rahmen, doch liefert sie dem Aufsichtsrat wichtige Eckdaten, um unter Berücksichtigung weiterer Einflussfaktoren, insbesondere der gegenwärtigen und der zukünftigen Ertragslage, die Vorstandsvergütung der eigenen Gesellschaft angemessen zu positionieren.

*b) Ertragslage*
Die nachhaltige Ertragslage ist nach der Unternehmensgröße die wichtigste Vergütungsdeterminante. Die Vorstände bilden in den Unternehmen die oberste Entscheidungsinstanz. Ihre Leistung beeinflusst in hohem Maße die wirtschaftliche Lage der Unternehmen. Ihre Vergütung muss dieser Verantwortung Rechnung tragen. In der Praxis wirkt sich allerdings die Ertragslage ungleich schwächer aus als die Unternehmensgröße. Diese mangelnde Performanceorientierung der Vorstandsvergütung ist ein fortwährender Kritikpunkt in der öffentlichen Diskussion.

Der grundsätzliche Zusammenhang zwischen Vergütung und Ertragslage schließt relativ hohe Vorstandsvergütungen trotz schlechter wirtschaftlicher Lage keineswegs aus. Sie können angemessen sein, um Sanierungsmanager von außen für die Unternehmensleitung zu gewinnen (vgl. dazu Heuse, S. 136ff.). Die besondere Schwierigkeit ihrer Aufgabe sowie die Unsicherheit der Firmensituation erfordern zumeist die Zahlung von Risikozuschlägen.

*c) Vorstandsstatus*
Nach der grundsätzlichen Positionierung der eigenen Gesellschaft gegenüber dem Vergleichsumfeld stellt sich dem Aufsichtsrat die Frage

nach der angemessenen Vergütungsdifferenzierung innerhalb des Vorstands. Sie ergibt sich zunächst eindeutig aus dem unterschiedlichen hierarchischen Status. Vorsitzende oder Sprecher des Vorstands übernehmen nicht nur besondere Rechte und Pflichten, ihnen steht auch eine höhere Vergütung zu. Die Zuschläge in den Unternehmen reichen von 20 Prozent bis über 200 Prozent. Der Grad der Höherdotierung richtet sich danach, in welchem Ausmaß der Vorsitzende/Sprecher – wenn auch im Rahmen der gemeinsamen Leitungsverantwortung – die Geschäftspolitik und vor allem die Unternehmensstrategie bestimmt.

Traditionell liegen die Vorsitzer-Zuschläge in den meisten Gesellschaften noch bei 50 Prozent. Jedoch ist im vergangenen Jahrzehnt mit der Globalisierung die Rolle des Vorstandsvorsitzenden vor allem in den großen Börsengesellschaften deutlich stärker geworden und hat sich – ungeachtet der aktienrechtlichen Problematik – faktisch der Rolle des CEO in angelsächsischen Unternehmen angenähert. Die Folge ist seine stärkere finanzielle Hervorhebung. Sie beläuft sich bei den DAX-Unternehmen im Durchschnitt bereits auf 85 Prozent.

### d) Vorstandsressort
Im Gegensatz zum hierarchischen Status führt die Zuweisung eines bestimmten Vorstandsressorts zu keinen eindeutigen Vergütungskonsequenzen. Eine wachsende Zahl von Unternehmen tendiert heute zu einer Gleichbewertung der Ressorts und damit zu einer grundsätzlichen Gleichdotierung der Ressortinhaber. Dies gilt zumindest für ihre Zieleinkommen. Eine solche Vergütungspolitik unterstreicht die Gesamtverantwortung des Vorstands, beugt Ressortegoismen vor und fördert den Teamgeist innerhalb des Gremiums.

### e) Dienstalter
Das Senioritätsprinzip, das die betriebliche Vergütungspolitik auch im Management lange prägte, hat heute bei der Bemessung der Vorstandsvergütung an Bedeutung eingebüßt. Nur in den drei oder fünf Jahren ihrer ersten Amtsperiode werden jüngere Vorstandsmitglieder häufig noch geringer bezahlt. Da sie regelmäßig aus erheblich niedriger dotierten Leitungspositionen aufsteigen, beginnen sie zunächst mit 65 Prozent bis 75 Prozent der üblichen Vorstandsvergütung und werden dann mit zunehmender Erfahrung stufenweise an das Normalniveau herangeführt.

### f) Persönliche Leistung
Die vergütungswirksame Berücksichtigung der persönlichen Leistung des einzelnen Vorstandsmitglieds, wie sie das VorstAG im § 87 Absatz 1 AktG ausdrücklich fordert, bereitet in der praktischen Umsetzung erhebliche Probleme. Zwar besteht ein allgemeiner Konsens über die

anzustrebende Äquivalenz von Leistung und Vergütung; was jedoch die Leistung des Vorstandsmitglieds im Einzelnen darstellt, wie man sie bemisst und schließlich honoriert, darüber herrschen in den Unternehmen unterschiedliche Auffassungen.

Überwiegend vertritt man die Meinung, dass die Vergütung der übertragenen Aufgaben bereits ihre ordentliche Bewältigung und damit die persönliche Leistung innerhalb einer gewissen Spannbreite einschließt. Dies gilt sowohl für die spezifischen Ressortaufgaben des Vorstandsmitglieds als auch für seinen Teambeitrag im Rahmen des Gesamtvorstands. Leistungsbedingte Vergütungskonsequenzen werden allenfalls bei Spitzenleistungen etwa in Form von Sonderprämien gezogen. Außerordentliche Leistungsschwächen hingegen sanktioniert man bislang weniger durch Vergütungsabschläge als vielmehr durch Abberufung.

Bei anderen Unternehmen honoriert man im Rahmen zielorientierter Tantiemensysteme neben der Erreichung von Unternehmenszielen auch die Erreichung individueller, auf die einzelnen Ressortinhaber zugeschnittener Zielsetzungen und damit zumindest einen Teilaspekt ihrer persönlichen Leistung. Schließlich lassen sich im Fall von Ermessenstantiemen etwaige Leistungsunterschiede der Vorstandsmitglieder durch differenzierte Tantiemenansätze angemessen berücksichtigen. Das setzt allerdings die eingehende Erörterung der individuellen Leistungen im Aufsichtsrat und eine eindeutige Stellungnahme voraus.

*g) Vergütungsstruktur im Unternehmen*
Das Lohn- und Gehaltsgefüge im eigenen Unternehmen ist nach dem Willen des Gesetzgebers bei der Festsetzung der Vorstandsvergütungen in stärkerem Maße als bisher als Orientierungsrahmen zu berücksichtigen. Dabei geht es weniger darum, bestimmte Relationen zwischen den Vorstandsbezügen und den Durchschnittsbezügen der Gesamtbelegschaft oder einzelner Gruppen, etwa der außertariflichen Angestellten, zu ermitteln und festzuschreiben. Es soll vielmehr sichergestellt werden, dass beabsichtigte Veränderungen der Vorstandsvergütungen – seien es die regelmäßigen Anpassungen der Festbezüge oder auch einmalige Maßnahmen, wie etwa Verbesserungen bei den Pensionszusagen – in das Gesamtbild der betrieblichen Vergütungspolitik passen. Die Gefahr unangemessener Alleingänge bei den Vorstandsvergütungen wird auf diese Weise erheblich vermindert. Darauf dürften schon die Arbeitnehmervertreter im Aufsichtsrat bei ihren Vergütungsbeschlüssen in Zukunft verstärkt achten.

## 3. Vergütungskomponenten

Die Vorstandsvergütung setzt sich heute aus verschiedenen Komponenten zusammen. Einen Überblick über ihre aktuelle Struktur sowie die relative Wertigkeit der wesentlichen Komponenten bietet die Abbildung am Beispiel der MDAX-Unternehmen.

**Komponenten und wertmäßige Struktur der Vorstandsvergütung**

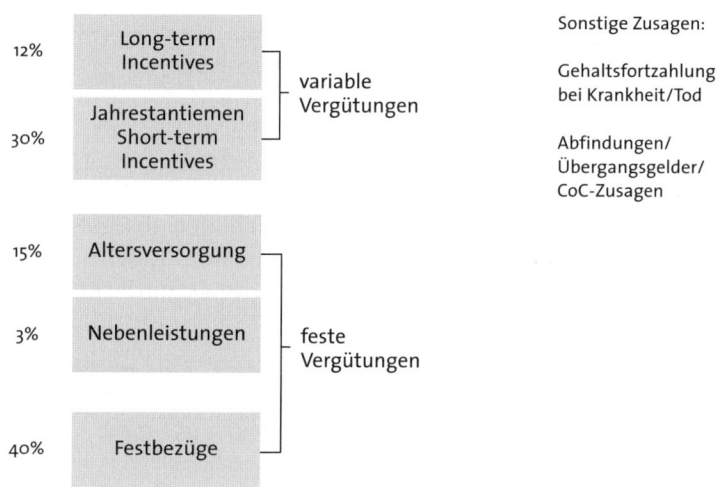

100% = 1.250 Tsd. Euro Pro-Kopf-Vergütung 2009 inkl. Versorgungsaufwand/ ohne LTI-Auszahlungen aus Vorjahren

*Abbildung 1: Struktur der Vorstandsvergütung 2009 in MDAX Unternehmen*

Diese vereinfachte Darstellung ist in ihren Komponenten und ihrer wertmäßigen Struktur zwar nur für die Vorstandsvergütungen in den großen Börsengesellschaften typisch, doch übt die Vergütungspolitik dieser Unternehmen in der Wirtschaft heute eine starke Leitbildfunktion aus und gibt damit Entwicklungsrichtungen vor. So haben sich etwa Long-term Incentives bei der Mehrzahl der kleinen und mittleren Gesellschaften bisher nicht durchsetzen können; dafür nehmen dort die Festgehälter noch einen entsprechend höheren Anteil ein. Allerdings ist auch in der Vergütungspolitik dieser Unternehmen das Bemühen um geeignete langfristige Lösungen deutlich festzustellen. Diese Tendenz wird sich durch das VorstAG, das den Börsengesellschaften die Ausrichtung der Vergütungsstrukturen auf eine nachhaltige Unternehmensentwicklung und mehrjährige Bemessungsgrundlagen für die variablen Vergütungen vorschreibt, in Zukunft noch erheblich verstärken. In den großen Börsengesellschaften selbst dürfte sich die bisherige Relation zwischen kurz- und langfristigen Vergütungskomponenten von etwa 2:1 entsprechend den gesetzlichen Anforderungen ins genaue Gegenteil verkehren.

*a) Festbezüge*
Die Basis der Vorstandsvergütung bilden die Festbezüge – vielfach auch als Grundgehalt bezeichnet. Sie sichern den Vorstandsmitgliedern und ihren Familien unabhängig vom Erfolg der Unternehmen den laufenden Lebensunterhalt. Dagegen dienen die erfolgsabhängigen variablen Bezüge eher dem gezielten Anreiz und tragen zur Vermögensbildung und wirtschaftlichen Unabhängigkeit der Manager bei.

Entsprechend ihrer Funktion der Unterhaltssicherung verringert sich der Anteil der Festbezüge mit wachsenden Gesamtbezügen stetig – von etwa 80 Prozent bei Vorständen kleinerer Gesellschaften mit entsprechend niedrigen Bezügen bis hin zu 10 Prozent bei den absoluten Spitzenverdienern in Größtunternehmen. Die folgende Tabelle (eigene Erhebung) bietet dazu eine empirisch abgesicherte Orientierung.

| Gesamtbezüge pro Kopf in Tsd. Euro | Anteil der Festbezüge |
|---|---|
| bis 250 | 75 Prozent |
| 250 bis 500 | 65 Prozent |
| 500 bis 1.000 | 45 Prozent |
| 1.000 bis 2.000 | 35 Prozent |
| über 2.000 | 25 Prozent |

*Tabelle 2: Anteil der Festbezüge an der Vorstandsvergütung nach Höhe*

Auf eine Erhöhung der Festbezüge im Zeitablauf besteht für die Vorstände im Allgemeinen kein vertraglicher Anspruch. Dennoch erfolgt in den meisten Unternehmen eine Überprüfung und gegebenenfalls Anpassung der Bezüge in einem regelmäßigen Zwei- oder Dreijahresturnus. Die Verpflichtung dazu wird den Aufsichtsräten vielfach durch sogenannte Sprechklauseln in den Vorstandsverträgen auferlegt.

In vielen Unternehmen bilden die Festbezüge den finanziellen Bezugsrahmen für die jahresbezogenen variablen Vergütungskomponenten. Diese werden in ihren angestrebten Zielgrößen, oft auch in ihren maximalen Ausprägungen, in Prozent der Festbezüge definiert. Dadurch lassen sich zugleich Höhe und Entwicklung der Jahresbezüge insgesamt auf ein vertretbares Maß begrenzen.

Schließlich ist bei Festsetzung und Fortschreibung der Festbezüge zu bedenken, dass sie noch überwiegend die Bemessungsbasis der betrieblichen Versorgungszusagen bilden. Angesichts der ohnehin stetig steigenden Pensionsaufwendungen fällt dieser Zusammenhang insbesondere bei älteren Managern stark ins Gewicht

*b) Jahrestantiemen*
Short-term Incentives (STI) in Form jährlicher Tantiemen, Boni oder sonstiger Jahresabschlussvergütungen sind ein klassisches Element der Vorstandsvergütung. Sie sollten die Vorstände angesichts ihrer eigenverantwortlichen Leitungstätigkeit wie die Kapitaleigner am unternehmerischen Erfolg oder Misserfolg in einem Geschäftjahr beteiligen.

In den vergangenen Jahren ist in dieser Hinsicht ein deutlicher Umdenkprozess festzustellen. Der Primärzweck der variablen Bezüge wird nicht länger darin gesehen, die Vorstände ex post am Unternehmensgewinn zu beteiligen. Stattdessen liegt das Schwergewicht eindeutig auf der Steuerungs- und Anreizfunktion. Die variablen Bezüge sollen die Vorstände ex ante bewegen, ihre Geschäftsaktivitäten und ihr Engagement auf die Erreichung der wesentlichen operativen und strategischen Unternehmensziele auszurichten. Sie dienen insofern als Umsetzungshebel dieser Zielsetzungen.

Mit dem Funktionswandel hat sich die Ausgestaltung der Tantiemensysteme erheblich verändert. So sind an die Stelle der traditionellen Bemessungsgröße, dem Jahresüberschuss des Unternehmens, durchweg mehrere Erfolgsparameter getreten. Sie spiegeln den Erfolg des jeweiligen Geschäftsjahres umfassender und zutreffender wider, als es die eindimensionale Jahresüberschussregelung vermochte. Bilanzielle Ergebnisgrößen nehmen zwar auch in diesen Systemen noch einen zentralen Platz ein. Es handelt sich allerdings zumeist um das Ergebnis des operativen Geschäfts oder daraus abgeleitete Größen, wie etwa EBT oder EBIT. Vielfach werden diese Bezugsgrößen noch um Rentabilitätskennziffern des Gesamt- oder Eigenkapitals, wie ROCE oder ROE, ergänzt.

Die Dividende – ebenfalls eine klassische Bezugsgröße – findet sich angesichts der Eigengesetzmäßigkeit der Ausschüttungspolitik kaum noch als Tantiemenbasis. Auch die mit dem Vordringen des Sharehol-dervalue-Gedankens stark propagierten internen Wertgrößen, wie der „Economic Value Added" (EVA) oder der „Discounted Cash Flow" (DCF), werden nur vereinzelt gewählt. Obwohl eine Reihe namhafter Großunternehmen ihre internen Planungs- und Controllingsysteme inzwischen auf Wertorientierung ausgerichtet hat, verhindern die hohe Komplexität und die mangelnde Nachvollziehbarkeit der Wertkennzahlen bislang ihre stärkere Verbreitung.

Neben ihrer veränderten inhaltlichen Ausgestaltung werden die Erfolgskriterien heute überwiegend als Zielgrößen vereinbart, für deren Erreichung und Überschreitung bestimmte Tantiemenbeträge – vielfach in Prozent der Festbezüge definiert – ausgesetzt sind. Im Interesse stärkerer Anreizwirkung, aber auch höherer Leistungsgerechtigkeit konzentrieren sich die Tantiemen auf bestimmte Leistungskorridore. Sie setzen erst bei einer Mindesterreichung von etwa 75 Prozent oder 80 Prozent des Zielwerts ein und enden im Allgemeinen bei einer Zielüberschreitung von 30 Prozent oder 50 Prozent. Dadurch verhindern sie die Honorierung kaum vermeidbarer Basiserfolge, besitzen im jeweils relevanten Leistungsbereich einen stärkeren finanziellen Hebel und schützen durch ihre Begrenzung nach oben (Cap) gegen außerordentliche, nicht vorhergesehene Entwicklungen.

Die Zielvereinbarungen umfassen entweder nur unternehmensbezogene Erfolgsgrößen, die einheitlich für den gesamten Vorstand gelten und zu egalitären Tantiemenansätzen führen, oder zusätzlich auch individuelle Positionsziele, die die besondere Aufgabenstellung und damit stärker die persönliche Leistung der einzelnen Vorstandsmitglieder betreffen. Dazu zählen etwa Geschäftsbereichsergebnisse, aber auch spezifische Akquisitions-, Innovations- oder sonstige Projektzielsetzungen. Die vereinbarten Tantiemeziele werden nach ihrer betrieblichen Relevanz gewichtet. Die Gewichtung bestimmt zugleich ihren Anteil an der Zieltantieme. Entsprechend der Gesamtverantwortung des Vorstands für den Unternehmenserfolg kommt dabei den unternehmensbezogenen Zielen gegenüber den Individualzielen regelmäßig ein deutlich höheres Gewicht zu. Eine Relation von 70 Prozent zu 30 Prozent kann hier als typisch gelten.

Bei Auswahl und Festlegung der Zielgrößen kommt es entscheidend darauf an, dass sie den angestrebten nachhaltigen Unternehmenserfolg möglichst zutreffend widerspiegeln. Dazu müssen die gewählten Erfolgsparameter nicht nur beim Vorstand und bei den Aktionärsvertretern, sondern gleichermaßen auch bei den Arbeitnehmervertretern im Aufsichtsrat sowie den übrigen Stakeholdern hohe Akzeptanz finden. Nur wenn diese in den Zielgrößen ihre Erwartungen und Ansprüche hinreichend abgebildet sehen, tragen sie auch die Vergütungskonsequenzen voll mit. Das aus dieser Diskussion resultierende ausgewogenere Spektrum der Tantiemenziele beugt zugleich einem einseitigen Finanzmarktkapitalismus vor.

Die negativen Auswirkungen einer solchen Orientierung sind in der aktuellen Krise nur zu deutlich geworden. Kurzfristige Vergütungsinstrumente können bei einseitiger Ausrichtung Fehlsteuerungen auslösen, die Vorstände schadlos zu unverantwortlichen Risiken verleiten und letztlich die Unternehmen schwer schädigen. Aus dieser Erkenntnis verpflichtet das VorstAG den Aufsichtsrat in § 87 Absatz 1 AktG mit den eingesetzten Vergütungsinstrumenten, insbesondere den variablen erfolgsbezogenen Komponenten, „langfristige Verhaltensanreize zur nachhaltigen Unternehmensentwicklung" zu setzen.

Dies bedeutet keineswegs das Aus für eine an Jahreszielen ausgerichtete Tantiemenregelung. Dem Aufsichtsrat obliegt es vielmehr, bei den Bemessungskriterien sorgfältiger als bisher darauf zu achten, dass sie auch tatsächlich den nachhaltigen Unternehmenserfolg widerspiegeln und nicht etwa nur volatile „Windfall Profits". Zudem sollte der zeitliche Rahmen der Jahrestantiemen in der Form ausgeweitet werden, dass man die Tantiemen jeweils nur zu einem Teil ausschüttet, den Rest in eine Tantiemenbank einstellt und erst in drei bis fünf Jahresraten auszahlt. Nachfolgende Verschlechterungen der Erfolgsparameter mindern dann die noch ausstehenden Beträge in angemessener Weise (Malus-Funktion) und bergen insofern für die Vorstände ein Vergütungsrisiko.

Mit der gleichen Zielrichtung werden Vorstände in einer Reihe von Unternehmen verpflichtet, einen Teil der Tantiemen in eigenen Aktien anzulegen und für eine Sperrfrist von mehreren Jahren zu halten. Auch auf diese Weise werden die Leistungszeiträume der Tantiemen ausgeweitet und den Vorständen für die Folgejahre Anreize zur Wertsteigerung ihrer Unternehmen geboten.

Eine grundsätzliche Alternative zu den auf klaren Berechnungsgrundlagen basierenden Tantiemen bilden sogenannte Ermessenstantiemen. Ihre Höhe wird nicht errechnet, sondern vom Aufsichtsrat in billigem Ermessen festgelegt. Bei verständiger Handhabung ermöglichen sie dem Aufsichtsrat nach Ablauf des Geschäftsjahres eine umfassende Würdigung der Vorstandsleistungen unter Berücksichtigung der wesentlichen internen und externen Einflussfaktoren. In der Vergangenheit waren solche Ermessenstantiemen für Vorstände weitverbreitet. Heute finden sie sich allenfalls noch bei einem Viertel der Unternehmen. Zu diesem Rückgang haben neben der stärkeren Betonung der Steuerungsfunktion vor allem der Wunsch der Vorstände nach Berechenbarkeit der Tantiemen unabhängig vom Goodwill der Aufsichtsräte, aber auch die Scheu vieler Aufsichtsräte vor jährlichen Vergütungsentscheidungen maßgeblich beigetragen.

In jüngster Zeit erlebt diese Tantiemenform eine Renaissance – weniger als Alternative, sondern als sinnvolle Ergänzung oder Modifikation der berechenbaren Tantiemensysteme. So behält sich der Aufsichtsrat in einer Reihe neuerer Zusagen ausdrücklich vor, die Ergebnisse der Zieltantiemen durch Zu- oder Abschläge um bis zu 20 Prozent oder 25 Prozent zu verändern, um auf diese Weise die individuelle Leistung der einzelnen Vorstandsmitglieder oder auch die näheren Umstände der Zielerreichung, etwa im Hinblick auf eine vereinbarte Berücksichtigung von Stakeholderinteressen angemessen zu berücksichtigen. Diese Tendenz zur Auflockerung der mechanistischen Tantiemenregelungen zugunsten einer flexibleren, erfolgs- und leistungsgerechteren Bemessung dürfte sich angesichts der raschen Veränderungen des Wirtschaftsgeschehens und seiner begrenzten Planbarkeit in Zukunft weiter verstärken.

*c) Long-term Incentives*
Langfristige Vergütungskomponenten haben sich in den vergangenen zehn Jahren zu einem festen Bestandteil der Vorstandsvergütungen in Großunternehmen entwickelt. So nutzen nach eigenen Angaben derzeit 80 Prozent der DAX-Unternehmen solche LTI. Bei den mittelgroßen Gesellschaften im MDAX und TecDAX sind es 40 Prozent bis 50 Prozent, bei den kleineren im SDAX und GEX immerhin 20 Prozent bis 30 Prozent – jeweils mit steigender Tendenz. Die LTI sollen die Vorstände zu einer nachhaltigen Entwicklung des internen und externen Unternehmenswerts anregen und damit ihre Interessen mit denen der Kapitaleigner, aber auch der übrigen Stakeholder wirksam verknüpfen.

Die in letzter Zeit eingeführten Systeme unterscheiden sich von den klassischen Optionsmodellen der ersten Generation in wesentlichen Punkten. Die Unterschiede resultieren vorwiegend aus erkannten Mängeln und enttäuschten Erwartungen, aber auch aus veränderten institutionellen Rahmenbedingungen. Grundlegend für diese Neuorientierung war zunächst die kritischere Sicht auf den Aktienkurs. Angesichts von Börsenturbulenzen und Bilanzmanipulationen stellte man ernüchtert fest, dass der Aktienkurs in Höhe und Entwicklung keineswegs den vielfach propagierten objektiven Maßstab für den Wert eines Unternehmens und die Leistung seines Vorstands abgibt. Als Konsequenz dieser Einsicht werden in neuen Vergütungsplänen die bisher einseitig aktienkursbasierten Erfolgsziele vielfach mit internen, mehrjährigen Wertkennziffern kombiniert oder – vor allem als Konsequenz aus dem VorstAG – durch sie völlig ersetzt.

Als weiteres Defizit der Optionspläne erwies sich die fehlende Verlustbeteiligung. Da die Optionen grundsätzlich als Add-on zur bisherigen

Vergütung gewährt wurden, erlitten die Vorstände im Gegensatz zu den Aktionären selbst bei dramatischen Kurseinbrüchen keine finanziellen Einbußen. Allerdings wurde ihnen in der Börsenkrise 2001/2002 erstmals auch die hohe Volatilität von Optionen bewusst. Beide Motive führten in den Folgejahren zu einer tendenziellen Ablösung der Optionen durch Aktien. Statt der Optionen oder auch zusätzlich erhalten viele Manager heute Aktien ihrer Gesellschaft, die mit mehrjährigen Veräußerungssperren versehen sind.

Die Sorge der Aktionäre vor einer Kapitalverwässerung durch die Gewährung regulärer Optionen oder Aktien sowie die hohen rechtlichen und administrativen Anforderungen dieser Pläne haben bereits in früheren Jahren zahlreiche Unternehmen bewogen, auf virtuelle Gestaltungsformen auszuweichen. Bei solchen „Stock Appreciation Rights" oder „Phantom Stocks" handelt es sich faktisch um Tantiemenregelungen, die die echten Options- und Aktienpläne in ihrer Ausgestaltung nachbilden und ihre Auszahlung an der Aktienkursentwicklung orientieren. Inzwischen haben zwei Drittel der DAX-Unternehmen ihre LTI in dieser wesentlich flexibleren Form neu aufgelegt.

Das VorstAG mit seiner Hauptforderung, den Vorständen durch eine entsprechende Vergütungsstruktur langfristige Verhaltensanreize zu setzen, bedeutet in der Vergütungspraxis für die LTI einen Quantensprung. Das zunächst als Add-on der Vorstandsvergütung eingeführte Instrument entwickelt sich damit zur dominierenden Erfolgskomponente. Da sich die Vorstandstätigkeit seit jeher auf nachhaltige Unternehmensentwicklung ausrichten sollte, ist diese Korrektur auf der Vergütungsseite längst überfällig.

Im weiteren Zuge dieser Entwicklung löst sich das bisherige Nebeneinander von STI und LTI zugunsten einer integrierten variablen Vergütungskomponente auf. Die Streckung von Tantiemenzahlungen über einen mehrjährigen Zurückbehaltungszeitraum oder die Verpflichtung, die STI zum Erwerb eigener Aktien mit entsprechender Sperrfrist zu verwenden, belegen bereits diesen Prozess.

*d) Nebenleistungen*
Eine weitere wichtige Komponente der Vorstandsvergütung ist neben den festen und variablen monetären Bezügen das Angebot an Nebenleistungen. Diese Leistungen besitzen für die Vorstandsmitglieder auch heute noch – trotz des starken Anstiegs der monetären Bezüge – eine hohe Attraktivität.

Aus Sicht der Unternehmen dient das Angebot an Nebenleistungen innerhalb ihrer vergütungspolitischen Zielsetzungen primär zur Festigung der Firmenbindung. Die bedarfsgerechte, attraktive Ausgestaltung dieser Leistungen fördert auch heute noch die Verbundenheit der Vorstände mit ihrer Gesellschaft. Vor allem das Angebot umfassender Vorsorge- und Versicherungsleistungen wird von den Managern hochgeschätzt. Ungeachtet der rationalen Einsicht in den Entgeltcharakter dieser Leistungen erspart ihnen das Engagement des Unternehmens in diesem existentiellen Bereich Zeit und Mühe eigener Aktivitäten und hält ihnen den Kopf frei für ihre Leitungsaufgaben. Die daraus erwachsende positive Einstellung zum Unternehmen verstärkt zugleich ihre Firmenbindung.

Dagegen spielen die Nebenleistungen für die Gewinnung leistungsstarker Manager eine untergeordnete Rolle; hier entscheidet ganz wesentlich der monetäre Gesamtrahmen. Nebenleistungen – selbst die Altersversorgung – werden bei Vertragsabschluss häufig nur dann thematisiert, wenn sie in erheblichem Maße positiv oder negativ vom marktüblichen Standard abweichen. Angesichts der Vielgestaltigkeit der Nebenleistungsangebote in den Unternehmen beschränken sich die folgenden Ausführungen auf die wichtigsten marktüblichen Leistungen und Leistungszusagen.

*Betriebliche Altersversorgung*
Die betriebliche Altersversorgung ist für die Unternehmen die bei weitem teuerste, für die Vorstände zugleich die begehrteste Nebenleistung. Nach eigenen empirischen Feststellungen verfügen über 90 Prozent der Vorstandsmitglieder über betriebliche Versorgungszusagen. Sie unterscheiden sich je nach inhaltlicher Gestaltung in Leistungs- und Beitragszusagen.

Leistungsorientierte Zusagen stellen die traditionelle Form der Altersversorgung dar. Sie überwiegen derzeit bei Vorständen noch deutlich. Die Unternehmen sagen dabei ihnen und ihren Hinterbliebenen im Versorgungsfall bestimmte Leistungen zu. Die Zusagen beinhalten überwiegend festgehaltsbezogene Rentenzahlungen und belaufen sich auf Höchstrenten zwischen 45 Prozent und 65 Prozent der letzten Festbezüge. Zeitlich ältere Verträge sind tendenziell auf 55 Prozent bis 65 Prozent, neuere Verträge auf 45 Prozent bis 55 Prozent der Festbezüge ausgerichtet. Großunternehmen zeigen sich in dieser Hinsicht durchweg großzügiger als kleine und mittlere Gesellschaften.

Die Zahlung der vollen Altersrenten beginnt regelmäßig bei Ausscheiden mit Erreichen der vertraglich fixierten Altersgrenze. Diese Grenze liegt für etwa die Hälfte der Vorstände heute beim 60. Lebensjahr; für die übrigen setzt die volle Rente mit 62 oder 63 oder erst mit 65 Jahren ein. Die häufig zusätzlich erforderliche Mindestdauer der Vorstandstätigkeit für die volle Altersversorgung liegt bei 10 bis 20 Jahren. Der Verlauf der Pensionsanwartschaft ist überwiegend so angelegt, dass sie nach einer festgelegten Wartezeit – zumeist der Dauer der ersten Amtsperiode – mit einem Sockelwert von 20 Prozent oder 30 Prozent der Festbezüge beginnt und dann jährlich um einen konstanten Prozentsatz bis zu ihrem Höchstsatz bei Erreichen der Altersgrenze ansteigt.

Angesichts der demographischen Entwicklung werden seit einigen Jahren die bisherigen Leistungszusagen zunehmend durch niedriger dotierte, besser kalkulierbare beitragsorientierte Versorgungszusagen ersetzt. Bei diesen Bausteinzusagen verpflichten sich die Unternehmen, jährlich bestimmte Beiträge in eine Versorgungsanwartschaft umzuwandeln. Dabei wird keine konkrete Höhe der späteren Versorgungsleistung zusagt; sie resultiert vielmehr aus der Addition der jährlichen Beiträge sowie einem festgelegten Berechnungsmodus für ihre künftige Wertentwicklung. Diese Zusageart unterstreicht nachdrücklich den Entgeltcharakter der betrieblichen Altersversorgung.

Im Unterschied zu Leistungszusagen beziehen die Beitragszusagen neben den aktuellen Festbezügen zumeist auch die Jahrestantiemen entweder in ihrer tatsächlichen Höhe oder – seltener – mit ihren Zielbeträgen mit ein. Sie entsprechen damit der zunehmenden Forderung nach stärkerer Erfolgs- und Leistungsorientierung aller Vergütungskomponenten. Die Höhen der neuen Zusagen belaufen sich überwiegend auf Sätze zwischen 15 Prozent und 20 Prozent der so definierten Jahresbezüge.

Die Pensionszusagen für die Vorstände umfassen regelmäßig auch die Absicherung bei Invalidität sowie die Versorgung der Hinterbliebenen im Todesfalle.

*Abfindungen*
Wird der Vorstandsvertrag durch die Gesellschaft aus Gründen nicht verlängert, die der Manager nicht zu vertreten hat, sieht über ein Drittel der Vorstandsverträge – bei den großen Börsengesellschaften sogar etwa die Hälfte – Abfindungszahlungen in Form vorgezogener Altersrenten oder Übergangsgeldern vor.

Die Vorziehung der Altersrenten verfolgt den Zweck, langgedienten Managern, die aufgrund fortgeschrittenen Lebensalters nach ihrem Ausscheiden keine adäquate Beschäftigung mehr finden, den zeitlichen Übergang zum Rentenalter finanziell abzusichern. Infolgedessen sind die Zahlungen durchweg an bestimmte Lebens- und Dienstalters-voraussetzungen geknüpft. Sinnvoll sind hier die Vollendung des 55. Lebensjahres sowie eine mindestens zehnjährige Mandatsdauer.

Die Höhe der Zahlungen orientiert sich zumeist analog zur Invaliditätsversorgung an den bis dahin erreichten Rentenansprüchen. Dabei sehen diese Vereinbarungen allerdings regelmäßig die Anrechnung neuer Einkünfte vor.

Alternativ dazu sagen einige Unternehmen ihren Vorständen Übergangsgelder als Einmalzahlung oder in Form monatlicher Raten für einen begrenzten Zeitraum zu. Sie sollen den Managern die Zeit zwischen Ausscheiden und neuer Beschäftigung überbrücken. Ihre Höhe ist zumeist in Prozent der Jahresbezüge (Festgehalt plus Jahrestantieme) definiert und nach Dienstjahren gestaffelt. In der Praxis belaufen sich Übergangsgelder überwiegend auf Beträge zwischen ein und drei Jahresbezügen. Sie sind damit für die Unternehmen durchweg kostengünstiger als die vorgezogenen Altersrenten.

Da die unfreiwillige Fluktuation in den Vorständen mit den steigenden Anforderungen der vergangenen Jahre stark zugenommen hat, werden Abfindungszusagen in den Vertragsverhandlungen von den Bewerbern zunehmend thematisiert. Angesichts des hohen Kostenrisikos sollten die Entscheidungen, ob überhaupt und in welcher Form solche Zusagen vereinbart werden, vom Aufsichtsrat allerdings sehr sorgfältig erwogen werden.

*Sonstige Leistungen*
Zum Vergütungsstandard für Vorstände gehört heute neben der Versorgungszusage ein Dienstwagen der gehobenen Klasse, der auch privat genutzt werden kann. Die Vorstandsmitglieder übernehmen die notwendige Versteuerung des geldwerten Vorteils.

Bei Dienstunfähigkeit infolge Krankheit oder Unfall enthalten die Vorstandsverträge Zusagen auf Fortzahlung der Bezüge. Die Höchstdauer liegt durchweg bei sechs, in neueren Verträgen häufiger bei zwölf Monaten. Die Fortzahlung umfasst regelmäßig das Festgehalt sowie die erfolgsabhängigen variablen Bezüge. Diese werden zumeist ab einer Krankheitsdauer von sechs Monaten ratierlich gekürzt. Für den Todesfall sehen die Verträge die Fortzahlung des Festgehalts an die Hinterbliebenen für drei bis sechs Monate vor.

Zur Regelausstattung zählt schließlich der Abschluss einer Unfallversicherung auch für den privaten Bereich. Die vereinbarten Versicherungssummen orientieren sich in der Praxis an der Höhe der monetären Bezüge und belaufen sich im Allgemeinen bei Tod auf ein Jahreseinkommen, bei Invalidität auf die doppelte Summe. Die Versteuerung der Prämien obliegt den Vorstandsmitgliedern.

Über dieses Standardpaket hinaus erhalten die Vorstände einzelner Unternehmen verschiedene zusätzliche Leistungen, wie Zuschüsse zur Kranken- und Pflegeversicherung, Reisegepäckversicherungen, die Kostenübernahme von Telefonanschlüssen, Vorsorgeuntersuchungen oder Sicherungsmaßnahmen und seltener auch Mietzuschüsse oder verbilligte Firmenkredite. Der Gesamtwert dieser zusätzlichen Leistungen ist allerdings entgegen einem verbreiteten Vorurteil relativ gering. Dazu haben sowohl die strikte Einstellung der Finanzverwaltung als auch die heftige öffentliche Reaktion auf Fehlentwicklungen in der Vergangenheit gleichermaßen beigetragen.

## III.   Vergütung als Herausforderung

Das Gebot zur angemessenen Festsetzung der Vorstandsvergütungen ist vor allem durch das VorstAG und die sich anschließende Diskussion in letzter Zeit stark in den Blickpunkt gerückt. Dabei darf ein wesentlicher Aspekt aber nicht übersehen werden. Das gesetzliche Angemessenheitsgebot soll die Unternehmen vor überhöhten Vorstandsbezügen schützen. Diese einseitige Sicht der Angemessenheit ist unter Kostenaspekten zwar zu begrüßen, reicht aber für eine sinnvolle Vergütungspolitik keineswegs aus.

Vorstandsmitglieder werden nicht eingestellt, um möglichst geringe Kosten zu verursachen, sondern um durch ihre Qualifikation und ihren Einsatz die Unternehmen auf Dauer erfolgreich zu entwickeln. Dazu aber sind Vorstandsvergütungen erforderlich, die in ihrer Höhe und Struktur gegenüber dem Wettbewerbsumfeld attraktiv gestaltet sind und den Managern wirksame Anreize zur nachhaltigen Erreichung der Unternehmensziele bieten. Den Aufsichtsratsmitgliedern, die bislang nicht den Personalausschüssen angehörten, stellt sich damit eine neue, höchst anspruchsvolle Aufgabe.

Diese Aufgabe wird in Zukunft umso bedeutsamer, als sich die Vorstandsvergütungen zu einem immer wichtigeren Marketinginstrument entwickeln. Dies gilt sowohl für den Personalmarkt, um trotz zunehmender Führungskräfteknappheit leistungsstarke Manager für die erfolgreiche Leitung der Unternehmen zu gewinnen und dauerhaft zu binden, als auch für den Kapitalmarkt, um gegenwärtige und potentielle Investoren zu überzeugen, dass sich ihr finanzielles Engagement in die Gesellschaft angesichts einer qualifizierten, hochmotivierten Unternehmensleitung auch langfristig lohnt.

# Onboarding: Die ersten 100 Tage im Unternehmen – Ein siebenstufiger Aktionsplan als wirtschaftlicher Erfolgsfaktor

Sabine Dembkowski, Köln und London

## I.  Einleitung

„Onboarding" bezeichnet das „an Bord holen" von neuen Führungskräften in ein Unternehmen. Das Ziel von Onboarding-Programmen ist es, Führungskräfte effektiv auf eine neue Rolle vorzubereiten und eine möglichst schnelle Integration zu unterstützen. Dabei sind die vielzitierten „ersten 100 Tage" besonders wichtig. Als Franklin Delano Roosevelt im Jahr 1933 das „100-Tage-Programm" auflegte und umsetzte, hätte er sich wohl kaum vorstellen können, dass sein Konzept heute weltweit in den Führungsetagen von Wirtschaftsunternehmen einen so hohen Stellenwert haben würde.

In diesem Kapitel werden das Thema Onboarding und seine Bedeutung aus der Perspektive der Arbeitgeber und des Kandidaten dargestellt. Es werden die Ergebnisse einer Untersuchung zu den „wahren" Kosten der misslungenen Integration einer Führungskraft sowie der Nutzen von systematischen Onboarding-Programmen dargestellt. Zudem wird ein siebenstufiger Plan präsentiert, der wissenschaftlich fundiert und praxiserprobt ist und den nachhaltigen Erfolg einer Führungskraft in einer Organisation sichert.

## II.  Onboarding aus der Perspektive der Arbeitgeber und des Kandidaten

Der Onboarding-Prozess kann sowohl aus der Perspektive der Organisationen als auch aus der der Kandidaten gesehen werden. Ziel eines Onboarding-Prozesses ist es, die Talente und Fähigkeiten einer Führungskraft schnell und effektiv in die Organisation zu integrieren, so dass gemeinsam über einen längeren Zeitraum die Unternehmensziele erreicht werden (Glennon, 2010).

Die Abbildung zeigt den damit verbundenen Prozess. Dabei stellt der innere Kreis die Prozessschritte der Organisation dar, der äußere Kreis hingegen beschreibt das klassische „Onboarding" einer Führungskraft.

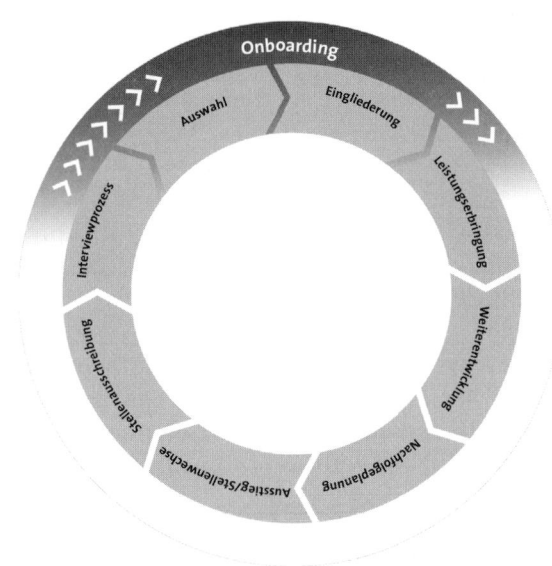

*Abbildung 1: Onboarding-Prozess (Quelle: Glennon, 2010, aus dem Englischen von der Autorin übersetzt)*

Onboarding ist sowohl für die Organisationen als auch für die Kandidaten von hoher Bedeutung. Aus der Perspektive der Arbeitgeber sind in diesem Zusammenhang folgende Themen wichtig:

• Der bereits bestehende und sich in Zukunft verschärfende Mangel an Fach- und Führungskräften: In Deutschland mangelt es bis zum Jahr 2015 an 3 Millionen Fachkräften. Bis zum Jahr 2020 wird diese Zahl auf 5 Millionen steigen. Der Wohlstandsverlust bis 2030 beträgt für Deutschland 4 Billionen Euro (Wietheger und Hauptmann, 2010).

• Die kürzere Verweildauer von Führungskräften in einem Unternehmen: Diese ist ein Phänomen, das auf allen Unternehmensebenen – bis in die Vorstandsetagen – zu erkennen ist. Laut einer Studie von Booz & Company ist allein in der vergangenen Dekade die globale Verweildauer von CEOs von 8,1 Jahre auf 6,3 Jahre gesunken. 14,3 Prozent aller CEO-Positionen werden jedes Jahr neu besetzt. (Favaro,

Karlsson und Neilson, 2010). Michael Watkins (2009) führt an, dass in einem durchschnittlichen Unternehmen 25 Prozent aller Führungskräfte Jahr für Jahr ausgetauscht werden.

- Die hohen Kosten der Integration einer Führungskraft in die Organisation: Personalvorstände und Personalleiter vergegenwärtigen sich in der Praxis nur selten die kompletten Kosten der Integration einer Führungskraft in die Organisation. Nachfolgend wird daher noch auf die „wahren" Kosten der misslungenen Integration einer Führungskraft detailliert eingegangen. Zu diesem Zweck haben wir mit Klienten ein Experiment durchgeführt, das zu erstaunlichen Ergebnissen geführt hat (vgl. dazu unten). Letztlich waren es diese lange Zeit nicht erkannten Kosten, die zunächst in den USA dazu beigetragen haben, das Thema Onboarding systematisch und wissenschaftlich zu bearbeiten und zu analysieren. In Europa entwickelt sich langsam ein Bewusstsein dafür, dass dem Phänomen in der Praxis ein höherer Stellenwert beigemessen werden muss.

Szenenwechsel: Auf Seiten der Kandidaten kann ein erfolgreich eingesetztes Onboarding-Programm zu einer erheblichen Stressreduzierung führen. Führungskräfte empfinden den Wechsel in eine neue Rolle als extremen Stress (Levin, 2010). Eine Befragung hat ergeben, dass lediglich das Scheitern der eigenen Ehe (Pease and Mitchell, 2007) sowie der Wunsch, die eigene Karriere zu fördern, als noch einschneidender wahrgenommen werden.

In diesem Kapitel beziehen wir uns im praktischen Teil des Aktionsplans auf die Perspektive des Kandidaten (vgl. dazu unten).

## III.  Die „wahren" Kosten der misslungenen Integration einer Führungskraft

Führungskräfte, die eine neue Position und Rolle übernehmen, sind immer schneller gefordert, sich effektiv in die neue Organisation zu integrieren und positive Ergebnisse zu erzielen. Dies ist eine Herausforderung, der laut verschiedenen Studien 40 Prozent der Führungskräfte nicht gewachsen sind. Sie scheitern in ihren Rollen in den ersten 18 Monaten (Bradt, Check und Pedraza, 2006). Diese Zahl stimmt überein mit einer internen Untersuchung von 20.000 Kandidaten der Personalberatung Heidrick & Struggles. Auch hier ergab die Studie, dass mehr als 40 Prozent der platzierten Kandidaten innerhalb der ersten 18 Monate ihre Position wieder verlassen (Masters, 2009).

Die Rate der misslungenen Integrationen ist in Anbetracht der damit verbundenen wirtschaftlichen Faktoren und der praktischen Bedeutung dieses Themas alarmierend. Es ist jedoch nicht nur die hohe Misserfolgsrate, die bei wirtschaftlichen Überlegungen berücksichtigt werden muss. Ergebnisse einer Harvard-Studie (Befragung im Rahmen des YPO-President's-Seminars 2003 und des WPO/CEO-Seminars 2003 der Harvard Business School) belegen, dass eine Führungskraft statistisch gesehen erst nach 6,2 Monaten den Breakeven erreicht, also jenen Punkt, an dem eine Führungskraft in ihrer neuen Organisation so viel erwirtschaftet hat, wie sie bis dahin an Kosten verursacht hat (Watkins, 2009).

Dieser Zeitraum kann durch ein systematisches und gut durchgeführtes Onboarding-Programm verkürzt werden. Watkins geht in seinen Studien davon aus, dass Führungskräfte, die an einem systematischen und gut durchgeführten Onboarding-Programm teilnehmen, bereits nach drei Monaten einen positiven Ergebnisbeitrag für das Unternehmen erreichen.

Die Betrachtung des Breakevenpunkts berücksichtigt allerdings nur einen (kleinen) Teil der Kosten im Rahmen der Einarbeitungsphase. Denn: Internationale Studien beziffern die Kosten einer misslungenen Integration auf mehr als den zehnfachen Betrag des fixen Jahresgehalts einer Führungskraft. In den USA gibt es sogar Studien, in denen vom Faktor 24 eines fixen Jahresgehalts als Kostenrahmen ausgegangen wird (Smart, 1999).

So ist zum Beispiel zu berücksichtigen, dass im mittleren Management im Durchschnitt 12,4 weitere Personen von einer nicht erfolgreich umgesetzten Integration einer Führungskraft nachteilig betroffen sind. Diese Mitarbeiter können aufgrund dessen ihre volle Leistungsfähigkeit nicht erbringen (Watkins, 2009). Die sich daraus ergebenden wirtschaftlichen Verluste müssen in die jeweilige Kalkulation des entstehenden Gesamtschadens durch nicht ausreichende Integration einer Führungskraft einbezogen werden.

Diese Zahlen wurden von unseren Klienten in Deutschland zunächst etwas argwöhnisch betrachtet. Wir haben daher mit drei DAX-Konzernen im März 2008 und März 2010 ein Experiment durchgeführt: Wir haben Personalverantwortliche in den Unternehmen gebeten, die folgende Tabelle für Bereichsleiter auszufüllen, die die Organisation in den zurückliegenden zwölf Monaten verlassen hatten und deren Verweildauer in der Organisation weniger als 24 Monate betrug.

| Kosten | Kosten in Euro |
|---|---|
| Durchschnittliche Kosten für die Personalberatung bei der Suche nach einem Bereichsleiter (Hinweis zur Berechnung: 1/3 der ersten Jahresvergütung | |
| Durchschnittlicher Rekrutierungszeitaufwand (Hinweis zur Berechnung: Wie viele Personen werden in den Einstellungsprozess eingebunden? Wie viel Zeit verbringt jede Person mit dem Kandidaten inklusive Vor- und Nachbearbeitung sowie Meetings zur Besprechung des Prozesses? Legen Sie die Jahresvergütung auf diesen Zeitaufwand um.) | |
| Einarbeitungsphase: 6,2 Monate der Jahresvergütung (Hinweis zur Berechnung: Wissenschaftliche Untersuchungen zeigen [Michael Watkins, 2009], dass ein Manager erst nach 6,2 Monaten den Breakevenpunkt erreicht und bis zu diesem Zeitpunkt keinen positiven Ergebnisbeitrag für das Unternehmen erwirtschaftet.) | |
| „Einstellungszeit" der direkten Mitarbeiter der Führungskraft (Direct Reports) (Hinweis zur Berechnung: Es ist davon auszugehen, dass die Direct Reports nicht sofort 100 Prozent ihrer Leistungsfähigkeit zur Verfügung stellen können, sondern sich vielmehr zunächst auf die neue Führungskraft einstellen und diese in die internen Abläufe einbeziehen müssen. Nehmen Sie hier die durchschnittliche Anzahl der Direct Reports eines Bereichsleiters und multiplizieren Sie diese mit der durchschnittlichen Jahresvergütung dieser Mitarbeiter. Die entstehende Summe teilen Sie durch 6. Diese Berechnung beruht auf der Annahme, dass ein Mitarbeiter ein Drittel seiner Zeit benötigt, um sich auf die neue Führungskraft in den ersten sechs Monaten einzustellen [Michael Watkins, 2009].) | |
| Durchschnittlicher Abwicklungszeitaufwand (Hinweis zur Berechnung: Wie viele Personen werden in den Abwicklungsprozess eingebunden? Wie viel Zeit verbringt jede Person mit dem Kandidaten inklusive Vor- und Nachbearbeitung sowie Meetings zur Besprechung des Prozesses? Legen Sie die jeweilige Jahresvergütung auf diesen Zeitaufwand um.) | |
| Durchschnittliche Abfindung und Outplacementinvestitionen, die einem Bereichsleiter zugestanden werden, der innerhalb der ersten zwei Jahre das Unternehmen wieder verlässt | |

*Tabelle 1: Kalkulation einer misslungenen Integration einer Führungskraft – Teil I*

Das Ergebnis hat unsere Klienten und uns erstaunt. Alle drei DAX-Konzerne kamen unabhängig voneinander auf eine Summe von im Durchschnitt 1.200.000 Euro, die ohne Ergebnis aufgewendet wurde. Dabei lagen die angegebenen Summen zwischen 870.000 Euro und 1.350.000 Euro.

Hinzu kommt ein weiterer Punkt: Die vorstehend bezifferten Kosten zeigen noch immer nicht den gesamten Kostenblock für betroffene Unternehmen. Denn die Organisation ist nach dem Scheitern der Integration ja noch immer ohne Führungskraft. Zu den damit verbundenen Kosten muss daher noch einmal der finanzielle Aufwand für den erneuten Rekrutierungsprozess, das erneute Einarbeiten einer Führungskraft sowie letztlich auch der wiederum entstehende interne Arbeitsaufwand der direkten Mitarbeiter gezählt werden:

| Kosten | Kosten in Euro |
|---|---|
| Durchschnittliche Personalberatungskosten bei der Suche nach einem Bereichsleiter (Hinweis zur Berechnung: 1/3 der ersten Jahresvergütung) | |
| Durchschnittlicher Rekrutierungszeitaufwand (Hinweis zur Berechnung: siehe die Kalkulation oben, S. 111) | |
| Einarbeitungsphase: 6,2 Monate der Jahresvergütung (Hinweis zur Berechnung: Wie oben bereits beschrieben, erreicht ein Manager durchschnittlich erst nach 6,2 Monaten den Breakevenpunkt) | |
| „Einstellungszeit" der Direct Reports (Hinweis zur Berechnung: siehe vorstehende Kalkulation, S. 111) | |

*Tabelle 2: Kalkulation einer misslungenen Integration einer Führungskraft – Teil II*

Zählt man diese Kosten noch hinzu, kamen unsere HR-Verantwortlichen auf eine Summe von im Durchschnitt 2.000.000 Euro.

Dass eine misslungene Integration Kosten in dieser Höhe verursacht, war dabei weder den HR-Verantwortlichen noch den Linienmanagern unserer Studie bewusst. Anhand der oben beschriebenen Beispiele können Sie für Ihr eigenes Unternehmen leicht berechnen, welche Fehlinvestitionen mit einem misslungenen Onboarding-Prozess verbunden sind.

## IV.  Nutzen von Onboarding-Programmen

Einer Führungskraft gelingt ein erfolgreicher Einstieg in eine neue Aufgabe, wenn sie die Anforderungen der spezifischen Situation richtig einschätzt und sie die Fertigkeiten und die Flexibilität besitzt, auf diese Anforderungen zu reagieren. Hier kann man eine Führungskraft durch systematische Onboarding-Coaching-Programme unterstützen.

In der Praxis können diese Programme unterstützen, wenn sie fachgerecht durchgeführt werden:

- Die Wahl für den Arbeitgeber wird positiv bestätigt (Martin und Saba, 2008).

- Die Motivation und der Einsatz von Führungskräften werden gesteigert. Führungskräfte fühlen sich in einem Unternehmen, das Onboarding-Programme anbietet, von Anfang an „besser aufgehoben" und geben dies in Form einer erhöhten Einsatzbereitschaft und Motivation direkt an die jeweilige Organisation zurück (Mihai, 2009).

- Der Breakeven wird schneller erreicht. Hier kann, wie bereits oben erwähnt (siehe S. 110), ein systematisches Onboarding dazu beitragen, den Breakevenpunkt bereits nach 3 anstatt nach 6,2 Monaten zu erreichen (Watkins, 2009).

- Die langfristige Erfolgswahrscheinlichkeit und Produktivität von Führungskräften werden gesteigert, zumal der Zeitraum bis zum Erreichen der Produktivität einer Führungskraft zum Vorteil des neuen Unternehmens um 60 Prozent gesenkt wird (Martin und Saba, 2008; Watkins, 2008; Mihai, 2009).

- Die Verweildauer von Führungskräften in einer Organisation wird erhöht. Nach einer Studie der Aberdeen Group (vgl. dazu www.aberdeen.com) kommt der Verweildauer von Führungskräften im Unternehmen seit einigen Jahren oberste Priorität zu. Deshalb ist es sinnvoll, in Onboarding-Programme zu investieren und damit den zunehmend schärfer werdenden Wettbewerb um „Talente und Köpfe" aktiv aufzunehmen und nicht zuletzt ein unternehmerisches Kostenbewusstsein in Bezug auf den Rekrutierungsaufwand und die damit verbundenen Kosten zu zeigen. Aus Sicht der Unternehmen herrscht dabei durchaus auch Verständnis dafür, dass die Entscheidung auf Seiten der Führungskräfte für oder gegen den langfristigen Verbleib in einer Organisation bereits in den ersten sechs Monaten gefällt wird (Martin und Saba, 2008; Mihai, 2009; Watkins, 2008).

- Nicht zu unterschätzen ist ein weiterer Punkt: Die Marke als Arbeitgeber wird gestärkt (Martin und Saba, 2008).

Im Ergebnis ist festzuhalten, dass es das Ziel der Onboarding-Programme ist, in der Unternehmenspraxis unmittelbar nach dem Start einer Führungskraft in einem neuen Unternehmen eine gewisse Dynamik zu entwickeln, die es der Führungskraft ermöglicht, sehr schnell positive Impulse und Kreisläufe in Gang zu setzen.

Prof. Michael Watkins geht davon aus, dass ein systematisches Onboarding-Programm dazu beiträgt, die Zeit zwischen dem Onboarding-Zeitpunkt und dem Breakevenpunkt signifikant zu verkürzen. Somit entstehen laut Watkins direkte wirtschaftliche Vorteile durch die verkürzte Zeit, in der die volle Leistungsfähigkeit der Führungskraft in der Organisation erreicht werden kann

**Möglichkeiten der Beschleunigung**
Im Durchschnitt dauert es 6,2 Monate, um den „Breakevenpunkt" zu erreichen.

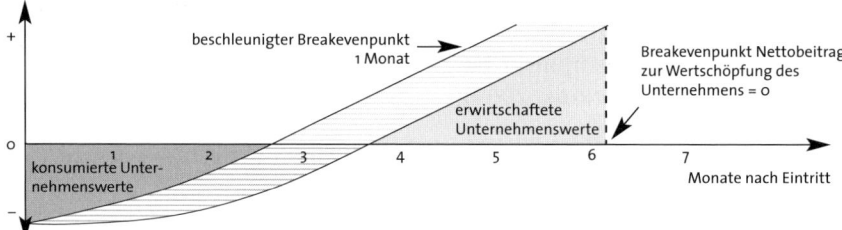

Führungskräfte, die von extern eingestellt werden, brauchen im Durchschnitt 18 Monate, um sich in die neue Kultur einzufinden.

*Abbildung 2: Der Breakevenpunkt der Integration*
*(Quelle: Deloitte, 2009, aus dem Englischen von der Autorin übersetzt)*

# V. Der siebenstufige Onboarding-Plan

Auf Basis einer Metaanalyse der Arbeit von Michael Watkins und weiterer internationaler Studien zu diesem Thema haben wir im Jahr 2003 erstmals ein systematisches Onboarding-Programm für die damalige Citibank entwickelt. Seither führen wir Onboarding-Programme national und international durch. Jeder einzelne Prozess wird ganz individuell gestaltet, aber wir lassen uns von einem systematischen siebenstufigen Aktionsplan leiten, der sich in der Praxis bewährt hat.

Die einzelnen Elemente des siebenstufigen Aktionsplans werden im Folgenden kurz vorgestellt:

1. Vorbereitung auf die neue Rolle
2. Erwartungen der Topentscheider managen
3. Die strategische Agenda festlegen
4. Das richtige Team zusammenstellen
5. Allianzen innerhalb und außerhalb der Organisation formen

6. Die Kultur im Sinne der strategischen Agenda bestimmen
7. Einen effektiven Kommunikationsplan entwickeln und konsequent umsetzen

## 1.  Vorbereitung auf die neue Rolle

Das Rennen beginnt eigentlich vor der offiziellen Startlinie, also dem ersten Arbeitstag. Eine gute Vorbereitung auf die neue Position und Rolle ist entscheidend. Unmittelbar bei Aufnahme der Tätigkeit beginnt dann die Diagnose- und Lernphase, in der es besonders wichtig ist, Informationen aus ganz verschiedenen Quellen – etwa Mitarbeiter, Kunden, Lieferanten, Berater – heranzuziehen. In dieser Phase sind drei Themen besonders wichtig:

• Verständnis der spezifischen Kultur der Organisation
• Identifizierung der Schlüsselpersonen und ihrer Beziehungen
• Klärung von Erwartungen

Der Auftritt am ersten Arbeitstag ist auf die Kenntnis der vorgenannten Themen auszurichten. Durch gute Vorarbeit kann sichergestellt werden, dass der erste Auftritt am ersten Arbeitstag ein Erfolg wird. So schafft es Vertrauen, wenn der Kleidungs- und Umgangsstil der neuen Organisation angepasst ist und man auf den ersten Blick wahrnimmt: „Das ist einer von uns." Des Weiteren ist ein Verständnis der Schlüsselpersonen in dem neuen Unternehmen und eine entsprechende Priorisierung in der Vorstellung von besonderer Bedeutung. In engem Zusammenhang damit steht das frühzeitige Klären von Erwartungen an die neue Führungskraft. Ein klares Verständnis dessen, welche Erwartungen verschiedene Personengruppen an eine Führungskraft in der konkret übernommenen Funktion haben, ermöglicht es von Anfang an, eine Strategie zu entwickeln und gezielt auf diese Erwartungen einzugehen. Ebenso wichtig ist es, dass die neu hinzukommende Führungskraft ihrerseits klar kommuniziert, welche Erwartungshaltung sie selbst in Bezug auf Personen und Prozesse in dem neuen Unternehmen hat.

In unserer Beratungspraxis haben wir mehrere Fälle erlebt, in denen hochrangige Führungskräfte selbst bereits vor dem Amtsantritt hohe Erwartungen geweckt haben (etwa: „Ich werde mich an dem Ziel der Umsatzsteigerung von 15 Prozent messen lassen."). Wenn diese Erwartungen im Nachhinein nicht erfüllt werden, hinterlässt dieser Misserfolg Spuren – und markiert oft schon den Anfang vom Ende einer Zusammenarbeit und einer Karriere in dem jeweiligen Unternehmen.

Eine deutlich erfolgversprechendere Strategie für Führungskräfte ist es, wenn realistische und operativ erreichbare Zielsetzungen durch die neue Führungskraft vorgegeben werden. Denn das schafft bei den Empfängern der Botschaft auch realistische Erwartungen, deren Erfüllung zu dem Herausbilden eines gegenseitigen Vertrauensverhältnisses führt.

## 2. Erwartungen der Topentscheider managen

Jeder wird bestrebt sein, „den Neuen" kennenlernen zu wollen. Erwartungen treffen aufeinander. Bewusst und unbewusst werden die Verhaltensweisen aller Beteiligten durch ihre Erwartungen geprägt. Dabei zählen hierzu sowohl „persönliche" als auch wirtschaftliche und organisatorische Themen. Zu Beginn können beide Seiten ein solides Fundament für die Zusammenarbeit legen, wenn sie ganz offen mit ihren Erwartungen umgehen und diese jeweils ansprechen.

In unserer Onboarding-Praxis klären wir zunächst drei einfach erscheinende Fragen in Bezug auf die Erwartungen, die sich jedem „Neuen" auf der persönlichen Ebene regelmäßig stellen:

• Wofür stehe ich?
• Was will ich in dieser Position erreichen?
• Wie möchte ich die Zusammenarbeit gestalten?

Dabei ist es überraschend, wie schwer es immer wieder Führungskräften fällt, diese einfachen Fragen klar zu beantworten. Nach unserer Erfahrung ist die Beantwortung dieser Fragen ein Prozess. Mit Hilfe von validierten Tests (etwa VIA Signature Strength Test von Martin Seligmann, http://www.authentichappiness.sas.upenn.edu/Default.aspx) und Feedbackgesprächen helfen wir daher den Kandidaten, ein klares Bild ihrer Stärken zu gewinnen und die Antworten selbst herauszuarbeiten. Dies ermöglicht es, von Anfang an klar zu kommunizieren und sich selbst zu positionieren.

Zu einem erfolgreichen Erwartungsmanagement gehört allerdings auch, dass die wirtschaftlichen Ziele offen definiert werden, die an die jeweilige Funktion geknüpft sind. Ein „Klassiker", der uns in der Beratung regelmäßig begegnet, ist, dass der aus dem Unternehmen ausscheidende Vorgänger ein scheinbar gut bestelltes Aufgabenfeld hinterlässt. Der Nachfolger stellt jedoch alsbald fest, dass dieser vermeintlich gute Zustand „erkauft" wurde durch das Überdecken von Missständen und Fehlentwicklungen. Dies hat zur Folge, dass die konkrete Unternehmensstrategie in der bisherigen Form nicht fortgeführt werden kann. Hier erfordert es Mut, die identifizierten Schwachstellen offen darzulegen und klar zu begründen, weshalb die ursprünglich gemeinsam gesetzten Ziele so und in dieser Form nicht erreicht werden können und welche neuen unternehmerischen Ziele festgelegt werden müssen, um nachhaltig erfolgreich zu sein. Wer an dieser Stelle schweigt, wird erleben, dass vorhandene Schwachstellen zu seinen eigenen Problemfeldern werden. Die Praxis zeigt: Nach etwa sechs Monaten oder gar später ist es einem Vorgesetzten nicht (mehr) zu vermitteln, dass es sich bei bestimmten Fehlentwicklungen noch um ein dem Vorgänger anzulastendes Defizit handelt.

Der erste Impuls der neuen Führungskraft ist insoweit zumeist falsch: „Ich werde das schon schaffen und darf jetzt keine Schwäche zeigen." Das ist eine selbstbewusste Aussage, die wir in der Beratungspraxis in solchen Fällen oft hören. Festzustellen ist jedoch: Die Chance ist gering, dass eine neue Führungskraft die vorhandenen und mitunter ja tiefergehenden Probleme im Unternehmen tatsächlich im Alleingang bewältigen kann.

Hinzu kommt, dass der jeweilige Vorgesetzte und in letzter Konsequenz der Vorstand oder die Geschäftsführung nur wenig bis kein Verständnis aufbringen werden, da diese Entscheidungsgremien ja gar kein Problembewusstsein haben – und aufgrund der Verschleierungstaktik des Vorgängers auch gar nicht haben können.

## 3.  Die strategische Agenda festlegen

Ein Punkt ist in der Praxis wichtig: Keine Führungskraft muss zum Start in der neuen Aufgabe über einen bereits ausgearbeiteten strategischen Plan verfügen. Entscheidend ist, dass in den ersten 100 Tagen das richtige Fundament für die spätere Zielsetzung und Zielerreichung gelegt wird. Dabei ist es unverzichtbar, allen Gesprächspartnern in dem neuen Unternehmen zuzuhören und sich dadurch ein Verständnis zu erarbeiten der Besonderheiten, Stärken und Schwächen des Unternehmens, der vorhandenen Ressourcen sowieder internen Schritte, die zu unternehmen sind, um im Ergebnis erfolgreich agieren zu können. Dabei gilt es wiederum, klar herauszuarbeiten, welche Ziele kurzfristig erreicht werden können („Quick Wins") und wie die mittel- und langfristige Strategie und Zielsetzung aussehen sollen.

In unserer Beratungspraxis erleben wir immer wieder einen Fall, der hier deshalb geschildert werden soll: In einem Unternehmen wird die strategische Agenda von der neuen Führungskraft allein oder in

Zusammenarbeit mit einer ihr vertrauten Beratungsorganisation ausgearbeitet. Diese Agenda wird dann in einem Workshop oder Event unternehmensintern vorgestellt, die anderen Führungskräfte dürfen bei dem „Feinschliff" und der Umsetzung mitwirken.

Das Ergebnis ist regelmäßig, dass die so erarbeitete Agenda entweder kommentarlos hingenommen oder lautstark abgelehnt wird. Zu einer erfolgreichen Umsetzung indes kommt es in den seltensten Fällen, denn ein solches Vorgehen führt dazu, dass Mitarbeiter und Kollegen unter den Führungskräften nicht mit eingebunden werden und die Planung schon deshalb ablehnen. Die Gefahr ist daher groß, dass eine neu in ein Unternehmen eintretende Führungskraft, die wie beschrieben vorgeht, einen schweren und möglicherweise irreparablen Imageschaden erleidet.

Wir empfehlen daher das folgende Vorgehen: Die strategische Agenda für das Unternehmen sollte mit dem internen Kernteam und nicht im „Elfenbeinturm" mit auserwählten externen Beratern entwickelt werden. Nur wenn das eigene Team von Anfang an mitgewirkt hat und ein „geistiges Miteigentum" an der entstehenden Agenda für sich reklamieren kann, besteht auch ein echtes Interesse an der erfolgreichen und nachhaltigen Umsetzung in der Praxis.

Die „Neuen" lernen in einem erfolgreichen und guten Onboarding-Programm, Zeit für die oben beschriebene strategische Arbeit an den richtigen Stellen zu investieren und Mitstreiter für ihre strategische Agenda zu gewinnen. Dies ist entscheidend, um den Aktionsplan in der Organisation zum Leben zu erwecken, und formt nicht selten die Basis für eine langfristige gute Zusammenarbeit.

## 4.   Das richtige Team zusammenstellen

Der persönliche Erfolg steht und fällt mit der Komposition des richtigen Teams. In den meisten Organisationen werden die „Neuen" Personen und Teams von ihren jeweiligen Vorgängern übernehmen, die sie selbst nicht ausgewählt haben. Bei Aufnahme der Tätigkeit ist es daher besonders wichtig, sich von jedem Einzelnen der direkt unterstellten Mitarbeiter ein umfassendes Bild zu machen. Diesbezüglich sollen hier die in der Praxis immer wieder zu stellenden Fragen nur skizziert werden: Was genau kann er/sie zu dem Erfolg beitragen? In welcher Weise bestimmt er/sie die Teamdynamik? Was motiviert sie/ihn?

In der Praxis gibt es eine immer wieder zu beobachtende Konstellation: In aller Regel haben die neuen Führungskräfte schon sehr bald nach Dienstantritt eine bestimmte Einschätzung von bestimmten Personen. Sie trauen sich jedoch oft nicht, diese auch klar zu äußern und ein echtes Assessment der jeweiligen Personen durchzuführen – aus Sorge, dass ihnen dies als Führungsschwäche ausgelegt wird. Hier ist es unausweichlich, sich eine klare und fundierte Meinung zu bilden und eine Entscheidung zu treffen. Am Ende der ersten 100 Tage sollte klar sein, wer in dem konkreten Team bleibt, wer gefördert wird, wer versetzt wird, wer weiter beobachtet werden muss, wer mit hoher Priorität ersetzt werden muss und wer mit niedriger Priorität ersetzt werden muss. Auch hier gilt das zuvor bereits Beschriebene: Wenn eine neue Führungskraft in Bezug auf die Teamzusammensetzung und die Teambildung zu lange wartet, dann werden Veränderungen zu einem späteren Zeitpunkt nur noch schwer durchzusetzen sein.

### 5. Allianzen innerhalb und außerhalb des Unternehmens formen

Um wichtige Entscheidungen in der Organisation und im Markt durchzusetzen, brauchen „die neuen Führungskräfte „Freunde", „Partner" und „Vertraute". In den gegenwärtigen Strukturen, in denen politische Gewichte häufig ausschlaggebend sind, brauchen sie Personen, Teams und Gruppen, mit denen sie vertrauliche Gespräche führen und Gedanken austauschen können. Sie brauchen Personen, Teams und Gruppen, die sie in ihren Entscheidungen unterstützen und bei denen sie sicher sein können, dass sie ihnen zur Seite stehen, wenn es etwa um wichtige Mehrheitsentscheidungen geht.

Es ist daher sinnvoll, in den ersten Wochen der Tätigkeit viel Zeit zu investieren, um strategisch wichtige Personen kennenzulernen und einschätzen zu lernen. Das Investment wird sich vielfach bezahlt machen.

### 6. Die Kultur im Sinne der strategischen Agenda bestimmen

Bei der Übernahme der neuen Tätigkeit ist es zunächst wichtig, die bestehende Kultur der jeweiligen Organisation zu verstehen. Andernfalls besteht die Gefahr, dass die neue Führungskraft ein Fremdkörper im Unternehmen bleibt. Die Studien von Watkins (2009) belegen eindrucksvoll, dass die „Passung" zur Kultur des neuen Unternehmens das Hauptkriterium für den Erfolg oder Misserfolg in einer bestimmten Rolle in einer Organisation ist.

Eine genaue Erfassung der Ist-Situation ist daher unverzichtbar. Hier gilt es, hohe Aufmerksamkeit auf die Symbole, die Normen und die Grundsätze der Organisation zu legen. Auch dazu seien einige Beispiele genannt: An welchen Symbolen erkennen sich die Mitarbeiter in dieser Organisation? Welche Verhaltensmuster werden honoriert? Von welchen unausgesprochenen Grundannahmen geht man aus?

Ist die bestehende Kultur förderlich zur Erreichung der zukünftig angestrebten strategischen Ziele? Wenn diese Frage verneint wird, sollten in einem ersten Schritt die gewünschten Eigenschaften der neuen Kultur definiert und ein Transformationsprozess festgelegt werden.

Insoweit empfiehlt sich ein sehr gründliches Vorgehen, denn das Risiko des Scheiterns ist besonders hoch, wenn neue Führungskräfte Veränderungen einleiten und herbeiführen möchten, ohne die zugrundeliegende historische Entwicklung des Unternehmens zu verstehen und ohne zu wissen, was zu bestimmten Ergebnissen geführt hat.

### 7. Einen effektiven Kommunikationsplan entwickeln und konsequent umsetzen

Kommunikation ist der Schlüssel für die erfolgreiche Umsetzung der persönlichen Agenda und für die Zielerreichung innerhalb der 100-Tage-Frist. Unabhängig davon gilt diese Aussage aber auch für die gesamte Verweildauer in einem Unternehmen.

Unsere Erfahrung zeigt, dass erfolgreiche Führungskräfte es schaffen, einen emotionalen Bezug zu ihrem jeweiligen strategischen Plan herzustellen; sie haben zudem die Fähigkeit, Mitarbeiter und Vorgesetzte (sowie in letzter Konsequenz auch den Markt) für diesen Plan zu begeistern.

## VI. Schluss

Die vorstehenden und auf der langjährigen Praxiserfahrung der Autorin beruhenden Ausführungen haben gezeigt, dass ein professionell organisiertes und umgesetztes Onboarding-Programm für das einstellende Unternehmen und auch für die neu in das Unternehmen kommende Führungskraft eine Vielzahl von wirtschaftlichen und organisationsbezogenen Vorteilen bringt. Der Verzicht auf ein solches Start-Programm hingegen birgt die Gefahr des mehr oder weniger schnellen Scheiterns der Integration einer Führungskraft mit den beschriebenen und damit zwangsläufig verbundenen Nachteilen für das einstellende Unternehmen.

Festzuhalten ist daher, dass die Einführung eines Onboarding-Programms aus Unternehmenssicht in mehrfacher Hinsicht positiv wirkt, denn neben einer klaren Risiko- und Kostenminimierung ist damit eine Chance auf Effizienzsteigerung verbunden.

## Literatur

Befragung im Rahmen des YPO-President's-Seminars 2003 und des WPO/CEO-Seminars 2003 der Harvard Business School

Bradt, G., Check, J.A. und Pedraza, J. (2006): The new leader s 100-day action plan, John Wiley & Sons, Inc., Hoboken, NJ

Centre for Creative Leadership

Dai, G. und DeMeuse, K. P. (2007): A review of onboarding literature, Lominger Limited, Inc., eine Tochter von Korn/Ferry International

Favaro, K., Karlsson, P.-O., Neilson, G. L. (2010): CEO Succession 2000–2009: A decade of convergence and compression, strategy & business, issue 59, Summer 2010

Glennon, R. (2010): On-boarding for organisational growth, White Paper, SHL

Levin, I.M. (2010): New leader assimilation process: accelerating new role related transitions, Consulting Psychology Journal: Practise and Research, Vol. 62, No.1, S. 56–72

Martin, K. und Saba, J. (2008): All abroad: effective onboarding techniques and startegies, Aberdeen Group

Masters, B. (2009): Rise of a head hunter, 30.3.2009, Financial Times

Mihai, J. (2009): Designing and implementing on-boarding programmes, 9.4.2009, www.workplaceculture.suite101.com/article

Pease, M. und Mitchell, S. (2007): Leaders in transition: Stepping up, not off, www.ddiworld.com/thoughtleadership/leadershipintransition.asp

Smart, B. (1999): Topgrading: How leading companies win by hireing, coaching, and keeping the best people, Prentice Hall. New York

Watkins, M. (2008): The three pillars of executive on-boarding, talentmanagement magazine, October, S. 16–19

Watkins, M. (2009): Die entscheidenden 90 Tage – So meistern sie jede neue Managementaufgabe, Campus Verlag, Frankfurt/New York

Wietheger, I. und Hauptmann, M. (2010): Die Krise ist überwunden – ein Problem aber nicht, White Paper, Roland Berger

# Management Audit in der Praxis – ein wirksames Instrument, das richtig eingesetzt werden muss

Christof Obermann, Köln

## I.   Wachsende Bedeutung des Management Audits

Bayer, Lufthansa, E.ON und Metro sind kein Einzelfall. Nahezu alle DAX-30-Unternehmen und viele große Mittelständler setzen mittlerweile auf Management Audits. Ein Anlass sind Veränderungen in der Unternehmensführung: Der neue CEO oder ein Private-Equity-Partner will besser über seine Führungsmannschaft Bescheid wissen. Als etwa Kai-Uwe Ricke der neue Chef der Deutschen Telekom wurde, ließ er gleich die obersten 80 Manager ein Audit durchlaufen (Buchhorn et al., 2006).

Während es Mitte der 90er Jahre nur wenige Audits gab, gehört die systematische Analyse der Führungsmannschaft mittlerweile zum festen Repertoire der Unternehmensführung. Dafür gibt es einige Gründe. Eine ist die Beendigung der Deutschland AG in der Regierungszeit von Gerhard Schröder. Durch die niedrigere Schwelle für Fusionen, den Verkauf von Unternehmensteilen oder Akquisitionen entstanden häufiger doppelt besetzte Führungsjobs. Die neue Unternehmensleitung wollte sich dann ein Bild der Führungsmannschaft machen, um sich für die Besetzung unter den vorhandenen Kandidaten zu entscheiden. Konzerne wie E.ON, ThyssenKrupp und alle großen Player in der Pharmabranche haben daher in großem Stil Audits durchgeführt. Ehemalige staatliche Beteiligungen standen vor der Aufgabe, in immer wieder neuen Wellen nach veränderten Kriterien ihr Management zu screenen – so geschehen etwa bei der Deutschen Telekom oder der Deutschen Post. Häufig traten Private-Equity-Firmen auf den Plan, die sich teilweise ohne Branchennähe rasch eine neue Führungsmannschaft zusammenstellen mussten.

Das Management Audit hat durch Corporate Governance einen weiteren Schub bekommen. Hier gab es in den vergangenen Jahren einen Wertewandel. Über den Druck der SEC standen Konzerne wie Daimler und Siemens, aber auch MAN vor bedrohlichen Herausforderungen. Dies hat das Bedürfnis nach rationalen, strukturierten Prozessen für die Besetzung von Managementpositionen erhöht. Bis vor zwei Jahren war das Kriterium „Diversity" zwar in Kompetenzmodellen zu lesen, fand jedoch selten den Weg vom beschriebenen Papier in unternehmerische Entscheidungen. Dies hat sich im Jahr 2010 verändert. In vielen Topetagen halten tatsächlich weibliche Manager und solche mit nicht deutscher Berufsbiographie Einzug. Auch dieser Wertewandel unterstützt das Bedürfnis, von dem alten Prinzip der „Kaminkarrieren" abzugehen und strukturiert und systematisch den Führungsnachwuchs zu beurteilen.

Ein weiteres Element, das die Verbreitung der Audits nachhaltig gefördert hat, ist die Marktaktivität der verschiedenen Personalberatungsfirmen, die in diesem Feld eine lukrative Ergänzung für die externe Suche von Führungspersonal sehen. So mancher Vorstand lässt sich von „seinem" Berater dazu bewegen, sich für eine vergleichsweise geringe Gebühr eine systematische und externe „second opinion" über seine Führungsmannschaft geben zu lassen. So versucht sich jede Consultingfirma mit einer neuen Wortkreation vom Wettbewerb abzuheben: Managerevaluation, Appraisal, Audit, Talentreview.

Auf einer niedrigeren Hierarchiestufe haben sich Potentialanalysen auf der Methode der Assessment-Center-Technik durchgesetzt. Nahezu alle DAX-30-Unternehmen und sieben von zehn DAX-100-Unternehmen setzen mit immer noch steigender Tendenz auf diese Methode, um frei von Bereichsegoismen und nach gleichartigen Kriterien den Führungsnachwuchs zu sichten (Obermann, 2009). So sind ehemalige Assessment-Center-Absolventen mittlerweile in Toppositionen aufgestiegen, wie etwa Michael Diekmann, CEO der Allianz. Diese werden damit in positiver Erinnerung der Methodik ein ähnlich strukturiertes Vorgehen auch für mittlere und höhere Hierarchieebenen im Unternehmen einfordern.

## II.  Schwerpunkt der Anwendungen bei Variante Development Audits

Das Management Audit hat sich mittlerweile in einer weiteren Stufe dadurch etabliert, dass einzelne Konzerne nicht nur fallweise externe Consultants einschalten, sondern – wie die Deutsche Telekom mit der Einheit „Recruiting and Talent Service" – eigenständige Einheiten aufbauen, die entweder die Audits in Eigenregie durchführen oder als Qualitätsprüfer zwischen internen Auftraggebern für Audits und externen Anbietern stehen.

In der medialen Darstellung der Audits steht das harte Vorgehen im Kontext von Mergers, Unternehmensübernahmen oder Umstrukturierungen im Vordergrund. Hiermit wird möglicherweise das Interesse des breiten Publikums bedient, dass es „den Managern da oben" auf ihrem scheinbar bequemen Sessel auch nicht immer gutgehe. In der Unternehmenspraxis sind diese Anwendungsfälle von Audits jedoch in der Minderheit. In einer Befragung der Leiter Managemententwicklung der DAX-30-Unternehmen wurde als das Hauptmotiv für die Durchführung von Audits in 40 Prozent der Fälle „Führungskräfteentwicklung" oder mit 22 Prozent „Nachfolgeplanung" angegeben (Buchhorn et al., 2006). In lediglich 9 Prozent waren Umstrukturierungen der Anlass für Audits.

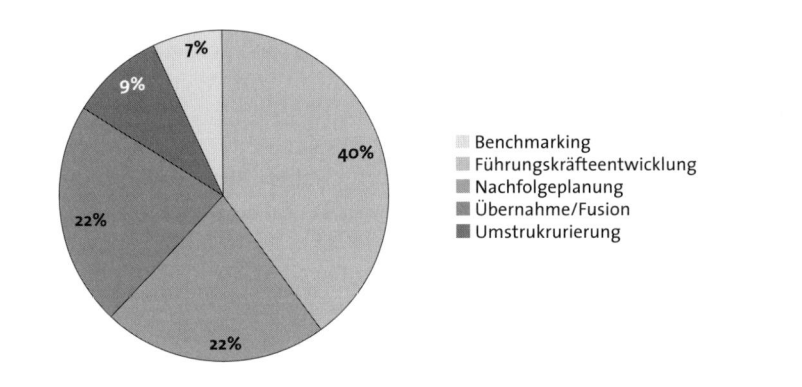

*Abbildung 1: Ziele und Anlässe eines Management Audit (Quelle: Buchhorn et al., 2006)*

## III.  Management Audit versus Assessment-Center

Das Management Audit ist eine systematische Bewertung des Managements einer Organisation oder Organisationseinheit. Dabei werden in einem definierten Zeitfenster mehrere Personen im Management verglichen oder zumindest mit derselben Methodik evaluiert. Im Einzel-Audit werden demgegenüber eine oder mehrere Personen für eine Zielposition bewertet. Das Development-Audit hat dieselben Inhalte; der Begriff fokussiert die Zielsetzung des Audits darauf, den beteiligten Personen durch ein differenziertes Feedback eine Unterstützung in ihrer Entwicklung zu bieten.

Das Management Audit unterscheidet sich vom Assessment-Center (AC) einmal dadurch, dass die Hierarchieebene der beteiligten Teilnehmer höher ist als im AC, zu dem in der Regel Nachwuchskräfte oder Personen mit erster Führungsverantwortung eingeladen werden. Der anderen Zielgruppe folgen Unterschiede in der inhaltlichen Methodik. Im

124

AC stehen Simulationen und Fallbeispiele im Vordergrund, da hier noch weniger auf Erfahrungswerte und Ergebnisse der beruflichen Biographie zurückgegriffen werden kann. Dies ist eher möglich bei Persönlichkeiten mit Berufs- und Managementerfahrung, so dass das Management Audit aus Methoden besteht, die diese Erfahrung beleuchten: Interview, Sichtung von unternehmerischen Ergebnissen oder das Einholen von internen Referenzen. Grundsätzlich könnte ein Management Audit jedoch auch dieselben Methoden wie ein AC beinhalten.

Das Management Audit definiert sich weniger über das methodische Vorgehen als durch die Tatsache, dass mehrere Personen mit bereits nachgewiesenen Erfahrungen im Management zu einem bestimmten Zeitpunkt systematisch auf den Prüfstand gestellt werden.

## IV.   Make or buy – Entscheidung im Audit

Ein weiteres Differenzierungsmerkmal sind die handelnden Personen in der Durchführung des Audits. Hier besteht die Option, das Audit entweder komplett an spezialisierte externe Dienstleister outzusourcen oder mit unternehmensinternen Kräften durchzuführen oder eine Kombination daraus umzusetzen.

Für das Outsourcing sprechen die (zu überprüfende) Spezialisierung des betreffenden Dienstleisters und das Angebot, die Auditergebnisse des Unternehmens mit denen anderer Unternehmen/Kunden zu vergleichen und damit dem Auftraggeber Orientierung über die Managementqualität als Ganzes zu geben. Ein praktisches Argument für das Outsourcing ist der Mangel an internen Ressourcen. Der Personaleinheit wird häufig zu Recht eine Einschätzung von Führungskräften nicht zugetraut, die bereits Business-Units oder wichtige Bereiche im Unternehmen leiten. Je nach Umfang der zu auditierenden Gruppe wird andererseits der Zeitbedarf für Mitglieder des Vorstands oder Aufsichtsgremiums als zu hoch empfunden, so dass man mit der Aufgabe eher einen Dienstleister beauftragt.

Für die Durchführung des Audits mit internen Kräften spricht hingegen, dass selbst der externe Dienstleister mit Branchennähe ohne intensives Briefing im Interview nur ansatzweise die Leistungen der internen Manager einzuordnen oder zu würdigen weiß. Die Gefahr im Externen besteht auch in der mangelnden Nachhaltigkeit des Folgeprozesses. Die Gefahr ist, dass der externe Consultant „nur" Ergebnisberichte produziert, die letztlich keine Wirkung haben oder gar abgelehnt werden. Wenn das Topmanagement selbst nicht im Audit involviert war, wird es sich weniger für die Begleitung von Entwicklungsmaßnahmen interessieren oder die Ergebnisse dann abwerten, wenn sie sich mit der eigenen Einschätzung nicht decken.

Zu prüfen ist weiterhin, ob der externe Consultant hinreichend unabhängig in seinem Urteil ist. Wenn dieselbe Beratungsfirma oder sogar dieselbe Person als Personalberater agiert, dann muss geprüft werden, ob hier nicht Interessenskollisionen vorliegen.

Im Ergebnis wird die Mehrzahl der Audits entweder an externe Consultants vergeben oder ein gemischtes Interviewteam aus Berater und Topmanager gebildet.

## V.  Bewertungskriterien für Führungserfolg im Management Audit

Management Audits bewerten die Leistung der Teilnehmer entlang von Kompetenzen oder Anforderungskriterien, meist zusammengestellt im Rahmen eines Kompetenzmodells. In diesem Zusammenhang stellt sich die Frage nach der Legitimierung solcher Kompetenzen: Wem soll das Recht oder die Qualifizierung zugestanden werden, darüber zu entscheiden, was die wichtigsten Anforderungen an das Führungspotential sind?

In der Praxis wird hier auf die Erfahrung einzelner Manager oder Consultants Bezug genommen. Auch wenn es der Vorstandsvorsitzende ist, besteht jedoch die Gefahr, dass individuelle Erfahrungen oder Persönlichkeitszüge generalisiert werden („Alle sollen so sein wie ich."). Im schlechtesten Fall ergeben sich dann als Ergebnis der Profilfestlegung nichtssagende Etiketten wie „abgerundete Persönlichkeit", „reif", „Charisma" oder „Charakterstärke".

Nur wenig verschleiert, aber letztlich genauso subjektiv ist das Vorgehen, wenn der Consultant zu den Anforderungskriterien das eine oder andere Interview mit einzelnen Entscheidungsträgern zu Kriterien des Führungserfolgs durchführt. Dies führt zu einer Erkenntnisqualität, wie wir sie aus Interviews mit einem Torjäger kennen, der nach einem Fußballspiel nach dem Grund für sein Tor interviewt wird. Auch der Opernsänger kann schlecht erklären, warum und wie er gut singt. Als Menschen sind wir nur mühsam in der Lage, jahrelang trainiertes, implizit erworbenes Handlungswissen zu beschreiben.

Die Alternative zur Zusammenstellung von Geschichten oder Einzelsichtweisen besteht darin, die mittlerweile 50 Jahre alte Forschung zu empirischen Verlaufsstudien zur Kenntnis zu nehmen, in denen die Verläufe der Karriere von Führungskräften über die Zeit verfolgt werden.

## 1.  Komplexitätsverständnis: bester Prädiktor für Führungserfolg

Kein anderes Persönlichkeitskriterium ist auch nur annähernd so prognosestark für den Aufstieg in Führung und Management wie die Intelligenz: Persönlichkeiten mit höherer Intelligenz finden sich mit höherer Wahrscheinlichkeit unter erfolgreichen Führungskräften. Umgangssprachlich verträglichere Begriffe sind Komplexitätsverständnis, ganzheitliches Denken, Analysestärke, kognitive Leistung, schlussfolgerndes Denken oder Problemlöseverhalten.

In der großen Metaanalyse von Schmidt & Hunter (1998) stellen diese kognitiven Leistungen den mit Abstand besten Prädiktor (r=.51) für den Berufserfolg von Managern dar. In einer weiteren Längsschnittstudie von Judge, Higgins, Thoressen, & Barkrick (1999), in der der berufliche Erfolg der Teilnehmer über viele Jahre verfolgt wurde, ist die allgemeine Intelligenz mit r=.53 der bedeutsamste Prädiktor für langjährigen Berufserfolg.

Jedes Management Audit, das den Anspruch erhebt, tatsächlich den Aufstieg in weiterführende Managementpositionen valide vorhersagen zu wollen, sollte das Komplexitätsverständnis der Teilnehmer strukturiert erheben. Die Methoden dazu sind Testaufgaben oder Fallbeispiele, also eine Einschätzung unabhängig von der jeweiligen Fähigkeit zur verbalen Selbstdarstellung im Interview.

Denn: Die Anforderungen an das Management sind komplex, daher gilt hier auch: Intelligenz ist ein notwendiges, jedoch kein hinreichendes Kriterium für Erfolg.

## 2.  Führungsmotivation:
### Einfluss und Führung muss man wirklich wollen

Auf die Frage, worauf es bei erfolgreichen Managern „wirklich" ankomme, antwortete der langjährige Metro-Chef Erwin Conradi: „Es wirklich zu wollen." Die weibliche Vorzeige-Managerin Petra Hesser, Deutschland-Chefin von IKEA, erklärte, dass sie schon ganz früh in ihrer beruflichen Entwicklung darauf abgezielt habe, einmal einen Geschäftsbereich oder eine Firma zu leiten. Beide erklären damit eine zweite Persönlichkeitseigenschaft, die mit Aufstieg in Führung und Management einhergeht: die Macht-, Einfluss- oder Führungsmotivation.

Auch hierzu gibt es eine klare empirische Datenlage. In einer großangelegten Studie haben Mayerhofer, Meyer & Steyrer (2005) Daten über die Persönlichkeitsmerkmale, Herkunft, Karriereaspirationen und Karriereverläufe von 1.200 Absolventen verschiedener Generationen der Wiener Wirtschaftsuniversität erhoben und ihre Entwicklung im Aufstieg in das Management weiterverfolgt. Als einer der Hauptfaktoren für die Prognose von beruflichem Aufstieg erweist sich demnach genau diese Führungsmotivation, also der Wille und das Bedürfnis, Einfluss auf andere nehmen zu wollen. Von den Persönlichkeiten mit hoher Führungsmotivation sind 65 Prozent, bezogen auf die Kriterien Gehalt und unterstellte Mitarbeiter, erfolgreich, während dies nur bei 21 Prozent der Personen mit geringer Führungsmotivation der Fall ist.

## 3. Die „Big Five" der Persönlichkeit

Neben Komplexitätsverständnis und der Führungsmotivation ist offensichtlich die Persönlichkeit ein Erfolgsfaktor im Management. „Persönlichkeit haben" steht dabei häufig für die Wahrnehmung von Selbstbewusstsein und die Bereitschaft, mit eigenen Standpunkten Raum einzunehmen. Im Unternehmensalltag ist „Persönlichkeit" jedoch meist die Projektionsfläche ganz unterschiedlicher Alltagstheorien über erfolgreiches Auftreten.

Nach vielen Jahren Forschung ist heute der Erkenntnisstand, dass sich die Mehrzahl von Persönlichkeitsunterschieden mit fünf relevanten Faktoren beschreiben lässt, den sogenannten Big Five: Dies ist zunächst die Extraversion, also die Fähigkeit auf andere zuzugehen, die Kontaktstärke und auch eine gewisse Dominanz im Umgang mit anderen. Zweitens ist dies die Gewissenhaftigkeit, also die Bereitschaft, selbstdiszipliniert und nach Regeln zu handeln sowie auch hohe Leistungsergebnisse anstreben zu wollen. Das dritte der Big Five ist die Soziabilität, also Teamfähigkeit, Hilfsbereitschaft und die Gabe, sich auch einordnen zu können. Nummer vier der wesentlichen Persönlichkeitsfaktoren ist die Offenheit für Neues, die Grundlage für Kreativität und analytisches Denken. Nummer fünf ist schließlich die emotionale Belastbarkeit und die Fähigkeit, mit Stresssituationen umzugehen – gleichzusetzen mit niedrigem Neurotizismus.

In den vergangenen 30 Jahren gab es einige empirische Forschung dazu, welches dieser Persönlichkeitskriterien Erfolg in welchen Berufen beschreibt, demnach auch den Aufstieg und Erfolg in Managementjobs.

US-amerikanische Autoren (Judge et al., 1999) haben in einer Längsschnittstudie berufliche Karrieren verfolgt. Dabei lagen zwischen Erhebung dieser Persönlichkeitsfaktoren und Erfolgsmessung erstaunliche 30 bis 40 Jahre. Als Gradmesser für den beruflichen Erfolg wurde ein Index aus unter anderem der Höhe des Jahreseinkommens und dem beruflichen Status entwickelt. Dabei erweisen sich die genannten „Big Five"-Kriterien der Persönlichkeit als erfolgsrelevant. Unter den „Big Five"-Kriterien sind Gewissenhaftigkeit und emotionale Stabilität besonders wichtige Prädiktoren für Berufserfolg: Wer diszipliniert arbeitet und gleichzeitig innerlich zufrieden ist, hat bessere Karrierechancen als andere. Die „Big Five"-Persönlichkeitskriterien erklären insgesamt 75 Prozent der Varianz der Persönlichkeit (Judge, 2005).

Das „Big Five"-Kriterium der sozialen Verträglichkeit und Freundlichkeit erweist sich als regelmäßig am schlechtesten in der Vorhersage von Führungserfolg. In der Längsschnittstudie von Judge et al. (1999) zeigt sich dazu kein Zusammenhang zu Karriere und Führungserfolg. Offenbar kann man auch als unfreundlicher und unbequemer Mensch genauso gut „nach oben" kommen. In einer empirischen Studie zu Kleinunternehmern und Geschäftsführern hat Schmid-Roedermund (1999) sogar eine signifikant negative Korrelation von r=−.31 für die Beziehung von Freundlichkeit/Verträglichkeit und dem Umsatz pro Kopf der Belegschaft ermittelt. Offenbar sind gelegentlich ungehaltene und sozial unangepasste Kleinunternehmer erfolgreicher in dieser Rolle als reine Teamplayer.

In einer neueren Metaanalyse (Zhao & Seibert 2006) gehen die Autoren den Unterschieden speziell zwischen angestellten Managern und Unternehmern im Hinblick auf Persönlichkeitsunterscheide nach. Bei Unternehmern sind die beiden „Big Five"-Dimensionen Gewissenhaftigkeit und Offenheit noch stärker ausgeprägt als bei Managern. Unternehmer heben sich von anderen Führungskräften auch dadurch ab, dass sie noch emotional belastbarer sind.

Zusammenfassend sollte das Management Audit im Minimum die Persönlichkeitsvoraussetzungen überprüfen, die in vielen Karriereverläufen als bedeutsame Erfolgsfaktoren nachgewiesen werden konnten. An vorderster Stelle steht eine Ausprägung im Komplexitätsverständnis und bei analytischen Begabungen. Wichtig ist zweitens der nachgewiesene Wille, tatsächlich führen und Einfluss ausüben zu wollen. Notwendig sind weiterhin bestimmte Persönlichkeitsvoraussetzungen, die sich mit dem „Big Five"–Modell beschreiben lassen: Erfolgreiche Manager sind im Durchschnitt extrovertiertere, gewissenhaftere und emotional belastbarere Persönlichkeiten.

## VI.  Methodenvielfalt im Audit

Als eignungsdiagnostische Methoden stehen im Rahmen des trimodalen Ansatzes grundsätzlich drei Methodenklassen zur Verfügung: die Analyse biographischer Daten, die Bewertung von Persönlichkeitskriterien oder die Simulation zukünftiger Aufgaben.

### 1.  Analyse biographischer Daten

Zur Analyse biographischer Daten gehören das Interview, das Einholen von Referenzen, Einschätzungen von Kollegen, Vorgesetzten sowie Mitarbeitern (360-Grad-Analyse) sowie die Analyse von Unternehmensergebnissen in den verantworteten Funktionseinheiten.

In allen Management Audits werden die Teilnehmer interviewt. Die Begründungslogik für die Methode Interviews besteht darin, dass vergangene berufliche Erfolge ein gute Vorhersagemöglichkeit auch für zukünftige Erfolge sind: „The past ist the best predictor for the future." Die Validität des Interviews wird jedoch eingeschränkt durch die Überlagerung der inhaltlichen Aussagen durch die verbale Selbstpräsentation der Kandidaten („Halo"-Effekt): Auch ruhigere oder im Interview introvertiert auftretende Kandidaten mögen gute Manager sein.

Referenzen und 360-Grad-Beurteilungen können hingegen durch die Eigeninteressen der Referenzgeber und deren mangelnde Reliabilität (Zuverlässigkeit) das Ergebnis verzerren.

Aus vielen Metaanalysen zur Treffsicherheit einzelner eignungsdiagnostischer Methoden (Schmidt & Hunter, 1998) ist allerdings bekannt, dass das klassische Vorstellungsgespräch eine Validität von fast null hat, also eine Auswahl „per Würfel" kaum schlechter wäre. Dies liegt etwa daran, dass sich Fragen nach Schwächen der Kandidaten oder nach prägenden Erfahrungen herumgesprochen haben. Auditteilnehmer werden in diesem Fall von ihren Interviewern positiv bewertet, wenn sie zufällig die richtigen Hypothesen über die vom Gesprächspartner bevorzugten Antworten gebildet haben.

Die Metaanalysen zur Treffsicherheit von eignungsdiagnostischen Methoden zeigen jedoch auch, dass hochstrukturierte Interviews zu den validesten Methoden überhaupt gehören. Ein Strukturierungselement ist unter anderem der Anforderungsbezug der Fragen, also die Ableitung von Interviewfragen entlang vorab definierter Kriterien, die unbedingt Kriterien wie Komplexitätsverständnis beinhalten sollten, die sich in Praxisstudien über viele Karriereverläufe als valide erwiesen haben.

Weitere Strukturierungselemente sind die gleichbleibende Reihenfolge der Fragen und die Bewertung möglicher Antworten noch vor dem ersten Interview. In der Interviewmethodik haben sich Fragen nach vergangenen biographischen Leistungen als valider erwiesen als das sogenannte situative Interview („Wie würden Sie sich verhalten, wenn ...").

Der Auftraggeber für ein Management Audit sollte sich bei seinem jeweiligen Dienstleister vergewissern, ob dieses Know-how zur Interviewführung vorliegt. Häufig bieten Personalberatungen neben der Suche nach Führungskräften diese Leistung mit an, wenn sie über ihre Mandate Zugang zu den Entscheidern haben. Hier ist zu berücksichtigen, dass das Beraterpersonal bei seinen üblichen Mandaten eher danach bewertet wird, externe Kandidaten zu suchen und zu begeistern, denn strukturiert nach gleichem Maßstab Interviews zu führen. Dies ist im Einzelfall zu prüfen.

## 2. Bewertung von Persönlichkeitskriterien

Die zweite methodische Kategorie in dem trimodalen eignungsdiagnostischen Modell ist die Einschätzung von erfolgsrelevanten Persönlichkeitskriterien. In einem Audit sollten regelmäßig die Persönlichkeitskriterien erhoben werden, die sich als nachhaltig in der Vorhersage von Führungserfolg erwiesen haben: Komplexitätsverständnis Führungsmotivation, emotionale Belastbarkeit, Extraversion, Gewissenhaftigkeit, Offenheit für Neues. Hierbei helfen normierte Testverfahren und Persönlichkeitsfragebögen. Kein Interview wird dazu beitragen können, das Komplexitätsverständnis von Auditteilnehmern derart vergleichbar objektiv und frei von subjektiven Intervieweinflüssen einzuschätzen, wie ein standardisierter Test.

Mit Blick auf den Einsatz von kognitiven Testverfahren ist Deutschland im internationalen Kontext allerdings noch immer ein Entwicklungsland. In nahezu allen Industrieländern gehören solche Verfahren aus gutem Grund ergänzend zu Interviews zum Standardrepertoire. In

Großbritannien haben einzelne Testverfahren wie der OPQ eine regelrechte Markenbekanntheit. Hintergründe für die spezielle deutsche Skepsis ist die „Closed shop"-Politik des langjährigen Monopolisten für psychologische Tests, des Hogrefe-Verlags, der sogenannten deutschen Testzentrale. Hier hat sich inzwischen die Situation verändert, indem vergangenen seit rund zehn Jahren analog zu anderen Ländern zunehmend private Testanbieter in den Markt drängen – leider aber auch mit teilweise zweifelhaften Heilsaussagen.

| 08.45–09.00 Uhr | Vorbereitung auf Interview |
| --- | --- |
| 09.15–11.00 Uhr | **Business-Case-Präsentation und Interview** |
| | • Verteidigung des eigenen Business-Case |
| | • Beraterinterview strukturiert nach dem jeweiligen Kompetenzmodell und den Jobanforderungen |
| 11.15–11.45 Uhr | **Fallbeispiel Konfliktgespräch** |
| | Simulation mit unterstelltem Manager, etwa zu |
| | • Feedback/Coaching |
| | • ungeliebte Veränderung vermitteln |
| 11.45–12.45 Uhr | **Business-Case-Study** aus der Branche |
| | • Analyse von Kennzahlen |
| | • unternehmerisches Handeln |
| | • Helikopter-View |
| | • Optimierung von Prozessen |
| 12.45–13.30 Uhr | Interview zu Case-Study |
| | • Verteidigung der Analysen |
| 13.30–14.00 Uhr | **Motivationsprofil** |
| 14.00–14.30 Uhr | **Feedbackgespräch** |

*Tabelle 1: Ablauf-Agenda eines Management Audits*

## 3. Simulation zukünftiger Aufgaben

Die dritte Kategorie im Methodenbaukasten für Audits sind Managementsimulationen und Fallstudien. Hier besteht der Vorteil, dass alle Teilnehmer unter standardisierten Bedingungen eine Leistung zu zeigen haben. Im Interview bleibt für jeden Interviewerprofi am Ende immer die Unsicherheit, ob ein bestimmter Erfolg – etwa die erfolgreiche Restrukturierung einer Business-Unit – den Anstrengungen des Auditteilnehmers oder den günstigen Rahmenbedingungen geschuldet ist. Wenn alle Teilnehmer jedoch dieselbe komplexe Case-Study erhalten, dann zeigt sich wirklich, wie komplexe Zusammenhänge erfasst und logische Strategiealternativen entwickelt werden.

Da jede eignungsdiagnostische Methode ihre Vor- und Nachteile hat, stellt die beste Zufallsabsicherung eine Kombination von vielen Methoden dar: strukturierte Interviews, Referenzen, standardisierte Tests, Business-Case-Studies.

## VII. Eignungsdiagnostisches Basiswissen

Ohne eignungsdiagnostisches Basiswissen macht die professionelle Durchführung eines Audits wenig Sinn. Dazu gehört das Wissen um die Wechselwirkung der Validität der eingesetzten Methode, der Selektionsquote (Relation zwischen Anzahl der Bewerber und Anzahl der Ausgewählten) und der Basisrate (Eignung der nicht auditierten Person) auf die Treffsicherheit der Prognosen. So hat die Selektionsrate etwa meist eine viel größere Auswirkung auf die Zuverlässigkeit der Auditempfehlung als die verwendete inhaltliche Methodik selbst. So wird die Treffsicherheit deutlich erhöht, wenn die Möglichkeit besteht, für eine Zielposition unter möglichst vielen Kandidaten auswählen zu können.

Jede menschliche Beurteilung enthält eine Fehlerwahrscheinlichkeit – natürlich auch das Audit. Die Zuverlässigkeit von eignungsdiagnostischen Urteilen wird mit der Reliabilität zum Ausdruck gebracht. Je nach Höhe der Zuverlässigkeit der jeweiligen Methoden muss um die Bewertungen im Audit ein Konfidenzintervall aufgespannt werden: Referenzen etwa sind eher unzuverlässig, da sie häufig mehr über den Referenzgeber aussagen als über den Auditkandidaten. Für jede eignungsdiagnostische Methode und jeden Profilwert im Audit lässt sich dieses Konfidenzintervall relativ genau berechnen. Wenn auf einer 10er-Skala beispielsweise ein Kandidat eine „4" erhält, so kann dies bedeuten, dass unter Berücksichtigung der Zuverlässigkeit der jeweiligen Methode der „wahre" Wert für die Kompetenz zwischen „3" und „6" liegen kann. Wird dieser Sachverhalt vernachlässigt, werden optische Profilunterschiede zwischen Kandidaten oder zwischen verschiedenen Kompetenzen eines Kandidaten überinterpretiert und letztlich Fehlentscheidungen getroffen.

Jede eignungsdiagnostische Bewertung behält grundsätzlich immer die Möglichkeit eines „Alpha-Fehlers" und eines „Beta-Fehlers". Die erste Kategorie sind falsch positive Entscheidungen: Der Kandidat wird im Grenzbereich fälschlicherweise als geeignet beurteilt. Die andere Variante ist der „Beta-Fehler", mithin falsch negative Entscheidungen: Der Kandidat im Grenzbereich wird als nicht geeignet zurückgestellt, obwohl er sich zum Beispiel in einer Position beim Wettbewerber später als erfolgreich herausstellt. Berücksichtigt werden sollte, dass die

Summe aus Alpha- und Beta-Fehler bei gegebener Validität des Verfahrens immer gleich hoch ist. Der relative Anteil der Fehler kann jedoch beeinflusst werden, je nachdem wie „scharf" die Hürde für ein Bestehen oder ein positives Votum gelegt wird. Werden nur die „Besten" akzeptiert, sinkt der Alpha-Fehler, der Beta-Fehler jedoch steigt wie eine kommunizierende Röhre. Also ist mit dem Auftraggeber des Audits abzustimmen, welcher der beiden Fehlertypen wirtschaftlich schwerer wiegt. Soll eher der Alpha-Fehler vermieden werden, dann werden Kandidaten im Grenzbereich im Zweifel abgelehnt. Dies wird dann aber damit erkauft, dass möglicherweise das Toptalent des Konzerns zum Wettbewerb abwandert. Hier ist eine Güterabwägung vorzunehmen.

## VIII. Qualitätskriterien für ein Management Audit

Wenn ein Unternehmen ein Management Audit extern beauftragen möchte, so stellt sich die Qual der Wahl nach dem geeigneten externen Provider. Hier ist mit drei Gruppen von Firmen zu rechnen. Einerseits drängt die Mehrheit der Personalberatungsfirmen in diesen für sie lukrativen Zusatzmarkt. Für Entscheider im Unternehmen ist der Personalberater, mit dem sie erfolgreich Manager aus dem Markt gefunden haben, häufig der erste und beste Ansprechpartner. Zu prüfen ist, ob bei der Beauftragung für die eigene Führungsmannschaft Eigeninteressen des Beraters auszuschließen sind. Diese bestehen etwa darin, sich mit einer möglichst kritischen Beurteilung der internen Mannschaft für ein externes Suchmandat zu empfehlen.

Zu beachten ist weiterhin, dass der Personalberater ein gegenüber dem Management Audit anderes Qualifizierungsprofil mitbringt. Das besteht in erster Linie darin, in einer bestimmten Branche oder Funktionsebene externe Kandidaten für das Zielunternehmen zu begeistern. Nicht zwangsläufig gehört es auch zu seinem Profil, strukturiert und in standardisierter Form mehrere Kandidaten entlang eines Kompetenzsets zu interviewen. Die Spreu vom Weizen trennt sich, wenn es um ein qualifiziertes und verhaltensnahes Feedback an die Teilnehmer geht. Hier macht sich in der Praxis Enttäuschung breit, wenn nach stundenlangen Auditinterviews das Toptalent im Unternehmen vom teuren Personalberater nur ein dünnes Feedback enthält.

Die zweite Kategorie von Anbietern kommt aus der HR- oder Assessment-Center-Welt. Hier ist zwar zumeist eher von methodischem Background auszugehen, dafür stellt sich die Frage der ausreichenden eigenen Businesserfahrung. Der Berater sollte daraufhin überprüft werden, ob Branchennähe und eigene Managementerfahrungen ausreichen, um die Aussagen der späteren Auditteilnehmer angemessen einordnen zu können.

In der dritten Kategorie von Dienstleistern finden sich häufig Personen mit entsprechendem „Track-Record" in einer bestimmten Branche: „Ich war 20 Jahre im Investmentbanking", „Ich war Vertriebsvorstand". Häufig suchen hier Manager nach der Trennung von ihrem Arbeitgeber nach einer selbstbestimmten, freiberuflichen Tätigkeit. Der Vorteil liegt in der nicht zu unterschätzenden Glaubwürdigkeit der Aussagen für Teilnehmer und Auftraggeber. Zu prüfen ist hier, ob das methodische Grundwissen zum Audit ausreicht und ob die notwendigen Benchmarks aus anderen Auditprojekten vorliegen. Nur der Verweis auf langjährige Branchenerfahrung stellt noch keine strukturierten Interviews mit Tiefgang sicher und führt auch nicht zu qualitativ hochwertigem Feedback an die Auditabsolventen.

## IX.  Fazit

Für Teilnehmer an einem Audit steht zunächst die Unsicherheit im Vordergrund, den Prozess und das Ergebnis nicht genau durchschauen und steuern zu können. Wenn die Rahmenbedingungen professionell gestaltet sind, ist das Management Audit allerdings ein hervorragendes Angebot. Die wichtigen Leistungsträger im Unternehmen erhalten ein ehrliches und offenes Feedback zu ihrem Fremdbild. Im Rahmen einer persönlichen Standortbestimmung können eigene Optimierungsansätze gefunden werden.

Idealerweise hört man dann im Unternehmen Rückmeldungen wie bei SAP: „Mir hat der Test geholfen, meine Eigensicht auszurichten", oder bei der UBS-Bank: „Aber dass ein guter Kommunikator besser wird, wenn er noch mehr zuhört, das wurde mir im Interview gut vermittelt" (Buchhorn et al., 2006).

# Interim Management –
# Die etwas andere Bindung an ein Unternehmen

Ludwig Heuse, Kronberg i.T.


## I.    Interim Management – Definition des Begriffs

Interim Management (IM) ist der Tausch von Managementleistung gegen Geld mit dem erklärten Willen, dass diese Geschäftsbeziehung nicht auf Dauer angelegt ist. In anderen Worten, ein Interim Manager wird einen Job erledigen und dann wieder gehen. Deshalb werden im Interim Management projektbezogene Dienstverträge geschlossen und keine Arbeitsverträge.

Überall, wo man Manager findet, also in Industrie und Dienstleistung jenseits von Handwerk und Kleinbetrieben, kann auch der Bedarf nach einem Interim Manager entstehen, wenn etwa ein Produktionsleiter krankheitsbedingt kurzfristig ausgefallen ist und bis zu seiner Genesung vertreten werden muss. Dies gilt für sämtliche Fachgebiete und Know-how-Bereiche, also Kaufleute, Ingenieure oder Personalfachleute, wobei es aber, verglichen mit dem Festanstellungsmarkt, durchaus unterschiedliche Schwerpunkte gibt. Mehr dazu später.

Im Interim Management spricht man ausschließlich mit Kandidaten, die frei und verfügbar sind, also mit Professionals, die ihr letztes Projekt abgeschlossen haben oder sich, aus welchen Gründen auch immer, nicht in einem Anstellungsverhältnis befinden. – Der Grund? Die Kunden haben es oft eilig mit ihren IM-Projekten und auf jeden Fall keine Geduld, erst noch das Ergebnis von Trennungsgesprächen abzuwarten. Weil sich der IM-Markt nun ausschließlich an Kandidaten wendet, die frei und kurzfristig einsetzbar sind, werden die Interim Management-Gesellschaften (im folgenden „IM-Provider") von Fall zu Fall auch angesprochen, wenn jemand nicht nur interimistisch, sondern auf Dauer gesucht wird, seinen Dienst aber sofort antreten soll. Hierfür hat sich der Begriff „Ad-hoc-Manager" etabliert.

## II. Der deutsche Interim-Management-Markt – Geschichte und Stand heute

In den 70er Jahren des vergangenen Jahrhunderts soll es in Deutschland schon den einen oder anderen IM-Provider gegeben haben. In der Öffentlichkeit breiter bekannt wurde diese Dienstleitung jedoch erst mit der Wiedervereinigung und dem damit verbundenen Einzug der Marktwirtschaft in die neuen Bundesländer. Die neue Situation sprach ganz klar für den Einsatz von Interim Managern: Es musste sehr schnell gehandelt werden, und es machte keinen Sinn, mit den vormaligen VEBs – inzwischen zu Kapitalgesellschaften umgewandelt – auf Dauer angelegte Arbeitsverträge zu schließen, denn zunächst konnte niemand abschätzen, ob diese Betriebe eine Chance hatten zu überleben oder ob sie abgewickelt werden mussten. Das Interim Management erlebte einen Boom und kam, insbesondere im Osten, auch in Verruf. Das hatte mehrere Gründe. Zum einen sind, vorsichtig formuliert, damals nicht nur die Besten in den Osten aufgebrochen. Zum anderen bestand in den neuen Bundesländern das Bedürfnis, den eigenen Bedeutungsverlust und das Ungerechte an den neuen Verhältnissen (in denen der Geburtsort einen zum Sieger oder Verlierer machte) mit dem „Wessi" in Verbindung zu bringen, den man kannte. Und das war in vielen Fällen der aus dem Westen wöchentlich einfliegende Interim Manager. Es gab die schwarzen Schafe, aber es gab auch Interim Manager aus dem Westen, die aus einem nationalen und/oder unternehmerischen Verantwortungsgefühl heraus – und ohne zuerst an sich zu denken – großen Einsatz zeigten. Mitte der 90er Jahre, nachdem im Osten Normalität eingekehrt war, ging der deutsche IM-Markt wieder stark zurück, und die IM-Provider, die sich auf einen langen Boom eingestellt und entsprechende Kostenstrukturen aufgebaut hatten, konnten ihre Sanierungskünste jetzt an ihren eigenen Gesellschaften unter Beweis stellen. So mancher mit der Treuhand groß gewordene und gut verbandelte Player verschwand wieder vom Markt.

Ende der 90er Jahre, zur Zeit des Internetbooms, zog auch das IM-Geschäft wieder an. Die Möglichkeit, auch kleinste und obskure Firmen für sehr viel Geld an die Börse zu bringen, solange nur irgendeine Verbindung zur „brave new web world" konstruiert werden konnte, setzte ungeahnte Kräfte frei. Zum Schluss des Tanzes auf dem Web-Vulkan konnten wenige Wochen darüber entscheiden, ob es noch gelang, eine gerade noch glaubhafte Börsenstory zusammenzubasteln und mit dem Börsengang reich zu werden, oder – falls die Zeit dann doch zu knapp geworden war – alles wieder zu verlieren. Alles musste rasend schnell gehen, für einen einigermaßen sinnvoll strukturierten Prozess zur Personalbeschaffung stand weder Zeit noch Geduld zur Verfügung, deshalb wurden sofort verfügbare Interim Manager an Bord geholt. Nach dem Platzen der Internetblase Anfang des vergangenen Jahrzehnts wurde es ruhiger im deutschen IM-Markt, und es ging wieder vernunftgetriebener zu.

Die gut laufende Konjunktur seit Mitte des vergangenen Jahrzehnts ließ das IM-Geschäft erneut kräftig anziehen mit Wachstumsraten von rund 20 Prozent p.a. Nach einem Dämpfer im Krisenjahr 2009 ist der IM-Markt seit 2010 wieder wohlauf.

Heute dürfte sich der deutsche IM-Markt ungefähr folgendermaßen darstellen:

- Es gibt 4.000 nachhaltig tätige Interim Manager aus der ersten und zweiten Ebene einschließlich qualifizierter Projektmanager.

- Es sind knapp 10 IM-Provider aktiv, die Interim Management als ihr hauptsächliches Geschäft betreiben. Daneben gibt es noch bis zu 100 weitere Firmen, die diese Dienstleistung neben anderen Aktivitäten mitlaufen lassen.

Trotz der insgesamt guten Wachstumsraten im vergangenen Jahrzehnt hinkt der deutsche IM-Markt einigen anderen nationalen IM-Märkten hinterher. Insbesondere in Großbritannien und den Niederlanden sind relativ mehr Führungskräfte interimistisch tätig als in Deutschland, und der häufigere Wechsel von einem zum anderen Arbeitgeber wird dort tendenziell nicht negativ, wie in Deutschland, sondern positiv als ein Beweis der Flexibilität und eine Chance zur beruflichen Weiterentwicklung gesehen. – Die Gründe? Es könnte sein, dass in diesen beiden alten Handelsnationen – oft wegen ihrer betont kommerziellen Sicht der Dinge beneidet und geschmäht – auch das Tauschverhältnis zwischen den Arbeitanbietenden und -nachfragenden nüchterner gesehen wird als in Deutschland, wo neben dem Pekuniären oft auch der Wunsch nach langjähriger Verbundenheit und Sicherheit eine wichtige Rollen spielt.

## III.   Abgrenzung des Interim Managements zu anderen HR-Dienstleistungen

### 1.   Interim Management versus Executive Search

Im Unterschied zum Interim Management sucht das Executive Search Kontakt zu Kandidaten, die mit ihren Klientenunternehmen feste

Anstellungsverträge eingehen. Beabsichtigt ist, das (Führungs-)Personal der Klientenunternehmen zu erweitern und langfristig auszubauen. Der Ausstieg nach getaner Arbeit ist nicht von Anfang an geplant. In der Praxis kommt es indes mitunter vor, dass Interim Manager und Auftraggeber während eines IM-Projekts zu dem Schluss kommen, längerfristig miteinander arbeiten zu wollen und nach Abschluss des Projekts einen Anstellungsvertrag schließen. Trotz dieser Sonderfälle, bei denen die Grenzen verschwimmen, verbleiben zwei ganz klare Unterschiede zwischen dem Interim Management und dem Executive Search: Erstens spricht man im Interim Management nicht mit Kandidaten, die sich noch in einer Festanstellung befinden, das Executive Search hingegen bevorzugt genau diese. Zweitens übernimmt der IM-Provider durch sein Vertragsverhältnis mit dem Unternehmen, das den Interim Manager einsetzt, das Performance-Risiko. Der Provider steht also im eigenen Namen für die Qualität der Leistung des Interim Managers ein, er haftet für diese und rechnet mit dem Kunden sowohl die eigene Leistung als auch die des Interim Managers (beide Ansprüche zusammengefasst in einem Tagessatz) ab. Die Executive-Search-Gesellschaft hingegen steht ausschließlich für die eigene Leistung ein und rechnet auch nur diese ab. Sie haftet nicht für die Leistung des durch sie vermittelten Kandidaten.

2.    Interim Management versus Zeitarbeit und
      Arbeitnehmerüberlassung

Interim Management und Zeitarbeit beziehungsweise Arbeitnehmerüberlassung unterscheiden sich durch die Art der Vertragsgestaltung. Im Interim Management sind sämtliche Verträge projektbezogen. Der Interim Manager wird nicht als Arbeitnehmer, sondern auf Basis eines Dienstvertrags tätig, der eine Honorierung ausschließlich der gearbeiteten Tage vorsieht. Er oder sie hat keine Arbeitnehmerschutzrechte. Zeitarbeit oder Arbeitnehmerüberlassung hingegen setzen voraus, dass das Zeitarbeitsunternehmen über eine Zulassung nach dem Arbeitnehmerüberlasssungsgesetz verfügt. Der vom Zeitarbeitsunternehmen eingesetzte Arbeitnehmer schließt mit dem Verleiher (Zeitarbeitsunternehmen) einen Arbeitsvertrag. Der Verleiher wiederum schließt mit dem Unternehmen (Entleiher) einen Arbeitnehmerüberlassungsvertrag über die voraussichtliche Dauer des Einsatzes des Arbeitnehmers beim Entleiher. Der beim Entleiher eingesetzte Arbeitnehmer ist an feste Arbeitszeiten gebunden, erhält Urlaub und Lohnfortzahlung im Krankheitsfall und hat die typischen Arbeitnehmerschutzrechte.

Die zwei unterschiedlichen Vertragsmodelle erklären zudem, warum Professionals der oberen Ebenen typischerweise im Rahmen von IM-Verträgen eingesetzt werden, die Ränge darunter aber eher im Rahmen von Zeitarbeits- oder Arbeitnehmerüberlassungsverträgen. „High-end-Manager" mit ihren individuellen Fähigkeiten und Kenntnissen sind nicht ohne weiteres austauschbar. Wenn also ein Kunde ausfällt, ist nicht anzunehmen, dass der IM-Provider den Manager ohne weiteres bei einem anderen Kunden unterbringen kann. Dieses Risiko ist auf jeden Fall nicht kalkulierbar, und deshalb wird kein IM-Provider feste Arbeitsverträge mit den Interim Managern in seinem Netzwerk schließen, die ihn verpflichten, diesen ein Gehalt zu zahlen unabhängig davon, ob sie in diesem Moment bei einem Kunden tätig sind und Einkommen generieren oder nicht. Im Gegensatz dazu gilt das Personal auf den unteren Ebenen als austauschbar, und somit erscheint das Risiko eines festen Arbeitsvertrags kalkulierbar.

### 3. Interim Management versus Unternehmensberatung

Die Unternehmensberatung ist zwar keine HR-Dienstleistung, hat aber Berührungspunkte mit dem Interim Management. Der Unterschied zwischen beiden Dienstleistungen ist folgender: Der Unternehmensberater entwickelt für den Klienten Vorschläge/Strategien, und der Klient setzt diese um (oder auch nicht). Der Interim Manager hingegen wird selbst exekutiv tätig. Aber auch hier, wie fast immer im Leben, gibt es Grauzonen, zum Beispiel Unternehmen insbesondere im Restrukturierungsgeschäft, die quasi als Generalunternehmer Strategien erarbeiten und diese auch selbst umsetzen. Hier ergeben sich jedoch Interessenkonflikte, und die Tätigkeit dieser Beratungs- und Umsetzungsgeneralunternehmer ist für den Auftraggeber nur schwer kontrollierbar.

## IV. Typische Praxisfälle für den Einsatz eines Interim Managers

*Projekte: Der klassische IM-Fall: Ein Manager wird benötigt, aber nur für ein von vornherein zeitlich begrenztes Vorhaben.*
Beispiel: Die Produktion an einem Standort soll geschlossen und an einen anderen verlagert werden. Dieses Vorhaben erfordert spezielle Kenntnisse, über die ein Interim Manager verfügt, der bereits Verlagerungen für andere Unternehmen erfolgreich durchgeführt hat. Die eigene Mannschaft verfügt über diese Kenntnisse in der Regel nicht,

und es lohnt sich auch nicht, angesichts der Einmaligkeit dieses Vorhabens für das eigene Unternehmen dieses Know-how intern aufzubauen.

Weitere Beispiele: Einführung einer neuen IT, Abbau von Personal, Integration eines zugekauften Unternehmens.

*Dringlichkeit: Eine Position muss sofort besetzt werden („Feuerwehreinsatz").*
Beispiel: Der Geschäftsführer einer ausländischen Tochtergesellschaft wurde wegen „Unregelmäßigkeiten" von einem Tag auf den anderen entlassen. Jetzt muss sofort ein mit den lokalen geschäftlichen Usancen vertrauter Manager entsandt werden, um vor Ort das Heft in die Hand zu nehmen, Führung zu zeigen und die Lage zu stabilisieren. Wir haben in den vergangenen Jahren immer wieder in vergleichbaren Situationen innerhalb weniger Tage Interim Manager mit dem notwendigen Standing und den entsprechenden Landeskenntnissen für unsere Kunden mobilisiert.

*Vakanzüberbrückung 1: Der neue Stelleninhaber wird noch gesucht oder ist bereits gefunden, steht aber noch nicht zur Verfügung.*
Ein Interim Manager hält bis zum Antritt des neuen Stelleninhabers die Stellung und sorgt dafür, dass die Geschäfte reibungslos weiterlaufen. Gegebenenfalls setzt er auch inzwischen unangenehme, aber notwendige Maßnahmen um. So erleichtert er dem Neuankömmling den Einstieg. Dem Klienten einer Executive-Search-Gesellschaft fällt es leichter, sich für den Idealkandidaten zu entscheiden, auch wenn dieser im Gegensatz zu anderen Bewerbern erst in mehreren Monaten zur Verfügung steht, wenn er weiß, dass die Position zwischenzeitlich qualifiziert besetzt ist.

*Vakanzüberbrückung 2: Schwangerschafts- oder Krankheitsvertretung*
Schwangerschaftsvertretung: Eine Managerin macht eine Babypause, möchte und soll aber danach ihre bisherige Position wieder einnehmen. Wenn Sie nun die Mitarbeiterin in der Zwischenzeit zum Beispiel von ihrem Stellvertreter oder ihrer Stellvertreterin vertreten lassen, wird dieser oder diese nach Rückkehr der glücklichen Mutter nur ungern wieder ins zweite Glied zurücktreten, und zwar insbesondere dann, wenn er oder sie sich in der Position bewährt hat. Dann sind Spannungen absehbar, die Sie mit dem Einsatz eines Interim Managers oder einer Interim Managerin vermeiden, weil so an der bestehenden Hierarchie nicht gerührt wird.

Krankheitsvertretung: Ein wegen Krankheit ausgefallener Mitarbeiter beobachtet aus der Ferne sehr genau, was mit seinem Arbeitsplatz während seiner Abwesenheit geschieht. Mit der zwischenzeitlichen

Vertretung durch einen Interim Manager kann ein klares Signal gesendet werden, dass man von seiner Genesung ausgeht und hofft, dass er danach seine alte Position wieder übernimmt. Eine andere Art der zwischenzeitlichen Vertretung kann leicht so interpretiert werden, als ob der erkrankte Mitarbeiter in der internen Planung schon keine Rolle mehr spielt.

*„Uncertainty": Das Anforderungsprofil für eine Festbesetzung (Tätigkeitsbereich, Verantwortung, Positionierung) kann (noch) nicht definiert werden.*
Beispiel: Es ist noch nicht entschieden, ob eine Tochtergesellschaft geschlossen, weitergeführt oder verkauft wird. Hier empfiehlt es sich, die Personalsituation flexibel zu halten. Für den Fall, dass die Firma geschlossen wird, entstehen keine Personalfolgekosten; für den Fall, dass verkauft wird, erhält der Erwerber freie Hand für eigene personelle Entscheidungen.

*Interim Manager als Back-up-Alternative in Stresssituationen zwischen Management und Kapitalgebern oder in noch unübersichtlichen M&A-Situationen*
Eine bei uns nicht gerade beliebte Variante, weil der Einsatz der von uns vorgeschlagenen Interim Manager nicht nur von der Entscheidung unseres Auftraggebers abhängt, sondern auch von der weiterer Dritter, die wir in den meisten Fällen nicht einmal kennen.

Erster Fall: Die Stimmung zwischen Gesellschafter und Geschäftsführung hat sich (aus welchen Gründen auch immer) eingetrübt, und es gibt Überlegungen, sich von der Geschäftsführung zu trennen – eine Entscheidung, die mit großen Risiken verbunden sein kann. Bevor nun die Gesellschafter in die entsprechenden Gespräche mit der Geschäftsführung eintreten – Gespräche, die gegebenenfalls mit einer abrupten Trennung enden und die Firma führungslos machen –, haben die Gesellschafter gern eine Stand-by-Geschäftsführung in der Hinterhand. Es kann zu einer konstruktiven Gesprächsatmosphäre beitragen, wenn die Geschäftsführung erfährt oder ahnt, dass es durchaus personelle Alternativen gibt.

Zweiter Fall: Unser Kunde ist einer von mehreren Bietern für ein Unternehmen. Falls er den Zuschlag erhält, möchte er rasch eine Geschäftsführung seines Vertrauens installieren, die wir in Person eines für das Zielunternehmen passenden Interim Managers, oder durch ein komplettes Managementteam, vorhalten.

*Sanierungen/Restrukturierungen*
Fälle wie diese überlappen sich mit einem Teil der vorgenannten Punkte. Im Einzelnen gilt:

- Sanierungen und Restrukturierungen sind jeweils als ein Projekt anzusehen, für das der beauftragte Interim Manager spezialisiertes Know-how mitbringt und das zeitlich begrenzt ist. Nachdem er das Unternehmen wieder in ruhiges Fahrwasser gebracht hat, kann eine dauerhaft berufene Geschäftsführung das Ruder wieder übernehmen.

- Dringlichkeit und „Uncertainty" sind die wesentlichen Merkmale einer jeden Sanierung oder Restrukturierung. Eile ist fast immer geboten, und keiner der Beteiligten kann am Anfang des Prozesses absehen, ob das Unternehmen überhaupt – und wenn ja, in welcher Form – überleben wird. Das ist geradezu der klassische Einsatzfall für einen Interim Manager, der die ihm gestellten Aufgaben professionell erfüllt, in Bezug auf das Unternehmen aber nicht in den Kategorien von beruflicher Heimat, Sicherheit und Karriere denkt. Zudem ist es so gut wie unmöglich, erstklassige Manager für eine Festanstellung in einer Firma zu interessieren, deren Zukunft nicht absehbar ist – und die Zweitklassigen sind diejenigen, die man jetzt am wenigsten gebrauchen kann. Für einen Interim Manager hingegen ist eine solche Krisensituation eine Herausforderung, die er in seine Projektliste gern aufnimmt.

## V. Nachgefragtes Know-how und Einsatzfelder im Interim Management

Wie zuvor bereits angedeutet, gilt, dass überall, wo Manager tätig sind, auch der Bedarf nach einem Interim Manager entstehen kann – und zwar in Bezug auf sämtliche Fachgebiete und Know-how-Bereiche, wobei es jedoch unterschiedliche Schwerpunkte gibt.

Die folgenden Bereiche werden im Interim Management gegenüber dem Festanstellungsmarkt relativ stärker nachgefragt:

- Kaufleute/Controller: Die Stakeholder eines Unternehmens (etwa Gesellschafter, Banken, für Bürgschaften zuständige Behörden, Betriebsräte, Gewerkschaften) sind in der Regel bereit, sich mit schlechten Zahlen zu befassen, jedoch auf keinen Fall, auf Grundlage falscher Zahlen Entscheidungen zu treffen. Wenn also der Verdacht aufkommt, dass die von dem Unternehmen gemeldeten Zahlen nicht nur alarmierend, sondern auch noch unzuverlässig sind, wird von Seiten der Stakeholder rasch der Ruf nach einem Interim-Kaufmann oder -Controller laut, der nicht gegenüber dem aktuellen Management verantwortlich und diesem unterstellt ist.

- Personalmanager: Interim-HR-Fachleute werden relativ häufig eingeschaltet, und zwar insbesondere im Fall notwendiger Personalanpassungen, weil sie über entsprechende Erfahrungen und die notwendigen juristischen Kenntnisse verfügen. Der eigene HR-Chef wird so nicht „verbrannt" mit einer Aufgabe, die zwar erledigt werden muss, aber keine Freude macht und keine Freunde schafft. HR-Fachleute mit Spezialwissen werden auch zur Neuausrichtung von Personalorganisationen und zur Einführung neuer EDV-Systeme eingesetzt.

Die folgenden Bereiche werden im Interim Management gegenüber dem Festanstellungsmarkt relativ schwächer nachgefragt:

- Marketing sowie Forschung & Entwicklung, weil die Kunden davon ausgehen, dass die Positionen hier nicht „rund um die Uhr" besetzt sein müssen. Weiterhin gehören diese Bereiche zum Kern eines jeden Unternehmens, wo nicht wechselndes, sondern nur langfristig eingebundenes Personal tätig sein soll.

Generell gilt, dass Auftraggeber Interim Manager lieber intern als extern einsetzen, um nach außen keine häufig wechselnden Gesichter zu zeigen. Allerdings: Wenn Not am Mann ist, wenn ein entscheidender Executive kurzfristig ausgefallen ist und nicht gewartet werden kann, bis im Rahmen eines mehrere Monate dauernden Executive-Search-Prozesses ein Nachfolger gefunden ist, dann treten diese Überlegungen zurück. Beispiel: Wenn Sie Ihrem Vertriebsleiter noch in der Probezeit kündigen, dann werden Sie nicht begeistert sein, einen Interim Vertriebsleiter zu Ihren Kunden zu schicken, aber Sie haben gegebenenfalls keine Alternative, denn sonst würde die Marktbearbeitung zum Stillstand kommen.

## VI. Was unterscheidet den erfolgreichen Interim Manager von einem Manager in Festanstellung?

Zunächst: Ein erfolgreicher Interim Manager wird nicht in irgendeiner Weise eine charakterlich oder fachlich eingeschränkte Persönlichkeit sein. Mit anderen Worten: Über die Fähigkeiten und Kenntnisse, über die ein erfolgreicher Manager in Festanstellung verfügt, muss ein Interim Manager ebenso verfügen. Darüber hinaus zeichnen sich erfolgreiche Interim Manager durch folgende Eigenschaften und Kenntnisse aus:

- Tempo, von der schnellen Truppe sein – das muss einem Interim Manager liegen, damit darf er keine Probleme haben.

- Stark in der Analyse, durchblicken, was unter den gegebenen Umständen machbar ist und was nicht: Wer ist Teil des Problems, wer ist Teil der Lösung? Wann gilt es, mit einer 80-Prozent-Lösung zufrieden zu sein?

- Extrovertiert/integrierend: Ein Interim Manager muss auf andere zugehen können, er muss die Mitarbeiter seines Einsatzunternehmens für sich gewinnen und Teamgeist stiften, um so möglichst schnell eine über seinen eigenen Beitrag hinausgehende Hebelwirkung zu erzielen. Manager, die im stillen Kämmerlein sitzen und brillante Ideen ausbrüten, aber nicht kommunizieren und alles selbst machen wollen, werden im Interim Management nicht reüssieren.

- Flexibilität/Stressresistenz/breite Aufstellung: Ein erfolgreicher Interim Manager kann damit umgehen, dass sich die Lage vor Ort ganz anders darstellt als zunächst beschrieben. Der Auftraggeber wusste es vielleicht nicht besser. Auch kann anstatt des Problems, für das er geholt wurde und für dessen Bewältigung er sich qualifiziert fühlt, ein anderes Problem auftauchen und viel dringender einer Lösung bedürfen. Alle diese Möglichkeiten deckt ein erfolgreicher Interim Manager mit seiner „Bandbreite" ab, denn man tauscht den inzwischen einigermaßen mit einem Unternehmen vertrauten Interim Manager nicht aus, nur weil sich die Prioritäten ändern oder weil sich der Weg als steiler erweist als vorausgesehen.

- Muss sich nicht mehr beweisen und ist im Frieden mit sich selbst: Ein erfolgreicher Interim Manager hat zur Zeit seiner Festanstellung die Karriere gemacht, die seinen Möglichkeiten entspricht (auch in seinen eigenen Augen), denn im Interim Management bieten sich keine Karrierechancen, wohl aber interessante Projekte. Ein Interim Manager denkt nicht in der Kategorie seiner beruflichen „Besitzstände", sondern übernimmt auch gern Projekte „unter seinem Niveau", solange diese professionell fordernd und interessant sind. Es ist leicht, vorzugeben, alles besser zu wissen, wenn man in ein Unternehmen kommt, das am Straucheln ist, denn mit den Geschehnissen in der Vergangenheit hatte man nichts zu tun. Der erfolgreiche Interim Manager hat es aber nicht nötig, die Karte der „Gnade seines späten Erscheinens" auszuspielen.

## VII.  Abwicklungsschritte eines Interim-Management-Projekts

Die Abwicklung eines Interim Management-Projekts stellt sich üblicherweise wie folgt dar:

- Definition des Anforderungsprofils
- Recherche im firmeneigenen Netzwerk
- Klärung nachstehender Themen mit den recherchierten Kandidaten:

  - Verfügbarkeit
  - Passgenauigkeit zum Anforderungsprofil
  - Honorar

- Übersendung der Kandidatenprofile an den Kunden
- Präsentation der vom Kunden ausgesuchten Kandidaten
- nach Entscheidung für einen Kandidaten: Austausch der Verträge
- Tätigkeitsaufnahme des Interim Managers
- Monitoring und Begleitung des Projekts durch den IM-Provider in Abstimmung mit dem Kunden

## VIII.  Vertragsstrukturen im Interim Management

Nachdem sich der Kunde für einen Kandidaten entschieden hat, werden in einem Dreiecksverhältnis zwei Verträge geschlossen: erstens ein Vertrag zwischen dem IM-Provider und dem Unternehmen, das den Interim Manager einsetzen will, und zweitens ein Vertrag zwischen IM-Provider und Interim Manager.

In dem Kundenvertrag wird geregelt:

- Vertragsparteien: Was einfach klingt, kann zu Diskussionen führen, wenn zum Beispiel ein Interim Manager bei einer ausländischen Beteiligung oder Tochtergesellschaft eingesetzt werden soll, diese auch Vertragspartner wird und ihn bezahlt, der Geschäftsführer einer der Gesellschafter jedoch als Projektinitiator das Heft in der Hand behalten will.

- Vertragsgegenstand: Die Tätigkeit des Interim Managers muss so beschrieben werden, dass das Aufgabenprofil klar ist, zugleich aber auch ein gewisser Spielraum besteht für sich möglicherweise während des Projektablaufs ergebende Schwerpunktverschiebungen.

Der von der Haftpflichtversicherung des IM-Providers gedeckte Tätigkeitsrahmen muss jedoch bei den gewählten Formulierungen immer im Auge behalten und darf später auch faktisch während der Durchführung des Projekts auf keinen Fall überschritten werden.

- Laufzeit und Termine: Die offensichtlich hier zu regelnden Dinge sind Beginn und Ende des Projekts, Anzahl der zu leistenden Projekttage (zumeist pro Woche) und die gegenseitigen Kündigungsmöglichkeiten. Weniger offensichtlich ist, dass die Art der Formulierung dieser Punkte jeweils auch eine „Message" ist, die genaue Beachtung verdient. Wenn die Message lautet, dass der Interim Manager jederzeit „mir nichts, dir nichts" wieder vor die Tür gesetzt werden kann, wird dieser verständlicherweise während des Projektablaufs auch offen sein für Alternativprojekte, die ihm für einige Monate eine feste Auslastung versprechen. Interim Management steht für Flexibilität, bei den Formulierungen zu den Laufzeiten und Kündigungsmöglichkeiten macht aber – wie auch sonst – der Ton die Musik.

- Honorar und Spesen: Die Abrechnung erfolgt – zu jeweils vereinbarten Terminen – üblicherweise durch zwei Rechnungen, die eine über das Honorar (Tagessatz x Projekttage), die andere über die Spesen, womit sämtliche Forderungen des IM-Providers und des Interim Managers abgedeckt sind. Wenn sich der Auftraggeber über den Zeitraum klar ist, der benötigt wird, um ein Projekt durchzuführen, kann er somit die vollen Kosten eines IM-Projekts vorab sehr genau kalkulieren und die tatsächlich auflaufenden Kosten während der Durchführungsphase zeitnah kontrollieren; diese bleiben so immer transparent. Bei den Spesen ist klarzustellen, wie die Trennung erfolgt zwischen den Kosten für die übliche wöchentliche Heimfahrt, die über den IM-Vertrag abgerechnet werden, und den Reisen für den Auftraggeber im Rahmen der Projektarbeit, für die in der Regel die Abrechnung auf Grundlage der Reiserichtlinien des Kunden erfolgt.

- Haftung entsprechend der Haftpflichtversicherung, die der IM-Provider abgeschlossen hat (oder haben sollte) und die das Performance-Risiko des Interim Managers und des IM-Providers abdeckt. Die Haftpflichtversicherung ist ein sehr präzise zu formulierendes Dokument.

- Vollmachten und D&O-Versicherung

- Geheimhaltung

- Direktvertrag: eine Regelung für den Fall, dass der Kunde den Interim Manager nach Abschluss des Projekts in Festanstellung übernimmt.

## IX. Ausblick

Was ist der wirklich nachhaltige Trend der Zukunft? Der immer schnellere Austausch von Informationen? Denkbar.

Was hat dieser Trend für Auswirkungen auf die Industrie, auf unsere Kunden? Diese müssen auf die immer schneller werdende Informationsverteilung reagieren, indem sie entweder ihre Strategien, Produkte und Dienstleistungen – ebenfalls immer schneller – an die neuesten Entwicklungen anpassen. Oder sie betreiben originäre Innovation und zwingen damit die anderen Marktteilnehmer, auf diese zu reagieren. Das Ergebnis ist das gleiche: Strategien, Produkte und Dienstleistungen haben immer kürzere Lebenszyklen.

Welche Auswirkungen hat die zunehmende Verkürzung dieser Lebenszyklen auf das Führungspersonal unserer Kunden? Erstens wird das Führungspersonal zukünftig stärker in Bezug auf seine Innovationsstärke und seine Reaktionsgeschwindigkeit/Flexibilität ausgesucht werden (das ist weniger unser Bereich), und/oder die Unternehmen werden zweitens bestrebt sein, ihre Führungsmannschaft als solche zu flexibilisieren, denn – überspitzt ausgedrückt – was nützt es, heute einen Experten für Dieselmotoren im Rahmen eines langfristigen Arbeitsvertrags an Bord zu holen, wenn die Kunden morgen nur mit Elektromotoren fahren wollen? Hier liegt erhebliches Wachstumspotential für das Interim Management.

Der erste Schritt zur Flexibilisierung der Führungsmannschaft ist es, zu definieren, welche Positionen zum Unternehmenskern gehören, deren langfristige kompetente Besetzung einen wichtigen Teil des Unternehmenswerts ausmacht, und welche Positionen nicht zum Unternehmenskern gehören und somit auch mit flexibel einsetzbaren Managern besetzt werden können (aber nicht unbedingt müssen). Das bedeutet eine Abwägung zwischen den mit der Flexibilisierung der Führungsmannschaft verbundenen Kosten (etwa erhöhter Schulungsbedarf, „Risikoprämie" für den nicht festangestellten Mitarbeiter) und dem Wunsch nach Flexibilisierung an sich, also der Möglichkeit, auf Marktbewegungen rasch reagieren zu können. Eine sehr interessante Frage ist hier, wie lange die langfristige Zusammenarbeit eines Arbeitgebers und Arbeitnehmers, also die gegenseitige „Treue", als Aktivum zu betrachten ist und ab wann als Passivum?

Die zuvor beschriebenen traditionellen Bereiche im Interim Management (Projekte, Vakanzen überbrücken, rasch für unvorhersehbare Situationen Manager mobilisieren, Sanierungen/Restrukturierungen) werden wie auch in der Vergangenheit entsprechend der konjunkturellen Situation nachgefragt werden. Schwankungen gleichen sich dabei aus; im Ergebnis ist zu erwarten, dass der Markt stabil bleibt. Für die einzelnen IM-Provider wird somit auch in Zukunft die Herausforderung darin bestehen, im entscheidenden Augenblick den/die in Deutschland gerade verfügbaren und für eine Aufgabe ideal passenden Interim Manager zu kennen und mobilisieren zu können. Damit man diesen Personenkreis kennt, müssen die Kandidaten für das Netzwerk des IM-Providers gewonnen werden. Und damit sie dem Netzwerk erhalten bleiben, müssen sie entsprechend „gepflegt" werden.

# Branchenbezogene Personalberatung

# Manufacturing: Das produzierende Gewerbe – Der wichtigste industrielle Arbeitsmarkt

Stefan Hübner, München

Gemäß unserer bei GEMINI Executive Search geltenden Definition befassen wir uns in diesem Kapitel vereinfacht ausgedrückt mit allen industriell hergestellten Gütern oder – in Anlehnung an die Definition des Statistischen Bundesamts – mit dem produzierenden Gewerbe. Zu diesem Branchensegment gehören sowohl die Investitionsgüter (also insbesondere der Maschinen- und Anlagenbau sowie die Elektroindustrie) als auch die überwiegend technischen Gebrauchsgüter (von der Beschlags- über die Sanitär- und Heizungsindustrie bis hin zur Möbel-, Beleuchtungs- und Bauzulieferindustrie). Der Automobilindustrie haben wir aufgrund ihrer klaren Abgrenzung ein eigenes Kapitel gewidmet (vgl. dazu Barz, S. 170ff., und Schäfer, S. 196ff.).

Diese produzierenden Gewerbe sind nach wie vor der zahlenmäßig bedeutendste industrielle Arbeitgeber in Deutschland. In der Einzelbetrachtung führt hier der Maschinenbau vor der Elektroindustrie und dem sogenannten Straßenfahrzeugbau und der chemischen Industrie. Diese führende Rolle gilt auch mit Blick auf die Umsatzbedeutung und insbesondere auf den jeweiligen Beitrag zur Konjunktur- und Beschäftigungsentwicklung in Deutschland.

Diese Charakterisierung, die wir bereits in der ersten Auflage dieses Buches vorgenommen haben, wurde im Verlauf der jüngsten Finanz- und Wirtschaftskrise eindrucksvoll und mit einer fast schon zwangsläufigen Logik bestätigt: Nach den USA war Deutschland zunächst mit am stärksten von den Folgen der Krise betroffen mit deutlichen Auswirkungen auf Inlandsnachfrage, Export und Wirtschaftswachstum. Obwohl vom Finanzsektor ausgelöst, standen im Zentrum der sich ab Ende 2008 dramatisch beschleunigenden Abwärtsspirale genau die oben beschriebenen Branchensegmente – übertroffen nur noch von der Automobilindustrie, die aber umgehend für sich eine ungleich größere öffentliche Anteilnahme reklamieren konnte und somit auch in einer ganz anderen Form und Intensität gestützt wurde. In diesem Zusammenhang sei nur noch einmal sinnbildlich daran erinnert, welche Kommentare sich Branchenvertreter anhören mussten, die auch für ihre Industrie eine Abwrackprämie oder ein entsprechendes Äquivalent eingefordert haben.

Heute, im Sommer 2011 staunt die Welt – und vor allem Deutschland selbst – über einen Aufschwung, der die noch bis vor einem Jahr formulierten Horrorszenarien längst vergessen gemacht hat und der wieder überproportional genau von eben jenem produzierenden Gewerbe getragen wird.

Grund genug für uns, uns im Folgenden eingehend damit zu befassen, wie diese Unternehmen die Krise bewältigt haben, welche besonderen Charakteristika diese Industrien ausmachen, und welche Schlussfolgerungen sich daraus für unsere Arbeit in der Personalberatung ableiten lassen.

## I.    Made in Germany, ein Gütesiegel – mehr denn je

Kein anderes Branchensegment steht so unmittelbar für traditionelle deutsche Kernkompetenzen und Tugenden wie die oben beschriebenen Industrien. Maßgeblich getrieben durch deren Erfolg, hat Deutschland sich nachhaltig unter den führenden Wirtschaftsnationen der Welt etablieren können und war über viele Jahre hinweg „der" Exportweltmeister. Sie stehen für Innovationskraft, Zuverlässigkeit und Qualität und sind heute mehr denn je ein Garant für sichere Arbeitsplätze in Deutschland.

Im Gegensatz zum Automobilsektor, in dem schon seit Jahren berechtigterweise von echten Global Playern gesprochen werden kann, prägen sowohl im Bereich der technischen Gebrauchsgüter als auch im Maschinen- und Anlagenbau und der Elektroindustrie die in der Regel mittelständisch geprägten „Hidden Champions" das Bild (vgl. dazu umfassend Haussmann/Holtbrügge/Rygl/Schillo, GEMINI Management & Markets, Bad Homburg 2006). Diese Abgrenzung ist durch einschlägige Statistiken belegt, auf die wir uns im weiteren Verlauf noch beziehen werden und entspricht darüber hinaus dem Selbstverständnis dieser Unternehmen bzw. der Unternehmer selbst.

In der Folge hat diese Charakterisierung wiederum einen unmittelbaren Einfluss auf die Einstellungen, Wertewelten und Karrieremodelle der Führungskräfte und Spezialisten, die in den jeweiligen Bereichen beschäftigt sind, und muss sich somit zwangsläufig auf die Vorgehensmodelle der in diesen Bereichen agierenden Personalberater auswirken – zumindest derjenigen, die sich hier auf Dauer erfolgreich etablieren wollen.

## II.    Zahlen, Daten, Fakten

Zunächst beleuchten wir ohne Anspruch auf Vollständigkeit einige Daten, die die gesamtwirtschaftliche Bedeutung der beschriebenen Branchen für den Standort Deutschland untermauern und gleichzeitig aktuelle Entwicklungen aufzeigen. Aufgrund unterschiedlicher Zuordnungen und entsprechender Überschneidungen sowie zugunsten der Übersichtlichkeit beziehen wir uns hierbei im Wesentlichen auf die Angaben des VDMA (Verband deutscher Maschinen- und Anlagenbau e.v.) und des ZVEI (Zentralverband der deutschen Elektrotechnik- und Elektronikindustrie e.v.), über die sich der Großteil der hier relevanten Unternehmen repräsentiert sieht.

Insgesamt setzten die in diesen beiden Verbänden zusammengeschlossenen Unternehmen nach den vorliegenden Zahlen des Statistischen Bundesamts 2009 ca. 320 Milliarden Euro um (VDMA: rund 175 Milliarden Euro; ZVEI: rund 145 Milliarden Euro). Der Maschinenbau mit rund 122 Milliarden Euro und die Elektroindustrie mit ca. 120 Milliarden Euro waren dabei auch im Krisenjahr 2009 die beiden exportstärksten deutschen Industriezweige. Die Nähe der beiden Branchensegmente wird durch den folgenden Wert belegt: Rund 76 Prozent der ZVEI-Umsätze entfielen wiederum auf Investitionsgüter, allen voran mit rund 25 Prozent auf die Automatisierungstechnik.

Deutschland ist nach wie vor die weltweit führende Nation unter den Exporteuren von Maschinen und verwandten Produkten vor. Den größten relativen Anteil als Absatzmarkt nimmt hier die alte EU-12 ein. In der Elektroindustrie nimmt Deutschland als Exporteur einen stabilen dritten Rang nach China und den USA ein, noch vor Japan. Wichtigster Absatzmarkt ist hier die EU-27 mit knapp 62 Prozent, gefolgt von Asien mit knapp 13 Prozent und den USA mit etwas weniger als 8 Prozent

In der Entwicklung der Beschäftigtenzahlen lassen sich die Folgen der Krise ablesen, wenngleich weit weniger dramatisch als noch Mitte 2009 prognostiziert: Im Spitzenjahr 2008 waren in den Unternehmen des VDMA noch rund 976.000 Menschen beschäftigt. Aufgrund von Langzeitwirkungen/Verzögerungen rechnet man nach einem Rückgang auf rund 931.000 im Jahr 2009 mit einem Tiefststand von voraussichtlich 876.000 Beschäftigten Ende 2010 (Zahlen: ZVEI – Elektroindustrie in Zahlen 2009; VDMA Jahresbericht Oktober 2010). Der ZVEI hat nach ca. 840.000 im Jahr 2008 für 2009 noch rund 820.000 Beschäftigte gemeldet und für 2010 wieder einen leichten Anstieg erwartet (VDI Nachrichten, 27.10.2010).

## III. Die Folgen der Krise

Noch im April 2008 sprach die Frankfurter Allgemeine Zeitung von einem „Schwung ohne Ende" und sah die sonst geltenden Zyklen des Auf- und Abschwungs insbesondere im Maschinenbau außer Kraft gesetzt. Obwohl sich erste dunkle Wolken am Horizont abzeichneten und vereinzelt von ersten „Rezessionsängsten" gesprochen wurde, blieb der Optimismus bis auf weiteres ungebremst. Man ging davon aus, dass die Flexibilität, die diese Branche in guten Zeiten immer wieder gezeigt hatte, ihr auch durch eine eventuelle Schwächeperiode helfen würde. Selbst wenn im schlimmsten Fall der Abbau von Stellen notwendig werden würde, läge dieser „auf jeden Fall unter dem Durchschnitt" (F.A.Z. vom 14. April 2008). Interessanterweise lasen sich die Statements der Unternehmenssprecher schon zu diesem Zeitpunkt durchweg deutlich verhaltener und bescheidener als die der Kommentatoren in der Presse.

Umso dramatischer wirkten sich dann die tatsächlichen Folgen der mit dem Zusammenbruch von Lehman Brothers ausgelösten Krise aus: Die Mitglieder des VDMA mussten von 2008 auf 2009 einen durchschnittlichen Umsatzrückgang von 24,5 Prozent hinnehmen; der ZVEI berichtet über die Gesamtheit seiner Mitglieder hinweg von einem Rückgang in Höhe von 22 Prozent. 2010 sollte für beide Gruppen wieder einen Anstieg von jeweils 6 Prozent bringen; für 2011 prognostiziert der VDMA einen Zuwachs von 8 Prozent, der ZVEI erwartet ein Plus von 6 Prozent (Zahlen: ZVEI – Elektroindustrie in Zahlen 2009; VDMA Jahresbericht Oktober 2010).

So erfreulich diese Werte in der aktuellen Betrachtung auch sind – es bleibt festzuhalten, dass das Niveau von 2007 noch lange nicht wieder erreicht ist. Je nachdem, wie stark der Optimismus ausgeprägt ist, wird hierfür ein Zeitrahmen zwischen 2017 und 2019 prognostiziert (siehe hierzu die Capgemini-Studie „Wachstumsdynamik nach der Wirtschaftskrise", Januar 2010).

Nachdem aber die Krise erfreulicherweise weder den zunächst befürchteten „L-förmigen" noch den zwischenzeitlich wieder vorsichtig erhofften „U-förmigen" Verlauf genommen hat, sondern mittlerweile allenthalben ein „V" gesehen wird, sind auch die Prognosen für die Beschäftigtenzahlen wieder deutlich positiver: In einem ausführlichen Artikel beschäftigte sich die Frankfurter Allgemeine Zeitung am 19.10.2010 mit dem zu erwartenden volkswirtschaftlichen Schaden, der sich aus dem nachhaltigen Mangel an Fachkräften insbesondere im produzierenden Gewerbe ergibt. Der HR-Direktor eines SDAX-notierten Maschinen- und Anlagenbauers brachte die aktuelle Lage auf den

Punkt: „… bis Mitte 2008 lautete für uns die Devise ‚Rekrutierung auf allen Ebenen'", womit wir alle Hände voll zu tun hatten. Ab Ende 2008 kam dann die abrupte Kehrtwende, und wir hatten nun plötzlich alle Register zur Anpassung der Kapazitäten nach unten zu ziehen: von der Freisetzung insbesondere von Leiharbeitern über den Abbau von Zeitkonten bis hin zur Kurzarbeit Null. Mit beiden Szenarien war ich mit meinem Team im HR-Bereich schon jeweils mehr als gefordert. Seit Ende des dritten Quartals 2009 erleben wir jetzt aber noch einmal eine Steigerung: Wir dürfen uns beidem gleichzeitig widmen …" Die Anpassungsmaßnahmen wirken nach, und parallel dazu ist die Jagd auf qualifizierte Führungskräfte und Spezialisten schon wieder in vollem Gange. Dynamisiert wird das Ganze durch einen erheblichen Nachholbedarf aufgrund vieler zwischenzeitlich krisenbedingt aufgeschobener Maßnahmen oder weil es schlichtweg nicht opportun war, die auch in der Krise klar identifizierten Lücken durch externe Rekrutierung zu schließen.

Gleich, welcher Buchstabe den Krisenverlauf nun letztlich abschließend beschreiben wird – nachdem über Monate hinweg auf eine Negativprognose umgehend die nächste folgte, wird die öffentliche Diskussion heute durch kontinuierliche Aufwärtsrevisionen bestimmt. Der zunächst überproportional vom Export nach China und Brasilien getragene Aufschwung hat begonnen, sich auf mehrere Säulen zu verteilen, und auch die Investitionstätigkeit im Inland hat deutlich zugenommen – allein in den Monaten Juni bis August 2010 konnte der VDMA bei den Auftragseingängen aus dem Inland eine Steigerung um 45 Prozent gegenüber dem Vorjahreszeitraum verzeichnen. Bemerkenswert erscheint in diesem Zusammenhang, dass Deutschland auch gleichzeitig der größte Importeur von Maschinen und dazugehörigen Produkten in Europa ist. Unsere Handelspartner profitieren also durchaus von der Rolle Deutschlands als Wachstumslokomotive (Zahlen: VDMA Jahresbericht Oktober 2010). Schon prophezeien die ersten Analysten Deutschland schon wieder einen über Jahre ungebremsten Aufschwung.

Eine zwar insgesamt ebenfalls positive, aber weitaus nüchternere Analyse hat der bis Ende 2010 amtierende VDMA-Präsident, Dr. Manfred Wittenstein anlässlich der VDMA-Mitgliederversammlung im Oktober 2010 in München geliefert (VDMA Kommunikation 07.10.2010): Er relativierte die guten Daten mit dem gleichzeitigen Verweis auf Nachholwie auch auf Vorzieheffekte und rechnete somit schon für 2011 mit wieder nachlassenden Wachstumsraten. Er begründete dies mit dem bevorstehenden Auslaufen von Konjunkturprogrammen und den ab 2011 deutlich ungünstigeren Abschreibungsbedingungen. Auch der Hinweis darauf, dass die in vielen Volkswirtschaften dringend notwendigen Strukturanpassungen längst noch nicht abgeschlossen seien, veranlasste ihn zu der mahnenden Feststellung, dass „die Folgen der Krise noch nicht ausgestanden sind".

Besonders würdigte Wittenstein die von der Bundesregierung getroffenen Maßnahmen zur Bewältigung der Folgen der Krise, insbesondere

• die Maßnahmen zur Erleichterung und deutlichen Verlängerung der Kurzarbeit, durch die fast durchweg die (hochqualifizierten und langjährig ausgebildeten) Stammbelegschaften hätten gehalten werden können;

• die Hilfen zur Absicherung der Exportfinanzierung, die natürlich insbesondere diesen überproportional stark exportgetriebenen Unternehmen geholfen hätten; sowie

• die Kredit- und Bürgschaftsprogramme aus dem Deutschlandfonds.

Die Beiträge in Milliardenhöhe allerdings, die die betroffenen Unternehmen gerade durch die lange Kurzarbeit zu leisten gehabt hätten, hätten nach seiner Einschätzung in der öffentlichen Diskussion bisher viel zu wenig Erwähnung gefunden.

Bereits im VDMA-Bericht 2006/2007 hatte der damalige VDMA-Präsident Dr. Dieter Brucklacher trotz der damals noch durchgängig boomenden Konjunktur zur Vor- und vor allem zur Weitsicht gemahnt: „... der Maschinenbau darf sich nicht auf den Lorbeeren ausruhen. Vielmehr müssen wir uns heute strukturell so positionieren, dass wir künftige Schwächephasen besser durchstehen können ..." (VDMA – Maschinenbau in Zahl und Bild 2007). Diese Mahnung hat sich die per se schon zum eher maßvollen Handeln neigende Branche zum Credo gemacht und erfüllt somit den Anspruch von Bundeskanzlerin Angela Merkel, dass „Deutschland stärker aus der Krise herauskommen soll, als es hineingegangen ist".

Die folgende Zahl belegt, dass die Unternehmen des VDMA und des ZVEI trotz der extrem schwierigen Rahmenbedingungen ihre Zukunftsvisionen nicht aus den Augen verloren haben: Auch im Jahr 2009 haben sie ihre Investitionen in Forschung und Entwicklung kaum reduziert, allein die Unternehmen des ZVEI haben 2009 rund 10 Milliarden Euro investiert und so zu rund 20 Prozent der deutschen F&E-Gesamtinvestitionen beigetragen (Zahlen: ZVEI – Elektroindustrie in Zahlen 2009). Oder, um noch einmal Dr. Manfred Wittenstein zu zitieren: „Intelligentes Produzieren in Deutschland – Intelligentes Produzieren für die Welt" (VDMA Kommunikation 07.10.2010).

# IV. Charakterisierung der Branche

Bei der Beantwortung der Frage, wie diese Unternehmen die Krise erlebt haben und wie sie es geschafft haben, ihr unerwartet schnell wieder zu entrinnen, lohnt ein Blick auf die Struktur und die besonderen Charakteristika, die diese Unternehmen ausmachen:

Wie bereits erwähnt, sind die in diesem Kapitel beschriebenen Unternehmen stark mittelständisch geprägt, die Mehrzahl befindet sich nach wie vor in Familienbesitz. Die volkswirtschaftliche Bedeutung der Familienunternehmen insgesamt ist sehr eindrucksvoll durch die folgenden Werte belegt: Bei 93 Prozent aller deutschen Unternehmen über alle Branchen hinweg handelt es sich um sogenannte familienkontrollierte Unternehmen. Diese haben mit rund 13,5 Millionen Arbeitnehmern einen Anteil von 54 Prozent an der Gesamtbeschäftigung und mit fast 2 Billionen Euro einen Anteil von 49 Prozent am Gesamtumsatz. Die Prozentwerte schwanken hier noch geringfügig, abhängig davon, ob es sich gemäß Definition um „familienkontrollierte" oder „eigentümergeführte" Unternehmen handelt. 330 der 500 umsatz- und beschäftigungsstärksten Familienunternehmen sind übrigens in nur drei Bundesländern ansässig: Nordrhein-Westfalen, Baden-Württemberg und Bayern. Im produzierenden Gewerbe liegt der Anteil der eigentümergeführten Unternehmen bei 86 Prozent, der der familienkontrollierten sogar bei 90 Prozent. 300 der Top-500-Familienunternehmen sind wiederum dem produzierenden Gewerbe zuzuordnen (Stiftung Familienunternehmen, 2009, mit Verweis auf das Mannheimer Unternehmenspanel und Berechnungen des ZEW).

Die Stiftung Familienunternehmen hat in einer Mitte 2009 durchgeführten Studie die beiden Hauptfolgen der Krise zusammengefasst, von denen rund 75 Prozent der befragten Unternehmen unmittelbar betroffen waren:

• der rasend schnelle und besonders drastische Einbruch der Nachfrage und
• der gleichzeitige Verfall des Preisniveaus.

Zur Beantwortung der Frage, auf welche Tugenden/Eigenschaften diese Unternehmen vertrauen, um durch die Krise zu kommen, wurden dann die folgenden Charakteristika herausgearbeitet, die somit auch für das hier überdurchschnittlich stark vertretene produzierende Gewerbe Gültigkeit haben:

1. die hohe und nachhaltige Eigenfinanzierungskraft der Unternehmen;

2. die hohe Identifikation der Belegschaft mit „ihrem" Unternehmen und eine somit überdurchschnittlich stark ausgeprägte Bereitschaft, sich auch mit eigenen Opfern an der Bewältigung der Krise zu beteiligen;

3. die ausgesprochen engen, oft persönlichen Kunden- und Lieferantenbeziehungen;

4. der Rückhalt durch die Familie, entweder in ihrer Rolle als Gesellschafter oder in Ausübung einer aktiven Managementfunktion.

Nimmt man dann noch das nahezu unerschütterliche Selbstvertrauen vieler Unternehmer und vielleicht auch das notwendige Quäntchen Glück des Tüchtigen hinzu, so waren es genau diese Eigenschaften, die letztlich dazu beigetragen haben, die zwischenzeitlich aufgestellten Szenarien schneller und offenbar auch deutlich nachhaltiger als angenommen hinter sich zu lassen. Dieser Unternehmertypus verlässt sich in erster Linie auf sich selbst und appelliert auch in schlechten Zeiten an seine Eigenverantwortung, statt sich damit zu befassen, wie die beste Rechtfertigungsstrategie gegenüber den externen Kapitalgebern und Aufsichtsgremien aussehen soll. Man verzichtet bei Bedarf zum Wohle des Unternehmens auf Ausschüttungen und Entnahmen und lehnt auch in Krisenzeiten ein protektionistisches, direkt förderndes Eingreifen des Staates ab. Wenn der Staat schon eingreift, dann wünscht man sich von der Politik vielmehr wettbewerbsgerechtere Rahmenbedingungen wie den Abbau von Bürokratie, die Senkung der Lohnnebenkosten und generelle steuerliche Erleichterungen.

Selbst die Furcht vor einer bevorstehenden „Kreditklemme" hat sich trotz der weitgehend risikoaversen Haltung vieler Banken im Rückblick als „Phantomschmerz" erwiesen, wie die „Süddeutsche Zeitung" in ihrer Ausgabe vom 13.10.2010 schreibt, wenngleich es nach Einschätzung der Autoren durchaus sinnvoll gewesen sein mag, diese im Sinne einer allgemeinen Sensibilisierung heraufzubeschwören.

Zur weiteren Beschreibung unseres Branchensegments haben wir im Folgenden wesentliche Aspekte zusammengetragen, die charakteristisch für die Firmen sind und unmittelbare Auswirkungen für die Fach- und Führungskräfte haben, die in diesen Unternehmen tätig sind bzw. dort tätig sein wollen (natürlich auch hier ohne Anspruch auf Vollständigkeit und davon ausgehend, dass Ausnahmen auch hier die Regel bestätigen dürften):

a) Die Unternehmen zeigen ein klares Bekenntnis zum Produktionsstandort Deutschland, das auch durch die tendenziell zunehmende Offenheit für Produktionsverlagerungen nicht grundsätzlich in Frage gestellt wird. Die Verlagerung bestimmter, insbesondere lohnintensiver Bereiche an kostengünstige Standorte wird vorrangig als langfristig ausgerichteter Beitrag zur Standortsicherung verstanden.

b) Darüber hinaus ist in diesen Unternehmen fest verankert, dass erfolgreiche internationale Expansion nur auf der Grundlage einer starken Position im Heimatmarkt erzielt werden kann.

c) Die traditionell überdurchschnittlich hohe eigene Wertschöpfungs- und Fertigungstiefe und die Sicherung der Kernkompetenzen – hier übrigens wieder in klarer Abgrenzung zum Automobilbereich – resultiert aus dem ausgeprägten Selbstbewusstsein, es „besser als andere zu können", und wird somit auch allen Trends zum Trotz Kernbestandteil des unternehmerischen Selbstverständnisses bleiben.

d) Hidden Champions bekennen sich zu ihrer Stand-alone-Strategie und ziehen den Ausbau des Erfolgs im angestammten Segment den Verlockungen der Diversifikation und des schieren Wachstums vor. 73 Prozent der Familienunternehmen verfolgen konsequent ihre Nischenstrategie – nur 18 Prozent setzen auf Kostenführerschaft Sie bleiben gern „hidden", wenn sie dadurch ihre Position als „Champion" sichern können (Stiftung Familienunternehmen, 2009, mit Verweis auf das Mannheimer Unternehmenspanel und Berechnungen des ZEW).

e) Unabhängigkeit und die nachhaltige Sicherung ihrer Eigenständigkeit gehören somit zu den zentralen Unternehmenszielen. Dies gilt im Angesicht der Krise natürlich auch mit Blick auf die Finanzierung.

f) Die Orientierung an den Bedürfnissen des Kunden ist diesen Unternehmen viel wichtiger als die Orientierung an ihren Wettbewerbern. Das bedeutet im Umkehrschluss natürlich nicht, dass man die wichtigsten Wettbewerber, die man oft sogar persönlich kennt, nicht auf Schritt und Tritt im Auge behalten würde. Die Sicherstellung der Zufriedenheit des Kunden ist aber eines der vorrangigsten Unternehmensziele – denn schließlich zahlt der Kunde die Rechnungen, nicht der Wettbewerber.

g) Die in derartigen Unternehmen ausgeprägte Kontinuität in der Führung hat zur Folge, dass Strategien längerfristiger geplant, mit längerem Atem und auch über kurzfristige Hemmnisse hinweg mit großer Konsequenz verfolgt werden. Verlässlichkeit bedeutet Sicherheit – sowohl für die Kunden als auch für die Arbeitnehmer.

h) Die Unternehmen zeigen eine deutlich stärker personengeprägte Führungskultur – mit allen Vor- und Nachteilen. Auch bei familienfremdem Management dominieren die individuelle Handschrift und die Kultur der kurzen Wege. Dies gilt auch für die generellen Guidelines und das „letzte Wort".

i) Die Chancen für Spezialisten und Nachwuchsführungskräfte, in einer derartigen Unternehmenskultur durch die Übernahme von Verantwortung und durch unternehmerisch geprägtes Handeln Erfolge zu erzielen und sich so schnell und frei von vordergründiger Political Correctness nach oben zu arbeiten, sind ungleich größer als in Großunternehmen. Letztere verfügen zwar in der Regel über die professionelleren Personalentwicklungspläne, haben aber auch ganz andere Dimensionen der Leistungsbeurteilung und Karriereplanung zu beachten als ein eigenständiger Unternehmer, der seine Leistungsträger permanent im Auge hat. Als fast logische Folge weist der Mittelstand deutlich niedrigere Fluktuationsraten auf als der Durchschnitt der Unternehmen.

## V. Was folgt aus diesen Trends und Entwicklungen für die Praxis der Personalberatung?

### 1. Going global: aber mit wem? – Es fehlen international ausgebildete und erfahrene Manager

Es liegt noch nicht allzu lange zurück, dass für viele mittelständische Unternehmen der „Export" noch überwiegend auf die deutschsprachigen Nachbarländer beschränkt war. Darüber hinausgehende Kontakte ergaben sich eher zufällig und wurden nicht immer konsequent verfolgt. Aus dem sicheren Rückhalt der starken Binnenkonjunktur heraus gab es auch nicht den unmittelbaren Druck, sich auf unsicheres Terrain vorzuwagen, auf dem nicht nur sprachliche Barrieren zu überwinden waren, sondern insbesondere die Kooperationsbereitschaft, Verlässlichkeit und Zahlungsfähigkeit der potentiellen Geschäftspartner in Frage standen (vgl. dazu umfassend Haussmann/Holtbrügge/Rygl/Schillo, 2006).

Das hat sich bereits vor der Krise nachhaltig geändert und wird durch die jüngsten Entwicklungen nochmals dynamisiert: Die mittelständischen Unternehmen agieren heute in dem Bewusstsein, dass nur über die aktive Präsenz in den globalen Wachstumsmärkten die heimische Marktposition gesichert werden kann und werden so zu den wahren Gewinnern der Globalisierung. Immer mehr der beschriebenen Unternehmen betreiben heute eigene Tochtergesellschaften im Ausland, die überwiegend Vertriebs- und Serviceaufgaben übernehmen. Nach wie vor dient nur die Minderzahl dieser Standorte der Fertigung oder der Montage, was wiederum das eindeutige Bekenntnis zum Heimatmarkt als alleinigem oder zumindest wichtigstem Fertigungsstandort unterstreicht.

Daraus ergibt sich in zunehmendem Maße ein Bedarf an entsprechend ausgebildeten und international erfahrenen Führungskräften, die in der Lage sind, neue Märkte zu analysieren, Markteintrittsstrategien auszuarbeiten und diese vor Ort umzusetzen – und dies aufgrund der rasant zunehmenden Bedeutung der Auslandsmärkte in den vergangenen Jahren nach Möglichkeit in mehreren Ländern gleichzeitig. Umfangreiche Sprachkenntnisse, multikulturelles Gespür und die Freude, sich aktiv mit neuen Mentalitäten und Gepflogenheiten auseinanderzusetzen, sind die herausragenden Charakteristika dieses neuen exportorientierten Managertyps.

Wengleich es in bestimmten Regionen oder in bestimmten Phasen der Marktentwicklung vor Ort noch immer unumgänglich ist, Expatriates einzusetzen, hat sich in den vergangenen Jahren die Einstellung der Unternehmen dazu verändert. Der klassische, oft leicht exotisch anmutende Weltenbummler, dessen Entsendung mit vielerlei Sonderzuwendungen versüßt werden musste, ist in der Folge heute immer seltener anzutreffen – sowohl aus Kostengründen als auch aufgrund des immer besser ausgebildeten und hochmotivierten Potentials an regionalen Managern, die gern für ein deutsches oder europäisches Unternehmen arbeiten wollen. Somit steht für deutsche Manager eher die Steuerung der umfangreichen internationalen Aktivitäten von der Unternehmenszentrale aus im Vordergrund – dies dann natürlich in Verbindung mit einem enorm hohen internationalen Reiseanteil.

Im Gegensatz zu vielen Großkonzernen, die einen mehrjährigen Auslandsaufenthalt – nach Möglichkeit an wechselnden Standorten – schon lange zur Bedingung für eine erfolgreiche Karriere im Stammhaus gemacht haben, sehen viele Mittelständler die Entsendung von Führungskräften nach wie vor mit ganz anderen Augen. Durch die rasant zunehmende Bedeutung des internationalen Geschäfts gibt es hier einen großen Beratungsbedarf für viele dieser Unternehmen/Unternehmer. Dieser betrifft Fragen der Struktur der internationalen Organisation, der Finanzierung der globalen Expansion oder auch der Rekrutierung geeigneter Führungskräfte und Spezialisten, die diesen veränderten Anforderungen gerecht werden.

## 2.  Ingenieure bleiben Mangelware

Der VDMA hat bereits zur Mitte des vergangenen Jahrzehnts in einer Studie unter seinen Mitgliedern vier zentrale Risikofelder für die weitere erfolgreiche Entwicklung der Unternehmen identifiziert: den Fachkräfte- und insbesondere Ingenieurmangel, Gesundheitsrisiken, Qualifikationsdefizite und die Abwanderung von Know-how.

Ein Artikel aus den VDI Nachrichten, der sich auf Zahlen des ZVEI bezieht, belegt zusätzlich die Brisanz des Ingenieurmangels: Dem jährlichen Bedarf der Industrie an rund 14.000 Absolventen der Elektro- und Informationstechnik stehen aktuell nur rund 9.500 Absolventen gegenüber. Daraus hatte der ZVEI bereits für 2010 einen kumulierten Nachfrageüberhang von rund 50.000 Ingenieuren insgesamt hochgerechnet. Der Großteil der bundesweit rund 180.000 in Deutschland tätigen Elektrotechnikingenieure ist heute zudem bereits zwischen 40 und 50 Jahre alt (VDI Nachrichten vom 26.02.2010).

Industrieelektronik (insbesondere Messtechnik und Prozessautomatisierung, Bauelemente, Informations- und Kommunikationstechnik sowie damit verbundene Software und Services) und Maschinenbau sind mittlerweile so stark miteinander verquickt, dass in Deutschland etwa 50 Prozent der industriellen Produktion und etwa 80 Prozent des Exports vom Einsatz elektronischer und elektrotechnischer Systeme abhängen.

Die bereits beschriebene Innovationskraft der Branche und die zunehmende Durchdringung unterschiedlichster Produkte mit Elektro- und Informationstechnik machen diese Branchen zu einem der attraktivsten Arbeitgeber der Zukunft – und dennoch fehlt der Nachwuchs. Da hilft es auch nicht, die Versäumnisse der (Bildungs-)Politik anzuprangern oder die über viele Jahre fehlende Bereitschaft der Industrie, Ausbildungsplätze bereit- oder Absolventen einzustellen. Im Gegenteil: Auch 2009 fielen in vielen Unternehmen zahlreiche Jungingenieure den Anpassungsmaßnahmen zum Opfer. Genau die Hoffnungsträger, in die zuvor noch massiv über interne und externe Ausbildung investiert worden war, fielen durch das Raster der Sozialauswahl. Umso größer ist jetzt der Ärger bei den Personalentscheidern, die im Zuge des raschen Aufschwungs lernen müssen, dass hier ein etwas längerer Atem hilfreich gewesen wäre. Dieses Problem ist nur durch einen langfristigen und nachhaltigen Bewusstseinswandel und nicht durch aktionistische Rekrutierungsoffensiven zu lösen. Auch der beste Personalberater kann nur den Ingenieur finden, der am Markt verfügbar ist.

Durch die zunehmende Komplexität der hergestellten Produkte und Systeme wächst zudem der Anspruch an die Ingenieure, sich von den bisherigen, streng funktionalen Organisationsmustern zu lösen. Im gleichen Tempo, in dem Hard- und Software sich miteinander verzahnen (Stichwort „soft factory"), wächst der Anspruch an die Soft Skills der Ingenieure, die sich künftig nicht mehr ausschließlich über ihr Spezialisten-Know-how profilieren können, sondern nur noch über ihren aktiven Beitrag in interdisziplinären Teams, die ein Gesamtziel verfolgen. Attribute, die zumindest in der klassischen Ingenieurausbildung in dieser Form nicht gefördert wurden, die aber künftig das Image des bisher eher trockenen, rein sachorientierten Berufsbildes in ein neues Licht rücken und somit auch nach einem anderen Typus Mensch verlangen werden. Hinzu kommt die immer internationalere Ausrichtung der Studiengänge, denen auch durch die neuen Abschlüsse als Bachelor oder Master Rechnung getragen wird.

Für die in diesem Umfeld tätigen Personalberater bedeutet diese Entwicklung, dass sie sich nicht länger darauf beschränken können, stumpf Fachwissen abzufragen oder gar aus den vorliegenden Abschlüssen und bisherigen beruflichen Stationen den Rückschluss zu ziehen, dass dieser Kandidat wohl passen müsste. Sie müssen sich in deutlich stärkerem Maße mit den dezidierten Anforderungen ihres Auftraggebers und den Kandidaten auseinandersetzen und ihr Instrumentarium – von der Identifikation der passenden Kandidaten in den richtigen Zielfirmen über die zielgerichtete Ansprache, professionell geführte Interviews bis hin zu Assessment-Centern – an diese ständig steigenden Anforderungen anpassen. Auch eine Auditierung der vorhandenen Potentiale erhält in diesem Kontext zunehmende Bedeutung.

3.   Unsere Gesellschaft wird älter: Folgen des demographischen Wandels

Der demographische Wandel macht weder vor den Unternehmen noch vor den Unternehmern selbst halt. Der Aspekt der Unternehmensnachfolge rückt somit zwangsläufig immer stärker in den Fokus.

Eine Studie von Deutsche Bank Research, die die F.A.Z. bereits in einem 2007 (F.A.Z. vom 03.07.2007) erschienen Artikel zitiert, zeigt, dass weniger als die Hälfte der Familienunternehmen (seinerzeit 44 Prozent) an ein Mitglied der Familie weitergegeben werden. Nur in etwa 20 Prozent der Fälle liegt dies daran, dass der Unternehmer keinen Nachwuchs hat, sondern daran, dass der Nachwuchs schlichtweg andere Ziele verfolgt. Bei einem wachsenden Anteil der Unternehmen übernehmen familienfremde, oft auch komplett externe Führungskräfte das Ruder.

Die Reaktionen der Unternehmen darauf sind unterschiedlich: Sie reichen vom schieren Ausblenden dieses Sachverhalts über anhaltende Ratlosigkeit bis hin zu einer gezielten Personalentwicklungsstrategie für den Fach- und Führungsnachwuchs. Oft erscheint auch nur noch ein immer offensiveres Wildern in den Gefilden der Wettbewerber als letzter Ausweg. Der „War for Talents" hat längst auch den deutschen Mittelstand erfasst und somit in der Folge einen Einfluss auf die Zusammenarbeit mit Personalberatern. Mit Strategie und wohlüberlegter Personalpolitik hat dies nicht immer zu tun. Seriöse und nachhaltige Beratung setzt hier deutlich früher an und sollte alle Bereiche des Unternehmens durchdringen. Dazu müssen aber zwei wesentliche Voraussetzungen erfüllt sein: Der Personalberater muss das notwendige Rüstzeug und Einfühlungsvermögen mitbringen und der Unternehmer die Bereitschaft, „seinen Berater" in einer partnerschaftlichen Zusammenarbeit in diese Prozesse einzubeziehen. Nur so hat er die Chance, in den Genuss einer Unterscheidung zwischen Beratung und Beschaffung zu kommen.

Obwohl viele Gründer und Lenker der Unternehmen immer älter werden, gehört für sie die Frage „Wie geht es weiter, wenn ich nicht mehr bin?" längst noch nicht zum aktiven Sprachgebrauch. Sie haben beim erfolgreichen Aufbau der Firma vieles richtig gemacht, zahlreiche Herausforderungen gemeistert – und verdrängen doch immer wieder eine der wichtigsten Fragen überhaupt. Obwohl eine wohldurchdachte und rechtzeitig eingeleitete Nachfolgeplanung zu den elementaren unternehmerischen Aufgaben gehören sollte, wird die aktive Auseinandersetzung mit diesem Thema so lange verschoben, bis tatsächlich das Unvorhergesehene eintritt und nur mehr reagiert werden kann.

Steuerliche, erbschaftsrechtliche und finanzielle Themen werden in diesem Kontext deutlich eher geregelt als die eigentlich doch mindestens genau so naheliegende Frage, wer einmal das Steuerrad übernehmen soll. In diesem Gesamtkontext gehört ein Personalberater, der sich das Vertrauen des Unternehmers erarbeitet hat, mit an den Tisch, damit dieser gemeinsam mit den sonstigen Vertrauensträgern des Unternehmens – Steuerberater, Anwalt, Banker – eine Lösung erarbeiten kann.

## 4. Steigende Ansprüche bei Unternehmen und bei Kandidaten

Wie jede Krise hat auch die jüngste ihre guten Seiten: Aufgrund der großen Unsicherheit wurde 2009 bekanntermaßen deutlich weniger rekrutiert und davon wiederum nur das notwendigste an Personalberatungen vergeben. Schlecht für die allgemeine Branchenkonjunktur – gut für diejenigen, die auch in Krisenzeiten von ihren Klienten bedacht worden sind.

Diese Suchmandate standen deutlich stärker im Fokus und forderten von Beratern und Personalentscheidern vollen Einsatz ab. In diesem Umfeld bot sich für die beauftragten Personalberater die Chance, sich mit einer Topperformance zu empfehlen und zu zeigen, dass ihnen zu Recht das Vertrauen entgegengebracht worden ist.

Gibt es einfache Suchmandate? Nein, denn sonst würde kein Berater damit beauftragt. Diese in Personalberaterkreisen verbreitete Redensart, die übrigens unabhängig von Krisenzeiten gilt, wird insbesondere dann bemüht, wenn vom Auftraggeber Anforderungsprofile formuliert werden, die zunächst nur schwer mit den Gegebenheiten des Markts in Einklang zu bringen sind. Mit der über Jahre kontinuierlich anhaltenden Aufwärtsbewegung des Markts und dem jähen Einbruch 2009 hat diese Floskel eine neue Dimension bekommen: Mittlerweile ist es mindestens genau so schwierig, den passenden Kandidaten zu finden, zum Wechsel zu motivieren und durch einen anspruchsvollen Auswahlprozess zu begleiten, wie überhaupt dauerhaft attraktive, nach Möglichkeit gut dotierte Suchmandate zu akquirieren.

Die Folgen der Krise machen sich auf Kandidatenseite in unterschiedlicher Weise bemerkbar: Auf der einen Seite sitzt ihnen noch der Schrecken in den Gliedern und bremst auch bei noch so reizvollen Perspektiven oft die Wechselmotivation aus. Auf der anderen Seite zeigt sich ein Phänomen, das scherzhaft auch als „die Zeit der Rache" beschrieben wird: Man hat die während der Krise abverlangten Opfer geduldet und Langmut bewiesen und streckt nun in einem deutlich verbesserten Klima aktiv die Fühler aus. Die Zahl der Initiativkontakte erreicht in der Folge bei allen namhaften Personalberatungen aktuell Rekordhöhen.

Die überraschend schnell wieder angesprungene Konjunktur führt dazu, dass auf der Seite der Unternehmen in deutlich verstärktem

Maße gesucht wird – die Anforderungsprofile bleiben aber sehr spitz formuliert und lassen mit Blick auf die erwünschten Ausbildungsgänge, die bisherigen beruflichen Erfahrungen und das Persönlichkeitsprofil kaum Spielraum.

Daraus ergibt sich eine immer größere werdende Schere zwischen Angebot und Nachfrage. Die Rolle des Personalberaters als Mittler und Sparringspartner wird hierdurch gefestigt und künftig noch mehr an Bedeutung gewinnen, wenn er seine Rolle richtig versteht und für ihn auch trotz der scheinbaren Verlockungen des schnellen Geschäfts der Auf- und Ausbau nachhaltiger Kunden- und Kandidatenbeziehungen oberste Priorität hat.

## VI.  Ausblick

So weit also unser Versuch, ein nach wie vor äußerst erfolgreiches und von besonderen Wesensmerkmalen und Wertevorstellungen gekennzeichnetes Branchensegment zu beschreiben, die wesentlichen dort aktuell zu beobachtenden Entwicklungen zu skizzieren und daraus abzuleiten, welche Rückschlüsse und Anforderungen sich daraus für die Personalberatung ergeben.

Lassen Sie uns zum Abschluss noch einen kurzen Blick auf den aktuellen Stand der Zusammenarbeit zwischen den Unternehmen dieser Branchen und „ihren" Personalberatern werfen. Auf den ersten Blick könnten die Voraussetzungen kaum unterschiedlicher sein – dem traditionsreichen produzierenden Gewerbe, das von dem permanenten Drang nach Innovation und Optimierung getrieben ist und sich selbst zahllose Qualitätsnormen und Industriestandards verliehen hat, steht eine für viele noch immer schwer zu greifende, leicht mystifizierte Dienstleistung gegenüber, die gerade bei eher konservativ ausgerichteten Unternehmern noch immer auf Vorbehalte stoßen kann.

Die Personalberatungsbranche selbst trägt freilich das Ihre dazu bei. Über die unterschiedlichen nationalen und internationalen Standesorganisationen, Verbände und sonstige Gruppierungen sind die etablierten Unternehmen zwar massiv darum bemüht, Imagepflege zu betreiben, Standards, einheitliche Vorgehensmodelle und eine Art Ehrenkodex zu etablieren. Da aber keine wirklichen Zugangsvoraussetzungen oder gar -beschränkungen existieren und es somit immer wieder Quereinsteiger gibt, die hoffen, mit wenig Arbeit einen schnellen Vermittlungserfolg erzielen zu können, ist – zumindest aus der Sicht der etablierten und seriösen Player im Markt – noch immer zu viel Platz für Wildwuchs. Trotzdem oder vielleicht auch gerade deswegen übt dieses Business gerade in prosperierenden Zeiten, wie wir sie seit Anfang 2010 wieder erleben dürfen, auf viele eine fast magische Anziehungskraft aus, wie die aktuellen Branchendaten belegen. Hohe persönliche Freiheitsgrade, ein Berufsbild, das in seiner Unmittelbarkeit kaum zu übertreffen ist, sowie die Chance, mit einem enorm breiten Spektrum unterschiedlichster Unternehmen in Berührung zu kommen und mit den Entscheidern hochsensible Themen zu diskutieren, stellen für viele eine große Herausforderung dar.

Je nach individuellem Blickwinkel schaut man beispielsweise aus den angelsächsischen Märkten, in denen diese Dienstleistung bereits einen völlig anderen Reifegrad und mithin ein ungleich höheres Maß der Durchdringung bei den Personalentscheidern erreicht hat, entweder mitleidig oder belustigt oder mit großer Sorge auf den deutschen Personalberatungsmarkt. Die oft fehlende Bereitschaft auf Seiten der Auftraggeber, sich einmal umfassend mit diesem Markt auseinanderzusetzen und die Spreu vom Weizen zu trennen, führt dazu, dass sich viele Entscheider aufgrund unerfreulicher Erfahrungen mit Schlechtleistern in der Folge weigern, eine qualifizierte und professionelle Dienstleistung in Anspruch zu nehmen und mithin angemessene Honorarhöhen und -strukturen zu akzeptieren (vgl. dazu Dutschei/Maier/Meinshausen, S. 381ff., C. Wegerich, S. 488).

Dabei gibt es auch hier klare Erfolgsvoraussetzungen: fundierte Kenntnisse der relevanten Branchenumfelder, belastbare Netzwerke, Zugang zu den relevanten Informationskanälen, professionelle und systematische Such- und Auswahlprozesse und die Bereitschaft zum intensiven Austausch mit Auftraggeber und Kandidaten. Kurz: Nur durch nachweisliche Kompetenz gelingt es, sich dauerhaft vom Wettbewerb abzuheben und durch gute Besetzungen eine langfristige Kundenbeziehung aufzubauen (vgl. dazu C. Wegerich, S. 425ff., Füchtner/T. Wegerich, S. 542ff., Reise, S. 259ff. und Tarhan, S. 67ff.).

Wenn Personalentscheidungen auf der Führungsebene zu treffen sind, müssen die damit verbundenen Prozesse den Respekt und die Sensibilität für alle Beteiligten sowie eine besondere Wertschätzung für deren Bedeutung für die weitere erfolgreiche Entwicklung des Unternehmens widerspiegeln.

Ein pauschales Erfolgsversprechen kann es in diesem Geschäft nicht geben – am Ende des Tages lassen Menschen sich nicht durchleuchten, standardisieren und kategorisieren wie Industrieprodukte oder Maschinen.

Es gibt aber sehr wohl den Anspruch, über ein gründliches, systematisches und gleichermaßen diskretes wie seriöses Vorgehen über den gesamten Such- und Auswahlprozess hinweg alles dafür zu tun, dass sowohl das suchende Unternehmen als auch der Kandidat letztlich wissen, worauf sie sich einlassen. Ein guter und professioneller Personalberater, der seinen langfristigen Erfolg im Auge hat, ist für beide Seiten ein verlässlicher Partner.

# Automotive – Aus der Krise lernen heißt (wieder) Siegen lernen

Michael Barz, Bad Homburg

## I.   Die Branche im Überblick

Allen negativen Prognosen zum Trotz wurde die globale Wirtschaftskrise schneller bewältigt, als es zunächst vorstellbar war. Sowohl die Talsohle war schmaler als auch vor allem die Erholungskurve steiler (siehe dazu auch Hübner, S. 152ff.). An diesem im Nachhinein beurteilt „glücklichen" Verlauf ist eine Branche maßgeblich beteiligt, die wie kaum eine andere mit Emotionen belegt ist. Nicht nur deshalb ist die Automotive-Branche in den meisten Ländern der Welt ein herausragender wirtschaftlicher Innovationsmotor. Sie ist in Europa eine der forschungsintensivsten Branchen und technologisch noch weltweit führend. Gleichzeitig ist die Bedeutung für die Volkswirtschaften der Industrienationen gewaltig. Asien, hier vor allem China, aber auch ehemalige Drittländer wie Brasilien drängen mit ungeheurem Tempo auf den Weltmarkt. Für Deutschland gilt nach Erhebungen des Automobilclubs von Deutschland (AvD): Unter Einbeziehung direkter und indirekter Arbeitsplätze, etwa im Straßenbau oder in Dienstleistungsbranchen, die dem Automotive-Bereich zuarbeiten, ist in Deutschland jeder siebte Beschäftigte mittelbar oder unmittelbar vom Automobil abhängig ist.

Die Automotive-Branche lässt sich in folgende Segmente untergliedern:

- Automobilhersteller (OEM = Original Equipment Manufacturer)
- Automobilzulieferer (je nach Zulieferebene von Tier 1 bis Tier 3)
- Engineeringfirmen
- Automobilvertrieb (Marketing, Fahrzeughandel)
- Aftersales (Handel mit Zubehör, Ersatzteilen, Reparaturwerkstätten etc.)
- Dienstleistungen rund um das Automobil

Im Sektor „Fahrzeuge" unterscheidet man in „Personenkraftwagen" und „Nutzfahrzeuge" (inklusive Lastkraftwagen, Sonderfahrzeuge und schwere Baumaschinen), die sowohl in den Strukturen als auch in den Prozessen und vor allem hinsichtlich der handelnden Personen unterschiedlicher sind, als man auf den ersten Blick vermuten mag.

Die Zulieferprodukte untergliedern sich in „Interiors" (verbaute funktions- oder innenraumrelevante Teile) und „Exteriors" (Chassis und designrelevante Teile im sichtbaren Außenbereich der Fahrzeuge). Weiter gliedert man die Interiors neben der Innenraumausstattung noch in „Powertrain" (Antriebsmodule) und „Electric/Infotainment". Die weiteren Clusterungen sind nahezu unendlich detaillierbar und führen zu einer großen Anzahl von Spezialfeldern.

Sowohl der Automobilhandel als auch das Segment „Aftersales" beziehungsweise der Teilehandel sind völlig selbständige Geschäftsfelder. Hier steht der Endkunde im Fokus. Marketing- und Salesthemen stehen eindeutig im Vordergrund. Händlernetzentwicklung, Filialisierung ehemals selbständiger Handelspartner, Zentralisierung auf europäischer Ebene sowie der wegen des wesentlich häufigeren Modellwechsels an Bedeutung zunehmende Bereich des Gebrauchtwagenhandels sind hier aktuelle Stichworte. Um die Markenbindung der Endkunden zu festigen, wird die Betreuung nach dem Kauf immer wichtiger. Service, Ersatzteilgeschäft sowie allgemeine Kundennachbetreuung und -information sind bei zunehmender Modellvielfalt aller Hersteller sowie der kürzeren Modellzyklen existentiell für die Unternehmen.

## II.    Die Automobilbranche vor, während und nach der Krise

### 1.    Die Automobilbranche im Rückspiegel: Rekordwerte vor der Krise

Welche immensen Produktions- und Verkaufszahlen mit welchen Zuwachsraten vor der Krise Ende 2008 erreicht wurden, zeigen folgende Werte: Der Pkw-Absatz in Europa lag im Juli 2007 mit annähernd 1,4 Millionen Fahrzeugen 7 Prozent über dem Vorjahresniveau, wobei der Absatz sowohl in Westeuropa mit 6 Prozent als auch mit einer noch größeren Dynamik in den neuen EU-Ländern mit einem Plus von 19 Prozent zu Buche schlug. Hier verteidigten seit Jahren die deutschen Hersteller erfolgreich ihre Führungsposition. In Westeuropa erreichten sie mit einem Marktanteil von nahezu 47 Prozent ein ebenso hohes Niveau wie in den neuen EU-Ländern mit rund 45 Prozent. Auch das Nutzfahrzeuggeschäft erreichte im Jahr 2007 Produktionsrekorde. Mit einem Wachstum von 24 Prozent zum Vorjahr wurden allein von den deutschen Herstellern bis zur Jahresmitte 2007 bereits 41.600 Nutzfahrzeuge produziert. Dabei nahm sowohl die Produktion von Transportern als auch von schweren Nutzfahrzeugen deutlich zu.

Die deutschen Hersteller arbeiteten damit an ihrer Kapazitätsgrenze. Auch der Export von Pkw und von Nutzfahrzeugen blieb auf Rekordkurs. Sowohl der Auslandsumsatz bei Pkw (+ 4 Prozent) als auch der Export von Nutzfahrzeugen (+ 18 Prozent) bewies, dass sich europäische Qualität weltweit behaupten konnte.

Diese Produktions- und Absatzzahlen wurden bisher nicht wieder erreicht. Allerdings ist laut dem Verband der Automobilindustrie (VDA) davon auszugehen, dass bei vorhersehbar gesundenden Märkten selbst die Rekordzahlen aus dem Jahr 2007 bereits in den nächsten 24 Monaten übertroffen werden.

Dabei war bei näherer Betrachtung nicht nur die Produktion nachfragebedingt beschleunigt. Vielmehr hatten sich auch die sogenannten Produktlebenszyklen in den vergangenen zehn Jahren halbiert. Der Umsatzanteil, der mit Marktneuheiten erzielt wurde, lag mittlerweile bei 16 Prozent, so viel wie in keiner anderen Branche der produzierenden Gewerbe. Im Mittelpunkt von Forschung und Entwicklung standen nicht nur neue Produkte und Komponenten, sondernvöllig neue Fahrzeug- und Antriebsphilosophien.

Auf sogenannten Platforms, das sind im Wesentlichen identische Fahrwerks- und (wählbare) Antriebskonzepte, wurden bis zu neun verschiedene Fahrzeugtypen aufgebaut, um die vermeintlich steigende Nachfrage nach immer differenzierteren Modellen für jeden Geschmack und alle Zielgruppen befriedigen zu können. Dies geschah sogar herstellerübergreifend in weltweiten Kooperationen und vervielfachte einerseits die benötigte Engineeringleistung, andererseits aber auch die Komplexität der Fertigung sowie letztlich die zur Bedürfnisweckung erforderlichen Marketing- und Salesleistungen.

2.    Die Branche während der Wirtschaftskrise

Die globale Wirtschaftskrise der Jahre 2008/2009 erfasste die Automobilbranche wie eine Schockwelle. Die Ursache für die Krise dieser Branche liegt in einer sehr abrupten weltweiten „Nachfragevollbremsung" nach Automobilen, die bei nahezu allen Herstellern eine schrittweise Verlangsamung der Bänder auslöste, was schließlich bis zum Stillstand ganzer Produktionslinien führte. Durch die extreme Verzahnung der Teilnehmer dieser Branche hatte dies unmittelbare Auswirkungen auf Tausende von Zulieferbetrieben. Eine ganze Branche stand vor dem Abgrund. Man diskutierte über Kurzarbeit, Stellenabbau und weitere Produktionsstopps und führte diese Maßnahmen auch durch. Im deutschen Markt hielt allein die „Abwrackprämie" einen kleinen Teil der Produktion – im Wesentlichen Kleinwagen betreffend – aufrecht.

Durch die wie schon beschrieben enge Verzahnung der gesamten Branche untereinander und die oft vollständige Abhängigkeit der Zulieferer von den Automobilherstellern multiplizierte sich diese Absatzkrise rasant. Durch die logistischen Verfahren wie JIT (just in time) oder JIS (just in sequence) und die dadurch fehlenden Zwischen- oder Pufferläger für Teile, vorgefertigte Modulgruppen und ganze Segmente wurde die weitgehend mittelständisch und dezentral strukturierte Branche sehr schnell in akute Handlungsnot gebracht. Allein in Deutschland gab es im Jahr 2009 unter den Zulieferern 73 Insolvenzen. Weltweit mussten Hunderte von Zulieferern einzelne Werke schließen oder den Geschäftsbetrieb ganz einstellen, da die Banken in den meisten Fällen längst keine Kreditlinien mehr verlängerten und dadurch sehr schnell Liquiditätsengpässe entstanden.

Weltweit verringerte sich die Fahrzeugproduktion innerhalb eines Jahres um rund 30 Prozent. Die Umsätze der Zulieferer sanken zwischen 30 Prozent und 40 Prozent. Einst attraktive Nischensegmente wie Nutzfahrzeuge, Bau- und Landfahrzeuge, Sondermaschinen, Flur- und Förderfahrzeughersteller hatten Rückgänge bis zu 80 Prozent zu verzeichnen.

Der Absturz kam schnell: Hatten die Saleszahlen der Hersteller im September 2008 noch ein Plus von 10 Prozent zum Vorjahr ausgewiesen, war es im Dezember des gleichen Jahres bereits ein Minus von 25 Prozent und im Februar des darauffolgenden Jahres 2009 ein Minus von 47 Prozent. Im Rest des Jahres 2009 pendelte sich das Minus um die 30 Prozent zum Vorjahr ein.

Die Verkäufe von mittel- bis hochklassigen Fahrzeugen (Upper Class) sowie SUVs (Sport Utility Vehicles), aber auch von Nutzfahrzeugen brachen fast völlig zusammen, während Kleinst- und Kleinwagen auf niedrigem Niveau weiterverkauft werden konnten. Obwohl das letzte Quartal des Jahres 2008 schon betroffen war, gingen die Verkaufszahlen im Jahr 2009 noch einmal drastisch zurück. In den USA lagen die Absatzzahlen im Schnitt bei minus 40 Prozent, die europäischen Premiumsegmente bei minus 30 Prozent, die europäischen Volumenmodelle bei minus 15 Prozent, die japanischen Märkte bei minus 30 Prozent. Einzig die südkoreanischen Märkte legten leicht zu oder erlitten zumindest keine Verluste. Die Produktionszahlen folgten ganz eng den Saleszahlen und gingen in fast identischem Maß ohne nennenswerte Zeitverzögerungen ebenfalls zurück.

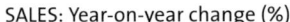

## Key financials of European automotive suppliers[1]

SALES: Year-on-year change (%)

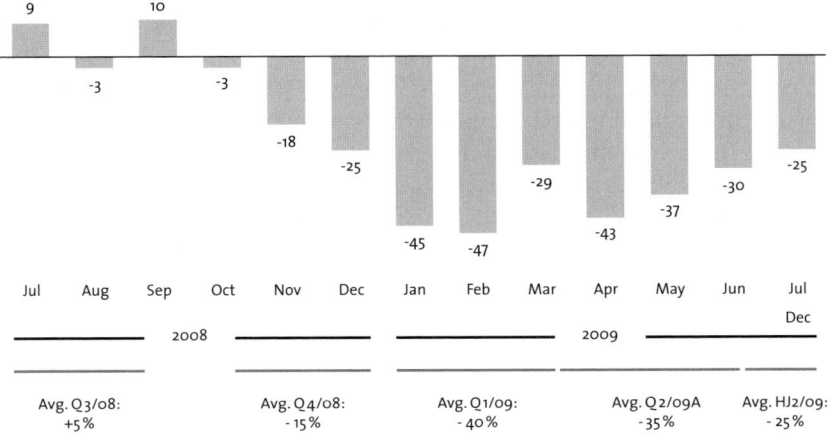

| | | | | | | | | | | | | | | |
|---|---|---|---|---|---|---|---|---|---|---|---|---|---|---|
| 9 | | 10 | | | | | | | | | | | | |
| | -3 | | -3 | | | | | | | | | | | |
| | | | | -18 | -25 | | | -29 | | | | -30 | | -25 |
| | | | | | | -45 | -47 | | -43 | -37 | | | | |

Jul  Aug  Sep  Oct  Nov  Dec  Jan  Feb  Mar  Apr  May  Jun  Jul  Dec

———————— 2008 ————————    ———————— 2009 ————————

| Avg. Q3/08: +5% | Avg. Q4/08: -15% | Avg. Q1/09: -40% | Avg. Q2/09A -35% | Avg. HJ2/09: -25% |
|---|---|---|---|---|

[1] Data basis: 30 automotive suppliers, Source: Roland Berger

*Abbildung 1: Salesveränderungen bei Automobilzulieferern (Quelle: Berger/Rothschild, Automotive supplier study 2009)*

Bei den Commercial Vehicles, also den Nutzfahrzeugen und Trucks, sah das Bild fast überall gleich verheerend aus: Der Rückgang lag allein im Jahr 2009 in den USA, in Europa und Japan bei jeweils 50 Prozent (Berger/Rothschild, Automotive supplier study 2009, S. 18).

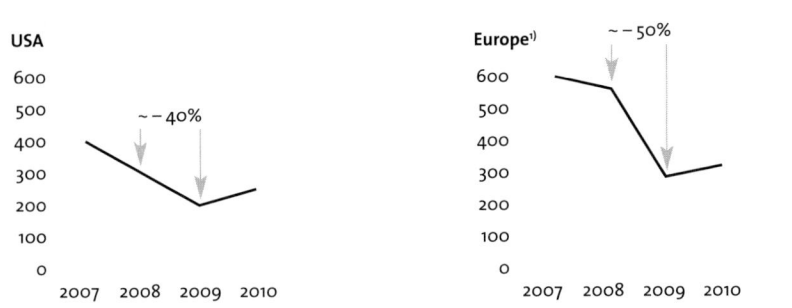

[1] Western and Eastern Europe, Source: J.D. Power, Roland Berger/Rothschild analysis

*Abbildung 2: Umsatz und Absatz von Light Vehicles und Commercials/Trucks*

174

Die Gewinne der Zulieferer nahmen zunächst wegen der sehr steilen Absturzkurve ungefähr den gleichen Verlauf und erreichten im Januar und Februar 2009 ihr „all-time low". Hier war ein Minus von 16 Prozent zu verzeichnen. Danach griffen die ersten Maßnahmen, und man pendelte sich für den Rest des Jahres kumuliert bei etwa minus 5 bis minus 8 Prozent ein. Dies aber mit einer mittlerweile wesentlich geringeren Grundgesamtheit, da – wie schon erwähnt – viele Zulieferer bereits den Geschäftsbetrieb eingestellt hatten. Diese Zahlen gelten für Europa, Japan, Südkorea und die NAFTA (North American Free Trade Association), während China und der Rest Asiens etwas besser abschnitten und das Jahr 2008 noch bei 5 Prozent Gewinnmarge, das Jahr 2009 bei ungefähr 2 Prozent Marge abschlossen (Berger/Rothschild, Automotive supplier study 2009, S. 24).

**Profitability will be further shrinking in all regions while Europe is expected to stay the most profitable triad market**

EBIT margin of automotive suppliers by region 2007 – 2009e (%)

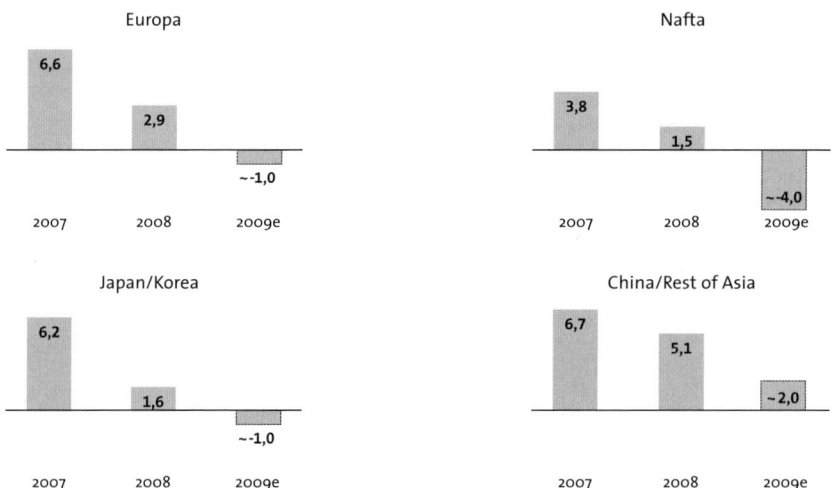

Basis: Revenue-weighted average of performance-rated suppliers; 2009e estimates based on
FactSet/Reuter's broker consensus of ~ 200 automotive suppliers
Source: Roland Berger/Rothschild, global automotive supplier database 2009

*Abbildung 3: Gewinn und Umsatz von Automobilzulieferern pro Region*

Wenn man diese Zahlen mit den bisherigen Schwankungen der vergangenen Jahrzehnte vergleicht, in denen man Veränderungen der Marktanteile, der Umsätze, aber auch der Gewinnspannen über das

Jahr gesehen nur in Bruchteilen von Prozenten messen konnte und musste, war dies in der Tat ein dramatischer Absturz. Und zwar nicht nur mit betriebswirtschaftlichen, sondern für Europa und die USA auch mit weit reichenden volkswirtschaftlichen Auswirkungen.

Zusammengefasst begann Ende 2008 die größte Krise, die die Automobilindustrie seit ihrem Bestehen zu bewältigen hatte. Allein in Deutschland befanden sich ungefähr 500 weitere Zulieferer in unmittelbarer Existenznot (Berger/Rothschild, Automotive supplier study 2009). Hier ging es nicht länger um Gewinne, sondern nur noch um das „nackte Überleben" der Unternehmen. Die Krise wurde sehr schnell als Katalysator für eine Konsolidierung der Branche verstanden. In der Tat sind in der Folge neue strategische Optionen des Gesamtmarkts und vor allem für ein Netz stabiler und gut aufgestellter Zulieferer entstanden.

## 3. Nach der Krise ist vor der (nächsten) Krise

Die Zeit nach der Krise kann durch folgende Kernpunkte beschrieben werden:

- eine ausgedünnte Zuliefererlandschaft

- eine noch stärkere gegenseitige Abhängigkeit zwischen Herstellern und Zulieferern

- sehr schlanke Strukturen innerhalb der Unternehmungen (Lean Management)

- intensivere und umfassendere Controllingmodelle wie ein erweitertes Risk-Management, detaillierte Profitabilitätsstudien und ständige Liquiditätsprogramme

- gestiegene Profitabilität

- Lieferengpässe innerhalb der Branche

- ein weiter steigender Anteil asiatischer Produktions- und Nachfragekraft

Innerhalb der Unternehmen hatte man sehr schnell nicht nur ganze Produktionseinheiten, Lager- und Salesorganisationen zusammengestrichen beziehungsweise stillgelegt, sondern auch innerhalb der

Stabsorganisationen und bei den Spezialisten Personal abgebaut und damit massiv Personalkosten verringert. Dies ging aufgrund komplexerer und arbeitnehmerfreundlicherer rechtlicher Vertragsstrukturen in Europa etwas langsamer als in den USA.

Ausgehend von Prioritätslisten, die sehr unterschiedlich ausfielen, wurden in Einkaufsabteilungen, bei Quality-Strukturen, aber auch bei Konstruktionseinheiten bis hin zu Salesmannschaften teilweise ganze Kompetenzebenen eingespart. Dies hatte und hat mittlerweile zur Folge, dass bei (wieder) stark anziehendem Geschäft genau diese – vorher nicht sinnlos installierten Strukturen und Menschen – schmerzlich fehlen. Produktionsanläufe sowie Marketingpläne der Hersteller sind dadurch gefährdet, dass eine nicht unerhebliche Anzahl von Zulieferern nicht schnell genug Qualität und Quantität der vereinbarten Produkte liefern kann, was zu teilweise katastrophalen Lieferrückständen gegenüber kontinuierlich ansteigenden Nachfragezahlen führt.

Die Branche hat aus der Krise gelernt und plant vorsichtiger und selektiver, wenn es um Neuinvestitionen in Produktionsstätten, Anlagen oder menschliche Arbeitskraft geht. Derzeit ist zu beobachten, dass

- die Arbeitsbelastung eines jeden Einzelnen drastisch gestiegen ist,

- die Effektivität von Produktions-, Entwicklungs- und logistischen Anlagen ausgereizt ist und

- die Fehlerrate der gelieferten Teile sprunghaft zunimmt, was sich auch in den immer häufiger durch die Presse gehenden Rückrufaktionen der Automobilhersteller äußert.

Aber auch die Profitabilität ist – vor allem bei mittelständischen Organisationen – stark gestiegen, was in den heutigen und zukünftigen Verhandlungsrunden zwischen Herstellern und Zulieferern zu einem neuen Gleichgewicht führen dürfte. Die Herstellerseite hat dies erkannt und versucht, nicht mehr auf ein Verhandlungsgleichgewicht zu kommen, das die Zulieferer allzu schwach und krisenanfällig macht. Unabhängig davon will sie jedoch von der gestiegenen Profitabilität im Zuliefersektor profitieren.

Fertigungsprozesse werden ständig optimiert, um die hieraus resultierenden Produkte schneller auf den Markt bringen zu können, Kosten zu sparen und die Qualität zu steigern. Aktuelle Forschungsfelder sind neben den Themen im Zusammenhang mit der Elektromobilität das Umweltmanagement, das integrierte Verkehrsmanagement und die immer komplexer werdende Kombination von aktiven und passiven Sicherheitssystemen.

Insgesamt sind mittlerweile bundesweit wieder mehr als 700.000 Menschen in der Automobilindustrie beschäftigt. Da sich die Komplexität der Fahrzeuge in den vergangenen Jahren spürbar erhöht hat, steigt auch der Bedarf an einer sehr effektiven Koordination des Produktionsprozesses kontinuierlich an. Große Modellvielfalt, neue technische Komponenten, strenge Umweltschutzrichtlinien und die sehr individuellen Ausstattungsvarianten sind die Hauptursachen hierfür.

Die Automotive-Branche steht daher unter einem Kosten-, Innovations- und Produktivitätsdruck, der zu fortdauernden Qualifizierungs- und Rationalisierungsmaßnahmen führt. Die Gilde der Hersteller wird von wenigen Großunternehmen beherrscht, die global agieren. Die vier größten Automobilhersteller – 2010 waren es Toyota, General Motors, Nissan/Renault und VW – produzieren heute weltweit rund die Hälfte aller verkauften Automobile. Dies führt auch bei den sehr vielen Zulieferbetrieben zu weit gehenden Konzentrationsprozessen. Allgemein sind die Anforderungen an ein Zuliefernetzwerk sehr hoch. Gewöhnen müssen sich die etablierten Hersteller an neue Namen wie Shanghai, FAW, Dongfeng Changan, Beijing und Guangzhou, wie die volumenmäßig sechs führenden chinesischen OEM heißen.

## III. Kontinuierliche Verbesserung in allen Bereichen ist gefragt

Die sogenannte Fertigungstiefe, man spricht hier von dem Anteil der Produktion, den die Automobilhersteller noch eigenständig entwickeln und fertigen, hat in den vergangenen Jahrzehnten ständig abgenommen. Die Fertigungstiefe liegt laut Aussage des Verbands der Automobilindustrie (VDA) momentan bei etwa 35 Prozent und wird sich in den nächsten fünf bis zehn Jahren auf unter 25 Prozent reduzieren. Um eigene Entwicklungskosten und Risiken zu minimieren, werden Entwicklungs- und Fertigungsaufgaben zunehmend an Zulieferer weitergegeben. Dies betrifft nicht mehr nur Massenprodukte, sondern vielfach auch sehr teure Luxusfahrzeuge. Geliefert werden zunehmend vollständig vorgefertigte, komplexe Module, die ohne vorherige Stückkontrolle durch den Hersteller direkt verbaut werden. Auch insofern sind aus „Teilelieferanten" echte „Wertschöpfungspartner" geworden, die nicht mehr ohne weiteres innerhalb eines Modellzyklus ausgetauscht werden können. Parallel dazu haben sowohl Automobilhersteller als auch Zulieferpartner ihre Produktionen, aber auch mittlerweile Forschung und Entwicklung ins Ausland verlagert und weit reichende internationale Netzwerke aufgebaut.

Die wesentlichen Gründe für die Entwicklung sind weitere Kosteneinsparungen über die niedrigeren Personal- und Produktionskosten und die leichtere Bedienung neuer Märkte, die oft mit sogenannten Local-Content-Auflagen belegt werden (ein bestimmter Prozentanteil von zwingend im Absatzland hergestellten Teilen). Dadurch werden sowohl von den Zulieferunternehmen als auch von den Herstellern Standorte vor allem in Asien und Osteuropa entwickelt. Aufgrund der relativ niedrigen Transportkosten können die dort produzierten Komponenten in aller Regel zu vertretbaren Konditionen an die weltweiten Produktionsstandorte geliefert werden. Allerdings stellt der hierdurch entstandene Innovations- und Investitionsdruck vor allem kleine mittelständische Unternehmen, die sich sehr stark spezialisiert haben und dadurch von den Herstellern in höchstem Maße abhängig sind, weiterhin vor Finanzierungsprobleme.

## 1. Märkte, Produkt und Mensch im raschen Wandel

Nach der verheerenden Krise und umfangreichen strukturellen Änderungen der Zulieferbranche und der Automobilhersteller zeigt sich heute – gerade einmal zwei Jahre nach dem Beginn des Desasters – ein völlig neues Bild. Nicht nur die eng verzahnte Zulieferbranche an sich hat sich verändert, auch die Abnahmemärkte sind andere als vorher.

Derzeit treiben China und Brasilien mit einigen anderen Ländern in Asien das weltweite Automobilgeschäft. Dies hat weit reichende Auswirkungen auf logistische Prozesse, Produktionsstandorte, strategische Entscheidungen und nicht zuletzt auf die Produktportfolios.

Parallel dazu nähern wir uns rasant einer neuen Ära der Mobilität, nämlich der Elektromobilität mit einigen momentan intensiv diskutierten Zwischenstufen. Die Geschwindigkeit dieser Veränderungen kann man schon fast als revolutionär bezeichnen. Die bisherige evolutionäre Entwicklung der Fahrzeuge scheint an ihre eigenen Grenzen zu stoßen. Dass in diesem sich rasch veränderten Szenario der Faktor Mensch ebenfalls vor gänzlich andere Herausforderungen gestellt wird, ist nur eine logische Folge.

Daraus folgt in der Praxis: Von Führungskräften wie Dienstleistern wird hohe Flexibilität und teilweise rasches Umdenken verlangt. Personalberater sind mit ihrer sehr aktuellen Marktübersicht ein wichtiger Mittler im ständigen Veränderungsprozess von Positionsprofilen und typologischen Zielfeldern gesuchter Kandidaten.

## 2.  Elektromobilität und Einfluss auf Strukturen und Gefüge

Bei der Elektromobilität darf man indes nicht nur einen bloßen Wechsel des Fahrzeugantriebs unterstellen. Gerade diese Entwicklung ist mit weit reichendem verändertem Nutzerverhalten und damit völlig neuen Geschäftsmodellen, neuen Playern und den dazugehörigen Märkten verbunden.

Die Wertschöpfungskette der Elektromobilität lässt sich in drei Bereiche unterteilen:

1. Stromspeicher, Zell- und Batterieentwicklung beziehungsweise -herstellung

2. die dazugehörige Leistungs- und Regelelektronik

3. die Integration des elektrischen Antriebskomplexes in vorhandene Fahrzeugmodelle

Im Übergang werden heute sogenannte Hybriden angeboten, die den Verbrennungsmotor mit dem Elektroantrieb koppeln. Die Zukunft wird zeigen, inwieweit eine Übergangsphase bleibt und wie schnell auf reine Elektromobilität umgestellt werden kann.

Asien ist derzeit noch deutlich führend im Bereich der Hybridfahrzeuge, ausgehend von einem Forschungs- und Entwicklungsvorsprung im Bereich der Batterien und Speicherzellen. Auch bei der Leistungselektronik haben asiatische Unternehmen aufgrund der längeren Vorlaufzeit und der guten Erfahrungen mit Hybridfahrzeugen einen deutlichen Forschungs- und Entwicklungsvorsprung. Um trotz des existierenden Entwicklungsdrucks und der engen Marktlage hier Expertenwissen aufzubauen, müssen nicht asiatische Unternehmen entweder Kooperationen eingehen oder Fachkräfte schnell selbst ausbilden. Gerade hier aber werden derzeit verwandte Branchen gescannt und Spezialisten aus Unternehmen, die in den Bereichen elektrischer Antriebe und Leistungselektronik Erfahrung haben, nach fähigen Managern durchsucht.

## IV. Globales Supply-Chain-Management ist wichtiger denn je

Die Branche entwickelt sich wieder rasant, und schon heute ist – wie bereits beschrieben – eine drastische Verschiebung der Weltmarkt-anteile hin zu chinesischen und anderen asiatischen Unternehmen festzustellen. In diesen Regionen wird mittelfristig nicht nur das größte Nachfragepotential entstehen, sondern hier werden auch die automobilen Massenprodukte der nächsten Jahrzehnte produziert werden.

Die Chance für hochspezialisierte, technisch ausgereifte westeuro-päische Unternehmen liegt zweifellos weiterhin in der Fokussierung auf hochwertige Premium- und Nischenprodukte sowie dem Ausnut-zen der exzellenten Engineeringerfahrung. Eine entscheidende Anforderung wird eine Verkürzung der Vorentwicklungszeiten bis zur Marktreife sein. Daher werden sowohl von Herstellern als auch von Zulieferern zunehmend Flexibilität und immer kürzere Reakti-onszeiten auf notwendige Produktionsänderungen erwartet.

Die Anforderungen an das Supply-Chain-Management – die Koordi-nation aller notwendigen Entwicklungs-, Produktions- und Dienst-leistungssysteme – werden bei durchschnittlich 35.000 Positionen pro Fahrzeug enorm ansteigen. Seit Jahren wird durch die sehr fle-xiblen Modellvariationen nicht mehr „auf Lager" produziert, son-dern entweder „just in time" (zum exakt richtigen Zeitpunkt am Band), „just in sequence" (in der richtigen Reihenfolge ans Band) oder für das Zwischenlager des Produzenten. Diese Form des verlän-gerten Werkbankprinzips setzt hervorragende Onlineverbindungen zwischen Zulieferer und Hersteller sowie eine funktionierende Logis-tik voraus. Um den Materialfluss fehlerfrei zu bewerkstelligen, wer-den mittlerweile sehr ausgeklügelte Systeme mit Logistikdienstleis-tern betrieben, die teilweise wiederum weite Teile der Wertschöpfung, wie die Vormontage, Kommissionierung und auch den Transport übernehmen. Die vor einiger Zeit noch so wichtige räumliche Nähe bedeutender Zulieferer zum Produktionsstandort des Herstellers verliert somit an Bedeutung.

# V. Die Praxissicht des Personalberaters: Strukturen und Profile ändern sich

## 1. Geschlossene Gesellschaft?

Längst ist diese Branche eine vom jeweils anderen Marktteilnehmer sehr abhängige Interessengemeinschaft geworden, die man durchaus als „geschlossene Gesellschaft" bezeichnen könnte. Sowohl sehr spezifisches Wissen über die Prozesse und Terminologien als auch sich daraus entwickelnde Typologien unter den Managern sind teilweise endemisch. Daher ist eine gewisse Beharrlichkeit festzustellen, nur innerhalb dieser Branche den Arbeitgeber zu wechseln. Erfahrungsgemäß ist der Austritt versierter Führungskräfte aus der schnellen, anforderungsintensiven und in ihren Prozessen führenden Automobilbranche einfacher und damit häufiger als der Eintritt von branchenfremden Managern.

Manager, die über Jahre hinweg einen Track-Record in dieser „harten Branche" verzeichnen können, sind auch für verwandte Produktionszweige wie Anlagenbau oder Investitionsgüterbau interessante Persönlichkeiten. Führungskräfte aus der Automotive-Branche sind generell gefragt. Das Wissen um die Funktionsweise dreidimensionaler Matrixsysteme sowie die gelebte Internationalität sind ebenso attraktiv wie Projekterfahrungen komplexester Art und eine verbreitete Six-Sigma-Mentalität, von der andere Wirtschaftszweige noch weit entfernt sind. Gemeint sind qualitätsorientierte Denk- und Strukturmodelle, die einzig dem Ziel dienen, höchstmögliche fehlerfreie Resultate zu erzeugen. Das sind extrem ausgeklügelte, bis auf die Ebene eines jeden Arbeitsplatzes reichende Struktur-, Verhaltens- und Denkmodelle. Dementsprechend bewegen sich die ebenenspezifischen Einkommen dieser Branche auch auf sehr hohem Niveau.

## 2. In Neuauflage: der „War for Talents"

Noch stärker als bisher steht damit der exzellent ausgebildete Ingenieur oder Wirtschaftsingenieur, der in einem internationalen Umfeld Führungserfahrung sammeln konnte, im Fokus. Prozess- und Projekterfahrungen werden vorausgesetzt; weltweite Mobilität ist schon fast selbstverständlich. Neben den absolut notwendigen Englischkenntnissen nimmt die Bedeutung der französischen Sprache aufgrund der in den vergangenen Jahren stark wachsenden Entwicklungs- und Verkaufserfolge der französischen Hersteller und Kooperationen deutlich zu.

Der „War for Talents" ist schärfer – das heißt nicht zuletzt auch: präziser – geworden. Persönlichkeit, Wertevorstellungen, aber auch detaillierte, spezifische Erfahrungen in genau definierten Unternehmensbereichen und auch gewissen Unternehmen werden stärker als bisher hinterfragt. Das Gehaltsniveau solcher Manager mit mindestens fünf Jahren Berufserfahrung und erster Führungserfahrung ist leicht angestiegen. Unternehmen versuchen mit stärkerer Erfolgsabhängigkeit und großzügigen Bonifizierungen, leistungsorientierte und ergebnissichere Talente zu gewinnen. Wo immer möglich, existieren mittlerweile – anders als noch vor einigen Jahren – weitaus mehr Modelle, verdiente Mitarbeiter über Shares und Aktienanteile am Unternehmenserfolg langfristig zu beteiligen.

### 3.  Soft Skills sind Hard Facts

Bei aller Spezialisierung und Fachkenntnis gilt aber mehr denn je: Kommunikative und soziale Fähigkeiten haben in ihrer Bedeutung stark zugenommen. Universitäre Spitzenkräfte, die – früh in Auswahlzirkeln gefördert und befördert – aus einer Art Elfenbeinturm zu schnell in die strategische Ebene gelangt sind, haben zunehmend Schwierigkeiten. Es ist deutlich festzustellen, dass vermehrt nicht nur nach dem Titel und der letzten Position gefragt wird, sondern dezidiert nach dem, was von dem jeweiligen Kandidaten wirklich bewegt und messbar erreicht worden ist. Pragmatische und valide Ergebnisse werden genauso hinterfragt wie die Fähigkeit, mit unterschiedlichen Nationalitäten, Ansichten und Mitarbeiterebenen gleichermaßen effektiv und sozialverträglich umgehen zu können. Soft Skills sind im Kommen.

Nach Jahren strikt angewandten Lean Managements wird heute in der Praxis sehr genau darauf geachtet, dass Unternehmen die passenden Mitarbeiter für diese gestiegenen Anforderungen gewinnen können. Passend auch in dem Sinne, dass sich der neue Manager menschlich und in seinem Werteverständnis bestens in die Position, aber auch in das Unternehmen insgesamt einfügt. Der sogenannte Cultural Fit ist wichtiger denn je. Erfahrungen im Changemanagement, in der Aufbauarbeit, teilweise in der Zusammenarbeit mit den Betriebsräten, aber auch in der originären Akquisitionsarbeit sind gefragte Attribute.

Der berufliche Wechsel vom Zulieferer zum Hersteller ist heute ebenso wenig problematisch wie der umgekehrte Karriereweg – man schätzt die jeweils unterschiedlichen perspektivischen Erfahrungen. Häufiger ist jedoch der Wechsel von einem OEM zum Zulieferer. Aufgrund der sehr starken Spezialisierung ist ein Wechsel zwischen den Sparten erst weit oberhalb der operativen Ebenen möglich. Ein Beispiel mag dies belegen: Ein Kfz-Elektronikspezialist für die Kommunikationsarchitektur wird nicht ohne weiteres bei den Antriebsstrang- oder Motorspezialisten eine neue Position übernehmen können – umgekehrt gilt das ebenso.

## 4.  Neue Konzepte verlangen Spezialisten

Mittelfristig wird die Zahl der für den Automobilbau relevanten Felder weiter zunehmen, da die Anforderungen an das Automobil der Zukunft extrem steigen. Folgende Faktoren spielen eine entscheidende Rolle:

• Verbrauch, Schadstoffreduzierung, Umweltbilanz

• Flexibilität bei den Antriebskonzepten (Verbrennungsmotoren, Hybridkonzepte, Wasserstoffmotoren, Elektroantriebe)

• Sicherheit (Fahrerassistenzsysteme, Insassenschutz, elektronische Fahr- und Stabilitätsprogramme, Warnsysteme zum Schutz anderer Verkehrsteilnehmer etc.)

• Komfort (aktive Schallvermeidung, Kommunikation, Navigation, Klimatisierung und etwa variabel lichtdurchlässige Karosserieteile)

Für all diese in Zukunft wichtigen Themen ist die Weiterentwicklung auch der Querschnittstechnologien, wie etwa Batterieentwicklung-/Stromspeichertechnik, Elektrik/Elektronik, Sensorik, Oberflächenphysik und umfangreiche spezielle Software, dringend notwendig. Es hat nur wenige Jahre gedauert, bis durch den Einsatz von mittlerweile nahezu zweistelligen Rechneranzahlen pro Fahrzeug, Bussystemen, die über Glasfaser kommunizieren, sowie voll integrierten Kommunikations- und Navigationssystemen aus den Fahrzeugen rollende Computer geworden sind. Dies erhöht einerseits die Anfälligkeit, gibt aber auch einer weitaus breiteren Ingenieurs- und Entwicklerschicht die Möglichkeit, direkt oder indirekt für und in der Automotive-Branche zu arbeiten. Neue Materialien wie Kohlefaserverbund- oder Glasfaserstoffe, Kunststoffe, Spezialglas, aber auch daraus resultierende neue Fertigungs- und Verbindungstechniken werden Ingenieure dauerhaft vor immer neue Aufgaben stellen.

Derzeit herrscht großer Bedarf an Ingenieursspezialisten. Einerseits werden Führungskräfte gesucht, die Ideen entwickeln und generalistisch denken können. Andererseits entwickeln sich gerade im Bereich der Elektromobilität völlig neue Betätigungsfelder für Spezialisten – notfalls auch aus verwandten Bereichen und Branchen. Unternehmen, die in den Segmenten Batterieentwicklung, Leistungselektronik und elektrische Technik tätig sind, verfügen über solche langjährig erfahrenen Spezialisten.

Die begleitenden Dienstleistungsunternehmen, etwa Ingenieur- und Entwicklungsbüros, Strategieberatungen, Projekt- und Prozessberatungen, Investitions- und Desinvestitionsberatungen, Personalberatungen, sind sehr eng mit der Hersteller- und Zulieferseite vernetzt. Auch diese Branchenteilnehmer tauschen untereinander Talente aus.

## 5. Komplexität verlangt Führung und Weitsicht

Die Automobilindustrie muss extrem viele Herausforderungen bewältigen: Kostendruck, hohe Komplexität, lange Produktionszyklen sowie ein umfassender Innovationsanspruch. Die Überschneidungsfelder mit Industrien und Branchen, die früher kaum etwas oder nichts mit dem Automobil zu tun hatten, werden immer größer.

Daraus folgt: Eine steigende Spezialisierung innerhalb immer kleiner werdender Nischen ist ebenso unabdingbar wie ein wachsender Bedarf an echten Führungspersönlichkeiten, die diese komplexen Strukturen weltweit steuern, weiterentwickeln und verantworten können.

Generell ist über alle Ebenen des Wertschöpfungsprozesses Automobil hinweg festzustellen, dass die Anforderungen sowohl an Führungserfahrung, Persönlichkeit, aber auch an Ausbildung und pragmatische Umsetzungserfahrung steigen. Durch die jahrelang notwendigen Projekte der Produktionssteigerung und der Steigerung der Gesamteffektivität hat sich – ausgehend von den Automobilherstellern – eine starke Neigung zu Lean Management und transparenten Produktions- und Kostenstrukturen manifestiert.

Es sind regelrechte Netze der gegenseitigen Abhängigkeiten entstanden mit der Folge, dass für Zulieferer das Ausbleiben der Aufträge für eine neue Baureihe eines bisher treuen Kunden katastrophale Folgen haben könnte. Daher hatten es die Hersteller in den vergangenen Jahren relativ leicht, ihre Zulieferer zur weit gehenden Offenlegung ihrer Kalkulationen zu zwingen.

Um qualitative Überraschungen auszuschließen, werden seit Jahren ständig strengere Zertifizierungen der Entwicklungs- und Produktionsprozesse vorgegeben. Gleichzeitig verlagert man Vorentwicklungen für Innovationen oder einfach zyklische Produktverbesserungen immer weiter auf die Zulieferer. Diese versuchen sich Alleinstellungsmerkmale, aber auch kalkulatorische Freiräume dadurch zu erarbeiten, dass sie aktiv mit Neuentwicklungen und ausgeklügelten Erfindungen rund um das Automobil auf die Hersteller zugehen.

## 6.  Andere Strukturen – neue Beschäftigungsprofile

Diese Form der aktiven und in weiten Teilen sehr transparenten Zusammenarbeit hat auch Auswirkungen auf das Verhältnis zu Dienstleistern. In guter Einkaufsmanier versucht man hier mit gleichen Mitteln, sowohl die Kosten für Dienstleistungen zu senken als auch deren Qualität zu verbessern und vor allem aus der „Black-Box-Betrachtung" herauszukommen. Man erwartet seitens der Hersteller, aber auch zunehmend seitens der Zulieferer kurz getaktete Updates, flexibles Vorgehen bei Preis- und Rechnungsstellungen sowie ausgesprochen kurze Lieferzeiten.

Während vor ein paar Jahren noch die eher typischen Key-Account-Manager mit ihrer „Face to the Customer"-Funktion die Salesaufgaben zumeist regional beim Kunden vor Ort übernahmen, wird heute ein etwas erweiterter Ansatz gewählt, was sich wiederum auf die internen Strukturen der Automobilzulieferfirmen auswirkt.

Ausgehend von einer globalen Verteilung der Produktions- und Engineeringzentren eines Unternehmens benötigt man mehr koordinative Fähigkeiten, dies jedoch in der Regel global und häufig projektorientiert. So sind Positionen entstanden, die man am besten mit „Programmmanager", „Customer-Programmmanager" oder „Global-Project-Manager" bezeichnen kann. Man lässt die regionalen Salesverantwortlichen bestehen, baut aber sozusagen eine Ebene darüber, die kunden- oder kundengruppenspezifisch die gesamte Supply-Chain koordiniert und verantwortet: von der Einkaufsfunktion über die Engineeringleistung, den Prototypenbau bis hin zur letztlich erfolgenden Freigabe durch den Kunden und das Einschleusen in die laufende Fahrzeugproduktion.

Diese Aufgabenstellung erfordert Manager, die über langjährige Erfahrungen in den Feldern Prozesssteuerung und Kundenbetreuung verfügen und die neben einer technischen und kommunikativen Versiertheit vor allem Freude an der internationalen Arbeit haben. Nicht zuletzt ist aber auch eine gewisse Seniorität unabdingbar.

Weiter ist zu beobachten, dass in den vergangenen fünf Jahren Engineeringcenter gegründet wurden, die regionenübergreifend Entwicklungsarbeit leisten und auch hier entweder kundenorientiert oder projekt-(produkt-)orientiert möglichst effektiv (und damit schnell) Neuentwicklungen oder Adaptionen zur Produktionsreife bringen sollen. Insofern ist der Bedarf an Application-Engineers im Markt nach der Krise erneut hoch.

Alle diese Aussagen treffen sowohl für den Personenkraftwagen- als auch für den Nutzfahrzeugbereich zu, da beide eine ähnlich positive Entwicklung aufweisen. Manche Branchensegmente sind dabei bevorzugt, vor allem diejenigen, die sich aufgrund ständiger gesetzlicher Verschärfungen mit dem gesamten Abgasstrang oder dem Motormanagement befassen müssen. So sind neben den Entwicklungsabteilungen für die kommende E-Mobilität die Bereiche Motorelektronik, Aufladesysteme, Abgasreinigung und Geräuschreduzierung sowie Hersteller, die sich mittelbar oder unmittelbar mit den aktiven und passiven Fahrwerkskomponenten zur Erhöhung der Fahrsicherheit beschäftigen, derzeit gut ausgelastet.

## 7. Das richtige Team gewinnt

Ein sehr zentraler Faktor für nachhaltigen Erfolg ist unter anderem die Gewinnung der besten Führungskräfte sowie die Bildung eines bestmöglichen Teams, das von der gewählten Strategie überzeugt ist.

Weitsicht, eine klare, vorausschauende Strategie und soziale Führungsstärke sind gefragt. Eine Führungspersönlichkeit muss das Unternehmen auf Themen wie Emerging Markets, die Klimadebatte oder E-Mobilität vorbereiten. Kurzfristig erfolgreich sein, um in die Zukunft investieren zu können, das ist der Schlüssel zu nachhaltigem Erfolg.

Einige Spitzenmanager haben die Autoindustrie verlassen und in anderen Branchen Karriere gemacht, wie Wolfgang Reitzle, Eckhard Cordes oder Rüdiger Grube. Dass jemand von außen kommt und bei einem (deutschen) Autobauer erfolgreich ist, kommt so gut wie nicht vor. Aber auch die Automobilindustrie sollte offener sein. E-Mobilität ist dafür ein gutes Beispiel: In diesem Bereich werden Kompetenzen gebraucht, die es bisher in der Automobilindustrie nicht gab – auch in anderen Funktionen können Menschen aus anderen Branchen einen wertvollen Beitrag leisten und manchmal durch Spezialwissen sowie durch andere Strukturansätze und Philosophien wertvolle Zusatzeffekte erzeugen.

## 8.    Auch der Handel ist im Wandel

Der richtige Zeitpunkt, um mit einem neuen Modell in den Markt zu gehen, ist eminent wichtig geworden. Insofern gibt vielerorts das strategische Marketing den Takt vor. Engineering- und Projektverantwortliche müssen sich diesen mittlerweile eher kurz- und mittelfristigen Marketingplänen strikt unterordnen.

Daher hat die Steuerung des Händlernetzes mit all den komplexen Sales-, Informations- und Preiskonstrukten an Bedeutung gewonnen. Modellvielfalt und Lieferzeiten, die durch lange Logistik- und Fertigungsvorläufe – vor allem bei Modellen, die in USA oder Asien hergestellt werden – inzwischen bisweilen die Jahresfrist überschritten haben, sowie Finanzierungsmodelle und nicht zuletzt der ständig wachsende Handel mit Gebrauchtautomobilen prägen den Arbeitsalltag und somit auch die notwendigen Erfahrungsspektren passender Manager. Auch im Automobilhandel gilt: Man muss in der persönlichen Karriereentwicklung fast zwangsläufig darin „groß geworden" sein, um Führungspositionen erreichen zu können.

Unter dem Stichwort „Remarketing" findet sich eine Reihe von Berufsfeldern, die an Häufigkeit und Bedeutung gewonnen haben. Marktanalysen, optische Standards, Handbuchentwicklung, neue Qualitätsmaßstäbe, Implementierung passender Softwareumgebungen, die Zusammenarbeit mit hauseigenen oder Fremdbanken für die Finanzierung, das Flottenmanagement sowie das intensive Geschäft mit Autovermietungen sind heute feste Bestandteile eines Berufsbildes, das vor noch nicht allzu langer Zeit schlicht als „Autohändler" bezeichnet wurde.

Hier versuchen allen voran die Hersteller der europäischen Premiummarken, ihre Händler an neue Standards heranzuführen; sie investieren enorme Summen in Weiterbildung und Qualitätsentwicklung. Dies gilt sowohl für Prozesse und Abläufe als auch für Mitarbeiter. Das führt teilweise zum Verlust von Selbständigkeit auf der Händlerebene, hebt aber sowohl die Anforderungen als auch die Standards nicht nur bei den filialähnlich geführten Verkaufsstellen deutlich an.

Die Händlerdichte hat in den vergangenen Jahren ständig abgenommen. Die Nutzung weiterer Verkaufsmedien, wie E-Marketing und E-

Sales, aber auch die Professionalisierung und Intensivierung von klassischen Werbemaßnahmen war Folge des mittlerweile ausnahmslos harten Wettbewerbs. Man hat die potentiellen Käuferschichten transparent gemacht. In sehr zielgruppenorientierten Marketing- und Salesmaßnahmen versuchen immer mehr Hersteller, ihre auf weit gespreizten Plattformstrategien basierenden Fahrzeuge zu vermarkten.

In den vergangenen vier Jahren hat dies bisweilen zu offenen Rabattschlachten in den Märkten geführt. Durch Verkürzung der Lieferzeiten, weitere Individualisierung in der Ausstattung sowie zunehmende Segmentierung der Fahrzeuge im Detail versucht man, ein Äquivalent zu der reinen Preisdiskussion zu schaffen.

Dies bedingt eine Wandlung des Berufsbildes vom bisherigen „Autoverkäufers" hin zum zielgruppenspezifischen Spezialisten, der – wie die extremen Ausprägungen zum Beispiel bei den Marken Smart oder Mini zeigen – mittlerweile aus der jeweiligen Zielgruppe kommen muss. Hier findet man junge Gesichter, die „stylisch" und emotional verkaufen können und sollen anstatt über die in die Jahre gekommenen technischen Argumentationen. Der Einfluss auf das Profil eines modernen Autoverkäufers, aber auch auf die Führungsbreite eines verantwortlichen Geschäftsführers liegt auf der Hand. Auch hier ist zweifellos eine Internationalisierung zu spüren, denn aufwendige Marketing- und Salesprogramme, die in die Struktur eingreifen können, dürfen keine eng begrenzten nationalen Projekte sein, sondern sind in den meisten Fällen heute europäisch, mitunter auch global ausgelegt.

# VI.  Ausblick

## 1.  Erkennbare Trends in der Automotive-Branche

Die Automobilbranche wird sicherlich für die nächsten Jahrzehnte weiter ein Motor der Volkswirtschaften bleiben. Die fortdauernde Internationalisierung und der dadurch auch globalere Wettbewerb werden genauso das Bild dieser Branche prägen wie eine geradezu revolutionäre technische Weiterentwicklung und Diversifizierung der Modelle und Funktionen.

Für die Produktion – und damit auch für die große Zahl an Zulieferern – bedeutet dies notwendige weitere Effizienzsteigerungen sowie die Intensivierung der Zusammenarbeit mit den Herstellern. Es wird sicherlich im Personenkraftwagen- und auch im Nutzfahrzeugbereich weitere strategische sowie produktionstechnische Allianzen der großen Hersteller geben. Die jeweiligen Unternehmen werden in der Entwicklung ganzer Module – etwa Antriebsstränge, Fahrwerke und Motoren – zunehmend kooperieren, um so die Produktionskosten weiter zu senken und die Produktionsstandorte intelligent weltweit zu verteilen.

Die immer bedeutenderen gesetzlichen Forderungen nach Einhaltung von Sicherheits- und Umweltauflagen prägen die technische Seite des Automobilfortschritts. Es wird „gesünder", weniger gefährlich und bequemer werden, sein Fahrzeug zu benutzen. Man wird während der Fahrt auch auf die vielfältigen Kommunikationsmöglichkeiten, die uns ansonsten das Leben erleichtern, nicht verzichten müssen.

All diese zu erwartenden Rahmendaten und Prämissen werden sicherstellen, dass die Automotive-Branche im Ganzen eine spannende und weiterhin zukunftsprägende Branche bleiben wird.

2.    Globalisierung, Individualisierung und weiter steigender Wettbewerb

Die Schlüsselbegriffe in der Automotive-Branche heißen Globalisierung, Individualisierung, Elektromobilität und ständig steigender Wettbewerb. Dazu kommen erhöhte Sicherheitsanforderungen und umweltbezogene Auflagen, teils gesetzlich erzwungen, teils freiwillig. Daraus lässt sich eine Reihe von Tendenzen ableiten, die sowohl allgemein als auch spezifisch für die Personalsuche von Bedeutung sind:

• globaler Wettbewerb sowohl auf der Hersteller- als der Zulieferseite

• Verschiebung der Absatzmärkte in bisherige „Drittländer"

• weiter steigende Individualisierung des Endprodukts „Automobil"

• steigender Innovationsdruck und hohe Anforderung an die Flexibilität in der Entwicklung und Produktion

• die Notwendigkeit, auf nahezu jeder Ebene Parallelentwicklungen und starkes Outsourcing an Kooperationspartner zu betreiben

• stärkere Salesorientierung der Hersteller

- erhöhte Anforderung an die Hersteller hinsichtlich Research und Langfristplanung sowie die frühzeitige Ermittlung von Trends und gesetzlichen Auflagen in den Absatzmärkten

- immer weitere Verkürzung der Produktlebenszeiten/Beschleunigung der rollierenden Modellpolitik

Dies zwingt Hersteller und Zulieferer zu strategischen Kooperationen auf allen Ebenen des Wertschöpfungsprozesses sowie zu strategischem Denken und Planen mit großer Flexibilität für rasche Zieländerungen. Gleichzeitig müssen ständige Kostenreduzierungs- und Effektivierungsmaßnahmen auf jeder Ebene durchgeführt werden, um die Unternehmensergebnisse stabil zu halten oder zu erhöhen. Dies alles erzeugt höhere Abhängigkeiten, kürzere Vorentwicklungszeiten und erfordert zwischen den Wertschöpfungspartnern eine extrem hohe Kundenorientierung.

Klares Brand-Management sowie ständige Entwicklungsarbeit, um mit Innovationen aktiv auf seine Kunden zugehen zu können, sind fast schon überlebensnotwendig – unabhängig davon, wo man sich in der Wertschöpfungskette befindet. Es gilt, Austauschbarkeit zu vermeiden, die Qualität und die Ausschussrate zu verringern sowie die eigenen Produktionskapazitäten sehr flexibel zu halten.

## 3. Fazit: Die globale Marktverschiebung findet bereits statt

Die Kernpunkte der aktuellen Marktsituation in der Automobilbranche lassen sich wie folgt zusammenfassen:

- Die BRIC-Staaten – mit China an der Spitze – treiben das globale Automobilgeschäft an.

- Brasilien entwickelt sich mit derzeit rund 3 Millionen Pkw pro Jahr zu einem wachstumsstarken Markt.

- Europa und USA schwächeln derzeit noch bei den Absatzzahlen.

- Die chinesischen Automobilhersteller haben im Massenbereich die renommierten deutschen Hersteller (Ausnahme ist VW), bezogen auf produzierte Einheiten, mittlerweile überholt.

- Durch strategisch geschickte Zukaufpolitik und damit Know-how-Transfer beispielsweise mit den Marken Rover, Saab und Volvo hat China von seinen westlichen Kooperationspartnern eine Menge gelernt.

Absehbar ist bereits: Der nächste konsequente Schritt ist die Produktion von vollständig in China entwickelten exportfähigen Pkw für den Weltmarkt. Daraus lässt sich folgendes Fazit ableiten: Das Gravitationszentrum der Automobilindustrie verlagert sich Richtung Asien. In diesem Zusammenhang verlagert sich auch der Bezug der Zulieferteile für europäische Produktionsstätten zunehmend nach Asien. Ein genialer Schachzug des chinesischen Systems war es, die Gründung von Gemeinschaftsunternehmen nur über chinesische Mehrheitsbeteiligungen zuzulassen. Auch juristisch untermauert, war so ein jahrelanger Know-how-Transfer möglich. Was China heute noch fehlt, wird konsequent zugekauft (vgl. Hans J. Friedrichkeit, pcb network, 10/2010).

*a) Neue Spielregeln oder nur eine andere Mannschaftsaufstellung?*
Um einen Vergleich zum Fußball herzustellen: Keine Frage, Europa spielt nicht mehr in der kontinentalen Liga, sondern global, also auch nach anderen Spielregeln. Es gibt andere, stärkere Gegner, die völlig andere Voraussetzungen und dadurch auch andere Strategien haben. Spielten sich früher Entwicklung, Trendsetting und Produktion im europäischen und US-amerikanischen Raum ab, verlagert sich dies mit rasender Geschwindigkeit Richtung Asien/China.

Diese sich rasch veränderten Märkte und der Richtungswechsel hin zur Elektromobilität verlangen von jedem verantwortlichen Manager heute extrem große strategische Weitsicht und Flexibilität. Gerade in der jetzigen Phase ist es wichtig, sowohl inhaltlich als auch lokal Brückenköpfe zu besetzen und entweder direkt oder indirekt – gegebenenfalls auch lediglich über gesellschaftsrechtliche Minderheitsbeteiligungen – im Geschäft zu bleiben. Dies gilt für die Ausbildung und die Planung der eigenen Strukturen, die Investitionsentscheidungen über Entwicklungs- und Produktionsstandorte, die Planung und den Einsatz der Topführungsebene sowie das Führen der operativ tätigen Manager selbst. Führung ist ein globales Thema geworden, das nicht nur allein durch die Überwindung der großen Entfernungen schwierig werden kann. Ethische, soziale und kulturelle Unterschiede müssen überdies in der Praxis austariert werden.

Der Begriff Internationalität hat hinsichtlich der Führung eines globalen Unternehmens einen völlig anderen Inhalt und damit auch eine andere Bedeutung bekommen. Auch monetär ist aufgrund der noch weit gespreizten Lohnniveaus ein deutliches Gefälle Richtung Asien feststellbar. Was hinsichtlich der Produktionsvorteile aufgrund geringerer Personalkosten vor einigen Jahren noch für die südeuropäischen oder osteuropäischen Schwellenländer galt, hat heute im globalen Maßstab eine andere Dimension.

Völlig autonom handelnde, große Volkswirtschaften können hier über die nächsten zehn Jahre noch weit reichende Vorteile ins Feld führen. Wie schon an mehreren Stellen angedeutet, ist auch der Entwicklungsvorsprung, den Europa – und hier vor allem auch aufgrund der Ingenieurhistorie Deutschland – hatte, auf nicht wahrnehmbare Größen geschrumpft. Auch hier muss man revolutionäre statt evolutionäre Sprünge konstatieren.

Eine veränderte Mannschaftsaufstellung hilft da oft nur begrenzt. Stattdessen gefragt sind andere Spielertypen, die kulturell, inhaltlich und typologisch generalistischer, erfahrener und flexibler sind. Diese Manager jedoch sind überall Spitzenkräfte. Daher suchen momentan alle Unternehmen gerade auf der Topebene die „Ausnahmekönner", die ihnen auf diesem neuen Spielfeld die entscheidenden Vorteile erspielen können.

*b) Mehrdimensionale Ausbildung ist nur die Basis*
Insgesamt steigen auch die Anforderungen an prozessuale und technische Erfahrungen. Ab einem sehr frühen Stadium der Karriere müssen dazu betriebswirtschaftliche und auch strategische Talente und Kenntnisse vorhanden sein, da die Abwicklung der Prozesse in Projektorganisationen oft generalistisches und ganzheitliches Denken erfordert.

Eine ideale Ausbildungsbasis bietet insoweit das immer häufiger zu findende Doppelstudium oder ein Masterabschluss im Bereich Wirtschaftsingenieurwesen, um von Anfang an sowohl die technische als auch die betriebswirtschaftliche Seite mit „im Gepäck" zu haben.

Aufgrund der notwendigen Spezialisierung der Unternehmen sind spezifische Erfahrungen unerlässlich und werden erst ab einer relativ hohen Führungsebene weniger wichtig. Dazu ein Beispiel aus der Praxis: Wer sich etwa jahrelang mit Interiors oder der Kfz-Elektrik befasst hat, wird im harten Motoren- und Antriebsgeschäft nicht genügend spezifisches Wissen aufbringen, um in den sehr zeitkritischen und qualitätsgetriebenen Projekten zwischen diesen Sparten wechseln zu können.

Auch hier fährt man gut, wenn man es frühzeitig schafft, mit einem Karriereschritt auch inhaltlich dazuzulernen, um so nach einigen Jahren ein breites Spektrum an Erfahrungen mitzubringen. Junge Führungskräfte sind gemeinhin fachlich extrem gut qualifiziert und international hochangesehen. Stärker fokussiert werden sollten Themen wie Kommunikation und Führung. In der Personalentwicklung liegt bei Beförderungen oft ein zu starker Fokus auf der fachlichen Qualifikation, während bei anderen Kompetenzen wie strategischer Orientierung, Mitarbeiterführung oder Teamorientierung oft Kompromisse gemacht werden. Unerlässlich auf jeder Ebene sind die ständige Bereitschaft, sich weiterzubilden, eine große Beharrlichkeit sowie früh bewiesene Führungsfähigkeit sowohl formal in Projekten als auch disziplinarisch in Stab- oder Linienfunktion.

Ein Indikator für die Managementfähigkeit über eine gewisse Ebene hinaus ist auch der Zeitpunkt, wann eine erste generalistische Aufgabe übernommen werden konnte, etwa als „Plant-Manager", „Country-Manager" oder „Managing Director" einer abgeschlossenen Einheit mit voller kaufmännischer Verantwortung. Hinzu kommt: Globale Mobilität sowie Mehrsprachigkeit sind in der Automobilbranche heute bereits unabdingbare Voraussetzungen. Hier wird neben den kognitiven und Erfahrungswerten eine weitere Komponente immer wichtiger: die soziale und ethnische Flexibilität, das Geschick, sich in anderen Kulturen, Strukturen und Sprachräumen einfinden zu können – und auch hier schnell für das jeweilige Unternehmen zu messbaren Ergebnissen zu kommen.

*c) Präzision entscheidet*
Dies impliziert für die Suche nach Führungskräften in der Automotive-Branche, dass sich der Berater je nach Hierarchieebene in teilweise sehr engen Kreisen bewegen muss, um all diesen Ansprüchen gerecht zu werden.

Die Praxis zeigt: Erreichbare Karrieresprünge sind in der Regel etwas kleiner geworden, da die spezifischen Vorerfahrungen sehr genau nachgefragt werden. Die Zeiten, in denen bei vergleichbarer Unternehmensgröße zwei oder drei Hierarchiestufen übersprungen werden konnten, sind endgültig vorbei. Wer in einem mittelständisch geprägten, international erfolgreichen Unternehmen eine generalistische Aufgabe hatte, kann seine Karriere dadurch weiterentwickeln, dass er in einem größeren Konzernunternehmen eine vergleichbare Position einnimmt. Wer in seiner beruflichen Erfahrung sowohl Applications- als auch Salesverantwortung nachweisen kann, kommt für eine kombinierte Verantwortung in Frage, deren Aufgabenstellung beide Aspekte enthält.

Festzustellen ist, dass die Briefings mit den Klienten mittlerweile absolut präzise sind und bis in Detailebenen hinein gehen; das war vor einigen Jahren nicht der Fall. Dabei wird auch sehr oft auf die typologische Prägung der Kandidaten geachtet. Von zunehmender Bedeutung bei der Bewertung von Lebensläufen ist die genaue Analyse der Strukturen und Kulturen, in denen der Kandidat seine beruflichen Erfahrungen sammeln konnte.

Was in den Produktionsprozessen und auch in den Planungsprojekten schon lange Credo ist, gilt selbstverständlich auch und gerade in der Automotive-Branche für die Personalauswahl. Es gibt sehr genaue Vorstellungen darüber, welcher Mix aus Fähigkeiten, Erfahrungen und Talenten in einer bestimmten Position das Unternehmen weiterbringt. Hier werden in der Praxis bei der Personalauswahl keine Kompromisse mehr gemacht. Nur der Berater, der diese internen Prozesse und Abläufe genau genug versteht und sich zusätzlich genau in die Typologie und Motivationslage der Kandidaten hineinversetzen kann, wird diesen hohen Anforderungen gerecht werden. Denn: Auch der Personalberater ist Teil dieser Branche. Steigende Präzision, hohe Anforderung an die Schnelligkeit sowie Flexibilität und Internationalität stehen auch in seinem Pflichtenheft. Er muss Teil der globalen Community sein, die tagtäglich alle Kräfte bündelt, um technische Exzellenz und Emotion in einem ständig verbesserten Produkt zusammenzuführen: dem Automobil.

## Literatur

Berger/Rothschild, Automotive supplier study 2009

Friedrichkeit Hans J., pcb network, 10/2010

# Private Equity in der Automobilindustrie: Spezialisierte Personalberatung hält den Wachstumsmotor in Gang

Sebastian Schäfer, Köln

## I. Kapital und Know-how: Was ist und was kann Private Equity?

Heute zählt der Begriff „Private Equity" zum ökonomischen Standardvokabular, doch die Idee dahinter ist genauso alt wie das wirtschaftliche Denken und Handeln an sich: Investoren schenken innovativen Projekten Vertrauen, unterstützen diese finanziell und gestalten sie mit, um von deren Erfolg zu profitieren und um nicht zuletzt den Fortschritt voranzutreiben. Unter Private-Equity-Kapital (PE-Kapital) versteht man folglich Eigenkapital oder eigenkapitalähnliche Finanzierungsmittel, die außerbörslich durch private oder institutionelle Investoren bereitgestellt werden. Als Private-Equity-Investoren (PE-Investoren) können Unternehmen, Privatpersonen oder Kapitalbeteiligungsgesellschaften (KBG) auftreten. Zu den Kapitalgebern von KBG zählen in Deutschland überwiegend Dachfonds, Kreditinstitute, Versicherungen und Pensionsfonds.

PE-Investoren verfolgen in aller Regel nachhaltige Investitionsstrategien. Dies ist ein entscheidender Unterschied zu anderen und von der Öffentlichkeit oft kritisierten Investorengruppen. Hierzu zählen unter anderem Hedgefonds, die sich auf eher kurzfristige Investments und eine schnelle Maximierung der Kursgewinne konzentrieren. PE-Investoren möchten hingegen eine langfristige Wertsteigerung des Targetunternehmens (Portfoliounternehmens) erreichen und selbst am Erfolg beteiligt werden – mit allen Rechten und Pflichten: Die meisten PE-Investoren übernehmen für einen bestimmen Zeitraum, der je nach Haltedauer bis zum Exit zwischen drei und sieben Jahren rangieren kann, die Rolle eines Mitgesellschafters. Dabei greifen sie nur in seltenen Fällen aktiv in das Tagesgeschäft ein. Vielmehr stellen sie ihr Know-how, ihre Erfahrung und ihr Netzwerk zur Verfügung.

Bei der Vergabe von PE-Kapital werden, anders als etwa bei Bankkrediten, keine Sicherheiten verlangt. Ob investiert wird, hängt von der Zukunftsfähigkeit und vom Wachstumspotential des Targets ab. Schließlich streben PE-Investoren eine langfristige Geldanlage mit einer möglichst hohen Rendite an, die allein über die Wertsteigerung des Unternehmens erreicht werden kann. Eine Wertsteigerung des Unternehmens kann nach der Übernahme unter anderem durch folgende Maßnahmen erzielt werden:

- Akquisition neuer Firmen (Portfoliomanagement)
- Restrukturierung des Portfoliounternehmens
- Erschließung neuer Märkte
- Etablierung effizienterer Prozesse
- Erarbeitung von Make-or-Buy-Strategien
- Verbesserung des Lieferantenmanagements
- Entwicklung neuer Produkte
- Optimierung der Finanzstruktur

Vor den umfangreichen und zum Teil tiefgreifenden Umstrukturierungsmaßnahmen erfolgen die Reduzierung des Eigenkapitals und dessen teilweise Substitution durch kreditfinanziertes Fremdkapital (Leveraged Buy-out [LBO]). Tilgung und Zinsen der Kredite übernimmt das Portfoliounternehmen, wofür ein entsprechend hoher Nettocashflow benötigt wird. Wenn das Unternehmen nicht in der Lage ist, diesen Nettocashflow zu erwirtschaften, kann die Schuldenlast die Handlungsfähigkeit des Unternehmens beträchtlich einschränken, was schließlich zum Verlust von Wettbewerbsfähigkeit und wirtschaftlicher Stärke führt.

Private Equity ist also kein Allheilmittel und muss daher differenziert betrachtet werden. Tatsache bleibt aber, dass PE-Kapital sehr flexibel einsetzbar ist. So ist es oft eine interessante Alternative zu anderen Finanzierungsformen und eine attraktive Lösung, wenn ein Unternehmen zeitnah Kapital und Know-how benötigt, um sich neue Möglichkeiten zu eröffnen – sei es bei der Erschließung neuer Märkte im Ausland, der Entwicklung neuer Technologien, der Akquisition neuer Firmen, in der Start-up- oder Wachstumsphase oder bei der Nachfolgeregelung. In der Tat können spezialisierte KBG während des gesamten Lebenszyklus eines Unternehmens Kapital zur Verfügung stellen.

## II.  Private Equity in Deutschland – Entwicklung, Bedeutung, Impulse

In Deutschland ist Private Equity seit den 60er Jahren bekannt. Damals entstanden hierzulande die ersten KBG. Seinen heutigen Stellenwert als Finanzierungsform erlangte Private Equity allerdings erst zu Beginn des neuen Jahrtausends, als ausländische Fonds Deutschland als attraktiven Markt entdeckten und ihre Investitionen steigerten. Inzwischen hat PE in Deutschland eine große volkswirtschaftliche Bedeutung erlangt: Nach Angaben des Bundesverbands Deutscher Kapitalbeteiligungsgesellschaften (BVK) beschäftigten 2009 durch Private Equity finanzierte Unternehmen im Bundesgebiet circa 1,2 Millionen Arbeitnehmer und erwirtschaften einen Umsatz in Höhe von 8,5 Prozent des Bruttosozialprodukts. Derzeit gibt es in Deutschland laut BVK etwa 250 Beteiligungsgesellschaften.

Doch auch am stark wachstumsgetriebenen Private-Equity-Markt ist die jüngste Finanz- und Wirtschaftskrise nicht spurlos vorübergegangen: Um ihre Investitionen realisieren zu können, benötigen KBG Geldfonds. Nach Angaben des britischen Brancheninformationsdienstes Preqin warben diese Fonds 2008 weltweit 653 Milliarden US-Dollar ein, im Jahr 2009 waren es nur noch 286 Milliarden US-Dollar. Aufgrund der hohen Umsatzrückgänge wurden folglich während der Krise auch viele Unternehmen, die durch PE-Kapital finanziert waren, in die Insolvenz getrieben. 2009 konnten laut BVK europäische Beteiligungsgesellschaften 16,1 Milliarden Euro einwerben, in den beiden Vorjahren waren es jeweils noch mehr als 80 Milliarden Euro. In Deutschland hat sich das Fundraisingvolumen zwischen 2008 (rund 2,6 Milliarden Euro) und 2009 mehr als halbiert (rund 918 Millionen Euro). Trotz des deutlichen Rückgangs zählte Deutschland 2009 zu den Top 5, die zusammen 71 Prozent des gesamten europäischen Fundraisings auf sich vereinen.

Zudem gehörte Deutschland 2009 mit einem Anteil von 5 Prozent (777 Millionen Euro) an den zur Verfügung gestellten Mitteln (rund 9,3 Millionen Euro) zu den wichtigsten PE-Investorenländern in Europa.

Laut Preqin gibt es aber bereits Indikatoren für eine Erholung des Markts. So haben sich die Bewertungen der Unternehmen und der Fondsperformance seit dem zweiten Quartal 2009 stetig verbessert. Trotz der Finanzkrise sind immer noch mehr als drei Viertel der Unternehmer mit den Renditen ihres Private-Equity-Engagements zufrieden. Allein im ersten Halbjahr 2010 wurden 2,24 Milliarden Euro von PE-Kapitalgebern in Deutschland investiert.

Dennoch besteht in Deutschland Nachholbedarf in Sachen Private Equity, insbesondere im europäischen Vergleich des Anteils von PE-Investitionen am nationalen Bruttoinlandsprodukt (BIP). Deutschland lag wie im Vorjahr auch 2009 unterhalb des europäischen Durchschnitts und erreichte mit 0,11 Prozent nur Platz 17 unter den 25 untersuchten Ländern im Jahresbericht der European Private Equity and Venture Capital Association (EVCA).

| | Fundraising 2007 (Mio. Euro) | Fundraising 2008 (Mio. Euro) | Veränderung in % |
|---|---|---|---|
| Großbritannien | 43.808 | 46.452 | 6,0 |
| Frankreich | 6.551 | 10.778 | 64,5 |
| Schweden | 4.686 | 6.612 | 41,1 |
| Schweiz | 1.478 | 3.081 | 108,5 |
| Deutschland | 5.662 | 2.410 | −57,4 |
| Spanien | 3.298 | 2.224 | −32,6 |
| Niederlande | 3.141 | 1.586 | −49,5 |
| Italien | 2.408 | 1.455 | −39,6 |
| Norwegen | 703 | 1.282 | 82,3 |
| Finnland | 1.015 | 903 | −11,0 |
| Polen | 571 | 760 | 33,3 |
| Belgien | 598 | 608 | 1,6 |
| Dänemark | 361 | 258 | −28,5 |
| Österreich | 431 | 230 | −46,6 |
| Irland | 466 | 155 | −66,7 |
| Ungarn | 0 | 120 | − |
| Griechenland | 5.570 | 20 | −99,6 |
| Tschechische Republik | 78 | 19 | −75,7 |
| Portugal | 496 | 15 | −96,9 |
| Rumänien | 36 | 0 | −100,0 |
| Total | 81.355 | 78.967 | −2,9 |

Tabelle 1: Fundraising in Europa 2008 und 2009 (Quelle: BVK, 2009, S. 4)

| | Zur Verfügung gestellte Mittel 2008 (Mio. Euro) | Anteil in % |
|---|---|---|
| USA | 23.777 | 30,2 |
| Großbritannien | 11.142 | 14,1 |
| Asien/Australien | 6.862 | 8,7 |
| Frankreich | 6.330 | 8,0 |
| Kanada | 4.956 | 6,3 |
| Schweiz | 4.549 | 5,8 |
| Deutschland | 3.517 | 4,5 |
| Niederlande | 1.551 | 2,0 |

Tabelle: 2 Wichtigste Private-Equity-Investorenländer und -regionen in Europa 2009 (Quelle: BVK, 2009, S. 5)

Wieso sollte in Deutschland Private Equity eine größere Bedeutung bei-gemessen werden? „Made in Germany" steht weltweit für hochqualita-tive Produkte und für Technologien auf dem neuesten Stand (vgl. dazu Hübner, S. 152ff.). Doch es liegt auf der Hand: Keine Innovation ohne Investition. Private Equity kann folglich zur Sicherung und zur Erhö-hung der Innovationskraft deutscher Unternehmen beitragen und somit deren Markt- und Wettbewerbsfähigkeit bei zunehmender Glo-balisierung sichern.

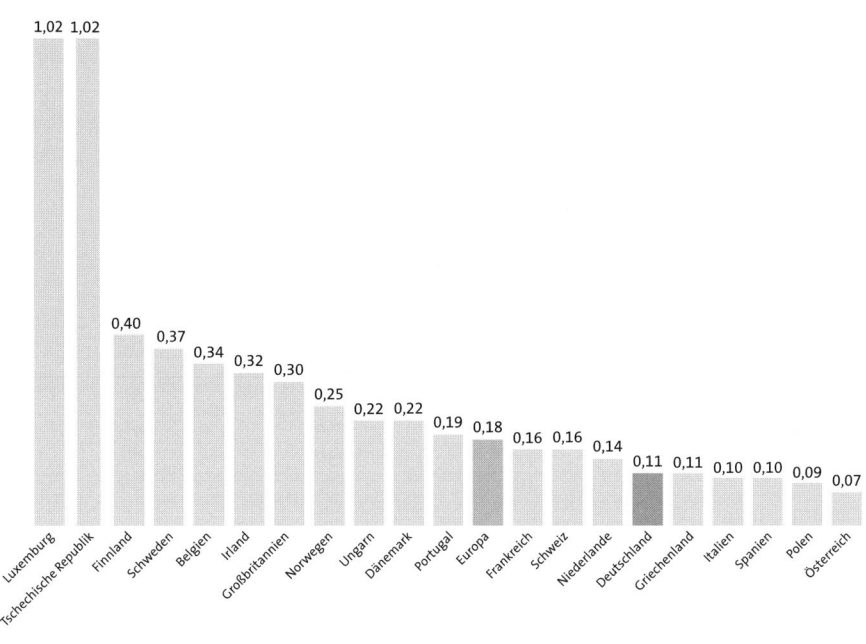

*Abbildung 1: Anteil der Private-Equity-Investitionen in Europa am nationalen BIP in Prozent (Quelle: BVK, 2009, S. 10)*

Neben der Innovationsstärke ist der Eigenkapitalanteil ein wichtiger Indikator für die Wettbewerbsfähigkeit eines Unternehmens. Bei produzierenden Unternehmen sollte er etwa ein Drittel der Bilanzsumme ausmachen. Gemessen daran haben viele deutsche Unternehmen eine zu geringe Eigenkapitalausstattung. Vor allem der meist eigenkapitalschwache Mittelstand ist deshalb weiterhin auf zusätzliches Kapital angewiesen, um sich auf den immer stärker globalisierten Märkten behaupten zu können. Aktuelle Statistiken zeigen, dass Unternehmen mit PE-Investoren ein deutlich besseres Verhältnis von Eigenkapital zu Fremdkapital aufweisen können. Zudem zeigen Studien, dass sich diese Unternehmen auch im Hinblick auf andere finanzielle Kennzahlen oder die Zahl der Beschäftigten überdurchschnittlich gut entwickeln. Hier könnte Private Equity in Zukunft weitere positive Impulse liefern.

## III. Private Equity in der deutschen Automobilindustrie

In Deutschland zählt die Automobilbranche zu den umsatzstärksten und damit bedeutendsten Industrien. Einen wichtigen Stellenwert nehmen neben den Automobilherstellern vor allem die etwa 1.750 Zulieferunternehmen ein. Zu beobachten ist derzeit, dass die Finanz- und Wirtschaftskrise sowie allgemein ein steigender Wettbewerbsdruck und die fortschreitende Globalisierung einen strukturellen Wandel in der Automobilindustrie bewirken (vgl. dazu Barz, S. 170ff.).

Gestiegene Rohstoffpreise und erhöhter Innovationsdruck durch die Automobilhersteller respektive Original Equipment Manufacturer (OEM) bringen vor allem die Zulieferer in finanzielle Schwierigkeiten. Während sich die OEM verstärkt auf Vertrieb und Service konzentrieren, verlagern sich Produktion und Entwicklung zunehmend auf die Zulieferer. Um diesen gesteigerten Anforderungen gerecht zu werden und um die damit einhergehenden Investitionen tätigen zu können, sind die Zulieferer auf neues Kapital angewiesen. Doch durch die neue Eigenkapitalvereinbarung zur Kreditvergabe (Basel II) ist es für Unternehmen ohne makellose Bonität – und dazu zählen die in aller Regel eigenkapitalschwachen Zulieferer – noch schwieriger geworden, Fremdkapital ins Unternehmen zu holen. Private Equity wäre folglich eine attraktive Lösung.

Was spricht noch für Private Equity in der Automobilindustrie? Die Antwort lautet: Wachstum lässt sich schneller durch die Akquisition neuer Unternehmen erzielen. Möchte etwa ein Zulieferer durch organisches Wachstum mit neuen Produkten oder Technologien bei einem OEM einsteigen, muss er sich zunächst neu listen und nach ISO/TS 16949 zertifizieren lassen. Übernimmt er ein Unternehmen, das bereits gelistet und zertifiziert ist, kann er auf die damit verbundenen aufwendigen und oft langwierigen Verfahren verzichten und mit den neuen Produkten unmittelbar Umsätze beim OEM erwirtschaften. Das für die Akquisition notwendige Kapital kann durch einen PE-Investor zur Verfügung gestellt werden, der bereits ein umfassendes Know-how im Bereich Mergers & Acquisitions aufgebaut hat und so die Integration des neuen Unternehmens sehr gut unterstützen kann.

Fraglich ist, ob nicht alle Unternehmen der Automobilindustrie geeignete Private-Equity-Anlageobjekte sind und ein entsprechendes Wertsteigerungspotential bergen. Bei OEM, die hierarchisch und multinational aufgestellt sind, ist es für einen PE-Investor schwierig, Maßnahmen zur Wertsteigerung in der gesamten Organisation konsequent und erfolgreich zu implementieren. Anders verhält es sich bei mittelständischen Automobilzulieferern, in denen Private-Equity-Gesellschaften ihre Strategie des aktiven Eigentums deutlich besser und schneller umsetzen können. In den vergangenen Jahren haben sich in der Tat viele PE-Investoren an Automobilzulieferern in Deutschland beteiligt. Nach Schätzungen des VDA engagierten sich bereits 2006 PE-Investoren bei rund 5 Prozent der deutschen Zulieferer. 2007 zeigte die PricewaterhouseCoopers-Studie „Sector Report Automotive", dass die Renditeerwartungen in 80 Prozent der Fälle erfüllt oder übertroffen wurden. Mehr als die Hälfte der befragten Autozulieferer ging davon aus, dass sich ihr Unternehmen ohne Private Equity langsamer entwickelt hätte.

Das Risiko beim Einsatz von Private Equity darf dabei jedoch nicht unterschätzt werden. Vor allem in Krisenzeiten kann selbst ein PE-Investor nicht garantieren, dass die notwendigen Finanzmittel in ausreichendem Maße bereitgestellt werden können. Es ist aber nicht von der Hand zu weisen, dass ein PE-Investment die Eigenkapitalquote erhöht, was wiederum helfen kann, Liquiditätsengpässe zu überbrücken – aber eben nur helfen kann, denn trotz der höheren Eigenkapitalquote waren die Zulieferer mit PE-Investitionen deutlich stärker von der jüngsten Finanzkrise betroffen als etwa eigentümergeführte Zulieferer. Nach Angaben des Centers für Automobil-Management (CAMA) an der Universität Duisburg-Essen spielten dabei folgende Gründe eine Rolle:

- Beteiligung an finanziell bereits angeschlagenen Unternehmen und Überschätzung des Wertsteigerungspotentials;

- zu hohe Investitionen im Vergleich zur tatsächlich erzielten Wertsteigerung;

- Komplexität und Hierarchien innerhalb des Unternehmens wurden unterschätzt;

- Verlängerung der geplanten Beteiligungsdauer, da aufgrund der Krise keine Käufer gefunden wurden; sowie

- Verweigerung von weiteren Private-Equity-Investments zur Krisenüberbrückung, wodurch ausstehende Schulden nicht bezahlt werden können.

Kurzzeitmanagement und radikale Kostensenkung sind in Zeiten der Krise folglich die falschen Rezepte, insbesondere bei Unternehmen, die in den Bereichen Managementqualifikation, Strategiekonsistenz und Nachfolgeregelung erhebliche Defizite aufweisen.

## IV. Coaching, Ergänzung oder Austausch des bestehenden Managements? – Ansatzpunkte für die Personalberatung bei Private-Equity-Engagements

Wie bei allen Veränderungsprozessen und jeder Neuausrichtung eines Unternehmens lautet auch beim Einsatz von Private Equity die zentrale Frage: Ist das derzeitige Management des übernommenen Unternehmens überhaupt in der Lage, den damit verbundenen neuen Weg mitzugehen?

Ob das der Fall ist, kann ein Management Audit durch eine externe Personalberatung zeigen, also eine systematische und objektive Einschätzung von Kompetenzen und Leistungspotentialen von Führungskräften im Hinblick auf die Unternehmensstrategie. Management Audits (vgl. dazu Obermann, S. 122ff.) werden unter anderem in folgenden Unternehmenssituationen eingesetzt:

- strategische Neuausrichtung
- (Generationen-)Wechsel an der Spitze des Unternehmens
- Zukauf und Unternehmenszusammenschluss
- Beteiligungen
- Umstrukturierung und Redimensionierung
- Diversifikation in neue Geschäftsfelder
- Eintritt in neue Märkte
- Entwicklung neuer Technologien

Im Falle eines PE-Engagements treten stets mehrere der obengenannten Situationen ein, und das oftmals parallel, was ein Management Audit zumeist unumgänglich macht. Der entscheidende Unterschied zu einem herkömmlichen Management Audit: Auftraggeber ist der PE-Investor, was insbesondere zur Analyse der Kompetenzen und Potentiale des bestehenden Topmanagements führt. So erfolgt vor dem eigentlichen Audit ein Briefing mit dem PE-Investor, um Informationen über Anforderungsprofile, Strategien und Ziele zu sammeln. Die am häufigsten eingesetzte Auditmethode ist das Interview, das in der Mehrzahl der Fälle von zwei externen Gutachtern respektive Personalberatern durchgeführt wird. Ergänzend kommen weitere Methoden wie Rollenspiele oder Assessment-Center zum Einsatz.

Nach dem Feedback an den PE-Investor und die auditierten Manager können weitergehende Maßnahmen und Strategien abgeleitet und umgesetzt werden:

## 1. Coaching des bestehenden Managements

Das Management wird beispielsweise durch Kurse, Trainings oder Projekteinsätze in die Lage versetzt, sich den neuen Gegebenheiten anzupassen. Ob diese Maßnahmen bei einem Management-Buy-in (MBI) – also bei einer Fremdübernahme – in Frage kommen, hängt im besonderen Maße von der Haltedauer und vom Wertsteigerungspotential der PE-Investition ab. Coaching bedeutet nämlich – je nach Eignung des Managements – mittel- bis längerfristige Planung und nicht zuletzt zusätzliche Kosten. Doch im Fall eines kompletten oder partiellen Management-Buy-outs (MBO), also bei einer Übernahme durch die eigenen Führungskräfte, wird der Einsatz von Coaching stärker in Betracht gezogen. Das gilt auch für die folgende Alternative:

## 2. Ergänzung des Managements

Schwachstellen in der aktuellen Führung, die das Audit aufgezeigt hat, gilt es, so schnell wie möglich mit optimalen neuen Kandidaten auszugleichen. Das kann zum Beispiel dann notwendig sein, wenn Führungskräfte vor dem MBI oder MBO in einer – in mittelständischen Unternehmen nicht unüblichen – Doppelfunktion tätig waren. Nach einem Private-Equity-Engagement sehen sie sich mit neuen Anforderungen und einer gestiegenen Arbeitsbelastung konfrontiert. Diese Lücken in Sachen Kompetenz und Kapazität kann die Personalberatung mit branchen- und PE-erfahrenen (Interim) Managern schließen (vgl dazu Heuse, S. 136ff.).

## 3. Partieller oder kompletter Austausch des Managements

Die teilweise oder vollständige Trennung vom bestehenden (Outplacement) und die Suche nach einem geeignetem Management (Executive Search) sind die Mittel der Wahl, wenn das Management Audit erhebliche Defizite im Hinblick auf die neue Unternehmenssituation zutage gebracht hat. Vom konsequenten und adäquaten Austausch versprechen sich PE-Investoren eine besonders schnelle Erreichung der neuen Unternehmens- und Wertsteigerungsziele.

Hier spielt die Personalberatung eine entscheidende und besonders verantwortungsvolle Rolle. Wie sie diese erfolgreich erfüllen kann, zeigt das folgende Kapitel.

## V. Executive Search bei Private-Equity-Engagements – Anforderungen an die Personalberatung

Audit, Coaching, Ergänzung oder Austausch des Managements: Das sind die Instrumente, mit denen die Personalberatung PE-Vorhaben unterstützen kann. Kurzum: Business as usual?

Dieser Ansatz wäre in der Praxis falsch. Eine generalistische Sicht und Vorgehensweise wird der sehr spezifischen Aufgabenstellung, die sich aus einem PE-Engagement ergibt, nicht gerecht. Insbesondere im Bereich Executive Search, also bei der professionellen Suche nach dem geeigneten Ersatz für das abgelöste Management, ist das Verständnis des PE-Geschäftsmodells essentiell.

Seine grundlegenden Charakteristika sollen daher hier noch einmal in Kurzform dargestellt werden:

- Am Private-Equity-Prozess sind drei Hauptakteure beteiligt:

    - Private-Equity-Fonds bzw. Kapitalgeber der KBG
      (zum Beispiel Banken und Versicherungen)
    - Private-Equity-Investor (KBG)
    - Portfoliounternehmen

- Das Private-Equity-Engagement ist zeitlich befristet: In der Regel beträgt die Haltedauer drei bis sieben Jahre.

- Die Wertsteigerung des Portfoliounternehmens steht für PE-Investoren im Mittelpunkt: Die Investoren streben eine möglichst hohe Rendite an und verfolgen deshalb eine Strategie der aktiv definierten Eigentümerposition (Neuausrichtung und/oder Umstrukturierung des Unternehmens).

- Der Erfolg des LBO hängt im besonderen Maße vom Nettocashflow ab: PE-Investoren zielen auf die Ausnutzung des Leverage-Effekts ab. Das bedeutet: Der Einsatz von Fremdkapital soll die Eigenkapitalrendite der Investition steigern. Um die Tilgung der Verbindlichkeiten zu sichern, muss im Portfoliounternehmen ein ausreichend hoher Nettocashflow generiert werden.

Mit dieser besonderen Konstellation der Akteure, den knappen Zeitvorgaben sowie den hohen Erwartungen und Zielen der Investoren wachsen die Anforderungen an die Personalberatung. Sie nimmt in der Praxis eine Schlüsselposition ein: Es ist ihre Aufgabe, ein PE-Engagement für alle Beteiligten zu einem nachhaltigen Erfolg zu führen, indem sie die Bedürfnisse und Ziele der Akteure sowie die Chancen und Risiken des Vorhabens analysiert und auf dieser Basis die richtigen Managementkandidaten identifiziert und integriert. Dabei muss sie sich bewusst sein, dass sich die idealen Kandidaten für PE-finanzierte Unternehmen in ihrem jeweiligen Kompetenzprofil von Führungskräften in Familien- oder Konzernunternehmen in vielen Teilen und Ausprägungen unterscheiden. Das optimale Management eines PE-Portfoliounternehmens muss sich unter anderem durch folgende Fähigkeiten und Merkmale auszeichnen:

- „Management by objectives" steht klar im Vordergrund;
- herausragendes analytisches, strategisches und dynamisches Denkvermögen;
- fundierte Kenntnis der Branche und des PE-Geschäftsmodells;
- besonders ausgeprägte Kennzahlen-, insbesondere Cashfloworientierung;
- Erfahrung in der Optimierung von Wertschöpfungsketten;
- umfassendes Know-how im Bereich Mergers & Acquisitions;
- große Verhandlungs- und Durchsetzungsstärke;
- internationale Erfahrung;
- zeitliche Befristung der Tätigkeit wird nicht als Nachteil oder Hindernis gesehen.

Es liegt auf der Hand, dass die damit umschriebene Anforderungsvielfalt dazu führt, dass in der Praxis lediglich ein kleiner und hochspezialisierter Kandidatenkreis für die Managementaufgabe in einem PE-Portfoliounternehmen in Betracht kommt. Es ist unumgänglich, dass diese Personen direkt und gezielt angesprochen werden. Um ein entsprechend umfassend qualifiziertes Management in kurzer Zeit identifizieren und rekrutieren zu können, muss die Personalberatung bereits im Vorfeld über ein korrespondierendes Netzwerk verfügen.

## VI.  Fazit und Ausblick

Fassen wir zusammen: Langfristige Rekrutierungsprozesse gehören angesichts zunehmender Private-Equity-Investitionen in deutschen Unternehmen definitiv der Vergangenheit an – genauso wie Personalberatungen, die nach wie vor primär auf eine prozessorientierte und generalistische Arbeitsweise setzen. Die PE-geprägte Gegenwart gehört tatsächlich jenen dynamischen Personalberatungen, die fokussiert arbeiten und recherchieren, den Markt verstehen, Teil der Community sind und Trends erkennen. Vor allem im Bereich Executive Search muss die Personalberatung aktiv handeln und – im wahrsten Sinne des Wortes – beraten. Es reicht hingegen keineswegs (mehr) aus, einfach nur Positionen zu besetzen. Diese spezialisierte Herangehensweise ist im Übrigen nicht nur bei PE-Engagements in der Automobilindustrie von vitaler Bedeutung, sondern grundsätzlich auf alle Branchen übertragbar (vgl. dazu Füchtner/T. Wegerich, S. 542ff.).

Die abschließende Frage ist daher: Welchen Einfluss wird Private Equity auf die Zukunft der Personalberatung haben? – Die klare Antwort lautet: Das Dienstleistungsangebot der Personalberatung auf dem Gebiet des Executive Search wird noch spezialisierter sein müssen, um noch gezielter und schneller die optimalen Kandidaten für eine anspruchsvolle Klientel auf Auftraggerberseite rekrutieren zu können. So wird neben der Fokussierung auf Private Equity und auf die Branchen der Portfoliounternehmen auch die Funktionsspezialisierung zu einem entscheidenden Erfolgsfaktor in der Praxis. Dabei werden insbesondere die Bereiche Changemanagement, Mergers & Acquisitions, Finance, Purchasing und Engineering von zentraler Bedeutung sein. Für PE-Investoren sind sie es bereits. Was das für die Zukunft der Personalberatung heißt, ist ganz eindeutig: Sie beginnt jetzt.

# Sicherheit und Verteidigung – Quo vadis?

Philipp B. Nisowzew, Bad Homburg

## I. Schlüsselindustrie – Produzenten und Zulieferer – Abnehmer

Ein Blick zurück: Während des Münchner Management Kolloquiums 2005 griff der damalige CEO der EADS, Thomas Enders, die Frage auf, was den Menschen unseres Landes zum Thema Industriestandort Deutschland und seinen wichtigsten Industrien einfallen würde.

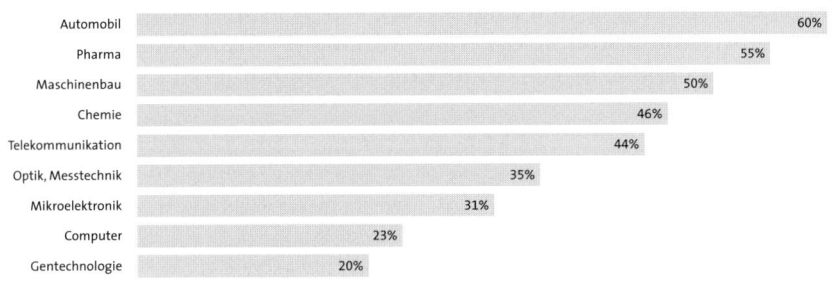

**Allensbach-Umfrage: Für welche Branchen ist Deutschland ein guter Standort?**
(in % der Befragten)

| Branche | % |
|---|---|
| Automobil | 60% |
| Pharma | 55% |
| Maschinenbau | 50% |
| Chemie | 46% |
| Telekommunikation | 44% |
| Optik, Messtechnik | 35% |
| Mikroelektronik | 31% |
| Computer | 23% |
| Gentechnologie | 20% |

▶ Verteidigung nicht als strategische Branche im Bewusstsein verankert!

*Abbildung 1: Attraktivität des Industriestandortes Deutschland nach Branchen (Quelle: IfD Allensbach 2004)*

Die Abbildung zeigt: Die Sicherheits- und Verteidigungsindustrie schien sich zum damaligen Zeitpunkt nicht als nationale Schlüsselindustrie in unseren Köpfen festgesetzt zu haben.

Heute befinden wir uns im Jahr 2011, und es scheint sich nicht viel in der Meinungsbildung getan zu haben. Und das, obwohl die deutschen Unternehmen im globalen Geschäft um die lukrativen Aufträge für mehr Sicherheit in der ersten Reihe stehen und Deutschland hinter den traditionellen Ausnahmeerscheinungen, den USA und der Russischen Föderation, sogar zu weltweit größten Zulieferernationen von Sicherheits- und Verteidigungs-Know-how gehört.

| Rang 2009 | Rang 2008 | Exporteur | 2009 (Mio. US-Dollar) |
|---|---|---|---|
| 1 | 1 | USA | 6.795 |
| 2 | 2 | Russland | 4.469 |
| 3 | 3 | Deutschland | 2.473 |
| 4 | 4 | Frankreich | 1.851 |
| 5 | 5 | Großbritannien | 1.024 |
| 6 | 6 | Spanien | 925 |
| 7 | 8 | China | 870 |
| 8 | 13 | Israel | 760 |
| 9 | 7 | Niederlande | 608 |
| 10 | 11 | Italien | 588 |
| 11 | 10 | Schweden | 353 |
| 12 | 9 | Schweiz | 270 |
| 13 | 16 | Belgien | 217 |
| 14 | 14 | Ukraine | 214 |
| 15 | 15 | Kanada | 177 |
| 16 | 20 | Südkorea | 163 |
| 17 | 17 | Südafrika | 154 |
| 18 | 41 | Singapur | 124 |
| 19 | 21 | Polen | 93 |
| 20 | 44 | Usbekistan | 90 |
| | | Andere | 422 |
| | | Total | 22.640 |

*Tabelle 1: Die 20 größten Exportländer von Sicherheits- und Verteidigungstechnik weltweit (Quelle: SIPRI, Top 20 Supplier 2009)*

Da die meisten Armeen der Industrienationen sich nicht mehr mit der Frage der Grundausrüstung auseinandersetzen, sondern sich vielmehr mit der Modernisierung und somit mit der Ablösung altgedienter Geräte und Systeme beschäftigen, ist es interessant zu sehen, wohin die (teilweise in besonders sensiblen Bereichen modifizierten und somit von der Ausrüstung der „Heimatarmeen und Sicherheitsbehörden" abweichenden) Varianten des Produktportfolios gehen.

Wenn man sich nun fragt, wer die drei größten Abnehmer der drei größten Lieferantennationen sind, dann ergibt sich die folgende Aufteilung: Die USA haben im Jahr 2009 Südkorea mit 14 Prozent, Israel mit 11 Prozent und die Vereinigten Arabischen Emirate mit weiteren 11 Prozent des Exportanteils im relevanten Sektor unterstützt. Die Russische Föderation unterstützte die Volksrepublik China mit 35 Prozent des relevanten Exports, Indien mit 24 Prozent und Algerien mit 11 Prozent. Die entsprechende Verteilung der Bundesrepublik Deutschland bezieht sich auf die Länder Türkei, Griechenland und Südafrika mit entsprechend 14 Prozent, 13 Prozent und 12 Prozent (SIPRI).

| Rang 2009 | Rang 2008 | Importeur | 2009 (Mio. US-Dollar) |
|---|---|---|---|
| 1 | 2 | Indien | 2.116 |
| 2 | 5 | Singapur | 1.729 |
| 3 | 16 | Malaysia | 1.494 |
| 4 | 15 | Griechenland | 1.269 |
| 5 | 1 | Südkorea | 1.172 |
| 6 | 6 | Pakistan | 1.146 |
| 7 | 3 | Algerien | 942 |
| 8 | 7 | USA | 831 |
| 9 | 21 | Australien | 757 |
| 10 | 13 | Türkei | 675 |
| 11 | 40 | Saudi-Arabien | 626 |
| 12 | 9 | VAE | 604 |
| 13 | 4 | China | 595 |
| 14 | 17 | Norwegen | 576 |
| 15 | 26 | Indonesien | 452 |
| 16 | 32 | Portugal | 431 |
| 17 | 22 | Spanien | 430 |
| 18 | 104 | NATO | 420 |
| 19 | 12 | Japan | 391 |
| 20 | 23 | Irak | 365 |
| | | Andere | 5.617 |
| | | Total | 22.640 |

*Tabelle 2: Die 20 größten Importländer von Sicherheits- und Verteidigungstechnik weltweit (Quelle: SIPRI, Top 20 recipients 2009)*

Der Zulieferer kommt also zumeist aus den Industrienationen. Der klassische Abnehmer sind die aufstrebenden Länder, deren Entwicklung den Zenit noch nicht überschritten hat. Welche Schlussfolgerung können wir aus den obigen Darstellungen des aktuellen Markts ziehen? – Die Sicherheits- und Verteidigungsindustrie richtet sich im Wesentlichen nach den gleichen Regeln wie die übrigen Industriezweige. Angebot und Nachfrage und somit marktwirtschaftliche Mechanismen sind auch hier entscheidend. Diese Grundzüge werden branchenspezifisch um einige weitere relevante Faktoren ergänzt, die hier nicht näher ausgeführt werden sollen.

Die oben dargestellte Marktaufteilung beantwortet die Frage, ob die Sicherheits- und Verteidigungsindustrie als eine der Schlüsselindustrien in der Bundesrepublik Deutschland eingestuft werden kann, mit einem eindeutigen Ja. Laut Bundesverband der Deutschen Industrie e.V. erwirtschaftet die deutsche Sicherheits- und Verteidigungsindustrie einen Jahresumsatz von knapp 17 Milliarden Euro und stellt damit einen bedeutenden Wirtschaftsfaktor für den Standort Deutschland und dessen Zukunft dar. Mit rund 80.000 qualifizierten Beschäftigten ist dieser

Industriezweig eine strategische Ressource und darüber hinaus ein Instrument einer aktiven Außen- und Sicherheitspolitik. Deutsches Know-how, Wertschöpfung und Arbeitsplätze sind zu sichern und auszubauen. Vor dem Hintergrund des hohen Exportanteils und knapper nationaler Beschaffungsmittel ist es zum langfristigen Erhalt und Ausbau der nationalen wehrtechnischen Kernfähigkeiten entscheidend, die Marktposition deutscher Produkte auf Exportmärkten zu sichern und auszubauen.

Hier steht die deutsche Industrie im weltweiten Wettbewerb mit vielen Unternehmen, die massive politische und wirtschaftliche Unterstützung erhalten. Zum Erhalt wehrtechnischer Kernfähigkeiten und hochqualifizierter Arbeitsplätze in Deutschland müssen vor allem mehr Mittel in die Forschung investiert und die wettbewerblichen Rahmenbedingungen harmonisiert werden. Die strategische Positionierung der deutschen wehrtechnischen Industrie ist in Europa dringend erforderlich, da trotz zunehmender europäischer Rüstungskooperation und Industriekonsolidierung kein EU-Staat einseitig auf Fähigkeiten verzichten wird. Das Marktumfeld der deutschen Sicherheits- und Verteidigungsindustrie beschränkt sich nicht mehr ausschließlich auf den rein wehrtechnischen Kontext. Ein erweitertes und ganzheitliches Sicherheitsverständnis erfordert heute angepasste unternehmerische Aktivitäten.

Hierzu gehört unter anderem das Einbeziehen von Dual-Use-Technologien genauso wie die Interaktion mit verschiedenen Sicherheitsbehörden, die einen unterschiedlichen Anspruch an technische Befähigungen stellen. Das Kundenumfeld wird somit komplexer, und technische Lösungen müssen diesem Anspruch gerecht werden. So können Themen wie etwa Aufklärung, Grenzüberwachung und sichere Kommunikation durchaus in einem militärischen Kontext verstanden werden, aber auch in Bezug auf die Innere Sicherheit oder mit Blick auf ermächtigte Polizeikräfte im gemeinsamen Einsatz mit Streitkräften im Ausland. Daraus folgt, dass die deutsche Sicherheits- und Verteidigungsindustrie eine strategische Dimension für Deutschland einnimmt.

## II. Kategorien – Entwicklungstrends – Kooperationen

Die Sicherheits- und Verteidigungsindustrie kann in drei Hauptkategorien eingeteilt werden.

- Unternehmen zur Herstellung von schwerem Gerät: Diese Unternehmen stellen Artillerie, Kriegsschiffe, Militärflugzeuge und sonstiges schweres Kriegsgerät her. Die Produkte dieser Unternehmen sind fast ausschließlich zum militärischen Einsatz bestimmt.

- Unternehmen zur Herstellung von leichtem Gerät: Diese Unternehmen stellen Feldausrüstung, Gewehre, Infanterieausrüstung, Pistolen und sonstige leichte Waffen her. Ihre Produkte finden teilweise auch eine zivile oder polizeiliche Verwendung.

- Unternehmen zur Herstellung von ABC-Waffen: Diese Unternehmen stellen atomare, biologische und chemische Waffen her. Sie befinden sich zumeist im staatlichen Besitz oder unter staatlicher Kontrolle.

*Asymmetrische Bedrohungen, neue Szenarien – Potentiale statt Arsenale*
Seit dem Ende des Zweiten Weltkriegs gab und gibt es einige regionale Kriegsschauplätze, die eine zunehmend andere Herangehensweise und entsprechend andere Anforderungen an die Armeen unserer Welt stellen. Terrorbekämpfung, regionale Konflikte und humanitäre Einsätze zwingen die Verteidigungsindustrie zur massiven Verbesserung der Fähigkeit der eigenen Produkte. Potentiale statt Arsenale – das ist die Devise. Um diese Ziele zu erreichen, müssen Unternehmen in neue Ideen investieren. Da Ideen bekannterweise von Menschen entwickelt werden, müssen also die Human Resources vorhanden sein. Doch der Kampf um Talent und Human Capital nimmt aufgrund des hohen Wettbewerbsdrucks deutlich zu.

Eine weitere Kernanforderung ist die weltweite Mobilitätsfähigkeit/Verlegbarkeit von Einheiten/Verbänden, auch „Power Projection" in Fachkreisen genannt. Gerade hier kommt es für deutsche Unternehmen sehr darauf an, sich aufgrund der Historie und guter Produkte aus der Vergangenheit künftig gegen eine starke Konkurrenz durchzusetzen.

*Umbau der Streitkräfte – stagnierende Budgets*
Da die moderne Militärdoktrin davon ausgeht, deutlich differenzierter und lösungsorientierter an Konflikte herangehen zu müssen, gibt es seit einiger Zeit eine neue Einteilung der Verteidigungskräfte in Einsatz-, Stabilisierungs- und Unterstützungskräfte. Diese Spezialisierung muss entsprechend der einzelnen Vorhaben gefördert und unterstützt werden. Aus einer klassischen Einheitsarmee mit den entsprechenden Waffengattungen geht man zu spezialisierten mobilen Gruppierungen über. Eine derartige Umgruppierung kann zumindest in den Anfängen sehr kostenintensiv werden.

*Homeland Security*
Ein weiteres großes Thema ist die Auflösung der klassischen Grenzen Innere Sicherheit – Äußere Sicherheit. Der Wunsch nach allgemeiner Vernetzung und damit nach einem effektiveren Informationsaustausch steht an nahezu erster Stelle, wenn man mit den Repräsentanten der entsprechenden Organisationen spricht. Sicherheitsbehörden, Feuerwehr, Rotes Keuz, THW etc. sollen im Bedarfsfall miteinander wirkungsvoll, sicher und ungestört kommunizieren können.

*Von Produkten zu Lösungen*
Darüber hinaus haben viele Unternehmen die Wichtigkeit der umfassenden Technologiekompetenz auf der einen Seite und die der finanziellen Leistungsfähigkeit auf der anderen Seite erkannt. Einzelne Produkte deutscher Unternehmen, die traditionell als sehr stark im internationalen Wettbewerb empfunden werden, müssen in ein System von Einzellösungen integriert werden, um so letztlich den Nachfragenden einen Mehrwert bieten zu können. Um einen solchen Mehrwert zu ermöglichen, bedarf es der entsprechenden Finanzleistungsfähigkeit.

*Stand-alone Solutions versus Kooperation*
Über die Rolle Deutschlands innerhalb des hier relevanten Industriezweigs wurde bereits berichtet. Anhand der folgenden Tabellen erkennt man leicht, dass – abgesehen vom europäischen Gemeinschaftsunternehmen EADS – der erste deutsche Vertreter, die Rheinmetall-Gruppe, lediglich Platz 30 der global operierenden Unternehmen erreicht.

Diese Tatsache hat Konsequenzen: Deutsche Unternehmen der Sicherheits- und Verteidigungsindustrie sind zu klein, um im Alleingang den Herausforderungen der Zukunft erfolgreich zu begegnen. Sie sind auch zu klein, um den Weg vom Produktanbieter oder nationalen Systemanbieter hin zu einem Anbieter von Systemlösungen globaler Größe gehen zu können. Hinzu kommt auch der nicht vorhandene politische Wille der Regierung, in diese Schlüsselindustrie zu investieren.

| Rang 2009 | Unternehmen | Geschäfts-führung | Land | Rang 2008 | Verteidigungs-einnahmen 2009 | Verteidigungs-einnahmen 2008 | Veränderung in Prozent |
|---|---|---|---|---|---|---|---|
| 1 | Lockheed Martin | Robert Stevens, Chairman und CEO | USA | 1 | 42.025,70 | 39.739,80 | 5,8 |
| 2 | BAE Systems | Ian King, CEO | Groß-britannien | 2 | 33.418,80 | 32.708,70 | 2,2 |
| 3 | Boeing | W. James McNerney, Chairman, President und CEO | USA | 3 | 31.932,00 | 31.082,00 | 2,7 |
| 4 | Northrop Grumman | Wes Bush, resident and CEO, | USA | 4 | 30.656,90 | 26.579,00 | 15,3 |
| 5 | General Dynamics | Jay Johnson, Chairman und CEO | USA | 5 | 25.904,60 | 22.854,00 | 10,3 |
| 6 | Raytheon Company | William, Swanson Chairman und CEO | USA | 6 | 23.139,30 | 21.551,80 | 7,6 |
| 7 | EADS | Louis Gallois, CEO | Nieder-lande | 7 | 15.013,70 | 16.208,40 | 7,4 |
| 8 | Finmeccanica | Pierfrancesco Guarguaflinil, Chairman und CEO | Italien | 9 | 13.332,10 | 10.219,50 | 30,5 |
| 9 | L-3 Communi-cations | Michael Strianese, Chairman, President und CEO | USA | 8 | 13.014,00 | 12.159,00 | 7 |
| 10 | United Technologies | Louis Chenevert, Chairman und CEO | USA | 10 | 11.100,00 | 9.975,80 | 11,3 |
| 11 | SAIC | Walt Haven-stein, CEO | USA | 12 | 8.400,00 | 7.661,00 | 9,6 |
| 12 | Thales | Luc Vigneron, Chairman und CEO | Frank-reich | 11 | 8.032,00 | 7.944,10 | 1,1 |
| 13 | ITT | Steven Loranger, Chairman, President und CEO | USA | 13 | 6.097,50 | 6.094,10 | 0,1 |
| 14 | KBR | William Utt, Chairman, President und CEO | USA | 14 | 5.410,20 | 6.674,40 | 10,9 |
| 15 | Honeywell | David Cote, Chairman und CEO | USA | 15 | 5.382,00 | 5.313,00 | 1,3 |
| 16 | Booz Allen Hamilton | Ralph Shrader, Chairman und CEO | USA | 22 | 4.299,00 | 3.575,00 | 20,3 |

| Rang 2009 | Unternehmen | Geschäfts-führung | Land | Rang 2008 | Verteidigungs-einnahmen 2009 | Verteidigungs-einnahmen 2008 | Veränderung in Prozent |
|---|---|---|---|---|---|---|---|
| 17 | CSC | Michael Laphen, Chairman, President und CEO | USA | 21 | 4.203,30 | 3.800,00 | 10,6 |
| 18 | GE Aviation | David Joyce, President und CEO | USA | 18 | 4.200,00 | 4.200,00 | 0 |
| 19 | URS | Martin Koffel, CEO | USA | 24 | 3.483,30 | 3.370,00 | 3,3 |
| 20 | DCNS | Patrick Boissier, Chairman und CEO | Frank-reich | 25 | 3.355,00 | 3.686,30 | 9 |
| 21 | Textron | Scott Donnelly, President und CEO | USA | 23 | 3.300,00 | 3.400,00 | 2 |
| 22 | Almaz-Antei | Vladislav Menshikov, Director | Russland | 16 | 3.263,00 | 4.335,20 | −24,7 |
| 23 | Rolls-Royce | Sir John Rose, CEO | Groß-britannien | 17 | 3.146,90 | 3.131,00 | 0,5 |
| 24 | Safran | Jean-Paul Herteman, Président du directoire | Frank-reich | 27 | 3.067,70 | 3.037,90 | 1 |
| 25 | Navistar Defense | Daniel Ustian, Chairman, President und CEO | USA | 19 | 2.885,00 | 4.000,00 | 27,9 |
| 26 | Mitsubishi Heavy Industries | Hideaki Omiya, President | Japan | 26 | 2.833,10 | 3.138,20 | −9,7 |
| 27 | ATK | Mark DeYoung, President und CEO | USA | 29 | 2.740,00 | 2.850,00 | −3,9 |
| 28 | Elbit Systems | Joseph Ackerman, President und CEO | Israel | 32 | 2.690,80 | 2.506,10 | 10,8 |
| 29 | Harris | Howard Lance, Chairman, President und CEO | USA | 33 | 2.686,70 | 2.465,70 | 8,9 |
| 30 | Rheinmetall | Klaus Eberhardt, CEO | Deutsch-land | 31 | 2.646,60 | 2.668,70 | 0,8 |

*Tabelle 3: Übersicht über die größten Unternehmen in der Sicherheits- und Verteidigungsindustrie (Quelle: Defense News Top 100 for 2009; Beträge in Mio. US-Dollar)*

*Europäische Kooperation als Lösung*
Die politische Welt hat sich in den vergangenen Jahrzehnten wesentlich verändert und befindet sich in einer weiteren Umbauphase. Das hat natürlich Auswirkungen auf den Verteidigungsmarkt: Im Kalten Krieg waren die Marktbedingungen im westlichen Bündnis klar definiert. Die Unternehmen agierten in einem geschützten Umfeld jenseits der marktwirtschaftlichen Wettbewerbsgesetze.

Mit der Wiedervereinigung Deutschlands und dem Ende des Ost-West-Konflikts wurde eine friedliche Phase erwartet. Das führte zu enormen Marktturbulenzen und nationalen Konzentrationsprozessen: Die Verteidigungsbudgets und Truppenstärken wurden erheblich reduziert, die Nachfrage brach ein, Unternehmen gerieten unter stärkeren Kostendruck und bauten in Westeuropa Arbeitsplätze um 50 Prozent ab. Es entstanden in den Ländern im Zuge der notwendigen Restrukturierungen große Technologiekonzerne, die „National Champions". Besonders in der Luft- und Raumfahrtindustrie erfolgte ein schneller und intensiver Konzentrationsprozess.

Heute gibt es hingegen ein verändertes Aufgabenfeld: Staaatliche Sicherheitsvorsorge umfasst inzwischen neben der Landesverteidigung auch Krisenmanagement, Friedensschaffung und -erhaltung sowie den Kampf gegen internationalen Terrorismus. Diese veränderten militärischen Anforderungen haben gravierende Auswirkungen auf den Verteidigungsmarkt. Dieser muss wettbewerbsfähig gemacht werden und von einem sehr kleinteiligen zu einem integrierten europäischen Markt ausgebaut werden. Nur dann können effektive Verteidigungskapazitäten aufgebaut werden (insbesondere im Bereich des Krisenmanagements) und gemeinsame, länderüberrgreifende Waffenanschaffungen erfolgen. Nur dann können die Rüstungsaktivitäten der Mitgliedstaaten entwickelt und koordiniert werden, so dass ein Innovationsvorsprung erhalten bleibt.

Während sich in den USA wenige große Unternehmen laut „Defense News" einen Markt von jährlich rund 130 Milliarden Euro teilen, wird der kleinere europäische Markt aufgrund seiner Geschichte durch eine Vielzahl von Unternehmen und unterschiedliche nationale Bedingungen geprägt. Es existiert daher eine höhere Vielfalt an verwendeten Waffensystemen als auf dem US-Markt mit entsprechend höheren Produktions- und Unterhaltungskosten für die einzelnen Systeme. Im Gegensatz zum fast abgeschotteten US-Markt drängen auf den offeneren europäischen Markt auch die US-Anbieter.

Die Streitkräfte der EU-Länder befinden sich derzeit in einem tiefgreifenden Transformationsprozess. Ein erfolgskritisches Element ist die

Gestaltung eines europäischen Verteidigungsmarkts: Es bestehen erhebliche Rationalisierungs- und Optimierungspotentiale aufgrund der Reduzierung von Budgets, der zunehmenden Komplexität militärischer Systeme, ausufernder Kosten und der Notwendigkeit zur Kooperation der Bündnispartner. Daraus folgt: Die Europäische Union muss ihren Verteidigungsmarkt zusammenführen, um weiterhin wirksam international tätig werden zu können.

## III.  Anforderungen an die Personalberatung in der Sicherheits- und Verteidigungsindustrie

Die Sicherheits- und Verteidigungsindustrie stellt die Personalberatung vor besondere Herausforderungen. So gibt es angesichts immer öfter auftretender Regionalkonflikte, verbunden mit zahlreichen Opfern, zunehmend Ressentiments gegenüber diesen „Produzenten von Krieg". Es stellt sich daher die Frage nach der richtigen Rekrutierungsmethode. Der Berater ist aufgefordert, Talente für seine Auftraggeber zu begeistern.

Eine einfache Steigerung der Einkommenskomponente und der Privilegien reicht heute in der Praxis zumeist nicht aus. Vor diesem Hintergrund ist es besonders wichtig, dass der Berater die Anforderungen seiner Kunden sehr gut kennt, um auch branchenfremde Kandidaten, die sich für einen Wechsel in diese Branche hinein interessieren, nicht zu enttäuschen. Etwa 70 Prozent der Führungskräfte der Sicherheits- und Verteidigungsindustrie in Deutschland befinden sich an der Schwelle des Rentenalters und haben ihre Industrie über Jahrzehnte hinweg vertreten. Die durchschnittliche Verweildauer im jeweiligen Unternehmen beträgt unserer Erfahrung nach 15 bis 25 Jahre – das spricht für eine starke Spezialisierung auf das entsprechende Segment. Der demographische Wandel und der Mangel an Ingenieuren tragen dazu bei, dass es innerhalb dieses Sektors in absehbarer Zeit zu verstärkten Rekrutierungsmaßnahmen der Unternehmen kommen wird.

Die Vergangenheit hat gezeigt, dass vor dem Hintergrund wachsender Erwartungen an die Führungskräfte hinsichtlich Prozessoptimierungsfähigkeit und vernetzter Sichtweise, bei Suchauftragsvergaben der Wunsch der Unternehmen nach High Potentials und gestandenen Managern anderer Industriezweige sehr hoch angesiedelt war. Da die Sicherheits- und Verteidigungsindustrie historisch gesehen eine Art „Staat im Staate" ist, sei die Prognose gewagt: Der Markt für Personalberater, die branchenfokussiert, aber auch branchenübergreifend tätig sind und aufgrund ihrer Tätigkeit die entsprechenden qualifizierten Kandidaten persönlich kennen und einschätzen können, wird weiterhin bestehen (vgl. dazu ausführlich C. Wegerich, S. 425ff., und Füchtner/T. Wegerich, S. 542ff.). Ein aus dieser Quelle kommender Lösungsvorschlag für das suchende Unternehmen ist mit keiner Anzeige oder sonstigem Rekrutierungsinstrument zu ersetzen. Es ist der Berater, der – vorausgesetzt, er ist gut informiert und in seiner Branche verankert – den entscheidenden Vorsprung für seinen Auftraggeber bewirken kann.

# Die Gesundheitswirtschaft: Life-Science, Healthcare, Pharma und Medizintechnik aus Sicht des Personalberaters

Fritz Grupe, Hamburg

## I. Der Markt im Überblick

In der Gesundheitswirtschaft arbeiten in Deutschland mehr als 4,5 Millionen Menschen, die einen Jahresumsatz von etwa 300 Milliarden Euro erwirtschaften. Somit sind nahezu 11 Prozent aller Beschäftigten in der Gesundheitsbranche tätig. Davon haben mehr als 2 Millionen Menschen eine „klassische" Ausbildung als Arzt oder als Gesundheits- und Krankenpfleger.

Die zweite nahezu vergleichbar große Gruppe von Beschäftigten arbeitet in der Administration der Gesundheitseinrichtungen sowie in der Pharma- und Medizintechnikindustrie.

10 Prozent der Gesamtbeschäftigten in der Gesundheitswirtschaft, also etwa 400.000 Menschen, nehmen Führungs- und Managementaufgaben wahr. Davon arbeiten etwa 50 Prozent, also rund 200.000 Mitarbeiter, in Arztpraxen, Apotheken, Zahntechnikerlaboren, Physiotherapiepraxen und im Pflegebereich, so dass im klassischen Führungs- und Managementbereich mittelgroßer bis großer Unternehmen der Gesundheitswirtschaft von bundesweit etwa 200.000 Führungskräften ausgegangen werden kann.

## II. Interne und externe Faktoren künftiger Veränderungsprozesse

### 1. Die Treiber des Wandels

Die zukünftigen Entwicklungen in der Gesundheitswirtschaft werden durch eine hohe Veränderungsdynamik mit gravierenden Anpassungszwängen an neue gesetzliche Bestimmungen geprägt sein. Neustrukturierungen, Prozessoptimierungen, neue medizinische Leistungsportfolios, die sinnvolle Verknüpfung ambulanter und stationärer Leistungen sowie die Ausschöpfung von Synergien durch intensivere Kooperationen sind wesentliche Erfolgsfaktoren für die zukünftige Gesundheitswirtschaft. Hierzu zählt auch die zunehmende Integration medizinischer Dienstleistungen mit dem Pharma- und Apothekenmarkt, den Krankenkassen, Krankenversicherungen und der Medizintechnikindustrie.

Auch die geplante Implementierung der „Professional eHealth Card" (vgl. dazu ausführlich Trill/Grupe, GEMINI Management & Markets, Bad Homburg, 2008) wird in ihrer endgültigen Fassung ein wesentlicher Optimierungsaspekt zur effizienten Integration aller am Gesundheitsprozess eines Patienten beteiligten Personen sein und die weitere Entwicklung in der gesamten Gesundheitswirtschaft erheblich beschleunigen.

Die Kosten werden weiterhin die Diskussion in der Öffentlichkeit beherrschen. Aufgrund engerer Verteilungsspielräume werden die Bürger gezwungen sein, einen wachsenden Anteil am Gesundheitsbudget selbst zu tragen. Dies wird von den Bürgern in einer begrenzten nachvollziehbaren Kostenbeteiligung akzeptiert werden. Allerdings bleibt die Herausforderung der Krankenhäuser bestehen, die eigene Effizienz der Dienstleistung zu erhöhen. Sie bewerkstelligen dies zum Beispiel durch eine vermehrte Vernetzung der Leistungsanbieter, durch zunehmende Transparenz und letztlich auch durch den Einsatz von Informations- und Kommunikationstechnologien.

## 2. Der Patient: vom Bittsteller zum selbstbewussten Kunden ärztlicher Dienstleistung

Neben den internen Veränderungsprozessen steigen auch die Ansprüche der Patienten. Ausschlaggebend dafür sind die zunehmende Alterung der Bevölkerung und deren Sensibilisierung für Gesundheitsthemen wie Prävention oder betriebliche Gesundheitsfürsorge. Bei den jüngeren Patienten ist vor allem das Interesse an Lifestylemedizin und Wellness ungebrochen. Dies lässt die Nachfrage nach Gesundheitsdienstleistungen und entsprechenden Produkten stetig wachsen. Außerdem hat sich damit das Selbstverständnis der Patienten deutlich verändert: Aus dem Bittsteller, der froh war, eine Gesundheitsleistung in Anspruch nehmen zu dürfen, wird der selbstbewusste Nachfrager anspruchsvoller ärztlicher Dienstleistung.

Dieser Wandel wirkt sich gravierend auf die jeweiligen Organisationen und die organisatorischen Abläufe in der Gesundheitswirtschaft aus. Der Patient erwartet heute vor allem kurze Wartezeiten und ein Personal mit Dienstleistungsmentalität. Beides sind mittlerweile entscheidende Erfolgsfaktoren für die Wettbewerbsfähigkeit.

## 3.   Neue Anforderungen an das Management in Krankenhäusern

Ein geordnetes Patientenmanagement, standardisierte Dokumentationen in Form von „Patientenpfaden" und eine konstant hohe Qualität ärztlich-pflegerischer Leistungen sind gefragt. Dies wiederum verlangt, eine hochkomplexe Prozesskette optimal zu steuern, um unabhängig von Personen ein reproduzierbares, qualitativ hochwertiges Ergebnis zu erreichen.

Das erfolgreiche Management interner Veränderungsprozesse in Kongruenz zu nachfrageorientierten Leistungsangeboten wird somit in den nächsten Jahren einer der wesentlichen Erfolgsfaktoren für alle Unternehmen und Einrichtungen in der Gesundheitswirtschaft sein. Hierfür muss zum einen das Management bei finanziell knappen Ressourcen und stetig sinkender Halbwertszeit fachspezifischer Kenntnisse und gesetzlicher Reglementierungen die fachlichen und persönlichen Anforderungen erfüllen. Die Mitarbeiter müssen aber auch in die Veränderungsprozesse einbezogen und für die stetig stattfindenden Umgestaltungsprozesse gewonnen werden.

## III.   Wettbewerb und Marke

### 1.   Der Gesundheitsmarkt im Wandel

Die Veränderungen der vergangenen Jahre haben bereits zu mehr Wettbewerb im deutschen Gesundheitswesen geführt. Wir können davon ausgehen, dass sich diese Entwicklung fortsetzen wird. Unter dieser Prämisse wird die Auseinandersetzung sowohl mit regionalen als auch mit überregionalen Wettbewerbseinrichtungen für jedes Unternehmen im Gesundheitswesen von strategischer Relevanz sein. Ein Blick in andere Märkte zeigt, dass Unternehmen erfolgreich sind, die es geschafft haben, einen Markencharakter für ihre Produkte, Dienstleistungen oder für das Unternehmen selbst erfolgreich zu entwickeln und zu etablieren.

Marken sind in der Gesundheitswirtschaft aus dem Pharma- und dem medizintechnischen Bereich bereits bekannt. Der Wunsch, als Marke wahrgenommen zu werden, ist bei Krankenhäusern und Krankenkassen ebenso anzutreffen (vgl. dazu Trill/Gruppe, GEMINI Management & Markets, Bad Homburg, 2009).

Andere Branchen haben gezeigt, dass sich der Markenstatus positiv auf die Unternehmensentwicklung auswirkt. Außerhalb Deutschlands – denken wir beispielsweise an die Mayo-Klinik und das Johns Hopkins Hospital in den USA – sind Krankenhausmarken entstanden, die sogar einen internationalen Bekanntheitsgrad erlangt haben. Auch deutsche Krankenhäuser behaupten von sich, dass sie bereits einen Markenstatus besitzen. Untersuchungen deuten aber darauf hin, dass eine Dissonanz zwischen Selbst- und Fremdbild vorliegt.

Krankenhäuser müssen sich in der Zukunft um die Kundengewinnung und die Kundenbindung intensiv bemühen und die dazu geeigneten marketingpolitischen Instrumente einsetzen. Der anzustrebende Markenstatus schafft eine emotionale Bindung zwischen den Kunden einerseits und dem Unternehmen, seinen Dienstleistungen und den Mitarbeitern andererseits.

Alle marketingpolitischen Maßnahmen müssen zielgruppenorientiert ausgerichtet werden, wobei der Patient und der niedergelassene Arzt – als Einweiser – in den Fokus des marketingpolitischen Agierens rücken. Nicht unterschätzt werden darf aber auch die Wirkung auf die Krankenkassen, die auch als eine Kundengruppe aufzufassen sind.

## 2. Bedeutung der Marke am Beispiel eines Krankenhauses

Bei zunehmender Wettbewerbsintensität werden Marken zukünftig eine wichtige Rolle spielen. Daher ist die Fragestellung, ob ein Unternehmen einen Markenstatus einnehmen will und einnehmen kann, eine Frage von strategischer Relevanz, und zwar auch für jedes Krankenhaus.

Aber was bedeutet eigentlich Markenbildung oder Branding in der Gesundheitswirtschaft? Was ist thematisch bereits vorhanden, und wo befinden sich die Defizite (vgl. dazu Trill/Grupe, 2009)? – Wenn ein Klinikum von sich behauptet, das modernste Europas zu sein, stellt sich die Frage, wodurch sich das Haus besonders auszeichnet. Ist es die Gebäudekonzeption; sind es über alle medizinischen Fachbereiche hinweg die jeweils besten Ärzte; ist es eine besonders innovative IT-Struktur; ist es eine auf den Patienten abgestimmte, optimierte und effiziente Organisationsstruktur; oder sind es die hochmotivierten, leistungsfähigen Mitarbeiter der unterschiedlichen medizinischen, pflegerischen, administrativen und technischen Unternehmensbereiche? Das Optimum wäre sicherlich ein Konglomerat aus allen dargestellten Qualitätskriterien, deren Realisierung indes in der Praxis ungemein schwierig ist.

Eine Marke muss sich direkt und indirekt über die Mitarbeiter entwickeln. Hierzu zählen in erster Linie die Identifizierung der Mitarbeiter mit dem Unternehmen, die Freude an der täglichen Arbeit und die persönliche Leidenschaft für die eigene Leistung. Motivierende Arbeitsbedingungen und eine Wertschätzung, die sowohl vertikal als auch horizontal durch alle Hierarchieebenen verlaufen sollte, ist dabei wichtig. Nur so erreichen die Organisationen eine überzeugende positive Strahlkraft von innen nach außen. Bisher ist noch kein Unternehmen im Gesundheitswesen bekannt, dem es gelungen ist, eine Markenbildung in diesem so verstandenen Sinn erreicht zu haben. Einige sind aber heute auf einem guten Weg, eine entsprechende Vorreiterrolle zu übernehmen und können bereits erste Erfolge verzeichnen. Sie werden vermutlich auch in den nächsten Jahren weitere Impulse setzen und ihren Markenstatus weiterentwickeln.

Zu berücksichtigen ist, dass die Wettbewerbsintensität in der Branche sehr unterschiedlich ausgeprägt ist. Dazu zählen als Variable das medizinische und pflegerische Leistungsspektrum, die Größe einer Klinik sowie der jeweilige Standort. Bei allen strategischen Überlegungen wird immer wieder zu hinterfragen sein, ob beispielsweise die Wettbewerbsintensität in Ballungsgebieten und Großstädten intensiver empfunden wird als in ländlichen Bereichen und welche damit einhergehenden Handlungsaktivitäten hinsichtlich des marketingpolitischen Instrumentariums daraus resultieren.

Marken erfüllen für ein Unternehmen folgende Funktionen:

- Marken dienen zur Differenzierung von den Angeboten des Wettbewerbs.

- Marken führen zu einer hohen Loyalität und Bindung an das Unternehmen.

- Marken profitieren von sogenannten Halo-Wirkungen (ein erster positiver Eindruck führt zur Suche nach weiteren positiven Merkmalen, dieser Halo-Effekt findet auch in der Personalbeurteilung statt).

- Marken bieten eine Plattform zur Entwicklung neuer Leistungsangebote.

- Marken schützen den eigenen Leistungsbereich vor Krisen, sie stärken die eigene Wettbewerbsposition und die Handlungsmacht gegenüber Marktpartnern.

Für den Kunden/Patienten haben Marken ebenfalls Funktionen, die wiederum dem Unternehmen zugutekommen können. Hierzu zählen:

- die Entlastungsfunktion (Kliniken werden bezüglich des Informationssuchverhaltens potentieller Patienten entlastet)

- die Orientierungsfunktion

- die Qualitätssicherungsfunktion

- die Vertrauensfunktion

- die Identifikationsfunktion (Patienten übertragen die Eigenschaften einer Marke auf sich selbst, die Nachhaltigkeit klinischer Marketingmaßnahmen wird dadurch besonders positiv beeinflusst)

- die Prestigefunktion

Bei der Nachfrage nach klinischen Leistungen gibt es funktionale und emotionale Dimensionen, wobei im Bereich der Krankenhäuser („Gesundheit als Gut") insbesondere emotionale Faktoren eine wesentliche Rolle spielen. Das führt dazu, dass der Begriff des Markenvertrauens eine besondere Gewichtung erhält und in den Mittelpunkt rückt.

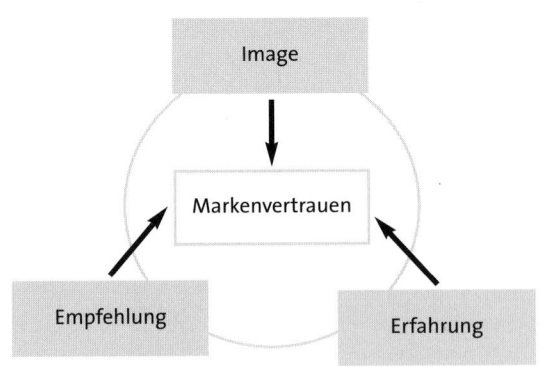

*Abbildung 1: Einfluss von Image, Erfahrung und Empfehlung auf die Markenbildung (Quelle: Trill/Grupe, 2009, S. 19)*

Das Vertrauen in die Kompetenz und Leistungsfähigkeit eines Krankenhauses wird insbesondere gespeist durch die eigene Erfahrung als Patient, das Image und die Empfehlung. Hier zeigt sich ein erster Trend dahingehend, dass die Empfehlung von Freunden oder Angehörigen gegenüber der Empfehlung des Arztes an Bedeutung zu gewinnen scheint.

Nicht unerwähnt bleiben sollte die absehbare starke Entwicklung gut ausgebildeter, qualifizierter Frauen in der Gesundheitsbranche. Dabei besetzen sie neben den klassischen Tätigkeiten innerhalb der Pflege auch den Bereich der ärztlichen Aufgaben. In den Hörsälen der medizinischen Studiengänge sitzen heute zu 70 Prozent Frauen. Sie werden in den nächsten Jahren ihre ärztliche Tätigkeit aufnehmen und auch eine Chefarztposition übernehmen. Um diese Voraussetzungen zu schaffen, bedarf es neben der Etablierung von Kindertagesstätten auch organisatorischer Veränderungen. Diese rangieren von der Möglichkeit von „Doppelspitzen" über adäquate Teilzeitbeschäftigungen bis zu temporär begrenzten „Springermöglichkeiten". Natürlich gehört zum Markenanspruch eines Krankenhauses auch ein nachhaltig gelebtes Leitbild, das leider nicht immer bei allen Mitarbeitern im Sinne der Patientenzufriedenheit wahrgenommen wird.

Die heute noch vorhandenen, teilweise erheblichen Defizite in den Bereichen Information, Service, Betreuung, Beratung, Organisation und Mitarbeitermotivation können auf dem Weg der strategischen Entwicklung zu einer Marke signifikant verbessert werden. Die vielen täglichen persönlichen Gespräche der Personalberater mit ärztlichen, kaufmännischen und pflegerischen Führungskräften und Spezialisten aus dem IT-Bereich bestätigen, dass in der Gesundheitswirtschaft das Potential an Optimierungsmöglichkeiten im Sinne einer Markenbildung bei weitem noch nicht ausgeschöpft ist. Viele Unternehmen verzeichnen aber gute Erfolge und haben für die Zukunft bereits die richtigen strategischen Weichenstellungen vorbereitet.

## 3.    Voraussetzungen auf dem Weg zur Marke eines Krankenhauses

Mehr als 80 Prozent der Befragten haben in der Studie „Markenbildung in der Gesundheitswirtschaft" (Trill/Grupe, 2009) angegeben, den Markenstatus als wichtiges strategisches Ziel erreichen zu wollen. Überwiegend bezieht sich diese Aussage auf die Marke des jeweiligen gesamten Krankenhauses. Eine Minderheit versucht, eine Marke für bestimmte Krankheitsbilder oder für bestimmte Abteilungen aufzubauen. Langfristig scheint die Bedeutung der Markenausrichtung auf bestimmte Personen (Personenmarke) im Krankenhaus vernachlässigt zu werden. Die Entwicklung wird primär zu Unternehmensmarken/ Dachmarken führen. Auch diese Tatsache entspricht dem zuvor bereits erwähnten Halo-Effekt, der von der Gesamtqualität eines Krankenhauses auf die Leistungen einzelner Abteilungen und Krankheitsbilder ausstrahlen würde.

Wichtige Voraussetzungen für die Etablierung einer Marke sind die Erfahrungen und Erlebnisse des Patienten entlang der gesamten Prozesskette während des Krankenhausaufenthalts. Sie müssen über alle Teilprozesse hinweg konsistent mit dem Versprechen des Krankenhauses sein, um Vertrauen und damit verbunden eine nachhaltige Kundenbindung aufzubauen. Mindestens genauso prägnant wird die Rolle des Mitarbeiters als Einflussfaktor auf den Markenstatus empfunden. Der direkte und alltägliche Patientenkontakt des Mitarbeiters über alle Fachbereiche hinweg hat, unabhängig vom Ergebnis der medizinischen Behandlung, einen überaus großen Einfluss auf die Patientenzufriedenheit und auch auf dessen Bindung und Weiterempfehlungsabsicht.

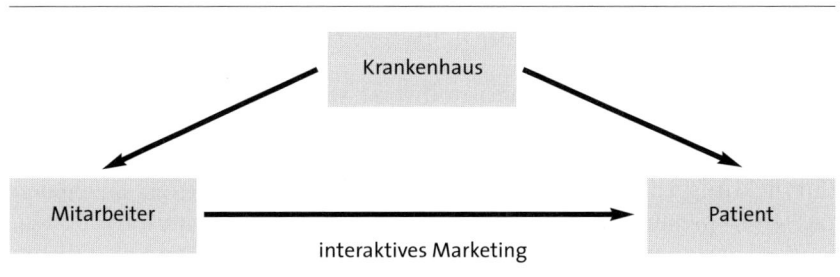

Abbildung 2: Das Zusammenspiel von Krankenhaus, Mitarbeitern und Patienten
(Quelle: Trill/Grupe, 2009, S. 25)

Für die zukünftige Ausrichtung eines Krankenhauses – und dies gilt auch für alle anderen Einrichtungen des Gesundheitswesens einschließlich der Pflegeeinrichtungen – wird es essentiell sein, die Rolle des Patienten/Kunden beschreiben zu können. Der abhängige, hilfsbedürftige Patient wird in der Minderheit sein. Selbstbestimmte, medizinisch aufgeklärte und inhaltlich gut vorbereitete Patienten werden insbesondere für Ärzte mit einem tradierten Rollenverständnis eine große Herausforderung sein. Die Sichtweise der Patienten wird sich hin zu einer kooperativen Partnerschaft entwickeln, die zu veränderten Prozessen und neuen Denk- und Handlungsweisen im Gesundheitswesen führen wird.

# IV. Führungskräfte in der Gesundheitswirtschaft: Skizzierung eines Idealprofils

Managen und Führen heißt in erster Linie, nicht nur an der Spitze eines Unternehmens zu stehen, sondern Verantwortung für einen definierten Aufgabenbereich zu tragen. In einem Krankenhaus beginnt Management bei der Unternehmensführung, als Geschäftsführer oder Vorstand, und endet bei der medizinischen und pflegerischen Leitung einer Station. Für die erfolgreiche Bewältigung dieser Verantwortungsbereiche zählen, neben den in der Regel klar definierten fachlichen Qualifikationen, in zunehmend stärkerem Maß auch die persönlichen Eignungsfaktoren, die sogenannten Soft Skills. Ohne den Anspruch auf Vollständigkeit zu erheben, sollen hier daher insbesondere die wesentlichen Persönlichkeitsmerkmale erwähnt sein, die in der Praxis als unerlässlich wichtig angesehen werden können:

• Teamfähigkeit mit sozialer Kompetenz und emotionaler Intelligenz

• überzeugende Kommunikationsfähigkeit mit Präsentationssicherheit

• Durchsetzungsfähigkeit und Flexibilität beim Überwinden von auftretenden Widerständen

• vernetztes und interdisziplinäres Handeln

• Motivations- und Begeisterungsfähigkeit beim Beschreiten neuer Wege und Konzepte

• Fähigkeit, mit unterschiedlichen Mentalitäten und Persönlichkeitsstrukturen souverän umzugehen

• Fähigkeit, sich ein hohes persönliches Renommee im Innen- und Außenverhältnis zu erarbeiten

• systematischer und strukturierter Arbeitsstil mit guter Eigenorganisation, Einsatzfreude und Belastbarkeit

• Loyalität, Integrität und Korrektheit

# V. Eine Herausforderung der besonderen Art: das Aufbrechen tradierter Organisationsstrukturen

## 1. Ausgangslage: Medizin versus Betriebswirtschaft

Viele Chefärzte und Ordinarien fühlen sich durch die vermeintliche Dominanz der Betriebswirtschaft über die Medizin in ihrer ärztlichen Freiheit und Selbstbestimmung häufig eingeschränkt, da in ihrer Wahrnehmung medizinische Entscheidungen maßgeblich den administrativen Vorgaben folgen. Um dies zu verhindern, wird das Klinikmanagement leitende Ärzte in den Veränderungsprozess – etwa bei der Einführung von standardisierten Abläufen und Verhaltensregeln – aktiv einbeziehen und dabei vermitteln müssen, dass die neue Organisationsstruktur ihre Kernkompetenz nicht in Frage stellt.

## 2. Eine neue Arbeitskultur: Interdisziplinarität und Teamplaying

Die veränderte Organisationsstruktur wirkt sich ebenfalls auf die Art der Zusammenarbeit der Mitarbeiter im Krankenhaus aus. Seit einigen Jahren ist ein Trend zu mehr Interdisziplinarität zwischen den medizinischen Fächern sowie den weiteren im Krankenhaus tätigen Berufsgruppen erkennbar. Die Folge ist ein anderes Rollenbild des ärztlichen Dienstes und das Aufbrechen tradierter Strukturen. Statt berufsgruppenzentrierter Optimierung sind heute Teamplaying und Ressourcenteilung gefordert. Dies bedeutet, dass im Rahmen der strukturierten Behandlungspfade alle Beteiligten auf Augenhöhe entscheiden und sich untereinander abstimmen, wie es zum Beispiel das „Primary-Nurse-Konzept" von Arzt und Pflegekraft bei einem koordinierten Entlassungsmanagement vorsieht. Das parallele Vorhalten von Infrastrukturressourcen, wie PC-Arbeitsplätze oder Behandlungs- und Pausenräume je Berufsgruppe, weicht einer funktionsorientierten Zuordnung des jeweiligen Bedarfs.

Der Einsatz neuer Berufsgruppen beeinflusst zusätzlich das gewohnte Mit- und Nebeneinander. Ursprünglich Ärzten zugeordnete Tätigkeiten wie EKG, Blutabnahme oder Ultraschall werden zunehmend von speziell geschultem Pflegepersonal übernommen. Service- oder Hotelfachkräfte leisten bereits heute vielfach Arbeiten im Housekeeping, Roomservice und im Rezeptionsbereich, die nicht ihren eigentlichen Aufgaben zuzurechnen sind. Neben diesen Veränderungen vernetzen sich zunehmend die medizinischen Fachdisziplinen. Gemeinsam genutzte OP-Säle, Behandlungseinheiten, Medizingeräte oder Sekretariats- und Schreibkräfte erfordern ein hohes Maß an Koordination und das sorgfältige Abstimmen der Behandlungsabläufe einzelner Abteilungen.

### 3.  Das Management als Motor und Moderator des Wandels

Die Veränderungen bedeuten in der Praxis eine klare Abkehr von gewohnten Strukturen und Verhaltensregeln, vor allem im ärztlichen Bereich. Das bekannte Terrain weicht zugunsten neuer Arbeits- und Behandlungsmuster. Dies erzeugt bei vielen ärztlichen Leitern, die gewohnt sind, alle Bereiche selbst zu kontrollieren, ein Gefühl der Unsicherheit und der Abwehr. Das Management muss deshalb als Motor des Wandels die Veränderungsprozesse lenken und dabei gleichzeitig als Moderator zwischen den Berufsgruppen das Miteinander entwickeln. Dies sollte jedoch die Beteiligten nicht dadurch überfordern, dass zu viele Neuerungen zeitgleich angestoßen werden.

Die Neuverteilung von Aufgaben bietet für alle Berufsgruppen die Chance, genau das zu tun, was sie am besten beherrschen. Für den ärztlichen Dienst bedeutet dies, sich auf die Kernkompetenzen ärztlich-medizinischen Handelns zu konzentrieren. Dabei können als „lästig" empfundene Aufgaben, wie beispielsweise das Verschlüsseln von Diagnosen, an spezialisierte und kostengünstigere Berufsgruppen übergeben werden, damit mehr Zeit für die Patientenversorgung bleibt.

Abgesehen von der erforderlichen Kommunikation verlangen solche Änderungen auch, dass das Ergebnis medizinischen Handelns anhand von Case-Mix, Fallzahl oder Erlös je Fachrichtung in den Vordergrund gerückt wird. Der Chefarzt wird so zum Leiter einer „virtuellen Klinik", die aus dem interdisziplinären Zusammenspiel der verschiedenen Mitarbeitergruppen besteht. Durch Leistungstransparenz und Wettbewerb getragen, können einseitige Ressourcenforderungen durch Chefärzte in eine objektive Bedarfsanalyse gelenkt werden.

### 4.  Kooperationen sind en vogue: neue Formen der Zusammenarbeit in der Gesundheitswirtschaft

Neben der Veränderung und Öffnung nach innen ist ein weiterer Trend in der Kliniklandschaft zu erkennen: die Öffnung nach außen. Dieser Trend beschreibt die Vernetzung von Anbietern in der Gesundheitswirtschaft über Kooperationen mit dem Ziel einer besseren Wettbewerbssituation. Im Rahmen der ökonomischen Optimierung werden zukünftig die unterschiedlichsten Kooperationen zwischen

Kliniken, großen, interdisziplinär aufgestellten Arztpraxen oder medizinischen Versorgungszentren sowie unternehmerische Verbindungen zwischen Krankenhäusern und Krankenkassen stattfinden.

Je nach Integrationstiefe kommt es dabei zu einem Austausch von Leistungen und Leistungsbereichen, deren Palette von konsiliarischen Diensten bis zur Verlagerung von Funktionsbereichen reichen kann. Grundlegendes Merkmal ist dabei stets, dass sich jeder auf seine spezifischen Stärken und Leistungsschwerpunkte konzentriert und damit Kosten- und Leistungssynergien erzielt.

Die unternehmensübergreifende Form arbeitsteiliger Organisation wird durch Vertragsformen wie die „Integrierte Versorgung" forciert. Diese formelle und auf Dauer angelegte Zusammenarbeit geht weit über das Maß der informellen Zusammenarbeit zwischen den ärztlichen Leitern der Kliniken hinaus, wie sie von jeher bekannt war. Sie strukturiert und bahnt die Leistungsentwicklung maßgeblich.

Für das Management einer Klinik ist es dabei wichtig, Partnerschaften und Kooperationen strategisch zu planen und umzusetzen. Hier bieten sich Instrumente wie die Portfolioanalyse an, um die Entwicklung eines medizinischen Leistungsbereichs zu konzipieren. So kann auch ermittelt werden, in welchen Bereichen Investitions- oder auch Desinvestitionsstrategien sinnvoll sind. Um mit regelmäßigen Ziel- und Leistungsvereinbarungen ein optimales Ergebnis zu erreichen, sind die ärztlichen Leiter jedoch auch mit der für sie häufig noch ungewohnten Methodik und Denkweise abstrakter Strategieinstrumente vertraut zu machen, denn die Validität der Modelle beruht entscheidend auf dem medizinischen Input der ärztlichen Fachexperten.

Auf der Grundlage strategischer Analysen sind aber auch die persönlichen Beziehungen und die nicht messbaren Einschätzungen erfahrener Chefärzte in die Entscheidungsfindung angemessen einzubeziehen. Sie sind häufig von unschätzbarem Wert in der Beurteilung von medizinischen Entwicklungen oder potentiellen Kooperationen und Partnerschaften. Erst die Mischung aus sachlich-analytischem Instrument des Klinikmanagements und dem persönlichen Erfahrungswissen der jeweils verantwortlichen Mitarbeiter führt zu einer optimalen Entscheidung.

5.    Die Position der Ärzte: Rollen- und Perspektivenwechsel

In den vergangenen Jahren haben sich die Einstellungen der ärztlichen Mitarbeiter gewandelt. Während früher viele Ärzte die harte Zeit der

Facharztausbildung im Krankenhaus klaglos absolvierten, stehen heute viele junge Mediziner dem von hoher Arbeitsbelastung und strenger Hierarchie geprägten System durchaus kritisch gegenüber.

Nicht zuletzt bedingt durch eine geringere Zahl an Berufsanfängern haben sich die Ansprüche junger Ärzte an die Organisations- und Führungsstruktur der Kliniken gravierend gewandelt. Die Aufgabe des Managements wird es daher sein, zusammen mit dem ärztlichen Führungspersonal moderne und transparente Dienstmodelle und Vergütungsstrukturen zu entwickeln. Hierzu gehören planbare Arbeitszeiten sowie eine adäquate Entlohnung der Leistungsträger in Form von außertariflichen Verträgen und angemessener Beteiligung am wirtschaftlichen Ergebnis.

Dabei wird es auch wichtig sein, den Ärzten Perspektiven in der Klinik zu eröffnen. Voraussetzung hierfür sind klare Entwicklungswege für die Schwerpunkte Klinische Tätigkeit, Forschungstätigkeit, Lehre oder Administration. Chefärzte verfügen häufig jedoch nicht über ausreichende Führungskompetenz für die Entwicklung und Führung von Mitarbeitern. Geeignete Maßnahmen, wie beispielsweise das persönliche Coaching, können Schwächen der Chefärzte bei der Personalführung erheblich verbessern. Ziel sollte immer ein partnerschaftliches Zusammenarbeiten sein, bei dem kaufmännisches Management und ärztliche Leitung – mithin Medizin und Ökonomie – nicht als Konflikt, sondern als notwendige Ergänzung erkannt werden.

## 6. Ein Blick in verwandte Branchen: die Pharma- und Medizintechnikindustrie

Im Vergleich zum Bereich der Krankenhäuser mit ihren mehr oder weniger festgelegten lokalen Standorten hat sich die Pharmabranche (vgl. dazu Kaiser, S. 236ff.) mit ihrer Standortunabhängigkeit eindeutig international entwickelt, allerdings aus nationaler Sicht auch als Folge eines ausgeprägten Verkaufs deutscher Arzneimittelhersteller an ausländische Unternehmen. Die entsprechende Ausbalancierung für die lokale Forschung, Entwicklung und Produktion fand hierbei wenig Berücksichtigung.

Heute differenziert sich die Pharmaindustrie in Deutschland primär in zwei große Bereiche: in einen eher forschenden und in den Generikabereich. In der forschenden Pharmaindustrie arbeiten in der ersten und zweiten Führungs- und Managementebene etwa 1.000 Mitarbeiter; die dritte Managementebene ist mit etwa 4.000 Mitarbeitern besetzt.

Die Generikahersteller in Deutschland bewegen sich von der Anzahl der Führungskräfte in der ersten und zweiten Ebene in einer vergleichbaren Größenordnung, in der dritten Managementebene sind etwa 3.000 Mitarbeiter beschäftigt.

Die Anforderungen an die Mitarbeiter sind in der Praxis unterschiedlich ausgeprägt, da die forschende Pharmaindustrie ein spezielles Know-how und auch ein Wissenschaftsmanagement erfordert. Hierzu zählen nach wie vor eine einschlägige naturwissenschaftliche Promotion und idealerweise auch eine Habilitation (vgl. dazu Kaiser, S. 236ff.).

Produktion, Marketing und Vertrieb sind für die beiden großen Pharmabereiche durchaus vergleichbar und erfordern je nach Tätigkeit einen betriebswirtschaftlichen oder naturwissenschaftlichen Studienabschluss. Für die erste und zweite Managementebene empfiehlt sich, insbesondere im naturwissenschaftlichen Bereich, ein zusätzlicher MBA-Abschluss.

Die marktwirtschaftliche Integration zwischen Krankenhäusern, Pharmaunternehmen, Krankenversicherungen und der Medizintechnikindustrie wird sich in den nächsten Jahren durch die Veränderung der gesetzlichen Rahmenbedingungen sowohl auf Bundes- als auch auf EU-Ebene erheblich beschleunigen. Ebenso werden die Möglichkeiten von Rahmenabkommen zwischen Pharmaindustrie, Pharmahandel, Krankenkassen und Krankenhäusern enorm an Tempo zunehmen und die Macht des Markts voraussichtlich zu einer Verringerung der Gewinnmargen im Pharmabereich führen. Alle skizzierten Veränderungsprozesse werden zukünftig die gesamte Pharmabranche – auch dort mit entsprechenden Auswirkungen auf Strukturen, Prozesse, Kooperationen, Kosten und Qualität – erreichen.

In einem durchaus vergleichbaren Rahmen bewegt sich die Medizintechnikindustrie. Dieser technologisch-innovativ ausgerichtete Branchenbereich wird geprägt durch eine große Anzahl von Familienunternehmen (etwa Dräger Medizintechnik); daneben gibt es im Markt einige wenige große, international aufgestellte Player (etwa Siemens und Philips). Auch hier wird sich die sich beschleunigende Integration aller übergreifenden Aktivitäten mit den damit einhergehenden Veränderungsprozessen noch deutlicher auf Entwicklung, Technik, Produktion, Marketing und Vertrieb auswirken. Übernahmen durch global aufgestellte Unternehmen erscheinen nicht ausgeschlossen.

# VI.   Fazit und Ausblick

## 1.   Der Markt

Insgesamt wird die Gesundheitswirtschaft – trotz knapper wirtschaftlicher Ressourcen und der demographischen Entwicklung – in den nächsten Jahrzehnten die Wachstumsbranche Nummer eins in Deutschland und aufgrund der gesetzlichen Reglementierungen und der Komplexität der Prozesse im Vergleich zu allen anderen Branchen einzigartig sein. Die zukünftigen Führungs- und Managementanforderungen werden alle Beteiligten vor größte Herausforderungen stellen und das Tätigkeitsfeld externer Beratungsunterstützung für personalwirtschaftliche, juristische, finanzielle und technische Konzepte und Lösungen erweitern. Patienten und Kunden werden letztlich, bedingt durch den sich verschärfenden Wettbewerb, von mehr Qualität und besseren Leistungen profitieren. Hierbei wird der Staat den gesetzlichen Rahmen vorgeben und darauf achten, dass die Gesundheitsversorgung im Grundsatz garantiert ist. Es kann daher prognostiziert werden, dass sich die gesamte Branche in diesem vorgegebenen Umfeld innovativ weiterentwickeln kann – zum Nutzen der Unternehmen, Kunden und Patienten.

## 2.   Erkennbare Trends

Die Arbeitsmarktsituation in der Gesundheitswirtschaft hat sich in den vergangenen Jahren zunehmend von einem Angebots- zu einem Nachfragemarkt entwickelt. Dies gilt für alle Managementebenen und insbesondere auch für medizinisches Fachpersonal. Verschärft wird diese Entwicklung durch das Abwandern qualifizierter Fachleute ins Ausland, in andere Branchen und Berufsfelder sowie durch die – insbesondere im medizinischen Bereich – rückläufige Zahl von Hochschulabsolventen.

Die Unternehmen und Einrichtungen der Gesundheitswirtschaft stehen demzufolge bei der erfolgreichen Suche nach qualifizierten Führungs- und Fachkräften vor großen Herausforderungen. Diese zwingen die Verantwortlichen zu weiterführenden Überlegungen hinsichtlich der Gestaltung arbeitsvertraglicher Regelungen, von Vergütungsstrukturen sowie von Kennzahlen und Maßnahmen zur Organisationsoptimierung.

## 3. Auswirkungen auf die Praxis der Personalberatung

In der Beratungspraxis ist es daher wichtig, umfassend und aktuell über die sich stetig wandelnden gesetzlichen Rahmenbedingungen in der Gesundheitsbranche informiert zu sein, Benchmarks vergleichbarer Unternehmen und Einrichtungen zu kennen, neue strategische Zielsetzungen und deren ökonomische Auswirkungen beurteilen zu können und Kenntnisse über die jeweils handelnden Personen in kaufmännischen und medizinischen Managementfunktionen zu besitzen. Nur Personalberater, die sich mit diesen Themenbereichen intensiv auseinandergesetzt haben, werden in der Lage sein, mit Klienten und Kandidaten auf Augenhöhe substantiell das Aufgaben- und Anforderungsprofil zu diskutieren und so die Funktion als professioneller Begleiter aller beteiligten Parteien auszufüllen.

Letztlich geht es vor allem darum, die richtige Frau oder den richtigen Mann am richtigen Platz zur richtigen Zeit zu gewinnen: „Right Potentials" statt „High Potentials" sollte deshalb die Devise lauten. So fühlen sich beispielsweise Menschen, die nach Verantwortung streben und innovative Lösungen erarbeiten möchten, in streng hierarchischen Unternehmenskulturen ebenso wenig wohl wie fachliche Perfektionisten in Managementfunktionen. Der Jahrgangsbeste einer Eliteuniversität, hochqualifiziert, sozialkompetent und interdisziplinär ausgebildet, ist nicht zwangsläufig auch der optimale Manager für ein Unternehmen, dessen Kultur und die anstehende Aufgabe.

Daraus folgt für die Praxis der Personalberatung: Es gilt weit mehr Faktoren zu berücksichtigen als lediglich eine hochkarätige Formalqualifikation. Topmitarbeiter werden zukünftig nur durch dasjenige Unternehmen (und im Vorfeld eben oft durch den aktiven Einsatz eines Personalberaters) gewonnen und gehalten werden können, das eine emotionale Bindung der erfolgreichen Kandidaten an das jeweilige Unternehmen herstellen kann. Insofern spielen Soft Skills nicht nur auf der Seite der Kandidaten, sondern auch auf der Seite der Unternehmensführung eine nicht zu unterschätzende Rolle. Die Möglichkeit, sich inhaltlich erfolgreich einbringen zu können, die Herausforderung der neuen Aufgabe, die Leidenschaft für die Arbeit, der Spaß im Umgang mit den Kollegen und nicht zuletzt eine gelebte Unternehmenskultur, die von Wertschätzung und gegenseitigem Respekt geprägt ist, sind die wesentlichen Erfolgsfaktoren für eine zukünftig erfolgreiche und dauerhafte Zusammenarbeit.

Aufgrund der demographischen Situation wird sich der Arbeitsmarkt in den kommenden Jahren noch stärker zu einem Nachfragemarkt nach qualifizierten Mitarbeitern entwickeln. Die Unternehmen stehen bereits heute im Wettbewerb um die qualifiziertesten und am besten geeigneten weiblichen und männlichen Mitarbeiter, haben mehrheitlich aber leider die Zeichen der Zeit noch nicht erkannt. Das unternehmensinterne, kulturelle team- und hierarchieübergreifende Miteinander, eine persönlich wertschätzende Kommunikation sowie die Unterstützung und das Verständnis für familiäre Situationen, wie zum Beispiel Kinderbetreuung oder Pflege der Eltern, werden zukünftig wichtige Erfolgsfaktoren für die Entwicklung von Unternehmen sein. Hierzu zählen natürlich auch die weitere Flexibilisierung von Arbeitszeiten, Teilzeitmöglichkeiten, Einsatzmöglichkeiten für Springerfunktionen, insbesondere bei Urlaubs- und Krankheitsvertretungen, sowie Doppelspitzen in Managementpositionen. Unternehmen, die diese Führungs- und Organisationskriterien nicht berücksichtigen, werden ein signifikant höheres Gehaltsniveau bieten müssen – sie werden gleichsam „Schmerzensgeld" zahlen müssen für eigene organisatorische und unternehmensinterne kulturelle Defizite.

Die Unternehmen werden sich aber auch verstärkt Gedanken machen müssen, wie sie zukünftig die Bewerbungsgespräche durchführen. Das beginnt bei der Einhaltung von Terminen (ein Bewerber ist kein Patient, der eine Arztpraxis mit der Erwartung besucht, mindestens eine Stunde warten zu dürfen). Der Aufbau einer konstruktiven und freundlichen Gesprächsatmosphäre ist auch deshalb zielführend, weil sich die Kandidaten dann auf ein offenes, vertrauensvolles Gespräch einlassen und ihrer Persönlichkeit entsprechend authentisch auftreten können. Nur so ist eine valide, verlässliche und annähernd objektive Beurteilung möglich. Ein kompetenter, erfahrener und erfolgreicher Berater wird sich nicht scheuen, seinem Klienten auch mit kritischem Rat vertrauensvoll zur Seite zu stehen (vgl. dazu Füchtner/ T. Wegerich, S. 542ff.). Auch Kandidaten, die im Gespräch nicht reüssieren, sind Multiplikatoren und werden ihre Erlebnisse und Einschätzungen aus Bewerbungsgesprächen im Markt kommunizieren – und zwar zum Vorteil sowie zum Nachteil zukünftiger Personalakquisitionen.

# Die chemische Industrie aus Sicht der Personalberatung

Anke Kaiser, Bad Homburg

## I.    Branchenüberblick

Die chemische Industrie ist ein Wirtschaftszweig, der ein vielschichtiges Sortiment von Produkten herstellt. Zum einen produziert die chemische Industrie Vorprodukte, die in anderen industriellen Erzeugnissen Verwendung finden. Beispiel hierfür sind Kunststoffe, Kunstfasern, Schmierstoffe und Lacke. Die chemische Industrie produziert ferner Pharmazeutika sowie Wasch- und Körperpflegemittel, die sie dem Konsumenten direkt zur Verfügung stellt.

Nach der Zuordnung des deutschen Statistischen Bundesamts gehören die gewerblichen Hersteller der folgenden Produkte (chemische Produkte nach Produkt, Klassifikation) zur chemischen Industrie:

- Anorganische Grundstoffe und Chemikalien

- Organische Grundstoffe und Chemikalien

- Düngemittel, Pflanzenbehandlungsmittel und Schädlingsbekämpfungsmittel

- Kunststoffe und synthetischer Kautschuk

- Pharmazeutische Erzeugnisse

- Sonstige chemische Erzeugnisse (Klebstoffe, Gelatine, Hilfsstoffe für Leder, Textilien, Farbstoffe und Pigmente, Papier, Dichtungsmaterialien, Bautenschutzmittel, fotochemische Erzeugnisse, Seifen, Wasch-, Putz-, und Reinigungsmittel, Körperpflegemittel [Kosmetika], Konservierungsmittel, pyrotechnische Erzeugnisse) sowie Sprengstoffe

In Deutschland gehören etwa 200 Unternehmen zur chemischen Industrie. Über 90 Prozent davon sind kleinere und mittlere Unternehmen, die weniger als 500 Mitarbeiter beschäftigen. Der Anteil international tätiger Unternehmen in Deutschland ist überdurchschnittlich hoch.

Eine starke Partnerschaft zwischen diesen unterschiedlich großen Unternehmen ist typisch für die deutsche Chemieindustrie.

| | Unternehmen | Umsatz (Mio. Euro) | Beschäftigte |
|---|---|---|---|
| 1 | BASF SE | 50.693 | 104.779 |
| 2 | Bayer AG | 31.168 | 108.400 |
| 3 | Fresenius SE | 14.164 | 130.510 |
| 4 | Henkel AG & Co. KGaA | 13.573 | 51.361 |
| 5 | Evonik Industries AG | 13.076 | 38.681 |
| 6 | Boehringer Ingelheim GmbH | 12.721 | 41.534 |
| 7 | Linde AG | 11.211 | 47.731 |
| 8 | Merck KGaA | 7.774 | 33.062 |
| 9 | Beiersdorf AG | 5.748 | 20.346 |
| 10 | Lanxess AG | 5.057 | 14.338 |
| 11 | B. Braun Melsungen AG | 4.028 | 39.504 |
| 12 | Wacker Chemie AG | 3.719 | 15.618 |
| 13 | K+S AG | 4.298 | 15.922 |
| 14 | Cognis GmbH | 2.584 | 5.572 |
| 15 | Ratiopharm GmbH | 1.667 | 4.716 |
| 16 | Stada Arzneimittel AG | 1.569 | 8.064 |
| 17 | Westfalen AG | 1.404 | 1.227 |
| 18 | Symrise GmbH & Co. KG | 1.362 | 4.954 |
| 19 | SGL Carbon SE | 1.226 | 5.976 |
| 20 | Altana AG | 1.182 | 4.789 |

Tabelle 1: Übersicht über die umsatzstärksten deutschen Unternehmen der Chemiebranche 2009 (Quelle: „Die Welt“, 21.06.2010)

| | Unternehmen | Umsatz (Mio. Euro) | Beschäftigte |
|---|---|---|---|
| 1 | Sandoz Pharmaceutical GmbH | 5.235 | 23.000 |
| 2 | Dow Gruppe Deutschland | 4.835 | 6.340 |
| 3 | Sanofi-Aventis Deutschland GmbH | 4.700 | 10.260 |
| 4 | Roche Deutschland Holding GmbH | 4.673 | 13.000 |
| 5 | Procter & Gamble Deutschland GmbH | 4.600 | 15.000 |
| 6 | Novartis Deutschland GmbH | 3.203 | 7.099 |
| 7 | Basell Polyolefine GmbH | 2.691 | 2.575 |
| 8 | Air Liquide Deutschland GmbH | 2.000 | 4.000 |
| 9 | Unilever Deutschland GmbH | 1.989 | 1.777 |
| 10 | Celanese GmbH | 1.976 | 3.020 |

Tabelle 2: Umsatzstärkste deutsche Töchter ausländischer Chemieunternehmen 2009 (Quelle: „Die Welt“, 21.06.2010)

Das Produktionsvolumen der Chemieindustrie in den USA ist um den Faktor fünf größer im Vergleich zu den Werten in der deutschen Chemieindustrie. Große Unternehmen ohne Pharmazeutika in den USA sind Dow Chemicals (Umsatz 41 Milliarden US-Dollar), DuPont (27 Milliarden US-Dollar), Lyondell (22 Milliarden US-Dollar). Marktführer bei Pharmaprodukten sind Pfizer und GlaxoSmithKline.

Die Chemieindustrie ist eine der bedeutendsten Industriezweige in Deutschland, sie erwirtschaftete 2009 etwa 145 Milliarden Euro. Der Industriezweig Chemie ist somit neben der Automobilindustrie (vgl. dazu Barz, S. 170ff.), dem Maschinenbau (vgl. dazu Hübner, S. 152ff.) und der Elektroindustrie viertgrößter Umsatzträger. Mit 5,7 Milliarden Euro ist die chemische Industrie damit zweitgrößter Investor nach der Automobilindustrie. (Quelle: CEFIC, Verband Chemischer Industrie e.V., Chemische Industrie 2010)

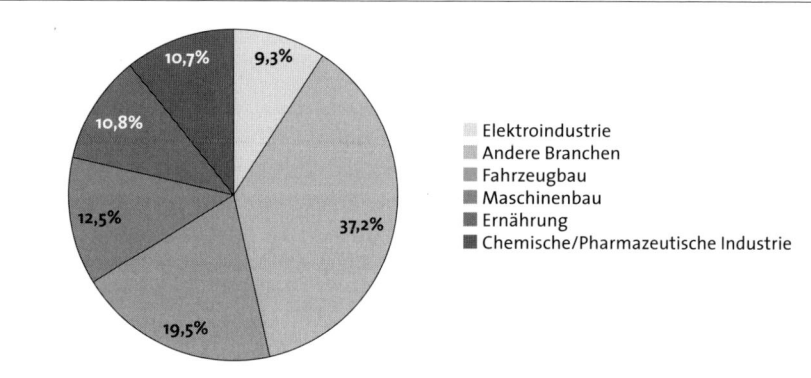

*Abbildung 1: Anteile der Branchen am Umsatz des Verarbeitenden Gewerbes 2009 (Angaben in Prozent)*

Deutschland ist auch ein wichtiges Importland für ausländische Chemiewaren. Mit 86,8 Milliarden Euro (9 Prozent der Weltchemieimporte) belegt es den zweiten Platz hinter den USA, noch vor China mit 72,2 Milliarden Euro. 50 Prozent der hergestellten Chemieprodukte werden exportiert. Deutschland war die exportstärkste Chemienation in den vergangenen Jahren, noch vor den USA, Frankreich, Großbritannien und auch Japan. Im internationalen Vergleich ist Deutschland die viertgrößte Chemienation hinter den USA, China und Japan. In Europa ist Deutschland mit Abstand der bedeutendste Chemiestandort.

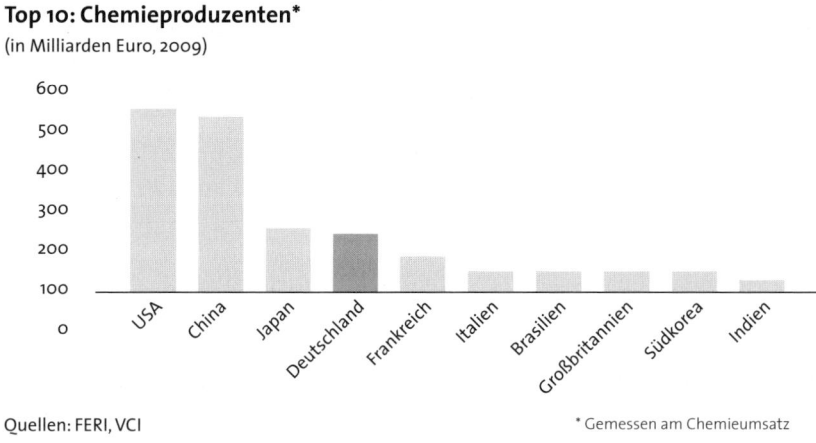

**Top 10: Chemieproduzenten***
(in Milliarden Euro, 2009)

Quellen: FERI, VCI                                    * Gemessen am Chemieumsatz

*Abbildung 2: Übersicht über die größten Chemieproduzenten nach Umsatz 2009 (in Mrd. Euro)*

Die Chemieunternehmen in Deutschland sind oft über Verbände und Gewerkschaften organisiert. Zu erwähnen ist hier vor allem der Verband der Chemischen Industrie e.V. (VCI). Der VCI vertritt die wirtschaftspolitischen Interessen von circa 1.000 deutschen Chemieunternehmen und deutschen Tochterunternehmen ausländischer Konzerne gegenüber der Politik, Behörden und anderen Bereichen der Wirtschaft, der Wissenschaft und der Medien. Der VCI vertritt mehr als 90 Prozent der deutschen Chemieunternehmen. Des Weiteren ist die Gesellschaft Deutscher Chemiker e.V. (GDCh) zu nennen. Diese Gesellschaft bündelt die Interessen und Aktivitäten der Chemiker in Deutschland. Die Berufsgenossenschaft der chemischen Industrie (BG Chemie) ist ein Träger der gesetzlichen Unfallversicherung. Neben Arbeitslosen-, Kranken-, Pflege- und Rentenversicherung bildet sie einen Teil der deutschen Sozialversicherung. Der Bundesarbeitgeberverband Chemie e.V. (BAVC) ist der sozial- und tarifpolitische Spitzenverband der deutschen chemischen Industrie. Im Organisationsbereich seiner Mitglieds- und Bezirksverbände sind insgesamt 1.800 Mitgliedsunternehmen mit über 600.000 Beschäftigten tätig.

## 1.     Konjunkturelle Entwicklung der Branche

In Europa hat sich die Chemiebranche im Vergleich zu den USA und Asien am besten entwickelt. Insbesondere spezialisierte Chemieunternehmen mit Schwerpunkten auf nicht zyklischen Märkten wie Nahrungsmittel- und Arzneimittelproduktion waren besonders erfolgreich. Diese Bereiche profitieren von einer konstanten Verbrauchernachfrage. Der Fokus auf Produktinnovation durch stetige Forschungs- und Entwicklungstätigkeit ist ein weiterer Erfolgsfaktor, mit dessen Hilfe Unternehmen ihre Marktanteile ausgeweitet haben.

Die Chemiebranche in Deutschland ist stark wachstumsorientiert. Der Umsatz stieg von 87 Milliarden Euro im Jahr 1990 auf 129 Milliarden Euro im Jahr 2008.

Nach vielen Jahren des permanenten Wachstums traf die globale Finanz- und Wirtschaftskrise im vierten Quartal 2008 auch die Chemie- und Kunststoffindustrie ausgesprochen hart, so dass erstmals „rote Zahlen" zu verzeichnen waren. Wichtig ist insoweit, dass es sich bei der Chemiebranche (wie auch bei der Automobilbranche; vgl. dazu Barz, S. 170ff.) um einen Wirtschaftszweig handelt, der zu den sogenannten Frühindikatoren zu rechnen ist. In diesen Branchen kann man also jeweils anstehende wirtschaftliche Entwicklungstendenzen frühzeitig erkennen. Da die Chemieindustrie mit ihren Produkten viele Abnehmerbranchen beliefert, werden die Produktionskapazitäten sehr schnell reduziert, sobald von anderen Branchen weniger bestellt wird.

Festzuhalten ist, dass im Zeitraum Januar 2008 bis Januar 2009 der Absatz der Chemieproduktion in Europa drastisch abnahm. Der Absatzrückgang lag bei Kunststoffen und Polymeren bei 31 Prozent, bei Chemiefasern bei 36 Prozent, bei Düngemitteln bei 42 Prozent, bei Farbstoffen und Pigmenten bei 26,7 Prozent sowie bei anorganischen Basischemikalien bei insgesamt 33 Prozent (Creditreform Wirtschaftsindikator, 1/2009, S. 22).

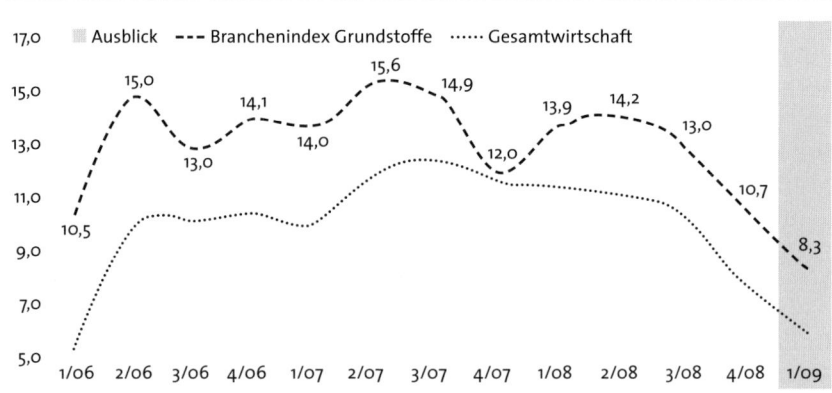

*Abbildung 3: Creditreform-Geschäftsklimaindex*

Großunternehmen wie etwa BASF und Clariant mussten ihre Produktionsgroßanlagen reduzieren, da sie nur mit 75 Prozent der Kapazität ausgelastet waren. Viele Unternehmen mussten für ihre Mitarbeiter Kurzarbeit anordnen, es gab Gehaltsverzicht und oftmals Kündigungswellen.

## 2.    Blick zurück nach vorn

Krise war gestern, wie sieht die Zukunft aus? – Die gesamte Branche hat sich mittlerweile ausgezeichnet erholt und ist durch verschiedene Regenerationsmaßnahmen wie Kurzarbeit und Restrukturierung oft gut aufgestellt. Es ist derzeit indes unklar, wie es mit den Branchenaktivitäten weitergeht. Gleichwohl dürfte die Konjunkturentwicklung in der Branche im Aufschwung besser ausfallen als in anderen Wirtschaftszweigen. Unternehmensstabilität und Bonitätseinstufungen der Chemiebranche gelten weiter als solide. Die Unternehmen äußern durchweg optimistischere Geschäftserwartungen als zuletzt. In den kommenden Monaten dürfte eine Rückkehr zum Wachstumspfad gelingen, erwartet der VCI.

Unverkennbar ist eines: Die Chemieindustrie befindet sich in einem grundlegenden Wandel. Neue Anbieter aus dem Mittleren Osten, Indien oder China spielen in der ersten Liga der Weltrangliste und erhöhen den Preis- und Innovationsdruck. Alle am Markt tätigen Chemieunternehmen müssen sich zukünftig darauf einstellen. Die Unternehmen konzentrieren sich darauf, die Kapazitäten anzupassen und durch internationales Sourcing die Kosten zu senken. Der erhöhte Kostendruck insbesondere im Bereich der Basischemie hat den Fokus weg vom Commodity-Geschäft hin zur margenstarken Spezialchemie verlagert. Die hohe Volatilität der Rohstoffpreise macht Chemieunternehmen zunehmend zu schaffen. Um ihre Zukunft zu sichern, sind sie gezwungen, Preisrisiken zu minimieren und sich neu zu orientieren.

Das Ringen um den Zugang zu günstigen Energiequellen und Rohstoffen sowie eine gesicherte Versorgung lenken das Interesse der Unternehmen zunehmend auf den Mittleren Osten. Hier treffen sie auf ein aufnahmebereites Innovations- und Wachstumsumfeld, denn das Interesse am technologischen Transfer und an Partnerschaften mit innovationsstarken Unternehmen ist groß.

2008 war Deutschland mit Chemieexporten von knapp 140 Milliarden Euro Weltmeister. 30 Prozent der Chemieproduktion stammten aus der EU. Experten erwarten, dass sich dieses Bild in den kommenden

Jahren deutlich ändern wird. Eine Studie der KPMG („Chemieproduktion: Schwerpunktverlagerung in den Osten"), die sich mit Trends und Themen der Chemieproduktion beschäftigt, prognostiziert, dass 2015 sechs der zehn weltgrößten Chemieproduzenten aus dem Mittleren Osten stammen. Auf diese Veränderung müssen sich europäische Unternehmen mit einer weitsichtigen Internationalisierungsstrategie einstellen.

## II.   Arbeitsplatz Chemie

### 1.   Beschäftigte in der Chemiebranche

Knapp 420.000 der 5,7 Millionen Industriebeschäftigten arbeiten in der chemischen Industrie. Da die Arbeitsplätze vor allem im technischen Umfeld immer anspruchsvoller werden, benötigt die Chemiebranche sehr gut ausgebildete Mitarbeiter. Dies wird unter anderem dadurch gewährleistet, dass in Deutschland derzeit 27.000 junge Menschen in diesem Sektor ausgebildet werden. Seit Einführung des Tarifvertrags 1988 ist ein Trend hin zu einer höheren Qualifizierung der Chemiemitarbeiter und zu anspruchsvolleren Arbeitsplätzen zu verzeichnen. Meister, Fachwirte, Absolventen von Hochschulen, Bachelor oder Master werden immer mehr gefragt und sind wichtig für die anspruchsvollen Berufsbilder in der Chemiebranche. Hervorzuheben ist auch, dass in der chemischen Industrie wesentlich mehr Männer als Frauen beschäftigt sind.

Ein Praxisbeispiel soll das untermauern: „Chemiker kommen überallhin", so lautete der Slogan auf einem Plakat der Gesellschaft Deutscher Chemiker (GDCh). Das ist nicht übertrieben, denn derzeit ist die Nachfrage nach Chemikern im Markt in der Tat hoch.

Auch rund um das aktuelle und zukunftsorientierte Thema Gesundheit sind Chemiker im Einsatz. In der Pharmaindustrie, vor allem in der pharmazeutischen Forschung, gehören die Entwicklung neuer und die Verbesserung bestehender Medikamente zu ihren wichtigen Aufgaben. Die Arbeit in der Forschung setzt als Abschlussqualifikation regelmäßig eine Promotion voraus. Für viele Absolventen eines Chemiestudiengangs ist somit nicht nur die Chemiebranche, sondern auch die Pharmabranche ein begehrtes neues Arbeitsgebiet, das nicht nur mit spannenden Aufgaben, sondern auch mit attraktiven Einstiegsgehältern aufwartet. Akademiker mit einem naturwissenschaftlichen oder technischen Hochschulstudium erhalten im zweiten Beschäftigungsjahr ein Jahreseinkommen von rund 53.000 Euro, promovierte Angestellte erzielen rund 62.000 Euro. Kleinere Firmen und Unternehmen in den neuen Bundesländern zahlen allerdings deutlich weniger.

Rund 1.500 junge Menschen haben im Jahr 2009 in Deutschland ihr Chemiestudium mit Promotion abgeschlossen. Etwa 32 Prozent von ihnen haben in der chemischen oder pharmazeutischen Industrie ihre erste unbefristete Stelle nach der Promotion gefunden. Der Wert lag in den Vorjahren sogar bei 36 Prozent. Der Rückgang ist der Wirtschaftskrise geschuldet (Statistisches Bundesamt, 2009).

Das Gehalt bei berufserfahrenen Mitarbeitern hängt stark von der Qualifikation der Berufserfahrung, des geltenden Tarifvertrags sowie dem Bundesland, in dem ein Unternehmen angesiedelt ist, ab. Ein Ingenieur, der beispielweise drei bis fünf Jahre Berufserfahrung hat, verdient im Durchschnitt 75.000 Euro im Jahr. Ein Mitarbeiter im technischen Marketing mit Branchen-Know-how hat ein ähnliches Gehalt. Im Bereich Executive können auch Topgehälter gezahlt werden, wobei ein Großteil des Gehaltsbestands variabler Natur ist. Allgemein gilt: In der Chemiebranche sind die Gehälter sehr leistungsorientiert ausgerichtet – eine Tatsache, die nicht nur den Vertrieb betrifft.

Aufgrund des positiven Wirtschaftstrends deutet vieles darauf hin, dass für die Zukunft die Beschäftigungszahlen Werte der Jahre 2006 bis 2008 erreichen werden. Das liegt daran, dass der Arbeitsmarkt nicht nur von der Konjunktur, sondern auch von der Gesetzgebung der jeweiligen Regierung abhängt. Neue Regelungen und Gesetze verändern die Bedingungen, unter denen Firmen arbeiten können, ebenso wie Fusionen und Firmenübernahmen.

## 2. Die demographische Entwicklung innerhalb der Branche

Innerhalb der westdeutschen chemischen Industrie rollt die demographische Welle. In nur einem Jahrzehnt ist der Anteil der über 45-jährigen Mitarbeiter an der Gesamtzahl der Beschäftigten um 4,6 Prozentpunkte gestiegen, und zwar von 34 Prozent auf 38,6 Prozent. Zugenommen hat allerdings auch die Zahl der über 50-jährigen Mitarbeiter, obwohl Altersteilzeit und Vorruhestand genutzt werden.

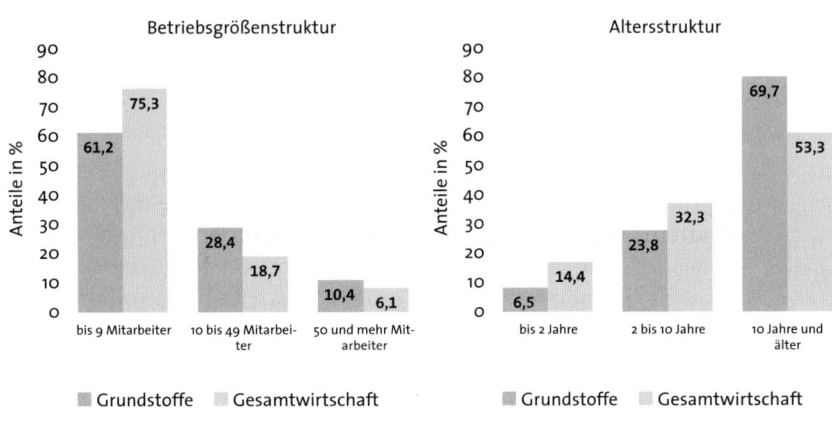

*Abbildung 4: Übersicht über die Altersstruktur der Beschäftigten in der Chemiebranche (Quelle: Creditreform Wirtschaftsindikator, 1/2009, S. 23)*

Somit ist schon heute zu prognostizieren, dass in den nächsten Jahren ein erheblicher Know-how-Verlust durch den Berufsaustritt der älteren Arbeitnehmer zu erwarten ist, der nur über verstärkte Rekrutierungs- und Weiterbildungsmaßnahmen kompensiert werden kann. Um diesem Problem entgegenzuwirken, müssen rechtzeitig entsprechende Entwicklungsmaßnahmen eingeleitet werden.

Ebenfalls ersichtlich ist: Der demographische Wandel wird einen Nachwuchsmangel und die Gefahr eines Innovationsverlusts in der deutschen chemischen Industrie bewirken. Deutschland steht als Bildungs-, Forschungs- und Wissensstandort vor neuen Herausforderungen. Schon heute sind gut ausgebildete Naturwissenschaftler und Ingenieure Mangelware. In Deutschland müssen deshalb international ausgerichtete und noch leistungsstärkere, attraktive Hochschulen entstehen und neue Bachelor- und Masterstudiengänge eingerichtet werden. Chemiefonds, Verbände und Stiftungen arbeiten intensiv an diesen Themen und unterstützen die Branche.

# III. Besonderheiten professioneller Personalberatung in der chemischen Industrie

## 1. Anforderung an die Personalberatung in der chemischen Industrie

Chemieunternehmen decken einen Großteil des Rekrutierungsbedarfs, vor allem Positionen im mittleren Management, über Aktivitäten ab, die von der Personalabteilung gesteuert werden. Die Personalabteilung schaltet Anzeigen in Internetbörsen wie Monster und Jobpilot. Auch werden Anzeigen in Printmedien geschaltet, der Anteil ist allerdings in den vergangenen Jahren beträchtlich zurückgegangen. Ein weiterer Teil der anfallenden Vakanzen wird über Nachwuchsförderprogramme intern besetzt. Die Personalabteilung betreibt weiterhin Hochschulmarketing und ist auf Messen und Veranstaltungen an Universitäten präsent, um junge Menschen auf das Unternehmen aufmerksam zu machen. Vor allem junge Ingenieure sollen angesprochen werden oder Absolventen, die ein Traineeprogramm in den Unternehmen durchlaufen können. In der Praxis ist festzustellen, dass es sowohl eher betriebswirtschaftlich ausgerichtete Programme als auch solche gibt, die den Ausbildungsfokus auf die Technik legen.

Das unterstreicht auch Detlev Baumeister, Kaufmännischer Geschäftsführer, Nordmark Arzneimittel GmbH & Co. KG: „Nur bei der Suche nach Führungskräften arbeiten wir mit Personalberatungen zusammen. Das ist in unserem Unternehmen mit 500 Beschäftigen die zweite und dritte Managementebene, also Bereichs-, Betriebs- oder Herstellleiter. Mitarbeiter für unseren Forschungsbereich gewinnen wir über Ausschreibungen an Hochschulen oder über die üblichen Medien. Und das ist bisher unproblematisch."

Dennoch bleiben immer noch viele für das jeweilige Unternehmen wichtige Positionen übrig, die nicht besetzt werden können. Gründe dafür können zum Beispiel die Vielzahl der Vakanzen, die speziellen Anforderungen oder auch der gegenüber Kandidaten schwer zu vermittelnde Standort eines bestimmten Unternehmens sein.

Top-Führungskräfte, sogenannte Executives, werden in der Regel von Executive-Search-Unternehmen besetzt. Das liegt vor allem daran, dass sich Unternehmen oftmals Know-how von außen einkaufen wollen und somit die Personalberatung der einzige professionelle externe Dienstleister ist, durch den die umworbenen Kandidaten qualifiziert und gezielt angesprochen werden können. Vor allem bei Positionen in den Bereichen Businessdevelopment oder Forschung und Entwicklung, bei denen im Kern der Aufgabe die strategische Ausrichtung des Unternehmens steht, ist es besonders wichtig, mit Menschen und Marktakteuren außerhalb des Unternehmens in Kontakt zu kommen.

Ein weiterer Vorteil in der Zusammenarbeit mit einer Executive-Search-Beratung ist, dass diese aufgrund ihrer Erfahrung exzellente Marktkenntnis hat und mit vielen Menschen im ständigen Dialog steht. Diese Kontakte kann der Personalberater in der Praxis auch als Empfehlungen nutzen. Des Weiteren kann der Personalberater im Gespräch mit Kandidaten den Ruf des Unternehmens im Markt gut darstellen und dem Klienten ein Feedback dazu geben.

Ein Personalberatungsunternehmen kann gezielt Mitarbeiter in unterschiedlichen Firmen und Position im relevanten Branchensegment ansprechen. Diese sogenannten High Potentials der Branche haben in aller Regel ein Chemiestudium abgeschlossen und diesem eine Promotion folgen lassen. Sie haben Berufserfahrung in international operierenden Unternehmen der chemischen Industrie gesammelt, und ihre Karriere ist kontinuierlich von ihrem jeweiligen Arbeitgeber gefördert worden. Von Vorteil ist es natürlich, wenn der entsprechende High Potential bereits für seinen Arbeitgeber im Ausland war und dort Erfahrungen gesammelt hat. Aufgrund der Globalisierung, auch in der chemischen Industrie, ist dies ein ganz wichtiger Punkt. Die Geschäftssprache innerhalb der chemischen Industrie ist Englisch. Wenn ein Kandidat seine Karriere erfolgreich ausweiten möchte, ist Mobilität im In- und Ausland gefragt.

Der Markt für Personalberater im Chemieumfeld wird nach den geschilderten Rahmenbedingungen aufgrund des Ingenieurmangels sowie der strategischen Nachfrage nach Spezialisten/Top-Executives im speziellen Umfeld immer vorhanden sein. Der demographische Wandel trägt seinen Teil dazu bei, denn die Suche nach hochqualifizierten Mitarbeitern wird zukünftig erkennbar noch schwieriger, so dass Unternehmen gut beraten sind, wenn sie auch auf professionelle externe Berater zurückgreifen.

2.    Fazit: Anforderungsprofil von Personalberatern in der chemischen Industrie

Was aber bedeutet das ganz konkret? – Der Personalberater mit Fokus auf den Bereich Chemie hat oft eine sehr breitgefächerte Aufgabenstellung, denn es sind regelmäßig Führungs- und Managementpositionen in den Bereichen Marketing, Sales, Forschung und Entwicklung, Supply-Chain, Application Development sowie Finance oder Human Resources zu besetzen. Teilweise sind darüber hinaus technisch orientierte Positionen mit Spezialisten zu besetzen sowie nicht zuletzt Kandidaten für klassische Managementfunktionen zu identifizieren und zu gewinnen.

Der Personalberater arbeitet sowohl für mittelständisch geprägte Unternehmen als auch für international operierende Konzerne. Die Vakanzen, die er zu betreuen hat, sind im deutschsprachigen Raum, teils sind allerdings auch Positionen europa- oder weltweit zu besetzen. In der Praxis hat es der Personalberater in der Branche vor allem mit promovierten Chemikern zu tun oder mit Experten, die einen technischen Hintergrund mitbringen. Die hier tätigen Persönlichkeiten sind oft fachlich sehr versiert, äußerst kompetent und bringen eine extrem wissenschaftliche strategische Komponente mit. Eine wesentliche Aufgabe des Personalberaters ist es insoweit zu prüfen, ob ein Kandidat für weiterführende Aufgaben, in der Regel für Managementaufgaben, einsetzbar ist. Denn neben der fachlichen Qualifikation, die ein Kandidat mitbringt, sind Teamfähigkeit sowie Integrationsfähigkeit immer wichtiger, da viel in international zusammengesetzten Teams gearbeitet wird. Für den Personalberater ist somit immer eine ganz besonders ausgeprägte Menschen- und Branchenkenntnis unerlässlich (vgl. dazu Füchtner/T. Wegerich, S. 542ff.).

Auch ist es wichtig, sich intensiv mit dem jeweiligen Klienten auseinanderzusetzen, um die Kandidaten auf Besonderheiten des Unternehmens und des konkreten Marktsegments hinweisen zu können. Auch in der Chemiebranche zeigt sich immer wieder, dass es durch die starke Globalisierung der vergangenen Jahre für viele Unternehmen sehr wichtig ist, dass Kandidaten im Ausland gelebt haben, um mit internationalen Gepflogenheiten umgehen zu können. In diesem Zusammenhang ist der enge Kontakt zu den Unternehmensvertretern und Kandidaten unverzichtbar, damit der Berater seinen Wissenshorizont ständig zum Nutzen von Klienten und Kandidaten erweitern kann.

All diese aufgeführten Punkte müssen zusammenkommen, um eine erfolgreiche Beratungsarbeit für anspruchsvolle Mandate leisten zu können. Nur der Vollständigkeit halber sei erwähnt, dass viele der vorstehend genannten Punkte ohne Abstriche auch auf die Pharmabranche übertragbar sind (vgl. dazu Kaiser, S. 236ff.).

Wie beschrieben, befindet sich die chemische Industrie in einem sehr grundlegenden und tiefgreifenden Wandel. Daraus folgt ganz konkret:

Auch der Personalberater muss sich darauf einstellen, seine in Europa ansässigen Kunden etwa in Indien, China oder den Staaten des Mittleren Ostens beraten zu können. Der Personalberater hat den Vorteil, dass er das ihn beauftragende Unternehmen sowie die nationalen und internationalen Märkte gut kennt und entsprechend weiß, welche Zielsetzung der Klient im Einzelfall verfolgt. Der Personalberater kann sich vor den skizzierten Entwicklungen nicht verschließen. Im Gegenteil, er sollte sich mit diesen Themen und Ländern aktiv auseinandersetzen. Nur dann wird er in der Lage sein, die richtigen Kandidaten zu sensibilisieren und ihnen zu verdeutlichen, dass heute die Bereitschaft gegeben sein muss, mit der Familie auch einen Auslandsaufenthalt in den erwähnten Ländern einzuplanen. Aus Kandidatensicht ist der Preis dafür verlockend: Der Karrierezug fährt dann nämlich öfter mit Kurs Richtung Norden.

# Der Markt der Logistikdienstleistungen in Deutschland – Im Blickpunkt: Kontraktlogistik

Stefan Diemer, München

Der Artikel basiert auf den Ausführungen in „Das Handbuch der Personalberatung", 1. Auflage, unseres geschätzten Kollegen Robert Loer, der 2008 zu unserem großen Bedauern plötzlich und völlig unerwartet verstarb.

## I.  Branchenüberblick

Die Gesamtleistung der Logistikwirtschaft in Deutschland wird nach aktuellen Veröffentlichungen (Fraunhofer ATL, Nürnberg) für 2009 auf etwa 200 Milliarden Euro mit rund 2,7 Millionen Beschäftigten taxiert. Aufschlussreich ist insoweit, dass – gemessen am Gesamtmarkt – die extern vergebenen Dienstleistungen der häufig als Synonym für Logistik, Infrastruktur und Dienstleistung stehenden Marktführer Deutsche Post DHL (6,4 Milliarden Euro) und DB Mobility Logistics (5,9 Milliarden Euro) als eher gering einzustufen sind.

Die Einschätzungen des Markts und seiner Rahmenbedingungen aus den Jahren 2008 und 2009 haben gezeigt, dass die Krise die Faktoren für das Wachstum nicht in Frage gestellt hat, sondern den zeitlichen Ablauf nur in die nächsten Jahre verschoben hat. Die Annahmen gelten heute noch. Jedoch erholt sich der deutsche Logistikmarkt nach dem Absturz im Krisenjahr 2009 deutlicher schneller als die Gesamtkonjunktur. Die Branche geht davon aus, dass sie in diesem und im kommenden Jahr an die positive Geschäftsentwicklung 2008 anknüpfen kann. Für die nächsten Jahre liegen Branchenangaben zufolge die Umsatzerwartungen bei 215 bis 220 Milliarden Euro. Eine Folge der Krise zeigt sich in der Marktbereinigung durch Insolvenzen oder durch den Rückzug kleinerer Unternehmen aufgrund einer nicht ausreichenden Eigenkapitalquote. Unter anderem können der Investitionsstau bei der Verkehrsinfrastruktur und der Zustand vieler Straßen ebenso zum Problem werden wie eine drohende Gefahr durch überhitzte Märkte wie China oder Brasilien.

Der Arbeitsmarkt für Logistikfachkräfte zeigte sich in der hinter uns liegenden Wirtschaftsflaute von einer robusten Seite. Der Stellenabbau war geringer als erwartet. Inzwischen suchen die Unternehmen wieder nach

qualifizierten und international erfahrenen Mitarbeitern und Führungskräften, die sie jedoch aufgrund des Mangels am Arbeitsmarkt nicht finden. Das Ansehen der Branche ist bei Studienanfängern oder Absolventen
eher mäßig. Von den 2,7 Millionen Beschäftigten verfügen lediglich
450.000 über einen akademischen Abschluss (F.A.Z., 03.12.2010)

Will man den Logistikmarkt in Deutschland verstehen, stößt man
zunächst auf das Phänomen, dass die Logistikdienstleistung sowohl
branchenbezogen als auch im Sinne einer unternehmenseigenen Funktion verstanden wird. Die Logistikdienstleistung als unternehmensinterne Funktion ist vor allem im Automobil-, Handels- und Konsumgüterbereich bekannt. Das gilt ebenfalls für den Bekanntheitsgrad
geschlossener fokussierter Logistikdienstleistungen großer global agierender Konzernunternehmen.

Die Kenntnis von bedeutenden und führenden Familienunternehmen
wie Kühne + Nagel (Umsatz 3,1 Milliarden Euro p.a.), Dachser (Umsatz
2,3 Milliarden Euro p.a.) oder Rhenus (Umsatz 1,5 Milliarden Euro p.a.),
die konzentrisch auf logistische Dienstleistungskernkompetenzen ausgerichtet sind und jeweils mehr als 10.000 Mitarbeiter beschäftigen,
gehört dabei eher schon zum internen Wissen der Branche.

Insgesamt ist erkennbar, dass es in der Praxis eine sehr große Spannbreite von ganz unterschiedlich aufgestellten Logistikunternehmen
gibt. Für das Jahr 2009 lassen sich die erbrachten Dienstleistungen wie
folgt aufschlüsseln: Transport (Anteil: 43 Prozent), Lager und Umschlag (25 Prozent), Bestände (22 Prozent), Auftragsabwicklung (6 Prozent) und Planung (4 Prozent). Die Schwerpunkte liegen im Stückgut-
verkehr, im nationalen Landverkehr, in grenzüberschreitenden
Transport- und Speditionsleistungen, in Luftfracht und Seetransport,
in der Lagerlogistik, in der industriellen wie auch konsumgüterbezoge-
nen Kontraktlogistik oder der internen Produktions- und Ersatzteilversorgung und sonstigen logistischen Zusatzleistungen.

Im internationalen Vergleich dominieren die deutschen Logistikanbieter den europäischen Markt. Dies gilt sowohl bei einer Betrachtung des
Mengenvolumens mit den beiden Marktführern Deutsche Post und
Deutsche Bahn als auch in Bezug auf „Spezialdisziplinen", wie die Kon-
trakt- und Frischelogistik mit den führenden „Hidden Champions",
also Kühne + Nagel, Dachser, Rhenus und Fiege Logistik. Damit ist der
deutsche Logistikmarkt in der Bewertung der Leistungsfähigkeit seiner
Akteure aktuell wohl der zweitgrößte weltweit.

Betrachtet man mögliche Rankings im Hinblick auf wichtige Einflussgrößen wie Marktsituation, Positionierung, Umsatzentwicklung sowie Rekrutierungsbedarfe und Strategien, so sind diese auch unter Berücksichtigung der die Logistiknachfrage in der Zukunft erkennbar bestimmenden vier Megatrends (Fraunhofer Institut, Top 100 der Logistik) als Rahmenbedingungen unternehmerischen Handelns zu bewerten. Diese vier Megatrends der Logistik sind:

1) Globalisierung der Produktion und des Wirtschaftsverkehrs (Dislozierung, wachsende Transportdistanzen, neue Kommunikationsbedarfe, gesteigerte Wettbewerbsintensität)

2) Beschleunigung der Taktraten wirtschaftlicher Aktivität in der Ondemand-Welt (Reaktionen auf Kundenwünsche, Verkürzung von Technologie- und Produktzyklen, zeitbasierter Wettbewerb)

3) wachsende Umweltsensibilität (Verlängerung logistischer Ketten)

4) Übergang zur post-industriellen Gesellschaft (Expansion der Serviceökonomie, Begrenzung des Wachstums industrieller Güterproduktion

## II. Internationalisierung, Globalisierung: Folgen für die Logistikbranche

Die Öffnung der Märkte hat erkennbar in der zurückliegenden Dekade einen immensen Wachstumsschub für die Logistikdienstleistungen ausgelöst. Neue Techniken, die Regulierung von Mitbewerbern und Harmonisierung sowie die damit verbundene höhere Transparenz nationaler Märkte haben ergänzend dazu beigetragen.

Die Globalisierung hat die Handlungsräume der Kunden in zuvor nicht gekannter Weise erweitert, so dass die Nachfrage nach grenzüberschreitenden, international und global ausgerichteten Logistikdienstleistern steigt. Damit einher geht die unternehmerische Zielsetzung der Marktteilnehmer, das Logistikgeschäft international auszuweiten.

### 1. Weltweit agierende Kunden fordern optimal organisierte Prozessketten

Es ist für jeden Logistikdienstleister eine besondere Herausforderung, die eigene Dienstleistung den global agierenden Kunden und ihren global agierenden Einkäufern glaubhaft anzubieten, und zwar mit anspruchsvollen und kurzfristigen On-demand-Lieferzeiten bei gleichzeitig sich verlängernder Lieferstrecke. Hierzu bedarf es in Zeiten sinkender Transportpreise des Nachweises international funktionierender Prozessketten und -systeme. Dies setzt auch die Verfügbarkeit ergänzender Speditionsleistungen wie etwa grenzüberschreitender Aircargo-Carrier und die Präsenz in den relevanten Exportmärkten voraus.

Das Beispiel der Deutsche Post WorldNet zeigt dies klar: Die Logistik war bis 2007 die umsatzstärkste Konzernsparte der Deutschen Post und bis dato in zwei etwa gleich große Geschäftsbereiche unterteilt. Diese Situation und auch die Größenverhältnisse würdigend, wurde der bisherige Konzernbereich Logistik im März 2008 aufgeteilt. Zur verstärkten Markt- und Funktionsfokussierung bestehen seitdem der zentrale Vorstandsbereich Kontraktlogistik (Supply-Chain) sowie der für alle Fracht- und Speditionsaktivitäten verantwortliche Vorstandsbereich Luft- und Seefracht und Landverkehr (Global Forwarding/Freight). Demgegenüber wurde der bis dato der Logistik zugehörige Bereich Expressdienstleistungen einem anderen Vorstandsressort zugeordnet.

Die Deutsche Post selbst hatte beispielsweise im Jahr 2006 zur Sicherung ihrer internationalen Prozessketten mit der abschließenden Integration des Kontraktlogistikers EXEL reagiert und zudem Beteiligungen an dem Carrier Polar AirCargo sowie an dem indischen Expressdienstleister Blue Dart Express erworben. Dies forderte allerdings auch die konsequente Durchsetzung einer global agierenden Key-Account-Struktur mit global denkenden, vertrieblich handelnden und entsprechend international vernetzten Prozesskettenmanagern. In der Praxis folgt daraus: Ein neuer Typus in der Logistik hat sich herausgebildet; damit verbunden sind aus der Sicht des Executive-Search-Beraters spannende Projekte.

## 2. Der Schlüssel zum Erfolg: Aufbau einer starken Marke

Voraussetzungen einer erfolgreichen Expansionsstrategie von Logistikdienstleistern sind gerade im Bereich der Kontraktlogistik ein hochspezialisiertes Wissen, eine adaptionsfähige Prozessstärke, eine im Ergebnis schlagkräftige Unternehmenskultur und daraus folgend eine starke Marke sowie multiplikationsfähige Prozessleistungen für sich entwickelnde und von Beginn an wettbewerbsintensive Auslandsmärkte. Diese Eigenschaften versetzen die Logistikanbieter in die Lage, ihre Prozessleistung von einem Markt auf den anderen übertragen und sie – Effizienz immer vorausgesetzt – zu attraktiven Margen ihren Kunden anbieten zu können.

Vor allem in früher abgeschotteten Märkten wie Osteuropa profitieren die Kunden von den Problemlösungsangeboten der Logistikdienstleister, und zwar insbesondere in den Bereichen Automobil- und Konsumgüterindustrie (vgl. dazu Barz, S. 170ff., und Müller-Albrecht, S. 294ff.). Die nationale Herkunft der Dienstleistung verliert dabei beispielsweise in Osteuropa an Bedeutung, stattdessen werden in der Praxis (neben dem Preis für die Logistikdienstleistungen) verstärkt Markennamen, die für die ausgezeichnete Leistung, die Servicequalität und die Kundennähe des Logistikdienstleisters stehen, ein deutlich größeres wirtschaftliches Gewicht erlangen.

## III. Auf den vorderen Plätzen im Wettbewerb: Die Hidden Champions

Von den international ausgerichteten Marktführern mit breiter Dienstleistungspalette heben sich die „Hidden Champions" (siehe dazu Haussmann/Holtbrügge/Rygl/Schillo, 2006) ab: Hierbei handelt es sich um mittelgroße Branchen- und Prozessspezialisten mit gesonderter inhaltlicher Positionierung in ihrer Leistung. Sie zeichnen sich durch Umsatzwachstum aus, und zwar sowohl durch vergleichsweise kleinere Übernahmen als auch durch nachhaltiges organisches Wachstum. Insbesondere gilt dies für Prozesskettengeschäfte der Kontraktlogistik, die Handels- und konsumgüterdominierte Frischelogistik und spezielle Speditionsleistungen mit speziellem Equipment. Die Besonderheit und Schwierigkeit der genannten Branchen zeigte sich bei kapitalschwachen Speditionen, die die Krise nicht überlebt haben.

### 1. Praxisbeispiel I: Frischelogistik

In der Frischelogistik führt der Handel (vgl. dazu Hanke, S. 278ff.) Regie: Die Anforderungen an den Dienstleister sind durch vorgeschriebene Zeitfenster und Temperaturen bestimmt, die akribisch einzuhalten sind und die Prozesskette daher erheblich beeinflussen. Der Logistikspezialist muss sowohl handelsspezifisch konfektionieren, etikettieren und verpacken können als auch über genügend Kapital verfügen, um in neue Technologien investieren zu können. Die beiden größten Frischelogistiker in Deutschland sind Kraftverkehr Nagel und Dachser. Beide inhabergeführten Unternehmen expandieren stetig im Ausland, haben in Osteuropa ihre Position gefestigt und beginnen in Asien das Geschäft aufzubauen. Ziel ist es, ergänzend zu ihrem Segment-Know-how als Marktführer neue Geschäftsfelder in der Kontraktlogistik im Konsumgüterbereich und der Industrie (Automobil, Maschinenbau) aufzubauen.

In anderen Ländern Europas erfolgt die regionale Verteilung der Frischelogistik in aller Regel durch kleinere und mittlere Spediteure als Subunternehmer oder Partner vor Ort. Auf europäischer Ebene stehen in diesem Segment mit seinem derzeit geschätzten Volumen von etwa 25 Milliarden Euro pro Jahr neben den beiden vorgenannten Marktführern die Firmen Wincanton (Großbritannien) und Salvesen (Dänemark) im Wettbewerb. Die Herausforderung für alle Logistikanbieter ist es, ein durchgängig flächendeckendes Kühllogistiknetz anzubieten, das auch den relevanten EU-Verordnungen (etwa in Bezug auf Lebensmittel) entspricht.

Dies bedeutet, dass die gesamte Lieferkette von der Herstellung bis zum Endverbraucher lückenlos nachvollziehbar sein muss. Hierfür sind große Investitionen in geeignete Kühlvorrichtungen in den Fahrzeugen und Lagern sowie auch in die Überwachungstechnologie zur Sendungsverfolgung und der Sensoren notwendig. Vergleichsweise neu im Markt der Frischelogistik ist etwa die Kooperation Pro Fresh, an der verschiedene Mittelständler beteiligt sind, aber auch ein Schwergewicht wie die Post-Tochter DHL.

## 2.   Praxisbeispiel II: Kontraktlogistik

Demgegenüber wird unter Kontraktlogistik ein branchen- und funktionsübergreifendes Geschäftsmodell verstanden, das auf einer langfristigen, arbeitsteiligen Kooperation zwischen einem Produzenten oder Handelsunternehmen sowie einem Logistikdienstleister basiert und die logistische Betreuung der Großkunden von der Lagerhaltung über die Weiterverarbeitung bis zur Zulieferung beim Endkunden umfasst. Dies wird im Rahmen eines Dienstleistungsvertrags (Kontrakt) geregelt. Der Kontraktlogistikdienstleister übernimmt dabei alle logistischen und logistiknahen Aufgaben entlang der Wertschöpfungskette und stellt somit das Bindeglied sowohl physisch in der Spedition und Lagerleistung als auch immer mehr im „Transport" der damit einhergehenden Informationen und ihrer Verarbeitung zu den systemtechnischen Schnittstellen seiner Kunden dar. Daher rührt auch die Bezeichnung „Systemdienstleister", die begrifflich als Äquivalent zur Kontraktlogistik verwendet wird. Im angloamerikanischen Sprachraum wird im Zusammenhang mit Kontraktdienstleistung von 3PL (Third Party Logistics) gesprochen. Ergänzt wird diese Dienstleistung der Logistikanbieter um eine nachhaltige IT-Kompetenz zur Integration aller Informationen aus der Prozesskette in die Warenwirtschafts-, Sendungs- und Chargenverfolgungssysteme. Hierzu gehört auch das Reporting zum Erfüllungsstandort des mit den Kunden festgelegten Servicelevels.

Die integrierte Überwachung des Warenflusses vom Produzenten bis zum Point of Sales sowie der automatische Abgleich von warenbezogenen Informationen der tatsächlich transportierten Ware beschreiben die Zukunft des Kontraktdienstleisters als Fourth-Packing Logistics Provider. Bemerkenswert ist insoweit, dass die Zukunft längst begonnen hat: der Aufbau von Service-Recovery-Konzepten, die Herbeiführung durchgängig integrierter Datenströme sowie der IT-Systeme zwischen Logistikdienstleister, Produzenten und dem Handel machen den nachhaltigen Aufbau IT-spezifischer Beratungskompetenz bei dem Logistikdienstleister unumgänglich. In der Praxis führt das dazu, dass zunehmend eher „logistikferne" Leistungen – etwa IT-Beratungsgesellschaften – zum Angebotsportfolio der Logistikunternehmen zählen.

Festzustellen ist in jedem Fall eines: Es ist das Ziel aller großen Logistikdienstleister und der „Hidden Champions", verstärkt in dem wirtschaftlich interessanten Geschäftsfeld der Kontraktlogistik weiter zu wachsen. Genereller Nachholbedarf besteht dabei im Mittleren und Nahen Osten sowie in Südamerika. In Deutschland hingegen wird die Kontraktlogistik aller wesentlichen Marktakteure vorrangig weiter primär organisch wachsen, was angesichts der Ausgangsbasis von derzeit noch intern geführten Logistikdienstleistungen im Bereich der Konsumgüterdistribution sowie der industriellen Logistik der Produktions- und Ersatzteilversorgung ein herausforderndes Wachstumsfeld darstellt.

## IV.   Logistikdienstleistungen – eine Branche im Wandel, aber wer treibt diesen Wandel voran?

Breiter Konsens besteht seit mehreren Jahren bezüglich der kaum zu überschätzenden Bedeutung der Informationstechnologie für praktisch alle Prozesse der Logistik. Dementsprechend suchen die Logistikdienstleister und deren Kunden in Industrie, Dienstleistungen und in den großen Handelsunternehmen zunehmend Führungskräfte und Spezialisten, und zwar für Positionen unterschiedlicher Seniorität. Die Aufgabenstellung in diesen Positionen ist in erster Linie an den Logistikprozessen und deren Optimierung ausgerichtet. Bestandteil der Anforderungsprofile für potentielle Kandidaten ist daher auch eine umfassende Kenntnis von softwaregestützten Anwendungen (wie SAP) sowie der damit verbundenen systemischen Schnittstellen. Dies ist in der Unternehmenspraxis mittlerweile Standard und Voraussetzung dafür, die logistischen Daten zu den Dienstleistungsnachfragern in Industrie und Handel zu transportieren.

Daraus folgt, dass die Logistikanbieter heute insbesondere in ihre jeweiligen IT-Systeme und die projektbezogene Umsetzungskompetenz ihrer Mitarbeiter investieren, und zwar in allen auf „on demand", „just in time", „in sequence" sowie der lückenlosen Dokumentation der Workflow- und Prozessoptimierung ausgerichteten Bereichen der Kontraktlogistik. Denn: Diese ist ein wesentlicher Erfolgsmaßstab für die Akquisition neuer Kontrakte und damit ein zunehmend wichtiger werdender Wettbewerbsfaktor.

Allerdings: Die Marktsituation ist heute so, dass betriebswirtschaftlich und konzeptionell ausgerichtete Führungskräfte und Projektmanager in der Logistik, die zusätzlich die Anwendung moderner IT-Lösungen mit ihrem Beitrag für die operative Umsetzung der Logistik in Spedition- und Lagerleistung beherrschen, schwer zu finden sind. Diese Manager der Logistik „on demand" sind allerorts gefragte Kandidaten und erfreuen sich im gesamten Logistikfeld bester Karrierechancen.

Dabei wird neben methodisch-fachlichem Rüstzeug in der Projektgestaltung und spezifischen Kenntnissen der IT-Anwendungen zur Durchsetzung und Gestaltung erfolgsorientierter Prozesssteuerung, Informationsversorgung und der Projektkontrolle verstärkt auch eine eher verhaltensorientierte Kompetenz gefordert. Gerade bei der Übernahme der Kontrakte und damit verbundener Zielvorstellungen der Logistikdienstleistungen sind Informationsasymmetrien, opportunistisches Verhalten bei der Übernahme der Objekt-/Prozessverantwortung sowie auch Defizite des Könnens und Wollens bei Prozessleitenden beider Seiten zu berücksichtigen und bis zur erfolgreichen Umsetzung des Kontrakts zu managen. Daher besteht von Beginn an die Anforderung, das Projekt nicht nur über Kennzahlen und technische Prozesse zu definieren, sondern in gleichem Maße über ausgeprägte kommunikative und interkulturelle Fähigkeiten zu verfügen und diese in der Praxis umzusetzen.

Die klassische Trennung zwischen den aus ihrer Herkunft heraus legitimierten „Praktikern" in der operativen Logistik und den auf Stabsfunktionen ausgerichteten Prozessspezialisten erscheint vor dem Hintergrund der spezifischen Anforderungen der Kontraktlogistik daher immer weniger plausibel. Die zunehmende Prozessorientierung von Unternehmen praktisch aller Branchen erzwingt professionelles

Management zwischen der operativen Logistikdienstleistung und den Schnittstellen der Informationsverarbeitung. Einschlägige Beispiele hierfür sind etwa der Umgang mit zeitgemäßem Customer-Relationship-Management (CRM) oder RFID-Systemen (Radiofrequenz-Identifikation – „checking and tracing") oder auch die konsequente Dokumentation und das Beherrschen permanenter Dokumentation der Wertschöpfungsketten in Workflowkonzepten.

## V. Logistikbranche und Personalberatung: ein weites Feld, ein großer Spielraum

Aus der Sicht des Personalberaters bedeutet all das: Bewerten wir die Gespräche mit verantwortlichen Managern, Unternehmerpersönlichkeiten und Spezialisten der Kontraktlogistik sowie den Nachfragern dieser Dienstleistung auf der Industrie- und Handelsseite, so spiegeln sich genau diese Themenstellungen in den Erfolgsgeschichten der führenden Logistikdienstleister wider. Dabei verspüren auch die erfolgreichen Logistikunternehmen des Mittelstands – die großen ohnehin – mittlerweile Engpässe und Wachstumsprobleme bei der Übernahme neuer Kontrakte im nationalen und internationalen Umfeld. Diese liegen immer mehr im Bereich der Gewinnung zusätzlicher qualifizierter Logistik- und Projektmanagementtalente.

Auch für die Logistik gilt, dass das Wachstum der kommenden Jahre maßgeblich durch die demographische Entwicklung der Führungskräfte beeinflusst wird. Die sich daraus ergebende Nachfrage und daraus folgende vielfältige und attraktive Angebote für Kandidaten aus Industrie, Handel und der Logistikdienstleisterbranche selbst führen auch in der Logistik zu einem zunehmenden Wettbewerb nach geeigneten und zu den jeweils unterschiedlichen Konzernorganisationen und Familienunternehmen kulturell passenden Führungskräften. Ebenso steigt die Nachfrage nach berufserfahrenen Projektmanagern im Bereich projektvorbereitender und operativer Kontraktlogistik.

In der Praxis führt das zwingend zu dem Erfordernis einer weitergehenden Professionalisierung der bisher häufig noch eher opportunistisch und damit „zufallsgetriebenen" unternehmensinternen Prozesse zur systematischen und erfolgreichen Suche und Auswahl der Führungskräfte. Ein Lösungsansatz für dieses branchenweit erkennbare Problem lautet: verstärkter Einsatz von Beratungskompetenzen aus dem Bereich des Executive Search.

Denn: Andernfalls besteht für die Unternehmen der Logistikbranche die konkrete Gefahr, dass Wachstumsoptionen, insbesondere bei der Kontraktlogistik, nicht zuletzt durch den Mangel an gestaltungs- und umsetzungsstarken Führungskräften und Projektmanagern konterkariert werden. Diese Führungskräfte müssen gleichermaßen erfolgreich im operativen Prozess sein wie auch als direkte Gesprächspartner des Kunden vertriebsbezogen die gesamte Bandbreite eines Projekts managen können.

Dabei werden in der Zukunft nicht nur die Führungskräfte und prozessverantwortlichen Projektmanager in der Logistik mit internationalem Hintergrund als Garanten für eine erfolgreiche Adaption der Durchsetzung erfolgreicher Logistikprozesse benötigt, sondern auch die korrespondierenden prozessfähigen Manager in den begleitenden zentralen Funktionen. Dies erfordert ebenfalls eine verstärkte Professionalisierung der unternehmensinternen Prozesse in Bezug auf die Führungskräfteauswahl und die nachhaltige Personalentwicklung (vgl. dazu ausführlich C. Wegerich, Strategische Personalentwicklung in der Praxis, 2011) als Strategie der Gewinnung für die in der Zukunft anstehenden Aufgaben von Führungskräften in der Logistik. Employer-Branding ist damit auch ein Thema der Logistik.

Insgesamt zeigt sich: Die Logistikbranche ist ein spannender, im Wandel begriffener und prosperierender Markt – nicht zuletzt auch aus der Sicht des Executive-Search-Beraters.

## Literatur

Fraunhofer Institut, Top 100 der Logistik

Haussmann/Holtbrügge/Rygl/Schillo, Hidden Champions – Erfolgsfaktoren deutscher mittelständischer Weltmarktführer, GEMINI Management & Markets, Bad Homburg, 2006

# Personalberatung in der Immobilienwirtschaft: Spezialisierung und Nachhaltigkeit sind der Schlüssel zum Erfolg

Thoralf Reise, Köln

## I. Einleitung: Der Immobilienmarkt macht auf sich aufmerksam

Während die Immobilienbranche im Ausland seit Jahrzehnten für Personalberatungsunternehmen ein Geschäftsfeld wie jedes andere auch darstellt, haben die Rekrutierungsprofis in Deutschland diese Branche erst in der jüngeren Vergangenheit verstärkt wahrgenommen. Lange verschmäht, lange belächelt und oftmals durch ein Bild des lokalen und wenig professionellen Immobilienmaklers geprägt, machte der Boom der Jahre 2004 bis 2007 nicht nur die Kapitalmarktbranche auf diesen Zweig aufmerksam, sondern zunehmend auch Personalberatungen und einzelne Berater, die aufgrund des in dieser Zeit beständig steigenden Personalbedarfs in der Immobilienwirtschaft die Chance erkannten, ein eigenständiges Geschäftsfeld zu entwickeln.

Der Aufschwung war geprägt von einem bis dahin nie da gewesenem Transaktionsvolumen. Gekauft wurde überall in Deutschland. Auch lange vernachlässigte Regionen wie Dresden, Erfurt und Leipzig gewannen durch das Interesse der Investoren, unter ihnen Hedgefonds und Beteiligungsunternehmen aus aller Welt, enorm an Attraktivität. Selbst die Hauptstadt Berlin wurde zunehmend, trotz weiterhin bescheidener Wirtschaftsleistung, speziell für diese Investoren interessanter. Zudem maßen Versicherungen und Pensionskassen der Immobilie in ihren Anlagestrategien einen ganz anderen Stellenwert zu als noch zur Jahrtausendwende. Auch für diesen Investorentyp hat sich die Immobilie inzwischen längst als eigenständige Assetklasse etabliert.

Doch wer die wirtschaftlichen Zyklen in der Immobilienbranche kennt – und das sollte der Personalberater –, weiß, dass jedem bejubelten Aufschwung bisher stets auch eine laut beklagte Talfahrt folgte. Das Einsetzen der Immobilien- und Finanzkrise 2007/2008 war somit vorerst das Ende der zuvor entfesselten Dynamik.

Ein kurzes Beispiel verdeutlicht das Auf und Ab der Branche: 87 Milliarden Euro haben die deutschen Anleger derzeit in offenen Immobilienfonds angelegt, die eine Investition in ein breites Immobilienport-
folio bei börsentauglicher Verfügbarkeit versprechen. Noch im Jahr
2007 waren sie die Stars der Branche. Man sprach von der „Renaissance
der offenen Immobilienfonds" (vgl. PresseAnzeiger 2007; Reiche, L.,
2006; Johann, B., 2008; F.A.Z. 2007), die mit großen Paketverkäufen
ihre Portfolios bereinigen konnten und eine Reihe von neuen Fondsty-
pen initiierten und somit die Dynamik in diesem Markt verstärkten.
Drei Jahre später sind 22 Milliarden Euro, also gut ein Viertel der angelegten Gelder, in offenen Immobilienfonds eingefroren, die das oben
beschriebene Investitionsversprechen nicht einlösen können (vgl. Hiller, C. von/Uttich, S., 2010). Bei den meisten Fonds ist die Rücknahme
von Anteilen vorübergehend ausgesetzt – drei große Publikumsfonds
werden seit 2010 endgültig abgewickelt.

Krisenresistent scheint allein die Nachfrage nach Ausbildungsgängen
in der Immobilienwirtschaft. Die Bewegung der Branche und ihr relativ neuer öffentlicher Fokus haben neben anderen Entwicklungen in
der deutschen Immobilienwirtschaft zu einer in allen Bereichen festzustellenden immer höheren Professionalität geführt. Universitäten,
Hochschulen, Berufsakademien und andere Fort- und Weiterbildungs-
institute haben die Veränderungen der Branche und die damit verbundenen Möglichkeiten erkannt und ihr immobilienwissenschaftliches
Repertoire an Vollzeit- und Postgraduierten-Studiengängen sowie Wei-
terbildungsangeboten aller Art entsprechend angepasst.

Der seit einigen Jahren vorherrschende Mangel an Fach- und Führungskräften für die Immobilienwirtschaft kann auf absehbare Zeit indes
nicht behoben werden. Dieses Manko bewirkt, dass wichtige Stellen in
den Unternehmen im ungünstigsten Fall unbesetzt bleiben – mit der
Folge, dass die betroffene Organisationen unvermittelt an die Grenzen
von Wachstum und Wertschöpfung stößt.


## II. Personalberatung als professionelle externe Dienstleistung

Die zuvor geschilderte stürmische Entwicklung in der Immobilienwirtschaft blieb nicht ohne Auswirkungen: Für Personalberatungsgesellschaften bot sich in den Boomjahren ein breites Betätigungsfeld, um
die vermehrt in Personalnot geratenen Unternehmen bei der Besetzung
wichtiger Positionen zu unterstützen. Dabei hat sich in der Praxis

gezeigt: Für die Auswahl des „richtigen" Personalberaters sind in der Immobilienbranche nicht nur die allgemeingültigen Qualitätskriterien zu beachten, sondern ergänzend dazu auch bestimmte marktspezifische Eigenschaften, die Aufschluss darüber geben, ob der jeweilige Berater für seinen Klienten aus der Immobilienbranche tatsächlich den erhofften Mehrwert generieren und so der erwünschte professionelle Prozessbegleiter sein kann (vgl. dazu C. Wegerich, S. 474). Dies gilt im Übrigen nicht nur in Zeiten von Dynamik und wirtschaftlichem Aufschwung. Speziell seit den vergangenen Krisenjahren und bis heute geht es auch bei der Suche nach Führungskräften um Nachhaltigkeit und Wertschöpfung. Bei jeder personellen Nach- oder Neubesetzung gilt daher: „Keine Experimente – jeder Schuss muss sitzen."

Den damit verbundenen Überlegungen geht stets eine unternehmensinterne Grundsatzentscheidung voraus: Will man im konkreten Fall mit einer professionell agierenden Beratungsgesellschaft zusammenarbeiten? Oder können Aufsichtsrat, Vorstand oder Geschäftsführung eines Immobilienunternehmens die richtigen Mitarbeiter für ihr Unternehmen womöglich auch in Eigenregie finden? Die Antwort auf die letzte Frage heißt „Ja", und viele Unternehmen entscheiden sich für diesen Weg.

Allerdings gibt es auch gute und nachvollziehbare Gründe dafür, Schlüsselpositionen im Unternehmen nicht selbst zu besetzen, sondern sich dabei von einem kompetenten und unabhängigen externen Berater unterstützen zu lassen. Denn: Ein qualifizierter, branchenerfahrener und objektiver Berater ist in der Lage, alle für eine bestimmte Position in Betracht kommenden Personen für das jeweilige Unternehmen zu identifizieren und im Vorfeld einer eingängigen und professionellen Bewertung zu unterziehen. Auch vertraulich zu behandelnde Themen und Interessenkonflikte auf der Klientenseite können ausschlaggebend dafür sein, mit einer Personalberatung zusammenzuarbeiten. Manchmal können die Gründe auch ganz trivial sein: In einer Phase des Changemanagements oder wirtschaftlicher Expansion etwa kann es unternehmerisch sinnvoll sein, aufwendige Suchprozesse auszulagern und die damit verbundene Projektsteuerung an Dritte zu übertragen. Dies hat zur Folge, dass das Management sich auf die Steuerung des Unternehmens und das Erreichen der jeweiligen operativen Ziele konzentrieren kann. Ein ganz besonders wichtiges, aber oft unterschätztes Argument für die Mandatierung eines spezialisierten und in der Branche gewachsenen Personalberaters ist dessen Fähigkeit, auch Kandidaten beratend zu Seite stehen zu können und diese zu motivieren, über einen möglichen neuen beruflichen Schritt ganz ernsthaft nachzudenken. Eine Fähigkeit, die im Kampf um die besten Talente der Branche von ganz entscheidender Bedeutung ist.

# 1. Auf den „richtigen" Personalberater kommt es an: Auswahl-kriterien und Qualitätsmaßstäbe aus der Sicht des Auftraggebers

Zu betonen ist aber eines: Wann immer ein Unternehmen die Entscheidung trifft, mit einer Personalberatung zu arbeiten, sollte es im Vorhinein folgende Fragen kritisch beleuchten:

*a) Branchenspezialisierung und Kenntnis der handelnden Personen*
Welches Unternehmen und welcher Berater haben den Ruf, die Fähigkeit und die nachgewiesene Erfahrung, geeignete Kandidaten zu identifizieren, und sind darüber hinaus in der Lage, einen vertrauensvollen Zugang zu den relevanten Personen im Markt zu finden? Die Art und Weise, wer wie mit einem Kandidaten in den Dialog einsteigt, kann ein entscheidender und maßgeblicher Faktor für den Erfolg eines Suchmandats sein.

*b) Genaue Kenntnis des Klientenunternehmens und des (Teil-)Markts, in dem es sich bewegt*
Ist der Berater in der Lage den Markt und dessen Faktoren, Stimmungen und Trends zu verstehen und das Klientenunternehmen sowie dessen strategische, operative und finanzielle Ziele genau zu erfassen? Nur so kann der Berater gleichsam als „Sprachrohr" des Klientenunternehmens im Markt erfolgreich den Kontakt zu Kandidaten suchen und gegebenenfalls auftretende Vorurteile, Differenzen und Probleme aus dem Weg räumen.

*c) Verständnis der jeweiligen Unternehmenskultur*
Hat der Personalberater einen kompletten Eindruck der vorherrschenden Unternehmenskultur in Bezug auf Strukturen, Stärken, Schwächen und Herausforderungen, und – das ist ein ganz wichtiger Punkt – hat er ein ganz konkretes Gefühl dafür, welche Kandidaten am besten zu den jeweiligen Klienten passen?

*d) Einordnung fachlicher Qualitäten des Kandidaten*
Welche Personalberatung versteht vollumfänglich die erforderlichen und von dem Auftraggeber aktuell benötigten fachlichen Qualitäten, die ein Kandidat erfüllen muss, um das jeweilige Unternehmen gezielt zu verstärken?

*e) Positionierung des Personalberaters im relevanten Markt*
Welche Priorität wird dem Suchmandat des Klienten eingeräumt? Wie wichtig ist dieses Suchmandat für den Personalberater? Hat der Personalberater aufgrund seiner anderen Klientenbeziehungen überhaupt die Möglichkeit, im Markt erfolgreich zu sein? Oder arbeitet er bereits für

mehrere andere Wettbewerber, so dass er, wenn er das Qualitätskriterium des Klientenschutzes ernst nimmt, viele der in Betracht kommenden Kandidaten für eine bestimmte Position gar nicht ansprechen darf?

*f) Vertrauensverhältnis zwischen Berater und Klient*
Ein weiterer Punkt kann gar nicht hoch genug bewertet werden: Neben allen zuvor genannten Punkten ist die persönliche Wellenlänge zwischen Klient und Berater entscheidend für eine erfolgreiche Zusammenarbeit. Gegenseitiges Vertrauen, Offenheit und Ehrlichkeit sowie die gebotene Diskretion bei der Vorgehensweise im Markt sollten im Idealfall ein positives „Bauchgefühl" ergänzen.

## 2. Professionelle Mandatsabwicklung – immer auf Augenhöhe mit den Kandidaten

Die Frage ist: Gelten die vorstehend aufgeführten Grundsätze für eine professionelle Personalberatung auch in der Immobilienwirtschaft – oder sind hier völlig andere Regeln zu beachten? Um den richtigen Berater für ein Suchmandat in der Immobilienwirtschaft zu finden, sind aus der Kundensicht zunächst einmal diese allgemeingültigen Kriterien als Maßstab für die Beratungsqualität zugrunde zu legen. Darüber hinaus spricht indes vieles dafür, dass ein Berater, der sich konsequent im Bereich der Immobilie spezialisiert hat, wesentlich erfolgreicher sein kann als ein Berater, der einen generalistischen Ansatz pflegt (vgl. dazu C. Wegerich, S. 474). Bezogen auf den ersten Punkt trennt sich spätestens hier die Spreu von Weizen, genauer: der Spezialist vom Generalisten. Es sollte keinem professionell arbeitenden Personalberater schwerfallen, die entsprechenden Kandidaten für eine vakante Position bei einem Klienten zu identifizieren.

Wenn es allerdings darum geht, einen vertrauensvollen und qualitativ hochwertigen Zugang zu interessanten Kandidaten zu finden, so hat der spezialisierte Berater weitaus bessere Erfolgschancen im Vergleich zu anderen Wettbewerbern. Er ist imstande, schnell und sicher – das heißt in aller Regel, bevor der erste persönliche Kontakt hergestellt ist – einzuschätzen, ob ein anzusprechender Kandidat die wesentlichen Voraussetzungen für eine konkret zu besetzende Position erfüllt. Nur wenn eine solche Evaluierung vor dem Erstkontakt durchgeführt worden ist, ist gewährleistet, dass nicht im Namen eines Klienten die Zeit eines Kandidaten vergeudet wird, weil eben mangels Branchen- und Personenkenntnis gerade nicht erkannt worden ist, ob und weshalb ein bestimmter Kandidat mit all seinen Qualifikationen und Kompetenzen im konkreten Fall interessant ist.

Wichtig ist: Nur wenn ein solcher Kontakt zwischen einem in der Immobilienbranche erfahrenen Berater und einem Kandidaten auf Augenhöhe erfolgt und somit ein professioneller Informationsaustausch stattfinden kann, hat der jeweilige Berater seinen Auftraggeber positiv präsentiert. Der damit begonnene Dialog kann dann später fortgesetzt und vertieft werden, um dem Kandidaten ein genaues Bild über die Anforderungen und den Zuschnitt der vakanten Position zu geben.

Wird der Dialog mit qualifizierten und interessierten Kandidaten fortgeführt, ist speziell in der Immobilienbranche darauf zu achten, dass der Berater sowohl über eine profunde Marktkenntnis verfügt als auch die strategischen und operativen Ziele des von ihm vertretenen Unternehmens detailliert und kenntnisreich darlegen kann. Auch hier hilft wiederum die branchenbezogene Spezialisierung, die den Berater in die Lage versetzt, auch eine Beraterrolle für den Kandidaten einnehmen, für den er in der Vertiefungsphase der Gespräche immer auch ein Sparringspartner in Bezug auf markt- und unternehmensrelevante Fragen ist.

Der damit verbundene professionelle Ansatz, Unternehmen und Kandidaten gleichermaßen zu beraten, ist in der Praxis der einzige Weg, um sicherzustellen, dass der Berater im weiteren Verlauf des Rekrutierungsprozesses die richtige Auswahl an qualifizierten Kandidaten präsentieren kann. Eine besondere Rolle kommt dabei auch der jeweiligen Unternehmenskultur zu: Wenn der Berater als Spezialist die Marktteilnehmer, die Unternehmen, die verschiedenen Kulturen und letztlich auch die handelnden Personen persönlich kennt, ist er in der Lage einzuschätzen, ob ein bestimmter Kandidat tatsächlich zu dem Klientenunternehmen passt oder gegebenenfalls in seinem jetzigen beruflichen Umfeld besser aufgehoben ist.

## 3. Ein Spannungsfeld: profundes Branchen-Know-how versus Off-limits-Regelungen

Hervorzuheben ist ein weiterer zu betrachtender Aspekt für ein beauftragendes Unternehmen, das sich für die Zusammenarbeit mit einem Personalberater entscheiden möchte: Ein besonderes Augenmerk sollte stets darauf gerichtet sein, für wie viele Unternehmen in der Immobilienbranche die jeweilige Personalberatung zurzeit sonst noch tätig ist und welche Unternehmen Klientenschutz genießen.

Denn: Speziell in einer Branche, die so eng beschaffen ist wie die Immobilienbranche, und in der es in der Praxis so gut wie keine Quereinsteiger gibt, ist es von grundlegender Bedeutung, ob ein Berater in der Lage ist, möglichst alle potentiellen Kandidaten in dem jeweiligen Marktsegment ansprechen zu können, ohne durch eine entsprechende Off-limits-Regelung eingeschränkt zu sein.

### 4. Die beste Visitenkarte für den Berater: nachhaltig erfolgreiche Tätigkeit in der Immobilienbranche

Es steht außer Frage, dass der damit angesprochene Grat sehr schmal ist. Auf der einen Seite wird ein Berater, der nicht viele Suchmandate im Immobilienbereich abwickelt, nie eine vergleichbare Marktkenntnis und -durchdringung erreichen wie ein Berater, der erfolgreich in allen Segmenten der Branche tätig ist. Andererseits ist es als Qualitätsnachweis nicht erforderlich, dass ein Berater für eine möglichst große Anzahl von Klienten im Bereich der Immobilienwirtschaft tätig ist.

Insoweit ist vielmehr ein Blick auf das sogenannte Repeat-Business, also dem Berater erteilte Anschlussaufträge, für das suchende Unternehmen hilfreich. Dazu ein simples Beispiel aus der Praxis: Arbeitet eine Personalberatung in 30 Suchmandaten mit 25 Klienten zusammen oder hat ein Berater seine letzten 30 Suchmandate womöglich für lediglich 7 oder 8 Klienten abgewickelt? Das zuletzt genannte Beispiel verspricht eine mindestens ebenso gute Marktdurchdringung wie das erste: Da hierbei aber die Gesamtzahl der involvierten Klienten geringer ist, hat der so positionierte Berater weniger Konfliktfälle im Hinblick auf den aus Professionalitäts- und Seriositätsgründen immer zu wahrenden Klientenschutz. Daraus folgt, dass er für seine Auftraggeber eine größere Zahl von potentiellen Kandidaten aktiv ansprechen und somit gewährleisten kann, dass die ihn beauftragenden Unternehmen davon ausgehen können, eine Vielzahl interessanter Kandidaten kennenzulernen – und damit eine entsprechend große Auswahl im Hinblick auf die zu besetzende Position treffen zu können.

Das Repeat-Business eines Personalberaters ist ein klarer Indikator dafür, ob er bereits in der Vergangenheit erfolgreich in der Immobilienbranche tätig war. Der Nachweis mehrerer erfolgreich durchgeführter Suchaufträge in dem jeweiligen geschäftlichen Segment eines bestimmten Auftraggebers ist die beste „Visitenkarte" und der überzeugendste Qualitätsnachweis für einen Personalberater. Die nachhaltig erfolgreiche Tätigkeit in einer bestimmten Branche ist daher in aller Regel auch die Voraussetzung für die Erteilung von Folgeaufträgen durch Unternehmen, die mit der professionellen Unterstützung des spezialisierten Beraters ihre Personalprobleme schnell und effizient lösen konnten.

## Literatur

F.A.Z. (Hrsg.): Der Fondsmarkt – Renaissance der Immobilienfonds, o.A., 24. Juli 2007 Nr. 169, Seite 19.

Hiller, Christian von/Uttich, Steffen: Offene Immobilienfonds – Sieben oder acht Anbieter bleiben übrig, F.A.Z. 23. November 2010.

Johann, Bernd: Renaissance der Immobilienfonds, 11.01.2008, FOCUS-MONEY-Online.

PresseAnzeiger (Hrsg.): Offene Immobilienfonds – Renaissance einer Assettklasse, 7. September 2007, Information für die Medien 30 / 07, Sankt Augustin 2007.

Reiche, Lutz: Immobilienfonds – 80 Prozent des Weges geschafft, Manager Magazin online, 24.01.2006.

# Die Energiewirtschaft – Eine herausfordernde Branche für die Personalberatung

Kasra Derakhshan, Bad Homburg

## I.   Einleitung

In unserer industrialisierten Welt spielt die Energieversorgung eine bedeutende Rolle. Denn Energie ist der Ursprung vieler politischer Konflikte und der Motor einer Zivilisation. Wir befinden uns mitten in einem Wettkampf um Ressourcen und deren nachhaltige Sicherung und Verfügbarkeit. Dabei spielen Akteure aus der Politik und Wirtschaft verschiedene Klaviaturen für eine ökonomische Darstellung einer Energieversorgung für das 21. Jahrhundert.

Die Ansprüche werden immer größer. Und immer soll die Energieversorgung wirtschaftlich, umweltverträglich und politisch korrekt sein. Die deutsche Regierung gilt als vorbildhaft in Europa und vielleicht sogar weltweit, denn sie hat es in den vergangenen Jahren sehr gut verstanden, eine Plattform zu schaffen, auf der alle Akteure der Energiewirtschaft einen Platz finden. Nicht ohne Grund sind die deutschen Unternehmen gefragte Know-how-Träger im Bereich Kraftwerkstechnik, Biomasse, Solar- und Windtechnologie. Zusätzlich haben wir in Deutschland ein beachtliches Ziel aufgesetzt: Bis 2050 sollen 80 Prozent des Stroms und 60 Prozent aller Primärenergie aus den erneuerbaren Energien kommen. Die Diskussion, ob die Laufzeitverlängerung der Kernkraftwerke in dieser Strategie ihren Platz findet, schien lange eine eher emotional besetzte als eine inhaltliche Diskussion zu sein. Das hat sich nun durch die Atomunglücke in Japan geändert, gleichwohl gilt: Eine sichere und nachhaltige Energieversorgung heißt im ersten Schritt, den idealen Energiemix zu finden und zu etablieren. Dieser Schritt fordert von der Politik, eine nationale Energieversorgung im Rahmen eines europäischen Gesamtkonzepts darstellbar zu machen, die sowohl wirtschaftlich als auch umweltverträglich ist.

Unsere Energie wird leider nicht nur durch Elektrohaushaltsgeräte, Autos und Heizung verbraucht. Brötchen, Hemden, Schuhe, selbst Anlagen zur Herstellung von Energie und alle anderen hergestellten Waren verspeisen Energie bereits in der Herstellung und dann im Transport. 6,8 Milliarden Menschen, davon etwa 70 Prozent in Ländern der Dritten Welt, werden in den nächsten Jahren einen höheren Energiebedarf pro Kopf haben als heute.

Diese Ausgangssituation ist dramatisch. Denn erstens hat diese Entwicklung eine enorme Auswirkung auf Deutschland und Europa, und zweitens wird es erkennbar immer schwerer, zukünftig eine Energiesicherheit zu gewährleisten. Sicher zu sein scheint es aber, dass die Weltbevölkerung allein durch erneuerbare Energien nicht versorgt werden kann, zumindest nicht in den nächsten 50 Jahren. Somit wird die Frage nach einem „richtigen Weg" immer lauter und kontroverser diskutiert.

Gerade aus diesem Grund sind milliardenschwere Investitionen der Industrie in Forschung & Entwicklung bestehender Technologien nachvollziehbar. Auch Investitionen in ganz neue und vielleicht aus heutiger Sicht utopische Projekte wie die Kernfusion, die alle Probleme der Zukunft lösen könnte, scheinen realistisch genug zu sein. Das beweist das Interesse einer Staatengemeinschaft aus Europa, Russland, Indien, China, Japan, USA und Südkorea, die für das Projekt ITER (International Thermonuclear Experimental Reactor) an der südfranzösischen Caderache pro Jahr Milliarden investiert.

Des Weiteren haben sich international agierende Unternehmen im Rahmen des bislang größten überregionalen Energieprojekts zusammengeschlossen und 2009 die Desertec Industrial Initiative gegründet. Gigantische Solarkollektoren sollen die Sonne aus Afrika einfangen, speichern und dann über Leitungen nach Europa transportieren. Die Idee ist faszinierend, jedoch fehlen bislang die erforderliche Technologie für die Kollektoren, die der ununterbrochenen Hitze standhalten können, sowie intelligente Speichertechnologien – von den politischen Herausforderungen dieses Vorhabens ganz zu schweigen.

Festzuhalten ist: Das Konzept der Kernfusion wird vielleicht irgendwann in der Zukunft funktionieren, eine zeitnahe Umsetzung indes ist nicht wahrscheinlich. Erneuerbare Energien sind daher heute bereits fast überall ein Teil des Lebens geworden, aber dennoch investieren die Energieversorger ebenfalls massiv in die Exploration und die Produktion von Öl und Gas. Diese Bereiche sind ausgesprochen kostenintensiv, doch finanzielle Risiken und auch ökologische Herausforderungen halten große wie auch kleinere Unternehmen nicht davon ab, weiterhin in diesem Segment zu wachsen. Im Gegenteil: Die meisten Unternehmen wie Eni, OMV, Total, RWE, E.ON, Rapsol, Centrica, um nur einige europäische Energieversorger zu nennen, setzen erhebliche finanzielle Mittel sowohl für eine Erweiterung ihrer Aktivitäten im

Bereich der erneuerbaren Energien als auch für die Förderung von Öl und Gas ein. Dies verdeutlicht umso mehr, wie wichtig ein Energiemix auch in Zukunft sein wird.

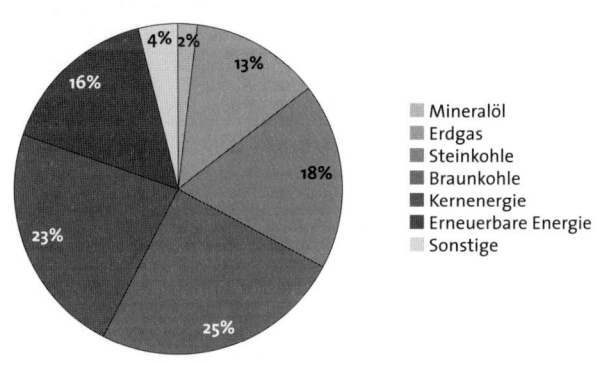

*Abbildung 1: Bruttostromerzeugung in Deutschland 2009 (Quelle: BMWI)*

## II.   Die Hauptsegmente der Energiewirtschaft

### 1.   Die alte Dame – Wasserkraft

Ein Blick zurück: Generationen von Bauern wussten und wissen um die Kraft der Wassermühlen und nutzen diese seit Menschengedenken. Daher war es folgerichtig, dass die industrialisierte Welt als Erstes Wasserkraftwerke zur Elektrifizierung von Haushalten und Industrieanlagen einsetzte. Die erste mittels Wasser genutzte Energie hat ihren Ursprung 1880 in England. Dort stellte John Smeathon das erste Wasserrad aus Gusseisen her. Das Prinzip hat sich nie geändert, nur die Technologien.

Es gibt zwei Grundtypen von Wasserkraftwerken: Laufwasser- und Speicherkraftwerke. Das größte Wasserkraftwerk in Deutschland steht in Thüringen und bringt 1.060 Megawatt (MW) Leistung pro Jahr. Im Vergleich zu den weltweit größten Wasserkraftwerken ist dies ein nur geringer Wert, denn etwa der chinesische Drei-Schluchten-Damm mit einer Gesamtleistung von 18.200 MW bringt das 18fache an Leistung und ist damit das größte Wasserkraftwerk der Welt. Im Jahr 2008 wurden weltweit 15,7 Prozent, in Europa 9,7 Prozent und in Deutschland 4,7 Prozent der Energie aus Wasserkraft gewonnen. Dies sind beachtliche Werte, denn Wasserkraft hat den geringsten $CO_2$-Wert, und im Vergleich mit allen anderen Energieerzeugungsarten ist dabei der geringste Energiebedarf zur Erzeugung von Energie erforderlich.

Eigentlich sind dies ausgezeichnete Voraussetzungen für einen zunehmenden Einsatz von Wasserkraftwerken. Das Problem besteht aber in dem damit verbundenen Landflächenverbrauch. Je größer die Wasserkraftwerke sind, desto größer ist der Landflächenverbrauch. Dies ist der größte Nachteil von Wasserkraftwerken: Sie verdrängen Mensch, Tier und Natur.

| Talsperre | Nennleistung in MW | Land |
| --- | --- | --- |
| Drei Schluchten | 18.200 | China |
| Itaipú | 14.000 | Brasilien |
| Guri | 10.300 | Venezuela |
| Tucuruí | 7.960 | Brasilien |
| Gran Coulee | 6.495 | USA |
| Schuschensker | 6.400 | Russland |
| Krasnojarsk | 6.000 | Russland |
| Nuozhadu | 5.850 | China |
| Robert-Bourassa | 5.616 | Kanada |

*Tabelle 1: Liste der weltweit größten Wasserkraftwerke (ab einer Leistung von 5.000 MW) (Quelle: Green World Investor)*

Die Liste der größten Wasserkraftwerke weltweit zeigt deutlich, dass die größten Kraftwerke in Regionen mit größerer Landmasse stehen. Aus diesem Grund und wegen der sehr hohen finanziellen und ökologischen Risiken ist das Segment Wasserkraft eher ein stagnierender Markt. Wenige große Wasserkraftwerke werden noch geplant. China, Russland und Brasilien sind zurzeit die Länder, die Wasserkraftwerke mit einer Leistung von mehr als 5.000 Megawatt planen.

## 2.    Bewährt und stabil – die Windenergie

Ähnlich wie die Wasserkraft ist auch die Windkraft eine der ältesten Formen für die Menschheit, die Kraft der Natur für sich nutzbar zu machen. Der Aufschwung der Windindustrie hat seine politische Bühne bereits 1990 gefunden und wurde nach 2002 durch das Erneuerbare-Energien-Gesetz (EEG) zu einem Selbstläufer. Die deutsche Windindustrie ist eine weltweit führende Branche von Herstellern, Zulieferern und Betreibern geworden. Jedoch wachsen andere Regionen überproportional schneller als die deutsche und europäische Windindustrie.

Weltweit wurden 2009 Windkraftanlagen mit einer Leistung von etwa 37.500 MW, in China 13.000 MW, in den USA knapp 10.000 MW, in Spanien rund 2.500 MW, in Deutschland 1.900 MW und in Indien etwa 1.300 MW neu installiert. Insgesamt steht weltweit derzeit ein Energiepotential von etwa 150.000 MW Windkraftleistung zur Verfügung.

Der Ausbau der Windkraft ging sehr schnell voran. Die installierte Leistung ist zwar hoch, jedoch ist der tatsächliche Ertrag mehr vom Wind abhängig, als aus den vorliegenden Statistiken erkennbar. Die Physik hat ihre eigenen Gesetze. Denn rein physikalisch steigt die Bewegungsenergie des Windes mit der dreifachen Potenz der Windgeschwindigkeit. Im Umkehrschluss wird dementsprechend bei wenig Wind auch wenig Strom produziert, und bei starkem Sturm schalten die Windräder aus technischen Gründen ab. Bei 8.760 Stunden Betriebszeit pro Jahr erzeugt ein Windrad nur 2.000 Vollstunden Strom und schöpft somit nur 22,8 Prozent des Potentials aus (Energie in 60 Minuten, VS Verlag).

Das zeigt die Problematik der Windindustrie sehr deutlich und erklärt, warum die Standortwahl von so großer Bedeutung ist. Daher bewegt sich die Industrie Richtung Offshore. So stellen die Ost- und die Nordsee eine bedeutende Region für die Offshore-Windindustrie in Deutschland dar. Deutschland hat durch das „Alpha ventus"-Projekt mit zwölf 5-MW-Anlagen eine Gesamtleistung von 60 MW installiert und weltweit das technisch anspruchsvollste Offshoreprojekt realisiert. Die Anlagen sind 180 Meter hoch, 45 Kilometer von der Küste entfernt, und ihr Fundament liegt bis zu 30 Meter tief unter Wasser. Auch international investieren immer mehr Unternehmen in die Erschließung von Offshorefeldern. So entsteht in der Themsemündung der Windpark „London Array". Dieser wird 750.000 Haushalte mit Strom versorgen und hat ein Investitionsvolumen von rund 2 Milliarden Britischen Pfund (Quelle: Wind Energy Planning).

Noch sind die deutsche und die europäische Windindustrie gut positioniert. RWE, E.ON und Vattenfall investieren immer größere Summen, um sich Windparks zu sichern. Die Anlagenbauer Repower, Vestas oder GE Wind sind die großen Gewinner. Auch die USA und China investieren erhebliche Summen in den Ausbau von Windenergie, und zwar mit deutscher Technologie. Trotz der damit längst gestarteten Aufholjagd wird, laut einer Untersuchung des GWEC (Global Wind Energy Council), Europa seinen Vorsprung bei der installierten Leistung von Windenergieanlagen bis über 2012 hinaus halten. Das größte Marktwachstum liegt jedoch in China und den USA.

Einige Zahlen geben weiteren Aufschluss über die Entwicklung in diesem zukunftsorientierten Industriezweig: 2005 hatten nur 11 Länder eine installierte Leistung von 1.000 MW, 2007 waren es 13 Länder, 2008 16 Länder und 2009 schon 17 Länder. Dies verdeutlicht die internationale Bedeutung von Windenergie und zeigt die Herausforderungen der Windindustrie. Wachstum geht nur über die Internationalisierung. Hinzu kommt das Thema Repowering der Anlagen.

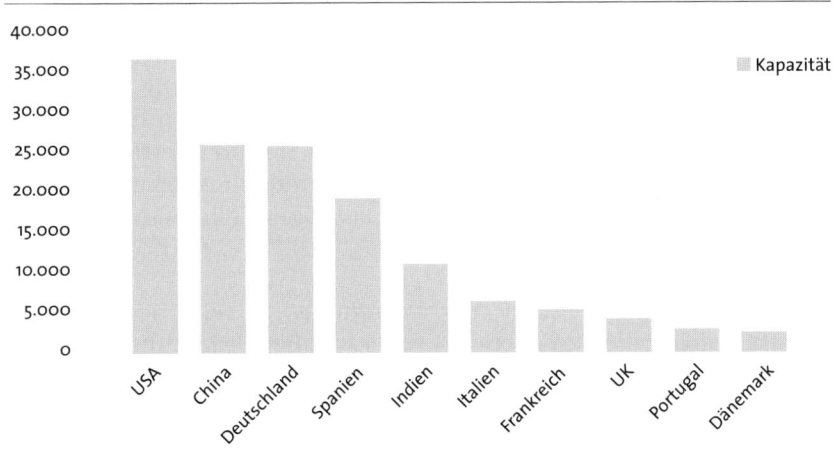

*Abbildung 2: Top-10-Länder nach der installierten MW-Leistung 2009 (Quelle: WWEA)*

## 3.   In der Sonne liegt die Kraft – Solarenergie

Im Bereich der Solarenergie ist noch lange nicht entschieden, wie die zukünftige Entwicklung verlaufen wird. China, mit Unternehmen wie Trina Solar, Yingli Solar, Suntech, Hanwha SolarOne und LDK, wird qualitativ immer stärker, ist in den internationalen Märkten sehr gut etabliert und fängt an, deutsche Unternehmen wie beispielsweise Q-Cells, Schott Solar und Solarworld in Bedrängnis zu bringen. Selbst der Branchenprimus First Solar aus den USA oder Sharp und Kyocera aus Asien könnten ihre Spitzenpositionen bald an die chinesischen Konkurrenten abgeben. Nicht zu unterschätzen sind in diesem Zusammenhang Unternehmen aus Indien, die sicherlich noch nicht überall konkurrenzfähig sind, aber dennoch das Potential haben, zukünftig eine entscheidende Rolle zu spielen.

Zwar gilt auch hier die altbekannte Einsicht, dass Wettbewerb stets gut ist, jedoch befinden sich viele Anbieter mit Blick auf die zuvor skizzierten Marktentwicklungen in einer defensiven Situation. Denn durch die aggressive Kapazitätserhöhung fast aller Unternehmen läuft die Industrie Gefahr, die Preise ab der zweiten Jahreshälfte 2011 nicht mehr halten zu können. Ein Einbruch der Gewinnmargen ist programmiert. Hinzu kommt, dass sich Technologien rasant weiterentwickeln. Immer wieder gibt es neue Unternehmensgründungen, die einen angeblich noch höheren Wirkungsgrad aufweisen und in der Produktion günstiger sein sollen, wie die Beispiele der Technologien amorphes Silizium gegenüber CTD oder auch der neuen Technologien CIS und CIGS zeigen.

Bereits heute ist abzusehen, dass die größten Modulhersteller nicht mehr aus Deutschland kommen. Vor allem die asiatischen Hersteller überholen jedes Jahr ein europäisches Unternehmen in der Rangliste der Top 10. Inzwischen ist nur noch die SolarWorld AG als deutsches Unternehmen unter den Top 10 gelistet. Als weitere nicht asiatische Unternehmen schließen sich nur noch First Solar, Sunpower und Canadian Solar dem deutschen Konkurrenten an. Die Tendenz geht schleichend, aber bemerkbar in Richtung eines Markts, dessen Produkte austauschbarer werden.

Zu erkennen ist ebenfalls, dass Unternehmen wie Yingli Solar, Trina Solar oder auch Solarworld schon jetzt erhebliche finanzielle Mittel in die Markenbildung investieren (vgl. dazu Müller-Albrecht, S. 294ff.). So war Yingli bei allen 64 Fußballweltmeisterschaftsspielen 2010 in Südafrika auf den Werbebannern am Spielfeldrand zu sehen. Trina Solar ist Sponsor der Formel 1, und Solarworld versucht ebenfalls durch Fernsehwerbung (auch unter Einsatz von Testimonials mit bekannten Stars) ihren Bekanntheitsgrad zu steigern und sich so der preislichen Abwärtsspirale durch konsequentes Branding zu entziehen.

Der Markt bleibt spannend. Nicht zuletzt werden sich sowohl neue als auch bestehende Mitarbeiter künftig immer wieder neuen Marktbedingungen anpassen und mit innovativen Technologien, Businessmodellen, Partnerschaften und Regionen auseinandersetzen müssen. Dies stellt den höchsten Anspruch an diese Industrie.

| 1 Suntech Power Holding Co. Ltd. | 6 Canadian Solar |
|---|---|
| 2 First Solar Inc | 7 Kyocera |
| 3 Sharp | 8 SunPower Corp. |
| 4 Yingli Green Energy | 9 Hanwha SolarOne |
| 5 Trina Solar Ltd. | 10 Solarworld |

*Tabelle 2: Die Top-10-Modulhersteller 2010 im Überblick (Quelle: IMS Research April 2011)*

## 4.    Staubig, veraltet, aber effektiv – Kraftwerke

Es gibt die verschiedensten Formen von Kraftwerken. Am häufigsten sind Kohle-, Kern- und Gasturbinenkraftwerke. In Deutschland gibt es einen erheblichen Ersatzbedarf an Kraftwerkskapazitäten: Zahlreiche bestehende Braunkohle-, Steinkohle- und Erdgaskraftwerke nähern sich einer Altersgrenze, an der sie durch moderne Kraftwerke ersetzt werden sollten. Dafür sprechen technische, wirtschaftliche und ökologische Gründe.

Kohle ist seit der industriellen Revolution im 19. Jahrhundert unser Wegbegleiter. Ohne Dampfmaschinen, die durch die Verfeuerung von Kohle funktionieren, wären bahnbrechende Erfindungen wie etwa die Lokomotive nicht denkbar gewesen. Kohle wurde auch schon sehr früh für die Elektrifizierung verwendet. Das erste Dampfkraftwerk wurde 1882 in New York durch den Erfinder der Glühbirne, Thomas Edison, gebaut.

Die Kohlevorräte in Europa reichen noch mindestens 150 Jahre, dennoch sind Kohlekraftwerke in Europa nicht zuletzt aufgrund der hohen $CO_2$-Werte und anderer belastender Schadstoffe für Mensch, Tier und Umwelt stark in die Kritik geraten. Zu erkennen ist zudem heute, dass aufgrund der günstigen Energieerzeugung und der reifen Technologie in China, den USA und Indien enorme Summen in Kohlekraftwerke investiert werden, um den immensen Energiebedarf in diesen großen Volkswirtschaften zu decken.

Die Anlagenbauer sind mehr denn je aufgefordert, den Wirkungsgrad der Kraftwerke zu erhöhen, um damit die entstehenden Mengen an $CO_2$ zu reduzieren. Auch die Rauchgasreinung spielt in der Umweltverträglichkeit und den Zukunftsstrategien von Kraftwerken eine entscheidende Rolle. Da die Rauchgasreinung und die Erhöhung des Wirkungsgrads allein nicht ausreichen werden, entwickeln Technologieunternehmen wie etwa Linde Engineering neue Formen der Technik wie das CCS (Carbon Dioxide Capture and Storage), um die Umweltbelastung zu senken und die Daseinsberechtigung der Kohlekraftwerke nachhaltig gewährleisten zu können.

Die Industrie schwenkt nun mehr und mehr um. Gas-und-Dampfturbinen-Kraftwerke (GuD-Kraftwerke) gewinnen an Ansehen, sind technologisch ausgereift und flexibler in der Steuerung. Die Umweltbelastung der GuD-Kraftwerke ist um einiges niedriger im Vergleich zu Kohlekraftwerken, so dass eine größere Umweltverträglichkeit erreicht wird. Indes besteht die Hauptproblematik der GuD-Kraftwerke in der Liefersicherheit des Gases. Natürlich wird uns sehr wahrschein-lich Russland nicht von Gaslieferungen abschneiden wie zuletzt den Nachbarstaat Ukraine, dennoch müssen Gaslieferungen für längere Laufzeiten verbindlich gesichert werden.

Da ein Energiemix ohne Kohle- und Gaskraftwerke aus heutiger Sicht unvorstellbar ist, wurden in den vergangenen Jahren zwei Gaspipeline-projekte erheblich forciert. Es handelt sich dabei um die Nord-Stream-Leitung, die russisches Gas von St. Petersburg über Greifswald nach Westeuropa transportieren soll, sowie um die sogenannte Nabucco-Pipeline zwischen dem Kaspischen Meer und Österreich. Die Kapazitä-ten wären somit sichergestellt, dennoch bleibt die Frage nach der Ver-sorgungssicherheit unbeantwortet.


## III. Folgen dieser Entwicklung für den Standort Deutsch-land und Europa aus Sicht der Personalberatung

Die deutsche Energiewirtschaft hat eine lange Tradition. RWE und E.ON gehören zu den führenden europäischen Adressen. Linde Engin-eering, Uhde, ILF, Fichtner, Lahmeyer, Q-Cells, SolarWorld, Schott Solar, Repower und Nordex, um nur ein paar Unternehmen beispiel-haft zu nennen, zählen in ihren Märkten weltweit zur Spitzengruppe. Diese erfolgreiche Tradition gründet sich ganz wesentlich auf einen technologischen Vorsprung, den die Unternehmen Menschen verdan-ken, die sich mit Innovation und Leidenschaft, Führungsstärke und Fachwissen gegenüber anderen Wettbewerbern im europäischen und weltweiten Wettbewerb behaupten konnten.

Doch dieser Trend dürfte sich nicht fortsetzen. Dazu einige Schlaglich-ter: So scheinen chinesische und indische Unternehmen inzwischen ebenfalls in der Lage zu sein, Engineering-Procurement-&-Construc-tion-Projekte im Marktsegment Öl und Gas, im Kraftwerksbereich oder bei den erneuerbaren Energien mit guter Qualität zu bewältigen. Zudem finden sich inzwischen fast nur noch asiatische Konzerne unter den führenden Unternehmen im Bereich Photovoltaik, und im Bereich der Windindustrie hat das indische Unternehmen Suzlon bereits GE Wind und Vestas im Visier.

Vor dem Hintergrund dieser Entwicklung ist die Frage wichtig: Wie können wir uns in Deutschland gegen die Konkurrenz etwa aus China und Indien behaupten, und wie kommt es, dass Deutschland für Füh-rungskräfte aus dem Ausland nicht die erste Wahl in Europa ist?

Die damit verbundenen Themen sind hochaktuell. So wird der indische Industrie- und Handelsminister Anand Sharma mit der Aussage zitiert: „Indien lehnt Abwerbeinitiativen anderer Länder wie etwa Deutschlands für Fachkräfte ab" (Handelsblatt, 06.10.2010). Dies verdeutlicht, dass sogar Länder mit solch einem großen Potential an Spitzenkräften an innovativen Konzepten arbeiten müssen, um die besten Köpfe im Land zu behalten.

Aber wie sieht die Praxis aus deutscher Sicht aus? – Hier sind die Fakten: Im Jahr 2009 kehrten laut dem „Tagesspiegel" 155.000 Deutsche ihrer Heimat den Rücken und gingen zum Arbeiten ins Ausland. Kluge Köpfe aus dem Ausland zu holen ist die eine Säule zum Erfolg, aber die viel wichtigere Aufgabe ist es nach Aussage von Konrad Morath, Leiter des VDMA-Hauptstadtbüros, die Abwanderung zu stoppen (vgl. Tagesspiegel, Berlin, 04.08.2010). Denn: Deutschland ist von einem Einwanderungs- zu einem Auswanderungsland geworden.

Längst suchen chinesische Photovoltaikunternehmen in Deutschland Experten für CIGS-Solarzellen, verdoppeln deren Gehalt und rollen ihnen einen roten Teppich aus. Die Windindustrie schickt ihre besten Köpfe in die USA, nach China und Indien. Dort wird Geld verdient, heißt es aus Unternehmenskreisen. Top-Fach- und Führungskräfte aus dem Energiesektor zieht es in die arabische Welt, nach China, in die USA, nach Aberdeen oder inzwischen auch nach Südamerika. Wie können Unternehmen sich dagegen wehren, stellen sich viele Unternehmen die Frage. Die Antwort lautet: In den Schlüsselbereichen Personalentwicklung (vgl. dazu C. Wegerich, Strategische Personalentwicklung in der Praxis, 2011), Personalmanagement und Personalrekrutierung muss konzeptionell gearbeitet werden, es müssen nachhaltige Konzepte entwickelt werden. Die Praxis allerdings sieht mitunter anders aus: Sehr häufig wird eher Feuer gelöscht.

Wichtig ist eines: In diesem Umfeld kann ein Personalberater nur dann den Unternehmen helfen, wenn er selbst Teil der einschlägigen Branchencommunity ist (vgl. dazu Füchtner/T. Wegerich, S. 542ff.). Wie ist die Gehaltsstruktur von potentiellen Kandidaten, welche internationalen Kanäle sollten genutzt werden, und wie hoch ist die Wahrscheinlichkeit, dass das gesuchte Profil im Markt auch tatsächlich vorhanden ist? – Antworten darauf muss der richtige Personalberater bereits im Briefinggespräch mit seinem Auftraggeber parat haben.

Indes: Heute beschränken sich viele Unternehmen darauf, vor allem im Bereich des mittleren Managements nur noch Lebensläufe von möglichen Kandidaten einzusammeln. Das ist ein Fehler, denn nicht nur auf der Executive-Ebene ist eine professionelle Beratung erforderlich, sondern auch eine Hierarchiestufe darunter. Wer das nicht erkennt, übersieht die Tatsache, dass die Zukunft eines Unternehmens vielfach gerade in einem starken mittleren Management liegt. Ein professionell betriebenes Talentmanagement nämlich trägt entscheidend dazu bei, einen Fach- und Führungskräftemangel im Unternehmen zu reduzieren. Dies jedenfalls dann, wenn flankierend das Personalmarketing und der richtige Personalberater in eine wohldurchdachte Rekrutierungsstrategie eingebunden sind.

# Retail Practice und Einzelhandel: Etablierte Industrien, komplexe Strukturen und neue Herausforderungen

Hedda Hanke, Köln

## I.  Branchenüberblick: Gegenwart und Zukunft

„Im Krisenjahr 2009 war der Handel in Deutschland eine der großen Stützen der Konjunktur, 2010 ist er einer der Stabilisatoren der Wirtschaft – und im kommenden Jahr kann er sogar zu den Motoren der Konjunkturentwicklung in Deutschland gehören." Josef Sanktjohanser, Präsident des HDE, der Spitzenorganisation des deutschen Einzelhandels, gab sich Ende 2010 selbstbewusst. Und in der Tat: Mit rund 2,9 Millionen Beschäftigten und 400 Milliarden Euro Jahresumsatz war der Einzelhandel im Jahr 2010 Deutschlands drittgrößter Wirtschaftszweig – diese Zahlen entsprechen in etwa dem Niveau des Vorjahres. Deutsche Verbraucher hatten 2010 rund 1,550 Milliarden Euro für den Konsum zur Verfügung. Dabei gaben sie das meiste Geld für Lebensmittel sowie für Gesundheits- und Körperpflege aus, für Schmuck und Telekommunikation am wenigsten (vgl. GfK GeoMarketing, Studie „GfK Kaufkraft für Sortimente im Einzelhandel 2010").

Da der Einzelhandel in Deutschland eine etablierte Industrie mit komplexen Strukturen ist, gibt eine nähere Definition der Branche Transparenz. Einzelhandel bedeutet: Absatz von Gütern an Endverbraucher durch spezielle Handelsbetriebe, die im Sinne einer „Dreistufigkeit" die Waren vom Großhandel oder vom Produzenten direkt beziehen und in der Regel ohne Be- und Verarbeitung weitergeben. Wesentliche Funktionen des Einzelhandels sind daher Sortimentsbildung/Category-Management, Lager- und Transportlogistik, vertriebliche Warenpräsentation bis hin zu einer individuellen verkaufsbezogenen Einzelberatung, Werbung/Marketing/Marktforschung, Vorfinanzierung sowie zentrale Regulierung und Kreditierung für Kunden und Lieferanten.

| | Unternehmen | Gesamtbruttoumsatz (Mio. Euro 2009) |
|---|---|---|
| 1 | Edeka, Hamburg | 43.644 |
| 2 | Rewe, Köln | 36.273 |
| 3 | Metro, Düsseldorf | 30.690 |
| 4 | Schwarz-Gruppe, Neckarsulm | 27.375 |
| 5 | Aldi-Gruppe, Mülheim/Essen | 25.450 |
| 6 | Lekkerland, Frechen | 7.900 |
| 7 | Tengelmann-Gruppe, Mülheim (inkl. Obi) | 7.237 |
| 8 | Schlecker, Ehingen | 7.200 |
| 9 | dm-Drogeriemarkt, Karlsruhe | 5.211 |
| 10 | Praktiker, Kirkel | 4.360 |
| 11 | Globus, St. Wendel | 4.179 |
| 12 | Bauhaus, Mannheim | 4.150 |
| 13 | Dirk Rossmann, Burgwedel | 4.100 |
| 14 | Otto Group, Hamburg | 3.670 |
| 15 | Hornbach, Neustadt/W. | 3.220 |

*Tabelle 1: Die größten Handelsunternehmen in Deutschland nach Umsatz 2009 (Quelle: Lebensmittelzeitung, Ranglisten 2010 (Handel Deutschland, Top LEH, Top Textil, Top Food, Top Baumärkte, Top Drogeriemärkte) und eigene Quellen, bereinigt um Übernahmen)*

Die wichtigsten Betriebsformen des Einzelhandels seien im Folgenden zum besseren Verständnis kurz skizziert:

*Warenhäuser:* Sogenannte Multisortimenter, also großflächige Einzelhandelsbetriebe mit einer Mindestverkaufsfläche von 3.000 Quadratmetern, die auf mehreren Etagen breite und tiefe Sortimente mehrerer Branchen, wie Bekleidung, Heimtextilien, Sportartikel, Hausrat oder technische Konsumgüter, anbieten, mitunter ergänzt um Lebensmittel. Dazu kommen häufig weitere Dienstleistungen wie Gastronomie, Reisevermittlung und Finanzdienstleistung. Standorte finden sich in der Regel in Innenstädten oder in Einkaufszentren. In Deutschland wird der Warenhausmarkt von den beiden Unternehmen Kaufhof (Metro Group) und Karstadt (Berggruen Holdings) dominiert. Die Umsätze dieser Vertriebsform sind rückläufig, die Weiterentwicklung neuer Konzepte mit Lifestylemarken und Shop-in-Shop-Formaten ist notwendig. Konkurrenz im Markt sind vor allem expandierende Textilkaufhäuser und Einkaufszentren.

*Kaufhäuser:* Großflächige Einzelhandelsbetriebe, die in Bedienung ein überwiegend enges Sortiment aus einer oder mehreren Branchen anbieten, wobei einzelne Warengruppen mit vielen Artikeln tief gegliedert sind, wie zum Beispiel Textilien oder Möbel. Der Fokus liegt stärker auf einer Nahversorgung, sie sind daher häufig auch in mittleren Städten oder Vororten zu finden. Neben bedeutenden Filialunternehmen wie Peek & Cloppenburg, Breuninger und Strauss Innovation wird dieser Markt sehr stark durch mittelständische Einzelunternehmen geprägt. Erfolgsfaktor ist hier eine klare Positionierung.

*SB-Warenhäuser:* Großflächige Vollsortimenter, bei denen der Schwerpunkt auf Lebensmitteln und Gütern des täglichen Gebrauchs liegt. SB-Warenhäuser setzen überwiegend auf Selbstbedienungskonzepte. Mit zunehmender Verkaufsfläche steigt auch der Anteil des Non-Food-Sortiments. Erfolgskriterium ist hier der Standort mit entsprechendem Einzugsgebiet, er liegt meist verkehrsgünstig mit ausreichenden Parkplätzen. Allerdings gibt es aufgrund des hohen Alters vieler Märkte Investitionsbedarf. Die Expansionsmöglichkeiten in Deutschland sind für diese Formate beschränkt, daher expandieren die beiden Marktführer Real und Kaufland vor allem im Ausland. Weitere Marktteilnehmer in Deutschland sind Globus, Toom und Marktkauf.

*Fachmärkte:* Großflächige Einzelhandelsbetriebe im Non-Food-Bereich mit Betonung der Sortimentstiefe, das heißt einer Spezialisierung auf Waren einer Branche. Angesiedelt sind Fachmärkte meistens an peripheren Standorten von Städten, wie zum Beispiel in Gewerbegebieten, oder aber in Einkaufszentren. Auch sie setzen – im Gegensatz zu Fachgeschäften – überwiegend auf Selbstbedienung. Bedeutende und erfolgreiche Marktteilnehmer sind vor allem die großen Baumarktketten wie Obi, Praktiker und Hornbach, die Drogeriemarktketten wie dm und Rossmann, aber auch Formate wie IKEA, Fressnapf oder Media-Markt und Saturn. Die klare Positionierung innerhalb eines starken Marktumfelds sowie die nationale und internationel Expansion sind für diese Formate die Erfolgsfaktoren.

*Supermärkte:* Einzelhandelsunternehmen mit kleinerer Verkaufsfläche und einem Sortiment, das Lebensmittel – insbesondere ein in der Regel gut sortiertes Frischeangebot – sowie Non-Food-Artikel umfasst. Bedienungstheken für frisches Fleisch, Käse, Wurst oder Fisch erhöhen die Kundenfrequenz. Der Schwerpunkt liegt mit innerstädtischen Standorten in der Nahversorgung der Verbraucher, in Stadtrandlagen sind Supermärkte mit ihrer Frischekompetenz zunehmend häufiger in unmittelbarer Nachbarschaft zu Discountern zu finden. Die wesentlichen Marktteilnehmer in Deutschland sind Rewe, Edeka und Kaiser's Tengelmann.

*Discounter:* Einzelhandelsunternehmen, die sich durch ein eingeschränktes Warensortiment, einen überdurchschnittlich hohen Anteil an Handelsmarken, schnell wechselnde Aktionsware, einfache Warenpräsentation und vor allem aggressiv beworbene Dauerniedrigpreise auszeichnen. Der Ausdruck Discounter rührt daher, dass ein Rabatt gleich in den Preis einberechnet wird, statt ihn wie früher üblich nur den Stammkunden über Rabattmarken zu gewähren. Die zu niedrigen Preisen kalkulierten Sortimente sind auf einen schnellen Umschlag der angebotenen Produkte ausgerichtet (vgl. dazu Müller-Albrecht, S. 294ff.). Deutschland gilt als das Mutterland des Discounters; die bedeutendsten Marktteilnehmer sind Aldi, Lidl, Netto und Penny; im Textilsegment die Unternehmen KiK und Takko. Die meisten dieser Unternehmen expandieren auch international.

*Fachgeschäfte:* Einzelhandelsunternehmen, die auf eine bestimmte Sortimentsgruppe mit großer Tiefe spezialisiert sind (wie zum Beispiel Kosmetika, Schmuck, Bücher, Brillen, Spiel- oder Lederwaren) und mit fundierter Fachberatung durch sortimentserfahrene Fachverkäufer in aller Regel hochwertige Sortimente anbieten. Neben bedeutenden Filialunternehmen wie Douglas, Christ, Thalia oder Fielmann wird dieser Markt sehr stark durch mittelständische Einzelunternehmen geprägt.

## II.  Soziodemographische Einflussfaktoren

Der Endverbraucher spielt für den Handel auch in seiner Zweistufigkeit als Groß- und Einzelhandel die zentrale Rolle. Deshalb ist die soziodemographische Entwicklung eines Landes ein entscheidender Faktor für diese Branche. In Deutschland werden drei Entwicklungen deutlich:

1. Die absolute Bevölkerungszahl nimmt ab.

2. Die Zahl der Älteren, der „Best Agers" mit einem Lebensalter jenseits von 50, nimmt seit Jahren absolut und prozentual zu.

3. Der Kunde zeigt bei steigendem Budget ein immer differenzierteres Einkaufs- und Konsumverhalten.

Ohne eine gezielte Zuwanderungspolitik wird als Konsequenz für den Einzelhandel dauerhaft ein Rückgang der Konsumnachfrage erfolgen, und zwar insbesondere im Hinblick auf den tagesbezogenen Massenbedarf. Alle demographischen Erkenntnisse weisen darauf hin, dass die Bevölkerung in Deutschland ohne Zuwanderung von derzeit rund 82 Millionen Einwohner auf 60 Millionen im Jahr 2050 zurückgehen wird. Diese inzwischen absehbare Tendenz hat spürbare Auswirkungen auf den Einzelhandel, denn damit verbunden ist ein Nachfragerückgang von etwa 27 Prozent.

Zusätzlich bringt die Veränderung der Bevölkerungsstruktur zugunsten der Älteren in besonderem Maße eine Veränderung des Konsums und der Nachfrage mit sich. Im Jahr 2020 wird bereits fast jeder dritte Einwohner in Deutschland älter als 60 Jahre sein, während nur noch 16 Prozent der Bevölkerung zu den unter 20-Jährigen zählen werden. Der „Best Ager" gilt dabei als besonders kaufkräftig, konsum- und genussfreudig und verfügt über ein ausgeprägtes Selbstvertrauen. Er setzt mit seiner Nachfrage nach Produkten und seinen Kaufgewohnheiten eigene und in ihrer Wirkung sich nachhaltig ändernde Nachfragetrends.

Zusätzlich beeinflusst die sich wandelnde soziodemographische Struktur auch die Lebensart in der Gesellschaft. So werden die Ein- und Zwei-Personen-Haushalte weiter zunehmen, während die durchschnittliche Haushaltsgröße weiter abnimmt. Alleinlebende tendieren zu kleineren Portionspackungen, schnellerer und stetiger Verfügbarkeit, ältere Konsumenten zu einkaufsfreundlicheren Bedingungen und gesundheitsfördernden Produkten; ausländische Mitbürger erwarten immer mehr vertraute Produkte und Marken aus ihrer Heimat in den Regalen der Märkte in Deutschland. Industrie und Handel haben darauf bereits mit neu gestalteten Sortimenten, einem diversifizierten Angebot im Bereich Convenience und der Änderung von traditionellen Verpackungsgrößen reagiert.

Aus all dem folgt: Kleinere Haushaltsgrößen, veränderte Berufsbilder, flexible Arbeitszeiten und -stätten sowie ein sich nachhaltig veränderndes, anspruchsvoller werdendes Konsumverhalten verlangen vom Einzelhandel zukünftig neue Konzepte im Hinblick auf Produkte, Service, Ort und Zeit der angebotenen Dienstleistung.

## III.    Trends und Entwicklungen im deutschen Einzelhandel

Neue Trends im Konsumverhalten und damit einhergehende Anforderungen an den Vertrieb des Handels beschleunigen den Veränderungsprozess dieser Branche. Sich wandelnde Kundenbedürfnisse, neue Informationsflüsse sowie die sich nachhaltig verändernden Prozesse der Informationsverarbeitung bei gleichzeitig steigender Komplexität sowie zunehmender Konsumentenmobilität bilden die größten Herausforderungen für die Einzelhandelsunternehmen. Die nachfolgend aufgeführten Tendenzen sind daher derzeit kennzeichnend für die Unternehmen der Branche.

## 1. Expansionsaktivitäten der Einzelhandelsunternehmen schreiten weiter voran

Die Auslandsmärkte gewinnen für die großen deutschen Handelsorganisationen wegen der anhaltenden inländischen Konsumstagnation und der sinkenden Bevölkerung im Inland weiter an Bedeutung. Daher muss der Ausbau internationaler Präsenz von einer europäischen zu einer globalen Vergrößerung des Absatzmarkts weiter vorangetrieben werden.

Nachdem sich in einem ersten Schritt die Expansion in die westlichen Anrainerstaaten und in die osteuropäischen Länder mit hohen Wachstumsraten und entsprechenden Profiten als positiv erwiesen hat, sind jetzt die Regionen Russland, Mittlerer Osten (Vereinigte Arabische Emirate), Indien und China in den Fokus der Expansionsabteilungen der europäischen Einzelhandelskonzerne gerückt. In den Märkten China und Indien ist von den deutschen Handelsunternehmen derzeit trotz weiterer Ansätze nur die Metro-Gruppe präsent. Besonders in China und Indien wächst die Kaufkraft der entstehenden Mittelschichten, die Konsumenten dort entwickeln einen enormen Nachholbedarf – vier der zehn weltgrößten Einkaufszentren sind inzwischen in der Volksrepublik China entstanden. Und die Beratungsfirma A.T. Kearney zählt aktuell Mexiko, Südkorea und die Türkei, aber auch Polen, Indonesien und Argentinien zu den „neuen Lokomotiven" des Weltkonsums (Der Spiegel, 50/2010).

Für den deutschen Einzelhandel sind heute alle fünf Kontinente mit noch unterschiedlichen Schwerpunkten ein großes Investitionsfeld mit Milliarden von potentiellen Kunden, die nach Jahren der Entbehrung den Bedarf an westlichen Konsumgütern und auch damit verbundene Preis- und Servicegrade fordern. Ratsam ist jedoch, nur ein solides und im nationalen Markt bewährtes Geschäftsmodell international zu etablieren. Vor allem der Zeitpunkt des Markteintritts ist eine kritische Größe für deutsche Einzelhandelsunternehmen, um sich im neuen Markt gegen bereits präsente lokale und internationale Wettbewerber erfolgreich und nachhaltig zu positionieren. Wer hier den richtigen Zeitpunkt verpasst, muss sich oft mit B-Klasse-Standorten zufriedengeben oder damit rechnen, dass die Markteintrittskosten exponentiell steigen. Eine intensive Analyse bezüglich der neuen nationalen Märkte ist daher ein erfolgserhebliches und damit unabdingbares Kriterium für die Expansionsstrategie der Unternehmen.

Der „First-Mover"-Vorteil ist besonders in Ländern ohne gewachsene Handelsstruktur entscheidend, dennoch birgt die Rolle als Pionier ein gewisses Risiko. Für manche Händler kann es ein Vorteil sein, den spätestmöglichen Termin für einen erfolgreichen Markteintritt zu wählen, denn die ökonomische und politische Lage, mangelnde Infrastruktur, Rechtsunsicherheit, undurchsichtige Eigentumsverhältnisse und auch der einheimische Wettbewerb vor Ort sind wichtige Größen, die bei der Entscheidung über die Frage des richtigen Markteintrittstermins vorab beantwortet sein müssen.

## 2. Eigenmarken sind auf dem Vormarsch

Die klassischen Herstellermarken werden im Handel immer stärker von preislich attraktiven Eigenmarken ergänzt oder gar substituiert. Diese Eigenmarken werden von den Handelsunternehmen selbst beziehungsweise in deren Auftrag von der Industrie hergestellt. Die Kunden schätzen beim Kauf von Handelsmarken nicht nur den Preisvorteil, auch hinsichtlich der Qualität setzen die Handelsmarken neue Maßstäbe und setzen die Herstellermarken unter Druck.

Der Zuwachs der Eigenmarken im Handel ging in den vergangenen Jahren mit einem wachsenden Preisbewusstsein der Kunden einher. Der bestehende Erfolg renommierter Herstellermarken jedoch zeigt: Nicht allein der Preis entscheidet. Topqualität, speziell auf die Bedürfnisse der Kunden abgestimmte Produkteigenschaften und ein starkes Markenimage beeinflussen weiterhin die Kaufentscheidung. Ein wesentlicher Erfolgsfaktor für den Einzelhandel wird es daher sein, dem Konsumenten eine attraktive Markenvielfalt zu präsentieren und zugleich auch den Aufbau und die Etablierung der jeweiligen Retail Brands voranzubringen. Eine Herausforderung, die eine weitere Professionalisierung des Marketings der Handelsunternehmen erfordert. (vgl. dazu Müller-Albrecht, S. 57ff.).

## 3. Vertikalisierte Handelsstrukturen: Der Hersteller wird zum Einzelhändler

Im Einzelhandel sind gegenwärtig gerade jene Unternehmen erfolgreich, die die vertikale Integration schaffen und dies über eine eigene Marke abwickeln. Begonnen hatte dieser Trend unter anderem in der Autoindustrie (vgl. dazu Barz, S. 170ff.). Vor allem in der Textilindustrie hat dieses Konzept Einzug gehalten. So sind Labels wie H&M, Esprit und Zara in ihren Wertschöpfungsketten heute erfolgreich vertikal ausgerichtet. Sie beherrschen vom Design über die Produktion und Logistik bis hin zum Verkauf an den Endkonsumenten die gesamte

Wertschöpfungskette. Dieses System ermöglicht ihnen – mit ihren etablierten Retail Brands – die volle Marge in ihren Sortimenten „on demand" zu erwirtschaften. Im sogenannten Multi-Brand-Bereich (Eigen- und Industriemarken; bekannte Beispiele hierfür sind Peek & Cloppenburg und Anson's, aber auch Kaufhof und Karstadt) wird es immer schwieriger, ein attraktives Markenangebot zu positionieren. Ein Ergebnis wird sein, dass der Händler eine zunehmend stärkere Margenreduzierung erfährt und gleichzeitig die Anforderungen an die Warenpräsenz – starke Brands am Point of Sale – laufend steigen.

## 4. Convenience – immer mehr und überall

Convenience wird als Betriebsform des Einzelhandels definiert, die sich einerseits durch ein eher begrenztes Sortiment von frischen Nahrungs- und Genussmitteln oder Waren des kurzfristigen Bedarfs, andererseits jedoch durch ausgeprägte Kundennähe („Einkauf um die Ecke") sowie ein hohes Maß an Service – wie zum Beispiel lange Öffnungszeiten – charakterisieren lässt. Convenience, das sind auch die „kleinen Freuden des Alltags", die kleinen Bequemlichkeiten, die das Leben leichter machen (vgl. dazu Müller-Albrecht, S. 294ff.). Sie wird stark durch Impulskäufe unterstützt.

Convenience-Produkte stehen bei der Bevölkerung hoch im Kurs. Fertigsalate, Babynahrung und tiefgekühlte Snacks weisen alle das Merkmal „Convenience" auf und zählen damit zu den wachstumsstärksten Kategorien des Handels und der Lebensmittelindustrie. Ob berufstätige Mütter oder Manager – Bequemlichkeit steht heutzutage bei vielen Verbrauchern an erster Stelle. Der Convenience-Bereich wird laut zahlreicher Marktstimmen seinen Siegeszug in den 24-Stunden-Shops, Kiosken und Tankstellen weiter fortsetzen. Die etablierten Filialisten drängen stetig darauf, die traditionellen Ladenöffnungszeiten weiter zu lockern, um so von dem Convenience-Trend profitieren zu können.

Nicht nur in Europa legen die Kunden verstärkt Wert darauf, Lebensmittel, insbesondere im Frischebereich, schnell und in erkennbar hoher Qualität bequem einkaufen zu können. Spitzenreiter der Convenience-Bewegung ist Großbritannien. Bereits 1994 eröffnete der Marktführer Tesco seinen ersten Convenience Store in London; inzwischen betreibt der britische Lebensmittelkonzern rund 750 Läden dieser Art, kaum einer größer als 300 Quadratmeter. Ebenfalls erfolgreich ist die US-amerikanische Einzelhandelskette 7-Eleven, die ihre vertrieblichen Aktivitäten bisher auf die USA und zunehmend auch auf asiatische Länder konzentriert. Ursprünglich von 7.00 bis 23.00 Uhr geöffnet

(durch die Zeitangabe „7 a.m.–11 p.m." war auch der Unternehmens-
name entstanden), sind die meisten Geschäfte seit einigen Jahrzehnten
jeden Tag und rund um die Uhr geöffnet.

Die Deutschen kaufen heute vermehrt Lebensmittel, Zigaretten und
Zeitungen in sogenannten substituierenden Vertriebsformen wie Tankstellen oder Kiosken. Mit ihrem Angebot setzen diese Shops mehr als
20 Milliarden Euro um, zeigen Studien der Unternehmensberatung
McKinsey. Der Anteil liegt damit bereits bei 14 Prozent des Gesamtumsatzes des deutschen Lebensmitteleinzelhandels. Das Potential zu
Lasten des traditionellen Handels liegt bei 25 Milliarden Euro.

Der traditionelle Handel hat inzwischen reagiert und engagiert sich
mittlerweile auch auf diesem Feld. Die Kölner Handelsgruppe Rewe
testet zum Beispiel gerade ein neues Konzept für Hochfrequenzlagen:
„Rewe to go" heißt das neue Format, das im April 2011 in der Kölner
Innenstadt eröffnet wurde und eine Alternative zu Fastfoodfilialen,
Imbissbuden und Bäckereien bieten will.


## 5.    Nachhaltigkeit und Biokonzepte?

Die Nachfrage nach Produkten mit den Attributen Gesundheit, Wellness und „artgerechte" Produktion lässt sich unter dem Stichwort
„Bio" zusammenfassen. Unverkennbar ist: Kaufmotive für Biolebensmittel beim Verbraucher sind das gestiegene Interesse an regionalen
Produkten, ein Gesundheitsbewusstsein sowie der Wunsch nach Individualität in der Ernährung; der Konsument schenkt den Ökoproduk-
ten immer mehr Vertrauen.

Der Biomarkt wird aktuell auf ein Volumen von rund 4,5 Milliarden
Euro geschätzt – die 2.000 Naturkostfachgeschäfte halten hiervon
einen Marktanteil von 22 Prozent. Der klassische Lebensmitteleinzelhandel ist mit einem Marktanteil von 50 Prozent in zunehmendem
Maße die Absatzquelle für Biolebensmittel, sogar die Discounter haben
das Potential erkannt und bauen ihre Sortimente entsprechend aus.
Der neuste Trend sind Convenience-Produkte in Bioqualität.

Auf einen gemeinsamen Nenner gebracht bedeutet das: Bio, Natur,
Umwelt, Reinheit, Gesundheit – von all diesen positiven Trends profitieren sowohl die Konsumgüterbranche als auch der Einzelhandel.
Gen-Mais, Gammelfleisch, Geflügel- und Schweinepest stehen demgegenüber aus der Verbrauchersicht für Schreckensszenarien. Somit werden immer neue Produkte, verstärkt mit natürlichen Bestandteilen,

platziert. Die „gesunden" Produkte sind dem Konsumenten einen höheren Preis wert und erhöhen gleichermaßen das positive Image und Markenbild der beteiligten Unternehmen. Biosupermärkte sind konsequenterweise auf dem Vormarsch. Die filialisierten Bioketten Basic, Alnatura, Erdkorn und Tegut expandieren auf zunehmend größeren innerstädtischen Flächen. Sortimentsbreite und -tiefe sowie ein Schwerpunkt auf Convenience sollen den nachhaltigen Erfolg sichern.

Insgesamt wird das Thema Nachhaltigkeit – vor wenigen Jahren noch ein reines Imagethema – im Handel weiter an Bedeutung gewinnen mit einer Vielfalt von Initiativen: von der umweltschonenden und sozial gerechten Herstellungüber die ressourcenschonende Logistik und energiesparende Bauten bis hin zum Umgang mit Kunden.

## 6.    Multi-Channel-Strategie – oder: der Handel im Wandel

Wer als Hersteller oder Händler von Konsumgütern und -dienstleistungen erfolgreich sein will, muss sich intensiv mit seinen Kunden beschäftigen. Das dabei erworbene Wissen muss er nutzen, um attraktive Angebote in den richtigen Kanälen auf den Markt zu bringen – durchaus eine Herausforderung, da sich die Konsumentenwelt auch durch neue Technologien immer schneller verändert.

Denn: Die Konsumenten werden zunehmend differenzierter und anspruchsvoller. Sie verlagern ihre Nachfrage immer mehr auf Vertriebskanäle, die mit dem Angebot der „klassischen" Hersteller-Händler-Struktur konkurrieren. Die Konsumentenbedürfnisse umfassend zu befriedigen wird eine immer anspruchsvollere Aufgabe für den Einzelhandel. Der Erfolg von Unternehmensstrategien kann sich daher nicht mehr nur an Marktanteilen und Mono-Kanal-Penetration messen lassen. In Zukunft wird ausschlaggebend sein, welcher Händler oder Dienstleister das Gesamtbedürfnis des Konsumenten am besten versteht und damit bei der Abwägung der Kaufentscheidung bevorzugt wird.

Ein Beispiel: Wer heute als (Stationär-)Händler erfolgreich sein will, kommt nicht mehr umhin, sich intensiv mit dem Thema E-Commerce auseinanderzusetzen. Der Siegeszug des Internets verändert die Art, wie die Welt sich informiert, sich austauscht und auch einkauft. Der Onlineanteil von Einkäufen liegt heute schon bei 4 Prozent und damit doppelt so hoch wie noch von fünf Jahren. Nichts deutet darauf hin, dass sich diese Dynamik in Zukunft ändern könnte. Der Konsument will die Neuerungen nutzen, die ihm die internetbasierte Technik bietet: bequem von zu Hause oder vom Büroschreibtisch aus bestellen,

Preise vorab vergleichen, Produkte visualisieren, Erfahrungen und Meinungen anderer Konsumenten einholen. Allerdings gibt es auch eine natürliche Begrenzung für den Internethandel: die Shoppinglust der Verbraucher, die gern in die Innenstädte zum Einkaufen gehen, die anfassen, anprobieren, schmecken und riechen wollen.

„Für den konventionellen Händler, der sich um Parkplätze und Mietkosten, Öffnungszeiten und Arbeitsrecht seiner Angestellten kümmern muss, kann dies nur heißen: lernen, Hype von evolutionärer Entwicklung zu unterscheiden, bestehende Stärken stärken, neue Techniken verfolgen und verstehen, Kundenwünsche noch besser zu ergründen – wer wartet, ist schon tot." (Gottlieb Duttweiler Institute, Studie „The Story of Unstoring", 2010).

Wie ernst die großen Einzelhandelskonzerne dies nehmen, mag man daran sehen, dass Real und Rewe bereits eigene Apps für das iPhone anbieten, mit denen man sich bequem von zu Hause oder unterwegs aus den Weg zum nächstgelegenen Markt erklären, über die Öffnungszeiten und die aktuellen Angebote und Aktionen informieren lassen kann. Die Metro Group Future Store Initiative testet neue Konzepte und Technologien, die das Einkaufen für Kunden künftig noch komfortabler, erlebnisreicher und informativer machen: Im Future Store können Kunden vor Ort einen Mobilen Einkaufsassistenten (MEA) testen, mit dem sie selbständig Artikel scannen, Produktinformationen abrufen und mögliche Wartezeiten an der Kasse vermeiden können, da der Einkauf direkt an der Zahlstation beglichen werden kann. Außerdem lassen sich von zu Hause oder unterwegs aus Einkaufslisten erstellen. Kunden, die über ein bestimmtes Mobiltelefon verfügen, können die Software herunterladen und so ihr eigenes Gerät zum MEA machen.

Ein zweites Beispiel: Der Handel steigt ein in Dienstleistungsbereiche, und klassische Dienstleister wie Banken und Versicherungen (vgl. dazu Füchtner/Pohland, S. 328ff.) verkaufen ihren Kunden Konsumgüter. So bietet IKEA über seinen „Family Club" den Kunden außer Möbeln auch Kredite an, und die Deutsche Bank schafft mit „Q110" ein Konzept des Erlebnisshoppings. Hier kann der Kunde, während er auf seinen Bankberater wartet, im Shop stöbern oder zum Beispiel etwas Dekoratives vom japanischen Edeldesigner Muji erstehen.

Der klassische Konsumgüterhersteller und der Vollsortimenter im Handel haben Konkurrenz von Wettbewerbern bekommen, die alle Elemente der Wertschöpfungskette anbieten, diese aber jeweils auf das Sortiment begrenzt durchgehend optimieren. Die Herausforderung besteht nun darin, sich innerhalb dieser neuen Strukturen optimal aufzustellen.

Die Zukunft gehört dabei Unternehmen, denen es gelingt, die unterschiedlichen Wünsche der Kunden dauerhaft zu erfüllen. Hohe Priorität haben präsente Beratung, individueller Service und ein angenehmes Einkaufsambiente. Ebenso wichtig sind ausgewogene und – aus der Sicht der Konsumenten – qualitativ gute Sortimente, die den sich wandelnden Kundenbedürfnissen „on demand" gerecht werden. Darüber hinaus bieten Kundenkarten wie Payback zusätzliche Vorteile, den Kunden langfristig zu binden.

## IV.  Human Resources im Fokus

### 1.  War for Talents

Drittgrößter Wirtschaftszweig in Deutschland – dennoch mangelt es offensichtlich noch an entsprechender Attraktivität: Das Trendence-Institut hat im Sommer 2010 handels- und konsumgüteraffine Studenten an bundesdeutschen Hochschulen nach ihren begehrtesten Arbeitgebern gefragt. Ergebnis: Unter den ersten 14 Platzierungen des Rankings findet sich unter führenden Markenartiklern wie Adidas, Coca-Cola, L'Oréal und Procter & Gamble nur ein einziges Einzelhandelsunternehmen – IKEA. Im Mittelfeld tummeln sich, in dieser Reihenfolge Aldi, Metro, Peek & Cloppenburg, Otto, Douglas und Lidl – Rewe findet sich abgeschlagen auf Rang 28. Und Edeka, der größte deutsche Handelskonzern, fehlt ganz unter den Top 50. Damit zeigt sich, dass es dem Handel noch nicht ganz gelungen ist, das eher „hemdsärmelige" Image der Vergangenheit ganz abzustreifen und sich im Kampf um die Talente als Branche mit anspruchsvollen Aufgaben sowie ausgezeichneten Karriereperspektiven richtig zu positionieren. Hier gibt es also Handlungsbedarf: Händler müssen ihr Employer-Branding forcieren, um sich vom Wettbewerb – und dazu zählen auch die Konsumgüterindustrie und der Dienstleistungssektor – zu differenzieren und weiter an Attraktivität zu gewinnen.

Ein weiterer Aspekt: Viele Handelsunternehmen haben die langfristige strategische Nachfolgeplanung in der Personalentwicklung (vgl. dazu C. Wegerich, 2011) im eigenen Hause lange vernachlässigt, so dass der Markt durch eine zunehmende Abwerbung von erfahrenen Führungskräften geprägt wird. Auf der anderen Seite ist es aber auch für Industrie- und Dienstleistungsunternehmen zunehmend reizvoll, wenn die von ihnen gesuchten Potentialträger über Prozesserfahrung in erfolgreichen, international agierenden Handelsunternehmen verfügen.

All diese Faktoren führen für den Handel zu einem zunehmend intensiv geführten Kampf um „Köpfe" – und damit zu einer weiter wachsenden Nachfrage nach Dienstleistungen im Executive Search.

## 2.    What's in store?

Der Handel im Wandel: steigende Kundenanforderungen in Bezug auf das Preis-Leistungs-Verhältnis, Qualität, Convenience und Nachhaltigkeit, damit erhöhter Wettbewerbsdruck, sich mit den richtigen Konzepten von anderen Marktteilnehmern zu differenzieren und klar zu positionieren. Damit verändern sich auch die Anforderungen an Führungskräfte: Waren in den vergangenen Jahren eher operative Erfahrungen in Einkauf, Vertrieb und Expansion gefragt, so stehen heute auch strategische Themen wie Positionierung, Innovation, Kundenbindung, neue Technologien und nicht zuletzt Effizienz im Fokus. Als die wichtigsten Rekrutierungsfelder der nächsten Jahre haben sich neben Einkauf und Category-Management vor allem IT und Geschäftsprozessoptimierung sowie Marketing und CRM herauskristallisiert.

Das Profil des Handelsmanagers verändert sich so nachhaltig: Ergänzend zur strategisch-konzeptionellen Expertise werden die Leistungsträger der Zukunft verstärkt auch aufgrund ihrer Soft Skills, ihrer Führungsfähigkeit und ihres Teamverhaltens sowie ihres interkulturellen Kommunikationspotentials beurteilt werden.

Mit den gestiegenen Anforderung an Kandidaten hat sich der Suchfokus zur Besetzung einer Führungsposition im Handel ebenfalls dauerhaft ausgeweitet: In der Vergangenheit wurde fast ausschließlich von deutschen Wettbewerbern abgeworben – inzwischen hat man jedoch erkannt, dass dieses Potential längst nicht mehr ausreicht. So nehmen die Unternehmen immer häufiger mit Unterstützung durch branchenerfahrene Personalberater nicht nur länderübergreifend den europäischen Wettbewerb, sondern auch die Markenartikelindustrie und moderne Dienstleistungsunternehmen ins Visier, um die bestgeeigneten Führungskräfte für eine Aufgabe gewinnen zu können.

## 3.    Going global – aber mit wem?

Die Auslandsmärkte haben über die vergangenen Jahre aufgrund fehlender Expansionsmöglichkeiten in Deutschland für viele Handelsunternehmen an Bedeutung gewonnen. Ein kleiner Erfahrungsbericht: Als sich vor einigen Jahren ein führendes deutsches SB-Warenhaus-

Unternehmen, das sich wegen des schwächelnden Heimatmarkts die weitere Internationalisierung auf die Agenda geschrieben hatte, in der eigenen Organisation auf die Suche nach Managern machte, die neue Märkte analysieren und eine Markteintrittsstrategie ausarbeiten sollten, um sie dann vor Ort umzusetzen, wurde es nicht fündig. Sprachkenntnisse, Auslandserfahrung, multikulturelles Gespür sowie das Interesse, sich mit neuen Gepflogenheiten und Mentalitäten auseinanderzusetzen, waren Fähigkeiten und Eigenschaften, die in den Jahrzehnten zuvor einfach nicht gefragt waren (vgl. dazu Hübner, S. 152ff.).

Mit Hilfe eines Personalberaters, der nicht nur über langjährige Handelserfahrung, sondern auch über ein starkes europäisches Branchennetzwerk verfügt, wurde ein länderübergreifendes Benchmarkprojekt aufgesetzt, in dem alle internationalen Aktivitäten der führenden europäischen Einzelhandelsunternehmen analysiert und durchleuchtet wurden: Länderportfolio, Erfolgsfaktoren und -konzepte, Organisationsformen und, nicht zuletzt, die jeweils verantwortlichen Ländermanager. Im Rahmen dieses überaus erfolgreichen Projekts gelang es, eine Riege von exzellenten und international erfahrenen Retailmanagern für Aufgaben als Country-Manager, Länder-Vertriebs- oder -Einkaufschefs zu gewinnen, die seither einen maßgeblichen Beitrag zur erfolgreichen Weiterentwicklung des Unternehmens geleistet haben. Unter diesen neuen Managern war im Übrigen nur ein Deutscher – bei den anderen handelte es sich um Holländer, Belgier, Franzosen und Polen. Eine Konsequenz daraus ist, dass sich inzwischen Englisch als Unternehmenssprache etabliert hat – eine bewusste Entscheidung, da nicht die deutsche Sprach-, sondern die fachliche und die persönliche Kompetenz bei der Auswahl das wichtigste Kriterium sein muss.

Inzwischen ist aus einem gelungenen Mix aus eigenen internationalisierten Personalentwicklungsmaßnahmen sowie weiterer beraterunterstützter länderübergreifender Rekrutierung ein Pool aus internationalen Talenten entstanden, die auf anspruchsvolle Führungsaufgaben im In- und Ausland vorbereitet werden.

## 4. Perspektivenwechsel I: die Sicht der Kandidaten

Über die vergangenen Jahre hat sich eine Entwicklung im Markt sehr deutlich verstärkt: Es ist inzwischen erheblich anspruchsvoller geworden, die richtigen Kandidaten nicht nur zu finden, sondern sie zu einem Wechsel zu motivieren und sie durch einen erfolgreichen Auswahlprozess zu begleiten. Insbesondere die weiterhin schnell mögliche Übernahme von Funktions- und Führungsverantwortung ist für

Kandidaten nach wie vor eine bemerkenswerte Besonderheit, die den Handel von anderen Branchen klar unterscheidet.

Auf der anderen Seite achten die Potentialträger der Zukunft im Rahmen einer beruflichen Veränderung heute nicht allein auf die damit verbundene Option eines beruflichen Aufstiegs, sondern möchten gleichermaßen auch eine bessere Einbindung ihrer themenbezogenen und nicht zuletzt auch ihrer privaten Interessenlagen erreichen. Das Thema „Work-Life-Balance" spielt eine zunehmende Rolle. Hier ist ein erfahrener Personalberater gefordert, der es versteht, intensiv und damit letztlich erfolgreich um die richtigen Kandidaten zu werben.

## 5. Perspektivenwechsel II: Folgerungen für die Praxis der Personalberatung

Was folgt aus den zuvor skizzierten Zusammenhängen und den heute erkennbaren Tendenzen für die Positionierung des Personalberaters im Bereich Handel? – Der für Handelsunternehmen agierende Personalberater muss in jedem Fall ein intimer Kenner der Branche, der relevanten Unternehmen mit ihren jeweils unterschiedlichen kulturellen Anforderungen und Strukturen sowie der damit einhergehender Eigengesetzlichkeiten sein. Über die aktuellen Branchenentwicklungen muss er stets umfassend informiert sein. Hinsichtlich der gerade im Handel häufig festzustellenden offenen (und fallweise nicht sonderlich diskreten) und damit Öffentlichkeit schaffenden Kommunikation erfordert diese Ausgangssituation zwingend eine hohe Professionalität in der Direktansprache und auch in Bezug auf die Moderation weiterführender Gespräche.

Kandidaten schenken gerade im Handel nur dem Personalberater Gehör, Zeit und ihr Vertrauen, der erkennbar nicht nur ausgewiesener Branchenfachmann ist, sondern sich auch als Berater beider Parteien versteht. Inzwischen suchen Kandidaten den Berater als Sparringspartner, auch für die immer wichtiger werdenden Fragen ihrer individuellen Work-Life-Balance (vgl. dazu Füchtner/T. Wegerich, S. 542ff.). Für die auftraggebenden Handelsunternehmen ist es in diesem Zusammenhang entscheidend, mit dem Personalberater als Sparringspartner die genauen Anforderungen und Rahmenbedingungen eines jeweiligen Auftrags gemeinsam zu erarbeiten und die relevanten Unique Selling Propositions (USP) zu definieren.

Unerlässlich für den Erfolg ist eines: Die beauftragte Suche ist unternehmensintern mit hoher Priorität – und also unter Berücksichtigung der damit verbundenen Investitionsentscheidung durch den Auftraggeber – zu behandeln. Dementsprechend ist es erforderlich, dass in Betracht kommende Kandidaten durch den Berater möglichst rasch identifiziert und angesprochen werden, um die anstehenden Gesprächsrunden mit den Kandidaten zeitnah vorbereiten und durchführen zu können. Dies erfordert die individuelle Professionalität sowohl des Beraters als auch seines spezifisch auf den Handel ausgerichteten Teams, das auch dafür Sorge trägt, dass dem Kunden die im Rahmen einer Suche erworbenen Marktinformationen über Wettbewerber – wie Organisation, Strukturen, Vergütungsmodelle – zur Verfügung gestellt werden.

## V.  Fazit

Die Handelsbranche ist in Bewegung. Strukturelle Anforderungen, wie etwa die erforderliche Expansion in internationale Märkte, und Veränderungen im Konsumverhalten der Kunden sowie auch die schon heute absehbaren Auswirkungen des demographischen Wandels werden dafür sorgen, dass der Wettbewerb der beteiligten Unternehmen noch intensiver werden wird. Dies betrifft den Wettbewerb der Konzepte, aber auch – und vor allem – den um die Potential- und Leistungsträger, die diese Konzepte entwickeln und umsetzen müssen. Ein spannendes Feld also – auch aus Sicht des Personalberaters.

### Literatur

Wegerich, Christine, Strategische Personalentwicklung in der Praxis, 2. Auflage, Weinheim 2011

# Fast Moving Consumer Goods –
# Die schöne Welt der großen Marken

Roman Müller-Albrecht, Bad Homburg

## I.    Einführung

Es beginnt zumeist schon vor dem Studium. In einem Augenblick des jugendlichen Leichtsinns ist man zutiefst davon überzeugt, sowohl kreativ als auch gestalterisch und künstlerisch interessiert und begabt zu sein. Je nach Veranlagung und privatem Hintergrund fühlt man sich darüber hinaus entweder zum Manager oder stärker zum Kreativen berufen.

Doch dann landet man in einem wirtschaftswissenschaftlichen Studiengang, und natürlich liegt der Schwerpunkt im Bereich Marketing. Je nach Hochschule kann Statistik, Unternehmensstrategie oder Kommunikation eine Hauptrolle spielen. Die Fallbeispiele sind aber immer dieselben: Es geht um Coca-Cola, Montblanc, Maggi, Nivea oder Ariel. Was haben die Unternehmen richtig, was falsch gemacht? Was macht eine Brand aus? Was ist eine Global Brand?

Irgendwann steht dann der Entschluss fest: Es soll um Marken gehen, idealerweise dort, wo das kleine Einmaleins der Marke am besten erlernt werden kann. Der Markt soll im Mittelpunkt stehen, die Einsicht vorherrschen, dass die Unternehmensstrategie durch Marketing bestimmt wird. Man sucht gezielt nach der Welt der Marken und findet die Branche „Fast Moving Consumer Goods", also den Bereich, in dem die bekanntesten Marken der Welt zu finden sind.

So oder so ähnlich dürften seit Jahren die Entscheidungsprozesse für eine der spannendsten Branchen in unserem Wirtschaftssystem ablaufen. Die Faszination für Marke und Werbung ist der wesentliche Treiber für den Entschluss, in dieser Branche anzufangen.

In diesem Artikel werden die für Deutschland relevanten Trends in dieser Branche vorgestellt sowie Karrierepfade in dieser und um diese Branche herum beschrieben. Zudem werden alle in der Praxis wesentlichen Fragen behandelt, mit denen sich Personalberater, die in diesem Umfeld arbeiten, jeden Tag zu beschäftigen haben.

| Marke | Wert in Mio. Dollar | Herkunftsland |
|-------|---------------------|---------------|
| 1 Coca-Cola | 70.452 | USA |
| 2 IBM | 64.727 | USA |
| 3 Microsoft | 60.895 | USA |
| 4 Google | 43.557 | USA |
| 5 General Electric | 42.808 | USA |
| 6 McDonald's | 33.578 | USA |
| 7 Intel | 32.015 | USA |
| 8 Nokia | 29.495 | Finnland |
| 9 Disney | 28.731 | USA |
| 10 Hewlett-Packard | 26.867 | USA |
| 11 Toyota | 26.192 | Japan |
| 12 Mercedes-Benz | 25.179 | Deutschland |
| 13 Gillette | 23.298 | USA |
| 14 Cisco | 23.219 | USA |
| 15 BMW | 22.322 | Deutschland |
| 16 Louis Vuitton | 21.860 | Frankreich |
| 17 Apple | 21.143 | USA |
| 18 Marlboro | 19.961 | USA |
| 19 Samsung | 19.491 | Korea, Republik |
| 20 Honda | 18.506 | Japan |

*Tabelle 1: Die wertvollsten Marken der Welt (Quelle: Interbrand 09/2010)*

## II. Fast Moving Consumer Goods (FMCG)

Zunächst zeichnet sich die Branche, in der es um Produkte des täglichen Gebrauchs geht, die überwiegend im Lebensmitteleinzelhandel
vertrieben werden (Food oder Non-Food), durch das beste Produktmar-
keting in der Wirtschaft aus: Die Instrumente, das Know-how und die
Werkzeuge werden nirgendwo sonst so differenziert und vielfältig eingesetzt wie hier. Der Wettbewerb um den Endverbraucher und eine
spezifische Handelssituation erfordern bis ins Detail geschliffene Mar-
ketingtools. Sich ständig verändernde Kundenwünsche sind zu berücksichtigen und frühzeitig mit Innovationen zu begleiten.

Wo in der Automobilindustrie (vgl. dazu Barz, S. 170ff.) die mit den
Zulieferern verzahnte Supply-Chain und modernste Produktionsver-
fahren dominieren oder im Dienstleistungssektor der Service und die
Beratung den Erfolg maßgeblich bestimmen, hat der FMCG-Hersteller
heute ohne eine starke Marke, eine Brand, keine Chance mehr. Neue
Marken aufzubauen ist (fast vollkommen) unmöglich, und schon kleine Fehler führen zu katastrophalen Ergebnissen. Zu wissen, wofür eine
Brand steht, was sie in der Fortführung noch trägt und welche Weiterentwicklung damit möglich, aber zugleich notwendig ist, stellt die

Kunst der Markenführung dar, die nirgends besser gelernt und gelehrt wird als in dieser Branche.

Die Marke ist das „Gut", das es zu schützen, weiterzuentwickeln, auf der Höhe der Zeit zu halten und mit den nötigen Innovationen auf die Zukunft vorzubereiten gilt. In keinem anderen Wirtschaftszweig sind Konsumentenbedürfnisse intensiver und zeitnaher zu erfragen und umzusetzen. Nirgendwo sonst muss aber auch schneller auf ständig wechselnde Trends reagiert werden. Das heißt, es muss jeden Tag neu geprüft werden, ob das eigene Unternehmen sich noch am Puls der Zeit befindet und ob eventuell Entscheidungen getroffen werden müssen, die den Kurs maßgeblich mitbestimmen und/oder ändern.

Dies alles geschieht in einer immer stärker globalisierten Welt, in der globale Brands eine Strahlkraft haben und immense Möglichkeiten mit sich bringen. Der Konsument wird täglich und überall damit konfrontiert. Seine Getränke, seine Nudeln, seine Körperpflegeprodukte ebenso wie seine Süßwaren – Mars, Nestlé, Unilever oder Procter & Gamble sind die Urheber stets präsenter Markenzeichen. Sie sind Bestandteil einer zunehmend komplexer werdenden Welt – komplex auch im Sinne von rasantem Markenzuwachs und umfassender Markenakzeptanz.

Gleichzeitig stellt sich gerade bei den Food-Brands die Frage, welche „Geschmäcker" wirklich global mit demselben Markenkern zu bedienen sind und wo der Versuch, alles über einen Kamm zu scheren, scheitern muss.

Als Arbeitshypothese und als erstes Zwischenergebnis mit Blick auf die Praxis ist daher fest zu halten: FMCG ist die Branche, in der man als Unternehmensvertreter dem Endkonsumenten einzigartig nah ist, in der man extrem gute Kenntnisse und Informationen über Kundenbedürfnisse hat, in der man täglich à jour sein muss. FCMG ist aber auch die Branche, in der man die außergewöhnliche Chance hat, seine Brand global und unabhängig von der spezifischen nationalen Handelsstruktur zu vermarkten und seinen Umsatz zu generieren. Keine Frage: Die Menschen, die in diesen spannenden Segmenten arbeiten, sind die Spezialisten für Marketing und für Marken.

## III.  Trends

So weit die ideale Welt. Daneben gibt es aber eine Vielzahl von Trends, die die Arbeit deutlich erschweren, verändern und komplexer machen. Ohne Anspruch auf Vollzähligkeit sollen im Weiteren einige dieser Trends in Deutschland beschrieben werden, die heute und wohl noch eine Zeitlang den FMCG-Markt prägen werden. Wer sich darauf in seiner Markenführung nicht einstellen können wird, dürfte vor großen Problemen stehen. Wer die Chancen, die in dem Beschriebenen liegen, ergreift, dürfte auch zukünftig in der Liste der wertvollsten Marken zu finden sein.

## 1.  Smart Shopper

Die Verbrauchergewohnheiten haben sich maßgeblich geändert. Nicht erst seit diesen Tagen sieht man den Porsche vor Aldi parken und dessen Fahrer schwer bepackt aus dem Markt kommen.

Markenprodukte des täglichen Gebrauchs müssen neben Orientierung eben auch einen echten Mehrwert liefern. Es wird nicht mehr wie selbstverständlich das Markenprodukt aus dem Regal genommen. Vielmehr sind der spezifische Produktnutzen und die dahinterstehende Markenwelt so zu transportieren, dass der Endverbraucher sie auch versteht – und der „kleine" Unterschied den damit verbundenen „kleinen" Unterschied im Preis auch rechtfertigt. Ganze Produktkategorien sind inzwischen so stark im Wettbewerb, dass der Beweis einer Markenfähigkeit in der Zukunft erst noch erbracht werden muss. Markenartikel in „Low Interest Categories" kämpfen stark gegen qualitativ hochwertige No-Name-Produkte. Seit Jahren gewinnen diese Eigenmarken stark an Bedeutung. In bestimmten Produktkategorien wie Hygienepapier oder Wasch-, Putz- und Reinigungsmittel ist dies besonders deutlich zu erkennen.

Daraus folgt: Nur die wirklich starken Marken haben im Wettbewerb eine Chance. Für die B- und C-Produkte wird es immer schwieriger werden, in immer wettbewerbsintensiveren Märkten zu bestehen. Dem Smart Shopper von heute geht es bei dem Erwerb von Markenprodukten nicht ausschließlich um Orientierung, sondern ebenfalls um Genuss. Dieser Genuss kann sich beim Sparen ebenso einstellen wie beim Erwerb des „einzig Wahren". Wenn die „zarteste Versuchung, seit es Schokolade gibt" ihren Qualitätsvorsprung, ihren Produktvorteil nicht mehr kommuniziert, holt der Smart Shopper von heute sich seinen Genuss an anderer Stelle. Die Karawane zieht weiter.

## 2. Eigenmarken

Verstärkt wird dieser Trend durch die Forcierung von Eigenmarken durch den deutschen Handel. Insbesondere die beiden großen Discounter in Deutschland, Aldi und Lidl, aber auch die anderen Händler wie Rewe, Metro, Edeka sowie moderne Drogerieanbieter, allen voran der Drogeriemarkt dm, haben schon heute gezeigt, dass sie mit ihren Eigenmarken Maßstäbe setzen können. Sie überzeugen nicht nur den heute internet- und verbraucherschutzgebildeten Endkunden von der Qualität ihrer Produkte, sondern setzen alles daran, sich im Wettbewerb sowohl gegen die Industrie als auch unter den Händlern durch effizientes Marketing erfolgreich zu positionieren.

Ganze Produktlinien wie etwa „Balea" von dm sind Beispiele für gelungene Aktivitäten. Die Ankündigung von Rewe aus dem Jahr 2005, den Eigenmarkenanteil von 15 Prozent auf 40 Prozent in den nächsten Jahren erhöhen zu wollen, folgt dabei dem angelsächsischen Vorbild und zeigt die Zielrichtung wahrscheinlich aller Händler in Deutschland. So lag 2005 der Handelsmarkenanteil von Rewe noch bei 15 Prozent, 2010 waren es rund 25 Prozent. Gleichzeitig hat Rewe dabei nicht nur die

| | Werbetreibende | Oktober Tsd. Euro | 2010 kum.* Tsd. Euro | 2009 kum.* Tsd. Euro | 2010 kum.* Anteile in % | 2010/ 2009 kum.* +/–% |
|---|---|---|---|---|---|---|
| | Above-the-Line-Medien | 2.559.621 | 19.795.271 | 17.778.548 | 100 | 11,1 |
| 1 | Procter + Gamble, Schwalbach | 62.653 | 456.964 | 383.488 | 2,3 | 19,2 |
| 2 | Media-Saturn Holding, Ingolstadt | 43.339 | 384.785 | 363.919 | 1,9 | 5,7 |
| 3 | Albrecht, Muelheim | 35.589 | 318.850 | 329.504 | 1,6 | −3,2 |
| 4 | Ferrero Dt., Frankfurt | 57.005 | 294.261 | 251.915 | 1,5 | 16,8 |
| 5 | Unilever Dt., Hamburg | 32.407 | 281.922 | 254.998 | 1,4 | 10,6 |
| 6 | Springer Axel AG, Hamburg | 26.198 | 252.836 | 219.991 | 1,3 | 14,9 |
| 7 | Loreal HUP, Düsseldorf | 25.799 | 251.972 | 260.590 | 1,3 | −3,3 |
| 8 | Lidl Dienstleistung, Neckarsulm | 22.337 | 194.700 | 262.534 | 1 | −25,8 |
| 9 | Edeka Zentrale, Hamburg | 17.960 | 188.443 | 177.066 | 1 | 6,4 |
| 10 | Volkswagen AG, Wolfsburg | 27.554 | 186.648 | 164.994 | 0,9 | 13,1 |

\* kum. = Januar bis Oktober

*Tabelle 2: Die zehn Topwerbetreibenden in Deutschland 2010 (Quelle: Nielsen Media Research)*

Eigenmarkenstrategie um eine Premiumlinie ergänzt, sondern setzt gezielt auf eine eigene Geschmacks- und Erlebniswelt. Die Handelsunternehmen betreiben inzwischen ihr eigenes Marketing, erhöhen so ihre Wertschöpfung und tun dies sehr erfolgreich. Inzwischen zählen die beiden großen Discounter in Deutschland mit zu den Werbetreibenden mit den höchsten Werbebudgets pro Jahr.

Die sogenannten No-Name-Produkte sind schon lange keine Unbekannten mehr für den Endverbraucher, sondern eigenständige Marken mit einer Markenphilosophie sowie einem Qualitätsabsender, und sie stellen somit eine echte Alternative dar. Markenartikler müssen ihren Mehrwert aufzeigen und dem Endverbraucher klar kommunizieren.

## 3.  Handelsstruktur

Ohne zu sehr auf den weiter oben beschriebenen Sektor Retail (vgl. dazu Hanke, S. 278ff.) eingehen zu wollen, sind doch einige Tendenzen aufzuzeigen, die in der Praxis einen erheblichen Einfluss auf die Markenartikler haben.

In den vergangenen Jahren hat der Stellenwert der Discounter deutlich zugenommen. Mit einem Marktanteil, der zwar einerseits seine Sättigungsgrenze erreicht hat, aber andererseits knapp auf die 50 Prozent zugeht, ist die Discount-Form des Handels nicht nur die einzige seit vielen Jahren stark wachsende Gruppe, sondern vor allem hat sie inzwischen im Wesentlichen die Form des beherrschenden Nahversorgers für den Verbraucher übernommen.

Dies führt einerseits dazu, dass der Discount in den vergangenen Jahren sehr stark die Sortimente erweitert hat (inzwischen hat selbst der moderne Discounter Flächen in der Größenordnung von 1.000 Quadratmetern), und andererseits dazu, dass sich Markenartikler völlig neuen Formen der Vermarktung ausgesetzt sehen. Nicht zuletzt spielt der Preis eine zentrale Rolle in der Vermarktung über diesen Kanal. Darüber hinaus hat Lidl Markenartikel zu günstigsten Preisen im Sortiment, der bisherige Marktführer Aldi hingegen führt sie gar nicht.

Wie wichtig gleichwohl der Kanal für die Markenartikelindustrie ist und wie bedeutend Markenartikel selbst für den Marktführer Aldi sein können, ist zum Beispiel an den Listungen einiger Produkte bei Aldi von Ferrero, Haribo oder Ritter Sport zu erkennen. Es besteht also eine gegenseitige Abhängigkeit auf beiden Seiten. Die dazwischenliegenden B- und C-Marken bleiben in der Praxis chancenlos.

Der Discounter hat inzwischen selbst den Rang eines Markenartiklers erreicht und arbeitet konsequent an diesem Image. Wenn Qualität und Preis aber beim Discounter stimmen und er dieses Image über eigene Produkte erzielt, die der Smart Shopper von heute – nach vorheriger Recherche – für absolut bedenkenlos hält, wird der Bewegungsspielraum für die Brand kleiner. Die Markenartikler müssen neue Wege finden, um ihre Brand zu stärken. Nur am Rande sei angemerkt, dass dies in einer medial ebenfalls immer komplexer werdenden Welt nicht einfach und auch deutlich teurer geworden ist. Die Themen rund um Onlinemedien und andere Werbeformen wirken weiterhin komplexitätssteigernd. Die Notwendigkeit, tagtäglich auf der Höhe der Zeit der Konsumentenbedürfnisse zu bleiben, um mit den richtigen Innovationen und den richtigen Botschaften die Stärke der Marke zu erhalten und damit das Preisniveau zu rechtfertigen, ist Aufgabe dieser Industrie.

## 4.  Bioprodukte und Wellnessprodukte

Derzeit sind die klaren Gewinner unter den FMCG-Produkten die gesunden Convenience-Angebote. Die erfolgreiche Kombination zweier starker Trends hat heute großes Potential. Die sich schnell drehende Foodwelt ist in den vergangenen Jahren durch erhebliche Skandale erschüttert worden (so sind hier zu nennen: Vogelgrippe, Gammelfleisch, Analogkäse). Der Wunsch der Verbraucher, etwas für sich selbst zu tun, hat deutlich zugenommen. „Bio" steht für gesunde Ernährung, bessere Rohstoffe, kontrollierte Zutaten – und damit für etwas Besseres, das man sich selbst gönnt. „Bio" transportiert eine Garantie für Gesundheit (idealerweise für ein langes Leben) und gleichzeitig auch für Genuss und Wohlbefinden. Und das darf auch mal ein bisschen mehr kosten. Wellness heißt dieser Trend dann, wenn wir in den Non-Food-Bereich wechseln. Als Produktbeispiele sind etwa zu nennen: Anti-Aging-Cremes oder Shampoos nur aus natürlichen Zutaten.

In beiden Bereichen haben sich ganz neue Anbieter etablieren können, die diese Trends aufgenommen, wenn nicht sogar entwickelt haben. Man denke an die natürliche „Bionade" oder an Naturkosmetik à la Dr. Hauschka. Selbst die internationalen Konzerne wie Nestlé haben diese Trends nicht nur erkannt, sondern deren Weiterentwicklung als klares Unternehmensziel definiert.

Die Frage lautet: Waren das alle Trends, die die FMCG-Welt prägen und in Zukunft weiter bestimmen werden? – Sicherlich nicht, aber es war und ist nicht die Absicht dieses Beitrags, hier eine vollständige Darstellung der möglichen Optionen zu zeigen. Vielmehr soll hier deutlich gemacht werden, dass aus Unternehmenssicht die direkte Ausrichtung auf den Endverbraucher in sich schnell drehenden Märkten ihre Besonderheiten hat. Sich in der Vermarktung dieser Produkte zu beweisen und erfolgreich zu sein eröffnet ganz besondere Herausforderungen und Perspektiven.

Für Personalberater interessant sind natürlich die damit zusammenhängenden Karriereimplikationen. Was ist in dieser Branche vielleicht anders (im Vergleich zu anderen Branchen), und welche Karriereoptionen gibt es, wenn sich jemand aus den oben beschriebenen Gründen und der damit verbundenen Faszination für die Produkte beruflich für diese Welt der Marken entschieden hat? Diese Fragen werden im Folgenden näher untersucht.

## IV.   Karriere in der Branche

Die FMCG-Branche ist also, so die These, ganz besonders durch eine große Nähe zum Endverbraucher gekennzeichnet. Im Gegensatz zum Dienstleistungssektor verfügt die Branche aber zusätzlich über eine klassische Produktion. Sie ist marktnäher als alle anderen Produktionsunternehmen (vgl. dazu die Beiträge von Hübner, S. 152ff., und Barz, S. 170ff.). Das kennzeichnet sicherlich das Selbstverständnis der allermeisten FMCG-Hersteller. Das heißt jedoch keinesfalls, dass die Unternehmen es sich leisten könnten, nur zweitklassige Ingenieure zu beschäftigen oder gar die Produktion zu vernachlässigen, die Supply-Chain aus dem Auge zu verlieren, kein zeitgemäßes Personalmanagement zu betreiben oder den nicht businessnah agierenden CFO zu beschäftigen. Aber: In der FMCG-Branche gibt der in seinem Markt agierende Manager den Ausschlag für Erfolg oder Misserfolg.

Das bedeutet in der Praxis, dass die Führungspositionen der Business-Units, der Ländergesellschaften oder des CEO, des Chefs oder des Vorsitzenden der Geschäftsführung oder Geschäftsleitung in dieser Branche fast ausschließlich durch einen Manager besetzt sind, der seine ersten Sporen entweder im Marketing oder im Vertrieb erworben hat. Hier liegt das Herzstück des Unternehmens, hier wird der Unterschied gemacht, hier können Branchenfremde zumeist nichts mehr beisteuern. Wenig überraschend ist: Eher selten findet sich ein Finanzprofi oder ein Produktioner an der Spitze eines FMCG-Unternehmens.

# V.  Exkurs: Marketing oder Vertrieb: Welcher Bereich ist der bessere Karrieretreiber?

Als Beispiele für aus Deutschland heraus geführte FMCG-Konzerne seien genannt: Tchibo, Beiersdorf, Dr. Oetker, Henkel – eine insgesamt überschaubare Anzahl. In diesen Unternehmen kann es ein erfahrener Marketingfachmann, der über seinen lokalen Markt hinaus Verantwortung trägt, in der Hierarchie ganz nach oben schaffen. Nicht lokale Expertise, sondern ein marketingbezogenes, strategisches Können wird neben vielen anderen Faktoren im besten Fall den Weg an die Spitze des Unternehmens ebnen.

Bei Tochtergesellschaften internationaler Konzerne sieht es anders aus. Globale Marken werden aus der Zentrale geführt, die wesentlichen Marketingstrategien ebenfalls in der Zentrale konzipiert, lokales Marketing ist häufig nahe der Adaption. Das heißt, dass in Tochterunternehmen derjenige Manager als erster Mann gesucht wird, der den lokalen Markt in all seinen Besonderheiten kennt und nicht zuletzt auch seine Handelskunden und die Handelslandschaft. Damit wird der Vertriebsfachmann einen leichten Vorsprung gegenüber dem Marketingprofi haben.

Mittelständische Unternehmen haben zumeist nicht die Größe, die Markenstärke und die finanzielle Kraft, sich einen Marketingstrategen als CEO zu leisten. Zuerst kommen der Absatz und der Vertrieb – und erst dann die Mittel für einen langfristig angelegten Markenaufbau. Auch hier ist der Vertriebsmann tendenziell im Vorteil.

Ist also Vertrieb der bessere Karrieretreiber? Wer das berufliche Ziel anstrebt, in der FMCG-Welt CEO zu werden, der sollte viel von Sales verstehen und auch operativ einige Jahre im Vertrieb tätig gewesen sein. Gleichwohl: Eine Garantie für Erfolg kann auch dieser berufliche Background nicht geben.

Folgt daraus, dass eine Karriere im Marketing eines Unternehmens keine Chancen auf das Erreichen einer CEO-Position eröffnet? Tendenziell dürfte dies schwerer sein. Echte „Marketeers" (Führungskräfte, deren Arbeitsleben sich seit Jahren und Jahrzehnten um Markenstrategien, Markenkern, langfristige Marktentwicklung etc. dreht und die sich nicht ausschließlich über Prozesse, Projekte, Neueinführungen und kurzfristige Umsatzerfolge definieren) werden immer seltener, aber die letzten verbliebenen haben exzellente Chancen, insbesondere, wenn wir über Deutschland hinaus denken. Auch jenseits von Tchibo, Henkel & Co. gibt es interessante Unternehmen, die gleichen Marketingmechanismen und aufregende, auch kulturelle Herausforderungen.

Bleibt der Rat, dass derjenige, der eine Karriere in der FMCG-Branche anstrebt, frühzeitig darauf achten sollte, dass er ein echter „Marktmann" wird, also verantwortliche Positionen sowohl im Marketing als auch im Vertrieb einnimmt. Echte (dies meint: über länger als fünf Jahre erworbene) Erfahrung in beiden Bereichen ist durch nichts zu ersetzen und öffnet Türen im Verlauf der weiteren Karriere.

## VI.  FMCG als Einstieg für eine Karriere in anderen Branchen?

Die Liberalisierung der europäischen Telekommunikationsmärkte in den 90er Jahren des vergangenen Jahrhunderts ist ein gutes Beispiel, um deutlich zu machen, dass die FMCG-Branche als Ausbildungsstätte der besten Marketeers der Welt genutzt wird.

Konstant bilden die großen Markenartikelkonzerne jedes Jahr aufs Neue deutlich mehr Marketingexperten aus, als sie selbst in der sich verjüngenden Karrierepyramide einsetzen können. Die Überzähligen passen entweder nicht dauerhaft in das Unternehmen und wechseln zum Wettbewerb, aber viel häufiger machen sie Karriere bei kleineren Markenartiklern oder unterstützen andere Branchen mit ihrem Marketing-Know-how.

Als in den 90er Jahren mit der Telekommunikation eine ganze Industrie endverbrauchergerichtet aus dem Boden gestampft wurde, erfolgte die Rekrutierung von Marketingmitarbeitern ganz überwiegend bei den FMCG-Firmen. Der Zusammenhang ist einfach nachzuvollziehen: Hier waren sowohl die meiste Kapazität als auch das größte Know-how vorhanden. Ganze Abteilungen der Markenartikler fanden sich bei T-Mobile, Arcor, E-Plus und anderen wieder. Die Deutsche Post tat es ihnen gleich.

Noch extremer war es zu Zeiten des Internethypes (vgl. dazu Tils, S. 406ff.). Die Start-ups schossen wie Pilze aus dem Boden, Geld spielte keine Rolle, und um jeden Preis mussten Marktanteile sichergestellt werden. Eine Aufgabe für eine Vielzahl von „Vice Presidents Marketing", die allermeisten von führenden FMCG-Anbietern mit horrenden Gehältern und noch exorbitanteren Stock Options weggelockt. Heute haben die vielen Millionäre dieser Zeit fast ausnahmslos wieder gern in der sogenannten Old Economy ihren Platz gefunden.

Aber auch die Unternehmen aus dem Bereich Financial Services (vgl. dazu Füchtner/Pohland, S. 328ff.) – ob nun mit einer neuen Privatkun-

denoffensive gestartet oder gerade dabei, den Gesamtkonzern marken-
politisch neu zu verorten und zu positionieren – haben immer wieder
gern auf das Know-how der führenden Marketeers zurückgegriffen
und tun es noch heute.

Die Praxis zeigt auch: Obwohl ein Wasch-, Putz- oder Reinigungsmittel-
mann ja nun nicht das vielzitierte „Benzin im Blut" hat, soll sich auch
die Automobilindustrie (vgl. dazu Barz, S. 170ff.) häufiger aus diesem
Fundus bedienen.

Heißt dies nun, dass es in großem Stil Wanderbewegungen aus der
FMCG-Branche in andere Bereiche gibt? Nein, mitnichten, und es ist
auch immer das spezielle Know-how, das aus dieser Branche in andere
hineingekauft wird. Diese Entwicklung zeigt aber, dass der Markt um
die Besonderheiten der Branche und damit um die exzellente Ausbildung im Bereich FMCG weiß und dies würdigt. Mehr noch, er braucht
dieses Know-how, das nirgendwo sonst so komprimiert und gut vermittelt wird. Markenführung, strategisches Marketing, Markenkernanaly-
sen, Consumer-Insights und Innovationsmanagement werden eben in
keinem anderen Wirtschaftszweig so gut gelehrt und gelernt wie hier.

### 1.    Ist ein Branchenwechsel möglich und sinnvoll?

Allgemein ist diese Frage nicht zu beantworten. Aus der Sicht eines Personalberaters, der immer nur aufgrund einer strukturierten, systematischen Suche Jobwechsel verfolgt, fällt die Antwort darauf folgendermaßen aus:

Jeder Suche ist in unserer Arbeit eine Positionsbeschreibung vorgela-
gert, in dem der Auftraggeber, also das beauftragende Unternehmen,
die Anforderungen an den neuen Mitarbeiter dezidiert beschreibt.
Anhand dieses Profils wird sehr zielgerichtet gesucht (vgl. dazu Die-
mer/Füchtner, S. 30ff.).

Da sich der neue Arbeitgeber von dem neuen Mitarbeiter einen klaren
Mehrwert für sein Unternehmen verspricht, sind die Anforderungen
zumeist sehr hoch und differenziert. Äußerst selten macht der Auftraggeber keine Vorgaben bezüglich des erforderlichen und gewünschten
Branchen-Know-hows. Vielmehr wird in den allermeisten Fällen gerade
eben dieses vorausgesetzt. Dies gilt nicht nur bei zu besetzenden markt-
nahen Funktionen (hier ist das Erfordernis sofort ersichtlich), sondern
ebenso bei Themen rund um Produktion, Supply-Chain und in den
meisten Fällen selbst für Finance/Controlling- und HR-Funktionen. Mit

Einschränkungen für die beiden zuletzt genannten Bereiche gilt damit, dass die Anforderung der Branchenkenntnis in aller Regel als ein unverzichtbares „must" angesehen und erwartet wird.

Dieses grundsätzliche Phänomen führt dazu, dass Suchen, die unter Zuhilfenahme eines Personalberaters abgewickelt werden – und dies sind inzwischen die überwiegende Anzahl zumindest in Bezug auf Führungspositionen –, einen Branchenwechsel eben gerade nicht zulassen. Die strukturierte, systematische Suche führt damit eher selten zu Branchenwechseln. Das gilt tendenziell selbst für die Toppositionen.

Dies ist bedauerlich, da der Erfahrung nach in allen Branchen und Funktionsbereichen wirklich exzellente Führungskräfte vorhanden sind, die mit ihrer Sicht und ihrem Erfahrungsschatz aus einer anderen Branche den Wirtschaftskreislauf bereichern würden. Zumal viele Führungskräfte nicht nur zu einem solchen Wechsel fähig wären, sondern auch immer wieder ein dahingehendes Interesse äußern. Insofern kann ein solcher Wechsel sowohl für die Führungskraft selbst als auch für die Unternehmen sinnvoll und zielführend sein.

## 2.    Gibt es typische Karrieremuster?

Ja, es gibt sie, und auf ein einfaches wie immer wieder anzutreffendes Muster sei hier hingewiesen: Karriere an sich ist sowohl planbar als auch unvorhersehbar. Sie hängt immer auch vom Glück ab, und doch setzen sich die Guten stets überall durch. Einkommen hat viel mit dem aktuellen Brancheneinkommen zu tun – und dieses ist dem Zeitgeist, wechselnden Moden und nicht zuletzt Konjunkturzyklen unterworfen. Jedem Karrierebewussten ist daher zu empfehlen, sich um den Fortgang und Verlauf seiner Karriere Gedanken zu machen, diese Entwicklung aber auch mit einer gewissen Lockerheit und Souveränität auf sich zukommen zu lassen.

Ein Karrieremuster indes ist stets erkennbar: Jedes Unternehmen verspricht sich einen Mehrwert bei der Einstellung einer neuen Führungskraft. Diese muss das Unternehmen nach vorn bringen, muss Erfahrungen aufweisen, die noch nicht vorliegen, funktionales Know-how mitbringen, über das das neue Unternehmen noch nicht verfügt, und somit die positive Entwicklung beschleunigen.

Hintergrund dieser Überlegungen ist darüber hinaus, dass ein größeres Unternehmen funktionsteiliger aufgestellt ist als ein kleineres. Aus dieser Tatsache ergeben sich eine zu unterstellende (wahrscheinlich auch real gegebene) höhere Kompetenz und ein vorhandenes differenzierteres Wissen. Dieses Know-how wird von kleineren Unternehmen (kleiner als der vorherige Arbeitgeber) nachgefragt und dafür mit einem Karrieresprung und einer höheren Vergütung entgolten.

## VII. Praxistipp

Abschließend sei noch eine Faustregel für den erfolgreichen Unternehmenswechsel im Verlauf einer Karriere genannt: Strategisch ist ein Wechsel von einem größeren Unternehmen hin zu einem kleineren oft sinnvoll; der umgekehrte Weg ist aber in der Praxis in aller Regel nicht möglich. Dieses Muster sollte bei jedem Wechsel bedacht werden, denn es ist unumkehrbar und das erworbene Kapital damit nur einmal einsetzbar. Das gilt in jeder Branche und auch für jede Funktion.

# Pharmaindustrie:
# Entwicklungspotentiale, Chancen und Risiken

Anke Kaiser, Bad Homburg

## I.  Branchenüberblick

### 1.  Marktführer

Pharmaunternehmen sind Unternehmen, die Arzneimittel herstellen und vermarkten. Es wird unterschieden zwischen Pharmaunternehmen, die eigene Forschung und Entwicklung betreiben, und denen, die Generika herstellen. Generika sind Arzneimittel, die wirkungsgleich mit bereits am Markt befindlichen Medikamenten sind.

Zu den Pharmaka/Arzneimitteln gehören vor allem verschreibungspflichtige (RX) und rezeptfreie (OTC) Medikamente sowie Impfstoffe, In-vivo-Diagnostika, Blutprodukte, Gewebe und Zellen, Verbandsmittel, künstliche Gelenke und Katheder. In-vitro-Diagnostika sind Medizinprodukte, keine Arzneimittel, auch wenn sie teils von pharmazeutischen Unternehmen hergestellt werden.

| Rang | Unternehmen | Sitz | Jahresumsatz Ausgaben für F&E in Mrd. US-Dollar |
|------|-------------|------|---------------------------|
| 1 | Pfizer | USA, New York | 45,4 7,8 |
| 2 | Sanofi-Aventis | Frankreich, Paris | 42,0 6,5 |
| 3 | Novartis | Schweiz, Basel | 38,4 6,3 |
| 4 | GlaxoSmithKline | Großbritannien, London | 37,8 6,2 |
| 5 | Hoffmann-La Roche | Schweiz, Basel | 37,6 8,5 |
| 6 | AstraZeneca | Großbritannien, London | 32,8 4,4 |
| 7 | MSD Sharp & Dohme | USA, Whitehouse Station, NJ | 25,2 5,8 |
| 8 | Johnson & Johnson | USA, New Brunswick, NJ | 22,5 4,5 |
| 9 | Eli Lilly and Company | USA, Indianapolis, IN | 21,2 4,3 |
| 10 | Bristol-Myers Squibb | USA, New York | 18,8 3,6 |

*Tabelle 1: Die weltweit größten Pharmaunternehmen nach Umsatz 2009*
*(Quelle: Pharmaceutical Executive, Mai 2010)*

Auf Rang 12 folgt das erste deutsche Pharmaunternehmen Bayer Schering Pharma mit einem Jahresumsatz von 15 Milliarden US-Dollar und Forschungsausgaben von 2,2 Milliarden US-Dollar weltweit. Boehringer Ingelheim findet sich auf Platz 13 wieder, Merck KGaA (Darmstadt) auf dem 22. Platz.

Bei genauerer Betrachtung der Auflistung der führenden Pharmaunternehmen wird deutlich, dass es in der Pharmabranche immer mehr zur Zentralisierung/Globalisierung kommt. Kleinere und mittelständische Unternehmen und Nischenanbieter werden von großen Unternehmen und international agierenden Konzernen übernommen. Beispiele aus jüngster Vergangenheit sind etwa die Übernahme von Wyeth durch Pfizer oder die Integration von Solvay Pharmaceutical zu Abbott. Dieser Trend zu Fusionen wird sich auch in den kommenden Jahren fortsetzen und ist auch in anderen Branchen, etwa im Chemiesektor, erkennbar (vgl. dazu Kaiser, S. 236ff.).

## 2.     Pharmaunternehmen in Deutschland

Die größten Pharmaunternehmen in Deutschland sind, geordnet absteigend nach dem Umsatz: Hexal, Novartis, Sanofi-Aventis, Ratiopharm, AstraZeneca, Roche inklusive Roche Diagnostics, GlaxoSmithKline, Pfizer, Bayer (inklusive Schering und Jenapharm), Stada, Novo Nordisk, Wyeth, Boehringer Ingelheim, MSD, Abbott, Janssen-Cilag, Merck (inklusive Serono), Lilly, Essex (inklusive Organon), UCB (inklusive Schwarz Pharma), Baxter, Berlin Chemie, Nycomed (inklusive Altana), Betapharm, Takeda, BMS, Biogen Idec, Mundipharma sowie Astellas.

Deutsche Unternehmen müssen sich an die Globalisierung und die fortschreitende Internationalisierung der Pharmawelt anpassen. Zum Beispiel ist Boehringer Ingelheim schon lange kein deutsches Unternehmen mehr, sondern ein international aufgestelltes Unternehmen, das anders im starken Wettbewerb nicht bestehen könnte.

Viele Pharmaunternehmen in Deutschland sind in Verbänden organisiert. Dem mitgliedstärksten Bundesverband der Arzneimittelhersteller gehören zahlreiche mittelständische Unternehmen an. Neben dem Verband der Chemischen Industrie sind die Hersteller verschreibungspflichtiger Arzneimittel im Bundesverband der pharmazeutischen Industrie (BPI) sowie im Verband forschender Arzneimittelhersteller (vfa) organisiert. Die Generikahersteller sind in den Verbänden ProGenerika und Deutscher Generikaverband organisiert.

## 3. Entwicklung der pharmazeutischen Produktion

In Deutschland wurden im Jahre 2009 für 26,4 Milliarden Euro Pharmazeutika hergestellt. Der Rückgang zum Vorjahr betrug 2,8 Prozent. Die globale Finanz- und Wirtschaftskrise ging somit nicht ganz spurlos an der Pharmabranche vorbei. Im Vergleich der pharmazeutischen Industrie mit der industriellen Produktion ist der Rückgang indes geringer ausgefallen. Die gesamte industrielle Produktion ging um 16 Prozent zurück (Quelle: Statistisches Bundesamt, 2010).

**Produktion pharmazeutischer Erzeugnisse in Deutschland**

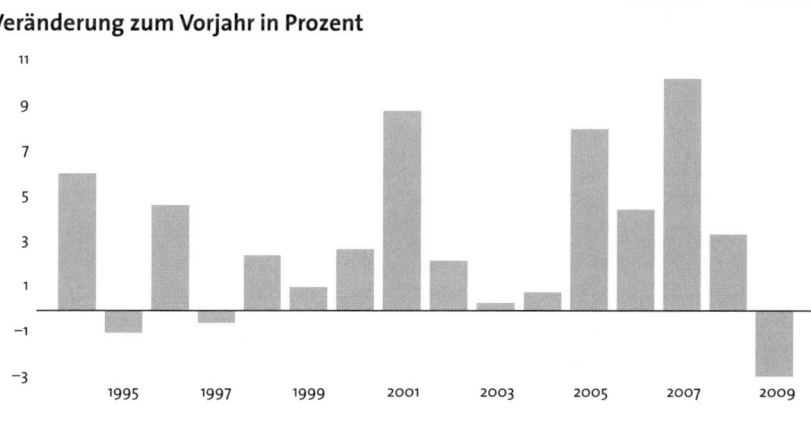

*Abbildung 2: Produktion pharmazeutischer Erzeugnisse in Deutschland 2009 (Quelle: Statistisches Bundesamt)*

Auch für 2011 wird erwartet, dass staatliche Eingriffe zur Regulierung des Gesundheitswesens die Geschäftstätigkeit der Pharmabranche mehr beeinflussen werden als die wirtschaftliche Situation.

Im internationalen Vergleich zu Japan, den USA und Europa hat Deutschland seine Stellung als Produktionsstandort nur knapp halten können. 8 Prozent der gesamten Pharmaproduktion stammen im Jahre 2009 aus Deutschland. Bei der weltweiten Herstellung von biotechnologischen Arzneimitteln liegt Deutschland nach den USA auf Platz 2, bei kommerziellen klinischen Studien auf Platz 1 in Europa (experteer.de, 2010).

In den vergangenen fünf Jahren haben die EU-Länder im Vergleich zu Japan und den USA von der Stärke des Euro profitiert. Die pharmazeutische Produktion ausgeweitet haben vor allem mitteleuropäische Länder wie Irland, Österreich, Belgien und die Schweiz.

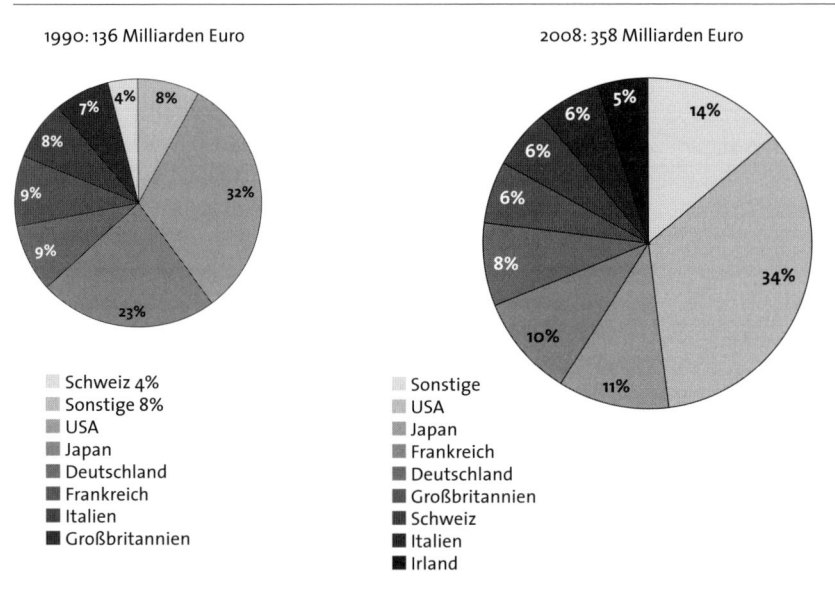

Abbildung 2: Pharmaproduktion in Europa, Japan und den USA (Quellen: OECD, EFPIA, vfa)

## 4. Zukunftsaussichten der Branche – eine Prognose

Für die deutsche Volkswirtschaft liefert die Branche mit einer Bruttowertschöpfung von über 100.000 Euro pro Mitarbeiter einen bedeutenden Beitrag. Kaum eine andere Branche erreicht eine vergleichbar hohe Bruttowertschöpfung. Somit gilt der Pharmasektor als einer der Industriebereiche mit den besten Zukunftsaussichten.

Die Produktion pharmazeutischer Erzeugnisse in Deutschland ist seit Jahr 2009 stabil geblieben Seit 2007 werden über 50 Prozent der Erzeugnisse exportiert. Im Bereich der Beschäftigten in Forschung und Entwicklung gibt es bei einer leicht rückläufigen Gesamtbeschäftigung einen weiteren Anstieg. Dies zeigt das hohe Potential Deutschlands als Forschungsstandort. Mit 4,52 Milliarden Euro haben die Aufwendungen in Forschung und Entwicklung einen neuen Höchststand erreicht. Mehr als 12 Millionen Euro investieren die forschenden Pharmaunternehmen somit jeden Tag in die Entwicklung innovativer Medikamente. Bis ein Produkt tatsächlich zugelassen wird und auf den Markt kommt, vergehen teilweise bis zu zehn Jahre. Es ist daher umso beeindruckender, dass 31 neue Wirkstoffe im Jahr 2009 in Deutschland zur Zulassung über die EMA (European Medicines Agency) gebracht wurden. Über 400 Projekte, die Aussicht haben, bis Ende 2011 zur Zulassung zu kommen, befinden sich derzeit in der Entwicklung.

Die Innovationen der forschenden Pharmaunternehmen sind dafür verantwortlich, dass die Lebenserwartung in Deutschland ständig steigt. Sie liegt derzeit für Frauen bei 82 Jahren, für Männer bei 77 Jahren. Dies sind vier bis fünf Jahre mehr als noch vor 20 Jahren. Zudem wird immer wieder deutlich, dass der demographische Wandel einen positiven Einfluss auf die ganze Pharmabranche hat. Bis zum Jahr 2050, so wird erwartet, wird die Zahl der über 60-Jährigen von derzeit 26 Prozent auf 38 Prozent steigen.

Die Zukunftsaussichten für die Branche sind also überwiegend günstig. Die Pharma- und Gesundheitsbranche ist Kern der Gesundheitspolitik und wird von den Experten als Zugpferd der Wirtschaft gesehen. Die Unternehmen profitieren davon, dass die Bevölkerung immer älter wird und der Bedarf an Produkten rund um die Gesundheit immer mehr steigt. Zudem bieten sich durch aufstrebende Volkswirtschaften wie China und Indien beste Marktchancen (Institut für Wirtschaft Köln, September 2010).

Die Branchenexperten der Wirtschaftsprüfungs- und Beratungsgesellschaft PricewaterhouseCoopers (PwC) prognostizieren, dass sich der

Umsatz der Pharmaindustrie bis zum Jahr 2020 auf weltweit rund 1,3 Billionen US-Dollar mehr als verdoppeln wird. Diese Entwicklung wird vor allem durch den Wirtschaftsaufschwung der sogenannten E7-Staaten (China, Indien, Brasilien, Russland, Indonesien, Mexiko und die Türkei) sowie den fortschreitenden demographischen Wandel der Gesellschaft erwartet ( PwC-Studie „Pharma 2020", Juni 2007, S. 52). Es bleibt somit spannend, die Entwicklung in der Branche zu verfolgen.

## II. Arbeitsplätze in der Pharmaindustrie

### 1. Beschäftigte in der pharmazeutischen Industrie

Die gute Entwicklung der pharmazeutischen Industrie ist auf dem Arbeitsmarkt inzwischen angekommen. Die forschenden Pharmaunternehmen sind krisenfest und ein sicherer und zuverlässiger Arbeitgeber. Grund dafür ist neben der hohen Investitionskraft der forschenden Pharmaunternehmen der medizinische Bedarf der Gesellschaft. In der Pharmaindustrie in Deutschland sind etwa 120.000 Menschen beschäftigt. Ihnen stehen etwa 125.000 Dienstleister und Zulieferer der pharmazeutischen Industrie gegenüber.

Die vier beschäftigungsstärksten Pharmaregionen in Deutschland sind Bayern, Baden-Württemberg, Nordrhein-Westfalen und Hessen. An den Standorten rund um Frankfurt am Main arbeiteten im Jahr 2009 etwa 35.000 Menschen. Fast jeder achte Sozialversicherungspflichtige ist in der Pharma- und Medizintechnikindustrie beschäftigt (Institut der deutschen Wirtschaft Köln, Juni 2010). Die starke Präsenz der pharmazeutischen- und medizintechnischen Betriebe in Hessen prägt auch die dortigen Wirtschaftsindustrieregionen. So ist der Anteil der Branche am gesamten Umsatzbeziehungsweise an den Beschäftigten des verarbeitenden Gewerbes im Rhein-Main-Gebiet mit rund 13 beziehungsweise 10 Prozent etwa dreimal so hoch wie im Bundesdurchschnitt. In den zurückliegenden Jahren kamen bei den hessischen Herstellern von Arzneimitteln und medizinischen Geräten noch einmal ausnehmend viele neue Stellen hinzu. Verglichen mit der allgemeinen Arbeitsmarktpolitik ist dies beeindruckend.

Ergänzend sei hier an dieser Stelle genannt, dass auch die Medizintechnik in Deutschland ein stabiler Arbeitgeber ist: 170.000 Menschen sind in dieser Sparte in mehr als 11.000 Unternehmen beschäftigt.

## Beschäftigung: Pharmasektor baut auf
Sozialversicherungspflichtig Beschäftigte, 1999=100

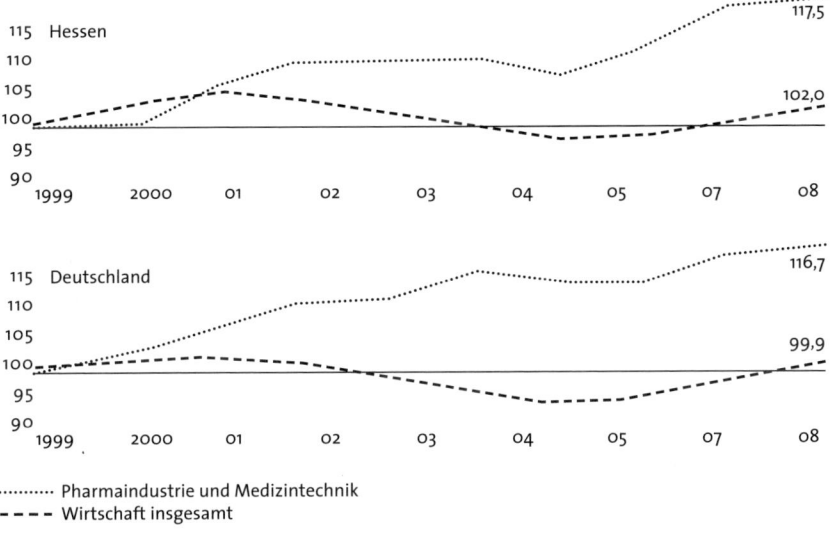

......... Pharmaindustrie und Medizintechnik
– – – – Wirtschaft insgesamt

*Abbildung 3: Beschäftigte im Pharmasektor im Vergleich (Quelle: Bundesagentur für Arbeit)*

In der Branche gilt für die Bezahlung der Tarifvertrag. Die Pharma-branche gehört bundesweit zur chemischen Industrie und damit zur Industriegewerkschaft Bergbau, Chemie, Energie, die ihren Sitz in Hannover hat. Innerhalb dieser Gewerkschaft gelten für jedes Mitglied grundsätzlich zwei Vertragsentwürfe: Der Manteltarifvertrag, der für ganz Deutschland gilt und etwa die Arbeitszeit auf 37,5 Wochenstun-den und den Urlaub auf 30 Tage im Jahr festsetzt. Das Einkommen regeln hingegen elf regional unterschiedliche Entgeltverträge. Letztere unterscheiden sich inhaltlich von Bundesland zu Bundesland nur in Nuancen voneinander.

Hochschulabsolventen mit naturwissenschaftlicher Ausbildung und mehreren Jahren Berufserfahrung werden oft in die höchste Entgelt-gruppe mit 4.686 Euro eingestuft. Dies entspricht einem Bruttojahres-gehalt von rund 56.000 Euro. Hinzu kommt ein tariflich garantiertes Weihnachtsgeld in Höhe von 95 Prozent eines Bruttomonatseinkom-mens. Die Zahlen zeigen, dass ein Berufseinstieg in der Pharmaindu-strie für junge Leute durchaus sehr attraktiv ist.

Wie überall in der Wirtschaft regeln auch am Arbeitsmarkt Angebot und Nachfrage den Preis, in dem Fall das Gehalt. Güter, die rar sind, sind teurer als Produkte, die am häufigsten angeboten werden. Somit ist es durchaus eine interessante Überlegung, ein Studium im pharmazeutischen Bereich zu wählen. Das Gehalt der Fach- und Führungskräfte in der Pharmaindustrie steigt durchschnittlich um 3,9 Prozent im Jahr. Im Branchenvergleich befinden sich die Pharmagehälter weit vorn. Sie liegen zwischen 50.000 Euro und 120.000 Euro bei Fachkräften, abhängig von der Berufserfahrung und der Unternehmensgröße. Führungskräfte in Großunternehmen kommen sogar auf ein Bruttojahresgehalt von 150.000 Euro. Ein Leiter der Qualitätskontrolle erzielt im Durchschnitt ein Jahreseinkommen in Höhe von 93.000 Euro.

Deutschland steht als Bildungs-, Forschungs- und Wissenschaftsstandort vor neuen Herausforderungen und großen Aufgaben. Schon heute sind gut ausgebildete Naturwissenschaftler und Mediziner Mangelware (vgl. dazu Füchtner/T. Wegerich, S. 542ff.). In Deutschland müssen deshalb international ausgerichtete und noch leistungsstärkere, attraktivere Hochschulen entstehen sowie neue Bachelor- und Masterstudiengänge eingerichtet werden. Pharmafonds, Verbände und Stiftungen arbeiten intensiv an diesen Themen und unterstützen die Branche.

## 2. Tipps für Berufseinsteiger und berufserfahrene Mitarbeiter der Branche

Arzneimittelhersteller, sowohl produzierende als auch Generikaunternehmen, sind ständig auf der Suche nach Nachwuchsführungskräften. Dennoch ist es für einen Studenten der Pharmabranche wichtig, schon während des Studiums die richtigen Weichen zu stellen. Einsteiger ohne Berufserfahrung haben es heute in allen Disziplinen schwer. Wer heute eine gut dotierte Position in einem der pharmazeutischen Unternehmen haben will, muss schon früh Erfahrung im Pharmabereich sammeln, am besten schon in den Semesterferien.

In den vergangenen zehn Jahren stieg die Zahl der Absolventen, die sich für eine Promotion entscheiden, von 10 Prozent auf 15 Prozent. Für den klassischen Einstieg, etwa in der Forschung und Entwicklung, ist dies zwar von Vorteil, allerdings nur, wenn das Thema stimmt, also praxisorientiert und damit nützlich für den späteren Arbeitgeber ist. Derzeit von Vorteil sind Erfahrungen mit internationalen Produktionsstandards wie GMP (Good Manufacturing Practice) oder GLP (Good Laboratory Practice).

Es ist also besonders wichtig, jeden einzelnen Karriereschritt gut zu überdenken und genau zu planen. Dies gilt vor allem für den Einsatz als Postdoc (Post-Doktorand). Wissenschaftler, die nach der Dissertation an einer Universität oder einer Forschungsstelle arbeiten, sollten diese Situation nutzen und internationale Erfahrung sammeln. Viele Unternehmen sehen es bei Postdocs gern, wenn sie zum einen eine eigenständige wissenschaftliche Arbeit erfolgreich abgeschlossen haben und zum anderen auch Auslandserfahrung gesammelt haben. Allerdings ist auch ein Postdoc keine Garantie für eine Festanstellung.

Mitarbeiter mit qualifizierter Ausbildung müssen darauf achten, dass sie von Arbeitgebern gefördert werden und sich permanent weiterentwickeln und qualifizieren. Ideal ist ein Einstieg, der mit einem Nachwuchsförderprogramm verbunden ist. In erster Linie ist zu empfehlen, innerhalb des Unternehmens mehr Aufgaben/Sonderprojekte zu betreuen, nach zwei bis drei Jahren neue Aufgaben zu übernehmen oder auch einen Auslandsaufenthalt einzufügen. Auch ist ein Wechsel zu einem neuen Arbeitgeber nach vier bis sieben Jahren wichtig, um neue Kulturen und andere Arbeitsweisen kennenzulernen. Ein Berufswechsel erweitert oftmals den Erfahrungshintergrund. All diese Faktoren sind wichtig, um auf der Karriereleiter nach oben zu kommen. Flexibilität wird immer vorausgesetzt.

## III. Besonderheiten und Grundsätze professioneller Personalberatung in der Pharmaindustrie

### 1. Anforderung an die Personalberatung in der Pharmaindustrie

Große Pharmaunternehmen und Konzerne rekrutieren über die Jahre immer mehr mit externer Unterstützung durch professionelle Personalberater. Diese Unternehmen decken einen Teil ihres Rekrutierungsbedarfs (vor allem Positionen im mittleren Management) über das Schalten von Anzeigen in Printmedien und Internetjobbörsen wie Monster und Jobpilot stets ab. Auch wird ein Teil der anfallenden Vakanzen über Nachwuchsförderprogramme intern besetzt. Dennoch bleiben oft viele für das jeweilige Unternehmen wichtige Positionen übrig, die mit Hilfe der geschilderten Maßnahmen und Insturmente nicht besetzt werden können. Gründe dafür können zum Beispiel die speziellen Anforderungen, die Vielzahl der Vakanzen oder auch der gegenüber den Kandidaten schwer zu vermittelnde Standort eines bestimmten Unternehmens sein.

Die schon angesprochenen Positionen im mittleren Management der Pharmabranche werden in der Praxis oftmals mit Hilfe von Dienstleistern besetzt, die sich auf Datenbankrecherche oder E-Recruiting spezialisiert haben. Auch werden Kandidaten angesprochen, die einen eigenen Lebenslauf auf Datenbanken wie etwa Monster oder Experteer hinterlegt haben, und es werden Anzeigen in Internetbörsen geschaltet.

Spezialisten und Top-Führungskräfte werden dagegen in aller Regel von Executive-Search-Unternehmen besetzt. Der aus Kundensicht klare Vorteil bei der Zusammenarbeit mit einem Executive-Search-Berater ist, dass dieser aufgrund seiner Erfahrungen exzellente Marktkenntnisse hat und mit vielen Menschen aus unterschiedlichen Branchen im ständigen Dialog steht. Seine Kontakte kann er in der Praxis naturgemäß auch für Empfehlungen nutzen. Auch kann der Personalberater im Gespräch mit Kandidaten das Standing des Unternehmens im Markt gut darstellen und dem Klienten ein Feedback geben.

Ein Personalberatungsunternehmen kann gezielt Mitarbeiter in den unterschiedlichsten Firmen und Positionen im relevanten Branchensegment ansprechen. Für Unternehmen ist es zudem perspektivisch besonders wichtig, Know-how von außerhalb einzukaufen. Die sogenannten High Potentials der Branche haben zumeist ein Pharma- oder Medizinstudium abgeschlossen und diesem eine Promotion folgen lassen. Sie haben Berufserfahrung in international operierenden Unternehmen der pharmazeutischen Industrie gesammelt, und ihre Karriere ist kontinuierlich von ihrem jeweiligen Arbeitgeber gefördert worden.

Die Geschäftssprache innerhalb der pharmazeutischen Industrie ist fast immer Englisch. Wenn ein Kandidat seine Karriere erfolgreich fortsetzen möchte, ist Mobilität im In- und Ausland gefragt.

Vor dem Hintergrund der geschilderten Marktentwicklung kann daher folgende Prognose gewagt werden: Auch in Zukunft wird der Markt für Personalberater im Pharmaumfeld gut sein. Bedingt durch die sich oftmals verändernden Rahmenbedingungen wird die Nachfrage nach hochqualifizierten Mitarbeitern weiter steigen.

## 2. Erfahrungsprofile erfolgreicher Personalberater im Pharmaumfeld

Als Personalberater mit Fokus auf den Bereich Pharma und Life-Science hat man es mit mittelständisch geprägten Unternehmen sowie international operierenden Konzernen zu tun, die deutschland- und europaweit, teils weltweit Vakanzen zu besetzen haben. Die dort zu besetzenden Führungspositionen sind unter anderem in den Bereichen Sales und Marketing, Klinische Forschung, Medical Devices, Drug Regulatory Affairs, R&D, Supply-Chain und auch Human Resources zu finden. Es gibt also in der Beratungspraxis eine große Bandbreite, wobei es immer sehr stark um Spezialisten oder Managementfunktionen geht.

In der Praxis hat man es als Personalberater in der Branche oft mit promovierten Pharmazeuten zu tun oder mit Personen mit einem medizinischen Hintergrund. Die hier tätigen Persönlichkeiten sind alle fachlich sehr versiert, äußerst kompetent und bringen eine stark wissenschaftliche Komponente mit.

Die Aufgabe des Personalberaters besteht regelmäßig unter anderem darin, zu überprüfen, ob ein Kandidat auch für weiterführende Aufgaben, in der Regel im Management eines Unternehmens, einsetzbar ist. Teamfähigkeit und adäquates soziales Verhalten sowie Integrationsfähigkeit sind insoweit immer die entscheidenden Faktoren, da überwiegend in internationalen Projektteams gearbeitet wird. Um den Besonderheiten der Aufgabenstellung als Berater gerecht werden zu können, ist nicht zuletzt eine ausgeprägte Menschen- und Branchenkenntnis unerlässlich. Zudem ist ein entsprechendes Branchen-Know-how über die Besonderheit der Branchen und die verschiedenen Berufsbilder zwingend erforderlich, um einen Kandidaten qualifizieren zu können (vgl. dazu Tarhan, S. 67ff., C. Wegerich, S. 425ff.,und Füchtner/T. Wegerich, S. 542ff.). Wichtig ist es zudem, sich in jedem Einzelfall und jedem Beratungsmandat intensiv mit seinen Klienten auseinanderzusetzen (vgl. dazu Füchtner/T. Wegerich, S. 542ff.), um die Kandidaten auf die jeweiligen Besonderheiten eines Unternehmens und einer bestimmten Position hinweisen zu können.

Auch in der Pharmabranche zeigt es sich, dass es durch die starke Globalisierung der vergangenen Jahre für viele Unternehmen ausschlaggebend wird, dass Kandidaten im Ausland gelebt haben und mit internationalen Gepflogenheiten umgehen können. In diesem Zusammenhang ist der enge Kontakt zu den Unternehmensvertretern und Kandidaten unerlässlich, damit der Berater seinen Wissenshorizont ständig erweitern kann. All diese aufgeführten Punkte müssen zusammenspielen, um eine erfolgreiche Beratungsarbeit für anspruchsvolle Mandate leisten zu können.

# Personalberatung für Unternehmen der öffentlichen Hand

Ernst Heilgenthal, Köln

## I.   Der Markt

Die öffentliche Hand, also Bund, Länder und Kommunen, haben in den 90er Jahren des vergangenen Jahrhunderts verstärkt Eigenbetriebe und Beteiligungen ausgegliedert und in selbständige GmbHs oder Aktiengesellschaften umgewandelt. Zudem wurden sogenannte Public Private Partnerships (PPP) gegründet, die nun frei am Markt agieren. Im Hintergrund stand dabei die Philosophie, wegzukommen von der Kameralistik hin zu gewinnorientierten, transparenten Unternehmen mit doppelter Buchführung, die ihren Weg erfolgreich im freien Markt und Wettbewerb gehen, aber auch weiterhin im Einflussbereich der Länder und Kommunen verbleiben sollten.

Unternehmen wie Flughäfen, Messen, Telekommunikationsunternehmen, Abfall-, Energie-, Verkehrsversorger, Bädergesellschaften, Kultur-/Tourismusagenturen und Museen stehen für diese Art von Betrieben. Die früheren Krankenhausbeteiligungen zählen sachlich zwar ebenfalls dazu, werden jedoch heute unter dem Stichwort „Life-Science" gesondert betrachtet (vgl. dazu Grupe, S. 219ff.).

Bald konnte man jedoch feststellen, dass sich mit der Umwandlung in privatwirtschaftliche Unternehmen zwar die Rechtsform änderte, die Verantwortlichen in der Führungsspitze jedoch oft noch immer in ihren alten Denk- und Handlungsstrukturen verhaftet waren. Die Folge dessen war, dass „neue Köpfe" für die verantwortliche Unternehmensführung gefunden werden mussten. Mit anderen Worten: Eine „Rekommunalisierung" der Betriebe war in der Praxis zu beobachten.

### 1.     Bestandsaufnahme: ein kritischer Blick hinter die Kulissen

Dabei ist eines im Rahmen einer Beschreibung des Ist-Zustands zunächst hervorzuheben: In den vergangenen Jahren hat aus der Sicht des Personalberaters eine sehr positive Entwicklung stattgefunden, die indes nicht darüber hinwegtäuschen kann, dass in der Vergangenheit manches im Argen lag.

So ist festzustellen, dass Aufsichtsräte oder Beiräte von kommunalen Unternehmen oftmals mit Führungskräften anderer kommunaler Unternehmen, aber auch mit Politikern unterschiedlicher Parteien nach Proporz besetzt sind; bei mehreren Unternehmen einer Kommune häufig auch im Über-Kreuz-Wechsel der jeweiligen Aufsichtsratsvorsitzenden und Stellvertreter. Suchte und bestellte man den neuen Geschäftsführer oder Vorstand, so geschah dies in der Praxis in aller Regel in Form der althergebrachten Ausschreibung über Anzeigen.

Diese wurden in überregionalen oder regionalen Zeitungen oder auch nur in monatlich erscheinenden Zeitschriften geschaltet, um geeignete Personen einzuladen, sich für eine bestimmte Position im Umfeld der öffentlichen Hand zu bewerben – passiver konnte man die Besetzung einer Führungsposition kaum angehen. Und wenn auch noch der Erfolg der Anzeige ausblieb, weil aller Erfahrung nach Bewerber ab einer bestimmten Hierarchieebene über dieses Medium nicht zu erreichen sind, dann zeigte sich, dass das beschriebene Vorgehen in der Praxis nicht aussichtsreich war. Dies umso mehr, weil der spätere „Wunschkandidat" des Auswahlverfahrens tatsächlich nicht selten bereits im Vorfeld aufgrund bestimmter Absprachen feststand.

## 2. Erfahrungsbericht: praktische Personalarbeit für Unternehmen der öffentlichen Hand

*a) Besonderheiten des Auswahlverfahrens*
Um vor diesem historisch bedingten Missstand ein größeres Maß an Transparenz, Neutralität und Professionalität zu gewährleisten, werden inzwischen seit Jahren auch professionelle Personalberater eingeschaltet oder erhalten zunächst eine offizielle Angebotsaufforderung. Diese reicht in der Praxis nicht selten von einem halbseitigen Brief mit lediglich unzureichenden Positions- und Firmenangaben bis hin zu einem mehrseitigen, umfassenden Prozess- und Führungsprofil, garniert mit Vorgaben wie Abgabetermin, der Bitte, von Rückfragen abzusehen, mit dem Wunsch um Darlegung der geplanten Vorgehensweise im Markt oder der Forderung nach einem Kompetenznachweis des jeweiligen Beraters. Da fast immer relevante Fakten wie Gehaltsangaben, aber auch beispielsweise die strategischen Ziele der nächsten Jahre für die zu besetzende Position fehlen, fallen dann die Angebote seitens der Berater entsprechend aus und reduzieren sich auf Honorar und Procedere in Bezug auf einen bestimmten Suchauftrag. Das aber ist offensichtlich für die verantwortlichen Entscheidungsträger im Rahmen eines Auswahlverfahrens der Berater oft schon ausreichend.

*b) Die Macht der Gremien*
Nach einem für Außenstehende nicht transparenten Auswahlverfahren, bei dem möglicherweise auch subjektive, nicht selten historische Gründe sowie der Bekanntheitsgrad der beteiligten Personalberatungsfirmen eine große Rolle zu spielen scheinen, ist das jeweilige Honorarvolumen der ausschlaggebende Grund für eine Auftragserteilung an eine bestimmte Personalberatung. Analog anderen, öffentlichen Ausschreibungen wird auch hier oft der preisgünstigste Anbieter ausgewählt. Welche Leistungen jedoch tatsächlich geboten werden, erscheint nebensächlich: Preiswürdigkeit ist ein Fremdwort.

Ebenso unberücksichtigt bei dieser Papierauswahl bleiben die Erfahrung und die Kompetenz des projektverantwortlichen Beraters. Qualitativ deutlich besser und zielführender ist es, wenn eine persönliche Präsentation des Personalberaters vorgesehen ist, wobei die Bandbreite von fünf bis sechs eingeladenen Beratungsunternehmen mit jeweils 20 Minuten Präsentation bis hin zu ein bis zwei vorausgewählten Unternehmen mit strukturierter Präsentation vor dem kompletten Auswahlgremium reicht. Diese Präsentationen sind in der Praxis oftmals durchaus heikel, da die beauftragenden Gremien diese Verfahren mitunter bereits im Vorfeld der eigentlichen Suche nutzen, um sich zu positionieren oder gegebenenfalls ihre jeweiligen Konkurrenten zu desavouieren.

*c) Executive Search als inzwischen etablierte Dienstleistung im öffentlichen Sektor*
Festzustellen ist jedoch, dass sich inzwischen auch das Verfahren des Executive Search im Bereich des öffentlichen Sektors etabliert hat. Die Personalberater konnten in der Vergangenheit offensichtlich ihre Auftraggeber davon überzeugen, dass mit diesem bewährten Aktivverfahren interessante Kandidaten für die gelegentlich nicht besonders attraktiven und eben im politischen Umfeld angesiedelten Positionen direkt kontaktiert und dabei im persönlichen Gespräch dazu motiviert werden können (und müssen), überhaupt einmal über einen Wechsel in dieses Marktsegment nachzudenken. Dennoch bestehen einige Auftraggeber nach wie vor darauf, zumindest als Parallelverfahren, auch eine Anzeigenschaltung vorzunehmen. Diese Variante scheint für viele noch immer unverzichtbar im Sinne einer als „objektiv" angesehenen Ausschreibung, wie sie traditionell in Behörden gehandhabt wird.

*d) Aus der Werkstatt des Personalberaters: typische Stolpersteine im Prozess*
Auch wenn von Seiten des Auftraggebers oftmals zeitlicher Druck ausgeübt wird, wird jeder Berater spätestens bei der Präsentationsterminierung feststellen, dass hier weitere Stolpersteine auf dem Weg zu einem erfolgreichen Projektabschluss liegen. Die hohe Kunst besteht

zunächst darin, alle Beteiligten einer Auswahlkommission zu einem bestimmten Zeitpunkt an einem Tisch zusammenzubringen. Die eigene Berufserfahrung zeigt, dass bereits an diesem Punkt gute Kandidaten nicht selten abgesprungen sind, die sich einer in der Praxis oft langwierigen Terminfindung gar nicht erst unterwerfen wollten.

Die Präsentationen finden in der Regel entweder vor dem vollständigen Beirat oder Aufsichtsrat statt oder auch vor einer sogenannten Auswahlkommission. Erfahrene Berater stellen unbedingt sicher, dass am Ende dieses Verfahrens ein Endkandidat und ein Alternativkandidat zur Verfügung steht, wobei die praktische Erfahrung wiederum zeigt, dass in dieser entscheidenden Phase oftmals durch den Beirat oder Aufsichtsrat ein eigener Kandidat präsentiert wird, und zwar entgegen der im Briefinggespräch gegenüber dem Personalberater gegebenen Versicherung, es seien keine internen Kandidaten vorhanden. Damit muss gerade der Berater im öffentlichen Sektor leben, dass von interessierter Seite immer wieder versucht wird, einen eigenen Kandidaten als besonders geeignet zu platzieren.

Nach der ersten Kandidatenpräsentation beginnt hinter den Kulissen in der Regel die Arbeit der Gremien. Es ist in dieser Phase gelegentlich zu beobachten, dass mit gezielten Indiskretionen das Verfahren in Bezug auf bestimmte unliebsame Kandidaten torpediert wird. Als Beispiele dazu seien genannt: Nach nicht mit dem Berater abgestimmten Telefonaten mit angeblichen Referenzgebern werden die Namen potentieller Kandidaten frühzeitig gestreut. Oder es kommt keine politische Einigung auf einen Endkandidaten zustande, weil dies ja auch eine willkommene Gelegenheit sein kann, mit dem politischen Kontrahenten in dem jeweiligen Gremium alte Rechnungen aus anderen Verfahren zu begleichen. Die Presse ist in der Regel übrigens immer bestens informiert, und es ist kein einmaliger Vorgang, dass mitunter kurz vor dem Erreichen der Ziellinie eine Suche neu gestartet werden muss. Dies ist nicht nur in jeder Hinsicht unerfreulich, sondern es wird dabei auch außer Acht gelassen, dass (verständlicherweise) Misstrauen bei potentiellen Kandidaten entsteht, die in der Praxis häufig sehr genau über das Procedere, die Tatsache und die Hintergründe des zuvor erfolgten Scheiterns ihrer Mitbewerber informiert sind.

Es gibt durchaus auch Fälle, in denen ein unmittelbar vor einem positiven Abschluss stehendes Projekt, in dem bereits ein allseits akzeptierter Endkandidat gefunden und präsentiert worden ist, im Ergebnis noch scheitert. Und zwar deshalb, weil sich erst zu diesem späten Zeitpunkt im Prozess herausstellt, dass die Ist-Einkommenssituation nicht mit dem Angebot an den Kandidaten übereinstimmt. Denn: Im öffentlichen Sektor wird immer noch mit in der freien Industrie nicht vergleichbaren Gehältern und Gehaltsvorstellungen gearbeitet, die an den Bundesangestelltentarif (BAT) angelehnt sind. Dies wiederum hat zur Folge, dass die Höhe des angebotenen Gehalts für den Endkandidaten oft nicht annehmbar ist oder die Splittung in fixe und variable Anteile und Nebenleistungen in keinem angemessenen Verhältnis zueinander steht. Fairerweise ist aber festzustellen, dass die Versorgungszusagen in der Regel nicht hinter dem in der freien Wirtschaft üblichen Niveau zurückstehen, sondern diese zum Teil noch übertreffen. Es muss also jeweils im Einzelfall eine Beurteilung des gesamten Vergütungspakets vorgenommen werden.

Wichtig zu wissen ist auch, dass es im Rahmen von Auswahlverfahren im öffentlichen Sektor üblich ist, in mehreren, aufwendigen Gesprächs-, Präsentations- und Diskussionsrunden immer wieder um denselben Kandidaten zu kreisen. Der Personalberater ist also gut beraten, von vornherein mit einer langen Zeitachse in Bezug auf das jeweilige Projekt zu kalkulieren, da die Beschlussfindung auf einen Kandidaten in der Praxis von allen Entscheidungsträgern im politischen Konsens mitgetragen werden soll – und dies erfahrungsgemäß den Zeitraum bis zur Vertragsunterschrift immer wieder verzögert.

Auf der Grundlage der zuvor skizzierten, durchaus kritischen – aber auf eigener Erfahrung beruhenden und daher realistischen – Sichtweise stellt sich nun die Frage, welche Perspektiven und Trends in Bezug auf die Praxis der Personalberatung für Unternehmen der öffentlichen Hand erkennbar sind.

## II.  Perspektiven und Trends der Personalberatung im öffentlichen Sektor

### 1.  Weitere Zunahme privatwirtschaftlich organisierter Unternehmen der öffentlichen Hand

Trotz anderslautender Beteuerungen und auch des aktuellen Versuches der Landesregierungen, so etwa in Nordrhein-Westfalen, die Expansion kommunaler Unternehmen einzuschränken, wird deren Anzahl nach allen heute vorliegenden Einschätzungen zukünftig weiter wachsen. Dies hängt sicher mit einer noch feineren Strukturierung und Aufteilung zusammen; auch werden gemeinsame Verbundunternehmen in bestimmten Regionen und für definierte Aufgaben dazu beitrag, dass zusätzliche Positionen qualifiziert zu besetzen sind. So werden aktuelle Bestrebungen im politischen Raum, insbesondere die Rückführung der Abfallwirtschaft, bestimmte Kommunen veranlassen, eigene privatrechtliche Gesellschaften zu gründen für die Bereiche, die sie zuvor ausgelagert hatten.

## 2. Prognose I: steigender Bedarf an Führungskräften

Damit wird ein weiterer Bedarf an qualifizierten Führungskräften einhergehen, vor allem aus der freien Wirtschaft, da diese kommunalen Unternehmen sich in der Regel immer auch im Wettbewerb mit der freien Wirtschaft befinden. Neben der Suche und Auswahl von Geschäftsführern und Vorständen wird es auch verstärkt zur Besetzung von Positionen in der zweiten Führungsebene kommen, wie etwa in den Bereichen Controlling oder auch gerade im Marketing, das in vielen Fällen noch heute unterbesetzt ist.

## 3. Prognose II: marktgerechte Vergütungssysteme

Im Hinblick auf die Vergütungssysteme wird ebenfalls eine Anpassung an die freie Wirtschaft erfolgen, vor allem im Bereich der variablen Vergütungen, und zwar insbesondere unter dem Stichwort Zielvereinbarungen (vgl. dazu Wegerich, Christine, 2011, S. 42 ff.). Die Gehälter werden, wie in anderen Bereichen der freien Wirtschaft heute üblich, für Führungskräfte stärker an den Erfolg oder auch an Zielvorgaben gekoppelt sein, die jeweils festlegen, welche unternehmerischen Ergebnisse in einem bestimmten Zeitraum zu erreichen sind.

## 4. Transparenz bei der Kandidatenauswahl – hin zum Prinzip der Bestenauslese

Gerade die in der Vergangenheit oftmals erhobenen Vorwürfe im Umfeld des öffentlichen Sektors, dass gelegentlich auch „Versorgungsposten" für verdiente Kommunal- oder Landespolitiker geschaffen worden sind, wird hohe Anforderungen an die entscheidungsbefugten Gremien stellen, eine objektiv nachvollziehbare und neutrale Auswahl nach dem Prinzip der Bestenauslese zu tätigen.

Die Anpassung von Profilen an bestehende Lebensläufe wird nicht mehr der Fall sein, sondern die Profile werden nach sachgerechten Gründen und Zielen des jeweils suchenden Unternehmens entwickelt werden. Der Rechtfertigungsdruck der Politiker in diesen Gremien hat in der Öffentlichkeit inzwischen ein solches Ausmaß angenommen, dass die früher übliche – über Parteigrenzen hinweg zu beobachtende – Praxis, bestimmte Positionen im öffentlichen Sektor interessengeleitet (und damit eben nicht an objektiven Kriterien orientiert) zu besetzen, nur noch nur noch schwer umzusetzen sein wird.

Dies bedeutet aber auch, dass auf Kandidatenseite nicht nur reine Fachleute, sondern insbesondere auf der ersten Führungsebene auch Personen mit einem politischen Fingerspitzengefühl gefragt sind – nicht in erster Linie, um sich in einem politisch geprägten Umfeld zu behaupten, sondern um die Sichtweise der jeweiligen Aufsichtsgremien verstehen und damit einschätzen zu können, wie und warum eine bestimmte politische Entscheidung sich tatsächlich im operativen Tagesgeschäft auswirkt.

## III.  Praxisfolgen aus der Sicht des Personalberaters

Der in diesem zuvor skizzierten Umfeld des öffentlichen Sektors tätige Personalberater benötigt für die Steuerung des Auswahlprozesses sowie bei der Zusammenarbeit mit Kandidaten und den politisch besetzten Gremien eine besondere Erfahrung (vgl. allgemein zum Suchprozess im Bereich Executive Search Diemer, S. 249ff., Füchtner/Pohland, S. 328ff.), und zwar nicht nur in Form der allgemeinen Lebenserfahrung, sondern auch im Projekthandling vergleichbarer Positionen und seiner persönlichen Managementerfahrung.

Die auswählenden Gremien wären gut beraten, ihre Entscheidung über die Beauftragung eines bestimmten Personalberaters insbesondere an diesen erfolgsrelevanten Kriterien auszurichten und nicht lediglich eine Entscheidung zu treffen, die sich an der Honorarhöhe orientiert. Denn bei Executive-Search-Projekten im Bereich des öffentlichen Sektors darf nicht außer Acht gelassen werden, dass die Betreuung der jeweiligen Kandidaten im Vergleich zur Beratung in anderen Marktsegmenten weitaus aufwendiger ist.

Für die Kandidaten muss das Verfahren in jeder Phase transparent gehalten werden, die in Betracht kommenden aussichtsreichen Kandidaten müssen durch den Berater regelmäßig informiert werden – die völlige Offenheit gegenüber dem Kandidaten ist unabdingbar. So sind in der Praxis (und insbesondere im Vergleich zu Beratungsmandaten in anderen Branchen außerhalb des öffentlichen Sektors) stets häufigere Telefonate und in aller Regel auch mehrere Treffen mit den Kandidaten erforderlich, um überzeugend im Sinne des erfolgreichen Projektabschlusses auf diese einzuwirken.

Empfehlenswert und in der Praxis geradezu unabdingbar für den Berater ist es, stets einen klar nachvollziehbaren Kurs zu halten, wobei es selbstverständlich sein sollte, dass eine intensive individuelle Beratungsleitung durch den Auftraggeber auch entsprechend honoriert werden muss (vgl. dazu Füchtner/Pohland, S. 328ff.). Es ist nicht nachvollziehbar, warum ein Berater die etwa angebotenen niedrigen Honorare akzeptieren, aber zugleich – und zwar insbesondere im Vergleich zu anderen Positionsbesetzungen – ein Übermaß an Leistungen erbringen soll. Denn für beide Parteien – Auftraggeber aus dem öffentlichen Sektor und Berater – sollte es das Ziel sein, eine dauerhaft angelegte und gedeihliche Kundenbeziehung zu erreichen (vgl. dazu die aufschlussreichen Auswertungen von C. Wegerich im empirischen Teil dieses Buches, S. 425ff.).

## IV. Was ist zu tun? – Einige Gedanken zu einer Neuorientierung im öffentlichen Sektor

### 1. Transparente Partnerschaft

Um dieses Ziel zu erreichen, bedarf es beiderseitiger Anstrengungen, damit sich eine dauerhafte und ebenso zukunftsorientierte wie professionelle Beziehung zwischen den Vertretern des öffentlichen Sektors und einem in diesem Marktsegment bestens verankerten Personalberater entwickeln kann.

Aus Sicht des Beraters wäre es insoweit sicher ideal, wenn die vielfach noch immer festzustellende mangelnde Transparenz in den Aufsichtsrats- oder Beiratsgremien einer offeneren und objektiv nachvollziehbaren Entscheidungsfindung weichen würde. Dabei darf eines nicht außer Acht gelassen werden: Aus der Sicht der Unternehmen im öffentlichen Sektor würde sich dies zugleich unmittelbar positiv auswirken, denn so würde es zukünftig leichter fallen, hochqualifizierte Kandidaten für einen Wechsel in diesen Bereich hinein zu interessieren und zu gewinnen. Die bereits oben geschilderte und in der Praxis erkennbare Tendenz hin zu dem leistungsorientierten Prinzip der Bestenauslese zeigt, dass es hier bereits positive Ansätze in die richtige Richtung gibt.

## 2. Qualität setzt sich durch: Praxiserfahrung und profunde Marktkenntnis als Kriterien für die Vergabe von Suchaufträgen

Der zuvor ebenfalls prognostizierte zukünftig steigende Bedarf an Führungskräften im öffentlichen Sektor wird zudem spürbare Auswirkungen auf die erforderliche Qualität der Personalberatung haben. Es wird – mehr noch als heute – wichtig sein, dass die Unternehmen der öffentlichen Hand einem Personalberater vertrauen (und mit diesem zusammenarbeiten), der in diesem – in mancherlei Hinsicht speziellen – Segment über Praxiserfahrung, ein profundes Wissen über den relevanten Markt und ein breites Netzwerk verfügt (vgl. dazu C. Wegerich, S. 474, und Füchtner/T. Wegerich, S. 542ff.).

Es wäre sehr wünschenswert, wenn diese Erkenntnis bei den Entscheidungsträgern in den jeweiligen Gremien dazu führt, dass Mandate für Personalberatungen nicht länger in erster Linie unter Preisgesichtspunkten vergeben werden. Vielmehr sollte den erkennbar steigenden Anforderungen an die erfolgreiche Dienstleistung der Personalberatung im öffentlichen Sektor auch dadurch Rechnung getragen werden, dass die konkrete Expertise und Professionalität des Beraters stärker in den Blickpunkt rücken – und damit zu den maßgeblichen und ergebnisrelevanten Kriterien bei der Vergabe von Suchaufträgen werden. Auch eine solche Änderung in den Entscheidungsprozessen hätte wiederum einen positiven Rückkoppelungseffekt für die Unternehmen selbst, denn so kann sichergestellt werden, dass immer ein in der jeweiligen Branche erfahrener und kompetenter Berater das zu vergebende Mandat führt. Die damit in jeder Hinsicht verbundenen Effizienzgewinne für das auftraggebende Unternehmen liegen auf der Hand.

## 3. Vergütungsstrukturen müssen überdacht werden

Ein letzter Gedanke mit Blick auf zukünftig wünschenswerte Entwicklungen betrifft die Vergütung für Führungskräfte im öffentlichen Sektor. Auch hier ist bereits absehbar, dass diese ansteigen wird – und mit Blick auf die Konkurrenzsituation sowie den allgemeinen Führungskräftemangel auch ansteigen muss. Diese Tatsache wiederum führt für alle Beteiligten zu einer klar erkennbaren Win-win-Situation: Die Unternehmen werden zu interessanteren Arbeitgebern für hochqualifizierte Persönlichkeiten, die wiederum aufgrund ihrer Erfahrungen und in aller Regel hohen Motivation Garanten für positive Entwicklungen in den jeweiligen Märkten sein werden. Eine Investition also, die sich im Hinblick auf den zukünftigen Unternehmenserfolg auszahlen wird – und zudem eine, die mit dazu beitragen wird, dass mit Unterstützung professioneller Personalberater leistungsstarke Führungskräfte leichter gewonnen werden können als bisher.

## Literatur

Wegerich, Christine, Strategische Personalentwicklung in der Praxis, 2. Auflage, Weinheim 2011

# Erfolgreiche Personalberatung im Segment Financial Services – Marktanalyse und Praxiserfahrungen

Stephan Füchtner und Ulrich Pohland, Bad Homburg

## I.  Definition Financial Services

Bei Financial Services handelt es sich um ein vielschichtiges, sehr heterogenes Branchenfeld, das einen der bedeutendsten Bereiche der deutschen Volkswirtschaft darstellt. Die Spannbreite der Marktteilnehmer ist groß und deckt im Wesentlichen die Unternehmen ab, die im weitesten Sinne einen Bezug zu Finanzgeschäften haben. Diese Dienstleistungen können sowohl von Kreditinstituten, Finanzdienstleistungsinstituten als auch durch Unternehmen wie Versicherungen, Bausparkassen oder Kreditkartenorganisationen geleistet werden. Der Finanzsektor ist dabei mit rund 1,2 Millionen Beschäftigten auch einer der größten Arbeitgeber für hochqualifizierte und gut ausgebildete Arbeitskräfte.

In den folgenden Kapiteln wird aufgezeigt, dass sich aufgrund der Umwälzungen im Markt auch die Anforderungen an Kandidaten und Mitarbeiter im Bankensektor wandeln. Da sich diese im Kern sektoral stark ähneln, muss der Finanzdienstleistungssektor in diesem Kontext nicht notwendigerweise in seiner ganzen Breite vollständig analysiert und diskutiert werden, sondern es reicht aus, bestimmte Segmente zu betrachten, die exemplarisch für die Situation im gesamten Sektor sein können. Im Folgenden sollen somit insbesondere das Bankenumfeld und dort beispielhaft das Private Banking im Fokus stehen: sowohl im Hinblick auf die jüngere Vergangenheit als auch auf die Einschätzung der weiteren zukünftigen Entwicklung aus der Sicht einer Executive-Search-Beratung.

## II.  Die Marktsituation der Banken nach dem Orkan

Die Finanzmarktkrise hat tiefe Einschnitte in der Bankenwelt hinterlassen, die die massivsten Veränderungen seit der Weltwirtschaftskrise 1929 nach sich gezogen haben. Der Krise ging ein langanhaltender Trend zum Kapitalmarkt, zur Öffnung der Märkte und zu Finanzmarktinnovationen voraus. Der Orkan, der daraufhin über die Branche hinwegfegte, hat breite Schneisen geschlagen. Großunternehmen wie international die Citigroup oder auf nationaler Ebene die Hypo Real Estate und die Commerzbank konnten nur durch Staatsbeteiligungen gerettet werden. Hart getroffen wurden die Landesbanken wie WestLB, HSH Nordbank oder Bayern LB, die sich nach Milliardenverlusten und Beinahe-Bankrott radikalen Strukturveränderungen stellen müssen.

Reine Investmentbanken sind kaum noch zu finden. Entweder gingen sie in die Insolvenz (Lehman Brothers und Bear Stearns) oder wurden zur Rettung nach Notverhandlungen verkauft (Merrill Lynch) oder wurden tiefgreifend umstrukturiert (Goldman Sachs und Morgan Stanley). Das Umfeld für Investmentbanken hat Fragen nach der langfristigen Tragfähigkeit des „reinrassigen" Geschäftsmodells aufkommen lassen. Einer der in diesem Zusammenhang wichtigen Aspekte ist die Volatilität des Investmentbanking, das durch stabilere Geschäftsbereiche ergänzt werden muss. „Die Geschäftsmodelle befinden sich angesichts der politischen, regulatorischen und ökonomischen Veränderungen in einem dramatischen Wandel", wird Harvard-Professor Clayton Ros im „Handelsblatt" zitiert (Handelsblatt, 10.11.10).

Die gesamte Branche sieht sich einer umfassenden Re-Regulierung gegenüber. Der Einfluss des Staates nimmt erheblich zu, der Druck der Investoren hat sich verschärft. Investmentbanken rücken stärker unter die Kontrolle der jeweiligen nationalen Bankenregulierung. Ihre bis vor kurzem noch profitablen Geschäfte mit intransparenten, komplexen Finanzprodukten, deren Risiken schwierig einschätzbar sind, werden sie zum Teil aufgeben müssen.

Auch die EU hat mittlerweile reagiert: Maßnahmenpapiere von Aufsichtsbehörden sowie Gesetzgebungsverfahren auf europäischer Ebene sprechen eine deutliche Sprache. Die Eigenkapitalanforderungen sind gestiegen, werden weiter steigen und drücken auf die Ertragskraft. Dadurch werden ganze Geschäftsbereiche auf ihren Beitrag zur Ertragsgenerierung kritisch zu hinterfragen sein. Kostendruck, Zwang zur Konsolidierung und Vertrauensverlust bestimmen das Bild. Dies gilt insbesondere auch für den Private-Banking-Sektor.

1.    Die Akteure: Positionswechsel in der Rangliste der größten
      Institute

Die Finanzkrise hat in Deutschland mannigfaltige Veränderungen und Positionswechsel innerhalb der größten Institute verursacht. Solide und mit großem Abstand weiter führend ist der Branchenprimus Deutsche Bank mit einer Bilanzsumme (2010) von rund 1.900 Milliarden

Euro. Verstärkt wurde diese exponierte Stellung zusätzlich durch die Übernahme der Privatbank Sal. Oppenheim und durch die Eingliederung von Deutschlands größter Filialbank, der Postbank, im Jahr 2010 konsequent fortgesetzt.

Die Commerzbank hat durch die Übernahme der Dresdner Bank das Geschäftsvolumen deutlich ausgeweitet und belegt Position zwei. Allerdings um den Preis, darüber in erhebliche Schwierigkeiten geraten zu sein und mit staatlichen Hilfen von über 18 Milliarden Euro gestützt werden zu müssen.

Auf Platz drei rangierte im Jahr 2009 die Landesbank Baden-Württemberg (LBBW). Diese Platzierung wie auch die Positionierungen der anderen Landesbanken insgesamt sind jedoch nach Meinung von Experten Momentaufnahmen; hier sind Veränderungen im Ranking programmiert. Die Europäische Kommission hat die Genehmigung staatlicher Hilfen für angeschlagene Banken an strukturelle Anpassungen geknüpft. Nicht zuletzt deshalb wird sich als Folge der Krise die Struktur im öffentlich-rechtlichen Bankensektor grundlegend verändern. Die Unternehmensberatung PricewaterhouseCoopers (PwC) prognostiziert angesichts der Restrukturierungsanforderungen große Umwälzungen in der deutschen Finanzwirtschaft. Einer aktuellen PwC-Studie zufolge müssen sich Kreditinstitute, die staatliche Beihilfen erhalten haben, in den kommenden Jahren von Beteiligungen mit einer Bilanzsumme von insgesamt 972 Milliarden Euro trennen (PwC: Financial Services 03/10, Nachrichten für Experten). Betroffen sind insbesondere die Landesbanken. Deren dominierende Stellung unter den Top-20-Kreditinstituten wird deutlich zurückgehen, die Struktur im öffentlich- rechtlichen Bankensektor sich somit grundlegend verändern. Fusionen sind eine mögliche Variante, aufgrund der föderalen Länderkompetenzen und differierender Interessenslagen jedoch komplex. Die voraussichtlichen Strukturänderungen der Landesbanken bedingen einen Abbau von Arbeitsplätzen, um Synergien zu gewährleisten. Zudem ergänzen sich die Institute nur in Teilen sinnvoll; eine Zusammenlegung maroder Geschäftsbereiche bedeutet nicht selten die Addition von Schwächen.

## 2. Spezialisierte Institute sind im Kommen

Weiter im Aufwärtstrend sind seit 2009 diverse Institute, die sich etwa auf Direct Banking, Konsumenten- oder Automobilkredite spezialisiert haben. Die ING-DiBa konnte ihr Wachstum (+ 7,1 Prozent) weiter fortsetzen und stieg in die Top 20 der größten Banken Deutschlands auf.

Ein großer Sprung nach vorn gelang der Santander Consumer Bank, die auf die Absatzfinanzierung von Kraftfahrzeugen und Konsumgütern spezialisiert ist. Durch Fusionen und Übernahmen wie zuletzt des deutschen Privatkundengeschäfts der SEB hat Santander ihre Wettbewerbsposition weiter ausgebaut. Zwischen 2007 und 2009 schnellte die Bilanzsumme um fast 60 Prozent in die Höhe, was in der Verbesserung von Rang 56 auf Platz 41 seinen Ausdruck fand. Damit ist sie zur viertgrößten Privatkundenbank Deutschlands geworden.

## III.  Die Marktsituation im Private Banking

Das gesamte Geldvermögen der privaten Haushalte in Deutschland ist im Jahr 2009 um rund 240 Milliarden Euro auf 4,67 Billionen Euro angewachsen (Deutsche Bundesbank, Pressemitteilung vom 29.04.2010).

In Deutschland gab es im Jahr 2010 etwa 1,2 Millionen vermögende Kunden. Insgesamt ist Deutschland nach von McKinsey vorgelegten Zahlen nach wie vor der größte Onshore-Markt im europäischen Private Banking mit über 1,2 Billionen Euro Vermögen und das Land mit den meisten Millionären in Europa. Auch wenn sich die Anzahl der Reichen durch die Finanzkrise zunächst reduziert hat, wächst dieses Segment wieder und hat bereits 2010 nahezu das vorherige Niveau erreicht (McKinsey & Company, Pressemitteilung vom 19.07.2010).

Doch auch wenn diese Entwicklung grundsätzlich positiv stimmt und in den nächsten Jahren weitere Millionenvermögen durch Unternehmensnachfolgen und Erbschaften umgeschichtet werden, hat der Private-Banking-Sektor weltweit mit vielen Herausforderungen zu kämpfen und steht vor dem einschneidendsten Umbruch seit Jahren. Sinkende Margen, Druck auf die Konditionen, der Einstieg neuer Wettbewerber und die Herausforderung, das Vertrauen der Kunden wiederzugewinnen, bestimmen das Bild.

Nicht zuletzt der Fall der größten unabhängigen Privatbankgruppe Europas, der Sal. Oppenheim, die nach Milliardenverlusten durch die Übernahme durch die Deutsche Bank gerettet wurde, hat die Branche in Unruhe versetzt und den Kampf um die wohlhabende Kundschaft weiter verschärft. Der Markt für die Vermögensverwaltung und die Vermögenssteuerung der Kunden mit Vermögen in deutlich zweistelliger Millionenhöhe ist stark in Bewegung. Privatbanken wie Metzler, Berenberg, Merck Finck und Hauck & Aufhäuser spüren, dass durch die Sal.-Oppenheim-Krise der Ruf der gesamten Branche in Mitleidenschaft gezogen wurde.

## 1.   Klangvolle Namen, traditionsreiche Häuser

In dem bisher noch stark fragmentierten Private-Banking-Markt konkurrieren schätzungsweise 600 Banken und Finanzdienstleister in Deutschland um die vermögende Kundschaft. Die Zahl der konzernunabhängigen privaten Bankhäuser nimmt in Deutschland seit langer Zeit ab. Wurden zu Beginn des 20. Jahrhunderts noch mehr als 1.300 unabhängige Privatbanken gezählt, waren es in den 50er Jahren noch etwa 225. Heute sind es nur noch etwa ein Dutzend. In den vergangenen Jahrzehnten haben mehrere namhafte deutsche Privatbankhäuser ihre Unabhängigkeit verloren und wurden von großen Konzernen übernommen. Dies gilt unter anderem für Trinkaus & Burkhardt (HSBC), Gebrüder Bethmann und Delbrück & Co. (ABN Amro), Merck, Finck & Co. (Hinduja Group) und Schröder, Münchmeyer & Hengst (UBS). Andere zielen darauf ab, durch Fusion oder Zukauf eine kritische Größe zu erreichen, wie zum Beispiel Julius Bär oder die Hamburger Conrad Hinrich Donner Bank und Reuschel & Co. aus München, die sich zur Donner & Reuschel AG zusammengeschlossen haben.

Die älteste noch existierende Privatbank in Deutschland ist die Berenberg Bank in Hamburg, die ihre Geschäftstätigkeit bis ins Jahr 1590 zurückverfolgen kann. Das Bankhaus Metzler, 1674 in Frankfurt am Main gegründet, ist die einzige noch verbliebene Bank, die sich ununterbrochen in Familienbesitz befindet.

Als besonders traditionsreich gilt auch das im Jahre 1798 in Hamburg gegründete Privatbankhaus M. M. Warburg & Co., das sich immer in Privatbesitz befunden hat. Warburg hat in den vergangenen Jahren mit Marcard, Stein & Co. (Hamburg), Carl F. Plump & Co. (Bremen), dem Bankhaus Hallbaum (Hannover) und Löbbecke (Berlin) mehrere kleinere Privatbankhäuser erworben, deren Markennamen beibehalten wurden. Auf diese Weise wurde eine eigene Strategie gefunden, sich regional breiter aufzustellen.

Hauck & Aufhäuser entstand im Jahre 1998 aus dem Zusammenschluss zweier Privatbanken, wobei die Privatbank Georg Hauck & Sohn Bankiers bereits 1796 gegründet worden war. Heute befindet sich das Kapital von Hauck & Aufhäuser wieder zu 100 Prozent in den Händen von Privatpersonen, darunter Mitgliedern der Familie Hauck sowie Unternehmern.

Die älteste Bank Bayerns ist die in Franken beheimatete Fürstlich Castell'sche Bank, Credit-Casse AG, je zur Hälfte im Besitz der Fürstenhäuser Castell-Rüdenhausen und Castell-Castell.

Weitere bekannte Namen sind das Bankhaus Trinkaus & Burkhardt, das seit 1992 zur HSBC-Gruppe gehört, sowie die zur Deutschen Bank gehörende BHF-Bank. Für Letztere stellt sich in besonderer Weise die Frage nach ihrer strategischen Zukunft, nachdem die Aufsichtsbehörde den schon sicher geglaubten Verkauf an die liechtensteinische LGT-Bank untersagt hat, was nun voraussichtlich doch eine Eingliederung der BHF-Bank in den Deutsche-Bank-Konzern zur Folge hat.

Diese klangvollen Namen konkurrieren mit den entsprechenden, zum Teil sehr bedeutenden Einheiten der Großbanken wie Deutsche Bank, Commerzbank, UBS, Credit Suisse und HVB.

Den Bankhäusern erwächst darüber hinaus zusätzliche Konkurrenz durch frühere Private-Banking-Berater, die sich selbständig machen und ihre Kunden aus Privat- und Großbanken mitnehmen. Die unabhängigen Vermögensverwalter sehen für sich in den kommenden Jahren erhebliche Wachstumschancen. Während ihr Marktanteil in Deutschland mit etwa 5 Prozent noch recht unbedeutend ist, liegt er in anderen Ländern schon deutlich höher, in den USA sogar bei 30 Prozent (vgl. Verband unabhängiger Vermögensverwalter Deutschland e.V., Pressemitteilung vom 24.04.2009).

Symptomatisch sind zudem Bestrebungen wie die der DZ Bank Gruppe und der Sparkassen, das Geschäft mit vermögenden Privatkunden überregional auszubauen. Die örtlichen Sparkassen und Raiffeisenbanken besitzen durch ihr Filialnetz einen Standortvorteil, der allerdings noch durch Fachkompetenz vor Ort ergänzt werden muss. Bisher ist es nur wenigen Sparkassen wie der Hamburger Sparkasse gelungen, sich Ansehen als Vermögensverwalter zu erarbeiten. Die Mittelbrandenburgische Sparkasse in Potsdam hat dazu von der WestLB die Berliner Weberbank erworben, die sich zum zentralen Dienstleister für Sparkassen im Bereich der Vermögensverwaltung entwickeln soll. Auch die Helaba hat ihr Angebot neu strukturiert und möchte mit der Marke „Frankfurter Bankgesellschaft" in Zusammenarbeit mit den Sparkassen vor Ort vermögende Kunden im Private Banking gewinnen. Die DZ Bank schätzt das Vermögen, das die Kunden der Volks- und Raiffeisenbanken von anderen Geldhäusern verwalten lassen, auf 200 Milliarden Euro. Bisher reichten vor allem kleine Volks- und Raiffeisenbanken die Vermögenden unter ihren Kunden zu einer spezialisierteren oder größeren Adresse weiter. Dieses Potential möchte man sich nicht mehr entgehen lassen und baut konsequent eine Struktur auf, um sich stärker in diesem Segment zu positionieren.

Die Chancen dafür werden aus mehreren Gründen als gut eingeschätzt. Denn: Gerade Anbieter aus der Region punkten seit Jahren mit nachhaltigen Konzepten, die jetzt verstärkt in den Fokus der Kunden gerückt sind. Unternehmer aus dem Mittelstand haben die Kreditbereitschaft regionaler Institute kennen- und schätzen gelernt (vgl. Bankmagazin 10/2010, S. 9), und schließlich stehen gerade Regionalinstitute für ein beziehungsorientiertes nachhaltiges Banking. Das alles sind Eigenschaften, die nach der Finanzkrise zunehmend positiv bewertet werden.

Auch aus dem Ausland drängen immer neue Marktteilnehmer (insbesondere Regionalinstitute) in den Markt, um ein Stück vom lukrativen Geldkuchen abzubekommen. Nach den Schweizern sind es auch österreichische Institute, die ihre Aktivitäten in Deutschland ausweiten, so zum Beispiel die Walser Privatbank oder die Raiffeisenbank Reutte, die mit der Übernahme des Bankhauses Bauer in Stuttgart die Präsenz in Deutschland ausbaut. Damit möchte man das stagnierende Geschäft mit deutschen Kunden im Ausland (offshore) durch Aktivitäten in Deutschland (onshore) kompensieren.

## 2. Geschäftsmodelle und Kundensegmente

Gemeinsam ist den Instituten, die professionelles Private Banking betreiben, eine klare bedarfsbezogene Kundensegmentierung. Je nach Zielgruppendifferenzierung gibt es oberhalb des klassischen Retailbanking, das auf den „normalen" Privatkunden ausgerichtet ist, bis zu drei weitere Segmente, also „Vermögensklassen". Bei den meisten Häusern entscheidet das liquide Vermögen, in welchem dieser Bereiche der Kunde eingeordnet wird. Dies überrascht bei objektiver Betrachtung nicht, denn die Ertragschancen der Bank stehen in unmittelbarerem Zusammenhang mit den jeweiligen Vermögensklassen, die nachfolgend genauer beschrieben werden.

So gibt es zunächst das Segment der „Affluents" mit einem verfügbaren Anlagevolumen in der Dimension ab etwa 250.000 Euro. Diesen Vermögenden wird häufig noch ein recht stark standardisiertes Produktportfolio (oft auf Fondsbasis) angeboten, das mehr oder weniger stark differenziert in Ertrags- und Risikoklassen unterteilt ist.

Global spricht man ab einem verfügbaren Anlagevolumen von etwa einer Million bis zu 20 Millionen Euro und mehr von den „High Net Worth Individuals" (HNWI), wobei die Grenzen fließend sind. Im Bereich der Vermögensberatung ist hier bereits eine erheblich individuellere Beratung rund um die relevanten Anlageformen erforderlich. In Bezug auf Wertpapiere reicht das Produktspektrum von Aktien und festverzinslichen Anlageformen über Optionen, Derivate und Anlagen in Fremdwährungen bis hin zu offenen und geschlossenen Fonds. Auch Anlagen in Immobilien sowie die Berücksichtigung steuerlicher Gestaltungsmöglichkeiten werden in diesem Marktsegment zunehmend wichtig. In der Praxis werden hier von den Kunden oftmals bereits Vermögensverwaltungsmandate vergeben, dem übernehmenden Private Banker obliegt also – unter bestimmten Nebenbedingungen – mandatsbezogen die volle Verantwortung für die Mehrung und den Erhalt des Kundenvermögens.

Schließlich ist das Segment der „Ultra High Net Worth Individuals" (UHNWI) zu nennen. Diese werden höchst individuell und auch noch umfassender betreut als die Kunden der darunterliegenden Segmente. Die Betreuungseinheiten dieser Zielgruppe sind häufig organisatorisch getrennt vom restlichen Private Banking und in Einheiten organisiert, die als „Private Wealth Management" oder „Family Office" bezeichnet werden. Laut dem Report „Global Wealth 2010" der Unternehmensberatung Boston Consulting Group zählt man in vielen Banken ab einem Vermögen in Höhe von 20 Millionen US-Dollar zu dieser exklusiven Kundengruppe. Der „World Wealth Report 2010" von Capgemini und Merrill Lynch hingegen zieht die Grenze erst bei 30 Millionen US-Dollar. Auf diese spezielle Klientel zielen Family Offices, die mal autonom, mal unter dem Dach einer Bank agieren. Ein Family Office muss eine aufwendige und qualitativ hochwertige Beratung und Dienstleistung erbringen, die sehr kostenintensiv ist und sich damit zumeist erst ab einem Anlagevolumen von über 15 Millionen Euro rechnet.

Die Großbanken sehen hier Möglichkeiten, ihre Vorteile auszuspielen, und forcieren dieses Geschäft, wobei es um die Erträge in diesem Segment nicht zum Besten bestellt ist, wie aus einer Studie von McKinsey hervorgeht: 0,41 Prozent beträgt die durchschnittliche Marge von europäischen Banken mit UHNWI (vgl. Neue Zürcher Zeitung, 27.07.2010).

Die zuvor skizzierten Vermögensklassen stehen in unmittelbarem Zusammenhang mit der bankinternen Organisation der Beratung: Bei den kleineren Vermögen von einigen 100.000 Euro kann ein Berater durchaus für 150 bis 200 Kunden zuständig sein, während sich ein Private Banker im mittleren Segment ab etwa einer halben Million Euro um etwa 50 bis 70 Kunden kümmert. Im Bereich der UHNWIs sind häufig kaum mehr als ein halbes Dutzend Familienverbünde in der Obhut eines Betreuers.

Hervorzuheben ist, dass die großen Institute zunehmend die enge Verbindung von Firmenkundengeschäft und Private Banking forcieren. Als Vorteil für den Kunden wird dabei betont, dass durch die Beratung aus einer Hand private und betriebliche Risiken in ihrer Gesamtheit zu beurteilen sind. Bei rund 71.000 Nachfolgeregelungen, die derzeit jährlich im Mittelstand anstehen, gibt es genügend Beratungsbedarf. Die Großbanken setzen deshalb seit einiger Zeit Firmenkundenbetreuer auch dezentral verstärkt im Segment Private Banking ein.

Gerade bei den wohlhabenden Unternehmenskunden zahlen sich das weltweite Netzwerk und die Skaleneffekte der Großbanken aus; denn wenn vermögende Familien ihr Kapital weltweit anlegen, erwarten sie auch jenseits der eigenen Landesgrenzen professionelle Unterstützung durch ihren Vermögensverwalter.

### 3. Eine Branche am Scheideweg – gute Aussichten für Deutschland

Laut des „European Private Banking Survey 2010" von McKinsey & Company steht eine Polarisierung der Branche bevor. Die Erträge mit der wohlhabenden Kundschaft sind zum zweiten Mal in Folge deutlich gesunken. Der Zufluss an Kundenvermögen tendiert gegen null. Vermögende Kunden ziehen ihr Geld von Offshore-Bankenplätzen ab. „Die Restrukturierung des Private Banking hat begonnen. Gründe dafür sind vor allem der verschärfte Wettbewerb um Kundeneinlagen und die stark reduzierte Aktivität der Kunden im Wertpapiergeschäft. Die Krise zwingt die Banken, ihr Geschäft mit vermögenden Privatkunden neu auszurichten. Der Abstand zwischen erfolgreichen Banken und den weniger erfolgreichen Instituten wird größer. Die Zeiten des einfach verdienten Geldes im Private Banking sind vorbei", sagte Jens Hagel, Partner und Co-Autor der McKinsey-Studie.

Zwar legte 2009 das von Banken in Europa verwaltete Vermögen (Assets under Management, AuM) im Private Banking um 10 Prozent zu und erreichte wieder das Niveau von 2006; unbefriedigend war jedoch der erwirtschaftete Gewinn der Branche, der im Schnitt 25 Prozent unter dem von 2008 lag.

Wie im übrigen Europa ist in Deutschland eine verstärkte Neuordnung der Privatbankenlandschaft zu beobachten. So konnte bei insgesamt geringen Nettomittelzuflüssen das obere Drittel der Privatbanken rund 8 Prozent Neugelder anziehen, während das untere Drittel im gleichen Maß Kundengelder verlor. Und während das obere Drittel der Banken mit einer Gewinnmarge von 20 Basispunkten eine Profitabilität im Durchschnitt der europäischen Banken erzielte, arbeitete das untere Drittel nur kostendeckend (vgl. McKinsey & Company: „European Private Banking Survey 2010").

Aufgrund der hohen Kosten und der sinkenden Margen insbesondere bei Kunden mit weniger als 5 Millionen Euro Anlagevermögen sind viele Privatbanken gezwungen, ihr Angebotsmodell zu überprüfen. Aus der Jagd nach Neugeldern und Marktanteilen im Private Banking resultiert oft ein deutlicher Margenverfall bei neu akquirierten Kunden. Der Prozess der Akquisition wird zunehmend aufwendiger. Berechnungen zeigen, dass der Verlust eines Bestandskunden nicht durch die Gewinnung eines Neukunden kompensiert werden kann, sondern im Schnitt sieben neue Kunden notwendig sind, um die gleiche Profitabilität zu erreichen (vgl. Schulz/Krönert, Private Banking und Wealth Management, S. 168). Gerade die vermögenden Privatkunden sind heute kritischer, bewusster und preissensibler. Sie wollen genau wissen, für welche Leistungen sie wie viel bezahlen, und wollen häufig in Bezug auf Anlagen und Risikoübernahme einen ausgewogeneren Ansatz verfolgen, in dem mehr auf zuverlässigere und dabei konstante Erträge gesetzt wird. Dadurch werden Portfolios weniger bewegt und es fallen weniger Gebühren an. Die Kunden fordern Transparenz, die Margen schmelzen ab und die Informationen und Systeme, um Gebühren und Sonderkonditionen in geordnete Bahnen zu leiten, fehlen oftmals.

Eine größere Herausforderung gerade für kleinere Institute ist es, die Beratung exklusiv zu halten und gleichzeitig die Abwicklung wegen des zunehmenden Kostendrucks zu standardisieren. Eine Chance für gesteigerten Erfolg ist dabei die Kundenzufriedenheit, die laut einer Studie von Bain & Company („Customer Loyalty in Retail Banking", 2010) in hohem Maße über die Servicequalität gesteuert wird. Der durch Bain ermittelte Wert der Weiterempfehlungs-Wahrscheinlichkeit (Net Promoter Score, NSP) für Kunden mit einem Vermögen von mehr als 750.000 Euro ist im Schnitt vergleichsweise niedrig und gibt Unternehmen Raum, sich im Wettbewerb positiv zu positionieren.

Trotz nachlassender Dynamik und der schwierigen Entwicklungen der jüngeren Zeit werden die Zukunftsaussichten für das deutsche Private Banking positiv bewertet. Absolut gesehen ist und bleibt der deutsche Markt lukrativ (vgl. Bankmagazin, 08/2010, S. 9).

McKinsey prognostiziert einen wachsenden Druck auf die Offshore-Bankenplätze und einen damit verbundenen Rückfluss von Kundengeldern aus Luxemburg und der Schweiz, ausgelöst unter anderem durch die Lockerung des Bankgeheimnisses und die Diskussion um Schwarzgeld insbesondere bei den Eidgenossen (vgl. McKinsey & Company: „European Private Banking Survey 2010"). Laut der Private-Banking-Studie von Booz & Company liegt rund ein Viertel der AuM der deutschen

Private Banking-Kunden im Ausland. Das entspricht geschätzten 200 Milliarden Euro. Um diese Gelder wird ein hart geführter Wettbewerb zwischen klassischen Privatbanken, Universalbanken und Regionalbanken entflammen.

## IV.  Neue Herausforderungen für Führungskräfte und Spezialisten

Die beschriebenen Entwicklungen nach der Zäsur 2008 haben ganz erhebliche Auswirkungen auf Anforderungen an Führungskräfte und Spezialisten im Finanzdienstleistungssektor. Da die Veränderungsprozesse ein immer höheres Maß an Dynamik aufweisen, werden sich im Zeitablauf ändernde Qualifikations- und Erfahrungsprofile von Managern und Fachkräften nur begrenzt durch Maßnahmen wie Weiterbildung oder Personalentwicklung darstellen lassen. Die Marktteilnehmer werden weiterhin und dabei eher zunehmend darauf angewiesen sein, Mitarbeiter mit den notwendigen Erfahrungen im Markt zu rekrutieren.

### 1.  Das Anforderungsprofil des Beraters

Die in Kapitel III beschriebene Segmentierung im Private Banking (siehe S. 328ff.) spiegelt sich auch im Anforderungsprofil für die Berater wider. Ein Privatkundenberater im oberen oder obersten Kundensegment übernimmt eine Schlüsselfunktion: Er macht die Leistungen einer Bank erst für den Kunden erlebbar. Er baut persönliche Beziehungen zu seinen Kunden auf und pflegt diese. Berufserfahrung, Kontaktstärke und eine gute Vernetzung im Kundenkreis sowie bei potentiellen Multiplikatoren (etwa Anwälte, Steuerberater) sind unverzichtbar; mindestens erforderlich ist jedoch die Fähigkeit, diese systematisch aufzubauen. Die Gewinnung und Bindung von besonders qualifizierten und fähigen Mitarbeitern nimmt daher einen zentralen Stellenwert im Management des Private Banking ein.

Ein – nicht selten Relationship-Manager genannter – Berater ist somit ein Spezialist mit breit angelegtem Wissen und mit einer Reihe von unterschiedlichen Fähigkeiten und Eigenschaften, der in der Lage ist, komplexe Vermögenssituationen ganzheitlich zu erfassen und zu strukturieren. Er verfügt über ein hohes fachliches und methodisches Know-how und fungiert als Beziehungsmanager, Netzwerkmanager und Problemlöser des Kunden. Ein ausgeprägtes analytisches Denkvermögen und inhaltlicher Tiefgang kombinieren sich mit einem ebenso ausgeprägten akquisitorischen Geschick. Unternehmerisches Denken und Handeln paaren sich mit gesundem Ehrgeiz, Erfolgs- und auch Abschlussorientierung. Adäquates und überzeugendes Auftreten, außerordentliches Engagement und vorbildliches Serviceverhalten runden das Profil ab.

Von immer größerer Bedeutung werden darüber hinaus – gerade nach den krisenbedingten Turbulenzen – die Themen Transparenz, Vertrauen sowie Seriosität und Servicequalität. Der Anlageerfolg als solcher steht dabei zunächst nicht im Vordergrund. Ausgeprägte Sozialkompetenz und Einfühlungsvermögen sind unabdingbar, um die persönliche und finanzielle Situation des Kunden genau erfassen zu können und mit zunehmendem Verständnis die Zielgenauigkeit der Beratung zu verbessern. Dazu lassen sich auch psychologische Kenntnisse zählen (Behavioural Finance). Dies ist auch deswegen so wichtig, weil die Bedürfnisstruktur der Kundschaft alles andere als homogen ist und die Anforderungen in Bezug auf Anlageziele, Leistungsspektrum und Betreuungsintensität weit auseinandergehen.

Fachlich sollte ein Private-Banking-Berater heute idealerweise über ein erfolgreich abgeschlossenes wirtschaftswissenschaftliches Studium verfügen. Bislang führte der klassische Karriereweg eines Private Bankers seltener über die Universität. Nach der Banklehre folgte in der Regel zunächst die Betreuung der Privatkunden (Retail). Wer sich dort bewährte, konnte sich weiterqualifizieren. Heute bilden die Banken ihre Berater oftmals durch ein berufsbegleitendes Studium an Hochschulen oder Finanzakademien weiter. Dabei werden auch Absolventen anderer Studiengänge etwa der Geistes- oder der Naturwissenschaften als Quereinsteiger angetroffen, deren Einsatzgebiet häufig der Aufbau und die Pflege von Beziehungen zu ähnlich qualifizierten vermögenden Privatkunden ist. Ziel ist es, mit dem Kunden „eine Sprache zu sprechen" und mit ihm auf Augenhöhe zu sein (vgl. dazu Füchtner/T. Wegerich, S. 542ff.).

Auf jeden Fall benötigt der Berater ein sehr gutes Verständnis der Kapitalmärkte, in Frage kommender Produkte aller Assetklassen sowie ein ausgeprägtes Interesse an finanzwirtschaftlichen Zusammenhängen. Durch dieses Know-how und seinen Kontakt zum Markt ermöglicht er der Produktentwicklung der Bank, maßgeschneiderte Produkte und innovative Dienstleistungen für den Kunden zu erstellen.

Grundkenntnisse in Fragen steuerlicher und juristischer Sachverhalte sind zudem sinnvoll. Vor dem Hintergrund zunehmender Produkt- und

Problemkomplexität stehen ihm in professionellen Organisationen Spezialisten für diverse Fragestellungen zur Verfügung, so etwa für die Themen Immobilien, Finanzplanung, Erbrecht oder stiftungsrechtliche Fragen. Darüber hinaus bieten Banken auch weitere Sonderbereiche wie „Art-Banking" (für Kunstsammler) oder gar „Equestrial-Banking" (für Pferdeliebhaber) an. Der Relationship-Manager ist derjenige, der bedarfsgerecht Experten zu Teams zusammenstellt und deren Leistungen dem Kunden verfügbar macht. Dabei ist es stets der Berater, der als Vertrauter und direkter Ansprechpartner des Kunden fungiert.

In der Tat scheint die Krise bei den vermögenden Kunden ein Umdenken ausgelöst zu haben. Jüngste, von Capgemini im Rahmen des „World Wealth Report 2010" veröffentlichte Zahlen belegen, dass eine gute Beratung und eine gute Vermögensverwaltung mehr und mehr an Bedeutung gewinnen.

Der Wert des Vertrauens hat im Zuge der Turbulenzen auf den Finanzmärkten weiter an Bedeutung gewonnen. Trotz der Verunsicherung der vergangenen Jahre stimmen Umfragen optimistisch: 59 Prozent der HNWIs hatten danach im Jahr 2009 Vertrauen in ihren Berater, 56 Prozent in ihre Vermögensverwaltungsgesellschaft (Capgemini, Pressemitteilung, 22.06.2010). Diese Entwicklung erfreut die Branche, zeigt jedoch weiterhin deutlich die Herausforderung auf, Angst und Unsicherheit der Anleger zu überwinden. Dieser müssen sich Berater und Vermögensverwaltungsgesellschaften stellen. Dies hat auch Einfluss auf die Auswahl von Kandidaten, deren Profil stärker auch durch Kriterien wie langfristige Orientierung, soziale Kompetenz und emotionale Intelligenz geprägt ist.

Hinsichtlich der Akzeptanz bei den Kunden spielen nicht selten regionale Aspekte eine Rolle – ein Hanseat tut sich beispielsweise in Bayern häufig ebenso schwer wie etwa ein Sachse im Rheinland. Räumliche Nähe und regionaler Bezug spielen in der Praxis eine große Rolle. In jedem Fall bildet eine enge persönliche Beziehung eine tragfähige Basis für das notwendige umfassende Vertrauen zwischen Berater und Kunde.

Im Ergebnis muss der Berater Kraft seiner Persönlichkeit, seiner fachlichen Kenntnisse und Fähigkeiten und seiner Erfahrung in der Lage sein, vermögende Privatkunden zu gewinnen, mit diesen auf Augenhöhe zu kommunizieren und für diese Vermögensstrukturen zu schaffen, die ihren Bedürfnissen möglichst optimal gerecht werden, um sie damit langfristig an sich und an den Arbeitgeber zu binden.

## 2.    Struktureller Mangel an Private Bankern und Wege zur Lösung

Insgesamt ist festzustellen, dass die Dichte hochqualifizierter Berater, die den zuvor genannten Kriterien genügen, in Deutschland im Vergleich zu Ländern wie den USA und der Schweiz noch zu gering ist. Gerade bei Mitarbeitern mit einer Berufserfahrung von mehr als vier bis sechs Jahren ist eine strukturelle Lücke festzustellen, die sich mit Personalentwicklungsmaßnahmen und einer verstärkten Nachwuchsförderung nur langsam schließen lässt. Der typische vermögende Kunde der Banken ist zwischen 60 und 70 Jahre alt, war häufig Unternehmer oder leitender Angestellter und erwartet Erfahrung und Professionalität von seinem Gegenüber. Junge, unerfahrene Berater haben hier selten Erfolg (vgl. Stettler, Roger, Marktorientierte Strategien im Private Banking: Standardisierte versus individualisierte Betreuungskonzepte, 2009).

Für alle wachstumsorientierten Banken gilt dabei, dass vor allem jene Profis gesucht werden, die über ein umfassendes Netzwerk an Kontakten verfügen und im sozialen und gesellschaftlichen Geflecht einer bestimmten Region – vom Kunstverein bis zur Unternehmerorganisation – verwurzelt sind. Berater, die ein solches Anforderungsprofil erfüllen, sind nicht gerade zahlreich. Diese Kandidaten in genügender Zahl zu finden und an sich zu binden ist in der Praxis oftmals nur durch den gezielten und systematischen Ansatz eines im Markt stehenden Executive-Search-Unternehmens möglich. Zwar sind auch interne Empfehlungen durch Mitarbeiter ein gern genutztes Instrument, das Beraterteam zu ergänzen. Diese Vorgehensweise hat den Vorteil, kostengünstig zu sein und Erfahrungswerte der eigenen Mitarbeiter zu nutzen. Allerdings ist die Empfehlungspraxis aufgrund der subjektiven Beurteilung des Mitarbeiters nicht immer der zielführende Weg. Darüber hinaus hat das Konzept logischerweise Grenzen, da die Empfehlungen häufig nur in Richtung ehemaliger Kollegen und Mitarbeiter gehen und damit neue Mitarbeiter aus Wettbewerbsunternehmen, zu denen es keine Kontakte gibt, nicht adressiert werden können.

Um Lücken schneller zu schließen, kann es auch Sinn machen, Berater aus angrenzenden Bereichen wie dem Corporate Banking zu rekrutieren. Bei entsprechender Erfahrung verfügen diese Kandidaten über ein Netzwerk von Kontakten und über die Persönlichkeit, um schnell anerkannter Gesprächspartner bei vermögenden Privatkunden zu sein, insbesondere dann, wenn diese einen Unternehmerhintergrund vorweisen.

Ein umfassender Überblick über hoffnungsvolle Talente und etablierte Hochkaräter, die zu der Philosophie eines Bankhauses passen, kann nur durch den geeigneten Personalberater erstellt werden. Er muss nicht nur sein Ohr am Markt haben und über Strukturen und deren Veränderungen Bescheid wissen, sondern auch über die Möglichkeit verfügen, gezielt Strukturen in Unternehmen zu analysieren und zielgenau die passenden Kandidaten zu kontaktieren.

Die Personalberatung verfügt bereits über ein kandidatenbezogenes Netzwerk, das durch viele aktuelle oder in jüngerer Vergangenheit geführte Mandate für wenige Kunden entstanden ist. Sie kann Kandidaten ein Spektrum an Optionen bei mehreren Klienten bieten, die unterschiedlich positioniert sind und damit an das Profil des Kandidaten angepasst werden.

Vor allem vielversprechende, junge und hervorragend ausgebildete Private Banker streben zudem auch nach internationalen Karrieren. So werben zum Beispiel Singapur als aufstrebendes Finanzzentrum oder auch andere Standorte aktiv erfolgreiche Mitarbeiter ab. Um dem entgegenzuwirken, müssen neben flexiblen Gehaltsmodellen aussichtsreiche, gegebenenfalls auch internationale Perspektiven geboten werden.

Die Anreize für einen Berater, sein aktuelles Institut zu verlassen, liegen neben einem interessanten Gehaltspaket vornehmlich im Bereich des Images einer bestimmten Bank, in der Produkt- und Servicequalität und der langfristig verfolgten Strategie im Private Banking. Die angebotenen Produkte müssen nach neuestem Wissensstand kreiert sein und dabei die Themen und Wünsche der Kunden bestmöglich abdecken.

Gefragt sind Institute mit Unabhängigkeit in der Produktwahl, das heißt, dass die am besten geeigneten Finanzprodukte für den Kunden ausgewählt werden und zwar unabhängig davon, wer sie produziert. Gerade Großbanken sind hier in dem Interessenkonflikt, hauseigene Produkte in den Portfolios der Kundschaft unterzubringen. Eine solche Vorgehensweise wird als nicht kundenfreundlich angesehen und damit von Beratern zumeist nicht geschätzt.

Weitere Anforderungen der Kandidaten an die Bank liegen häufig darin, dass die interne Aus- und Weiterbildung systematisch erfolgt und immer qualitativ hochwertig ist. Das gilt gleichermaßen für das in der Bank fallbezogen abrufbare Spezialwissen.

Ergänzt wird dies schließlich in nicht zu vernachlässigender Weise durch das konkrete personelle Umfeld der zu besetzenden Position sowie die Arbeitskultur und das Betriebsklima vor Ort. Der Private-Banking-Berater sollte zu der Überzeugung kommen, dass auch diese weichen Faktoren des neuen Umfelds besser oder zumindest gleich gut zu ihm passen wie die seines heutigen Arbeitgebers.

## 3. Arbeitgeberwechsel ganzer Teams

Gerade der Wechsel ganzer Teams kann das kollegiale Umfeld maßgeblich beeinflussen. Bisher war eine Bewegung ganzer Teams (auch „Liftout" genannt) eher aus dem Investmentbanking bekannt. Nun ist dieses Phänomen vermehrt auch im Private Banking zu beobachten. Der Vorteil liegt auf der Hand: Einer eingespielten Gemeinschaft gelingt es häufig schneller und in höherem Umfang, Kunden zu ihrem neuen Arbeitgeber mitzunehmen und diese in bewährter Weise weiter zu betreuen.

Für den Personalberater gilt es, bereits frühzeitig im Gespräch mit einer Führungsperson oder einem erfahrenen Berater, der über Einfluss auf andere verfügt, herauszufinden, ob auch Mitarbeiter oder Kollegen für einen Wechsel in Betracht kommen. Nicht selten hat der Gesprächspartner sogar ein ausdrückliches Mandat seiner Teamkollegen, diesen Aspekt anzusprechen. Insbesondere wenn es um den Auf- oder Ausbau von Strukturen im Private Banking geht und nicht nur um Nachbesetzungen bestimmter einzelner Stellen, können daraus für das suchende Unternehmen hochinteressante Konstellationen entstehen. Ein Teamwechsel stellt nicht zuletzt auch ein Statement für den Markt dar, wenn es dem einen Bankhaus gelungen ist, ein erfolgreiches Team für sich zu gewinnen und diese Meldung veröffentlicht wird.

Ein Nachteil liegt in der Gefahr, solche Teams nicht optimal in neue Strukturen integrieren zu können und damit der Bildung von organisatorischen und kulturellen Fremdkörpern Vorschub zu leisten. Dem können erfahrene Führungskräfte durch entsprechende organisatorische Maßnahmen vorbeugen.

## 4. Gehaltsniveau und innovative Vergütungsmodelle

Im Vergleich zu anderen Banksparten, insbesondere dem Investmentbanking oder dem Assetmanagement, beziehen Private Banker meist ein niedrigeres Grundgehalt und verfügen auch nur über vergleichsweise begrenzte Möglichkeiten, durch variable Vergütung an ihrem Erfolg zu partizipieren. Dies steht im Kontrast zu den stetig wachsenden Anforderungen. Hier sind entsprechende Weichenstellungen vonnöten, um Anreize zu stärken und hervorragende Kandidaten zu gewinnen oder langfristig zu binden.

Eine gute Möglichkeit, dies zu erreichen und sich am hart umkämpften Markt zu differenzieren, sind innovative Vergütungsmodelle. Ein mögliches Konzept könnte darin liegen, Kunden- und Bankinteresse dergestalt in Einklang mit denen des Beraters zu bringen, dass etwa die Bezahlung stärker an die Wertentwicklung des Kundenportfolios geknüpft, Aspekte der Kundenbindung berücksichtigt werden oder die Kunden die Dienstleistungen je nach Beratungsbedarf und Risikoneigung bezahlen.

Die Deutsche Bank etwa hat ihre Vergütungsmodelle modifiziert. Dabei wurden Bonusmöglichkeiten begrenzt und gleichzeitig die Fixgehälter angehoben. Wichtig ist an dieser Stelle, dass Private Banking im Gegensatz zum Investmentbanking nicht vor allem transaktionsbezogen, sondern primär beziehungs- und wertgetrieben ist. Geeignete Anreizsysteme sollten somit kompatibel zu diesen Zielen ausgestaltet werden.

## V.    Fazit: Wachstum durch Professionalisierung

Die Regulierung nimmt zu, die Kapitalanforderungen steigen ebenso wie die Erwartungen der Kunden im Bereich Financial Services. Dies hat mannigfaltige Konsequenzen für die Qualifikation und die Erfahrung derjenigen, die Verantwortung in der Branche tragen und damit auch auf die Personalsuche und -auswahl, wie die vorangegangenen Ausführungen unterstreichen.

Wie für viele Führungskräfte und hochkarätige Spezialisten im Sektor Financial Services ist der Markt für erfolgreich agierende Private Banker derzeit gleichermaßen vielschichtig, differenziert und eng. Umso schwerer fällt es häufig, auftretende Vakanzen aus dem Potential der eigenen Mitarbeiter, also von innen zu besetzen. Darüber hinaus geht es zumeist darum, in einem langsam wachsenden Markt Marktanteile zu gewinnen und damit auch Kandidaten von der Konkurrenz zu rekrutieren. Infolgedessen ist oftmals nur die gezielte und systematische Ansprache geeigneter Kandidaten durch ein Executive-Search-Unternehmen das geeignete Instrument für erfolgreiches Wachstum.

Um langfristig gestärkt aus der Krise hervorzugehen, ist es unabdingbar, neue Wege zu beschreiten. In einem wettbewerbsintensiven Umfeld werden sich die Private-Banking-Institute durchsetzen, die sich konsequent und nachhaltig einer professionellen Personalrekrutierung und -entwicklung annehmen. Zufriedene Kunden werden dauerhaft nur gewonnen und an das Bankhaus gebunden werden können, wenn der Fokus gezielter auf die Themen Mitarbeiterauswahl und Talentförderung gerichtet wird. Die Einbeziehung externer Experten ist dabei gerade mit Blick auf die angespannte Marktsituation wirtschaftlich sinnvoll und zahlt sich dauerhaft aus.

# Altersvorsorge im Wandel – Neue Anforderungen an Fach- und Führungskräfte bei Lebensversicherungsunternehmen

Thorsten Brunsemann, Köln

## I.   Marktüberblick

Die deutschen und die europäischen Versicherungsgesellschaften haben die jüngste Finanz- und Wirtschaftskrise relativ gut bewältigt. Im Gegensatz zu US-amerikanischen Gesellschaften, die zum Teil nur mit massiver staatlicher Hilfe vor der Insolvenz gerettet wurden, gab es für die Assekuranz in Deutschland keine vergleichbaren Rettungsaktionen.

Dennoch, besonders die Lebensversicherungsbranche in Deutschland ist im Umbruch. Bei der Betrachtung des Versicherungsmarkts in Deutschland möchte ich mich in diesem Beitrag auf das Thema Altersvorsorge und Lebensversicherungsgesellschaften konzentrieren, da die Branche trotz positiver Konjunktur vor weit reichenden Veränderungen steht.

Das Massengeschäft mit Neuverträgen gegen ratierliche Zahlung ist stark rückläufig, dagegen verzeichnet der Markt eine hohe Nachfrage nach Policen mit Einmalzahlung. Die jüngsten Daten des auf die Versicherungsbranche spezialisierten Branchendienstes map-report stützen diese Thesen (vgl. Poweleit, M., Garantiezins und andere Turbulenzen, map-report, Vortrag auf der DKM, 28.10.2010): So ist seit 2004 in Deutschland die Zahl der Versicherungsverträge spürbar gesunken, von 93,7 auf 90,7 Millionen. Immer mehr Versicherungsverträge würden fällig oder gekündigt. Von 86 Lebensversicherern hätten weniger als 25 Prozent im Jahr 2009 ihren Bestand an Lebensversicherungspolicen steigern können. Ohne das Geschäft bei Versicherungen gegen Einmalbeitrag würde sich die ohnehin angespannte wirtschaftliche Situation vieler Versicherer noch verschärfen.

Von knapp 220.000 Beschäftigten in der Versicherungswirtschaft in Deutschland sind etwa 47.000 Beschäftigte in der Lebensversicherungsbranche (ohne Pensionskassen und Pensionsfonds) beschäftigt (Quellen für alle Zahlen: Arbeitgeberverband der Versicherungsunternehmen; Deutscher Industrie- und Handelskammertag; Gesamtverband der Deutschen Versicherungsunternehmen e.V., Statistisches Taschenbuch der Versicherungswirtschaft 2010).

Es handelt sich damit um keine große Branche, aber um eine mit großer volkswirtschaftlicher Bedeutung für die sozialen Sicherungssysteme, Wirtschaftsabläufe und die Stabilisierung der Finanzmärkte. Die Lebensversicherer in Deutschland leiden jedoch unter einem starken Einbruch in ihrem Kerngeschäft. Nach Aussagen des Gesamtverbands der deutschen Versicherungswirtschaft hatten die Lebensversicherungen im Jahr 2004 noch 94,9 Millionen Hauptversicherungen im Bestand, 2009 waren es nur noch 91,5 Millionen. Besonders das Geschäft gegen laufende Beiträge ist stark rückläufig. Auch das gestiegene Volumen gegen hohe Einmalzahlungen verhindere das Abschmelzen der Bestände nicht (vgl. www.map-report.com, 10/2010). Mehrere Traditionsgesellschaften zeichnen wegen mangelnder Konkurrenzfähigkeit bereits kein Neugeschäft mehr, und viele Unternehmen stellen sich die Frage, wie ertragreich bei ökonomischer Betrachtung die deutsche Lebensversicherung überhaupt noch ist.

Bis 2004 bestand das Geschäftsmodell deutscher Lebensversicherer darin, breiten Bevölkerungskreisen Sparmöglichkeiten mit vergleichsweise kleinen Beträgen zu liefern. Millionen von Bundesbürgern haben mindestens zwölf Jahre in einen Vertrag eingezahlt, um dann steuerfrei eine Auszahlung zu erhalten. Seit dem Wegfall dieses Steuerprivilegs im Jahr 2005 haben sich die Bestände der Lebensversicherer verringert. Im Branchenschnitt setzen die Versicherer weniger Verträge ab, als auslaufen oder gekündigt werden. Weil weniger Neuverträge abgeschlossen werden und mehr Auszahlungen geleistet werden, müssen die Versicherer kurzfristig anlegen und damit auf Renditechancen verzichten. Sollte dieser Trend anhalten, würde der Branche ein Teil Planungssicherheit für die Zukunft fehlen, und eine dann unausweichliche Marktbereinigung der deutschen Lebensversicherer würde sich beschleunigen.

## II. Solvency II und Versicherungswirtschaft

Die neuen EU-Eigenkapitalvorschriften zu Solvency II werden die Lebensversicherer zu einer Änderung ihres Geschäftsmodells zwingen (vgl. www.map-report.com, 10/2010). Das neue Regelwerk soll die Versicherungsbranche transparenter und krisenfester machen. Es wurde aufgrund der Aktienkrise 2001 und 2002 entwickelt und nach der Finanzkrise 2008 noch einmal verschärft. Die Richtlinie Solvency II soll dafür sorgen, dass die Versicherer ihre Verpflichtungen gegenüber Kunden oder Geschädigten einhalten können.

Statt auf Kapitallebensversicherungen werden die Versicherungsgesellschaften verstärkt auf Produkte setzen, die biometrische Risiken absichern, da bei diesen der Kapitalbedarf für die Gesellschaften geringer ist. Kapitalbildende Lebensversicherungen sind für die Unternehmen ein riskantes Unterfangen. Millionen Kunden wurden in der Vergangenheit Zinsgarantien zwischen 3 bis 4 Prozent gegeben. Heute bekommen die Unternehmen, die ihr Geld in deutsche Staatsanleihen anlegen, aber selbst nur 2 Prozent. Höhere Rendite versprechen Aktien, dafür benötigen die Unternehmen unter Solvency II aber mehr Eigenkapital. Die Richtlinie Solvency II, die ab 2013 in Kraft treten soll, sieht neben weiteren Bedingungen eine einheitliche Kapitalausstattung für Versicherer vor.

Gläubiger von Banken, die ihr Geld in Anleihen investiert haben, sollen sich bei einer Bankenrettung ebenfalls beteiligen, so die Pläne der EU-Kommission in Brüssel. Da die deutschen Versicherer mehr als 350 Milliarden Euro bei Banken investiert haben, laufen die Versicherungsgesellschaften gegen diese Planungen Sturm. Wenn diese Investments nachträglich der neuen Regelungen zum Opfer fallen, würden diese Positionen die Bücher der Versicherer nachträglich verschlechtern.

Um die grundlegende Reform des Versicherungsaufsichtsrechts mit Solvency II vornehmen und dann im Jahr 2013 in nationales Recht umsetzen zu können, kommen auf die Branche neue inhaltliche Herausforderungen zu. Und zwar nicht zuletzt in Bezug auf Kompetenzen, die bislang in den Unternehmen oft nicht oder nicht in ausreichendem Maße vorhanden sind. So wird es erforderlich sein, Experten mit tiefgehenden Kenntnissen etwa in den Bereichen Risikomanagement und Rechnungslegung sowie IFRS (International Financial Reporting Standards) in der Assekuranz zu gewinnen.

## III.   Lebensversicherungen im Technologie-Tiefschlaf?

Das Internet hat die Kommunikations- und Einkaufsgewohnheiten der Menschen grundlegend verändert und den Wunsch nach mehr Information erhöht. Dies hat auch für die Versicherungsbranche Folgen. Die bisherigen Branchenstandards und Versicherungsmodelle bringen langfristig keine ausreichenden Erträge mehr, vielmehr erfordern wirksame Prozesse der Kundengewinnung und Kundenbindung das komplette Ausschöpfen aller digitalen Möglichkeiten. Dementsprechend ist eine starke IT-Durchdringung der Geschäftsprozesse heute in fast allen Branchen zu finden. Besonders in der stark IT-affinen Finanzbranche hat die Informationstechnologie entscheidenden Anteil an der Gestaltung differenzierter Geschäftsprozesse.

Laut der „IBM Global CEO Study 2010" wollen zwei Drittel aller CEOs in den nächsten drei Jahren eine Form der Geschäftsmodellinnovation verwirklichen. Erfolgreiche Unternehmer in einer immer komplexeren Welt zeichnen sich laut CEO-Studie durch folgende Punkte aus:

* fokussiert auf Veränderungen
* hohe Geschwindigkeit in der Umsetzung neuer Geschäftsmodelle
* innovativer als von den Kunden erwartet
* global integriert und kreativ
* von Natur aus revolutionär
* engagiert, nicht nur regelkonform

Die Wirksamkeit, Geschäftsmodellinnovationen umzusetzen, wird auch für die deutschen Lebensversicherer eine elementare strategische Fähigkeit werden. Gerade die Wirtschaftskrise hat wirtschaftliche Ungleichgewichte zwischen den Versicherern offenbart.

Da die Budgets im Schnitt stagnieren, wollen die IT-Entscheider das Geld nun anders ausgeben als in der Vergangenheit. Laut einer Studie von Gartner EXP aus dem Januar 2010 wird sich besonders die Rolle des CIO auch im Versicherungsunternehmen verändern. Gartner EXP hat die Studienteilnehmer sowohl nach ihren Business- als auch nach ihren Technik-Prioritäten gefragt. Oberste Priorität haben demnach das Optimieren von Geschäftsprozessen und die Einbindung von Business Intelligence Tools (BIT). Hierunter sind Werkzeuge, Verfahren und Prozesse zur systematischen Analyse von Daten in elektronischer Form zu verstehen, die im Hinblick auf die Unternehmensziele bessere operative oder strategische Entscheidungen ermöglichen (vgl. „Computerwoche", 08.03.2010). Es folgt die Kostensensibilität, die wie im Jahr 2009 auf Platz zwei liegt. Weitere Businessziele sind die Steigerung der Produktivität sowie die Neukundengewinnung.

## IV.    Entwicklungen in der Versicherungswirtschaft

Welche Themen prägen die Entwicklung der Versicherungswirtschaft und wie reagieren Führungskräfte auf ein Wettbewerbs- und Wirtschaftsumfeld, das sich in den vergangenen Monaten stark verändert hat? Aus Sicht des Personalberaters werden – resultierend aus den anhaltenden Niedrigzinsen am Kapitalmarkt, der Finanzkrise und den geplanten Eigenkapitalregeln für die Lebensversicherungsgesellschaften – inhaltlich vier Themenkomplexe für die Lebensversicherer wichtig sein.

## 1. Biometrie

Unter biometrischen Risiken versteht man alle Risiken, die unmittelbar mit dem Leben einer zu versichernden Person verknüpft sind. Hierzu zählen im Wesentlichen

- (vorzeitiger) Tod
- Langlebigkeit
- Berufsunfähigkeit
- Invalidität
- Unfalltod
- Unfallinvalidität
- schwere Erkrankungen
- Pflegefall

Die Pflegeversicherung, die Berufsunfähigkeitsversicherung sowie die Risikolebensversicherung werden bedingt durch die Verbrauchernachfrage weiter im Fokus der Versicherer bleiben.

Die Unternehmen werden zunehmend aktives Risikomanagement betreiben, das stärker auf Prävention sowie die Vermeidung von Versicherungsansprüchen setzt.

## 2. Transparenz

Das Thema Transparenz (Ausgestaltung des Produktinformationsblatts, Chancen-Risiko-Profile) wird für alle Marktteilnehmer zum zentralen Bestandteil der Beratung und des Verkaufs werden. Die Rechtsstellung des Verbrauchers wurde bereits mit der Novelle des Versicherungsvertragsgesetzes zum 01.01.2008 reformiert und den Erfordernissen eines modernen Verbraucherschutzes angepasst. Das Ziel, den Versicherungsnehmer weiter zu stärken und neue Standards zu setzen, wird in der Branche auch 2011 weiterverfolgt und umgesetzt. Durch die Offenlegung von Produkt- und Marktinformationen werden besser informierte Verbraucher neue Angebote von neuen Marktteilnehmern wahrnehmen. Es ist abzusehen, dass zukünftig ein noch besserer Service und bessere Konditionen bei niedrigeren Kosten zunehmend im Markt zählen werden.

### 3. Flexible, individuelle und dynamische Produkte

Durch die modernen Computertechnologien, mit denen die nächste Generation des Internets arbeiten kann, wird sich der Trend zu Produkten, die sich den Kundensituationen anpassen, weiter verstärken. Sogenannte „Pay as you live"-Versicherungsprodukte ermöglichen eine individuelle Kostenkalkulation für bestimmte Risiken. Hierbei bestimmt das eigene Verhalten des Kunden den Preis für die Versicherung. Pilotmodelle sind in der Automobilbranche schon seit einigen Jahren bekannt. Das Unternehmen UNIQA als Vorreiter des „Pay as you drive"-Konzepts (PAYD) implementierte in Österreich bereits 2007 einen Tarif, dessen Konditionen sich abhängig vom Fahrverhalten des Kunden berechnen. In Zusammenarbeit mit IBM konnte gezeigt werden, dass die Kilometerleistung durch Satellitennavigation verlässlich gemessen werden kann. Nicht nur wie viel, sondern auch wie der Versicherungskunde fährt, bestimmt später, wie viel er bezahlt. Wer also einen günstigen Tarif möchte, sollte beispielsweise Stoßzeiten meiden und Autobahnen nutzen, um sein potentielles Unfallrisiko so weit wie möglich zu minimieren.

### 4. Weitere Globalisierung

Die zunehmende Globalisierung betrifft alle Branchen. Weltweit werden Regularien vereinheitlicht und anerkannte Branchenstandards immer stärker miteinander koordiniert. Bedingt durch die Notwendigkeit, noch effizienter zu arbeiten, werden Versicherungsunternehmen noch stärker nach Möglichkeiten zur Automation und Standardisierung suchen (vgl. Gartner EXP, 2010).

Trotz oftmals überalterter IT-Infrastrukturen stagnieren die IT-Ausgaben und IT-Budgets bei vielen Lebensversicherern. Jedoch ist gleichzeitig eine Professionalisierung des IT-Einkaufs, des Vendor- und des Kundenmanagements festzustellen.

Ganz oben auf der Agenda der Lebensversicherer steht das Optimieren von Strukturen und Geschäftsprozessen, um Kosten zu verringern und gleichzeitig eine breitere Produktpalette anzubieten. Gerade diese Verbindung von Marktthemen und Strukturthemen ist auffällig.

Die Konsolidierung und die Erhöhung des Informationsgrads ermöglichen eine Reduzierung der Komplexität bestehender Abläufe und Strukturen. So werden etwa Organisationsstrukturen von einer Spartenorganisation zu einer kundenorientierten Organisation verändert.

Dies bedeutet eine grundlegende Veränderung im Marktauftritt, aber auch weit reichende Veränderungen in der Personalstruktur der Führungskräfte, wenn zukünftig ein Vorstand für die Bereiche Leben, Personengeschäft, Sachversicherung und Bank-/Assekuranzvertrieb gleichzeitig verantwortlich ist. Eine schlankere funktionale Organisationsstruktur wird dabei auch zu einem Rückgang bei Mitarbeitern mit überwiegend geringer Qualifikation führen.

Die hohe Kostensensibilität im Markt betrifft auch die Prüfung von alternativen Vertriebswegen. Viele Versicherungsgesellschaften klagen über sehr hohe Vertriebskosten, vor allem wegen der Macht der Großvertriebe. Wie stark die Versicherungsgesellschaften inzwischen sensibilisiert sind, zeigt auch die Außendarstellung von Vertriebsthemen in der Presse und auf Messen und Konferenzen.

Auf der DKM 2010 in Dortmund, einer der führenden, jährlichen Fachmessen der Finanz- und Versicherungswirtschaft, widmete sich ein Teilkongress intensiv dem Thema „Neue Technologien für Beratung und Vertrieb". Selbst IT-Dienstleister, die branchenübergreifend auch in der Versicherungsbranche tätig sind wie etwa IBM oder Google, haben die Marktveränderungen erkannt und bieten Dienstleistungen und Lösungen für die Assekuranz an. In Vorträgen zu Themen wie „Ideen, Innovationen und Impulse für den Versicherungsvertrieb im digitalen Zeitalter" (vgl. Hentschel, S., Kundenzugang 2015 – Ideen, Innovationen und Impulse für den Versicherungsvertrieb im digitalen Zeitalter, Google Germany GmbH, Vortrag auf der DKM, 27.10.2010) oder „Nutzenzentrierte Gestaltung digitaler Vertriebskanäle für Versicherungen" (vgl. Kruse-Schomaker, A./Wiora, G., IBM Deutschland GmbH, Nutzenzentrierte Gestaltung digitaler Vertriebskanäle für Versicherungen, Vortrag auf der DKM, 27.10.2010) wurden Marktveränderungen und zukünftige technische Produkte zur Vertriebsunterstützung dargestellt.


## V.    Personalberatung in der Lebensversicherungsbranche

Die Markt- und Strukturveränderungen in der Branche haben auch direkt Einfluss auf den Bedarf an Fach- und Führungskräften und deren Qualifikationen. Die in der Vergangenheit entwickelten Kompetenzprofile der Versicherungsunternehmen für ihre Mitarbeiter werden in vielen Gesellschaften überarbeitet.

Veränderungsmanagement ist das Schlagwort für die Führungskräfte der Versicherungsgesellschaften. Die besonderen neuen Anforderungen an die Position des Chief Information Officer (CIO) wurden bereits beschrieben.

Ganz oben auf der Agenda stehen das Optimieren von Geschäftsprozessen, die Senkung von Kosten und die Steigerung der Produktivität. Gleichzeitig werden das veränderte Marktumfeld und die steigende Komplexität auch direkte Auswirkungen auf andere Managementfunktionen haben. Thesenhaft formuliert: Der Chief Marketing Officer (CMO) wird sich mit den Themen Produktentwicklung, veränderte Vertriebswege und differenzierte Kundenanforderungen beschäftigen, der Chief Operating Officer (COO) mit den Themen Kostenoptimierung, Standardisierung von Prozessen in den Betriebs- und Leistungsbereichen und Kundenorientierung. Spartenübergreifend gilt es, Schnittstellen zu schaffen, die Kundenzufriedenheit und -bindung garantieren sowie Prozesskosten reduzieren.

Gerade bei Positionen, die Veränderungen maßgeblich in den Versicherungsgesellschaften gestalten, wird die Nachfrage nach qualifiziertem Personal in den Bereichen Produktentwicklung, Aktuariat, Businessdevelopment aber auch Controlling, IT und Finance immens steigen. Dies betrifft nicht nur den deutschen Markt. Inzwischen suchen etwa Schweizer Versicherungsgesellschaften für Standorte in der Schweiz verstärkt Spezialisten und Führungskräfte aus Deutschland. Besonders interessant für die zu besetzenden Positionen sind hier Kandidaten mit einem mathematischen Hintergrund, exzellenten Sprachkenntnissen und hoher Sozialkompetenz. Durch die anhaltende wirtschaftlich angespannte Lage einiger Versicherer ist darüber hinaus mit Personalveränderungen auf der Ebene im Topmanagement zu rechnen. Außerdem ist aufgrund der anhaltenden Neustrukturierung von Gesellschaften ein steigender Bedarf an Fach- und Führungskräften im Vertriebsumfeld bereits absehbar. Aufgrund der veränderten Rechnungslegungsvorschriften wird der Bedarf an Juristen (Vertragsrecht) sowie an Wirtschaftswissenschaftlern (Assetmanagement, Internationale Rechnungslegung) zukünftig steigen.

Der Bedarf an qualifizierten Mitarbeitern, besonders der an Akademikern mit General-Management-Fähigkeit, wird bedingt durch die zu erwartenden Strukturveränderungen bei den Lebensversicherern weiter wachsen. Die zu erwartende Veränderungsgeschwindigkeit in der Versicherungswirtschaft ist hoch und damit auch der Bedarf an Fach- und Führungskräften, die neben weit reichenden Kenntnissen und Erfahrungen auch durch ihre Kreativität, Eigeninitiative, Motivation,

Teamfähigkeit, Umsetzungsstärke, soziale Kompetenz sowie Sprachkenntnisse überzeugen und diese in einem mehr und mehr internationalen Umfeld einbringen können. Talente zu finden und zu entwickeln sollte – auch im Hinblick auf ein immer mehr eingeschränktes Angebot an Nachwuchskräften – zunehmend durch ein professionelles Talentmanagement in den Unternehmen abgebildet werden. Der Branchentrend in der Personalberatung – weg vom Generalisten hin zum Spezialisten (vgl. dazu Füchtner/T. Wegerich, S. 542ff., und C. Wegerich, S. 512) – zeigt sich besonders im komplexen, durch Wandel bestimmten Versicherungsumfeld.

## VI.  Fazit

Die Anforderungen an die Lebensversicherer im zunehmenden Wettbewerb um Kunden und Investoren sowie die neuen gesetzlichen Anforderungen zwingen die Unternehmen zu weit reichenden strukturellen Veränderungen. Produkte und Dienstleistungen, die über Jahrzehnte Bestand hatten, werden verändert. Die Aufgabenprofile der Fach- und Führungskräfte im Markt verändern sich. Die Nachfrage nach qualifizierten Arbeitnehmern, die diese Veränderungen in den Gesellschaften gestalten, wächst.

Daraus folgen große Herausforderungen auch für den Personalberater, da der Kunde immer mehr den Sparringspartner und Fachmann mit ausgewiesener Branchenkompetenz und weniger den bloßen „Headhunter" sucht.

### Literatur

Gartner EXP, Studie, 2010

Hentschel, Stefan: Kundenzugang 2015 – Ideen, Innovationen und Impulse für den Versicherungsvertrieb im digitalen Zeitalter, Google Germany GmbH, Vortrag auf der DKM, 27.10.2010

IBM (Hrsg.): IBM Global CEO Study 2010

Kruse-Schomaker, Antje/Wiora, Georg, IBM Deutschland GmbH, Nutzenzentrierte Gestaltung digitaler Vertriebskanäle für Versicherungen, Vortrag auf der DKM, 27.10.2010

Poweleit, Manfred: Garantiezins und andere Turbulenzen, Vortrag auf der DKM, map-report, 28.10.2010

# Der Markt für anwaltliche Dienstleistungen in Deutschland: The Upper Class

Thomas Wegerich, Stuttgart

## I. Umbau im dritten Jahrzehnt: die andauernde Wandlung eines Berufsstands

### 1. Definitorisches: der hier relevante Bereich des Anwaltsmarkts

In Deutschland gibt es derzeit mehr als 150.000 zugelassene Rechtsanwälte. Die Tendenz ist seit Jahren kontinuierlich steigend, wenngleich die Kurve flacher geworden ist. Der Gesamtumsatz des Rechtsberatungsmarkts in Deutschland wird auf über 17,63 Milliarden Euro geschätzt – auch hier mit steigender Tendenz nach den für die Branche wirtschaftlich schwierigen Jahren 2001 bis 2005 sowie 2008 und 2009 (s. dazu Huff, JURAcon Handbuch 2010/2011, S. 31). Der weitaus größte Teil der Anwältinnen und Anwälte ist auch heute noch als Einzelkämpfer oder in kleineren und kleinen Praxiseinheiten mit bis zu fünf Berufsträgern tätig. Am anderen Ende des statistischen Spektrums stehen die großen Sozietäten mit mehr als 50 Rechtsanwälten, von denen es derzeit in Deutschland etwa 80 gibt. Diese „law firms", zu einem großen Teil entstanden in zwei Fusionswellen in den 90er Jahren und in den ersten Jahren des neuen Millenniums, machen den scheinbar verschwindend geringen Marktanteil von 0,2 Prozent aus, vereinigen indes mehr als 20 Prozent des Gesamtumsatzes im deutschen Rechtsmarkt auf ihre anwaltliche Tätigkeit.

Das „Mittelfeld" der Anwaltslandschaft in Deutschland besteht aus den kleineren Sozietäten mit bis zu zehn Berufsträgern, von denen es insgesamt mehr als 4.000 Einheiten gibt. Das entspricht einem Marktanteil von beachtlichen 10,2 Prozent und einem Umsatzanteil von ebenfalls beachtlichen 20,9 Prozent. Um das statistische Bild abzurunden: Von den so bezeichneten mittelgroßen Sozietäten – hier sind bis zu 50 Berufsträger tätig – gibt es derzeit über 1.150, die einen Marktanteil von 3,3 Prozent und einen Umsatzanteil von 20,4 Prozent des Gesamtmarkts repräsentieren (vgl. JUVE Handbuch 2010/2011, S. 633; JURA-CON-Jahrbuch 2010/2011, S. 31).

Schon diese Zahlen belegen: Das Berufsbild der Anwaltschaft in Deutschland ist insgesamt sehr heterogen, und die Welt des Einzelkämpfers oder der kleineren Kanzlei ist nicht vergleichbar mit den großen und in internationalen Sozietätsverbünden agierenden Sozietäten. Es sind dies vielmehr Parallelwelten ohne Berührungspunkte, die sich in Bezug auf alle relevanten Maßstäbe unterscheiden: Berufsbild, Tätigkeitsfelder, Spezialisierungsgrad der juristischen Arbeit, Profitabilitätsanforderungen und – last but not least – Einkommensmöglichkeiten der Rechtsanwälte. Darauf wird noch detailliert einzugehen sein (siehe S. 357).

Und wann wenden sich Bürger an den Rechtsanwalt? Noch immer erst und dann, wenn ein juristisches Problem bereits aufgetreten ist. Heilen statt vorbeugen ist damit – so eine Umfrage des Soldan Instituts für Anwaltmanagement – die primäre Aufgabe der Juristen für 48 Prozent der Bevölkerung. Wenn aber ein Rechtsproblem vorliegt, dann wenden sich 80 Prozent der Befragten an einen Rechtsanwalt (vgl. Soldan Institut, 2007). In den Jahren 2002 bis 2006 traf das nach einer weiteren Umfrage des Soldan Instituts für insgesamt 41 Prozent der deutschen Bürger zu (vgl. Soldan Institut, 2007).

Dabei ist es bis heute so, dass der Anwalt in seiner Funktion als „Streitlöser" gesehen wird, weniger in seiner Rolle als Berater oder Vermittler in rechtlichen Fragen. Dieses Berufsimage lässt sich aus der historischen Entwicklung begründen, und es ist festzustellen, dass sich dieses tradierte Bild allenfalls langsam ändert, wobei empirische Studien dazu bislang nicht vorliegen (vgl. Bartoszyk, 2005, S. 70; Busse, 2001, S. 130 f.).

Hinzu kommt, dass das zuvor skizzierte Bild heute überwiegend auf den Bereich des Anwaltsmarkts zutreffen dürfte, in dem Privatpersonen in aller Regel noch immer durch Generalisten – etwa im Familien-, Verkehrs- oder Mietrecht – beraten werden, die so eine sehr breite Palette von Rechtsgebieten abdecken. Dieser „Anwaltstypus" ist ein wichtiger erster Anlaufpunkt für Mandanten bei juristischen Streitfragen. Die Allgemeinpraxen haben daher nach wie vor ihre Berechtigung; sie sind wesentlicher Bestandteil des herkömmlichen Berufsbildes der Anwaltschaft.

In dem nachfolgenden Beitrag soll und muss dieses zahlenmäßig bei weitem größte Teilsegment des Anwaltsmarkts ausgeblendet werden, denn die Zielsetzung des vorliegenden Handbuches ist es, aus der Sicht des Personalberaters über das relevante juristische Umfeld zu berichten. Insoweit ist festzustellen, dass der unternehmensnahen, wertschöpfenden Dienstleistung der Personalberatung heute in den breit aufgestellten kleinen und teilweise auch den mittelgroßen Sozietäten in der Praxis eine nur untergeordnete Bedeutung zukommt. Dies gilt umso mehr für die hier im Mittelpunkt stehende Form der Personalberatung, das sogenannte Executive Search (vgl. allgemein zum Executive-Search-Prozess Diemer/Füchtner, S. 30ff.), also die gezielte Direktansprache von Rechtsanwälten.

Die nachfolgenden Ausführungen konzentrieren sich daher ganz auf das obere Marktsegment und auf eine Betrachtung des Sozietätsmarkts der zuvor skizzierten mittelgroßen und großen Sozietäten (vgl. in Bezug auf Unternehmensberatungen Dutschei/Maier/Meinshausen, S. 381ff.).

## 2. Eine Momentaufnahme: positive konjunkturelle Rahmenbedingungen und strategische Anforderungen in einem wettbewerbsintensiven Marktumfeld

Dieser Teilbereich des Anwaltsmarkts in Deutschland ist derzeit wieder in einer guten Verfassung. Die Umsätze der Sozietäten und die Gewinne der Partner im gehobenen und oberen Marktsegment entwickeln sich nach Schwächeperioden in der ersten Hälfte des vergangenen Jahrzehnts und in der inzwischen bewältigten Finanz- und Wirtschaftskrise 2008/2009 aufgrund der überraschend schnellen wirtschaftlichen Erholung wieder positiv.

Die treibenden Faktoren für diese Entwicklung sind schnell benannt: Ein anziehendes Transaktionsgeschäft, die zunehmende Internationalisierung der Handelsbeziehungen sowie ein wieder belebter Immobilienmarkt bescheren den Sozietäten viel Arbeit.

Noch im Vorjahr hätte ein Rückblick auf die Phase zwischen 2008 und 2009 ein ganz anderes Bild ergeben, denn die Wirtschaftskrise hinterließ tiefe Spuren in den Bilanzen der Kanzleien – Stagnation statt Wachstum war erzwungenermaßen das Gebot der Stunde. Doch wie immer bieten Krisensituationen auch Chancen für die interne und die strategische Neuaufstellung am Markt. So lässt sich insgesamt feststellen, dass viele Sozietäten die organisatorischen und strategischen Hausaufgaben konsequent angegangen haben.

In nicht immer einfachen Reorganisationsprozessen, die durch die Wettbewerber und die anderen Marktteilnehmer stets aufmerksam beobachtet werden, haben die Großkanzleien und die national und international tätigen mittelständischen Kanzleien ihre Strukturen nun so angelegt, dass rechtzeitig zum wirtschaftlichen Aufschwung der damit verbundene Anstieg des Geschäftsvolumens erfolgreich bewältigt werden konnte.

Dieses obere Segment des Anwaltsmarkts ist es auch, das einen Großteil auch des medialen Interesses auf sich zieht. Es ist zudem der bei weitem transparenteste Bereich des Anwaltsmarkts, denn in den vergangenen Jahren hat sich die Präsenz der großen Sozietäten in der überregionalen Tagespresse – etwa durch Pressemitteilungen oder Gastbeiträge von Rechtsanwälten – erkennbar gesteigert. Hier zeigen sich nicht zuletzt die Früchte eines auf breiter Basis professionell und effizient betriebenen Sozietätsmarketings.

Ein wesentlicher Grund für das Entstehen einer beachtlichen Markttransparenz indes dürfte die inzwischen erfolgte Etablierung einer Branchenpresse sein, die durch Nachrichten, Hintergrundberichte, Sozietäts- und Anwaltportraits, Dealmeldungen sowie Nachrichten über Sozietätswechsel einen hohen Informationswert sowohl für die unmittelbar Beteiligten als auch die am Anwaltsmarkt interessierten Kreise bietet.

Mit Blick auf den gesamten Anwaltsmarkt – zur Erinnerung: mehr als 150.000 zugelassene Rechtsanwälte gibt es in Deutschland (vgl. JUVE-Handbuch 20010/2011, S. 633) – ist diese überproportionale Aufmerksamkeit ein Phänomen, denn in den zehn größten in Deutschland tätigen Sozietäten arbeiten insgesamt nur etwa 3.500 Berufsträger.

Auch dieser Zusammenhang ist als eine Facette des äußerst vielschichtigen Wandels in der Anwaltsbranche anzusehen, dessen verschiedene Ausprägungen weiter unten noch ausführlich dargestellt werden (siehe S. 359ff.). Die wichtigsten Stellschrauben, an denen die hier betrachteten großen und mittelgroßen Sozietäten drehen mussten und müssen, um diesen Wandel herbeizuführen, sind:

- Strukturierung der Partner-, Counsel- und Associate-Ebene

- Auf- und Ausbau hochspezialisierter – und oft standortübergreifend arbeitender – Praxisgruppen

- Entwickeln von juristischen Beratungsschwerpunkten und Beratungsprodukten

- erfolgreiches Marketing der anwaltlichen Dienstleistung

358

- Mandantenakquise und Bindung wichtiger bestehender Mandate

- Gewinnung und Bindung qualifizierter Nachwuchsanwälte

- Entwicklung von sozietätsinternen Karrieremodellen

Im nachfolgenden Abschnitt soll nun unter Berücksichtigung der zuvor skizzierten Änderungen und der aktuellen Anforderungen in einem äußerst wettbewerbsintensiven Marktumfeld eine genauere Betrachtung der Segmentierung und der Zusammensetzung in der kleinen, aber sehr feinen Spitzengruppe des Anwaltsmarkts erfolgen.

### 3. Die Topsozietäten des Rechtsmarkts und die Verfolgergruppen – Statistik, Rückblick und Ausblick

*a) The good old times*
Beginnen wir mit einem Blick zurück in die gar nicht so weit entfernte Vergangenheit: Im Jahr 1967 waren lediglich 26,5 Prozent der Anwälte überhaupt in Anwaltsgemeinschaften tätig und davon nur 5,4 Prozent in Kanzleien mit mehr als fünf Anwälten (vgl. Bartoszyk, 2005, S. 104). Sozietäten mit mehr als 15 oder 20 Berufsträgern gab es praktisch nicht.

Das Entstehen größerer Anwaltsbüros wurde in dieser Phase gehemmt durch ein Zusammenspiel zwischen der Zivilprozessordnung und dem maßgeblichen anwaltlichen Berufsrecht, der Bundesrechtsanwaltsordnung. Es bestand ein Zulassungszwang für die Anwälte bei den örtlichen Amts- und dem jeweils zuständigen Landgericht; jeder Anwalt unterlag der sogenannten Kanzleipflicht, also dem Gebot der Einrichtung eines Büros am Ort der Berufsausübung, ergänzt um die sogenannte Residenzpflicht des Anwalts am Ort seiner Kanzlei. Schließlich leistete das sogenannte Zweigstellenverbot, das die Gründung mehrerer Büros an verschiedenen Orten untersagte, ein Übriges, um den sehr regional angelegten Charakter des anwaltlichen Berufsbildes dauerhaft zu zementieren (vgl. Bartoszyk, 2005, S. 104 f., mit umfassenden Angaben zu weiterführender Literatur und zu den seinerzeit geltenden Rechtsvorschriften).

*b) Startschuss durch den BGH: die erste Fusionswelle auf nationaler Ebene*
Der juristische Durchbruch für die heute an der Marktspitze etablierten Großkanzleien nach US-amerikanischem und britischem Vorbild lässt sich sehr genau datieren: Am 18. September 1989 entschied der Anwaltssenat am Bundesgerichtshof (BGH), dass überörtliche Sozietä-

ten von Rechtsanwälten zukünftig zulässig seien, und gab damit gleichsam den Startschuss für das bis heute anhaltende Größenwachstum der Anwaltsfirmen (BGH, AnwZ [B] 30/89). In der Folge begann eine erste Fusionswelle renommierter Sozietäten, zunächst begrenzt auf Zusammenschlüsse im nationalen Markt.

Es entstanden in rascher Folge größere Einheiten wie Pünder Volhard Weber & Axster (heute Clifford Chance), Bruckhaus Westrick Stegemann (heute Freshfields Bruckhaus Deringer), Boesebeck Droste Rechtsanwälte (heute Teil von HoganLovells), Feddersen Laule Scherzberg & Ohle Hansen Ewerwahn (heute White & Case), Boden Oppenhoff Rasor Raue sowie Rädler Raupach Bezzenberger (beide die heutigen Vorläufer von Linklaters und dem daraus inzwischen entstandenen Spin-off Oppenhoff Rechtsanwälte) oder etwa Hengeler Mueller Weitzel Wirtz (heute Hengeler Mueller).

Die genannten Wortungetüme, die leicht um weitere Beispiele wichtiger und wegweisender Sozietätszusammenschlüsse zu ergänzen wären (vgl. den detaillierten Überblick in der Rubrik „Fusionsstammbäume", in: JUVE-Handbuch 2010/2011, S. 638 ff.), zeigen eines: Die führenden deutschen und bis dahin ausschließlich regional verwurzelten Sozietäten haben die Chance zu einer Ausweitung ihres angestammten Geschäfts durch die Verbindung mit anderen marktstarken Kanzleien schnell ergriffen und umgesetzt. Die damit einsetzende Entwicklung und grundlegende Veränderung des Anwaltsmarkts verlief seit den 90er Jahren des vergangenen Jahrhunderts alles andere als bruchlos. Vielmehr sind die obengenannten neuen Sozietäten – wie auch die angesprochenen weiteren Verbindungen – in der Folge gekennzeichnet durch eine Vielzahl von Abspaltungen, Spin-offs und anderen Neugründungen von Sozietäten.

Insgesamt ist für das hier zu untersuchende Marktsegment der Anwaltschaft daher eine für einen außenstehenden Betrachter geradezu verwirrende, aber äußerst dynamische und über mehrere Jahre hinweg andauernde Entwicklung hin zu immer größeren und juristisch spezialisierteren Einheiten zu konstatieren.

*c) Die zweite Fusionswelle: Angloamerikanische Sozietäten drängen auf den Markt*
Der deutsche Anwaltsmarkt stand in diesen spannenden 90er Jahren nicht nur für die sich in dieser Phase in unterschiedlichster Ausprägung bildenden nationalen Champions im Brennpunkt. Vielmehr setzte in der Folge eine Entwicklung ein, die als zweite Fusionswelle bezeichnet werden kann. Der deutsche Rechtsmarkt ist der größte und – neben Großbritannien – vermutlich der interessanteste in Europa, so

dass es vor diesem Hintergrund nicht überraschen kann, dass etablierte britische und US-amerikanische Sozietäten verstärkt begannen, hier Fuß zu fassen.

Im Rückblick lässt sich sagen, dass die nach 1998 vollzogenen Fusionen auf internationaler Ebene und die Neugründungen von oder Fusionen mit angloamerikanischen Sozietäten in Deutschland eine logische, ja zwangsläufige Folge der seinerzeitigen Marktentwicklung darstellten. Viele Faktoren spielten dabei eine Rolle, die hier nur ansatzweise genannt werden können:

• fortschreitende Internationalisierung der Mandanten

• fortschreitende Europäisierung und Internationalisierung der Rechtsfragen

• fehlendes Potential der nationalen Sozietäten zu weiterem Wachstum aus eigener Kraft

• Erschließen neuer Geschäftsfelder durch internationale Präsenz (Outbound-Betrachtung)

• Erschließen neuer Geschäftsfelder durch Mandatsarbeit aus den internationalen Sozietätsnetzwerken (Inbound-Betrachtung)

Damit kann – und das ist im Prinzip wenig überraschend – die jüngste und noch andauernde, wenngleich zunehmend konsolidiert verlaufende Entwicklung im Anwaltsmarkt zugleich als Spiegelbild und Gradmesser für die fortschreitende Europäisierung, Internationalisierung und Globalisierung der Wirtschaft gewertet werden. Dieser Gedanke soll unten in Kapitel II (siehe S. 365ff.) nochmals aufgegriffen und vertieft werden.

*d) Statusbericht: Nationale Champions der Anwaltschaft*
Hier interessiert zunächst – im Sinne eines Statusberichts – die Frage: Wer sind heute die nationalen Champions in der Spitze des Anwaltsmarkts?

Dieser Frage kann man sich zunächst wieder nähern durch einen Blick auf die Statistik (Stand der nachfolgenden statistischen Angaben jeweils: Oktober 2010). So ist CMS Hasche Sigle mit 509 Berufsträgern die aktuell größte in Deutschland tätige Sozietät, gefolgt von Freshfields Bruckhaus Deringer (499 Berufsträger), Clifford Chance (363 Berufsträger), Taylor Wessing (335 Berufsträger) und HoganLovells

(321 Berufsträger). Die Sozietät Gleiss Lutz hat 287 Berufsträger, Linklaters 280 Berufsträger, Noerr (279), White & Case (264) und Luther (257) folgen in dem nach Kopfzahlen bemessenen Ranking auf den weiteren Plätzen.

Keine Frage, nahezu alle der genannten Sozietäten haben es in unterschiedlicher Ausprägung und mit unterschiedlichen Strategien vermocht, sich in den vergangenen Jahren und den damit verbundenen stürmischen Zeiten im Anwaltsmarkt bestens zu positionieren.

Hat aber diese Auflistung von Sozietätsgrößen, die ja in einem kompetitiven Markt immer nur eine Momentaufnahme darstellt (hier entnommen aus: Mitteilung JUVE-Verlag 2010/2011, S. 632), einen echten Aussagecharakter? Klare Antwort: Nein, denn die schiere Größe ist allein kein Kriterium für die Qualität und die Marktposition einer bestimmten Sozietät. Dazu drei bewusst unterschiedlich gewählte Beispiele aus der Praxis, die als Indiz für die Vielgestaltigkeit des Anwaltsmarkts – auch und gerade im obersten Marktsegment – gelten können.

*e) Praxisbeispiele: Schlaglichter auf eine Branche im Wandel*
Erstens: Es ist derzeit offen, ob die vielzitierte „Renaissance der mittelgroßen Sozietäten" (so JUVE-Handbuch 2006/2007, S. 23) eintritt mit der erhofften Erwartung, dass die erfolgreichen Marktteilnehmer in diesem Bereich geradezu „the best of both worlds" verbinden: einen hohen Spezialisierungsgrad bei gleichzeitig übersichtlichen Strukturen und Preisen für anwaltliche Dienstleistungen, die unter denen der großen internationalen Sozietäten liegen.

Zugleich liegt auf der Hand, dass eine dauerhaft hochwertige juristische Dienstleistung im Spitzensegment des Markts nur erreicht werden kann, wenn eine bestimmte, und eben nur bei Betrachtung der Anforderungen des Einzelfalls zu benennende Struktur vorhanden ist, die eine gewisse „ kritische Masse", also einen Mindestbestand anwaltlicher Serviceleistungen sicherstellt.

Dies ist meines Erachtens ein nur scheinbarer Widerspruch, vielmehr zeigt sich daran, dass verschiedene Konzepte, wenn sie konsequent umgesetzt und kommuniziert werden, im Markt sehr gute Aussicht auf Erfolg haben.

Zweitens: Hätte der Autor dieses Kapitel über den Markt der führenden Anwaltssozietäten vor sechs Jahren verfasst, so wäre unter den größten deutschen Kanzleien an vorderer Stelle der Name Haarmann Hemmelrath aufgetaucht, eine über lange Jahre besonders dynamische und in den Märkten so offensive wie erfolgreiche Sozietät mit bis zu 350 Berufsträgern im In- und Ausland. Haarmann Hemmelrath ist, basierend auf einem ganzen Bündel von Ursachen, binnen kurzer Zeit 2005/2006 gleichsam „implodiert"; die Berufsträger, soweit sie nicht bereits von Bord gegangen waren, haben sich anderen Einheiten angeschlossen oder neue – und inzwischen nicht selten renommierte – Büros gegründet (siehe dazu die detaillierte Schilderung in JUVE Rechtsmarkt 2007, S. 34 ff.). Fazit: Unbedingte Expansion im Anwaltsmarkt hat auch ihre gefährlichen Seiten.

Drittens: Ein Blick auf das obengenannte Ranking der Sozietäten nach der Anzahl der Berufsträger ist schon deshalb wenig aussagekräftig, weil eine solch schematische Betrachtung sehr relevante Player in der Spitze des Anwaltsmarkts unberücksichtigt lassen würde.

Das Marktsegment der in Deutschland führenden Sozietäten umfasst nach der hier zugrunde gelegten Definition nicht wesentlich mehr als etwa 100 Kanzleien. Darunter befinden sich heute Topadressen aus den USA und aus Großbritannien ebenso wie renommierte rein deutsche Sozietäten. Jede Hervorhebung einzelner Kanzleien birgt die Gefahr einer letztlich zu oberflächlichen Betrachtung im Rahmen dieses Handbuches. Daher soll der kursorische Überblick über die führenden Sozietäten mit einem – naturgemäß sehr subjektiven – Markteindruck des Verfassers abgerundet werden, der auf eigenen Recherchen und der persönlichen Marktwahrnehmung, zahlreichen Gesprächen mit Marktteilnehmern und nicht zuletzt den Veröffentlichungen in der Tages-, Wirtschafts- und Branchenpresse beruht.

So fällt zunächst auf, dass zwei deutsche Sozietäten seit geraumer Zeit positive Entwicklungen aufweisen hinsichtlich der strategischen Positionierung und auch in der Bindung und Gewinnung von Berufsträgern: Gleiss Lutz und Noerr (in der Vorauflage noch: Noerr Stiefenhofer Lutz) ziehen ihre Kreise, und das überaus erfolgreich. Für den Bereich des Steuerrechts gilt dies ebenso für die Sozietät Flick Gocke Schaumburg (105 Berufsträger).

Eine Sonderrolle im deutschen Markt nimmt zudem die Sozietät Hengeler Mueller (226 Berufsträger) ein – die Vorzeigekanzlei in Deutschland, die in nahezu allen von ihr bearbeiteten Rechtsbereichen an der Marktspitze rangiert.

An der Gruppe der im Zuge der oben beschriebenen zweiten Fusionswelle in den deutschen Markt eingetretenen Sozietäten Latham & Watkins (133 Berufsträger) oder Cleary Gottlieb Steen & Hamilton (66 Berufsträger) zeigt sich ebenfalls bereits deutlich, dass die deutschen Standorte dieser renommierten US-amerikanischen Sozietäten eine sehr positive und nachhaltig angelegte Entwicklung nehmen.

Das gilt – mit einem zum Teil anderen strategischen Ansatz im Markt – gleichermaßen für DLA Piper (142 Berufsträger) oder Bird & Bird (145 Berufsträger), die sich zunehmend weiter etablieren.

Die US-amerikanische Sozietät Mayer Brown (82 Berufsträger) sowie die britischen Sozietäten SJ Berwin (90 Berufsträger), Osborne Clarke (72 Berufsträger) und insbesondere die seit geraumer Zeit sehr expansive Sozietät Allen & Overy (131 Berufsträger) sowie die Sozietät Salans (65 Berufsträger) haben ebenfalls positiv durch ihre Mandatsarbeit, das Gewinnen von Leistungsträgern zur Verstärkung der bestehenden Partnerschaft oder durch die sehr gezielte Eröffnung neuer Standorte auf sich aufmerksam gemacht.

Weiterhin wird es interessant sein zu beobachten, wie sich die wieder erstarkten Anwaltsfirmen der großen Wirtschaftsprüfungsgesellschaften entwickeln werden. KPMG Law und insbesondere Pricewaterhouse-Coopers Legal (147 Berufsträger) hinterlassen als relativ junge Player bereits Fußspuren im Markt.

Alle genannten Einschätzungen haben, wie ausgeführt, neben der Subjektivität zugleich auch lediglich den Charakter eines Schlaglichts, einer Momentaufnahme. Der deutsche Anwaltsmarkt ist nun bereits im dritten Jahrzehnt in einer dauerhaften Veränderung begriffen, und es ist absehbar, dass diese Situation fortbestehen bleibt.

Folgende Themen und Tendenzen sehe ich dabei auf der Ebene der Sozietäten in der nächsten Phase der Marktentwicklung als wichtig an:

- dritte Fusionswelle unter Beteiligung deutscher Sozietäten (Stichwort: „global law firm" – Beispiel: 2010 fusionierten die Sozietäten Hogan & Hartson Raue sowie Lovells zu HoganLovells.)

- Eintritt weiterer US- und britischer Sozietäten in den deutschen Markt

- weitere Spin-offs aus den bestehenden Einheiten

- Profitabilitätssteigerung durch strukturelle Anpassungsprozesse auf der Partnerebene

- Profitabilitätssteigerung durch optimiertes Cross-Selling anwaltlicher Dienstleistungen

- dauerhafte Optimierung der Kostenstrukturen

- verändertes Kräfteverhältnis zwischen Rechtsabteilungen und Sozietäten

- Sicherstellung interner Karrierechancen für Nachwuchsanwälte

- Work-Life-Balance in den Sozietäten

## II. Aktuelle Trends im Anwaltsmarkt: Auswirkungen auf die Berufsträger und Sozietäten

In den vorangegangenen Kapiteln war der Blick auf den Berufsstand, die Sozietätenlandschaft und den Markt insgesamt gerichtet. Im Folgenden sollen verstärkt Einzelaspekte beleuchtet werden, die auch Auswirkungen haben auf die einzelnen Berufsträger in den Sozietäten. Diese sollen in Form aktuell zu beobachtender Trends im Anwaltsmarkt herausgearbeitet werden.

### 1. Money makes the world go round (again): die Associate-Vergütung in den großen Sozietäten

Eines der wichtigsten Themen für alle Sozietäten im oberen und obersten Marktsegment ist die Frage der Nachwuchsgewinnung. Etwa 8.000 neue Rechtsanwälte werden jährlich in Deutschland zugelassen, aber von dieser Gesamtzahl der Absolventen kommt nur die Spitzengruppe eines Jahrgangs für die führenden Häuser in Betracht: zwei Prädikatsexamina, Promotion und/oder ein ausländischer Studienabschluss (hoch im Kurs ist der angloamerikanische LL.M.-Titel), möglichst perfekte und im Ausland erworbene englischsprachige Kenntnisse – das sind in einer Kurzversion die formalen Anforderungen, um einen Berufsstart in einer der Topsozietäten zu erreichen. Wer diese Kriterien erfüllt, der kann sich – jedenfalls in der jetzigen Marktphase – wieder aussuchen, welchen klangvollen Sozietätsnamen er zukünftig auf seiner Visitenkarte gedruckt sehen möchte. Es besteht derzeit sogar ein Nachfrageüberhang, der sich nach den Krisenjahren 2008/2009 auch wieder deutlich auf der Gehaltsabrechnung der Nachwuchselite ablesen lässt. So hat die Sozietät Milbank im Frühjahr 2011 verkündet,

Berufseinsteigern nunmehr 125.000 Euro p.a. zahlen zu wollen. Damit dürfte eine neue Runde im Gehaltspoker um die klügsten Köpfe eingeläutet sein. Denn: Die Gewinnung, Ausbildung und Entwicklung von hochqualifizierten Nachwuchskräften ist für alle Sozietäten im oberen Segment des Rechtsmarkts ein zentrales Thema.

Mit dem Jahr 2011 ist erneut eine Gehaltsspirale in Gang gesetzt worden, die nur eine Richtung zu kennen scheint: weiter nach oben. Die deutsche Traditionssozietät Hengeler Mueller, eine der ersten Adressen im Markt, gewährt Berufseinsteigern inzwischen ebenso bis zu 105.000 Euro Jahresgehalt wie die feine Magic-Circle-Kanzlei Allen & Overy. Bei der US-Sozietät Jones Day winken sogar bis zu 110.000 Euro p.a. Auch Sozietäten wie Clifford Chance, Freshfields Bruckhaus Deringer, Latham & Watkins, Kirkland & Ellis oder Debevoise & Plimpton durchbrechen die „Schallmauer" von 100.000 Euro p. a., die inzwischen wieder zur Benchmark im Topsegment des Rekrutierungsmarkts geworden ist. Wohlgemerkt: Diese Zahlen umschreiben das jährliche Grundgehalt für Newcomer. Hinzu kommen in einigen Sozietäten noch Boni, die in der Regel abhängig sind von dem Gesamtergebnis einer Sozietät und der immer wichtiger werdenden persönlichen Performance des Associates (vgl. weiterführend den umfassenden Gehaltsreport bei www.azur-online.de).

Und wie groß – oder besser: klein – ist nun der Kreis der potentiellen Kandidaten für die Spitzensozietäten? Antwort: Von den etwa 1.800 Absolventen eines Jahrgangs mit den oben geschilderten Spitzenqualifikationen wollen erfahrungsgemäß nur etwa 500 Berufsanfänger ihre Karriere als Anwalt beginnen. Diese Newcomer decken rechnerisch allenfalls den Personalbedarf der zehn Sozietäten mit dem größten Interesse an Nachwuchskräften.

Nach einer aktuellen Umfrage bei 170 Sozietäten zeichnet sich für 2011 eine Sonderkonjunktur beziehungsweise ein „Jobwunder" ab (vgl. dazu und zu den nachfolgend genannten Zahlen www.azur-online.de). So planen diese Sozietäten nach eigenen Angaben die Einstellung von 1.850 Berufseinsteigern – das entspricht einer Steigerung von 26 Prozent gegenüber dem Vorjahr 2010.

Interessant ist insoweit ein Blick auf die Anzahl der geplanten Einstellungen, die ja zugleich auch ein Indiz sind für die Wachstumserwartungen und die strategische Ausrichtung. Hier sei nur auf einen auffälligen Zusammenhang hingewiesen: Während die Schwergewichte der Branche wie CMS, Freshfields, HoganLovells, Linklaters, Clifford Chance sowie Noerr alle zwischen 70 und 100 Neueinstellungen vornehmen möchten, stechen mit der KPMG Rechtsanwaltsgesellschaft (150 Einstellungen geplant) und PricewaterhouseCoopers Legal (120 Einstellungen geplant) zwei relativ neue Angreifer hervor.

Die davon unabhängige Frage ist: schöne neue Welt der großen Scheine – oder Schmerzensgeld für arbeitsreiche Jahre ohne sichere Karrieregarantie? Die Antwort könnte gemäß des bekannten juristischen Standardsatzes lauten: Es kommt darauf an. Auf die Sichtweise der beteiligten Sozietäten und der Associates nämlich. Fest steht zunächst, dass die beruflichen Anforderungen an junge Rechtsanwälte in den vergangenen Jahren zunehmend gestiegen sind. Lange Arbeitstage, fehlende Wochenenden, hohe Vorgaben für die gegenüber dem Mandanten abzurechnenden Stunden („billable hours"), ständige Verfügbarkeit und ein harter interner Konkurrenzkampf um die begehrten Plätze auf dem Weg zum Partner-Track sind der Preis für eine fürstliche Dotierung, die bei den oben geschilderten Gehaltsdimensionen ja erst beginnt.

Dabei ist der Lohn der jahrelangen Mühen heute längst nicht mehr für alle Associates die begehrte, prestigeträchtige und lukrative Ernennung zum Partner einer der Großsozietäten, denn das Partnerticket können seit Jahren immer weniger aufstrebende Anwälte lösen. „Up or out" – so hieß und heißt das stringente Auswahlverfahren für Associates auf dem Weg in die Partnerschaft. Wer nicht zu den kanzlei- und praxisgruppenintern Besten zählt, der muss die Sozietät verlassen, um in anderen Kanzleien oder Unternehmen seinen Berufsweg fortzusetzen.

Hinzu kommen zwei weitere objektive Hürden: Erstens: der Leverage. Je mehr Associates also einem Partner zugeordnet sind, desto geringer wird – schon rechnerisch – die Chance, im Rennen um den Partnerstatus vorn zu liegen.

Zweitens: die Bedeutung der jeweiligen Praxisgruppen (oder Rechtsgebiete) innerhalb der Sozietät. Alle führenden Sozietäten unternehmen größte Anstrengungen in Richtung Steigerung der Profitabilität.

Allgemein gilt daher: Wer in einem margenschwächeren oder nicht zur Kernkompetenz zählenden Rechtsbereich einer Sozietät als Associate einsteigt, der muss davon ausgehen, einen noch längeren und beschwerlicheren Weg zur Partnerschaft vor sich zu haben.

Die damit definierten strengen Karrierespielregeln können die bestens ausgebildeten Berufseinsteiger – betrachtet man es einmal objektiv – gut akzeptieren, denn die exzellente juristische Praxisausbildung in den führenden Sozietäten gilt zugleich als Karrieresprungbrett für zukünftige Tätigkeiten in Unternehmen oder anderen, oft kleineren Kanzleien. Nicht selten kommt es in der Praxis zudem vor, dass Sozietäten ihre Associates dabei unterstützen, den Einstieg in Unternehmen zu finden, die auf der Mandatsliste der Sozietäten stehen. Eine elegante Möglichkeit, das eigene Netzwerk auszubauen und zugleich eine Mandantenbindung zu erreichen. Mit anderen Worten: eine Win-win-Situation für alle Beteiligten.

## 2.    Licht unter der Glasdecke: über den „dritten Weg" zum Erfolg?

Ein weiterer Punkt ist bemerkenswert, denn: Abseits von „Up-or-out"-Verfahren und Partnermeriten erkennen die Sozietäten zunehmend, dass sie auch denjenigen Anwälten, die nicht zu (Voll-)Partnern ernannt werden (können) oder sich aus persönlichen Gründen (Stichwort: Work-Life-Balance) für ein alternatives Jobmodell interessieren, eine Plattform für die Berufsausübung bieten müssen. So entscheiden sich zunehmend mehr Sozietäten für die Eröffnung eines „dritten Wegs", der eine neue Karriereform in großen Sozietäten markiert und in unterschiedlicher Ausgestaltung im Markt erkennbar ist.

In der deutschen Vorzeigekanzlei Hengeler Mueller etwa ist bereits im Jahr 2004 die Position des „Counsel" eingeführt worden, die denjenigen Anwälten angeboten wird, die als Spezialisten mit einem festen Jahresgehalt (plus Boni) dauerhaft in der Sozietät tätig sind und auch selbst die Federführung in Mandaten übernehmen können.

Vergleichbare Karrierestufen gibt es unter anderem in den Sozietäten HoganLovells, White & Case und Freshfields Bruckhaus Deringer, wobei die Zielsetzung stets vergleichbar ist: Besonders qualifizierte Associates sollen langfristig an die Sozietät gebunden werden; sie erhalten Führungsaufgaben und sollen in den Informationsfluss innerhalb der Partnerschaft integriert werden.

Eine Stufe über den Counsel-Funktionen ist in den Sozietäten zunehmend die Etablierung sogenannter „Salary Partner" (etwa Clifford Chance, HoganLovells, Beiten Burkhardt, Heuking Kühn), „Fixed Share Partner" (etwa Freshfields, Osborne Clarke), „Associated Partner" (Noerr) oder „National Partner" (etwa Baker & Mc Kenzie, White & Case) zu beobachten, die als eine Zwischenstufe auf dem Weg zu einer späteren Vollpartnerschaft gesehen werden kann, aber nicht automatisch ein Durchgangsstadium sein muss. Auch hier sind die Anwälte als Angestellte tätig, haben aber in aller Regel ein Teilnahmerecht an Partnersitzungen.

Alle geschilderten Entwicklungen können als ein weiteres Indiz für den sehr dynamischen Wandel in der Anwaltschaft gesehen werden. Die Praxis wird dabei zeigen, ob das Aufweichen der früher eisernen Grundregel – Voll- oder Equity-Partnerschaft als einziges Karriereziel – zu der von den Sozietäten erstrebten Flexibilisierung in den internen Strukturen führt. Aus heutiger Sicht spricht viel dafür, dass die im Markt erkennbaren Ansätze gute Erfolgschancen haben. Es wird im Ergebnis darauf ankommen, wie die oben skizzierten Funktionen tatsächlich ausgestaltet und innerhalb der Sozietäten „gelebt" werden.

Das gilt ebenfalls für die Einführung von Teilzeitpartnerschaften – ein Modell, das insbesondere für die diejenigen hochqualifizierten Juristen in Betracht kommen dürfte, die einen anspruchsvollen Beruf mit einem funktionierenden Familienleben in Einklang bringen möchten (vgl. dazu die „Marktplatz"-Interviews im „Deutschen AnwaltSpiegel" mit Dr. Alexander Schröder-Frerkes, Managing Partner von Bird & Bird in Deutschland, sowie mit Dr. Heiko Carrie, Chefsyndikus von Bosch und Dr. Martin Wagener, Chefsyndikus von Audi, jeweils unter www.deutscher-anwaltspiegel.de).

## 3. Auszug aus dem Olymp: das Phänomen der „De-Equitisation"

Um das Bild der aktuellen Entwicklungen im Anwaltsmarkt abzurunden, lohnt ein Blick auf das obere Ende der Karriereleiter: die Partnerränge in den großen Sozietäten. Auch hier waren in der Vergangenheit Tendenzen erkennbar, die deutlich machen, welche Veränderungen die Branche derzeit erlebt, und auch hier zeigt sich, dass neue Marktsituationen dazu führen, lange als unumstößlich betrachteten Prinzipien die Ewigkeitsgarantie abzusprechen.

Früher galt: Wer einmal den Sprung in die Vollpartnerschaft geschafft hatte, der war und blieb hochdotiertes Mitglied in diesem Gremium als Miteigentümer, als sogenannter Equity-Partner, der jeweiligen Sozietät.

Das gilt heute nicht mehr, denn die großen Sozietäten stehen in einer harten Konkurrenz um Marktanteile und Positionierung im nationalen wie internationalen – und das bedeutet zunehmend: globalen – Wettbewerb. Die konsequente Steigerung der Profitabilität steht daher auf der Prioritätenliste an vorderster Stelle. Ein Mittel, um dieses Ziel zu erreichen, ist es, umsatzschwächeren Partnern den Equity-Status abzuerkennen (De-Equitisation). Oft als vorgelagerte Maßnahme zu diesem radikalen Schritt kommt das Einfrieren oder die Kürzung der Partnervergütung in Betracht.

Geld und persönlicher Status stehen also zur Disposition, und bei dieser brisanten Konstellation überrascht es nicht, dass die mit diesen harten Maßnahmen jeweils verbundenen Prozesse in der Branche bekannt sind und in der Branchenpresse dokumentiert werden. Die wohl spektakulärsten Beispiele lieferten in der jüngeren Vergangenheit die Sozietäten an der Marktspitze, die die aus ihrer Sicht erforderlichen Strukturveränderungen nicht immer „geräuschlos" vollziehen konnten. So berichtete das Branchenmagazin „JUVE" bereits zwischen 2004 und 2007 ausführlich über die umfassenden Veränderungen in den Partnerstrukturen etwa bei Linklaters, der damaligen Sozietät Lovells und Freshfields.

Das Phänomen der De-Equitisation und, allgemeiner gefasst, der wachsende interne Druck auch auf die gestandenen Partner dürften damit nicht zuletzt in engem Zusammenhang stehen zu manchem Partnerwechsel zwischen den Sozietäten. Gleichwohl scheint die Rechnung aus der Perspektive der Sozietäten aufzugehen: So vermeldeten die großen internationalen Einheiten im Jahr 2011 wieder erfreulich positive Umsatzzahlen in Serie (vgl. JUVE-Datenbank, 2011).

Allerdings ist einzuschränken, dass diese positiven Entwicklungen auch auf das derzeitige freundliche Konjunkturklima zurückzuführen sind und dass zudem ein Punkt in allen Statistiken nicht erfasst werden kann: die mittel- und langfristigen Auswirkung der oben geschilderten, mitunter harten Managemententscheidungen auf die über Jahre gewachsene Kultur einer Kanzlei. Es sind bei weitem nicht nur die intern unter dem Druck der Profitabilitätssteigerungs- und Umstrukturierungsmaßnahmen stehenden Rechtsanwälte, die ihre Sozietäten verlassen oder potentiell wechselbereit sind. In einem zunehmend managementorientierten und managementgetriebenen Sozietätsklima ist vielmehr unverkennbar, dass auch leistungsstarke (aktuelle und zukünftige) Partner nicht immer damit einverstanden sind, dass grundlegende strategische Entscheidungen für den deutschen Markt in den Headquarters der Sozietäten in Großbritannien oder den USA getroffen werden.

## 4.   Alternative Karrierewege: Spin-offs und Boutiquen

„Think big" und Spezialisierung sind Trumpf. Gibt es vor dem Hintergrund dieser Entwicklungen auch Alternativen? Die Antwort könnte lauten: Spin-offs und Boutiquenlösungen.

In den vergangenen Jahren hat es eine Vielzahl von erfolgreichen Neugründungen gegeben, die aus Abspaltungen (Spin-offs) der großen Sozietäten entstanden sind. Ob damit die bereits erwähnte „Renaissance der mittelgroßen Sozietäten" eingeleitet ist (vgl. dazu bereits JUVE Handbuch 2006/2007, S. 23), mag dahinstehen. Tatsache aber ist, dass der Markt Raum bietet für klar positionierte kleinere Einheiten, die Anwaltsdienstleistungen in aller Regel spezialisiert und auf einem vergleichbaren Niveau anbieten wie die großen Kanzleien. Als Paradebeispiele können etwa angeführt werden: Greenfort, eine auf Arbeits- und Gesellschaftsrecht fokussierte Frankfurter Sozietät, die von erfahrenen Freshfields- und Hengeler-Mueller-Associates gegründet wurde, oder die Hamburger Boutique Renzenbrink Raschke von Knobelsdorff Heiser, die schon kurz nach ihrem Start im Jahr 2005 aufhorchen ließ durch die Ankündigung, Berufseinsteigern ein Fixgehalt von 100.000 Euro p. a. zu zahlen. Das ist – siehe oben – erst seit 2011 wieder die monetäre Benchmark in der Gehaltsklasse der Marktführer. Und eben auch ein Signal, dass in diesem Marktsegment der kleineren Einheiten eigentlich alles so ist wie bei den Großen der Branche: mit Ausnahme eben der Größe und – nicht ganz unwichtig – der internen Strukturen und Karrierechancen für den Nachwuchs.

Die schlankere Organisation und die konsequente Konzentration auf bestimmte Rechtsgebiete (so etwa Lindenpartners in Berlin im Bankrecht oder Pusch Wahlig Legal im Arbeitsrecht sowie JONAS Rechtsanwälte im IP-/IT-Recht) nämlich ermöglichen es, qualitativ hochwertige Anwaltsdienstleistungen am Markt zu Preisen anzubieten, die unterhalb derjenigen der internationalen Sozietäten liegen. Die Boutiquen sind mit diesem Konzept in jeder Hinsicht wettbewerbsfähig, und es kann daher prognostiziert werden, dass es in diesem Segment zukünftig weiterhin viel Bewegung geben wird.

Zu beobachten sein wird indes, ob das Boutiquenkonzept zu einer Positionierung im eher mittleren Bereich des Mandatsmarkts führen wird. Dies ist eine Tendenz, die sich derzeit abzeichnet.

## 5. Der Weg ist das Ziel: juristische Spezialisierung als Turbo für den Karrieremotor

Ob Partnerticket ja oder nein – sicher ist in jedem Fall eines: Schon der Berufseinsteiger in einer großen Sozietät wird sich, bedingt durch die Strukturen und Abläufe in allen in Betracht kommenden Häusern, zu Beginn seiner Karriere auf bestimmte Rechtsgebiete konzentrieren. Und eben das ist der Königsweg für eine erfolgreiche Anwaltskarriere in den oberen Marktsegmenten – und zunehmend in weiten Bereichen der Anwaltschaft.

Die Gründe für eine auf Fachgebiete oder Branchen ausgerichtete anwaltliche Spezialisierung sind objektiv zunächst in der fortschreitenden Verrechtlichung aller Lebensbereiche und den damit verbundenen immer komplexer werdenden juristischen Strukturen zu sehen. Vor allem aber beruhen das Geschäftsmodell und die Marktstrategie der großen Sozietäten auf dem Prinzip der Spezialisierung: Dem Mandanten wird – national und international – hochklassiges juristisches Know-how zu allen Rechtsfragen angeboten, die Sozietät wird gleichsam zum „One-Stop-Shop" und zum umfassenden Dienstleister in allen rechtlichen Belangen.

Der Grundgedanke ist einfach: Ein hoher Spezialisierungsgrad der Anwälte führt zu einer vertieften Kenntnis eines bestimmten Rechtsgebiets und das wiederum zu einer zeiteffizienten und qualitativ hochwertigen Bearbeitung von Rechtsfragen. Das Vorhalten spezialisierten Know-hows ist für die Sozietäten ein geldwerter Faktor im Wettbewerb, wenn es gelingt, höhere Stundensätze für die anwaltliche Dienstleistung gegenüber den Mandanten durchzusetzen – und wenn Mandanten durch erfolgreiches Cross-Selling anwaltlicher Dienstleistungen, also das interne Vermitteln von Mandaten aus bereits bestehenden Geschäftsverbindungen an weitere Praxisgruppen der Sozietät, in mehreren Rechtsgebieten betreut werden können.

Das alles zeigt, dass in der beruflichen Praxis ein klarer Trend hin zu einer immer höher spezialisierten Ausübung der Anwaltstätigkeit zu erkennen ist. Festzustellen ist zudem, dass der Spezialisierungsgrad mit der Kanzleigröße zunimmt (vgl. dazu bereits Bartoszyk, 2005, S. 186). Insoweit sind Sozietäten durchaus mit Wirtschaftsunternehmen vergleichbar, bei denen es ebenfalls einen Zusammenhang zwischen der Größe und der Komplexität von Abteilungen und den damit verbundenen Aufgabenstellungen und der Abgrenzung von Kompetenzbereichen gibt.

Ein weiterer Indikator für die fortschreitende Spezialisierung ist die Entwicklung der derzeit 20 etablierten Fachanwaltschaften – von „A" wie Arbeitsrecht bis „V" wie Verwaltungsrecht. 2011 lag der Anteil der Fachanwälte in Deutschland unter allen zugelassenen Rechtsanwälten bereits bei 26,7 Prozent; das entspricht mehr als 41.500 Berufsträgern (Quelle: www.brak.de in der Rubrik „Statistiken"). Der Erwerb einer Fachanwaltsqualifikation ist dabei alles andere als „L'art pour l'art", denn es ist inzwischen nachgewiesen, dass Fachanwälte ein wesentlich höheres Einkommen erzielen können als nicht spezialisierte Kollegen (vgl. dazu bereits Bartoszyk, 2005, S. 185, mit weiteren Nachweisen, sowie Huff, in: JURAcon Handbuch 2010/2011, S. 32 f.).

**6. Exkurs: Süd-West-Ost-Konflikt: hello München, hello Düsseldorf, goodbye Berlin?**

Ein weiteres aktuelles Thema im deutschen Rechtsmarkt verdient eine gesonderte Betrachtung: die Bedeutung der Standorte Berlin, Düsseldorf und München.

Während es für die angloamerikanischen Sozietäten selbstverständlich ist, in den Hauptstädten London oder Washington mit eigenen Offices vertreten zu sein, tun sich viele der internationalen Sozietäten schwer mit ihren Dependancen in der deutschen Kapitale. Mit bemerkenswerten strategischen Konsequenzen, denn 2004 schloss Clifford Chance das Berliner Büro, und 2007 zog sich mit der seinerzeitigen Sozietät Lovells ein weiterer großer Player aus dem Markt zurück. Ebenfalls im Jahr 2007 schloss die renommierte deutsche Sozietät Hoffmann Liebs Fritsch & Partner die Tore, und mit Linklaters hat eine der Topadressen eine Umstrukturierung in der Hauptstadt durchgeführt (mit der Folge, dass dort nun weniger Partner tätig sind).

Ein Trend – oder das Resultat allzu hoher Profitabilitätserwartungen und nicht erreichter Strategieziele? Die Frage muss vorerst offenbleiben, wenngleich unverkennbar ist, dass Wettbewerber der genannten Sozietäten in Berlin sehr wohl und dauerhaft erfolgreich arbeiten.

Eine gewisse gegenläufige Tendenz ist zudem unverkennbar, denn nach der Sozietät Salans 2006 sind mit der ambitionierten britischen Sozietät Olswang und mit der US-Sozietät K&L Gates 2007 zwei in Deutschland neue Player angetreten, die sich Wettbewerbschancen gerade im schwierigen Hauptstadtmarkt ausrechnen und sich dort positionieren möchten. Zudem hat es im Berliner Markt in den vergangenen Jahren einige spannende und vielversprechende Neugründungen – genannt seien lindenpartners, Lindemann Schwennike & Partner, Pusch Wahlig Legal sowie BMH Bräutigam & Partner – gegeben.

Im Süden der Republik indes schien seit einigen Jahren das neue Mekka für Sozietäten zu liegen. Der Münchener Markt hatte sich seit dem Jahr 2004 als enorm dynamisch und mit hoher Anziehungskraft für die Branchengrößen erwiesen: München ist dadurch nach Frankfurt am Main (und vor Düsseldorf) zur Nummer zwei der Sozietätsstandorte in Deutschland geworden. Es sind – neben Hengeler Mueller – zunächst vornehmlich US-Sozietäten gewesen, die den Sprung an die Isar in den vergangenen Jahren wagten und damit den Wettbewerb dort weiter verschärften. Der Münchener Markt lockte mit einem hochinteressanten Mandantenpotential, insbesondere zahlreichen Großunternehmen und DAX-30-Konzernen, relevanten Playern der Technologie-, Medien- und Finanzbranche; zudem entwickelte sich München zunehmend auch zu einem Zentrum für Private-Equity-Unternehmen. Jedoch: Die Finanzkrise der Jahre 2008/2009 brachte diese Entwicklung jäh zum Stillstand, so dass die bayerische Metropole heute eher im Zeichen der Marktkonsolidierung steht.

Unabhängig davon: Es ist davon auszugehen, dass es sich hier um einen vorübergehenden Stillstand beziehungsweise eine Verlangsamung der Marktentwicklung handelt. München wird daher auch in den nächsten Jahren weiter ein strategisch wichtiges Standbein für die internationalen Sozietäten sein.

Das gilt ebenso für den Sozietätsstandort Düsseldorf. Vielleicht war es eine Art Aufbruchsignal, dass die Sozietät Linklaters ihren angestammten Sitz in Köln im Jahr 2007 aufgab und – Rheinländer würden vermutlich sagen: ausgerechnet – nach Düsseldorf umzog. Dass die renommierte Sozietät Gleiss Lutz 2009 einen weiteren Standort in der nordrhein-westfälischen Landeshauptstadt eröffnete, ist ebenfalls ein Beleg dafür, dass der Westen der Republik nicht zuletzt vor dem Hintergrund der dort traditionell stark verankerten Corporate-Expertise bei strategischen Überlegungen der Sozietäten keinesfalls aus dem Blickfeld geraten ist. Das jüngste Beispiel unterstützt diese These: Im Sommer 2011 kündigte Mayer Brown die Schließung der Büros in Berlin und Köln an, um zukünftig neben dem Frankfurter Büro am neuen Standort Düsseldorf aktiv zu sein.

## III. Perspektivenwechsel: Personalberatung im Anwaltsmarkt

Die bisherige Bestandsaufnahme in Bezug auf das obere und oberste Marktsegment der Anwaltschaft soll abgerundet und ergänzt werden durch einen Perspektivenwechsel, und zwar den Blick auf die spezialisierte juristische Personalberatung.

## 1.   Ist-Situation: juristische Personalberatung in der Praxis

Aus der Sicht des auf den Anwaltsmarkt fokussierten Personalberaters gilt zunächst das eingangs Gesagte: Das derzeit wieder sehr gute konjunkturelle Umfeld und die damit verbundenen Wachstumsszenarien in den großen und mittelgroßen Sozietäten führen dazu, dass viele Kanzleien aktiv auf der Suche nach strategischen Verstärkungen auf der Partnerebene sind. Angesichts des bereits beschriebenen permanenten Bedarfs, hochqualifizierte Junganwälte als Associates einzustellen, ergibt sich auch in diesem Bereich eine beständig steigende Nachfrage für die unmittelbar wertschöpfende Dienstleistung einer professionellen juristischen Personalberatung. Diese Rahmenbedingungen werden noch begünstigt durch den zuvor skizzierten vielfältigen Strukturwandel innerhalb der Sozietäten und haben nicht zuletzt zu einer in den zurückliegenden Jahren verstärkten Wechselbereitschaft der Berufsträger aller Senioritätsstufen geführt.

Ein Blick auf die Gesamtgröße des relevanten Anwaltsmarkts zeigt auch die immanente Begrenzung: Heute nehmen in aller Regel nur die großen und mittelgroßen Sozietäten professionelle Unterstützung durch einen Personalberater in Anspruch. Daraus folgt, dass der Kreis der potentiellen Auftraggeber in Deutschland nicht größer sein dürfte als etwa 100 Kanzleien.

Innerhalb dieses relevanten Teilmarkts der Anwaltschaft hat sich in der jüngeren Vergangenheit eine zunehmende Offenheit für die Zusammenarbeit mit einem Personalberater gezeigt, da sich die (in anderen Branchen seit langem vorhandene) Erkenntnis durchzusetzen beginnt, dass die professionelle Unterstützung durch einen externen Experten im Ergebnis unter Kosten- und Zeitgesichtspunkten den vermutlich effizientesten Weg darstellt, um ein personelles Wachstum der Sozietät nachhaltig sicherzustellen.

Die unternehmensnahe und konkret wertschaffende Dienstleistung der Personalberatung wird im juristischen Umfeld typischerweise in zwei Varianten angeboten: Recruiting und Executive Search. Im erstgenannten Fall steht in aller Regel die rein anzeigen- und datenbankgestützte Suche im Vordergrund, während im Bereich Executive Search (oder auch: Direct Search) ein fokussierterer – und damit wiederum: effizienterer – Ansatz gewählt wird.

Der Projektablauf im Bereich Executive Search (vgl. dazu ausführlich Diemer/Füchtner, S. 30ff.) ist wie folgt organisiert: In enger Abstimmung zwischen beauftragender Sozietät und Berater wird ein genaues

Profil des oder der jeweils gesuchten Kandidaten erarbeitet, um auf dieser Grundlage eine umfassende bundesweite Marktrecherche durchzuführen. Zu den dabei identifizierten interessanten Kandidaten nimmt der Berater unmittelbaren Kontakt auf, um die Wechselbereitschaft im Einzelfall zu sondieren und die weiteren Schritte – wiederum in Absprache mit dem Auftraggeber – vorzubereiten.

Die intensive Prozessbegleitung durch den Berater ist in allen Stadien des Projekts erforderlich, wenngleich sich seine Rolle zunehmend mehr vom aktiven Ansprechpartner hin zum Moderator oder Sparringspartner für die beteiligten Parteien verändert.

## 2. Professionelle Personalberatung im juristischen Umfeld – eine sehr persönliche, wertschöpfende Dienstleistung

In den vorstehenden Kapiteln ist vielfach auf die besondere Dynamik des Anwaltsmarkts hingewiesen worden. Diese Entwicklung gilt gleichfalls für den damit eng verbundenen Markt der juristischen Personalberatung, der sich in Deutschland in der heutigen Form erst in den 90er Jahren des vergangenen Jahrhunderts herausgebildet hat: Es gibt inzwischen viele (auch neue) Player im Markt, vor allem aber auch ganz unterschiedliche prozessuale Ansätze. Um von einer professionellen Beratung sprechen zu können, sollten bestimmte Qualitätskriterien jedem Fall erfüllt sein:

• umfassende Markt- und Branchenexpertise des Beraters

• umfassendes Know-how in Bezug auf die Prozessdurchführung auf Seiten des Beratungsunternehmens

• exklusive Mandatsbeziehung zwischen Berater und Auftraggeber

• Transparenz gegenüber Mandanten und Kandidaten

• Honorarmodelle, die strikt am Prozessfortschritt eines bestimmten Projekts orientiert sind

Die genannten Themen sollten selbstverständlich sein, jedoch zeigt sich in der Praxis, dass die in Deutschland noch junge Dienstleistung der spezialisierten juristischen Personalberatung heute ein durchaus uneinheitliches Niveau aufweist. Dem kann nur durch die Einhaltung hoher professioneller Standards auf Seiten der Berater begegnet werden (vgl. dazu Hübner, S. 152ff.).

376

Umgekehrt ist aber auch auf Seiten der auftraggebenden Sozietäten eine weitere Professionalisierung zwingend erforderlich, denn insbesondere die Aufnahme von Partnern in eine neue Sozietät ist ein sehr komplexer und für alle Beteiligten zeitaufwendiger Prozess. In jedem Stadium der Gespräche besteht aus einer Vielzahl möglicher Gründe ein beachtliches Risiko des Scheiterns, wenn es nicht gelingt, in vertrauensvoller Teamarbeit mit dem Berater den kontinuierlichen Fortgang des Verfahrens sicherzustellen.

Das entsprechende Dienstleistungsangebot des Beraters ist in aller Regel sehr persönlicher Natur, denn es gilt, den Kandidaten und die beauftragende Sozietät über einen oft Monate hinweg dauernden Entscheidungsprozess zu begleiten, nicht selten auch zu coachen und mit hohem persönlichen Einsatz zu unterstützen.

Vor diesem Hintergrund stellt sich immer wieder die Frage nach dem dafür angemessenen Vergütungsmodell für die Beratungsleistung. Von Seiten der Sozietäten wird mitunter ein ganz oder zumindest teilweise erfolgsabhängiges Honorar vorgeschlagen – ein Ansatz, der, wie auch ein Blick in alle anderen Branchen außerhalb des Anwaltsmarkts zeigt, nicht zielführend und auch nicht angemessen ist.

Der professionell organisierte Executive-Search-Prozess löst innerhalb des Beratungsunternehmens nämlich erhebliche Kosten aus, da neben dem Berater im Hintergrund immer auch ein Team von Experten im Rahmen der bundesweiten und oder internationalen Marktrecherche auf der Suche nach dem oder den geeigneten Kandidaten aktiv ist, und zwar während der gesamten Dauer des Projekts.

Sachgerechter und für alle Beteiligten transparent ist es daher, ein Beraterhonorar zu vereinbaren, das sich ausschließlich am Prozessfortschritt orientiert. Positiv zu vermerken ist, dass sich diese Einsicht bei den Sozietäten inzwischen immer mehr durchsetzt, wobei es in Bezug auf die Fakturierung eines Auftrags im Einzelfall zu zwischen den Parteien zu vereinbarenden Varianten kommen kann.

Die in der Personalberatung übliche „Drittelregelung" – also die Aufteilung eines zuvor definierten Gesamthonorars in drei gleiche Teile, die bei Auftragsvergabe, bei Präsentation eines aussichtsreichen Kandidaten und bei erfolgreichem Projektabschluss gezahlt werden – ist heute in weiten Teilen des hier beschriebenen Marktsegments bereits ebenso akzeptiert wie die Vereinbarung eines sogenannten Retainers, also einer im Vorfeld definierten, zeitbezogenen Teilzahlung des Gesamthonorars. Diese Teilzahlungen wiederum orientieren sich konsequent

– und damit für den Auftraggeber immer nachvollziehbar – an dem jeweils gemeinsam erreichten Projektfortschritt.

### 3. Fazit: Plädoyer in eigener Sache – der ideale Mandant, der ideale Kandidat

Im Idealfall ist die Rollenverteilung im Rahmen eines Executive-Search-Projekts wie folgt: Der Personalberater ist im Vorfeld zunächst der kreative Ideengeber für die beauftragende Sozietät, der den oder die passenden Kandidaten aufgrund seiner umfassenden Marktkenntnis identifiziert, auswählt, interviewt und beurteilt. Im weiteren Verlauf des Aufnahmeprozesses und der Gespräche zwischen Sozietätsvertretern und dem oder den in Betracht kommenden Kandidaten wandelt sich seine Rolle dann zunehmend in Richtung eines Sparringspartners und Moderators für alle Beteiligten. Der ideale Mandant ist dabei sicher eine Sozietät, die nach einem zuvor klar definierten Ablaufplan die Schritte für die Aufnahme eines Kandidaten in die neue Partnerschaft bearbeitet.

In der Praxis zeigt sich immer wieder: Diejenigen Projekte, die stringent – und damit ist hier gemeint: durch die jeweils aufnehmende Sozietät und den Kandidaten – abgewickelt werden, haben die größten Aussichten auf Erfolg. Wenn hingegen die Gespräche zwischen dem wechselwilligen Kandidaten und der aufnahmebereiten Sozietät ins Stocken geraten, und sei es auch nur wegen Schwierigkeiten in der Terminkoordination aufgrund starker beruflicher Beanspruchung aller Beteiligten, dann sinken die Chancen, das Projekt gemeinsam zum Erfolg zu führen.

In der entscheidungsrelevanten Phase des Prozesses kann der Berater selbst den Verfahrensfortgang in aller Regel nicht oder nur geringfügig beeinflussen. Hier ist daher im gemeinsamen Interesse eine vertrauensvolle und zielorientierte Unterstützung durch die jeweilige Sozietät unabdingbar.

Der ideale Kandidat ist in diesem Zusammenhang sicher derjenige, der sich vor der Aufnahme von Gesprächen und Verhandlungen mit seiner potentiell neuen Sozietät auch tatsächlich einer Selbstprüfung in Bezug auf seine Entschlossenheit zu einem Wechsel unterzogen hat. Auch sollte der Idealkandidat die Chance nutzen, den Berater seines Vertrauens seinerseits als Ideengeber und – wiederum – als Sparringspartner für alle mit dem geplanten Wechsel verbundenen relevanten Themen zu nutzen.

Damit ist zunächst eine intensive gemeinsame Diskussion der entscheidungserheblichen „hard facts" angesprochen: die Entwicklung eines plausiblen Businessplans einschließlich der Überlegungen zu dem „portable business", der Frage also, welche Mandanten dem wechselwilligen Kandidaten aller Voraussicht nach zu der neuen Sozietät folgen werden.

Darüber hinaus ist eine Reihe weiterer Punkte wichtig und ausschlaggebend dafür, ob ein Wechsel in eine andere Sozietät sinnvoll und umsetzbar ist:

- das jeweilige Vergütungsmodell (zu nennen sind hier in erster Linie das in britischen Sozietäten häufig etablierte senioritätsbezogene Lockstep-Modell oder das oft in US-Sozietäten anzutreffende, stärker umsatzorientierte und allgemein wichtiger werdende sogenannte Modell des „merit based")

- die Vergütungshöhe

- der strategische Ansatz

- die Positionierung und die Wachstumsaussichten der neuen Sozietät im Markt

- Akquise- und Marketingstrategien

- Auf- und Ausbau eines Mitarbeiterteams in der neuen Sozietät

Zudem darf ein Gesichtspunkt im Rahmen eines Sozietätswechsels nicht unterschätzt werden: Die praktische Erfahrung zeigt, dass die vermeintlichen „soft facts" gar nicht hoch genug bewertet werden können. Wie sind die Arbeitskultur und das soziale Klima in der neuen Sozietät einzuschätzen? Passen die handelnden Personen innerhalb einer bestimmten Praxisgruppe der neuen Sozietät neben den als gegeben vorauszusetzenden fachlichen Qualitäten auch menschlich zueinander? Das alles sind für den späteren Erfolg oder Misserfolg ausschlaggebende Fragen, zu denen ein erfahrener Berater schon in der Anfangsphase eines geplanten Wechsels Auskunft geben sollte, um Missverständnisse und Fehlentscheidungen zu vermeiden.

## IV.  Fazit

Der Blick auf den Anwaltsmarkt – und insbesondere auf das hier näher betrachtete Teilsegment der mittelgroßen und großen Sozietäten – in Deutschland zeigt: Das Umfeld ist seit Jahren beständig in Bewegung. Wandel ist inzwischen der Normalzustand mit entsprechenden Konsequenzen für alle im Markt tätigen Sozietäten, aber auch mit Konsequenzen, positiven wie negativen, für die Berufsträger aller Senioritätsstufen. Die zuvor beschriebenen aktuellen Entwicklungen sind insofern Gradmesser für und Schlaglicht auf eine Branche, die aus der Sicht des Personalberaters so spannend wie zukunftsorientiert ist.

# Die „Berater-Berater" – Ein Blick hinter die Kulissen der Consultingbranche

Astrid Dutschei, Udo Maier und Raik-Michael Meinshausen,
Bad Homburg, München und Köln

> *„Of all businesses, by far*
> *Consultancy's the most bizarre.*
> *For to the penetrating eye,*
> *There's no apparent reason why,*
> *With no more asset than a pen,*
> *This group of personable men*
> *Can sell to clients more than twice*
> *The same ridiculous advice,*
> *Or find, in such a rich profusion,*
> *Problems to fit their own solution."*
>
> Bernie Ramsbottom am 11.04.1981 in der „Financial Times"

## I. Geschichten zur Geschichte

Die „Geburtsstunde" der Managementberatung (Managementconsulting) war ganz sicher kein geplanter, konstituierender Akt. Gleichwohl markiert das Jahr 1886 das erste wichtige Datum der Branche. Es gilt als Datum der Gründung eines Unternehmens, das sich (jedoch erst sehr viel später) zu einer Managementberatung (im heutigen Sinne) entwickelt hat: Arthur D. Little (ADL).

Arthur Dehon Little war ab 1881 Student der Chemie am Boston Tech (woraus später das Massachusetts Institute of Technology entstand). Nach drei Jahren konnte er die Studiengebühren nicht mehr zahlen und brach das Studium ab. In der Folge arbeitete er als Labor- und Büroangestellter bei der Richmond Paper Company in Rhode Island. Erst zwei Jahre später baute er mit seinem damaligen Kollegen Roger Griffin in Boston ein eigenes Geschäft auf: ein chemisches Prüflabor, das unter anderem die „Reinheit" von Produkten analysierte und beurteilte.

Ein erster großer kommerzieller Erfolg resultierte aus einem Patent über die Entwicklung von unbrennbarem Zelluloid, wobei die Rechte später an die Firma Eastman Kodak verkauft wurden. 1900 stieß William H. Walker als neuer Partner zum Labor. Erst 1909, 16 Jahre nach dem Tod von Littles Partner Griffin, wurde das Labor unter dem Namen Arthur D. Little, Inc. eingetragen. Auch wegen intensiver Vernetzung mit den Industriepionieren der damaligen Zeit setzte sich der Erfolg des Unternehmens fort, etwa als James J. Storrow im Jahre 1911 die erste zentrale Entwicklungsabteilung für alle Unternehmen im General-Motors-Konzern unter Mitwirkung der Berater von ADL aufbauen ließ.

Nach den eingangs zumeist technischen kamen erst zögerlich auch betriebswirtschaftliche Themen in die Beratung. Insbesondere kleine Kanzleien und Partnerschaften aus der Gegend von New York und Chicago (den damaligen Wirtschaftszentren) zählen zu den Pionieren der Managementberatung.

Nach seinem Abschluss an der Northwestern University 1914 gründete etwa Edwin George Booz im selben Jahr ein eigenes Unternehmen zur Erstellung von Studien und statistischen Analysen für die Wirtschaft. Sein Unternehmen wurde 1924 in „Edwin Booz Surveys" umbenannt und George Fry 1925 als zweiter Mitarbeiter eingestellt. Jim Allen kam 1929 als dritter Mitarbeiter hinzu, sechs Jahre später trat Carl Hamilton dem Unternehmen bei. 1936 wurde das Unternehmen als Partnerschaft reorganisiert und in „Booz, Fry, Allen & Hamilton" umbenannt. Bis heute gibt es das Unternehmen, wenn auch in anderer Struktur.

Ab den 20er Jahren des vergangenen Jahrhunderts stieg das Angebot „professioneller Dienstleistungen" (Professional Services) für das Management von Kunden – insbesondere in den USA – rasant an. Hier wurden vor allem beratende Ingenieure („Management Engineers"), aber auch Anwälte, Wirtschaftsprüfer oder Geschäftsbanker aktiv. Es entwickelte sich ein zunehmend breites Spektrum von Angeboten, oft aus dem jeweils fachlichen Blickwinkel und zumeist mit lokalem oder regionalem Bezug.

Im Wirtschaftsmagazin „Business Week" erschien am 9. April 1930 ein Artikel – in Zeiten der Weltwirtschaftskrise –, in dem James O. McKinsey, ein Wirtschaftsprofessor der University of Chicago, auf die neue Branche der „Management Consultants" hinwies.

Der Glass-Steagal-Act im Jahre 1933 untersagte Geschäftsbanken dann die betriebswirtschaftliche Beratung ihrer Kunden, was zu einer verstärkten Nachfrage nach „Management Consultants" führte. Neben Wirtschaftsprüfern profitierten auch Anwaltskanzleien (etwa Jones Day, Cleveland) als Ratgeber. Andrew Thomas Kearney, Horce G. Crockett,

Marvin Bower und andere traten auf den Plan. Ab 1939 waren die Beratungsfirmen McKinsey & Company, Scovell, Wellington & Company sowie Kearney & Company im Markt.

Zunehmend professionalisierte sich die noch junge Branche bis in die 50er Jahre, und neue Standards wurden gesetzt. So wurden Kunden zu „Clients", Aufträge zu „Engagements" und Geschäftsbereiche zu „Practices" – einer noch heute teilweise üblichen Terminologie. Auch wurden Entwicklungsprinzipien in der Beratung entwickelt (Up or out) und „Dresscodes" aufgestellt.

In der Branche hatte sich nach dem Zweiten Weltkrieg eine klare Hierarchie der Managementberatungen gebildet, wobei die Top 3 ihren Ursprung in Chicago hatten und die besten Absolventen der Harvard Business School umwarben.

Mit den beginnenden 70er Jahren wurden traditionelle Managementansätze zunehmend in Frage gestellt. Neue Beratungsansätze entwickelten sich, insbesondere durch die The Boston Consulting Group (BCG), etwa im Bereich von Marketingstrategien. Methoden- oder Branchenexperten fanden zunehmend Einsatz, es setzte eine Differenzierung bei den Managementberatungen ein. So etablierten sich Beratungen mit unterschiedlichem Fokus: Strategie, (Informations-) Technologie, Organisation und Personal.

In den 90er Jahren traten neue Player mit internationaler Reichweite an, wie etwa GEMINI Consulting. Zunehmende Globalisierung führte zu prosperierendem Geschäft für die Managementberatungen. Dann aber kam für die erfolgsgewohnten Beratungen eine neue Erfahrung: die Konsolidierung, nicht zuletzt ausgelöst durch die US-amerikanische Börsenaufsicht SEC, die mehrfach die Unvereinbarkeit von Wirtschaftsprüfung (Audit) und Wirtschaftsberatung (Advisory) angemahnt hatte. In der Folge wurde etwa Ernst & Young Consulting an Cap Gemini verkauft und PwC Consulting ging in der IBM auf.

Weitere Umstrukturierungen oder auch Mergers & Acquisitions (oder: „Carve-outs") fanden sich bei KPMG, aus der BearingPoint entstanden ist; Booz Allen & Hamilton wurde aufgeteilt, unter anderem zu Booz & Company, und aus Towers Perrin und Watson Wyatt wurde Towers Watson. Die spektakuläre Übernahme von Roland Berger Strategy Consultants durch Deloitte im November 2010 scheiterte allerdings am Votum der Mehrheit der 172 Partner von Roland Berger.

Der Markt der Managementberatungen ist aktuell sehr in Bewegung, und um die Entwicklungen, Trends und Veränderungen sehen, verstehen und richtig deuten zu können, ist es für unsere Berater aus dem Competence-Center „Professional Services" bei GEMINI Executive Search wichtig, sagen zu können: „Being a part of the community".

Wenn wir dieses Kapitel etwas ausführlicher in diesem Handbuch beleuchten, so rührt das auch an unserem Selbstverständnis. Schließlich gehen die Wurzeln von GEMINI Executive Search selbst auf namhafte Managementberatungen zurück. Fand sich der Ursprung unserer Dienstleistung bei Gruber, Titze & Partner, später bei GEMINI Consulting und zuletzt bei Cap Gemini Ernst & Young, so sind wir uns dieser Tradition bewusst und fühlen uns der Historie verpflichtet.

Bei eingehender Analyse der Geschichte der Managementberatung lassen sich also verschiedene „Entstehungstypen" von Beratungen differenzieren, die wir gemäß der Logik „Causa, Contributio, Correlatio" (Grund, Beitrag, Beziehung im Sinne der Ätiologie) wie folgt benennen:

- „Guru" (Boutiquen, Hidden Champions, Pioniere, Spezialisten, Experten, Innovatoren, Inventoren etc.) – Beispiele: ADL, BAH, BCG, ATK, Stern Stewart/Simon Kucher, Horváth

- „beratungsnahe Dienstleistungen" (Audit, Tax, Legal, technische Prüfung) – Beispiele: PwC, KPMG, E&Y, Pöyry, Helbling, BDO auch Rambøll, Dekra, TÜV

- „Technik/Technologe" (EDV, IT, M2M, HTML, WWW, Engineering etc.) – Beispiele: Accenture, CSC, IBM, SAP, HP, TATA, Infosys, Atos Orign

- „Inhouse-Consulting" – Beispiele: Commerz Business Consulting, Bayer Business Services, Deutsche Bahn Managementberatung, Siemens Management Consulting

- „interpersonale Dienste" (Human Resources, Coaching, Assessment, Sparring, Talentmanagement, Mentoring etc.) – Beispiele: SHL, Towers Watson, Kienbaum, Right Management, Gallup

Interessant erscheint hierbei, dass die „Entstehungsbedingungen" bis heute nachwirken und der jeweiligen Beratung quasi „einen Stempel aufdrücken". Wer dies sieht und deutet, kann sowohl als Klient als auch als (potentieller) Mitarbeiter Erkenntnisse daraus ziehen. Das betrifft Themen wie Unternehmenskultur, Selbstverständnis, Arbeitsleistung, Serviceportfolio und Führung.

## II.  Veränderungen des Markts für Beratungen

### 1.  Anspruchsvollere Kunden

„Beraterstopp" – dieser Begriff wird den Managementconsultants wohl als das (Un-)Wort des Krisenjahres 2009 im Gedächtnis haften bleiben. Nachdem die erfolgsverwöhnte Branche in den vergangenen Jahren oft zweistellige Wachstumsraten erzielen konnte, sieht sie sich nach der Krise 2008/2009 trotz der aktuell wieder gestiegenen Nachfrage nach Consultingdienstleistungen großen Veränderungen gegenüber. Branchenkenner sprachen Ende 2010 von einer Beratungslandschaft, die sich im Umbruch befindet und bei der sich Managementberater sowohl nach innen als auch nach außen an neue, teils härtere und deutlich kompetitivere Bedingungen anpassen müssen.

Gerade in der mitunter intransparenten Beratungsbranche, die bis dato durch Stärke, Erfolg und Wachstum geprägt ist, ist jedoch jedes Eingeständnis einer Schwäche ein Tabu.

Die großen Unternehmen, die zumeist die wichtigsten Kunden und Garanten für ein florierendes Beratungsgeschäft waren, insbesondere DAX-Konzerne, haben in den vergangenen Jahren in hohem Maße ehemalige Managementberater rekrutiert und in operative Bereiche eingebunden, was zu höherem Know-how bei gewachsenem Anspruchsniveau geführt hat. Um den eigenen Beratungsbedarf decken zu können, wurden darüber hinaus Inhouse-Consulting-Einheiten gegründet, für die ebenfalls Berater namhafter Strategie- und Managementberatungen rekrutiert wurden. Die dadurch gestiegene Professionalität und Kompetenz haben zu einer Aufwertung des Inhouse-Consultings in den Konzernen geführt. Viele Themen können nun durch die eigene Beratermannschaft bearbeitet werden. Der Inhouse-Consultant übernimmt – im Gegensatz zu früher, als ein externer Berater der Vertraute war – zunehmend die Rolle des Sparringspartners für das Topmanagement.

Diese Konstellation bedeutet reziprok auch, dass die Budgets für externe Beratungsdienstleistungen um bis zu 30 Prozent gekürzt wurden. Somit ist das Auftragsvolumen für die Beratungen deutlich kleiner geworden. Im Juni 2010 haben sich 25 deutsche Konzerne zum „Inhouse Consulting Network" (vgl. www.inhouse-consulting.de) zusammengeschlossen. Hier findet über Unternehmensgrenzen hinweg ein Austausch zu Best Practices, Methoden und Benchmarks statt.

Nicht zuletzt auch daraus folgend ist die Auftragsvergabe an Beratungsgesellschaften seltener, aber zugleich anspruchsvoller und professioneller geworden. Die Zeiten, in denen bei der Auswahl eines Beraters in den Konzernen der Vorstandschef oder auch der Aufsichtsratsvorsitzende nach Gusto („old boys network") die Entscheidung für die Vergabe eines Projekts persönlich traf, sind vorbei. Gerade für die großen Managementberatungen mit langfristig bestehendem Netzwerk, die in der Vergangenheit bei vielen Kunden „gesetzt" waren, bedeutet das eine zunehmende Schwächung der bisher funktionierenden „Top-down-Strategie". In Zeiten der Einhaltung der Corporate Governance & Compliance, die in den Unternehmen einen immer höheren Stellenwert einnimmt, können Unternehmen es sich kaum mehr erlauben, Projekte ohne vorherige Ausschreibung und Beautycontests, also aufwendige Präsentationen verschiedener Managementberatungen, zu vergeben.

Dadurch ist der Akquisitionsprozess deutlich anspruchsvoller geworden, und jedes Projekt und jeder Kunde muss neu erkämpft werden, was auch zu einem erheblichen Anstieg der Akquisitionskosten führt.

Hinzu kommt, dass man im Auswahlverfahren häufig ehemaligen Managementberatern gegenübersitzt, die eine hohe inhaltliche Kompetenz aufweisen, und die Beratungsunternehmen bezüglich der Vorbereitung und Strukturierung eines möglichen Projekts so schon im Vorfeld stärker gefordert sind. Die Kunden fordern oftmals eine intensive unentgeltliche Vorbereitung und die Darstellung von Lösungsansätzen mehrerer Beratungsunternehmen, sogenannte Pitches, danken für die Lösung und setzen diese dann zum Teil doch allein um. Der Markt ist volatiler geworden, und zunehmend zählt allein die spezifische Kompetenz für ein spezielles Projekt; zudem möchte man nicht mehr nur „Wolkenschieberei", also Konzepte einkaufen. Bei der Vergabe eines Projekts haben nicht nur die relevanten Fachbereiche ein immer stärkeres Mitspracherecht, entscheidend sind die Verhandlungen mit dem sehr viel professioneller gewordenen Einkauf auf Unternehmensseite. Für die Beratungsleistung werden komplexe Ausschreibungs- und Genehmigungsverfahren durchgeführt, die auch die Leistung der Einzelnen transparent machen. Nun sehen sich Managementberater „Sachbearbeitern" gegenüber, für die am Ende oft nur der Preis zählt. Einige Konzerne führen mittlerweile sogar Ausschreibungsverfahren über das Internet durch und „laden" zu Onlineverhandlungen ein. Die Beratungsleistung im Verkaufsprozess wird so zu einem ordinären Wirtschaftsgut (commodity). Dies ist wiederum Ausdruck der zunehmenden Kommodifizierung der Beratungsinhalte.

Die Transparenz führt dann wiederum auch zur Erosion und zu einem Preisverfall für die Honorierung der Beratungsleistung. Die Beratungen sind gefordert, intelligente Kompensations- und Honorarmodelle zu entwickeln. Die Unternehmen sind nicht mehr bereit, die hohen Tages- und Stundensätze der Berater zu zahlen oder auch die teuren Reisekosten inklusive Spesen zu alimentieren. Die Kunden fordern eine messbare Verbesserung, Qualität und Nachhaltigkeit von Beratungsprojekten. Häufig treten heute an die Stelle eines festen Tagessatzes neue Kompensationsmodelle, die eine Basisvergütung zuzüglich einer Erfolgsvergütung vorsehen, wenn innerhalb des Projekts bestimmte Meilensteine erreicht wurden.

## 2.    Verstärkter Wettbewerb

Durch die geringe Anzahl der zu vergebenden Aufträge setzt zwischen den unterschiedlichen Beratungen ein zunehmender Verdrängungswettbewerb ein. Die Strategieberatungen sind gezwungen, sich inhaltlich breiter aufzustellen und sind in operative Bereiche oder in Richtung IT ausgewichen, wie etwa die Tochtergesellschaft Platinum von BCG oder das BTO von McKinsey. Zunehmend sehen sie sich im Wettbewerb sowohl mit Spezialberatungen als auch mit Hidden Champions als auch mit den großen Prüfungsgesellschaften, denn deren „Advisory"-Bereiche sind längst wieder aufgebaut und aktiv. Die großen Managementberatungen drängen auch verstärkt in den Mittelstand.

Die in diesem Marktsegment etablierten mittleren Beratungsunternehmen aber verstehen es, auf Augenhöhe mit den Inhabern und Gesellschaftern (im Erkennen von Gemeinsamkeiten) adäquat umzugehen (vgl. dazu Füchtner/T. Wegerich, S. 542ff.). Sie erfüllen die Anforderungen der unternehmerischen Denkweise, auch in puncto Seniorität und den mit dem Alter einhergehenden anderen Interessenslagen oftmals besser als Berater der großen Topmanagementberatungen, die vielerorts recht „junior" erscheinen. Dies führt auch bei großen Beratungen zu einem Umdenken des in Zukunft geforderten Profils und der Skills neuer Mitarbeiter. Im Gegenzug drängen die kleineren Beratungsgesellschaften in die DAX-Konzerne und sind dort bereits für Spezialthemen oder auch wegen der „Umsetzungskompetenz" etabliert.

Es ist zu beobachten, dass die klassischen Managementberatungen stärker in Umsetzungs- und IT-Themen vordringen. Hier stehen sie dann zunehmend im Wettbewerb mit Full-Service-Providern wie Accenture oder CSC. McKinsey hat nach dem Aufbau seines Business Technology Office (BTO) nun jüngst mit dem Marktforschungsunternehmen Nielsen ein Gemeinschaftsunternehmen gegründet, um Inhalte auf sozialen Netzwerken wie Facebook und Twitter zu analysieren. Nicht zuletzt versucht McKinsey auch neue Branchensegmente zu erschließen, wie etwa durch das Projekt „Hospital Institute" (vgl. www.hospitalinstitut.mckinsey.de). Unabhängig davon, welche Geschäftsfelder die Managementberatungen erschließen, zeigt dies, dass die Umsetzungsprojekte und die Implementierung von Lösungen zunehmend einen wesentlichen Teil innerhalb des Projektportfolios der Managementberatungen einnehmen. Diese Verlagerung der Auftragsinhalte in operative Themen hat allerdings auch zur Herabsetzung der Honorare geführt.

### 3. Das Geschäftsmodell auf dem Prüfstand

Die geringer gewordene Anzahl an Beratungsaufträgen, die sinkenden Preise und der zunehmende Verdrängungswettbewerb bringen das Geschäftsmodell der Beratungsunternehmen ins Wanken. Traditionell waren Beratungsunternehmen oft pyramidal in Partnerschaftsmodelle aufgebaut. Auf den unteren Ebenen waren die Consultants oder Senior-Consultants, die die Projekte bei den Kunden abarbeiteten. So konnten hohe Margen erwirtschaftet werden, mit denen das hohe Einkommen der Partner an der Spitze bezahlt wurde. Alle zwei, drei Jahre musste man sich in der Pyramide nach oben entwickeln oder nach dem herrschenden Prinzip „Up or out"/„Grow or go" das Unternehmen verlassen.

Dieses Geschäftsmodell kann allerdings nur bei kontinuierlichem Wachstum bestehen. Genau dieses ist aber aufgrund unterschiedlicher Parameter – wie weiter vorn dargestellt (siehe S. 385ff.) – nur eingeschränkt vorhanden. Weniger Wachstum bedeutet, dass es zukünftig nicht mehr, sondern tendenziell eher weniger Partner und somit weniger Entwicklungspotential für Einsteiger und Consultants auf den unteren Ebenen der Pyramide geben wird. Die Chance, mit hohen Einstiegsgehältern und steilem Karrierepfad in nur wenigen Jahren zum Partner aufzusteigen, ist geringer geworden. Die aktuellen Tendenzen zeigen, dass der Aufstieg nach oben nur durch härtere Selektionsverfahren verbunden mit längeren Verweilzeiten auf unterschiedlichen Levels erreicht werden kann. Gerade aufgrund der längeren Verweilzeiten flacht die Lernkurve des Einzelnen ab. Dies führt dazu, dass die Besten gehen oder gar nicht erst gewonnen werden können, was im Ergebnis die Aufrechterhaltung des vom Markt definierten Qualitätsanspruches an die Beratungsleistung erschwert.

## 4. Auf der Suche nach Wachstumsparametern

Wesentliche Wachstumstreiber der vergangenen zwei Jahrzehnte waren alle Themen rund um Globalisierung und dabei in den 90er Jahren insbesondere die Erschließung der Märkte in Mittel- und Osteuropa und seit der Jahrtausendwende zudem der Mittlere Osten und Asien. Dabei war die zunehmende Globalisierung der Startschuss und der Garant für zahlreiche Strategieprojekte, die zu einem stetigen Anstieg des Geschäftsvolumens geführt haben. Die Beratungsgesellschaften sind ihren Kunden in die unterschiedlichen Regionen gefolgt und haben dort Büros etabliert. Um diese Zuwachsraten auch in Zukunft erzielen zu können, sucht die Branche nach neuen Märkten. So sieht beispielsweise McKinsey als neuen geographischen Markt Afrika; für Roland Berger wiederum spielt Asien weiterhin eine wichtige Rolle, und das Unternehmen treibt die Ausdehnung des Geschäfts in die BRIC-Länder (Brasilien, Russland, Indien und China) voran.

Allerdings ist das Beratungsgeschäft stark angebotsgetrieben, und aktuell fehlen der Branche neben klar definierten Wachstumsregionen auch neue zündende Ideen, Methoden und Beratungsinhalte.

Die Branche sucht nach neuen Themen, die auch in Zukunft das Beratungsgeschäft sichern. Einigkeit herrscht in der veränderten Marktsituation darüber, dass für die Topmanagementberatungen Strategieprojekte allein nicht ausreichen werden, um zukünftig am Markt erfolgreich zu sein; vielmehr wird der Markt für klassische Strategieprojekte in Zukunft nur noch moderat wachsen. Überdurchschnittliche Zuwächse wird es nur in den Umsetzungsprojekten geben, die aber wiederum zu niedrigeren Tagessätzen abgerechnet werden.

Die aktuelle Wettbewerbssituation zeigt einen Ausleseprozess im Beratungsumfeld, der zunehmend zur Konsolidierung und zu Unternehmenszusammenschlüssen führen wird. Die großen Konzerne erwarten zunehmend eine Beratungsleistung aus einer Hand („One-Stop-Shopping"), was kleine und mittelgroße Beratungen nicht leisten können. Diese Anforderungen können nur von großen Beratungsgesellschaften erfüllt werden. Branchenkenner gehen davon aus, dass insbesondere die großen Wirtschaftsprüfungsgesellschaften (Big Four) aufgrund ihrer Finanzkraft eine maßgebliche Rolle bei der Konsolidierung der Branche spielen könnten.

Wie die Beratungen auf die Veränderungen reagieren, welche unterschiedlichen Strategien, Ideen und Modelle sowohl nach innen als auch nach außen denkbar sind, wird im Folgenden näher beschrieben.

# III.  Reboot Consulting

Die Änderungen im Marktumfeld und beim Kunden von Managementberatungen sind wie beschrieben gravierend, die Ansprüche des Markts stark ausdifferenziert und die Bedürfnisse nach Beratungsleistungen sehr speziell. Dies verändert die Welt der Beratungen – nach außen wie innen.

Verschiedene Tendenzen dieses Changeprozesses sollen hier exemplarisch und ohne Anspruch auf Vollständigkeit benannt werden, um den oft verdeckten „Umbau" der Beratungslandschaft zu skizzieren. Wohin das führen wird? Abzusehen ist schon jetzt: Die Berater von morgen werden andere sein als die von heute – die Beratung muss sich „neu erfinden".

Wir werden uns nur auf die Beratung in Deutschland konzentrieren. Interessant dabei ist, dass manche Entwicklungen – obwohl parallel ablaufend – doch gegensätzlicher Natur scheinen.


## 1.    Industrialisierung/Pricing

Eine erste Tendenz führt uns zu Standardisierung und Industrialisierung. In verschiedenen Beratungssegmenten, wie etwa Process-Industrie, Energy & Utilities (vgl. dazu Derakhshan, S. 267ff.), Telekommunikation (vgl. dazu Tils, S. 406ff.) und Automobil (vgl. dazu Barz, S. 170ff., und Schäfer, S. 196ff.) oder auch Handel (vgl. dazu Hanke, S. 278ff.) sind zunehmend „Package based Solutions" statt „Tailor made Solutions" anzutreffen. Angebote werden normiert, wiederholbar und damit deutlich günstiger.

Auch große Topmanagementberatungen wie McKinsey, Bain, Booz oder Boston Consulting Group versuchen, ihre Angebote wegen der Discounterfolge anderer Branchen (etwa Trading/Retail) – noch vorsichtig – zu ändern und mit standardisierten Einstiegspaketen „von der Stange" zu wachsen (vgl. „Financial Times Deutschland", 14.10.2010, S. A6). So werden „billige" industrienahe Beratungsdienstleistungen, etwa im Bereich Gesundheitswesen bei McKinsey, geschnürt, um am größten und auch attraktivsten Arbeitgebermarkt in Deutschland durch Beratung partizipieren zu können. Hat man dann erst einmal den Fuß in der Tür, können auch weitere, individuell zugeschnittene Beratungspakete dazu-/nachgebucht werden. Diese Tendenz war besonders stark ausgeprägt in der Krise 2008/2009.

Zudem sind seit Jahren sogenannte „Pro bono"-Mandate – oftmals im Umfeld der öffentlichen Hand (vgl. dazu Heilgenthal, S. 318ff.) – zu finden. Diese vermeintlich kosten- wie selbstlos realisierten Projekte erscheinen zumindest zweischneidig: So kommen Institutionen, Verbände, Vereine, Stiftungen oder Kommunen zu interessanten neuen Erkenntnissen, die deren Haushalt nicht belasten. Die Berater (jedoch) profitieren in zweierlei Hinsicht auch: Zyklisch schwankendes Projektgeschäft kann ausgeglichen werden, wobei auch die Berater Kompetenz aufbauen und Netzwerke zu Entscheidungsträgern oder -vorbereitern oder Mediatoren ausgeweitet werden können. Eine Win-win-Situation also im besten Fall.

Zusammenfassend lässt sich festhalten, dass die geringen Tagessätze in Standardprojekten oder Standardthemen die Akquisitions- und Delivery-Kosten gesenkt haben. Zudem hat der teils modulare Aufbau der Projekte die Hemmschwellen bei Kunden gesenkt, mit Beratungsthemen anzufangen. Ergänzend war oft festzustellen, dass, je niedriger das Projektvolumen war, auch eine Beauftragung „am Einkauf vorbei" möglich wurde. So wurden „Pro bono"-Mandate vielfach zum Einstieg in die Kundenbeziehung genutzt. Aber Vorsicht, dies birgt auch Gefahr, denn die (Beratungs-)Leistung kann schnell als „commodity" aufgefasst werden.

Die „Industrialisierung" von Beratungsleistung ist dabei der Versuch, die Kostenseite in den Griff zu bekommen – abseits von „Mainstreamberatung" darf bezweifelt werden, ob dieser Weg der richtige für Managementconsultants sein wird. Aber aktuell reagieren gerade Strategieberatungen auf geringeres Auftragsvolumen im Kerngeschäft und bieten zunehmend bei Themen „von der Stange" und der Erweiterung von Beratungsangeboten in operativen Themen auch ein reduziertes Pricing.

## 2.    Spezialisierung/Expertentum

Allen Beratungen werden zunehmend konkret messbare Ergebnisse abverlangt – mit wolkigen Ratschlägen können Berater nicht mehr punkten, konkrete Umsetzung ist gefragt. Früher haben Strategieberater eher konzeptionell gearbeitet, heute reicht das nicht mehr aus.

So werden Berater in der Wertschöpfung länger in die Pflicht genommen. Weil aber nicht jeder Berater alles kann, spezialisieren sich Berater zunehmend. Das meint sowohl durch Kompetenzaufbau in ganz spezifisch nachgefragten Themen (SCM, CRM, HR, Procurement, Finance etc.) als auch in der Strukturorganisation. War eine „einfache" Matrixorganisation allerorten typisch für die Beratung (mit sogenannten „Verticals" mit Branchenzuschnitt im Fokus auf Sales und den „Service Lines" in der Horizontalen, wo die fachliche „Delivery" erfolgte), so arbeiten Berater heute sehr viel näher am Kunden in Practice-Groups, Competence-Centern und Communities. Die Managementberater stehen also „für etwas", besetzen Themen und werden „Experten", die auf Augenhöhe mit den Kunden gemeinsam in Projekten arbeiten. Dabei wächst mit der Zeit Vertrauen.

Ein wichtiger Punkt betrifft hier die viel zu hohe Fluktuation in Beratungen, der entgegengewirkt werden muss, da Kunden sich nicht andauernd an neue Gesichter gewöhnen wollen oder – noch schlimmer – die neuen Berater in den Projekten erst „schlau" machen müssen. Zudem geht mit jedem Beraterwechsel konkretes Know-how über Kunden (Customer-Insight) sowie auch Fachexpertise verloren.

In den großen Strategieberatungen war ehedem ein Vorgehen im Projekt mit einem Senior auf Partnerlevel und vielen Juniors (die im Zuge des Projekts selbst eingearbeitet wurden) typisch. Wir mutmaßen, dass dies nun eher der Vergangenheit angehört. Vielmehr nutzen Beratungen heute immer mehr „Lateral Hires" von Seniors, da die Kunden Expertise und Erfahrung in den Projekten wollen. Nicht selten profilieren sich schon heute Beratungen mit eben diesem Zusatznutzen (unter anderem Management Engineers, Celerant oder auch Putz & Partner). Darüber hinaus sind für die Umsetzungsorientierung neben der analytischen immer mehr soziale Kompetenz und Reife sowie Erfahrung gefragt. Diese in Linie und Industrie erfahrenen Manager als Berater zu rekrutieren und sie dann erfolgreich in das System der Beratung einzubinden, führt zu ganz neuen Herausforderungen. Nicht zuletzt berührt dies das Thema der Personalentwicklung, um sogenannte Consulting Skills und Selling Skills aufzubauen. Das führt ebenfalls zu neuen Karrierepfaden, etwa den „Lateral Hires".

Entgegen dem Trend der Industrialisierung findet eine zunehmende Spezialisierung statt: Gerade kleinere Beratungen konzentrieren sich auf Themen und belegen Nischen als Hidden Champions. Es lassen sich viele Beispiele nennen, so steht Simon Kucher heute für das Thema Pricing, Horvath & Partner für Controlling oder Wibera für Krankenhausberatung. Zukünftig wird es daher etwa im Bereich „Capital Markets" (vgl. dazu Füchtner/Pohland, S. 328ff.) sicher Seniorberater geben, die fast nur noch zu Kernbanksystemen etwas beitragen – aber dort tatsächlich als echte Experten Anerkennung und auch Reputation genießen; im Bereich Healthcare (vgl. dazu Grupe, S. 219ff.) werden Spezialisten im Umfeld der gesetzlichen Krankenversicherung ausschließlich Kooperationsmodelle erarbeiten oder es wird eine global erfolgreiche

Pricing-Beratung helfen, den vermeintlich passenden Preis für neue Produkte der Pharmaindustrie (vgl. dazu Kaiser, S. 307ff.) zu berechnen.

## 3. Big, bigger, biggest

Wie bereits ausgeführt: Leistungen werden zunehmend anders bewertet und damit auch anders entlohnt. Dies führt im Weiteren zu geringeren Tagessätzen bei den Beratungen, was wiederum bei diesen bei gleichbleibenden Kosten zu reduzierten Ergebnissen führt. Daraus resultiert die Notwendigkeit, relativ rückläufige Ergebnisse auszugleichen, etwa über die gesteigerte Menge an Projekten.

Durch das angestrebte Wachstum sollen Skalenvorteile erzielt werden, um Umsatz- und Ergebnisrückgänge zu kompensieren. Als möglichen Lösungsansatz betrachten manche Beratungen hier das interne/externe Wachstum. Beratungsgesellschaften stellen sich daher, wie beschrieben, neu auf, müssen Marktanteile gewinnen und in neue Regionen vordringen (das wird im nachfolgenden Text noch ausführlicher beleuchtet). Mittel der Wahl hierbei ist oft der Zukauf von Unternehmen, die Fusion oder das Bilden von Netzwerken. In den vergangenen Jahren gab es hierzu eine Reihe prominenter Beispiele – mit unterschiedlichem Erfolg (etwa CSC/Ploenzke; IBM/PwC Consulting; Cap Gemini/Gemini Consulting/Ernst & Young Consulting; Groupe Steria/Mummert Consulting; Unilog Avinci/Logica /CMG; Towers/Watson; IDS Scheer/Software AG).

Natürlich ist Unternehmensgröße (und damit Marktmacht und globale Präsenz) ein wichtiges Kriterium für den Unternehmenserfolg. Auch die teils wenig verantwortlich handelnden Auftraggeber von Managementberatung wollen keine Fehler machen – und was sollte man denen auch entgegenhalten, wenn diese bei „der Nummer eins" Beratungsleistungen eingekauft haben. Später fragt man ja meist nicht mehr, ob der Einkauf selbst sinnvoll war.

Die Absicht der gescheiterten Fusion zwischen Booz und A.T. Kearney war, über Wachstum Skalenvorteile zu erlangen und damit die Umsatz- und Ergebnisrückgänge zu kompensieren. Zu schön sieht so etwas auf dem Papier aus, aber Beratung wird von Menschen gemacht, und so spielen kulturelle, soziale und auch vor allem psychologische Aspekte bei solchen Vorhaben eine nicht zu vernachlässigende Rolle. Jüngstes Beispiel hierzu: die „verpatzte Chance" oder das „abgewendete Risiko" – je nach Sichtweise – im Zusammenhang mit der gescheiterten Übernahme von Roland Berger durch Deloitte.

Was sich dagegen sehr viel besser bewährt hat als die vollständige Übernahme einer Beratung durch eine andere, ist die eher spezifische Übernahme von Teams (siehe „Financial Times Deutschland, 14.10.2010, S. A4), das sogenannte „Plug & Play Recruiting". Dies ist leichter zu planen, zu steuern und zu koordinieren, birgt weniger Risiken und ist für alle Beteiligten vorteilhafter, ruft aber geradezu nach professioneller, externer Begleitung durch Executive-Search-Consultants.

Andererseits gelingt es den Beratungen durch Übernahme und Integration, auch in neue Wirtschaftsregionen vorzudringen. So war die französische Groupe Steria vor der Übernahme von Mummert & Partner in Deutschland nicht wirklich präsent. Aktuell drängen zunehmend indische Provider mit Beratungsangeboten auf den deutschen Markt, etwa Tata Consultancy, Wipro, HCL oder Infosys.

## 4.    This is your land, this is my land

Die Beratungen gehen mit ihren Diensten dahin, wo sie Geschäft machen können. Regionale oder nationale Märkte erscheinen limitiert; die zunehmende Globalisierung (gerade auch von großen Unternehmenskunden wie BASF, Shell, Deutsche Bank) führt zur Internationalisierung, und die Beratung folgt ihren Kunden. Da Kunden, gerade die großen global agierenden Konzerne, gern nach dem Prinzip des „One-Stop-Shopping" Beratungsleistungen einkaufen, ergibt sich hieraus für die Beratungen fast zwangsläufig die Notwendigkeit zur Ausweitung des Angebots auch in Form weltweiter Präsenz der Beratungen.

Natürlich lockt Asien mit China und Indien. Aber zunehmend kommen auch Afrika (Nigeria, Südafrika) und Südamerika (Brasilien) auf den Plan. Ähnlich wie in den vergangenen etwa drei Jahren die relativ stabilen Umsätze der deutschsprechenden Beratungsorganisationen durch Geschäfte im Nahen Osten (Dubai, Abu Dhabi etc.) nahezu künstlich hoch gehalten wurden, wird man möglicherweise die Regionen „neu ordnen" (statt DACH oder EU dann mehr EMEAI oder EAST/WEST). Dies ist weiter vorn bereits beschrieben worden (siehe S. 393). Das aber hat Implikationen für die Berater und Projekte.

Das Erfordernis, global mobil zu sein und aus dem Koffer heraus teils über Wochen fern der Heimat (tätig) zu sein, ist einerseits spannend, aber andererseits nervenaufreibend und entwurzelt Menschen. Soziale Beziehungen von Beratern sind oft fragil, und das „Beraterleben" führt nicht selten zu Entfremdung. Interkulturelle Besonderheiten, Kommunikations- und Sprachbarrieren behindern zudem das Geschäft, manchmal aber auch und gerade die persönliche Entwicklung. Weil das „Staffing" der Projekte damit komplexer wird („best team to the client"), kommen neue administrative Aufgaben auf Beratungen zu (Stichworte: Talentmanagement und Staffing), was natürlich fast bei jeder der genannten Tendenzen berücksichtigt und daher wiederholt werden müsste.

## 5. Global-Delivery-Modelle

Große, international tätige, technologieorientierte Full-Service-Provider (etwa Accenture, IBM, CSC, Capgemini, Atos Origin, Steria Mummert, Tata Consultancy, Infosys, HP) versuchen, ihre Dienste und Services global 7x24 Stunden anzubieten. Das erfordert neue Formen der Zusammenarbeit bei zunehmender Virtualität und bringt neue interkulturelle Anforderungen mit sich. Alles zu jeder Zeit. Und günstig.

Zunehmend fordern Kunden aber nicht nur globale Präsenz im angestammtem Leistungsportfolio, sondern auch dessen Ausweitung. Zum einen ist dies die Ausweitung in Richtung Managementberatung oder die Verlängerung um Umsetzungs-Know-how inklusive IT. Zum anderen wird eine prüfungsnahe Beratung bei WP-Gesellschaften eingefordert, wobei „prüfungsnah" ein immer dehnbarer Begriff wird.

Zudem stoßen diese Marktteilnehmer zumindest im Ansatz immer wieder in das Feld der etablierten Managementberatungen vor und realisieren auch „Strategieprojekte", was den Wettbewerbsdruck bei den Managementberatungen nochmals erhöht. Oft geht es den Beratern dabei jedoch „nur" darum, einerseits viel frühzeitiger ins Projektgeschehen einzugreifen, um damit das „Service-Offering" zeitlich nach vorn hin in der Wertschöpfung auszuweiten (Strategieberatung als Pre-Sales oder gar reines Businessdevelopment), andererseits jedoch die „Big Deals" in Folge auch mit dieser strategischen Vertriebsspitze besser „abholen" zu können.

Cisco etwa hat dies nahezu perfektioniert: Hier gibt es auf dem Level „Mitglied der Geschäftsleitung" eine kleine Strategieberatungseinheit, deren Dienste sogar absolut kostenlos angeboten werden. Dabei geht es darum, weiter „vorn" in der (Beratungs-)Wertschöpfungskette zu beraten, um frühzeitig Themen und Bedarfe beim Kunden zu identifizieren und zu „Leads" zu wandeln, um später Aufträge mit Umsetzungs-/IT-Potential nachzuverkaufen.

## 6.   Anderer Fokus, neue Inhalte

Jüngst schien es, als ob die „Blockbuster-Themen der Zukunft" für ein passendes Beratungsangebot fehlten. Andererseits drängen sich doch einige Themen nahezu auf, die nun etwas angerissen werden sollen.

Insbesondere der stark angeschlagene Kapital- und Finanzmarkt (Hypo Real Estate, Lehman Brothers), aber auch Bestechungsskandale (etwa Deutsche Bahn, Siemens), Datendiebstahl (Deutsche Telekom, Wiki-Leaks), Unternehmensspionage (etwa der Fall SAP vs. Oracle) sowie auch der internationale Terrorismus evozierten neue Bedarfe und Themen: (IT-) Sicherheit (wegen der Virenangriffe auf iranische Atomanlagen), Compliance (wegen der „Verkaufsargumente" bei Siemens), Risk-Management (etwa Übernahme der maroden Hypo Alpe Adria durch die Hypo Real Estate), Business-Ethics (etwa wegen der „Gier" einiger Lehman-Brothers-Manager), um nur einige Aspekte zu nennen.

Sowohl weite Teile der Bevölkerung als auch die Medien sind sensibler im Umgang mit der Wirtschaft geworden – und skeptischer. Neue Medienformen (Twitter, Xing, Facebook, Myspace & Co. verbreiten schlechte (Wirtschafts-)Nachrichten exponentiell in Menge und Geschwindigkeit. Zudem wird das Primat der Wirtschaft von einigen in Frage gestellt, zumindest aber der „Roulette-Kapitalismus" angeprangert. So finden Themen wie Ökologie, Green Consulting, Nachhaltigkeit, aber auch Lebenssinn zunehmend ihren Raum in breiteren gesellschaftlichen Schichten.

Managementberatungen greifen diese neuen Entwicklungen (noch vorerst zaghaft) auf. Jüngstes Beispiel hierfür ist die Gründung der KIWI AG im Jahr 2010: Das Angebot der Beratung beruft sich auf „Kompetenz aus Kirche und Wirtschaft". Beispielsweise folgende Fragen umreißen das neue Service-Offering: Welchen Stellenwert haben Themen jenseits der Betriebswirtschaft in Unternehmen? Wie erfüllen sich persönliche Ziele, Wünsche, Träume? Was ist Zufriedenheit oder Lebenssinn wert? Und ja, zwar sollen auch Einzelpersonen beraten werden, aber doch in erster Linie Unternehmen.

Ein anderes Beispiel zum Thema Nachhaltigkeit: Die noch junge Managementberatung Partnerschaften Deutschland ÖPP Deutschland AG bietet nach dem „Plan-Build-Run"-Prinzip Lösungen zum Thema Public Private Partnership an.

## 7. Führung & Management

Die „klassische" Beratung wurde mit zunehmender Größe auch immer häufiger durch Mikro-Management geprägt. Auch ein sehr guter Berater (und Verkäufer) ist nicht unbedingt ein guter Manager (oder/und Unternehmer). Das Thema „Leadership" in der Beratung lässt sich oft mit den Worten „am Fuße des Leuchtturms fällt das wenigste Licht" umschreiben.

Hier wollen wir nun etwas polemisieren, um auf ein aus unserer Sicht wichtiges Phänomen hinzuweisen. Was Beratungen bis heute noch immer – trotz des Problems des demographischen Wandels – ganz gut gelingt, ist ambitionierte Absolventen Glauben zu machen, ein Job als Berater sei „cool", und der Lifestyle sei „ultracool", und etwa bei der Firma XY zu arbeiten sei „megacool". Es mag Menschen geben, die Beratertalent in sich tragen. Ja, diese sollten ins Consulting gehen (und wenn möglich lange dort bleiben). Es mag ein paar weitere geben, die Beratungsluft schnuppern, Methoden erwerben und die absehbar endliche, temporäre Spanne bei der Beratung nutzen wollen, um sich einen „echten" Job zu suchen, da man ja über das Projektgeschäft doch verschiedene Branchen und Themen kennenlernen kann.

Aber, was zu bedenken ist: Es ist kein elitärer Club, was man für Beratung hält. Und das lässt sich an der Lebensqualität und daher in Folge auch unter anderem an der (extrem) hohen Fluktuation im Consulting festmachen, die zwar in Teilen von der Beratung erwünscht und auch notwendig erscheint („Up or out"/„Grow or go"), aber sowohl zumindest in Teilen wenig förderlich für das psychosoziale Gefüge der Beratung ist als auch mitverantwortlich zu einem weiteren Trend führt: der Notwendigkeit von professionellem Leadership/Management.

Um Umsatz und Kosten zu kontrollieren, werden die Organisationen von Beratungen oft größer. In der Vergangenheit war oft „Chef", wer Hauptumsatzträger war. Die Saleserfolge standen quasi als Synonym für Managementerfolg. Das ist bedenklich. So wird ein Umdenken stattfinden müssen, denn das kompetente Management der Beratungsorganisation wird wichtiger, wenn nicht entscheidend. So wird eine erfolgreiche Beratung zukünftig auch daran gemessen, wie gut und erfolgreich das Thema Management und Leadership umgesetzt wird, was zur Differenzierung der einzelnen Beratungen führen kann.

Zur Differenzierung lassen sich auch neue Konzepte finden, wie etwa Diversity-Management, Talentmanagement und Changemanagement, die eine „Unique Selling Proposition" von Beratung begründen können – dies sei hier aber nur am Rande noch erwähnt.

# IV.  Auswirkungen auf die Rekrutierung

Damit wird deutlich: Managementberatung ist „People Business" – es „menschelt". Bei der Planung der eigenen Consultingkarriere sollten Berater daher unter anderem auf Kultur, Freiheitsgrade, „Up or out"-Prinzipien sowie Chancen und Risiken achten, aber auch die Segmentierung der Branchen, den inhaltlichen Beratungsfokus und die Größe der Beratung berücksichtigen. Anhand weiterer Unterscheidungsmerkmale (als Beispiele seien genannt: Umsatz pro Consultant und Anzahl der Consultants) erhält man interessante Einsichten.

In der Rekrutierung von Hochschulabsolventen und dem bisherigen Monopol der Beratungen beim Zugriff auf die besten Hochschulabsolventen ist ein Veränderungsprozess zu beobachten. Man tritt nicht nur in den Wettbewerb mit anderen Consultingunternehmen, sondern die Industrie bietet interessante Einstiegsoptionen mit Karriereperspektiven, die auch in Bezug auf das Gehalt mit den Consultinggehältern vergleichbar sind. Gerade durch den härter werdenden Wettbewerb im Markt wird es für den Erfolg einer Beratung entscheidend sein, die richtigen Berater zu rekrutieren, was sowohl den Hochschulabsolventen, aber auch die Verstärkung auf Manager- oder Partnerebenen einschließt. Der Kampf um Aufträge führt auch zu einem verstärkten „War for Talents" im Beratungsmarkt.

Aber nicht nur die „Young" oder „High Professionals", sondern auch die Manager (Projektleiter) und die „Experienced Hires" oder „Lateral Hires" (Executives) wollen und müssen anders im Rekrutierungsgeschehen angesprochen und behandelt werden. Es gibt hier einen „Kandidatenmarkt", und gute Leute wissen, was sie wert sind. Dem kommt aus Sicht der Kandidaten auch die demographische Entwicklung zugute.

Zudem haben wir bereits skizziert, warum sich Karrieremodelle ändern: längere Verweilzeiten auf den einzelnen Hierarchiestufen; langsamere inhaltliche und persönliche Entwicklung einhergehend mit entschleunigter Gehaltsentwicklung; weniger „Juniors" zugunsten von mehr „Seniors" aus Linie/Industrie; neben analytischer mehr soziale Kompetenz; konkrete Erfahrung, Expertise, sofort verfügbares Knowhow. All das führt zu einem „neuen Typus" von Beratern, dieser muss gefunden und eingestellt werden, und überalterte Karrieremodelle müssen angepasst werden. In der Folge müssen Rekrutierungsgespräche von Beratern (inklusive Bewertungsmodellen für Skills, die die Berater oder die Recruiter überhaupt nicht ausreichend bewerten können) überdacht und neu konzipiert werden. Das hat gezielte Maßnahmen der Personalentwicklung zur Folge, denn Berater und Recruiter müssen geschult und trainiert werden. Aber auch das Onboarding und die Bindung der Mitarbeiter an das Unternehmen müssen deutlich professionalisiert und verstärkt werden.

Insgesamt muss die Rekrutierung professioneller sowie zielgruppen-spezifischer und damit doch auch individueller werden. Ob es auch zukünftig reichen wird, eventgesteuert an den Topadressen der Universitäten im In- und Ausland Nachwuchskräfte zu suchen, ist fraglich. Bindung und Commitment werden wichtiger sein, Loyalität und Entwicklungsperspektive, Work-Life-Balance und Autonomie.

Als Ausblick wagen wir hier zu schreiben, dass die „besten" Berater sich ihre Netzwerke suchen werden, um mit Gleichgesinnten erfolgreich Projekte zu realisieren. Weil man so auf einem hohen Niveau arbeiten – „vorn mitspielen" – kann, weil es reizt, eigene Grenzen auszuloten. Dafür braucht es nicht zwingend starre Hierarchien.

Auch der Bereich Human Resources ist bei Beratungen kompetenzseitig oft schmal aufgestellt. Junge und weniger erfahrene Personaler dürfen das Bewerbermanagement administrieren. Viel mehr aber auch nicht. Die wichtigste Ressource der Beratung – die Human Resource – wird damit nicht immer professionell gewürdigt. Das fängt mit einem kurzen und zielstrebigen Rekrutierungprozess an und hört beim qualifizierten Feedback bei einer Absage noch nicht auf. Zeit (besser: Geschwindigkeit) ist ein heute noch sehr unterschätztes Thema bei Beratungen. Dabei empfindet doch jeder Kandidat, der spätestens einen Tag nach einem Vorstellungsgespräch eine Rückmeldung hierzu bekommt, zumindest eine echte Wertschätzung seiner Person. Und das wirbt und wirkt oft besser als Personalanzeigen.

Ganz besonders schwierig zu besetzen sind derzeit Positionen mit Projektleiterstatus. Hier benötigt man gestandene Senior-Consultants bis zum Senior-Manager. Zumeist handelt es sich hierbei um Berater mit etwa sechs bis sieben Jahren Erfahrung. Diese haben sich „Consulting Skills" angeeignet, haben Themen- oder/und Branchenerfahrung und zudem neben der Delivery-Erfahrung auch erstes Know-how im Verkauf – sie sind also begehrt wegen der Kompetenzen. Aber: Warum sollten diese Berater dauerhaft auf diesem Karrierelevel stehenbleiben („klein gehalten" werden) oder von einer Beratung zur anderen wechseln? Da müssen passende Selling-Storys her, individuell adressiert und auf die jeweilige Lebenssituation zugeschnitten.

Für projektaffine, linienerfahrene Manager etwa muss Beratung „auf das Radar" als neue Zielgruppe gebracht werden. Diese Manager, die

– ganz wichtig – auf Augenhöhe mit Auftraggebern sprechen können, sind eine attraktive, bis dato noch recht vernachlässigte Gruppe von potentiellen Kandidaten als Berater.

Wohlgemerkt, wir meinen hier nicht diejenigen, die andernorts nicht (mehr) reüssieren und glauben, sich die letzten drei oder fünf Arbeitsjahre noch als Berater verdingen zu können. Vielmehr haben wir leistungsstarke und -bereite Manager im Blick. Diese Gruppe muss an die Beratung herangeführt werden, Coaching und Skill-Aufbau stehen hierbei mit im Fokus. Dies inkludiert das Entwickeln „neuer" Karrieremodelle, die zwischenzeitlich zum Teil schon eingeführt wurden, so etwa der „Associate Partner" für die Fachlaufbahn oder der Direktor bei KPMG.

Daher sollten betroffene Kandidaten sich Chancen und Risiken der zukünftigen Tätigkeit als Berater ausmalen und den potentiellen Arbeitgeber bewerten können. Hinzu kommen natürlich immer Schwierigkeiten, in dem sich verändernden Umfeld die aktuelle und potentielle Positionierung potentieller Arbeitgeber bewerten zu können.

Nicht zuletzt ist es sehr schwierig und oftmals auch nicht erfolgreich „gestandene Berater" (Partner, Vice President, Principal, Direktor) neu zu platzieren. Gute Berater haben heute bereits aus der Vergangenheit hohe Zieleinkommen, was einen Wechsel des Arbeitgebers heute häufig erschwert (vor allem bei rückläufigen Tagessätzen und Ergebnissen). Zudem fehlt aber auch hier das professionelle Handling/Onboarding (vgl. dazu Dembkowski, S. 107ff.). Und zumeist waren diese Personen ja im Team erfolgreicher als als Solitäre. Außerdem gab es ein vertrautes Netzwerk; man kannte die Aufbau- und Ablauforganisation und die informellen Gepflogenheiten. Es ist wirklich sehr schwer, einen Wechsel auf diesem Level erfolgreich zu gestalten. Zumal ohne Sparringspartner. Und Executive-Search-Consultants mit Fokus auf den Bereich der Beratung können da mehr als eine wertvolle Hilfestellung oder Unterstützung bieten: Set-up, Karriere-Sparring, Coaching zählen hier zu den Leistungen, die das Portfolio bereichern.

## V.    Direct Search vom „Berater-Berater"

Der für Managementberatungen agierende Personalberater muss ein intimer Kenner des Beratungsmarkts, seiner Player und Strukturen, seiner Eigengesetzlichkeiten und der aktuellen Entwicklungen sein. Da dies im Grundsatz auch für Personalberater mit anderer Branchenspezialisierung gilt, seien angesichts des heutigen, als überhitzt zu charakterisierenden „Kandidatenmarkts" im Kontext der Managementberatungen im Folgenden einige systematische Anmerkungen zu den Besonderheiten dieses Teilmarkts und seiner Akteure gemacht.

Die gesuchten Kandidaten aller genannten Senioritätsgrade verfügen in der Regel über eine sehr gute akademische Ausbildung, die oft eine Doppelqualifikation oder internationale Abschlüsse umfasst. Sie sind entsprechend analytisch geprägt, agieren karriereorientiert und zeichnen sich zumeist durch ein direktes Kontaktverhalten aus. In ihrer berufsalltäglichen, sehr intensiven Projektarbeit beim Kunden vor Ort erreichen sie eine Vielzahl von Anrufen von Personalberatern, weswegen sie zum einen um ihre hohen grundsätzlichen Marktchancen wissen, zum anderen aber teilweise bereits abgestumpft sind oder unter Zeitdruck mit Desinteresse auf die vielfältigen Kontaktaufnahmen reagieren.

Seitens des Personalberaters erfordert diese Ausgangssituation zwingend eine hohe Professionalität in der Direktansprache („Ankoppeln"), die eben nicht unmittelbar nach dem Tagesgruß den Traumjob offeriert, sondern die im Rahmen einer Punktlandung einen Dialog einleitet, der auf Basis einer pointiert vorgebrachten, fundierten „Wechselstory" oder einer fundierten Diskussion über „den relevanten Markt" in eine seriöse Karriereberatung mündet. Kandidaten schenken heute nur demjenigen, nachweislich erfahrenen Personalberater Gehör, Zeit und Vertrauen, der diese Karriereberatung als ausgewiesener Kenner und daher Branchenspezialist bieten kann. Dabei gilt es, mit dem Kandidaten das „window of opportunity" einschließlich sich bietender Alternativen auszuloten. Schließt sich jedoch dieses Fenster, so ist die Gelegenheit vertan – und der nicht platzierte Kandidat sucht in aller Regel eigeninitiativ weiter.

Für den „Berater-Berater" schließlich ist es geradezu unerlässlich, eng mit dem Auftraggeber zusammenzuarbeiten und ein sensibles Vertrauensverhältnis vor allem auch zum Kandidaten aufzubauen. Der „Berater-Berater" braucht für sein konkretes Suchmandat aktuelle Kenntnis über die Verfügbarkeit geeigneter, also mandatsbezogen passender Kandidaten: über deren heutige Aufgabenbereiche, Branchenbezüge, Akquisitionstätigkeiten, Gehaltssituation, Projektleitungserfahrung, Standortpräferenzen und grundsätzliche Wechselmotivation.

Doch das Nadelöhr für den „Berater-Berater" ist bereits die Kontaktaufnahme: Consultants sind in aller Regel nicht in ihrem Büro anzutreffen, sondern nur über Mobilfunk erreichbar und stehen dann beim Kunden vor Ort im Projekteinsatz. Die Mobilfunknummern beim

Arbeitgeber im Rahmen einer klassischen Identifikation zu erfragen ist angesichts bestens vorbereiteter Sekretariate ein zunehmend schwieriges, wenn nicht unmögliches Unterfangen. Umso wichtiger sind auch für den Personalberater Kontaktnetzwerke und aktuelle Kenntnisse etwa derjenigen Business-Units, die beispielsweise restrukturierungsbedingt gerade eine erhöhte Anspachebereitschaft aufweisen. Ebenso wichtig ist es, gezielte Empfehlungen einzelner Berater zu erhalten, um durch dieses Sourcing das Kontaktnetzwerk hin zu der aktuell zu besetzenden Vakanz zu erweitern. Die inhaltliche Ansprache muss den Personalberater bereits von Beginn an auf eine Weise bei dem angesprochenen Consultant positionieren, die gewährleistet, als qualifizierter Prozesspartner Vertrauen zu finden.

Mit dem obligatorischen genauen Abgleich zwischen den Anforderungen der Position auf der einen und dem Consultingprofil und den Entwicklungswünschen auf der anderen Seite legt der „Berater-Berater" heute aber lediglich die Grundlage für ganz andere Diskussionen mit dem Kandidaten: In aller Regel geht es dabei um einen grundsätzlichen Vergleich der Karrierechancen. Dieser freilich schließt bei näherem Hinsehen doch wieder das Abwägen und Gegenüberstellen konkreter Einzelfaktoren ein, wie etwa die Möglichkeit, sein marktseitiges Netzwerk (Kundenkontakte) bei seinem neuen Arbeitgeber kapitalisieren zu können. Zudem kommen Themen auf wie: die Reiseanforderungen jetzt oder später; der Vergleich der Eintrittswahrscheinlichkeit selten deckungsgleicher variabler Gehaltsbestandteile; die bisherige und zukünftige Dienstwagenregelung; oder die Frage, wie der Wechsel denn bei allem intrinsisch geprägten Interesse dem jeweiligen Lebenspartner plausibel gemacht werden kann, der seinerseits gegebenenfalls die eigene berufliche Karriere am Heimatstandort weiterführen möchte.

Dieser sehr individuelle, teils gar divergierende Facetten einschließende Beratungs- und Betreuungsansatz, das „Karriere-Sparring", speist sich auch aus dem Umstand, dass heute tendenziell immer weniger stabile Karriereverläufe zu verzeichnen sind, die der Consultant langjährig im Hause nur einer Beratungsgesellschaft gestaltet. Selbst das Laufbahnmuster der Partnerschaft in einer namhaften Managementberatung als zweifellos angestrebte Endstufe der Beraterkarriere weicht zunehmend situativ geprägten, eher mittelfristigen beruflichen Zielsetzungen. Nur eine integrierende Beratung für Berater, die diese vielfältigen Gesichtspunkte von der klassischen, rein auf den Beruf bezogenen Karriereplanung mit jeweils individuellen Faktoren der Work-Life-Balance des Kandidaten verknüpft und dabei auch eine „Roadmap" für den übernächsten Karriereschritt thematisiert (dies gilt heute beileibe nicht nur für gestandene Führungskräfte, sondern regelmäßig bereits für die Prozessbegleitung von Kandidaten ohne jede Seniorität), kann im heutigen Bewerbermarkt zum Erfolg führen.

Ferner bleibt zu vermerken, dass all diese Themen dabei nicht nur für den Berater gelten, sondern natürlich für alle Beteiligten der Personalberatung wie Researcher und Assistentin. Allerdings agiert der „Berater-Berater" als „Visitenkarte" (oder als Aushängeschild) des suchenden Unternehmens im Markt.

## VI. Auswirkungen auf das Executive Search für Professional Services

Als Dienstleister für die Beratungen ist Executive Search so etwas wie ein Seismograph: So wie es der Professional-Services-Branche geht, so geht es auch den Executive-Search-Consultants, wenn diese nur reaktiv tätig sind. Der Markt erscheint ohnehin schon sehr schwierig – die Stichworte lauten: War for Talents, rückläufige Einkommen, verstopfte Pyramiden –, daher wachsen auch die Ansprüche an Personalberater (vgl. dazu C. Wegerich, Strategische Personalentwicklung in der Praxis, 2011, S. 137ff., und Füchtner/T. Wegerich, S. 542ff.).

Zudem ist der Beratungsmarkt im Umbruch, nicht systematisch, sondern sehr individuell und zum Teil heterogen, auch mit unterschiedlichen Geschwindigkeiten (abhängig von Branchen- und Beratungsfokus, Köpfen und Kultur). Dies lässt ein zukünftiges Setting der Marktsegmente und Player noch ungewiss erscheinen. Da Unsicherheit schlecht ist für Wechsel, verhalten sich auch Kandidaten irrational verharrend und abwartend. Hier sind die Qualifikation und die Kompetenz von Executive-Search-Consultants umso mehr gefordert.

Heute sehen wir Risiken eher bei Fusionen und Übernahmen, weniger bei der Übernahme eines Teams („Plug & Play") und noch weniger bei der Einstellung einzelner Mitarbeiter. Auch hier braucht es aber professionelle Planung, Koordination und Realisierungserfahrung.

Als professioneller Karriere-Sparringspartner sind wir aber Teil unserer Community, haben ähnliche Herausforderungen; nicht zuletzt, weil auch wir vom Projektgeschäft leben. Da der Markt der Kunden sich verändert, sich die Welt scheinbar immer schneller dreht und zum „Global Village" wird, immer neue Themen gefunden werden, die Konvergenz von IT, DV und Kommunikation (Telco, Web, Radio, TV, Apps etc.) alles umgestaltet, werden auch wir noch aktiver werden müssen.

Abschließend wollen wir das bisher Gesagte in Thesen zusammenfassen und hier zur Diskussion stellen.

1) Die Managementconsulting-Branche wird sich neu erfinden. Der Markt der innerhalb der Beratung wechselwilligen Berater wandelt sich zum Kandidatenmarkt.

2) Die Anforderungen an Berater steigen, damit aber auch deren Ansprüche – die Besten werden sich hofieren lassen und wählen. Um als „Berater-Berater" in diesem Markt Gehör und Akzeptanz zu erlangen, muss man absolutes Branchen- und Insider-Know-how besitzen und damit Teil der Community sein – dies gilt nicht nur für den jeweiligen Berater, sondern auch für sein gesamtes Team (Analyst, Researcher, Assistant).

3) Um den zunehmenden Ansprüchen und Anforderungen hinsichtlich Kompetenz und Erfahrung gerecht zu werden, müssen neue Zielgruppen als Berater angesprochen und gewonnen werden (Lateral Hires).

4) Der Rekrutierungsprozess im Professional-Services-Umfeld muss sich unbedingt weiter professionalisieren (Personal: durch gestandene und mit Kompetenz ausgestattete HR-Verantwortliche; Unterstützer: professionelle Executive-Search-Berater; Prozess: Geschwindigkeit/Feedback).

5) Geschwindigkeit im Recruitingprozess und Vertrauen der beteiligten Partner werden noch wichtiger.

6) Einzelne Kandidaten werden weniger wichtig sein als Teams – das führt gegebenenfalls zu mehr „Team-Moves" und damit zu einem komplexeren Handling des Wechselprozesses.

7) Neue Karriere- und Entlohnungsmodelle müssen entwickelt und implementiert werden. Hierzu müssen passende Schulungen erfolgen. Der internen Personalentwicklung kommt eine höhere Bedeutung zu, auch auf Basis professioneller Management Audits als „HR Due Dilligence".

8) Die intime Kenntnis der Strukturen, Abläufe und Prozesse allein reicht nicht aus. Das Netzwerk muss helfen, um passende Kandidaten finden, gewinnen und integrieren zu können.

9) Auch der Executive-Search-Berater wird sich als Typ verändern (müssen) – aktiv, nicht nur anlassbezogen tätig und jederzeit offen als Katalysator. Denn: Executive Search ist die Visitenkarte des suchenden Beratungsunternehmens.

10) Das Wichtigste aber ist: Personelle und situative Parameter müssen zusammenpassen.

## Literatur:

Bayer Business Services GmbH (Hrsg.): Der Inhouse Consulting Markt in Deutschland, Leverkusen 2009

Capital, 19.08.–22.09.2010, Hamburg 2010, S. 76 ff

Consulting Times, Issue 10, Vol. VII, October 2010 (top-consultant.com)

Fink, Dietmar/Knoblach, Bianka: Die großen Management Consultants. Ihre Geschichte, ihre Konzepte, ihre Strategien, München 2003

Fink, Dietmar (Hrsg.): Management Consulting Fieldbook: Die Ansätze der großen Unternehmensberatungen. 2., überarb. u. erw. Aufl., München 2003

Ferguson, Michael: The Rise of Management Consulting in Britain, Aldershot, U.K., Ashgate 2002

Financial Times, 11.04.1981

Financial Times Deutschland, 18.08.2010, Sonderbeilage Consulting

Financial Times Deutschland,14.10.2010, Sonderbeilage Consulting

Handelsblatt, 1.12.2009

Handelsblatt, 22./23.10.2010, Spezial: Consulting;

Handelsblatt, 07.11.2010

Hochhuth, R.: McKinsey kommt. München, manager magazin 08/10; S. 30 ff

Hyde, Robert: Three Perspectives on the Consulting Services Industry, (www.3rdperspective.com), Value of Consulting in Practice MCA member case studies, Management Consultancies Association 2010;Zeitschrift der Unternehmensberatung (ZUb), Heft 06/2007, S. 249 ff.

Niedereichholz, Christel: Unternehmensberatung, Bd. 1./2, 5 Aufl., München 2010

Petmecky, Arnd/Deelmann, Thomas: Arbeiten mit Managementberatern: Bausteine für eine erfolgreiche Zusammenarbeit, Berlin 2005

Recklies, Dagmar: The Management Consultancy Industry – An Analysis Part II – Future Prospects, April 2001

Ringlstetter, Max/Bürger, Bernd und Kaiser, Stephan: Strategien und Management für Professional Service firms, Weinheim 2004

WirtschaftsWoche, 26.07.2010

# Informationstechnologie und Telekommunikation: Die Sicht der Personalberater auf eine dynamische Schlüsselbranche

Stephan Tils, Hamburg

## I. Branchenüberblick und Trends

Nach einigen rückläufigen und umsatzschwachen Jahren – bedingt durch das Platzen der New-Economy-Blase und die im Jahr 2008 einsetzende und inzwischen überstandene Wirtschafts- und Finanzkrise – zählt die Informations- und Kommunikationstechnologienbranche (ITK-Branche) wieder zu einem der bedeutendsten Wirtschaftszweige Deutschlands. 2010 beschäftigten Unternehmen der Informationstechnologie, Telekommunikation und Internetdienste 843.000 Mitarbeiter. Damit sind sie hinter dem Maschinenbau zweitgrößter Arbeitgeber in der deutschen Industrie – noch vor der Automobil- oder der Elektroindustrie (BITKOM; Bundesagentur für Arbeit; Bundesnetzagentur; Statistisches Bundesamt, Stand: Oktober 2010).

Neben diesen positiven Entwicklungen steht die stark fragmentierte Branche vor tiefgreifenden paradigmatischen Veränderungen, die sich vor allem in einem Fachkräftemangel, den Anforderungsprofilen des Personals und in der Bedeutung der ITK in der unternehmensspezifischen Wertschöpfungskette widerspiegeln. Als Konsequenz aus dem damit verbundenen Wandel sind heute auch neue Anforderungen erkennbar, die die Kunden an eine Personalberatung stellen. Neben einer entsprechenden Branchenexpertise spielt die Beziehung zum Kunden eine zunehmend entscheidende Rolle.

Dieser Beitrag gibt zunächst einen Branchenüberblick sowie eine dezidierte Marktbeschreibung für die Zeit vor und nach der Krise von 2008/2009. Im Anschluss daran werden die aktuellen Trends der ITK-Branche erläutert – hier wird insbesondere auf das immer wichtiger werdende Phänomen der sozialen Netzwerke eingegangen. Im letzten Abschnitt beschäftigt sich der Artikel mit der notwendigen Fokussierung der Personalberater auf einen Cluster innerhalb des ITK-Markts, um sich gegenüber dem Kunden als Marktexperte glaubwürdig und nachhaltig positionieren zu können. Ferner gehen die Verfasser auf die Auswirkungen des Social Web auf die ITK-Branche ein und skizzieren die sich daraus ergebenden Folgen für den Markt der Personalberater und der Kandidaten.

## 1.  Eine Ist-Aufnahme der ITK-Branche

Unternehmen der Informationstechnologien, der Telekommunikation, der Digitalen Consumer Electronics (CE) sowie der Neuen Medien (Web 2.0, Social Media etc.) bilden zusammen die ITK-Branche. Laut BITKOM erreichte der weltweite ITKMarkt 2010 ein Volumen von rund 2,5 Billionen Euro. Hierbei repräsentierten die USA mit einem Marktanteil von 28,7 Prozent den global größten Markt. Deutschland belegte im weltweiten Vergleich mit 5,1 Prozent Marktanteil Rang 4 hinter den USA, Japan und China.

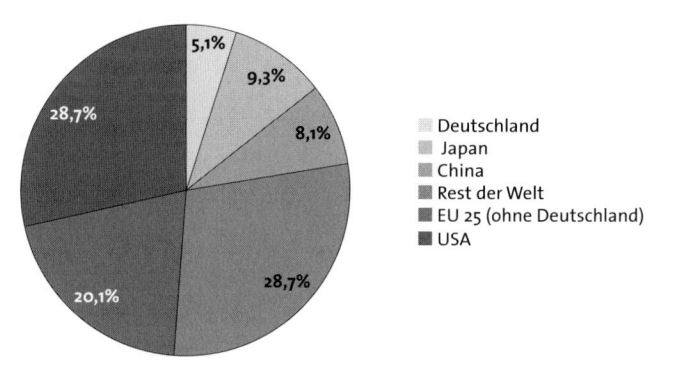

*Abbildung 1: Weltmarktanteile für ITK 2010 (Quelle: BITKOM; Basis EITO)*

## 2.  Der ITK-Markt vor und nach der Krise

Nach der im Jahr 2001 geplatzen Internetblase konnte sich die ITK-Branche in den Jahren 2005 bis 2008 deutlich erholen. Im vierten Quartal des Jahres 2008 sah sich die Branche einer weiteren gravierenden Krise gegenüber, die durch die Isolvenz der Investmentbank Lehman Brothers ihren Anfang genommen hatte. Nach den Rekordjahren 2007/2008 mit einem Wachstum von 1,4 Prozent im Jahr 2008 auf 146 Milliarden Euro Umsatz folgte für den deutschen ITK-Markt im Jahr 2009 die herbe Ernüchterung in Form eines Rückgangs um 4,3 Prozent auf 139,6 Milliarden Euro Umsatz.

| ITK-Markt* | Marktvolumen (in Mrd. Euro) | | | | | Veränderungen (in %) | | | |
|---|---|---|---|---|---|---|---|---|---|
| Deutschland | 2008 | 2009 | 2010 | 2011 | 2012 | 09/08 | 10/09 | 11/10 | 12/11 |
| Summe ITK + digitale CE | 147,1 | 140,0 | 142,7 | 145,5 | 148,4 | -4,8 | 2,0 | 2,0 | 2,0 |
| Digitale CE | 12,6 | 12,3 | 12,7 | 12,5 | 12,2 | -2,9 | 3,4 | -1,7 | -2,0 |
| Summe ITK | 134,4 | 127,7 | 130,0 | 133,0 | 136,2 | -5,0 | 1,8 | 2,3 | 2,4 |
| Informationstechnik | 68,5 | 64,0 | 65,9 | 68,8 | 71,8 | -6,5 | 3,0 | 4,3 | 4,4 |
| IT-Hardware | 19,3 | 17,3 | 18,1 | 19,2 | 20,1 | -10,7 | 5,1 | 5,6 | 5,1 |
| Software | 14,8 | 14,3 | 14,8 | 15,4 | 16,2 | -3,3 | 3,5 | 4,5 | 4,9 |
| IT-Services | 34,4 | 32,5 | 33,0 | 34,2 | 35,5 | -5,6 | 1,7 | 3,5 | 3,8 |
| Telekommunikation | 66,0 | 63,7 | 64,1 | 64,3 | 64,4 | -3,4 | 0,6 | 0,3 | 0,2 |
| TK-Endgeräte | 4,9 | 4,4 | 4,9 | 5,1 | 5,1 | -10,3 | 12,1 | 4,4 | 0,2 |
| TK-Infrastruktur | 5,8 | 5,5 | 5,5 | 5,7 | 5,9 | -5,0 | 0,3 | 3,3 | 3,5 |
| Telekommunikationsdienste | 55,3 | 53,9 | 53,7 | 53,5 | 53,4 | -2,7 | -0,3 | -0,4 | -0,1 |

\* Detaillierte Zahlen zum deutschen ITK-Markt sowie zu anderen europ./internat. Märkten können über das EITO Portal bezogen werden. Siehe www.eito.com
Quelle: BITKOM, EITO/Stand: März 2011

*Tabelle 1: Der ITK-Markt in Deutschland*

Nach dem Krisenjahr 2009 stabilisierten sich die Märkte. Im Rückblick ist festzustellen, dass 2010 ein Übergangsjahr war. Für 2011 ist wieder mit einem recht ordentlichen Wachstum von 2 Prozent zu rechnen. Insgesamt sind das eher vorsichtige Prognosen. Sollte sich die Gesamtwirtschaft weiter positiv entwickeln, könnte die Erholung der Märkte noch etwas schneller gehen.

Darüber hinaus war 2010 aber auch ein Jahr der Richtungsentscheidungen und Weichenstellungen: Cloud Computing wird den IT-Markt durcheinanderwirbeln. In der Telekommunikation fand die größte Frequenzversteigerung aller Zeiten statt, bedeutender noch als die UMTS-Versteigerung vor zehn Jahren. Und in der Politik macht sich die Bundesregierung mit Nachdruck daran, die digitale Welt von morgen zu gestalten. So jedenfalls lautete die Einschätzung des bisherigen BITKOM-Präsidenten Prof. Dr. Dr. August-Wilhem Scheer in einem Vortrag im Rahmen der CeBIT 2010.

Die Investitionen in IT nehmen wieder deutlich zu. Lag die Investitionsbereitschaft im Jahr 2009 noch bei einem Minus von 5,4 Prozent im Vergleich zu 2008, so ist 2011 laut Prognose des BITKOM eine deutliche Steigerung von 3,8 Prozent zu erwarten.

## Markt für ITK und digitale CE in Deutschland

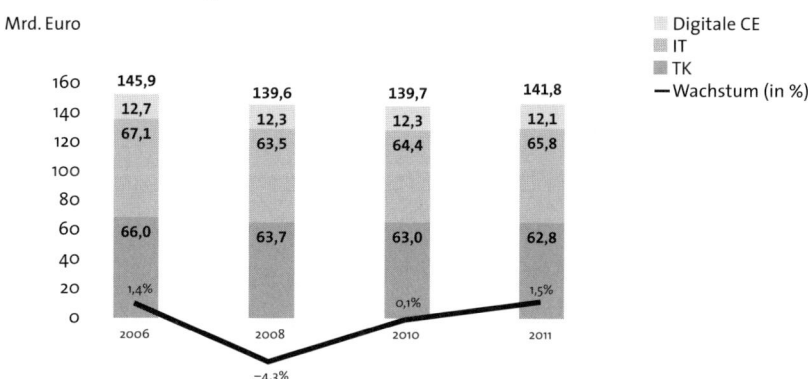

Mrd. Euro

Digitale CE
IT
TK
—Wachstum (in %)

| | 145,9 | 139,6 | 139,7 | 141,8 |
|---|---|---|---|---|
| | 12,7 | 12,3 | 12,3 | 12,1 |
| | 67,1 | 63,5 | 64,4 | 65,8 |
| | 66,0 | 63,7 | 63,0 | 62,8 |

160
140
120
100
80
60
40
20
0

1,4%    0,1%    1,5%

2006    2008    2010    2011

−4,3%

*Abbildung 2: Trendwende 2010 - Durchbruch 2011: der Markt für ITK und digital CE in Deutschland (Quelle: BITKOM, EITO, PAC, Idate)*

## Markt für IT-Hardware, Software, IT-Services

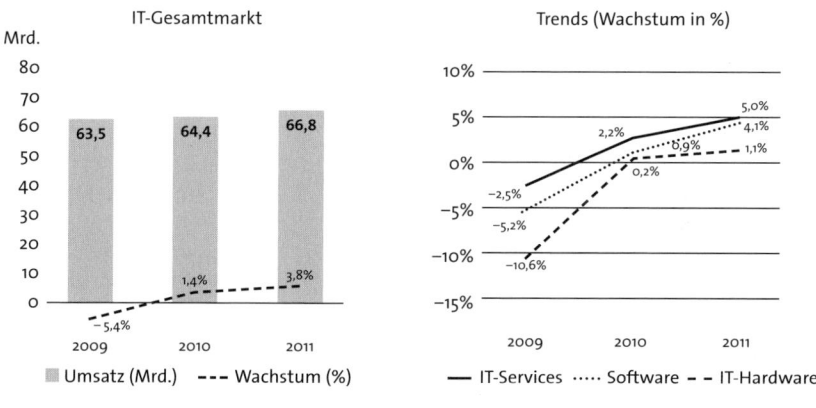

IT-Gesamtmarkt

Mrd.
80
70
60
50
40
30
20
10
0

63,5    64,4    66,8

1,4%    3,8%

−5,4%

2009    2010    2011

■ Umsatz (Mrd.)   --- Wachstum (%)

Trends (Wachstum in %)

10%
5%
0%
−5%
−10%
−15%

5,0%
4,1%
2,2%
0,9%
1,1%
0,2%
−2,5%
−5,2%
−10,6%

2009    2010    2011

— IT-Services ····· Software - - IT-Hardware

*Abbildung 3: Investitionen ziehen wieder an: Markt für IT-Hardware, Software und IT-Services in Deutschland (Quelle: BITKOM, EITO, PAC)*

Die Stimmung in der ITK-Branche ist so gut wie seit Jahren nicht mehr. Das geht aus der aktuellen Konjunkturumfrage des Hightechverbands BITKOM hervor. Der BITKOM-Index kletterte von 48 Punkten im Jahr 2010 auf 72 Punkte im Jahr 2011 und erreichte damit den höchsten Wert seit seiner Einführung im Jahr 2001.

**BITKOM-Index und Ifo-Konjunkturtest im Vergleich**
Saldo der Umsatzerwartungen (BITKOM) bzw. der Geschäftserwartungen (Ifo)

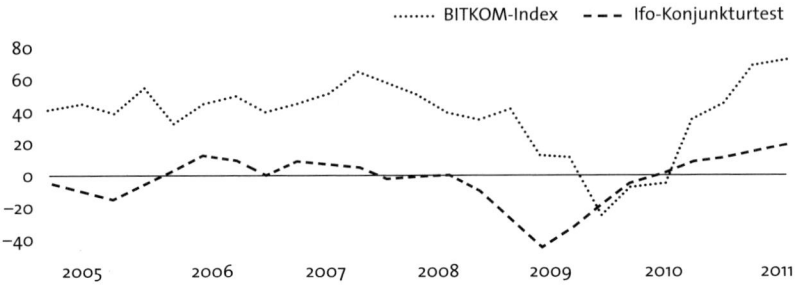

Abbildung 4: ITK-Branchenindex auf Allzeithoch: BITKOM-Index und Ifo-Konjunkturtest im Vergleich
(Quelle: BITKOM, Ifo)

## 3. Trends im ITK-Markt

Innovationen spielen für Deutschland eine entscheidende Rolle. Um dauerhaft im internationalen Wettbewerb erfolgreich sein zu können, ist es für deutsche Unternehmen unerlässlich, innovativer als die Konkurrenz zu sein. Bereits seit Jahren zählt die IT- und Telekommunikationsbranche zu einem der wichtigsten Treiber für Innovationen. Diese herausragende Stellung nehmen die Unternehmen dabei nicht nur in der eigenen Branche ein, sondern viele Entwicklungen in anderen Wirtschaftsbereichen basieren auf Entwicklungen der ITK-Wirtschaft (BITKOM und Roland Berger, Zukunft digitale Wirtschaft, 2007).

*a) Megatrend Cloud Computing*
Bereits zum Jahreswechsel 2009/2010 hatte der BITKOM die ITK-Unternehmen nach den Toptrends des Jahres 2010 gefragt. Demnach wird sich die Nutzung von Cloud Computing innerhalb weniger Jahre zu einem Milliarden-Markt mit einer hohen standortpolitischen Bedeutung für die gesamte deutsche Wirtschaft entwickeln, so das vom BITKOM präsentierte Ergebnis. Nach einer aktuellen Studie der Experton Group für den BITKOM wird der Umsatz mit Cloud Computing in Deutschland im B2B-Bereich von 1,14 Milliarden Euro im Jahr 2010 auf 8,2 Milliarden Euro im Jahr 2015 steigen. Das Umsatzwachstum liegt bei durchschnittlich 48 Prozent pro Jahr. Damit werden in fünf Jahren etwa 10 Prozent der gesamten IT-Ausgaben in Deutschland auf diese Technologie entfallen.

Beim Cloud Computing erfolgt die Nutzung von IT-Leistungen in Echtzeit über Datennetze (in der „Wolke") anstatt auf lokalen Rechnern. „Der

Markt für Cloud Computing explodiert förmlich", sagte BITKOM-Vizepräsident René Obermann bei der „Cloud Computing Konferenz" des Verbands im Oktober 2010 in Köln. „Wir sehen eine echte Revolution in der Bereitstellung und Nutzung von IT-Leistungen. Bereits in wenigen Jahren werden viele Unternehmen dank Cloud Computing ohne hausinterne Rechenzentren auskommen." An der Spitze steht Cloud Computing, und das zu Recht. Schon seit einigen Jahren haben Konzepte wie ASP, Software-as-a-Service oder Business-on-Demand den Boden für Cloud Computing bereitet. Durch Cloud Computing werden künftig standardisierte IT-Lösungen von einigen wenigen großen Unternehmen über das Internet angeboten. Hierdurch entstehen attraktive Skaleneffekte. Es muss also nicht mehr jeder Anwender eigene Rechenkapazitäten vorhalten und das Rad jeweils neu erfinden. Stattdessen bezieht er die IT-Leistungen nach Bedarf zu geringen Kosten von einem zentralen Anbieter über das Netz. Das Prinzip, Softwareanwendungen nach Bedarf oder zeitabhängig zu nutzen, wird sich auf breiter Front durchsetzen. Das Gleiche gilt für Rechenkapazitäten und Speicherplatz. Voraussetzung dafür sind die notwendigen Infrastrukturen: Breitbandnetze und Rechenzentren im großen Stil sind erforderlich. Der gesamte Cloud-Markt wächst mit jährlichen Raten von 20 Prozent. Cloud Computing wird den ITK-Markt auch noch die nächsten Jahre weitgehend prägen.

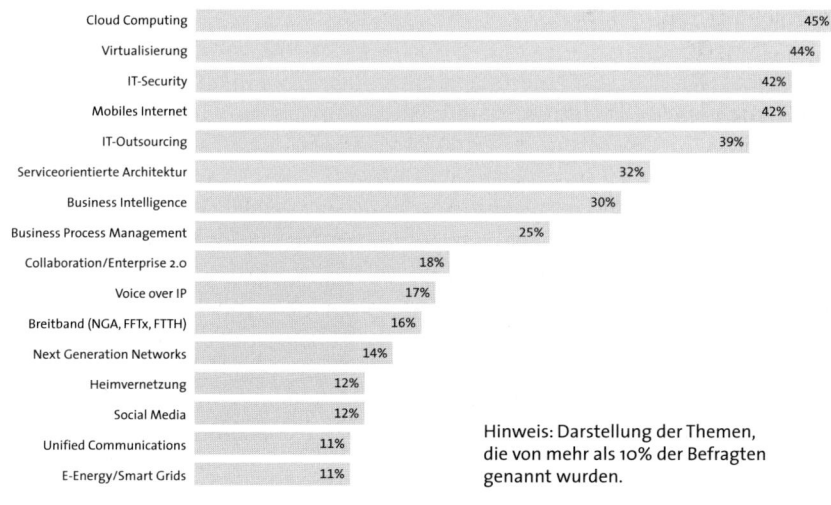

**Technologie- und Markttrends 2010**
„Was sind aus Sicht Ihres Unternehmens die maßgeblichen Technologie- und Markttrends, die den deutschen ITK-Markt im Jahr 2010 prägen werden?"

| | |
|---|---|
| Cloud Computing | 45% |
| Virtualisierung | 44% |
| IT-Security | 42% |
| Mobiles Internet | 42% |
| IT-Outsourcing | 39% |
| Serviceorientierte Architektur | 32% |
| Business Intelligence | 30% |
| Business Process Management | 25% |
| Collaboration/Enterprise 2.0 | 18% |
| Voice over IP | 17% |
| Breitband (NGA, FFTx, FTTH) | 16% |
| Next Generation Networks | 14% |
| Heimvernetzung | 12% |
| Social Media | 12% |
| Unified Communications | 11% |
| E-Energy/Smart Grids | 11% |

Hinweis: Darstellung der Themen, die von mehr als 10% der Befragten genannt wurden.

*Abbildung 5: Technologie- und Markttrends 2010; Spitzenreiter: Cloud Computing (Quelle: BITKOM, 29. Branchenbarometer)*

Für die Softwareanbieter stellt dieser Paradigmenwechsel eine große Herausforderung dar. Der Verkauf von Lizenzen wird durch nutzungsabhängige Bezahlmodelle abgelöst. Der bisherige BITKOM-Präsident Prof. Dr. Dr. August-Wilhelm Scheer betont, dass wer diesem Trend nicht folgen kann, über kurz oder lang Schwierigkeiten bekommen werde. Um die Chancen des Cloud Computing zu nutzen, hat der BITKOM eine Initiative gestartet.

So wirft Cloud Computing viele Rechtsfragen auf, die geklärt werden müssen, zum Beispiel mit Blick auf den Datenschutz. Ein weiteres Thema ist die Gewährleistung der Datensicherheit innerhalb einer Cloud. Insgesamt sollte, so die BITKOM-Forderung, die Entwicklung von Cloud-Technologien durch öffentliche Forschungsaktivitäten flankiert werden.

*b) Boom bei Tablet-PCs*
Tablet-PCs werden zu einer festen Größe im Computermarkt. Das ergibt eine aktuelle Erhebung des BITKOM, wonach sich der Verkauf von Tablet-PCs im Jahr 2011 in Deutschland auf 1,5 Millionen Stück nahezu verdoppeln wird. Im kommenden Jahr werden die Verkäufe demnach um 46 Prozent auf 2,2 Millionen Geräte zulegen. „Tablet-PCs etablieren sich als eigenständige Geräteklasse neben Desktop-Rechnern, Notebooks und Netbooks", sagte Ex-BITKOM-Präsident Prof. Dr. Dr. August-Wilhelm Scheer. Der Umsatz mit Tablet-PCs soll im Jahr 2011 um 70 Prozent auf 770 Millionen Euro steigen. 2012 soll das Marktvolumen voraussichtlich erstmals die Marke von einer Milliarde Euro erreichen.

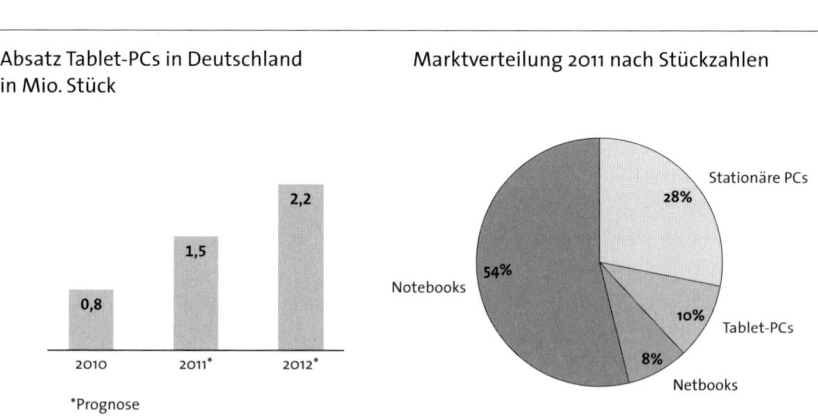

*Abbildung 6: Boom auf dem Markt für Tablet-PCs (Quelle: BITKOM, EITO)*

*c) E-Commerce wächst überproportional stark*
E-Commerce im betrieblichen Umfeld liegt in Deutschland weit über
dem EU-Durchschnitt. 44 Prozent der Unternehmen kaufen hierzulande online ein. Dies entspricht Platz vier im europäischen Vergleich.
Norwegen führt das Ranking mit 56 Prozent an. Bei Internetverkäufen
liegt Deutschland mit 20 Prozent auf Platz fünf. Auch hier ist Norwegen Spitzenreiter. 31 Prozent der Unternehmen in Norwegen nutzen
das Internet als Vertriebskanal.

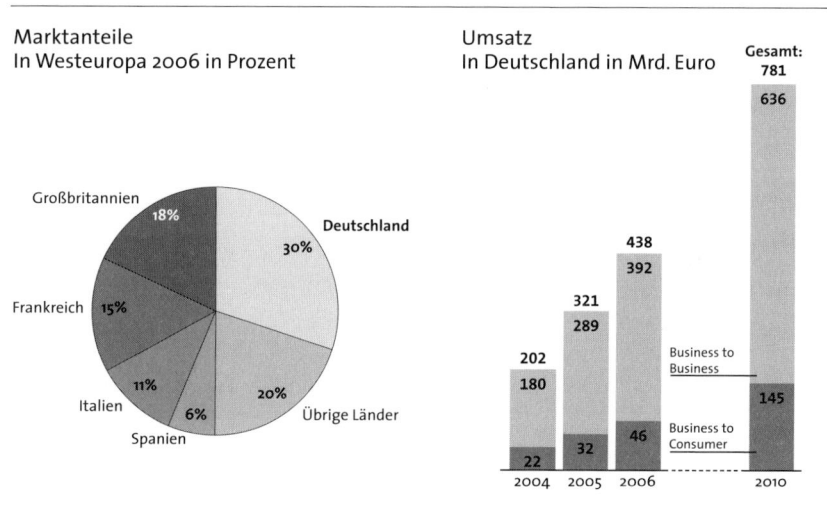

*Abbildung 7: Marktanteile und Umsatz des E-Commerce (Quelle: BITKOM, EITO)*

*d) Social Media: das Wachstum internationaler Netzwerke*
Weltweit waren im Jahr 2010 über 750 Millionen Menschen in sozialen
Netzwerken aktiv. Bereits 40 Millionen Deutsche ab 14 Jahren waren
2010 Mitglied in mindestens einer Internetgemeinschaft. Mit 78 Prozent steht für die meisten der Community-Nutzer der Wunsch, bestehende Kontakte zu Freunden und Bekannten zu pflegen, an erster Stelle. 41 Prozent wollen sich mit Menschen austauschen, die gleiche
Interessen haben, und jeder Dritte (30 Prozent) will neue Freunde oder
Bekannte finden. 13 Prozent aller Community-Nutzer wollen auch
berufliche Kontakte pflegen. Bei den unter 30-jährigen Internetnut-
zern sind sogar 96 Prozent Mitglied einer Social Community – ein Plus
von sechs Prozentpunkten im Vergleich zu 2010. „Community-Absti-
nenzler sind in dieser Altersgruppe die absolute Ausnahme. Ohne
Internetprofil sind Jugendliche schnell out", so Achim Berg, Vizepräsi-
dent des BITKOM. Aber auch 80 Prozent der 30- bis 49-Jährigen und

immerhin jeder Zweite über 50 haben ein Profil in mindestens einem Netzwerk. Der Trend geht dabei zum Zweit- und Drittnetzwerk. Durchschnittlich sind die Mitglieder in 2,4 Communities angemeldet.

2010 waren die Deutschen zu 35 Prozent in Web-2.0-Anwendungen wie Netzwerken, Chat-Foren und Blogs aktiv. Spitzenreiter im europäischen Vergleich waren die Isländer mit 57 Prozent. Der EU-Durchschnitt liegt bei 28 Prozent.

---

### Aktive Nutzung sozialer Netzwerke

„In welchem sozialen Netzwerk sind Sie angemeldet?"/„Welche dieser Internetgemeinschaften nutzen Sie zumindest ab und zu auch aktiv?"

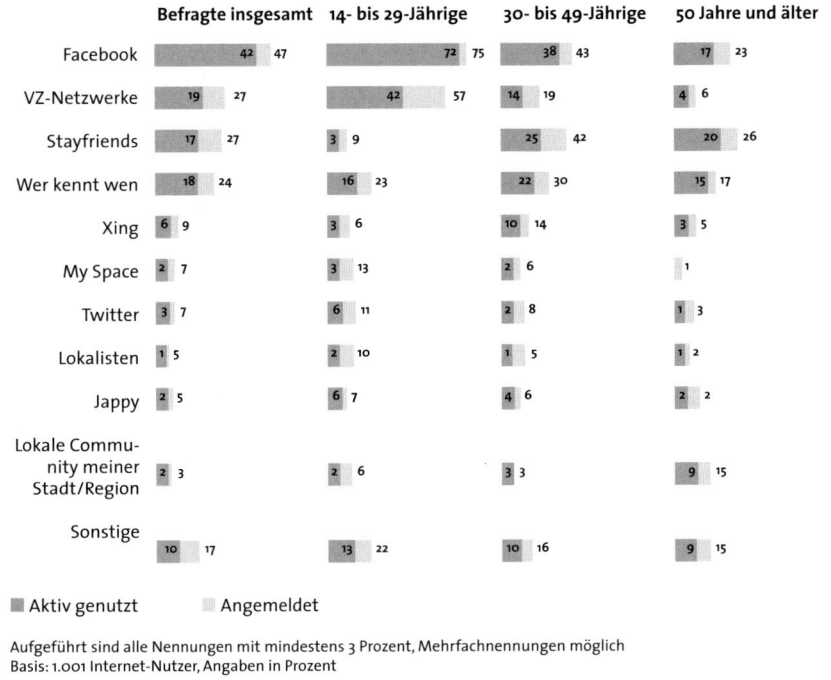

| | Befragte insgesamt | 14- bis 29-Jährige | 30- bis 49-Jährige | 50 Jahre und älter |
|---|---|---|---|---|
| Facebook | 42 / 47 | 72 / 75 | 38 / 43 | 17 / 23 |
| VZ-Netzwerke | 19 / 27 | 42 / 57 | 14 / 19 | 4 / 6 |
| Stayfriends | 17 / 27 | 3 / 9 | 25 / 42 | 20 / 26 |
| Wer kennt wen | 18 / 24 | 16 / 23 | 22 / 30 | 15 / 17 |
| Xing | 6 / 9 | 3 / 6 | 10 / 14 | 3 / 5 |
| My Space | 2 / 7 | 3 / 13 | 2 / 6 | 1 |
| Twitter | 3 / 7 | 6 / 11 | 2 / 8 | 1 / 3 |
| Lokalisten | 1 / 5 | 2 / 10 | 1 / 5 | 1 / 2 |
| Jappy | 2 / 5 | 6 / 7 | 4 / 6 | 2 / 2 |
| Lokale Community meiner Stadt/Region | 2 / 3 | 2 / 6 | 3 / 3 | 9 / 15 |
| Sonstige | 10 / 17 | 13 / 22 | 10 / 16 | 9 / 15 |

■ Aktiv genutzt   ▨ Angemeldet

Aufgeführt sind alle Nennungen mit mindestens 3 Prozent, Mehrfachnennungen möglich
Basis: 1.001 Internet-Nutzer, Angaben in Prozent

---

*Abbildung 8: Top 10 der sozialen Netzwerke in Deutschland*

Nach einer Studie von Spiegel online im Oktober 2010 ist der Einfluss von Social Media zumindest auf die Wirtschaft zurzeit noch eher verhalten. Trotz steigender Nutzerzahlen sind Social Media noch nicht im Mainstream angekommen und können so noch nicht als wirtschaftlich etablierter Bestandteil betrachtet werden.

## II. Positionierung der Personalberatung und Einfluss des Social Web auf die ITK-Branche

### 1. Branchenexpertise als entscheidender Konkurrenzvorteil: Teil des Markts sein

Der ITK-Markt ist, wie im Vorfeld beschrieben, stark fragmentiert. Es liegt damit auf der Hand, dass ein Personalberater sich kaum in allen Bereichen der ITK-Welt gleichermaßen kompetent aufstellen kann.

Insbesondere durch die rasante Entwicklung von Internet und E-Commerce, aber insbesondere auch des Social-Web-Bereichs innerhalb der ITK-Branche haben sich die Anforderungen an den Personalberater – und an die Kandidaten – stark verändert. Auf der anderen Seite präsentiert sich der Markt der Software- und Hardwareanbieter umsatzseitig zwar mit leichtem Wachstum, aber konsilidiert sich immer mehr auf wenige große Player, die den Markt dominieren. Das Marktsegment des Internets und der Portale hat in den vergangenen Jahren einen erstaunlichen Gründerimpuls erfahren, der von Venture-Capital-Unternehmen, wie etwa „European Founders Fund", den Gebrüdern Samwer, der „Media Ventures" von Dirk Stroer, der „Hasso Plattner Ventures" und auch der „Team Europe Ventures", flankiert wird.

Im Unterschied zur Gründergeneration um die Jahrtausendwende kann das Management (die Gründer) der heutigen zweiten Gründergeneration entweder auf umfassende Berufserfahrung zurückblicken oder bereits sein zweites oder drittes Unternehmen auf dem Markt positionieren. Ebenso hat sich die Venture-Capital-Community verändert, weil neben die marktführenden, global agierenden Playern inzwischen fokussierte Venture-Capital-Unternehmen getreten sind, deren Management häufig selbst in der Branche unternehmerisch tätig war oder als Unternehmensgründer bereits eine erfolgreiche Marktpositionierung erreicht hat.

In Anbetracht dieser Entwicklung hat sich ein äußerst potenter neuer Markt etabliert, den wir hier mit „Internet, Portal und Social Media" betiteln möchten. Diese Bereiche stellen aus Sicht des Personalberaters ein äußerst interessantes Nischensegment dar. Festzustellen ist dabei, dass die Venture-Capital-Unternehmen und ebenso die dazugehörigen Gründer der Start-ups äußerst wählerisch sind bei der Festlegung auf einen Personalberater. Es ist unabdingbar, das der Berater ein umfassendes Verständnis der genannten Branchen vorweisen kann.

Ein Beispiel: So ist es für das Social-Gaming-Portal, das die Position eines Chief Technology Officer (CTO) neu zu besetzen hat, elementar wichtig, dass der Personalberater bereits einen Überblick über konkret referenzierbare Projekte im Gaming-Umfeld präsentieren kann, noch bevor ein persönliches Gespräch initiiert wird. In einem persönlichen Akquisitionsgespräch ist ist es stets das klare Ziel des potentiellen Auftraggebers, die Erfahrungswerte und die daraus resultierende Kompetenz des Personalberaters in der Branche schnell herauszuarbeiten. Diese Erwartungshaltung im Hinblick auf eine umfassende Branchenexpertise ist durchaus repräsentativ für alle Segmente der IKT-Branche, so dass sich ein Personalberater, um als kompetenter und ernstzunehmender Gesprächspartner akzeptiert zu werden, als Bestandteil eines Teilmarkts positionieren und seine Arbeit auf bestimmte Marktsegmente beschränken sollte. So ist es seriöser, sich zum Beispiel als Experte und angesehener Insider des „Social Media, Internet und Portale"-Markts zu etablieren, als gegenüber Unternehmen zu behaupten, zugleich auch Experte für den Markt der Telekommunikations- und IT-Infrastruktur zu sein. Die Gründe für diese Anforderungen an den Berater liegen auf der Hand. Der Kunde erwartet nicht nur einen kompetent, sondern vor allem einen effizient geführten und qualitativ hochwertigen Prozess, der insbesondere von drei Kriterien geprägt ist: Schnelligkeit, Kostenbewusstsein und Vertrauenswürdigkeit.

Daraus resultiert, dass der Personalberater sich ein langjähriges Netzwerk in der relevanten Industrie aufgebaut haben und somit in der Lage sein sollte, bestimmte Trends bereits in einem frühen Stadium zu erkennen. Hier entwickelt er sich im Idealfall zu einem Insider der Industrie und kann somit einen Zugang zu den Entscheidern der IKT-Branche finden, der für den Erfolg als Berater unabdingbar wichtig ist. Mit dieser Ausrichtung ist der Personalberater ein vertrauenswürdiger, respektierter Bestandteil der Branche und wird im Idealfall als Trusted Advisor für Personalfragen zu Rate gezogen.

Fazit: Der Personalberater sollte über Systeme, Entwicklungen und Trends sowie Business- und Geschäftsprozesse ein umfassendes und sensibles Know-how über Jahre aufgebaut haben, um ein ernstzunehmender Berater für bestimmte Teilsegmente der IKT-Industrie zu sein. Darüber hinaus ist es wesentlich, sich als vertrauensvoller Bestandteil der Venture-Capital-Community zu positionieren, um in der netzwerkgeprägten Welt der Gründerszene und Start-ups akzeptiert zu werden.

## 2. Einfluss von Social Media auf die Personalberatung innerhalb der ITK-Branche

Das Web 2.0 hat ein soziales Phänomen hervorgerufen, das durch ein verändertes Nutzerverhalten im Internet gekennzeichnet ist. Die zunächst technische Entwicklung, die die Online-Selbstdarstellung in Form von Onlineprofilen durch Web-2.0-Anwendungen wie soziale Netzwerke erleichtert und sich anschließend zu einer weltweiten Massenbewegung entwickelt hat, unterstützt die Freigabe sehr persönlicher Daten und Informationen, die in jeglicher Form wie Texte, Bilder, Videos online gestellt werden (vgl. Joachim Mai, Personal Branding – Warum Sie zur Internet-Marke werden sollten, Artikel vom 29.05.2009).

„Communities sind die große Erfolgsgeschichte des Web 2.0. Kaum ein Segment des Internets boomt so stark", sagte BITKOM-Vizepräsident Achim Berg. 30 Millionen Deutsche ab 14 Jahren sind Mitglied in mindestens einer Internetgemeinschaft. Dies hat nachhaltige Auswirkungen auf das Gesamtverhalten der Nutzer.

*a) Selbstdarstellung der Kandidaten im Internet*
Insbesondere in der ITK-Branche und hier speziell in der Welt des Internets, der Portale und im Bereich Social Media ist die Hemmschwelle heute sehr niedrig, ein hohes Maß an Informationen über die private und berufliche Situation einer breiten Öffentlichkeit frei zugänglich zu machen. Das Privileg der hart erkämpften Privatsphäre früherer Generationen scheint an Bedeutung zu verlieren. Rückblickend galt „das Geheimnis in historischer Betrachtung lange als Stabilisator von Macht und Anerkennung" (vgl. Miriam Meckel, Das Glück der Unerreichbarkeit: Wege aus der Kommunikationsfalle, 2008, S. 224).

Aber genau dieser Stabilisator scheint im 21. Jahrhundert, insbesondere in der ITK-Branche, neu definiert zu werden. So wird die Selbstdarstellung im Web ein immer wichtigerer Bestandteil des Identitätsmanagement (vgl. Langheinrich, M./Karjoth, G., Das persönliche Internet. Der technische Hintergrund der immer beliebter werdenden Selbstdarstellung im Internet, 2007 S. 5). Zudem macht die Onlinepräsenz aufgrund der Möglichkeit der Bewertung durch Dritte den Einzelnen sehr leicht angreifbar. Somit befindet sich der Kandidat mit seiner Onlinepräsenz in privater und beruflicher Hinsicht ständig in einer Art Bewerbungssituation sowie in einem ständigen Kampf um Anerkennung und Aufmerksamkeit aller Internetnutzer (vgl. Klaus Eck, Karrierefalle Internet, 2008). Die Notwendigkeit der Onlinepräsenz erfordert zunehmend eine gezielte und bewusste Strategie der

Kandidaten, in der das Webprofil für berufliche Zwecke gezielt inszeniert und gesteuert wird. Im Hinblick auf den Kandidaten bietet das Internet (etwa durch Blogs) neue Informationskanäle, die eine höhere Markttransparenz erzeugen. Es besteht zudem die Möglichkeit der schnellen und einfachen Kontaktaufnahme per E-Mail oder auch die Gelegenheit, sich über Karriereportale direkt zu bewerben.

Im Umkehrschluss bietet dies auch auf Seiten der Personalberatungen und Unternehmen neue Informationskanäle, um sich über die potentiellen Kandidaten ausführlich zu informieren und sich somit eine „virtuelle Referenz" einzuholen. Neben den bestehenden Vorgehensweisen, wie dem Einholen von Referenzen, bietet das Web 2.0 vielfältige neue Möglichkeiten. Eine Alternative bieten Soziale Netzwerke, die sowohl im privaten als auch im beruflichen Bereich angesiedelt sind, aber auch Blogs. Die Veröffentlichung von Äußerungen und Botschaften der potentiellen Kandidaten und deren Gesprächspartner in den verschiedenen Web-2.0-Anwendungen liefert gegebenenfalls gute Hinweise zur Person. Dieses Vorgehen ist mit dem Netzwerkgedanken kompatibel und gewinnt zunehmend an Bedeutung – so bieten LinkedIn schön länger und seit 2010 auch Xing die Möglichkeit zur Abgabe von Referenzen. Viele Unternehmen werden zunehmend auf E-Recruitment umstellen, und zwar insbesondere wenn technische Experten gesucht werden, wie etwa ein Softwareentwickler mit konkreten Schwerpunkten in den Bereichen Java, Ruby on Rails oder Perl.

Die Nutzung des Internets für den Prozess der Arbeitssuche wird weiterzunehmen, und zwar vor allem in der webaffinen ITK-Branche. Unternehmen der ITK-Welt informieren sich gezielt im Internet über Kandidaten und sammeln im Web 2.0 Informationen über ihre Bewerber.

*b) Positionierung als Personalberatung in der „Digital Generation"*
Web-2.0-Anwendungen dienen als Ergänzung zur typischen Vorgehensweise der Personalberatung, die zumeist in der Direktsuche besteht. Die Erweiterung des sogenannten Sourcingmix durch das Web 2.0 beschränkt sich jedoch nicht ausschließlich auf die Ausschreibung von Online-Stellenanzeigen, sondern es sind neue Instrumente entstanden. Beispiele sind Kandidatenempfehlungsportale und insbesondere direkte sowie indirekte Kontaktrekrutierungen in (Fach-)Foren, Alumni-Netzwerken, sonstigen Internetcommunities und sozialen Netzwerken. Das bedeutet, der Personalberater tritt zunehmend dort mit dem potentiellen Kandidaten in Kontakt, wo er sich bereits befindet: „an den Wasserstellen des Netzes – in Blogs, Beziehungsnetzwerken und auf Videoplattformen" (vgl. Constantin Gillies, Der Bug).

Unter den sozialen Netzwerken haben sich insbesondere LinkedIn und Xing als Rekrutierungsportale mit zunehmender Intensität positioniert. Die Mehrzahl der Nutzer aus der ITK-Branche und insbesondere der Communities der Internetportale und Social-Media-Welt nutzt diese Netzwerke nicht nur als reine Kommunikationsplattform, sondern vielmehr als berufliches Netzwerk, bei dem neben der Kooperation vor allem die offene Zurschaustellung sowohl der beruflichen Historie als auch der Kompetenzen eine wichtige Rolle spielt. Insbesondere Xing hat sich in Deutschland als ein wichtiges Medium für Rekrutierungsmaßnahmen etabliert. Im Jahr 2010 hat sich Xing darüber hinaus zu einem Dienstleister entwickelt, der für die Personalabteilungen von Unternehmen und auch für Personalberater als Kooperationspartner zur Verfügung steht. Unternehmen und in der ITK-Branche tätige Personalberater nutzen schon heute LinkedIn und Xing, um über diese Portale Anzeigen zu platzieren, um gezielt Mitglieder direkt auf ein bestimmtes Stellenangebot aufmerksam zu machen und um über das jeweilige Netzwerk unkompliziert und vertrauensvoll direkten Kontakt aufnehmen zu können. Darüber hinaus können durch die verbesserten Filterkriterien der beiden genannten Rekrutierungsportale Kandidaten aktiv und unkompliziert identifiziert werden. Aufgrund der steigenden Vollständigkeit der Qualifikationsprofile der Mitglieder kann überdies bereits beim Studium der Profilinformationen ein erstaunlich qualifizierter Eindruck entstehen.

Das Social Web hat darüber hinaus die Möglichkeit der Referenzierung der einzelnen Personen deutlich vereinfacht, da durch die Zurschaustellung beruflicher wie privater Informationen ein erster Eindruck vervollständigt werden kann. Das Web 2.0 verändert die Rekrutierungslandschaft tiefgreifend: Die hohe Transparenz durch eigene Beiträge kann durch „virtuelle Referenzen" und Empfehlungen ergänzt werden. LinkedIn und Xing bieten darüber hinaus die Möglichkeit, dass Kandidaten Referenzen, die von ehemaligen Kollegen und Vorgesetzten verfasst wurden, auf den Mitgliederprofilen frei zugänglich gemacht werden, so dass eine Objektivierung des Eindrucks über ein konkretes Mitglied erreicht werden kann.

Auch ist es nicht überraschend, dass auf die ITK-Branche eine überdurchschnittlich hohe Qualität und Quantität der Beiträge in den sozialen Netzwerken entfällt, und dass die Hemmschwelle der Nutzer aus der ITK-Welt äußerst gering ist im Hinblick auf eine unkonventionelle und sehr offene Kooperation mit Personalberatern. Es ist mittlerweile fast schon Normalität, dass die Kontaktaufnahme von Kandidaten aus der ITK-Welt online über die sozialen Netzwerke getätigt wird.

In der ITK-Branche lässt sich ein interessanter Trend erkennen, der durch das Social Web wesentlich forciert worden ist. Durch die oben beschriebenen Möglichkeiten, Informationen über Kandidaten über unterschiedliche Kanäle des Social Media generieren und insbesondere über die Recruiting-Portale bereits umfassend die Kompetenzen und Werdegänge von Kandidaten in Erfahrung bringen zu können, sind Personalberater herausgefordert, ihre Positionierung am Markt nachhaltig zu überprüfen. Insbesondere Unternehmen aus der „Social Media, Internet und Portale"-Welt, die es bis hinauf zum Chief Executive Officer (CEO) gewohnt sind, sich regelmäßig in Blogs und Netzwerken zu bewegen, nutzen immer weniger die Dienstleistung von Personalberatern. Vielmehr werden insbesondere spezialisierte Positionen – etwa die eines Softwareentwicklers, Marketingexperten oder Eventmanagers – häufig durch Eigeninitiative über die Möglichkeiten des Social Web besetzt.

Somit geraten nicht wenige Personalberatungen in Gefahr, einen über lange Zeiträume hinweg aufgebauten Tätigkeitsschwerpunkt zu verlieren. Verstärkt wird diese Entwicklung noch dadurch, dass viele Unternehmen der Branche oft eigene Rekrutierungsabteilungen mit der Aufgabe unterhalten, eigeninitiativ über die sozialen Netzwerke und das gesamte Social Web Rekrutierungsmaßnahmen durchzuführen. In der Konsequenz heißt dies für die Personalberatungen innerhalb der IKT-Branche, dass eine klar nachvollziehbare, mit Kompetenzen und Referenzen unterlegte Marktpositionierung erreicht werden muss.

Eine weitere Ausuferung der Möglichkeiten des Social Web erfahren Kandidaten der ITK-Branche insbesondere durch eine mittlerweile alltägliche Konfrontation mit Onlineanfragen von Personalberatungen, die nicht wie in der Vergangenheit telefonisch, sondern tatsächlich über die Kommunikationsplattformen an die Kandidaten in Schriftform herantreten, um mit variierender Informationsqualität eine bestimmte Positionen zu avisieren. Es liegt an den Kandidaten, zu qualifizieren, ob die Art und auch die Qualität der Ansprachen auf diesem Wege akzeptabel sind und ob die Ansprache weiterverfolgt wird. Auf der anderen Seite bieten die sozialen Netzwerke wie LinkedIn, Xing oder auch Facebook die Möglichkeit an, Mitglieder, die negativ auffällig werden, aktiv dem Netzwerk zu melden, so dass bei häufig auftretenden Beschwerden bestimmte Mitglieder aus den Netzwerken ausgegrenzt werden können. Dadurch dürfte sich ein Selbstregulierungsmechanismus innerhalb der sozialen Netzwerke etablieren.

Die Möglichkeiten des Social Web werden die Unternehmen der ITK-Branche auch in der Zukunft stärker motivieren, eigeninitiativ Rekrutierungsmaßnahmen über interne Ressourcen abzuwickeln. Die

Marktpositionierung der einzelnen Personalberater wird sich sicherlich dieser Entwicklung anpassen müssen, um nachhaltig konkurrenzfähig zu bleiben.

## III.   Fazit und Ausblick

Inwieweit es gelingen wird, die diskutierten Potentiale und strategischen Wachstumsfelder zu erschließen, so dass deutsche Unternehmen damit eine führende Stellung in diesen Technologiefeldern einnehmen werden, ist von vielfältigen konjunkturellen und politischen Einflussfaktoren und Rahmenbedingungen abhängig und bleibt abzuwarten.

Konzentriert man sich allerdings auf die wichtigen Faktoren, die zum Erfolg der Arbeit eines Personalberaters führen, so sind in erster Linie die Branchenexpertise und das vertrauensvolle Verhältnis zu den Kunden sowie der durch seriöse Arbeit aufgebaute gute Ruf innerhalb einer gesamten Industrie zu nennen. Ein so positionierter Berater wird von seinen zufriedenen Kunden im Markt weiterempfohlen und ist nicht zuletzt dadurch in der Lage, sich neuen Marktentwicklungen schnell zu stellen, da er eine bereits nachgewiesene positive Referenz durch den Markt innerhalb der ITK-Branche erfahren hat. Insofern ist es für jeden Berater unabdingbar, ein stets konstruktives und vertrauensvolles Verhältnis zu seinen Kunden aufzubauen und aufrechtzuerhalten.

# IV

## Die empirische Untersuchung

Erfolgsfaktoren für professionelle
Personalberatung aus der Kundensicht

# Gliederung

# Unternehmensbefragung:
# Die Zusammenarbeit mit Personalberatungen

Christine Wegerich, Würzburg

## Executive Summary der empirischen Untersuchung

Die besonders relevanten Ergebnisse der nachfolgend detailliert beschriebenen empirischen Untersuchung werden vorab in knapp zusammengefasster Form dargestellt. Grundlage der Ergebnisse sind Antworten von 187 Unternehmensvertretern aus der oberen Leitungsebene. So haben sich unter anderem 25 Vorstände, Chief Executive Officer und auch Chief Finance Officer sowie 74 Befragte aus der Ebene der Geschäftsführung, kaufmännische Leitung oder auch Managing Director an der Umfrage im Rahmen dieses Buchprojekts beteiligt.

### Einschätzung der Wichtigkeit des Branchen-Know-hows und der Branchenspezialisierung der Berater

Hervorzuheben ist, dass die deutliche Mehrheit, insgesamt 108 Unternehmensvertreter, zu der Frage nach den Auswahlkriterien das Branchen-Know-how des Personalberaters als entscheidende Auswahlkriterien zur Zusammenarbeit angibt. Im Durchschnitt ergab diese Frage eine Bewertung der Wichtigkeit des Branchen-Know-hows mit der „Note 1,5" (siehe hierzu S. 477).

Gleichzeitig haben 101 Befragte, das entspricht 54,01 Prozent, den Eindruck, dass sich die Personalberater, mit denen die Unternehmensvertreter zusammenarbeiten, verstärkt auf die jeweiligen Branchen spezialisiert haben (siehe hierzu S. 514).

Dies ist nicht erstaunlich. Nur wenn ein Personalberater eine Branche, einen Markt detailliert kennt, kann er darin auch schnelle und gute Ergebnisse an das Klientenunternehmen liefern. Mit der zunehmenden Professionalisierung der Dienstleistung wird auch die Erwartungshaltung der Kunden komplexer. Ergebnisse der Suche und Auswahl von Kandidaten müssen wesentlich schneller vorliegen. Dies ist allerdings nur mit Wissen und einem Netzwerk zu schaffen, das bereits vor der Auftragsvergabe vorhanden ist. Berater, die sich insofern auf bestimmte Communities innerhalb eines Markts fokussieren, werden damit schneller zum vertrauten Partner des Klienten (vgl. dazu Tarhan, S. 67ff.). Der Anreiz zur Spezialisierung ist insofern sowohl für Berater als auch für Kunden gegeben.

## Erwartungen an die internationale Zusammenarbeit mit Personalberatungen

Auf die Frage, ob die Auftragsvergabe für die Besetzung von Stellen internationaler geworden ist, geben 80 Unternehmen, also 42,78 Prozent der Befragten an, dass sie diese Tendenz nicht sehen. Rund 63 Unternehmensvertreter, das entspricht mehr als einem Drittel (33,69 Prozent), schätzen ihre vergebenen Aufträge stärker international ein (siehe hierzu S. 516ff.).

Viele mittelständische Unternehmen in Deutschland – beispielsweise im produzierenden Gewerbe – waren lange Zeit sehr auf den deutschsprachigen Raum fokussiert. Viele haben aber bereits den Schritt gewagt und erkennen, dass die Binnenmarktposition durch globale Präsenz gestärkt werden kann (vgl. dazu Hübner, S. 152ff.). Erkennbar ist also ein zwar noch zögerlicher Schritt der Klientenunternehmen in die Internationalität, dennoch aber eine deutliche Tendenz.

## Nutzung zusätzlicher Dienstleistungsangebote von Personalberatungen neben der Personalsuche

Die Teilnehmer sind befragt worden, ob und welche zusätzlichen Dienstleistungen einer Personalberatung neben der klassischen Personalsuche und -vermittlung für sie relevant sind. Als wichtigstes Angebot führen 70 Unternehmensvertreter das Angebot von „Coaching für das Topmanagement" an. 68 Befragte halten das Angebot der „Vermittlung von Interimsmanagern" für wichtig, weitere 63 Befragte schließlich können sich vorstellen, über Personalberatungen auch „Management Audits" durchführen zu lassen (siehe hierzu S. 122ff.).

So ist beispielsweise bei Private-Equity-Engagements in der Automobilindustrie bedingt durch Faktoren wie strategische Neuausrichtungen, Führungswechsel und andere Umbrüche eine objektive Einschätzung von Leistungspotentialen der Führungsebene durch Management Audits meist unumgänglich. Darauf basierend wird mit dem Erhalt der Ergebnisse auch das Coaching dieser Mitarbeiter relevant (vgl. dazu Schäfer, S. 196ff.).

## Unternehmen nennen Gründe, warum sie zukünftig häufiger die Dienstleistungsangebote von Personalberatungen nutzen wollen

Der Hauptgrund, warum Unternehmen zukünftig verstärkt mit Personalberatungen zusammenarbeiten werden, ist der in den Unternehmen schon jetzt spürbare „Fach- und Führungskräftemangel". Bedingt durch die Globalisierung, eine zunehmende Technisierung, aber auch die sinkende Verweildauer in Positionen ist dieser Fach- und Führungskräftemangel heute bereits ein Thema (vgl. dazu Füchtner/Diemer, S. 30ff.). Durch den demographischen Wandel wird er jedoch noch wesentlich verstärkt werden. Nicht nur die komplexe Beschaffung von Talenten, sondern auch das Arbeitgebermarketing für Unternehmen und Personalabteilungen im „War for Talents" wird damit immer relevanter.

Aber auch das derzeitige Wachstum von Unternehmen im Zuge des Aufschwungs gilt als weiterer Grund dafür, zukünftig verstärkt mit Personalberatungen zusammenzuarbeiten (siehe hierzu S. 524ff.).

## I. Datenbasis zur Erstellung des empirischen Teils

### 1. Die Methodik der Onlinebefragung als Grundlage

Im Rahmen der vorliegenden Onlinebefragung sind Unternehmensvertreter um eine Einschätzung und Stellungnahme zu ihren Erfahrungen über die Zusammenarbeit mit Personalberatungen insgesamt gebeten worden (siehe zu den Einzelheiten den im Anhang abgedruckten Fragebogen, der der Untersuchung zugrunde lag, S. 551). Dabei sind alle in der Wirtschaftspraxis wichtigen Branchen berücksichtigt worden.

2007 ist eine vergleichbare erste Onlinebefragung durchgeführt worden. Die Ergebnisse dieser Untersuchung sind in der ersten Auflage Füchtner, S./Wegerich, T.: „Das Handbuch der Personalberatung" publiziert worden. Die hier vorgestellten aktuellen Ergebnisse werden nach jeder Fragestellung mit den Ergebnissen aus 2007 abgeglichen.

Das Anschreiben an die Befragten erfolgte mittels E-Mail. Über einen in einer Mail enthaltenen Link konnten die Teilnehmer den elektronischen Fragebogen über die Plattform von SurveyMonkey™ am Bildschirm beantworten (http://de.surveymonkey.com). Die Anonymität war ausdrücklich zugesagt und wurde eingehalten.

Die Onlinebefragung erfolgte im Zeitraum November 2010 bis Januar 2011. Dabei war eine regelmäßige Überprüfung des EDV-Systems gewährleistet, das eine durchgängige Störungsfreiheit zeigte. Die Daten wurden elektronisch mittels SurveyMonkey™ erfasst und ausgewertet.

Insgesamt 3.805 Unternehmen waren in die Untersuchung einbezogen, um ein repräsentatives Ergebnis zu erreichen. 187 Befragte haben an der Befragung teilgenommen. Die Rücklaufquote der Onlinebefragung 2011 der hier ausgewerteten Fragebögen beträgt damit bezogen auf alle relevanten Wirtschaftsbranchen insgesamt 4,91 Prozent.

## 2. Telefoninterviews als Vertiefung und Ergänzung der Onlinebefragung

Die Konzeption des Handbuches beruht auf der Idee, ergänzend zu der zuvor genannten empirischen Untersuchung vertiefende Interviews mit ausgewählten Experten aus allen wichtigen Branchen der deutschen Wirtschaft zu führen. Bei diesen Telefoninterviews liegt der Schwerpunkt darauf, die Sicht der Kunden zu ermitteln, die mit Personalberatungen zusammenarbeiten. Erfahrungen, Wünsche und Appelle an die Branche der Personalberater sollen durch diese Gespräche aufgenommen und sehr praxisnah dargestellt werden.

Die Verfasserin hat 30 Entscheider unterschiedlicher Branchen befragt und dabei wertvolle persönliche Hinweise, weiterführende Ideen und interessante Anmerkungen der befragten Unternehmensvertreter erfahren. Die Erfahrungen aus der Praxis leisten einen maßgeblichen Beitrag zum Gelingen des „Handbuches der Personalberatung".

Die Ergebnisse der Onlinebefragung werden jeweils im Zusammenhang mit Aussagen der Praxisvertreter dargestellt und geben einen Überblick über die aktuellen Fragen und Einschätzungen zur Zusammenarbeit von Unternehmen und Personalberatungen aus Kundensicht.

## 3. Unternehmen und Personen, die an der Onlinebefragung teilgenommen haben

Die Auswahl der im Rahmen der Untersuchung berücksichtigten Branchen orientiert sich an den in der deutschen Wirtschaft besonders relevanten Branchen. Es sind (analog zur Branchengliederung in diesem Handbuch):

- Automotive, Manufacturing
- Consumer Goods, Retail
- Energy, Utilities, Construction, Real Estate
- Financial Services
- Life Science, Pharmaceuticals, Chemicals
- Logistics, Tourism
- Professional Services (insbesondere auch: Rechtsmarkt)
- Public Sector
- TIMES (insbesondere auch: Medien und IKT)

Die folgenden statistischen Daten geben detaillierten Aufschluss über die Unternehmen und die Teilnehmer der Onlinebefragung.[1]

Da die vorliegenden Antworten aus den jeweiligen Branchen zahlenmäßig nicht aussagekräftig sind, ist auf eine branchenbezogene Auswertung verzichtet worden.

*a) Unternehmensinterne Position der Teilnehmer der Onlinebefragung*

Im Blickpunkt: Die Teilnehmer der Onlinebefragung sind in der Unternehmenshierarchie hoch positioniert und überwiegend in der Geschäftsführung tätig.

Eine Frage[2] bezog sich auf die jeweilige Funktion und die Positionsbezeichnung der Teilnehmer in ihrem Unternehmen. Die Ergebnisse dazu werden zusammengefasst dargestellt[3], da es je nach Unternehmensgröße unterschiedliche Bezeichnungen für Managementebenen gibt.

An der Befragung haben 25 Vorstände, Chief Executive Officer und auch Chief Finance Officer teilgenommen. Das entspricht einer Quote von 13,37 Prozent. Auf den Ebenen der Geschäftsführung, kaufmännischen Leitung oder auch Managing Director sind 74 Vertreter tätig, das sind 39,57 Prozent der Befragten.

---

1    Anmerkung der Autorin: Allen Praxisvertretern, die sich an den Interviews beteiligt haben, möchte ich sehr herzlich danken. Die wertvollen Aussagen bereichern die Ergebnisse der Onlinebefragung.
2    Die Frage im Fragebogen lautete: „VII. Weitere statistische Fragen: 1. Welche Position haben Sie persönlich in Ihrem Unternehmen?"
3    Auf Basis der definierten Funktionen nach: O'Flanagan, R. und Irle, R.: Wörterbuch Personal- und Bildungswesen. Deutsch – Englisch/Englisch – Deutsch. Dictionary of Personnel and Educational Terms, 1996, S. 267.

Bereichs- oder Abteilungsleiter, aber auch Vice Presidents sind 18 Teilnehmer der befragten Unternehmensvertreter (9,63 Prozent). Personalleiter oder Abteilungsleiter Personalmanagement sind 27 Teilnehmer (14,44 Prozent). Zudem haben elf Personalreferenten oder HR-Manager an der Befragung teilgenommen (5,88 Prozent). Insgesamt drei Unternehmensvertreter (1,60 Prozent) sind Gruppen- oder Projektleiter, und 29 Befragte (15,51 Prozent) machten hierzu keine Angaben.

**Welche Position haben Sie persönlich in Ihrem Unternehmen?**

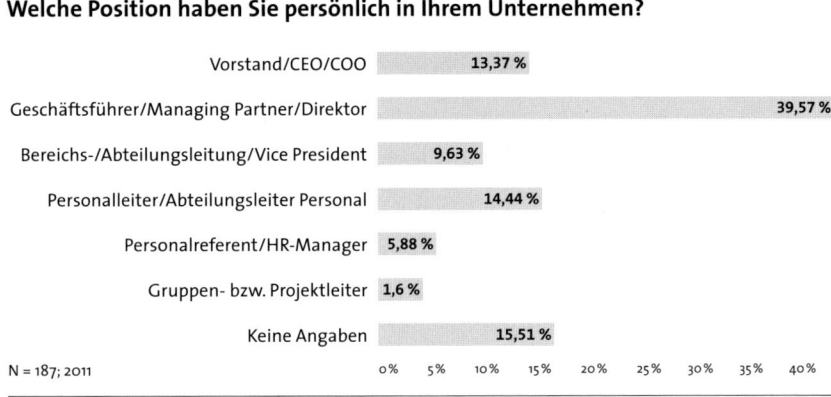

Abbildung 1: Übersicht über die Positionen der Teilnehmer der Onlinebefragung

Im Vergleich zu den Befragungsergebnissen aus dem Jahr 2007: Von den damals 155 vorliegenden Antworten stammte mit 30,32 Prozent der größte Teil von Personalleitern oder Human-Resources-Managern.

b) Größe der Unternehmen, die an der Onlinebefragung teilgenommen haben

Im Blickpunkt: Unternehmen mit Mitarbeiterzahlen bis zu 500 Mitarbeitern sowie zwischen 1.001 und 10.000 Mitarbeitern bilden den Schwerpunkt der aktuellen Onlinebefragung.

Um einen Überblick über die jeweilige Unternehmensgröße zu bekommen, sind die teilnehmenden Unternehmen nach ihrer Mitarbeiterzahl befragt worden[4]. Dabei ist der größte Teil – 41,71 Prozent, also ins-

---

4    Die Frage im Fragebogen lautete: „IV. Statistische Fragen: 1. Wie viele Mitarbeiter hat Ihr Unternehmen? (Bitte geben Sie hier ganze Zahlen an)".

gesamt 78 der Unternehmen – als KMU[5] (Kleine und mittlere Unternehmen) mit einer Mitarbeiterzahl bis 499 Personen zu qualifizieren. 14,44 Prozent, das entspricht 27 Unternehmen, haben eine Mitarbeiterzahl zwischen 501 und 1.000. Insgesamt 50 Unternehmen (das entspricht 26,74 Prozent) haben eine Mitarbeiterzahl von 1.001 bis 10.000. Über 10.001 Mitarbeiter haben 9,09 Prozent, das sind 17 Unternehmen. Keine Angaben machten 15 Teilnehmer (8,02 Prozent)[6].

**Wie viele Mitarbeiter hat Ihr Unternehmen?**

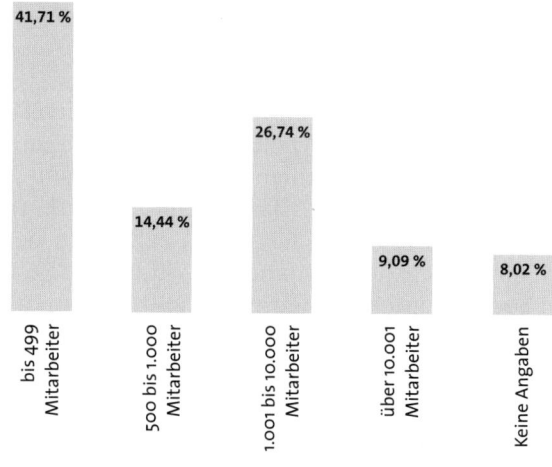

Abbildung 2: Übersicht über die Mitarbeiterzahlen der Unternehmen, die an der Befragung teilgenommen haben

Im Vergleich zur Befragung aus dem Jahr 2007: Von den 155 Unternehmen, die sich damals an der Befragung beteiligt hatten, hatten 40 Prozent 1.001 bis 10.000 Mitarbeiter. KMU waren 31,61 Prozent der Teilnehmer, die an der Onlinebefragung 2007 teilgenommen haben.

---

5   Das Institut für Mittelstandsforschung (IfM) Bonn definiert Unternehmen mit bis zu 9 Beschäftigten respektive weniger als 1 Million Euro Jahresumsatz als kleine und solche mit 10 bis 499 Beschäftigten beziehungsweise einem Jahresumsatz von 1 Million Euro bis unter 50 Millionen Euro als mittlere Unternehmen. Die Gesamtheit der KMU setzt sich somit aus allen Unternehmen mit weniger als 500 Beschäftigten respektive 50 Millionen Euro Jahresumsatz zusammen. KMU-Definition des IfM Bonn (seit 01.01.2002).

6   Um eine möglichst breite Palette der Antworten zu haben, sind auch die Antworten von den Befragten berücksichtigt worden, die keine Angabe zu der Unternehmensgröße des Unternehmens angegeben haben, das sie verteten.

*c) Branchen der Unternehmen, die an der Onlinebefragung teilgenommen haben*

Im Blickpunkt: Alle wichtigen Branchen der deutschen Wirtschaft sind in die Onlinebefragung einbezogen worden.

Die Unternehmensvertreter sind im Rahmen der Befragung[7] gebeten worden, Angaben zu der Branche zu machen, in der ihr Unternehmen tätig ist. Dabei lässt sich der überwiegende Teil, nämlich 37 Unternehmen (19,97 Prozent), den Branchen „Automotive, Manufacturing" zuordnen (vgl. dazu Barz, S. 170ff., und Hübner, S. 152ff.). Zu „Professional Services (einschließlich Rechtsmarkt)" zählen sich 18,72 Prozent, also 35 Unternehmen (vgl. dazu Dutschei/Maier/Meinshausen, S. 381ff., und T. Wegerich, S. 355ff.).

Aus der Branche „Telekommunikation, Internet, Medien (TIMES)" kommen 11,23 Prozent, also 21 Unternehmen (vgl. dazu Tils, S. 406ff.). 19 Unternehmen (10,16 Prozent) zählen zu den Branchen „Life Science, Pharmaceuticals, Chemicals" (vgl. dazu Grupe, S. 219ff., und Kaiser, S. 236ff.) sowie 18 Nennungen (9,63 Prozent) zählen zu den „Financial Services" (vgl. dazu Füchtner,/Pohland S. 328ff.). Mit 8,56 Prozent, was einer Anzahl von 16 Unternehmen entspricht, kommen die Teilneh-

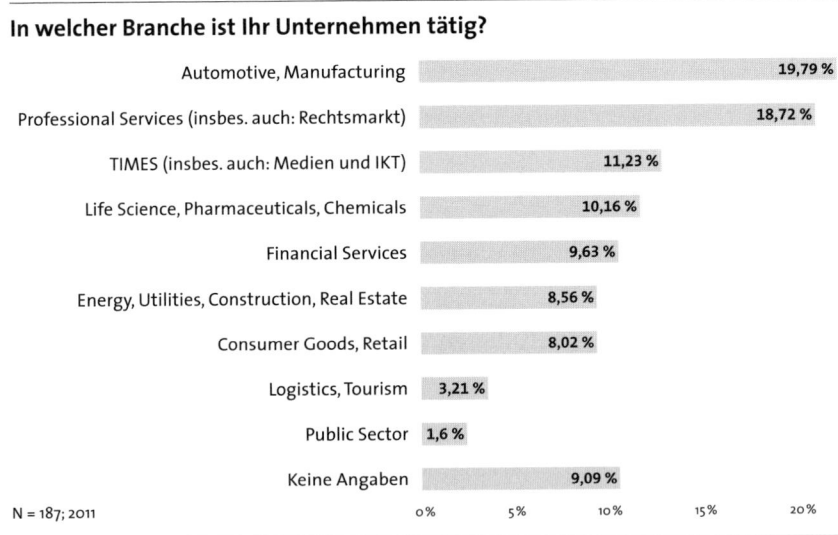

Abbildung 3: Branchenübersicht der Unternehmen, die an der Befragung teilgenommen haben

---

7    Die Frage im Fragebogen lautete: „IV. Statistische Fragen: 2. In welcher Branche (welchen Branchen) ist Ihr Unternehmen tätig?"

mer der Befragung aus „Energy, Utilities, Construction, Real Estate" (vgl. dazu Derakhshan, S. 267ff., und Reise, S. 259ff.). Aus dem Bereich „Consumer Goods, Retail" (vgl. dazu Müller-Albrecht, S. 294ff.) haben mit 8,02 Prozent 15 Befragte teilgenommen sowie sechs Unternehmen (3,21 Prozent) aus dem Bereich „Logistics, Tourism" (vgl. dazu Diemer, S. 249ff.). Drei Unternehmen (1,60 Prozent) können dem „Public Sector" (vgl. dazu Heilgenthal, S. 318ff.) zugerechnet werden. Keine Angabe machten 17 Unternehmen (9,09 Prozent).

Im Vergleich zu den Befragungsergebnissen aus dem Jahr 2007: Wiederum kamen jeweils rund 20 Prozent der teilnehmenden Unternehmen aus der Branche „Automotive/Manufacturing". 2007 kamen allerdings weitere 20 Prozent aus dem Bereich „TIMES (insbesondere auch: Medien und IKT)".

*d) Umsätze der Unternehmen, die an der Onlinebefragung teilgenommen haben*

Im Blickpunkt: In Bezug auf die Jahresumsätze der befragten Unternehmen ist eine breite Streuung aller Unternehmensgrößen erkennbar.

Um die Zielgruppe noch genauer zu definieren und erfassen zu können, bezog sich eine weitere Frage[8] auf den jeweils erzielten Jahresumsatz im Jahr 2009. 35 Unternehmen (18,72 Prozent) gaben einen Umsatz pro Jahr von bis zu 50 Millionen Euro an, 15 Unternehmen (8,02 Prozent) nannten einen Umsatz von 50 Millionen bis 100 Millionen Euro. 35 Unternehmen (18,72 Prozent) erreichten 2009 einen Jahresumsatz zwischen 100 Millionen und 500 Millionen Euro. Zwölf Befragte (6,42 Prozent) gaben an, einen Umsatz von 500 Millionen bis 1 Milliarde Euro zu generieren. 1 Milliarde bis 5 Milliarden Euro Umsatz pro Jahr erzielten 20 Unternehmen (10,70 Prozent), während ein Unternehmen (0,53 Prozent) insgesamt 5 Milliarden bis 10 Milliarden Euro Jahresumsatz erreichte. Über 10 Milliarden Euro Jahresumsatz geben sechs der beteiligten Unternehmen an (3,21 Prozent). Der Großteil der Befragten, also 63 Teilnehmer (33,69 Prozent), machte keine Angaben in Bezug auf den Unternehmensumsatz.

Im Vergleich zu den Befragungsergebnissen aus dem Jahr 2007: Rund 21 Prozent der 155 befragten Unternehmen gaben damals einen Umsatz von 100 Millionen bis 500 Millionen Euro an.

---

8    Die Frage im Fragebogen lautete: „IV. Statistische Fragen: 3. Welchen Umsatz erzielt Ihr Unternehmen pro Jahr? (Bitte geben Sie den Umsatz 2009 an)".

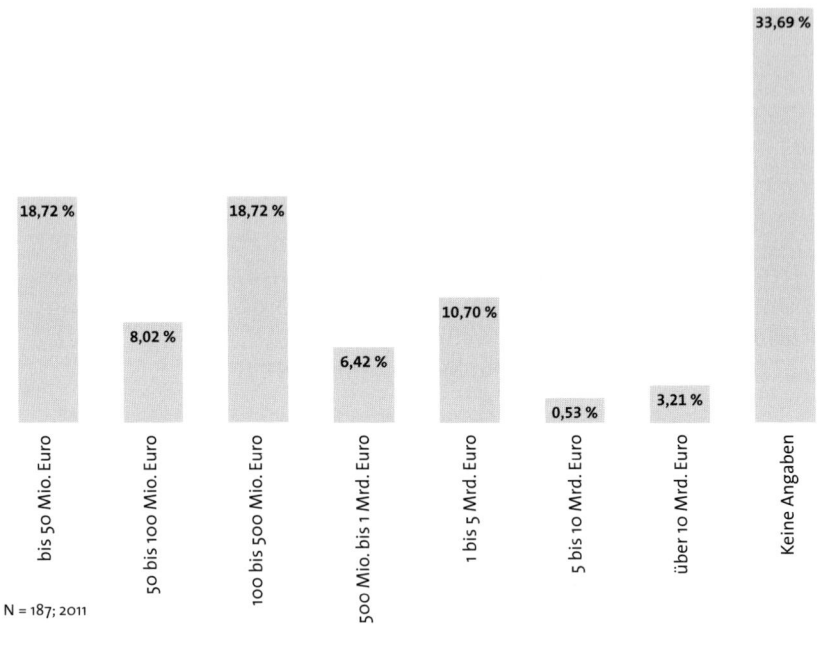

**Welchen Umsatz erzielt Ihr Unternehmen pro Jahr (Angaben für 2009)?**

| | |
|---|---|
| bis 50 Mio. Euro | 18,72 % |
| 50 bis 100 Mio. Euro | 8,02 % |
| 100 bis 500 Mio. Euro | 18,72 % |
| 500 Mio. bis 1 Mrd. Euro | 6,42 % |
| 1 bis 5 Mrd. Euro | 10,70 % |
| 5 bis 10 Mrd. Euro | 0,53 % |
| über 10 Mrd. Euro | 3,21 % |
| Keine Angaben | 33,69 % |

N = 187; 2011

*Abbildung 4: Übersicht über den Jahresumsatz der Unternehmen, die an der Befragung teilgenommen haben*

*e) Tätigkeitsfelder der Unternehmen in ausländischen Märkten*

> Im Blickpunkt: Ein ganz überwiegender Teil der befragten Unternehmen ist im Ausland aktiv: 22,34 Prozent in Europa und 51,06 Prozent weltweit.

Im Rahmen der statistischen Daten zielte eine weitere Frage[9] auf die Auslandstätigkeit der Unternehmen ab. Insgesamt gaben 137 Unternehmen an, in ausländischen Märkten aktiv zu sein. 51,06 Prozent von diesen Befragten, das entspricht einer Anzahl von 96 Unternehmen, sind heute weltweit tätig. 41 Unternehmen (22,34 Prozent) agieren auf dem europäischen Markt.

---

9  Die Frage im Fragebogen lautete: „IV. Statistische Fragen: 4. Sind Sie in ausländischen Märkten tätig?"

30 Unternehmen, das entspricht 15,96 Prozent, sind nicht in ausländischen Märkten tätig. Weitere 20 Unternehmen (10,64 Prozent) machten bei dieser Frage keine Angabe.

**Ist Ihr Unternehmen in ausländischen Märkten tätig?**

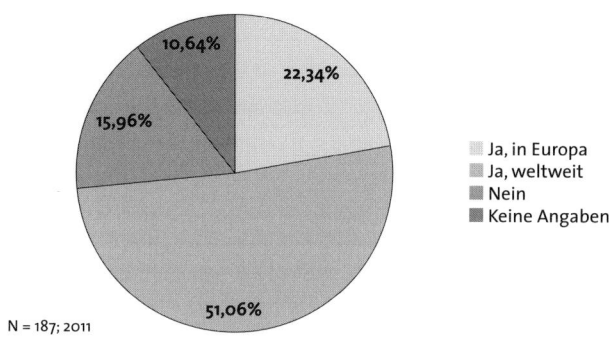

N = 187; 2011

*Abbildung 5: Verteilung von Auslandsaktivitäten der befragten Unternehmen*

114 der insgesamt 137 Unternehmen, die in ausländischen Märkten tätig sind, gaben an[10], eine eigene Niederlassung im Ausland zu haben. 23 Unternehmen haben keine ausländische Niederlassung.

Dabei antworteten 56,68 Prozent der 187 Unternehmen, die sich an der Befragung beteiligt haben – das entspricht 106 Unternehmen – positiv auf die Frage[11], ob sie weitere Auslandsaktivitäten planen. 30 Unternehmen planen keine weiteren Auslandsaktivitäten, das entspricht 16,04 Prozent der Befragten. Keine Angabe machten 27,27 Prozent der Befragten, also 51 Unternehmensvertreter.

Insgesamt spezifizierten 60 Befragte von diesen insgesamt 106 Unternehmensvertretern das jeweilige Land, in dem sie ihre Unternehmensaktivitäten ausbauen wollen. 26 Unternehmen und damit der Großteil gaben an, sich mit ihren Aktivitäten insbesondere auf den asiatischen Markt konzentrieren zu wollen. Die Expansion in Lateinamerika und in ausgewählten Ländern der Europäischen Union ist von jeweils zwölf

---

10 Die Frage im Fragebogen lautete: „V. Auslandsmärkte Ihres Unternehmens: 1. Unterhält Ihr Unternehmen eigene Niederlassungen in Auslandsmärkten?"

11 Die Frage im Fragebogen lautete: „VI. Auslandsmärkte Ihres Unternehmens: Planen Sie den weiteren Ausbau Ihrer Auslandsaktivitäten?"

Unternehmen geplant, gefolgt von jeweils elf Unternehmen, die den Ausbau in Osteuropa und dem Mittleren Osten realisieren wollen. Sieben Unternehmensvertreter führten auf, dass das Unternehmen in den USA beziehungsweise im russischen Markt aktiv werden möchte. Im Nahen Osten werden fünf Unternehmen zukünftig die Aktivitäten ausbauen sowie jeweils vier Unternehmen in Afrika, der Schweiz und in Großbritannien. Drei Unternehmen gaben „weltweit" an, ein Unternehmen plant, nach Australien zu gehen.

| Land | Anzahl Nennungen |
| --- | --- |
| Asien | 26 |
| Lateinamerika | 12 |
| Europäische Union | 12 |
| Osteuropa | 11 |
| Mittlerer Osten | 11 |
| USA | 7 |
| Russland | 7 |
| Naher Osten | 4 |
| Afrika | 4 |
| Schweiz | 4 |
| Großbritannien | 4 |
| Weltweit | 4 |
| Australien | 1 |

*Tabelle 1: Übersicht über die Länder, in denen die Unternehmen ihre Auslandsaktivitäten ausbauen wollen[12]*

30 Unternehmen, also 16,04 Prozent, planen keinen weiteren Ausbau ihrer Auslandsaktivitäten. 27,27 Prozent, das sind 51 Unternehmen, machten hierzu keine Angaben.

Auf die Frage[13] nach den geplanten Aktivitäten im Ausland nannten 28 Unternehmen, die bisher noch nicht im Ausland tätig sind, dass sie zukünftig auch nicht beabsichtigen, Auslandsaktivitäten umzusetzen. Ein Unternehmen bejahte die Frage und gab an, sich im „deutschsprachigen Wirtschaftsraum" engagieren zu wollen.

Im Vergleich zu den Befragungsergebnissen aus dem Jahr 2007: Etwa 80 Prozent (also 125 Teilnehmer) der damaligen Befragung gaben an, in ausländischen Märkten tätig zu sein.

---

12   Die Aufteilung nach den genannten Ländern erfolgt nach Anzahl der Nennungen. Mehrfachnennungen waren möglich.
13   Die Frage im Fragebogen lautete: „VI. Geplante Auslandsaktivitäten Ihres Unternehmens: 6. Planen Sie für Ihr Unternehmen den Schritt ins Ausland?"

## 4. Vertiefende Interviews mit ausgewählten Unternehmensvertretern

Im Blickpunkt: Ergänzende und branchenübergreifende Telefoninterviews geben punktuelle und jeweils weiterführende Hinweise auf die Unternehmenspraxis. Die Aussagen der Unternehmensvertreter erheben nicht den Anspruch, repräsentativ zu sein.

Ergänzend zu der im Vorfeld abgeschlossenen Onlinebefragung führte die Verfasserin insgesamt 30 vertiefende Telefoninterviews mit ausgewählten Unternehmensvertretern im Zeitraum von November 2010 bis April 2011. Hier sind wiederum alle vorgenannten relevanten Branchen der deutschen Wirtschaft einbezogen worden.

Einige der Befragten der Telefoninterviews hatten vorab den Onlinefragebogen ausgefüllt. Die Analyse und die Auswertung der empirischen Untersuchung sowie die Ergebnisse der Telefoninterviews hat die Verfasserin jeweils zusammengefasst; beide empirischen Elemente sind daher in den nachfolgenden Kapiteln berücksichtigt.

Der Schwerpunkt der Telefoninterviews beruhte jeweils auf persönlichen Einschätzungen und Erfahrungen aus der beruflichen Praxis der Befragten; die dabei gewonnenen Erkenntnisse der Experten sind daher im Rahmen der Ausführungen besonders aussagekräftig. Sie stellen Schlaglichter dar, die – ohne Anspruch auf jeweils branchenbezogen repräsentative Aussagen zu erheben – sehr akzentuiert die Kundensicht in Bezug auf die Personalberatungsbranche aufzeigen.

Leitfaden und damit Grundlage für die Telefoninterviews war wiederum der Onlinefragebogen; jedoch sind im Rahmen der Gespräche zahlreiche weiterführende Ideen und Themen aufgegriffen worden, die den Interviewpartnern als sehr wichtig erschienen. Daraus folgt, dass die in den nachfolgenden Kapiteln als Zitate dargestellten Aussagen mitunter auch Themen betreffen, die über die vorgegebene Struktur des Onlinefragebogens hinausgehen und die dort gestellten Fragen erweitern und vertiefen.

*a) Einordnung der Interviewpartner nach Funktionen*

Im Blickpunkt: Die 30 Interviewpartner sind in ihrer jeweiligen Unternehmenshierarchie sehr hoch angesiedelt.

Die in den Telefoninterviews befragten Unternehmensvertreter lassen sich in folgende Funktionsbereiche aufteilen: Der größte Teil der Interviewpartner, insgesamt 18 Unternehmensvertreter, sind dem Vorstand sowie der Geschäftsführung beziehungsweise den Funktionsbereichen Managing Director und Partner zuzuordnen. Das entspricht 60 Prozent der Interviewpartner. Fünf Interviewpartner sind Senior Vice President Human Resources, was 16,67 Prozent entspricht. Den Funktionen Personalleiter, Direktor Personal und Abteilungsleiter sind sieben Personen zuzuordnen, also 23,33 Prozent der Befragten.

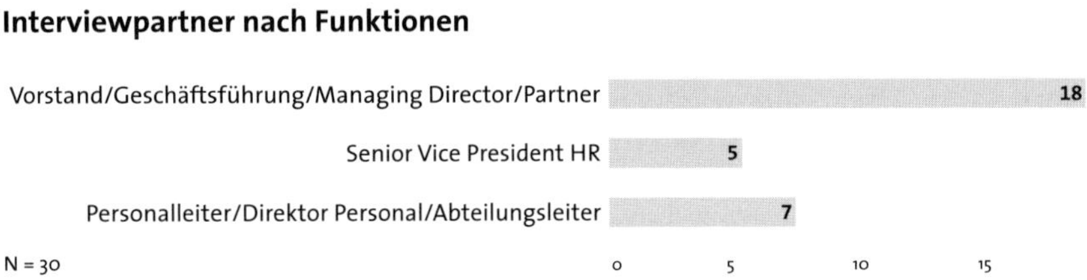

**Interviewpartner nach Funktionen**

| | |
|---|---|
| Vorstand/Geschäftsführung/Managing Director/Partner | 18 |
| Senior Vice President HR | 5 |
| Personalleiter/Direktor Personal/Abteilungsleiter | 7 |

N = 30    0    5    10    15

*Abbildung 6: Anzahl der Interviewpartner nach Funktionen*

Die unterschiedlichen Funktionsbezeichnungen für vergleichbare Positionen zeigen die Besonderheiten der verschiedenen Branchen. So wird etwa, um nur ein Beispiel zu nennen, im juristischen Markt in Anwaltskanzleien unter der Funktion „Managing Partner" die organisatorische Leitungsfunktion innerhalb der jeweiligen Inhaberstruktur der Sozietät verstanden. Im Rahmen der Untersuchung nahmen im Rahmen der Vertiefungsgespräche fünf Managing Partner aus internationalen und in Deutschland tätigen Anwaltssozietäten teil (vgl. zu den Einzelheiten über den Rechtsmarkt in Deutschland T. Wegerich, S. 355ff.).

*b) Einordnung der Interviewpartner nach Branchen*

> Im Blickpunkt: Die Interviews sind mit Unternehmensvertretern aus den maßgeblichen Branchen der deutschen Wirtschaft geführt worden.

Die Einordnung der Interviewpartner nach Branchen erfolgt analog zur Brancheneinteilung in diesem Handbuch. So können 30,00 Prozent der Interviewpartner, also neun Personen, der Branche „Professional Services (insbesondere auch: Rechtsmarkt)" zugeordnet werden (vgl. dazu T. Wegerich, S. 355ff.). Jeweils vier Experten, also 13,33 Prozent, sind in den Branchen „Consumer Goods, Retail" (vgl. dazu Hanke, S. 278ff., und Müller-Albrecht, S. 294ff.), „Financial Services" (vgl. dazu Füchtner/Pohland, S. 328ff.) und „TIMES (insbesondere auch: Medien und IKT)" (vgl. dazu Tils, S. 406ff.) beschäftigt.

Drei Befragte, also 10,00 Prozent, vertreten die Branche „Automotive, Manufacturing" (vgl. dazu Hübner, S. 152ff., und Barz, S. 170ff.). Zudem nahmen jeweils zwei Interviewpartner (6,67 Prozent) der Branchen „Energy, Utilities, Construction, Real Estate" (vgl. dazu Derakhshan, S. 267ff., und Reise, S. 259ff.) und „Life Science, Pharmaceuticals, Chemicals" (vgl. dazu Grupe, S. 219ff., sowie Kaiser, S. 236ff. und S. 307ff.) teil. Jeweils ein Vertreter (das entspricht 3,33 Prozent) kommt aus den Branchen „Logistics, Tourism" (vgl. dazu Diemer, S. 249ff.) und aus dem „Public Sector" (vgl. dazu Heilgenthal, S. 318ff.).

**Interviewpartner nach Branchen**

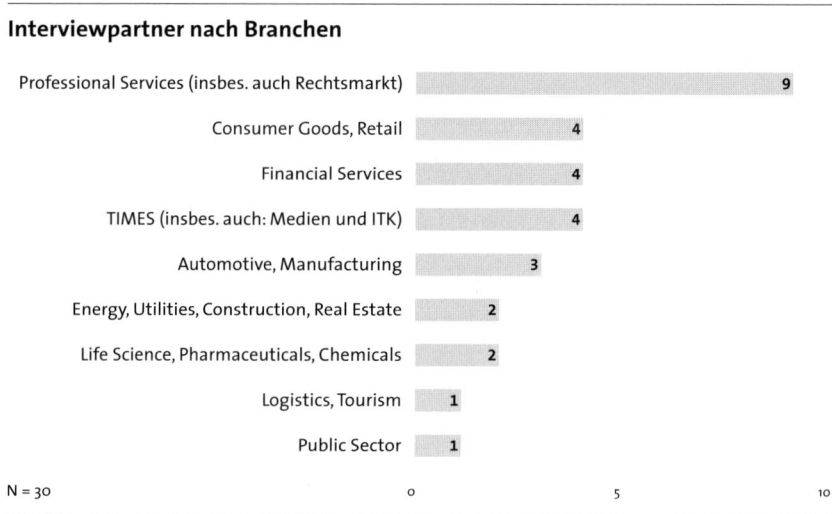

Abbildung 7: Anzahl der Interviewpartner nach Branchen

## II. Einschätzungen der Zusammenarbeit mit Personalberatungen aus Unternehmenssicht

Ergänzend zu der bisher vorgestellten Auswertung des statistischen Teils der Onlinebefragung erfolgt nun die Analyse der weiteren inhaltsbezogenen Fragen. Es werden, wo immer dies möglich ist, zusätzlich vertiefende und konkretisierende Zitate der Interviewpartner aus den Telefoninterviews mit aufgenommen, um die Untersuchungsergebnisse noch praxisnäher und anschaulicher zu gestalten.

# 1. Häufigkeit der Zusammenarbeit mit Personalberatungen

Im Blickpunkt: Etwa die Hälfte der befragten Unternehmen arbeitete in den vergangenen zwei Jahren ein- bis fünfmal mit Personalberatungen zusammen.

Im Rahmen des statistischen Teils[14] sind die Beteiligten befragt worden, wie häufig ihr Unternehmen in den vergangenen zwei Jahren die Dienstleistung von Personalberatungen in Anspruch genommen hat.

Insgesamt 97 Teilnehmer nannten ein bis fünf Projekte, die sie in den vergangenen zwei Jahren mit Personalberatungen realisiert hatten. Weitere 29 Unternehmen hatten sechs- bis zehnmal sowie 17 Unternehmen insgesamt elf- bis fünfzigmal mit Personalberatungen zusammen. Zwei der Befragten hatten in dem Zeitraum mehr als 51 Projekte mit einer Personalberatung abgewickelt, und sieben Unternehmen gaben an, in diesem Zeitraum nicht mit Personalberatungen zusammengearbeitet zu haben. Keine Angaben zu dieser Frage machten 35 Teilnehmer.

**Häufigkeit der Zusammenarbeit mit Personalberatungen in den vergangenen zwei Jahren**

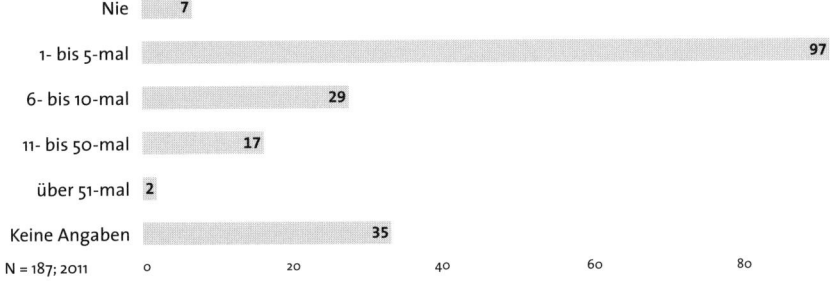

*Abbildung 8: Häufigkeit der Zusammenarbeit mit Personalberatungen in den vergangenen zwei Jahren nach Anzahl der Nennungen*

In Prozentsätzen ausgedrückt bedeutet das: Die 97 Unternehmen, die zwischen ein- und fünfmal mit einer Personalberatung zusammengearbeitet hatten, entsprechen somit 51,87 Prozent der gesamten Teilnehmer der Onlinebefragung. 15,51 Prozent der befragten Unterneh-

---

14   Die Frage im Fragebogen lautete: „VII. Weitere statistische Fragen: 2. Wie oft haben Sie in den vergangenen zwei Jahren mit einer Personalberatung zusammengearbeitet? (Bitte geben Sie 0 an, wenn Sie bisher mit keiner Personalberatung gearbeitet haben)".

men hatten sechs- bis zehn- und 9,09 Prozent elf- bis fünfzigmal in den vergangenen zwei Jahren mit Personalberatungen zusammengearbeitet. Nur zwei Unternehmen, also 1,07 Prozent, hatten die Dienstleistung von Personalberatung mehr als 51-mal genutzt. Sieben Unternehmen, das entspricht 3,74 Prozent, hatten in den vergangenen zwei Jahren überhaupt nicht mit einer Personalberatung zusammengearbeitet. Keine Angaben zu dieser Frage machten 18,72 Prozent.

> Im Vergleich zur Befragung aus dem Jahr 2007: Auch damals gab etwa die Hälfte der 155 befragten Unternehmen an, in den vergangenen zwei Jahren ein- bis fünfmal mit Personalberatungen zusammengearbeitet zu haben.

Die Aussagen der Praxisvertreter aus den Interviews stellen ergänzende Perspektiven zur Häufigkeit der Zusammenarbeit mit Personalberatungen dar. So etwa die von Dr. Michael Prochaska, Direktor Personal, Franz Haniel & Cie. GmbH: „Wenn Sie mich fragen, wie oft wir mit Personalberatungen zusammenarbeiten, kann ich nur sagen: so wenig wie möglich. Bei Haniel versuchen wir immer zuerst, Stellen mit Talenten aus den eigenen Reihen zu besetzen. Wenn wir intern niemanden finden, wenn Arbeitsgebiete neu strukturiert werden oder wenn das Know-how nicht vorhanden ist, gehen wir auf Personalberatungen zur Suche von externen Kandidaten zu. Zum Beispiel kam das vor, als wir vor geraumer Zeit das interne Audit aufgebaut haben. Bis dahin gab es keine interne Revision im Unternehmen, und wir haben diese Stelle mit einem Experten von außen besetzt."

Dr. Diethard Bühler, Vorsitzender der Geschäftsführung der Arthur D. Little GmbH für Zentraleuropa, hebt den unternehmensinternen Prozess der Personalplanung hervor: „Personalberatungen setzen wir ein, wenn wir gezielt Lücken in der Personalplanung besetzen wollen. Dabei setzen wir eine systematische Personalplanung um, bei der wir zunächst – je nach Erfahrungslevel – aus eigenen Reihen die Stellen besetzen. Wenn das nicht ausreicht, suchen wir vielleicht drei bis vier Kandidaten pro Jahr und diese Kandidaten dann ganz gezielt. Das sind dann ‚Hochkaliber'. Aufgrund der Personalplanung haben wir in diesem Zusammenhang ein fest begrenztes Budget für die Stellenbesetzung über Personalberatungen definiert."

Einen Ausblick auf die zukünftige Zusammenarbeit gibt Prof. Dr. Christof Schimank, Mitglied des Vorstands, Horváth & Partner Management Consultants, Stuttgart: „Zukünftig werden wir stärker mit Personalberatungen zusammenarbeiten. Das liegt auch an der Wachstumsstrategie von Horváth & Partner: Wir wollen auf Marktchancen schnell reagieren können."

Hans-Jürgen Schäfer, Geschäftsführer, Warburg Invest Kapitalanlagegesellschaft mbH, ergänzt in diesem Punkt: „In den vergangenen zwei Jahren haben wir zwei- bis dreimal Stellen über Personalberatungen besetzt. Durchschnittlich haben wir eine normale Fluktuationsrate von circa 5 Prozent. In diesem Jahr war das anders. 2010 haben wir deutlich mehr extern besetzen lassen, konkret über zehn Stellen. Das hatte unternehmensinterne Gründe, nachdem wir den Standort Frankfurt geschlossen und durch den Umzug nach Hamburg einen höheren Bedarf hatten."

## 2. Bewertung der bisherigen Zusammenarbeit mit Personalberatungen aus Kundensicht

Im Blickpunkt: Die Zusammenarbeit mit den Personalberatungen wird von rund der Hälfte der befragten Unternehmen als „sehr gut" und „gut" bezeichnet.

Eine weitere wichtige Frage bezog sich auf eine Einschätzung und Bewertung der jeweiligen Zusammenarbeit mit den Personalberatungen[15]. Dies ist insoweit relevant, als damit auch Qualitätsaspekte beleuchtet werden.

Für 17 Unternehmen (das entspricht 9,09 Prozent) war die Zusammenarbeit sehr zufriedenstellend; sie vergaben die Note 1. Insgesamt 75 Unternehmen (also 40,11 Prozent) bewerteten die Zusammenarbeit mit den von ihnen ausgewählten Personalberatungen im Zeitraum der vergangenen zwei Jahre als „gut" (Schulnote 2).

Weitere 44 Unternehmen (23,53 Prozent) schätzten die Zusammenarbeit als „befriedigend" (Note 3) ein; elf Unternehmen (5,88 Prozent) vergaben die Note „ausreichend". Drei Teilnehmer, das entspricht 1,60 Prozent, waren „unzufrieden" (Note 5) mit der Zusammenarbeit, vier Teilnehmer (2,14 Prozent) waren „völlig unzufrieden" und bewerteten die bisherige Zusammenarbeit mit Personalberatungen mit der Note 6.

Sechs Befragte (3,21 Prozent) konnten keine Bewertung abgeben, da sie bisher nicht mit Personalberatungen zusammengearbeitet hatten. 27 Teilnehmer, und damit 14,44 Prozent, machten keine Angaben zu dieser Frage.

---

15 Die Frage im Fragebogen lautete: „VII. Weitere statistische Fragen: 3. Wie beurteilen Sie diese Zusammenarbeit (Skala 1 = sehr zufrieden bis 6 = völlig unzufrieden)?"

**Wie beurteilen Sie die Zusammenarbeit mit den Personalberatungs-
unternehmen in den vergangenen zwei Jahren?**

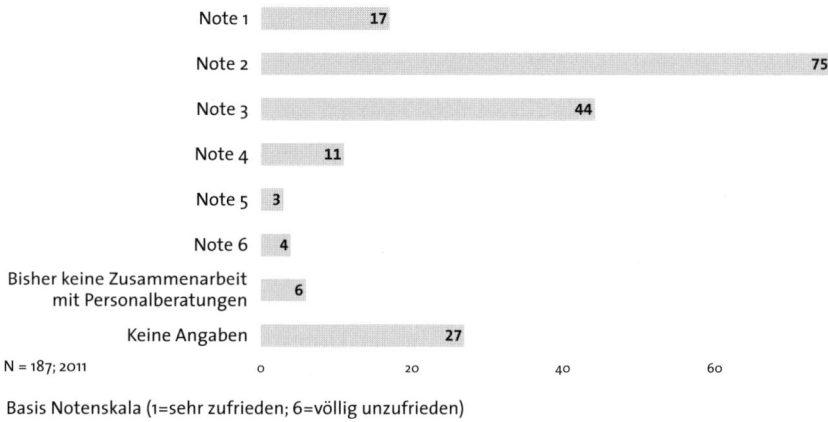

N = 187; 2011

Basis Notenskala (1=sehr zufrieden; 6=völlig unzufrieden)

*Abbildung 9: Beurteilung der Zusammenarbeit mit Personalberatungen in den vergangenen zwei Jahren auf Basis einer Schulnotenskala nach Anzahl der Nennungen*

Für die Einschätzung der Zusammenarbeit mit Personalberatungen in den vergangenen zwei Jahren aus Sicht der Unternehmen lässt sich auf einer Schulnotenskala von 1 (sehr zufrieden) bis 6 (völlig unzufrieden) kumuliert der Notendurchschnittswert 2,48 ermitteln. Berücksichtigt sind dabei nur die Nennungen, bei denen Unternehmen eine Bewertung zur Zusammenarbeit abgegeben haben. Daraus folgt: Die befragten Unternehmen schätzen die Zusammenarbeit im Durchschnitt als „gut" ein.

Im Vergleich zu den Befragungsergebnissen aus dem Jahr 2007: Ähnlich war auch das Ergebnis der vorangegangenen Befragung ausgefallen. Hier wurde die Zusammenarbeit mit Personalberatungen von mehr als der Hälfte, 50,32 Prozent der Befragten, mit „gut" bewertet. Der Notendurchschnittswert lag 2007 bei 2,46.

Die Einschätzung von Hans-Jürgen Schäfer, Geschäftsführer, Warburg Invest Kapitalanlagegesellschaft mbH macht einen wichtigen Aspekt in der Zusammenarbeit deutlich: „Tendenziell sind die Beratungen gut, mit denen wir zusammenarbeiten, die Berater denken mit und entwickeln weitere Ideen zur Besetzung. Damit bin ich zufrieden."

Kritisch hingegen sieht Dr. Diethard Bühler, Vorsitzender der Geschäftsführung der Arthur D. Little GmbH für Zentraleuropa, die Zusammenarbeit mit Personalberatungen: „Ich misstraue der Vorgehensweise der allermeisten Personalberatungen: Die Kunden lassen über Personalberatungen jemanden suchen, der den zu besetzenden Job schon gemacht hat – und dann den Job abarbeitet. Da sind Personalberatungen bei der Profilfestlegung mit ihren Klienten nicht sehr phantasievoll und wagemutig. Kandidaten, die eine Aufgabe aber schon gemacht haben, wollen weiter wachsen und sich entwickeln. Und das wiederum ist nicht das Ziel der Kunden. Fast genauso problematisch stellt sich für mich der Fall dar, dass Personalberatungen in aller Regel wechselwillige Kandidaten identifizieren. Wechselwillig aber sind Kandidaten häufig, weil sie nicht erfolgreich sind – was sagt mir das über die Wahrscheinlichkeit, dass sie bei uns erfolgreicher sein werden? So jemand aber ist eigentlich in einer Unternehmensberatung nicht richtig. In diesem Themenfeld sind Personalberatungen nicht aktiv genug. In der Unternehmensberatungsbranche sind die Menschen so gut in der eigenen Selbstvermarktung, dass die wahren Ursachen häufig versteckt sind. Wenn ich die eigentliche Motivation der Wechselwilligkeit herausfinde, so sind es manchmal achtbare und nachvollziehbare Gründe. Aber leider sind es oft eher problematische Beweggründe, die uns vorsichtig sein lassen sollten.“

Dr. Harald Ring, Vice President Human Resources, Rütgers Holding GmbH , beschreibt seine Erwartungen an die Aufgabe eines Personalberaters sehr deutlich: „Mir kommt es häufig so vor, als würde von Seiten der Personalberatungen – aber auch der Geschäftsleitung, des Vorstands in Unternehmen selbst – immer weniger die fachliche Qualifikation eines Kandidaten geprüft, je höher die zu besetzende Aufgabe in der Hierarchie liegt. In diesen Toppositionen wird häufig nach dem persönlichen Auftreten entschieden – doch das reicht meiner Meinung nach nicht aus. Hier wünsche ich mir, dass ein Personalberater einfordert, dass etwa alle drei Kandidaten der Endauswahl zum Gespräch mit dem Vorstand eingeladen werden und nicht die Entscheidung nach dem ersten Gespräch fällt, da das Gespräch so positiv und freundlich verlief und der Vorstand entscheidet, dass der Kandidat eingestellt wird. Ein Personalberater könnte in diesem Fall darauf bestehen, soweit dies möglich ist, dass der Prozess eingehalten und alle Kandidaten bis zum Gespräch mit dem Vorstand eingeladen werden.“

Dr. Joachim Brenk, Vorstand der L. Possehl & Co. mbH ist nur zum Teil zufrieden: „Meine Erfahrungen mit Personalberatern sind überwiegend positiv, wenngleich die Auseinandersetzung mit den eher versteckten Anforderungen an eine Stellenbesetzung durch weiche Kriterien wie zum Beispiel kultureller Fit, patriarchalische Führung, rauer Umgangston, besondere Kritikfähigkeit oder spezielle Kommunikationserfordernisse teils unberücksichtigt bleibt.“

Und eine sehr zufriedene Stimme kommt von Matthias Christophel, Personalleiter der C&A Mode KG: „Personalberater erfüllen zu etwa 80 Prozent unsere Aufträge. Wenn wir im Verkaufsbereich jemanden gesucht haben, haben wir immer jemanden einstellen können."

### 3. Ab welcher Hierarchieebene werden Personalberater zur Stellenbesetzung eingesetzt?

Die nachfolgende Analyse befasst sich mit den Einzelheiten der Befragungsergebnisse. Dabei muss die Frage nach der Besetzung von Vakanzen unterschiedlicher Hierarchieebenen und nach der Vergütungsstruktur vor dem Hintergrund betrachtet werden, dass etwa 45 Prozent der Teilnehmer in kleinen und mittleren Unternehmen tätig sind (siehe hierzu auch S. 430f.).

Im Blickpunkt: Unternehmen setzen Personalberatungen ganz überwiegend für die Besetzung von Positionen auf der „ersten Führungsebene" ein und auch für Positionen auf der „zweiten Ebene".

Im allgemeinen Teil des Fragebogens sind die Teilnehmer um eine Einschätzung gebeten worden[16], wann ihr Unternehmen bei der geplanten Besetzung von Stellen unterschiedlicher Hierarchieebenen und Vergütungsstrukturen die Dienstleistung von Personalberatungen in Anspruch nimmt. Bei der Beantwortung waren Mehrfachnennungen möglich.

Insgesamt 161 aller 187 befragten Unternehmen arbeiten mit Personalberatungen zusammen, wenn es um die Besetzung von Positionen der ersten Führungsebene geht. 19 Befragte grenzten diesen Bereich der Besetzung aus. 144 Unternehmen nutzen externe professionelle Unterstützung, wenn Vakanzen in der zweiten Führungsebene vorhanden sind. 36 Vertreter verneinten diese Frage; sie setzen bei der Suche von Positionen der zweiten Führungsebene keine Personalberater ein.

Bemerkenswert ist, dass insgesamt 141 Unternehmen Personalberatungen auch dann einschalten, wenn es um die Besetzung von Spezialistenfunktionen geht. Für diesen Bereich wiederum setzen 31 Befragte keine externe Dienstleistung ein.

---

16  Die Frage im Fragebogen lautete: „II. Allgemeines: 1. Wann setzen Sie Personalberatungen für die Besetzung unternehmensinterner Positionen ein? (Mehrfachnennungen möglich)"

Im Einzelnen stellen sich die Ergebnisse wie folgt dar, wobei sich die Prozentangaben jeweils auf die Anzahl der vorliegenden Antworten beziehen.

**Wann setzen Sie Personalberatungen für die Besetzung unternehmensinterner Positionen ein?**

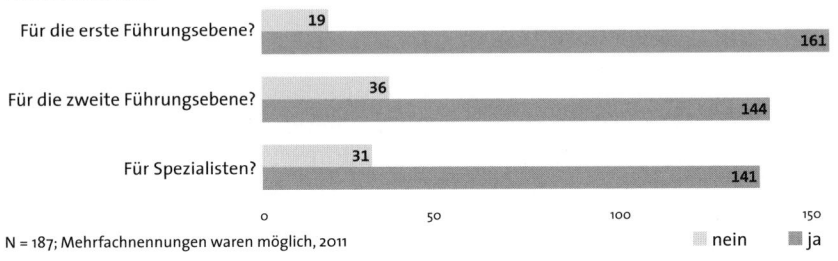

N = 187; Mehrfachnennungen waren möglich, 2011

*Abbildung 10: Übersicht über den Einsatz von Personalberatungen zur Stellenbesetzung, bezogen auf die hierarchische Zuordnung von unternehmensinternen Positionen*

*a) Zusammenarbeit bei der Besetzung von Positionen auf der ersten Führungsebene*
Von den 180 Antworten auf die Frage, ob die Unternehmen für die Besetzung von Positionen in der ersten Führungseben mit Personalberatungen zusammenarbeiten, fielen 89,44 Prozent[17] (161 Antworten) positiv aus. 10,56 Prozent verneinten die Frage.

**Wann setzen Sie Personalberatungen für die Besetzung unternehmensinterner Positionen ein? Für die erste Führungsebene?**

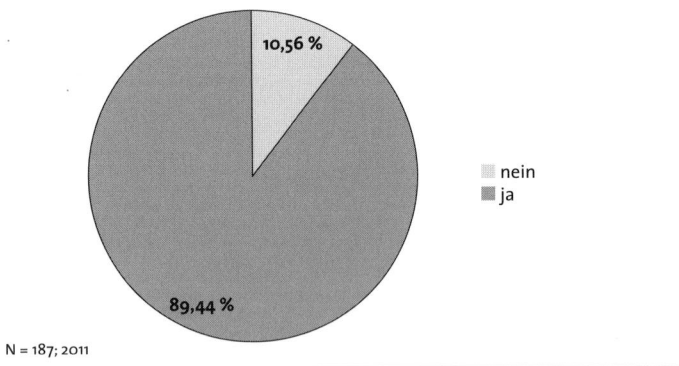

N = 187; 2011

*Abbildung 11: Übersicht über den Einsatz von Personalberatungen zur Stellenbesetzung von Positionen der ersten Führungsebene*

---

17    Die Prozentangaben beziehen sich auf das Verhältnis der vorliegenden Antworten.

446

Im Vergleich zu den Befragungsergebnissen aus dem Jahr 2007: 85 Unternehmen von 155 Befragten (54,84 Prozent) gaben damals an, für die Besetzung von Positionen der ersten Führungsebene Personalberatungen einzusetzen.

Wie auch andere Möglichkeiten zur Stellenbesetzung genutzt werden können, stellt Dr. Diethard Bühler, Vorsitzender der Geschäftsführung der Arthur D. Little GmbH für Zentraleuropa, vor: „Für die Rekrutierung neuer Mitarbeiter arbeiten wir im Wesentlichen mit Vermittlern aus Alumni-Netzwerken zusammen. Die Suche über diese Quelle erfolgt nicht als zielgerichtete Suche. Vermittler dieser Netzwerke haben grundlegende Profile vorliegen und bieten uns einen möglichen Kandidaten an, wenn aus dem Pool jemand für uns in Frage kommen könnte. Auf Projektleiterebene findet so eine erfolgreiche Vermittlung auf Honorarbasis statt. Diese Vermittlungshonorare bewegen sich zwischen 3.000 und 5.000 Euro. Über Personalberatungen hingegen suchen wir gezielt, wenn wir jemanden brauchen, der Erfahrung in einem bestimmten Bereich hat, bei der Nachbesetzung von Stellen oder der Erweiterung unserer Stellen. Das alles sind dann aber erfahrene Personen auf Junior-Partner- oder Partner-Level."

*b) Zusammenarbeit bei der Besetzung von Positionen der zweiten Führungsebene*
Bei der Besetzung von Positionen der zweiten Führungsebene arbeiten 80 Prozent der Unternehmen (das entspricht 144 Antworten) mit Personalberatungen zusammen. 20 Prozent derjenigen (also 36 von den insgesamt 180 Unternehmensvertretern), die auf die Frage geantwortet haben, verneinten die Aussage.

**Wann setzen Sie Personalberatungen für die Besetzung unternehmensinterner Positionen ein? Für die zweite Führungsebene?**

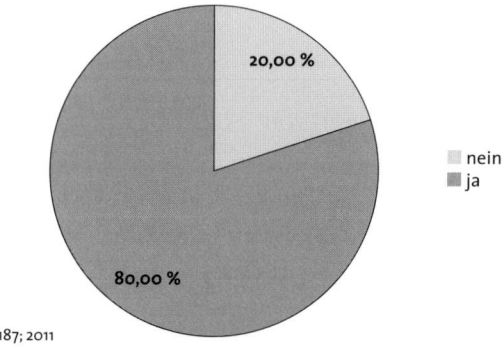

N = 187; 2011

*Abbildung 12: Übersicht über den Einsatz von Personalberatungen zur Stellenbesetzung von Positionen der zweiten Führungsebene*

Im Vergleich zu den Befragungsergebnissen aus dem Jahr 2007: Auch in der Vergangenheit hatte der überwiegende Teil der Befragten für die Besetzung von Positionen auf der zweiten Führungsebene die Zusammenarbeit mit Personalberatungen gewählt. So gaben 133 Befragte (85,81 Prozent) im Jahr 2007 an, für diese Ebene Personalberatungen einzusetzen.

*c) Zusammenarbeit bei der Besetzung von Spezialistenpositionen*
Die Frage, ob Unternehmen für die Besetzung von Spezialisten mit Personalberatungen zusammenarbeiten, bejahten 141 Vertreter (81,98 Prozent), und 31 Befragte (18,02 Prozent) verneinten dies.

---

**Wann setzen Sie Personalberatungen für die Besetzung unternehmensinterner Positionen ein? Für Spezialisten?**

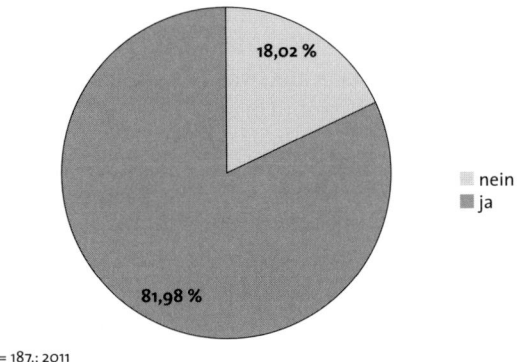

N = 187,; 2011

---

*Abbildung 13: Übersicht über den Einsatz von Personalberatungen zur Stellenbesetzung von Positionen mit Spezialistenfunktion*

Im Vergleich zu den Befragungsergebnissen aus dem Jahr 2007: Auch bei der ersten Befragung hatte der Großteil der befragten Unternehmen, also 136 (87,74 Prozent) von 155 Befragten, angegeben, Personalberatungen überwiegend zur Besetzung von Spezialistenfunktionen einzusetzen. Das war die häufigste Nennung nach der Wichtigkeit.

Stimmen der Praxisvertreter zum Themenfeld der Hierarchieebene betonen noch weitere Aspekte. So beschreibt Dr. Peter M. Haid, Mitglied des Vorstands der BW-Bank Stuttgart, die Zielgruppen näher: „Mit Personalberatungen arbeiten wir bei der Besetzung von Managementaufgaben der ersten bis dritten Ebene, insbesondere bei zu besetzenden Stellen im Vertrieb sowie bei der Suche nach Spezialisten zusammen. Dabei haben wir strikte Vorgaben für externe Besetzungen und mandatieren jeweils nur eine Personalberatung für eine Stellenbesetzung. Wir möchten keinen Wettbewerb unter verschiedenen Personalberatungen aufbauen. Das heißt aber nicht, dass wir alle unsere Projekte generell nur mit einer Personalberatung abwickeln."

Aus der Praxis schildert Matthias Christophel, Personalleiter, C&A Mode KG, eine weitere Erfahrung bezüglich der Kandidaten, die von Personalberatungen vermittelt werden: „Über Personalberatungen werden uns häufig Kandidaten angeboten, die für unsere Anforderungen überqualifiziert sind."

Bernhard Just, Senior Vice President Corporate Human Resources, Carl Zeiss AG, merkt hierzu an: „Mit Personalberatungen habe ich in den Jahren vielfältige Erfahrungen gemacht. Insgesamt bieten Personalberatungen aus meiner Sicht eine notwendige Dienstleistung an, die jedes Unternehmen benötigt. Ab welchem Niveau der Position ein Unternehmen Personalberatungen einsetzt, muss jedes Unternehmen selbst definieren. Die Notwendigkeit ergibt sich für mich daraus, dass wir als Unternehmensvertreter nicht selbst mögliche Kandidaten aus anderen Unternehmen direkt ansprechen können. Wollte man das, müsste man eine unternehmensinterne Personalberatung einrichten – und das ist kaum sinnvoll."

*d) Sonstige Positionen, die von Unternehmen über Personalberatungen besetzt werden*
Einige Teilnehmer der empirischen Untersuchung hoben hervor, dass sie für die folgenden sonstigen Positionen die Unterstützung von Personalberatungen nutzen:

- „speziell im SAP Bereich"

- „Führungspositionen, die nicht intern besetzt werden können"

- „hauptsächlich für Vertriebsmitarbeiter und -innen"

- „fallweise, je nach businesskritischer Position"

- „für zeitlich begrenzte Projektaufgaben, wie zum Beispiel Krisenmanagement"

- „Outplacement"

## 4. Beauftragung von Personalberatungen in Abhängigkeit von dem zugrundeliegenden Gehalt für eine Zielposition

Im Blickpunkt: In der Praxis besteht ein Zusammenhang zwischen der Beauftragung von Personalberatungen und der Höhe des Jahresgehalts für eine bestimmte zu besetzende Zielposition. Das insoweit aus der Onlinebefragung abzuleitende Ergebnis ist uneinheitlich, spiegelt damit aber zugleich die in der Praxis erkennbare unterschiedliche Handhabung der Unternehmen wider.

Ergänzend zu der vorgenannten Eingrenzung auf bestimmte unternehmensinterne Hierarchien bezog sich eine weitere Frage[18] darauf, ob die Beauftragung von Personalberatungen für eine konkrete Stellenbesetzung abhängig ist von einem bestimmten Gehaltsrahmen für die jeweilige Zielposition.

Von den insgesamt 187 Unternehmen, die sich an der Umfrage beteiligt haben, gaben 27 Unternehmen (14,44 Prozent) an, für Positionen ab einem Jahresgehalt von über 101.000 Euro Personalberatungen mit der Stellenbesetzung zu beauftragen. Weitere 16 Unternehmen (8,56 Prozent) tun dies bei einer Dotierung zwischen 81.000 bis 100.000 Euro.

Stellenbesetzungen bei 37 Unternehmen, also 19,79 Prozent, erfolgen in einem Gehaltsrahmen von 71.000 bis 80.000 Euro jährlich mit einem professionellen externen Dienstleister. Insgesamt 43 Unternehmen, also 22,99 Prozent, führten auf, dass sie bei einem Jahresgehalt zwischen 51.000 bis 70.000 Euro für die Stellenbesetzung mit Personalberatungen zusammenarbeiten. Weitere 25 Unternehmen (13,37 Prozent) gaben an, dass sie Personalberatungen für die Besetzung von Stellen in einem Gehaltsrahmen bis 50.000 Euro einschalten.

Insgesamt 39 der befragten Unternehmen, also 20,86 Prozent, machten keine Angaben zu der hier interessierenden Fragestellung.

Im Vergleich zu den Befragungsergebnissen aus dem Jahr 2007: Auch das damalige Befragungsergebnis zeigte, dass der größte Teil der Unternehmen Stellen in einem Gehaltsrahmen von 51.000 bis 70.000 Euro über Personalberatungen besetzt. Hier hat es also keine Marktveränderungen gegeben.

---

18  Die Frage im Fragebogen lautete: „II. Allgemeines: 2. Ab welchem Jahresgehalt setzen Sie Personalberatungen für die Besetzung unternehmensinterner Positionen ein? (Bitte geben Sie nur ganze Zahlen an)".

**Ab welchem Jahresgehalt setzen Sie Personalberatungen für die Besetzung unternehmensinterner Positionen ein?**

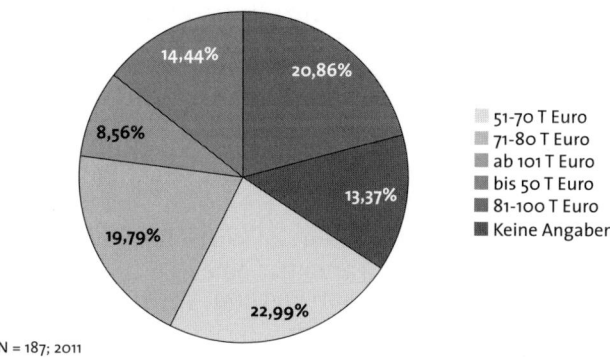

51-70 T Euro
71-80 T Euro
ab 101 T Euro
bis 50 T Euro
81-100 T Euro
Keine Angaben

N = 187; 2011

*Abbildung 14: Einsatz von Personalberatungen in Abhängigkeit vom Jahresgehalt der zu besetzenden Position*

Die Aussagen der Praxisvertreter aus den persönlichen Gesprächen beziehen sich beim Einsatz von Personalberatungen zur Besetzung von offenen Positionen – im Gegensatz zu den Ergebnissen der empirischen Untersuchung – klar auf den oberen Managementbereich. So sagt Dr. Harald Ring, Vice President Human Resources, Rütgers Holding GmbH : „Mit Personalberatungen arbeite ich seit einigen Jahren zusammen, wenn es um die Besetzung von Führungspositionen ab einem Jahresgehalt von etwa 80.000 Euro geht. Aber auch bei der Suche nach Spezialisten und Fachpositionen mit einem Jahresgehalt ab etwa 40.000 Euro kann der Einsatz einer Personalberatungen sinnvoll sein. Das hängt davon ab, ob Kandidaten auch über Anzeigen beziehungsweise das Internet gewonnen werden können. Das ist bei beiden genannten Gruppen teilweise schwer möglich."

Für Hans-Jürgen Schäfer, Geschäftsführer, Warburg Invest Kapitalanlagegesellschaft mbH, ist in diesem Zusammenhang besonders wichtig: „Ab einem Jahresgehalt von etwa 100.000 Euro nutzen wir externe Dienstleister zur Besetzung offener Stellen. In der Vergangenheit hatten wir im Hause nur einen Personalberater. Diese Zusammenarbeit war nicht zufriedenstellend, denn der Berater hat uns nur Lebensläufe zugesandt. Das ist zu wenig Added Value."

Im persönlichen Gespräch gab hierzu Detlef Stramma, Head of Human Resources Deutschland, ALSTOM Deutschland GmbH, an: „Wir arbeiten mit Personalberatungen, wenn wir Positionen ab der Direktorebene oder im Seniormanagement zu besetzen haben. Das meint Positionen ab etwa 140.000 Euro Jahresgehalt. Wobei die Auswahl der Beratungen bei der Besetzung dieser Toppositionen über unsere Zentralen in Baden-Baden und Paris erfolgt. Arbeiten wir mit Personalberatungen für die Besetzung von Positionen ab Abteilungsleiterebene zusammen, wählen wir die Beratung an den Standorten selbst aus."

Prof. Dr. Christof Schimank, Mitglied des Vorstands, Horváth & Partner Management Consultants, Stuttgart, hebt einen kritischen Punkt hervor: „Für uns wird es schwieriger, Personal zu gewinnen, da die Vergütungsdifferenzen von Topleitungsaufgaben in Wirtschaft und Beratung immer mehr abnehmen. Bisher war es für einen Personalberater einfach, einem Kandidaten statt aktuell 100.000 Euro dann nach einem Wechsel 150.000 Euro anzubieten."

5.  **Auswahlkriterien der Unternehmen für eine bestimmte Personalberatung**

*a) Übersicht über die Wichtigkeit unterschiedlicher Auswahlkriterien aus Unternehmenssicht*

Im Blickpunkt: Persönliche Empfehlungen sind für die Auswahl von Personalberatungen für die Unternehmen herausragend wichtig.

Im allgemeinen Teil des Fragebogens bezog sich eine weitere Frage[19] auf die Auswahlkriterien von Unternehmen für Personalberatungen. Hierbei waren Mehrfachnennungen möglich.

Die folgenden Angaben beziehen sich auf die Zahl der zum jeweiligen Aspekt vorliegenden Antworten.

Die Kernaussage ist klar: Für 95,7 Prozent – insgesamt 177 von 185 Unternehmen, die dazu eine Angabe gemacht haben – ist die „persönliche Empfehlung" das wichtigstes Auswahlkriterium.

122 Unternehmen (78,2 Prozent von 156 Antworten) sehen das jeweils angebotene Honorar für die Stellenbesetzung und 119 Unternehmen (74,8 Prozent von 159 Antworten) das „angebotene Servicepaket" als

---

19  Die Frage im Fragebogen lautete: „II. Allgemeines: 3. Nach welchen Kriterien wählen Sie Personalberatungen aus? (Mehrfachnennungen möglich)".

ein wesentliches Auswahlkriterium für die Zusammenarbeit mit einer Personalberatung an.

Lediglich 15 Unternehmen (10,9 Prozent von 137 Antworten), entscheiden sich aufgrund der Positionierung in Branchenrankings für eine bestimmte Personalberatung. Es ist sogar so, dass 122 Befragte (89,1 Prozent von 137 Antworten) betonen, dass Rankings für die Auswahl keine Rolle spielen.

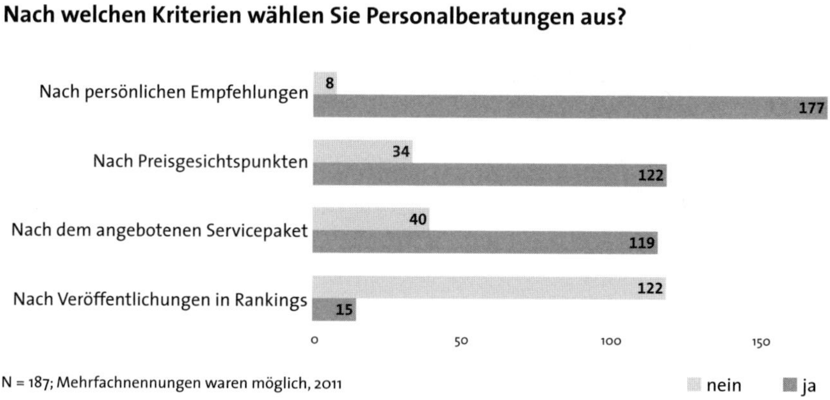

**Nach welchen Kriterien wählen Sie Personalberatungen aus?**

N = 187; Mehrfachnennungen waren möglich, 2011     nein    ja

*Abbildung 15: Übersicht über die Auswahlkriterien für Personalberatungen aus Sicht der Teilnehmer der Onlinebefragung nach Anzahl der Nennungen*

Im Vergleich zu den Befragungsergebnissen aus dem Jahr 2007: Auch damals war für fast 95 Prozent die „persönliche Empfehlung" wichtigstes Auswahlkriterium, gefolgt von 116 Unternehmen (74,84 Prozent), denen das „angebotene Servicepaket" wichtig war. Hier gibt es eine Abweichung dahingehend, dass heute zusätzlich der „Preis" für die Personalsuche über eine Personalberatung an Bedeutung gewonnen hat. Der Einsatz von „Rankings" zur Auswahl von Personalberatungsunternehmen hat nicht an Bedeutung zugenommen und wird nach wie vor nur von rund 10 Prozent der Befragten als Kriterium genannt.

Die einzelnen Untersuchungsergebnisse werden im Folgenden detailliert analysiert.

*b) Auswahl von Personalberatungen nach persönlicher Empfehlung*
Die Entscheidung für eine Personalberatung treffen 95,68 Prozent der Befragten – das sind 177 von 185 Unternehmensvertretern, deren Ant-

worten vorlagen – aufgrund von „persönlichen Empfehlungen". Für acht
Unternehmen, also 4,32 Prozent, ist das kein Entscheidungskriterium.

**Auswahl der Personalberatungsunternehmen nach persönlichen Empfehlungen**

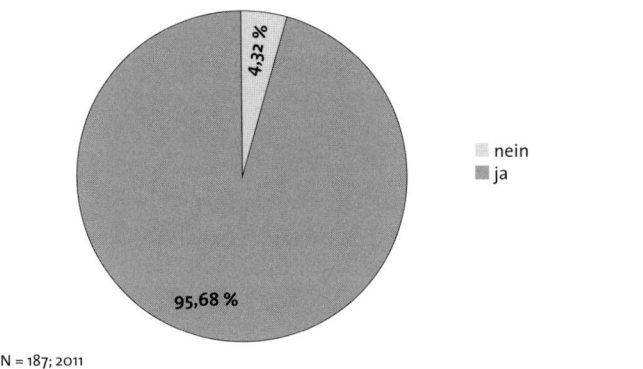

N = 187; 2011

*Abbildung 16: Auswahl von Personalberatungsunternehmen nach persönlichen Empfehlungen*

Hierzu auch ein Zitat aus der Praxis von Andrei Frömmer, Abteilungsleiter Führungskräfteentwicklung und -betreuung, Deutsche Postbank
AG: „Zu Menschen aus den Beziehungsnetzwerken habe ich eine jahre-
lange Verbindung, und da geht es um den Wert des Wortes desjenigen,
von dem die Empfehlung kommt. Ein Personaler-Handwerkszeug ist
die Pflege guter Netzwerke; es ist wichtig, viele Menschen zu kennen
und zu wissen, wo man ein qualitativ gutes Urteil bekommt. So kann
man beispielsweise auch von Kandidaten erfahren, die man bisher
nicht auf dem Schirm hatte oder gar nicht kennengelernt hätte. Neben
diesen Personaler-Netzwerken ist es enorm wichtig, auch Netzwerke in
den Markt hinein aufzubauen. Die Relevanz von Kontakten zu Hochschulen habe ich ehrlich gesagt bisher etwas unterschätzt. Diese Kontakte werde ich zukünftig stärker ausbauen und nutzen."

*c) Auswahl von Personalberatungen nach Preisgesichtspunkten*
Ebenso sehr wichtig sind „Preisgesichtspunkte" für die Auswahl von
Personalberatungen aus Kundensicht. So wählen 78,21 Prozent (122
Unternehmen von insgesamt 156 Unternehmen, die diese Frage beant-
wortet haben) nach diesem Kriterium aus. Für 21,79 Prozent, also 34
Unternehmen, spielt dieser Aspekt keine Rolle.

**Auswahl der Personalberatungsunternehmen nach Preisgesichtspunkten**

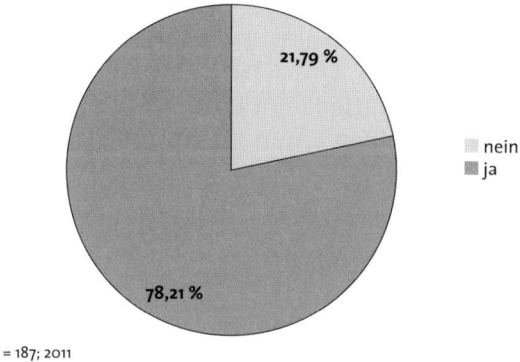

N = 187; 2011

*Abbildung 17: Auswahl von Personalberatungsunternehmen nach Preisgesichtspunkten*

Zu dem Punkt der Preisgestaltung zwei Stimmen aus der Praxis: Dr. Thorsten Schliebe, Mitglied der Geschäftsleitung, MediFox GmbH & Co. KG, merkt an: „Als mittelständisches Unternehmen mit 100 Mitarbeitern tun wir uns schwer, in Vorleistung zu gehen, wenn wir mit Personalberatungen zusammenarbeiten. Für uns ist die erfolgsabhängige Vergütungskomponente praktikabel."

Zum Thema Vergütung auch eine kritische Stimme von Jörg Dassel, HR Director, PricewaterhouseCoopers Deutschland: „In keiner anderen Branche, die ich kenne, werden die Rechnungen so schnell erstellt – teilweise sogar vor Bestätigung des Auftrags!"

*d) Auswahl von Personalberatungen nach dem angebotenen Servicepaket*
Rund drei Viertel der 159 Befragten, deren Antworten zum folgenden Aspekt vorlagen – genau 74,84 Prozent oder 119 Unternehmen –, wählen das Personalberatungsunternehmen nach dem „angebotenen Servicepaket" aus. Für ein Viertel davon, also 25,16 Prozent (40 Unternehmen), spielt das „Servicepaket" keine Rolle bei der Auswahl einer Personalberatung.

Dominik Metzler, Group Vice President Sheet-fed Division, Euro-Druckservice GmbH: „Bisher haben wir erst mit sechs verschiedenen Personalberatern zusammengearbeitet. Mir persönlich ist es lieber, wenn ich ordentliche Lebensläufe per Mail gesendet bekomme, selbst eine Vorauswahl treffen kann und dann die Personen kontaktieren kann. Für die von mir bisher gesuchten Verkäufer und mittleren Führungskräfte war das so in Ordnung. Hier haben die Berater teilweise einen großen Aufwand mit Profilen gemacht, die ohnehin nur abgeschrieben waren und daher keinen Mehrwert boten. In den vergangenen Jahren hat sich aus meiner Sicht das Pricing einem Wandel unterzogen: Ein minimales Fixum und eine erfolgsbasierte Bezahlung sind abbildbar. Das Modell 1/3 bei Unterzeichnung, 1/3 bei Präsentation der ersten Kandidaten und 1/3 bei Abschluss, führte ja nur dazu, dass die Berater schnell Kandidaten präsentieren wollten – in unserem Fall waren das meist hochgepushte Personen, die dann nur Enttäuschung hervorgerufen haben."

**Auswahl der Personalberatungsunternehmen nach dem angebotenen Servicepaket**

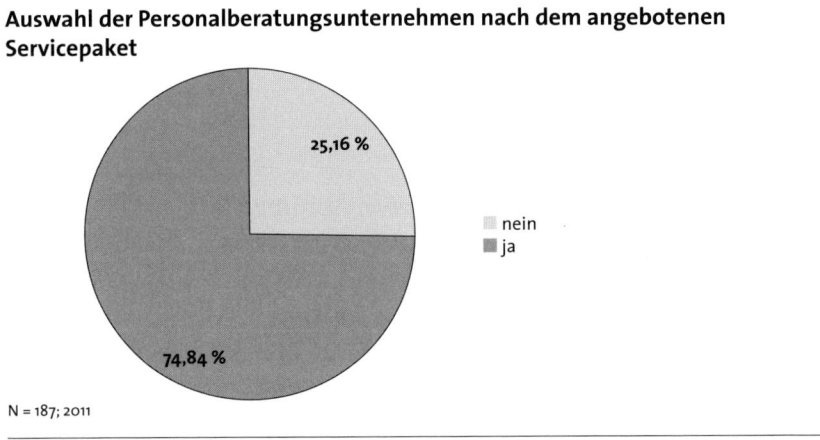

N = 187; 2011

*Abbildung 18: Auswahl von Personalberatungsunternehmen nach dem angebotenen Servicepaket*

*e) Auswahl von Personalberatungen aufgrund von Veröffentlichung in Rankings*
Für 89,05 Prozent – 122 der 137 Befragten, die Angaben zum folgenden Aspekt gemacht haben – spielen Veröffentlichungen von Personalberatungen in Rankings keine Rolle bei der Auswahl für ein Beratungsunternehmen. Nur 15 Unternehmen, also 10,95 Prozent, gaben an, dass das ein Kriterium für sie ist.

Statt über Rankings auszuwählen, stehen für Praktiker Referenzen im Vordergrund, so Andrei Frömmer, Abteilungsleiter Führungskräfteentwicklung und -betreuung, Deutsche Postbank AG: „Was am Ende bei der Auswahl von Personalberatungen fehlt, sind häufig geeignete Referenzen. Das wird zukünftig wichtiger werden und auch ein Qualitätsmerkmal darstellen. Bei mir würde es sehr gut ankommen, wenn mir beispielsweise eine Referenzperson bei einem namhaften Unternehmen genannt werden würde, die ich bezüglich der Leistung eines Personalberaters auch anrufen könnte."

**Auswahl der Personalberatungsunternehmen nach Veröffentlichungen in Rankings**

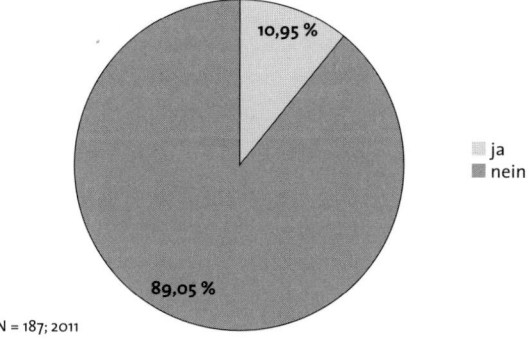

ja
nein

10,95 %

89,05 %

N = 187; 2011

*Abbildung 19: Auswahl von Personalberatungsunternehmen nach Veröffentlichung in Rankings*

*f) Sonstige Auswahlkriterien, die für Unternehmen relevant sind*
Neben den vier genannten Kriterien gaben 57 Befragte weitere „sonstige Kriterien" für die Auswahl von Personalberatungen an. Diese sind im Folgenden in vier Gruppen zusammengefasst dargestellt.

Bezogen auf das Beratungsunternehmen

Für drei Befragte ist die „Spezialisierung in der Branche" ein wichtiges Auswahlkriterium ist, wobei eine Nennung noch einen regionalen Aspekt ergänzt: „Spezialisierung; gegebenenfalls Regionalität".

Zwei Nennungen beziehen sich auf den Ruf einer Personalberatung und die „Reputation in der Branche" sowie das „generelle Image".

Bezogen auf die Personalberatung selbst sind folgende Punkte ergänzend aufgeführt worden:

- „vermutete Datenbankqualität, Spezialgebiete"

- „Suche bezieht sich häufig auch auf das Thema, etwa Vermittlung von Spezialskills"

- „persönliche Kontakte zum Management der Personalberatungsfirma"

- „Spezialgebiete und Preis/Leistung müssen passen"

- „transparente Vertragsgestaltung"

Auswahlkriterien im Zusammenhang mit dem jeweiligen Personalberater

Bezogen auf sonstige Auswahlkriterien, gaben sechs Befragte an, dass ein Personalberater ein „Spezialist für bestimmte Branchen" sein muss.

Jeweils zwei Unternehmensvertreter betonten, dass für sie „Fachkompetenz bei der Spezialistensuche", der „persönliche Eindruck des Beraters" sowie die „Referenz im jeweiligen gesuchten Segment" relevant sind.

Im Weiteren nannten die Befragten folgende Auswahlkriterien:

- „1. Priorität: nach fachlichen Kriterien"

- „Persönlichkeit des Beraters, Organisation des Suchprozesses, Qualität des Suchprozesses, Qualität des Suchergebnisses"

- „Branchenerfahrung, Netzwerk, Passung zum Unternehmen"

- „Erfahrung in dem speziellen Bereich, für den gesucht wird"

- „Vertrautheit mit Strukturen/Bedingungen im jeweiligen Bewerbersegment und beim Auftraggeber"

- „Fokus auf relevante Branche(n) (Spezialisten für Healthcare)"

- „Proofen Case, dass der Personalberater bereits erfolgreich in der Branche gearbeitet hat"

- „wichtigster Punkt: persönliches Gespräch"

- „Reputation im Markt, persönliche Erfahrungen"

- „langjährige Zusammenarbeit"

- „persönlicher Eindruck, Professionalität im Erstgespräch"

- „persönliche Beziehung zu einzelnen Beratern"

- „Qualität der Kandidateneinschätzung, Branchenerfahrung"

- „Ruf des Personalberaters im Markt"

- „nach bereits erfolgter positiver Zusammenarbeit"

- „erfolgreiche Besetzungen und Verständnis unserer Organisation"

Christoph Hamm, Managing Partner, Heussen Rechtsanwaltsgesellschaft mbH, betont hierzu: „Die Einschaltung von Personalberatern wird im Rechtsmarkt immer wichtiger. Eine erfolgreiche Partnersuche und das Finden von interessanten Quereinsteigern ist ohne Unterstützung von Beratern kaum noch möglich. Die Qualität der Personalberater ist heute wirklich sehr unterschiedlich. Mir geht es nicht um eine bloße ‚Vermittlung' von Personen, sondern um eine echte Beratungsleistung. Danach bemesse ich die Qualität der Dienstleistung."

Auch die Aussage von Stefan Rizor, Managing Partner, Osborne Clarke, unterstreicht die Qualitätskriterien aus Kundensicht: „Derjenige Personalberater gewinnt, der die Gegenwart und die Ambitionen des Kunden vollständig versteht und von der Strategie und dem Erfolg seines Kunden überzeugt ist. Der Personalberater wird dann auch den dazu ideal passenden Bewerber finden und von einem Wechsel überzeugen können. Das setzt zunächst eine intensive Beschäftigung zwischen Personalberater und Kunden voraus, die kontinuierlich gepflegt werden muss."

Bisherige Erfahrungen in der Zusammenarbeit mit Personalberatungen/-beratern

Sechs Befragte nannten als Auswahlkriterium „gute/eigene/persönliche Erfahrungen". Jeweils ist einmal aufgeführt worden:

- „frühere erfolgreiche Zusammenarbeit"

- „nach persönlicher Bewertung/Einschätzung der Berater"

- „insbesondere eigene Erfahrungen mit den Beratern"

- „persönliche Verhältnis zum Berater"

- „Erfahrungen, Referenzen in spezifischen Branchen oder für gesuchte Spezialisten"

- „nach persönlichen Gesprächen und Testaufträgen"

- „Zuverlässigkeit, bisherige Erfahrungen"

Hierzu merkt Dr. Thorsten Schliebe, Mitglied der Geschäftsleitung, MediFox GmbH & Co. KG, an: „Wichtig ist für mich, dass die Personalberatung nachgewiesene Expertise in den Feldern mitbringt, in denen wir Personal suchen. Entscheidend ist dabei, wie viele Mandate die Personalberatung in diesem Bereich schon hatte und welchen Eindruck ich in dem persönlichen Gespräch über den Erfahrungshintergrund bekomme."

Bezogen auf Gegebenheiten im beauftragenden Unternehmen selbst

Nennungen, die sich auf die Gegebenheiten im beauftragenden Unternehmen selbst beziehen, waren:

- „strenge interne Auflagen für die Vertragsgestaltung, etwa Rückzahlungsklausel oder Wiederbesetzung bei Kündigung während der Probezeit, und das rein erfolgsbasiert"

- „Konzernvorgaben"

- „Rahmenvertrag"

- „konstant mit einer Personalberatung"

- „nur aufgrund von Ausschreibung, Benchmarking, Präsentation"

Folgende Aussagen der Praxisvertreter beleuchten weitere relevante Aspekte zur Auswahl von Personalberatungen. Dr. Diethard Bühler, Vorsitzender der Geschäftsführung der Arthur D. Little GmbH für Zentraleuropa, betont: „Die Zusammenarbeit mit Personalberatungen wird immer auch von der aktuellen Marktlage bestimmt. Zurzeit gibt es auf dem Markt mehr Suchende, als Stellenangebote vorhanden sind. Das liegt für unser Tätigkeitsfeld in der Unternehmensberatung beispielsweise daran, dass viele kleinere Unternehmensberatungen nicht länger auf dem Markt existieren können. Viele Mitarbeiter aus solch kleineren Unternehmen bewerben sich dann auch bei uns."

Jörg Dassel, HR Director, PricewaterhouseCoopers Deutschland, zählt die für ihn wichtigen Kriterien auf: „Auswahlkriterien für die Zusammenarbeit mit Personalberatungen sind für mich folgende:

1) Der Personalberater muss die richtigen Leute ansprechen, das heißt, die richtigen Kandidaten auf dem richtigen Niveau und dabei unsere festgesetzten Kriterien berücksichtigen.

2) Ein Personalberater muss in der Lage sein, die Kandidaten von den anstehenden Aufgaben und von den Unternehmen, die er in diesem Zusammenhang vertritt, zu überzeugen. Er ist das Aushängeschild für unser Unternehmen.

3) Wenn im Prozess etwas stockt, soll sich der Personalberater unverzüglich melden.

In der Praxis habe ich häufig erlebt, dass die Aktivitäten zurückgeschraubt werden, wenn der Retainer verbraucht ist. Ein Berater braucht für mich Biss und Ehrgeiz, Positionen auch besetzen zu wollen."

Auf den Punkt bringt es Dr. Diethard Bühler, Vorsitzender der Geschäftsführung der Arthur D. Little GmbH für Zentraleuropa: „Die Frage, nach welchen Kriterien ich eine Personalberatung auswähle, wurde mir noch nie von einem Personalberater gestellt. Das ist sehr erstaunlich, denn das ist doch die entscheidende Frage."

### 6. Einsatz von „Preferred Suppliers" zur unternehmensinternen Vorauswahl von Personalberatungen

Im Blickpunkt: Rund 60 Prozent der befragten Unternehmen haben intern ein Panel an „Preferred Suppliers" eingerichtet. Aus dem Kreis der dort gelisteten Personalberatungen erfolgt die Auswahl bei der Auftragsvergabe.

Von den insgesamt 187 Unternehmen gaben 114 Befragte an[20], also 60,96 Prozent, dass sie im Unternehmen ein Panel aufgestellt haben, also einen Pool an bestimmten Personalberatungen, die „Preferred Suppliers," aus dem die unternehmensinterne Auswahl erfolgt. 73 Unternehmen, also 39,04 Prozent, nutzen ein solches unternehmensinternes Instrument der Vorauswahl nicht.

Im Vergleich zu den Befragungsergebnissen aus dem Jahr 2007: In der damals durchgeführten Befragung gaben knapp 65 Prozent der befragten Unternehmen an, dass sie einen Pool von bestimmten Personalberatungen haben. Diese Quote hat sich bis heute auf knapp 60 Prozent reduziert.

---

20  Die Frage im Fragebogen lautete: „II. Allgemeines: 4. Gibt es in Ihrem Unternehmen ein Panel gelisteter Personalberatungen („Preferred Suppliers"), aus dem Sie auswählen?"

**Gibt es in Ihrem Unternehmen ein Panel gelisteter Personalberatungen aus dem Sie auswählen?**

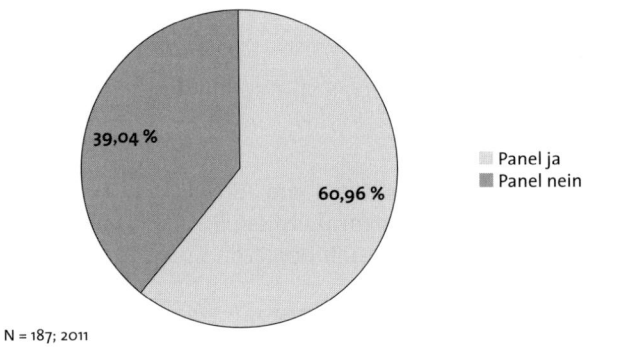

39,04 %

60,96 %

■ Panel ja
■ Panel nein

N = 187; 2011

*Abbildung 20: Übersicht, in wie vielen Unternehmen ein Panel an gelisteten Personalberatungen gepflegt wird*

Ergänzend hierzu die Aussage von Dr. Stephan Zoll, Geschäftsführer, eBay GmbH und eBay Advertising Group GmbH. Er beschreibt seine Erfahrungen mit einem unternehmensinternen Panel wie folgt: „Im Unternehmen haben wir – ich würde es lieber „Liste" als „Panel" nennen – unterschiedliche Personalberater, mit denen wir bisher gern und gut oder aber auch nicht so gut zusammengearbeitet haben. Daneben bringen neue Mitarbeiter neue Kontakte zu Personalberatern mit, die wir dann nutzen, oder wir probieren das Angebot neuer Personalberatungen aus."

Ebenso stellt Dr. Wolf Wagner, Managing Director, Kurt Salmon Germany GmbH seine Erfahrung dar: „Kurt Salmon arbeitet mit einem Fächer an unterschiedlichen Personalberatern für unterschiedliche Anforderungen und in unterschiedlichen Kanälen. Bei größeren Suchprojekten laden wir in der Regel zwei Unternehmen ein."

Jürgen Glaser, Vorsitzender der Geschäftsführung, NORDSEE Holding GmbH, merkt hierzu an: „Das Panel – oder besser gesagt die Liste, die wir über mögliche Personalberatungen im Unternehmen haben – ist kurz. Mit wenigen Beratern befriedigen wir unser Bedarfe an neuen Mitarbeitern und sind sehr zufrieden."

Auf die Frage, ob im Unternehmen ein Panel gelisteter Personalberatungen existiert, antwortet Rolf Knoll, Sprecher des Vorstands, Homag Group AG: „Ja, wir verfügen über eine Übersicht einer Handvoll für uns geeigneter beziehungsweise auch tätiger Personalberatungen. Bei Toppositionen, etwa für Vorstände und wichtige Geschäftsführer, werden vor Auftragsvergabe zumindest zwei Personalberatungen vergleichend betrachtet."

Martin Clemens, Direktor Verwaltung, IZA – Forschungsinstitut zur Zukunft der Arbeit GmbH, merkt hierzu an: „Ein klassisches Panel in Form einer Übersicht über die Leistung unterschiedlicher Personalberatungen haben wir nicht. Wir haben einen guten Marktüberblick darüber, welche Personalberatung für uns die Suche übernehmen kann. Für uns sind das drei bis vier Berater, mit denen wir eng zusammenarbeiten. Das hängt immer von der zu besetzenden Stelle ab. Wobei es in Forschungseinrichtungen wie der unsrigen üblich ist, nahezu ausschließlich im administrativen Bereich die Personalsuche extern, also an Personalberatungen zu vergeben."

Detlef Stramma, Head of Human Resources Deutschland, ALSTOM Deutschland GmbH, führt zur Vorgehensweise seines Unternehmens aus: „Wir haben eine Shortlist von Beratungsunternehmen, die mit der Zentrale in Paris abgestimmt ist. Auf dieser Liste stehen sechs Beratungsunternehmen. Die Berater aus diesen Unternehmen kennen unser Unternehmen mit seiner Historie. Damit fangen wir nicht bei jedem neuen Auftrag mit der Erläuterung der Unternehmenshintergründe an. Das ist ein Vorteil. Mit den ausgewählten Beratungsunternehmen sprechen wir regelmäßig über die bisherigen Einstellungen und erstellen intern jährliche Auswertungen. Bewertungskriterien sind die Dauer zur Besetzung einer Stelle, die Mitarbeiter, die über die Beratung gekommen und noch im Unternehmen sind, aber auch, wie der Prozess der Einarbeitung erfolgt ist. Das überprüfen wir etwa drei Jahre. Danach haben sich die Mitarbeiter zumeist in andere Positionen weiterentwickelt."

7.  Der Einsatz von Pitches zur Auswahl mehrerer Personalberatungen vor der Auftragsvergabe

> Im Blickpunkt: Über die Hälfte der Befragten gibt an, keine Pitches vor der Auftragsvergabe durchzuführen.

Unter einem „Pitch" versteht man einen Auswahlwettbewerb, bei dem das aufttraggebende Unternehmen vor der Entscheidung über die Zusammenarbeit mit einer bestimmten Personalberatung mehrere Beratungsfirmen zu Präsentationen bittet. Neben der Vorstellung des Personalberatungsunternehmens und insbesondere des jeweiligen Beraters geht es dabei in aller Regel auch um Fragen der Strategie, des

Konzepts – und nicht zuletzt auch um die Honorarhöhe und -struktur im Hinblick auf das durchzuführende Projekt.

Von den 187 vorliegenden Antworten[21] der Unternehmensvertreter aus der Onlinebefragung verzichtet die Mehrheit – 52,94 Prozent der Befragten, also 99 Unternehmen – auf das Instrument des Pitches. 47,06 Prozent, also 88 Unternehmen, nutzen ein solches Vorgehen.

**Laden Sie verschiedene Personalberatungen vor der Auftragsvergabe zu Pitches ein?**

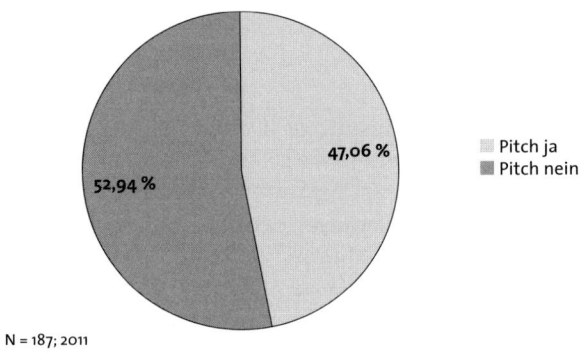

N = 187; 2011

*Abbildung 21: Einsatz von Pitches zur Auftragsvergabe an Personalberatungen*

Jörg Dassel, HR Director, PricewaterhouseCoopers Deutschland, verdeutlicht nochmals die Vorteile der Pitches aus Unternehmenssicht: „Häufig führen wir Pitches durch. Dann laden wir zwei bis drei Personalberatungen zur Vorstellung ein. Sie merken sehr schnell, wenn Sie mit einem Personalberater eine Stunde gesprochen haben, ob dieser die Stellenspezifikation verstanden hat, in den Gesamtkontext einordnen kann und ob ein Personalberater die richtigen Punkte mitnimmt."

Diese Erfahrung teilt auch Dr. Harald Ring, Vice President Human Resources, Rütgers Holding GmbH : „In der Regel arbeite ich der Besetzung einer Position immer mit einem einzigen Beratungsunternehmen zusammen. Ist eine Position zu besetzen, bei der keine Erfahrungen von Personalberatungen vorliegen, sollte man sich mehrere Personalberatungen ansehen und dann eine auswählen. In der Vergan-

---

21    Die Frage im Fragebogen lautete: „II. Allgemeines: 5. Laden Sie verschiedene Personalberatungen vor der Auftragsvergabe zu Pitches ein?"

genheit ist das bisher nur einmal vorgekommen, als wir in meiner Zeit bei der TUI Gruppe die Topposition eines Sprechers der Geschäftsführung für ein Flugunternehmen besetzen wollten. Bei diesem Prozess haben wir uns sehr viel Zeit genommen und vier Personalberatungsunternehmen zum Pitch eingeladen. Zwei davon waren Beratungen, mit denen wir bisher viel zusammen gearbeitet haben, und die anderen waren zwei neue Beratungen. Alle haben nacheinander eine Kurzpräsentation gehalten. Dabei waren von Unternehmensseite drei Vertreter anwesend, und das für den gesamten Tag der Präsentationen. Das war sehr aufwendig – aber bei dieser schwer zu besetzenden Stelle sehr erfolgreich. Dabei haben wir von Anfang an mit offenen Karten gespielt und alle Personalberatungen darüber informiert, dass mehrere zum Pitch eingeladen sind. Im Ergebnis hat eine der Personalberatungen überzeugt, mit der wir bisher zusammengearbeitet haben. Überzeugend waren für uns die Darstellung der Vorgehensweise bei der Suche sowie die erste Entwurfsliste von möglichen Kandidaten."

Noch eine weitere Aussage von Andreas Ziegenhagen, Managing Partner Germany, Salans LLP: „Bei strategischen Projekten vergeben wir auch Mandate an Personalberater mit entsprechender Retainer-Vergütungsstruktur. Im Rahmen solch strategischer Projekte laden wir dann regelmäßig drei Personalberater zum Pitch ein und entscheiden anschließend nach der persönlichen Performance in diesem Pitch."

Im Vergleich zu den Befragungsergebnissen aus dem Jahr 2007: Etwas mehr als die Hälfte, genau 52,26 Prozent, der befragten Unternehmen gaben damals an, einen Auswahlwettbewerb zwischen mehreren Personalberatungen durchzuführen. Dieser Wert ist in der aktuell vorliegenden Untersuchung niedriger ausgefallen.

## III. Bedeutung unterschiedlicher Personalbeschaffungswege aus Unternehmenssicht

### 1. Einschätzung der Wichtigkeit unterschiedlicher Beschaffungsinstrumente

Im Blickpunkt: Persönliche Netzwerke und Empfehlungen sind für die befragten Unternehmen die wichtigsten Personalbeschaffungswege – hingegen spielen bemerkenswerter Weise soziale Netzwerke bei den Befragten eine untergeordnete Rolle.

Im Rahmen der empirischen Untersuchung zielte eine Frage[22] auf die Wichtigkeit der verschiedenen Personalbeschaffungsinstrumente[23] ab. Das Ergebnis der Befragung zeigt, dass persönliche Netzwerke mit einem Durchschnittswert von 1,95 als wichtigstes Instrument der Personalbeschaffung angesehen werden, direkt gefolgt von Empfehlungen mit einem Durchschnittswert[24] von 1,99. Die Personalbeschaffung über Personalberatungen liegt an dritter Stelle (Durchschnittswert 2,19). Online-Stellenanzeigen werden in der Wichtigkeit der Beschaffungsinstrumente mit einem Durchschnittswert von 2,23 bewertet. Initiativbewerbungen (Durchschnitt 3,04) sowie Print-Stellenanzeigen (Durchschnittswert 3,36) laufen im Mittelfeld, und der Einsatz neuer Medien wie etwa Web 2.0/Social Media (Xing, LinkedIn, Facebook, Twitter o.Ä.) wird mit einer durchschnittlichen Bewertung von 3,96 als eher „unwichtig" eingeschätzt (vgl. dazu Stiegler, A./Füchtner, S.: Auswirkung des Web 2.0 auf Personalberatungen und Kandidaten, 2010).

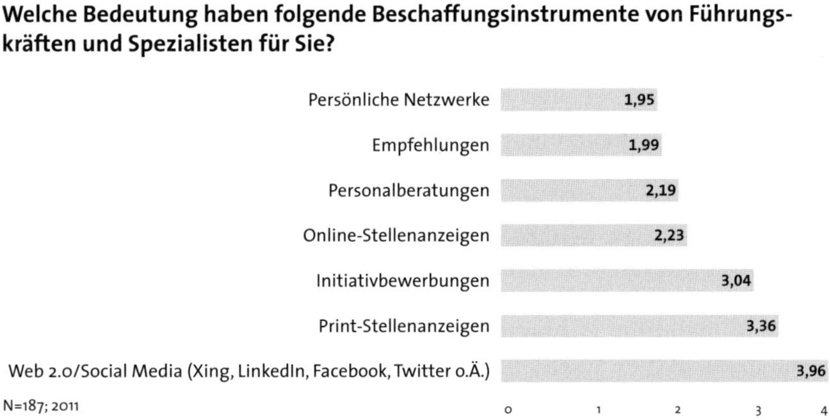

---

**Welche Bedeutung haben folgende Beschaffungsinstrumente von Führungskräften und Spezialisten für Sie?**

| | |
|---|---|
| Persönliche Netzwerke | 1,95 |
| Empfehlungen | 1,99 |
| Personalberatungen | 2,19 |
| Online-Stellenanzeigen | 2,23 |
| Initiativbewerbungen | 3,04 |
| Print-Stellenanzeigen | 3,36 |
| Web 2.0/Social Media (Xing, LinkedIn, Facebook, Twitter o.Ä.) | 3,96 |

N=187; 2011      0   1   2   3   4

*Abbildung 22: Wichtigkeit unterschiedlicher Personalbeschaffungsinstrument aus Unternehmenssicht*

---

22 Die Frage im Fragebogen lautete: „II. Allgemeines: 6. Welche Bedeutung haben folgende Beschaffungsinstrumente von Führungskräften und Spezialisten für Sie? (Mehrfachnennungen möglich)"

23 Die Frage nach den Beschaffungswegen ist erstmals 2011 gestellt worden. Daher liegen keine Vergleichswerte vor.

24 Anmerkung der Verfasserin: Unternehmen, die keine Angabe gemacht haben, wurden bei der Ermittlung der Durchschnittsnote nicht berücksichtigt. Die Gesamtzahl für die Ermittlung des Durchschnittswertes reduzierte sich somit jeweils um die Anzahl der Unternehmen, die keine Noten vergeben haben.

Als weitere wichtige Beschaffungswege führten die Befragten ergänzend auf:

**Nachfolgeplanung im Unternehmen**

Zwei Unternehmen gaben an, dass sie einen „konzerninternen Pool" von Potentialträgern haben sowie die „Ausbildung und Förderung von eigenen Mitarbeitern" nutzen.

**Weitere Personalmarketinginstrumente**

Als weitere Instrumente nannten die Befragten den Internetanbieter „Experteer", „Konferenzen & Kolloquien" sowie den Einsatz von „Onlinewerbung". Das Konzept „Mitarbeiter empfehlen Mitarbeiter" sowie „Interne Empfehlung wird besonders honoriert" nannte jeweils einer der Befragten.

**Hochschulmarketing**

Drei Aussagen unterstrichen die Möglichkeiten des Hochschulmarketings, wie etwa „Hochschulkontakte, Praktika, Abschlussarbeiten, Messen", „Hochschulmarketing; Praktikanten und Diplomanden" sowie „Hochschulkontakte, Rückkehrer nach Weiterbildung".

2.　　Analyse des Nutzens einzelner Beschaffungswege im Einzelnen

*a) Relevanz von persönlichen Netzwerken für die Personalbeschaffung*
Die hohe Relevanz von persönlichen Netzwerken für die Rekrutierung neuer Mitarbeiter wird daran ersichtlich, dass dieses Instrument von 72 Unternehmensvertretern mit der Note 1 („sehr wichtig") und von weiteren 70 Vertretern mit der Note 2 bewertet wurde. 32 Befragte vergaben für das Instrument die Note 3 sowie sechs Personen die Note 4. Für fünf Befragte sind persönliche Netzwerke für die Beschaffung von neuen Mitarbeitern unwichtig; sie vergaben die Note 5, und einmal ist die Note 6 vergeben worden.

Ermittelt werden kann ein Durchschnittswert von 1,95 für die Bewertung der 186 vorliegenden Antworten. Dieser und die folgenden Durchschnittswerte berücksichtigen bei jeder Frage die Anzahl der Nennungen.

**Bedeutung von persönlichen Netzwerken für die Personalbeschaffung**

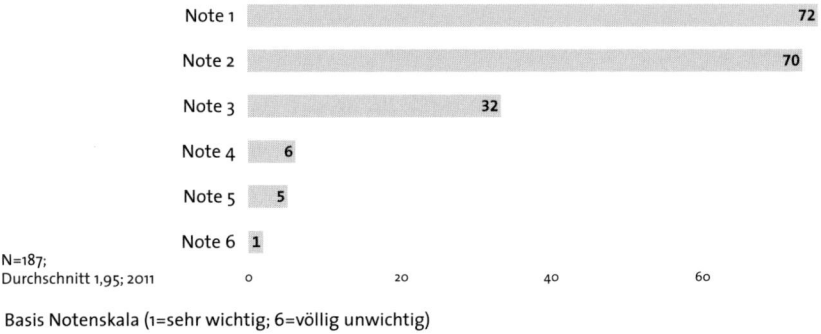

N=187;
Durchschnitt 1,95; 2011

Basis Notenskala (1=sehr wichtig; 6=völlig unwichtig)

*Abbildung 23: Bedeutung von persönlichen Netzwerken für die Personalbeschaffung aus Kundensicht nach Anzahl der Nennungen*

Dominik Metzler, Group Vice President Sheet-fed Division, Euro-Druckservice GmbH, hat die Erfahrung gemacht, „dass Empfehlungen aus dem engeren persönlichen Netzwerk durchaus hilfreich für die Gewinnung neuer Mitarbeiter sind. Für mich ist dabei jedoch wichtig

- dennoch einen ordentlichen Suchprozess zu starten, um die empfohlenen Kandidaten in einen Vergleich mit dem Markt zu stellen;

- die über Vertraute gewonnenen Vor- und Nachteile des empfohlenen Kandidaten im Vergleich mit den formal gesuchten Kandidaten nicht überzubewerten; und

- sich von einer möglichen Verantwortung gegenüber dem Empfehlenden zu befreien, sich davon freizumachen, indem man diese in einem persönlichen Gespräch nochmals offen anspricht.

In der Zusammenfassung: Es gibt Vor- und Nachteile. Je kleiner eine Branche jedoch ist und je branchenspezifischer das Profil (etwa in meiner Branche, der Druckindustrie) ist, desto wichtiger werden die Empfehlungen."

*b) Relevanz von Empfehlungen zur Gewinnung neuer Mitarbeiter*
Nur geringfügig weniger wichtig sind Empfehlungen bei der Personalbeschaffung aus Kundensicht. 64 Unternehmen messen diesem Punkt eine hohe Priorität bei und vergaben die Note 1, weitere 74 Befragte die Note 2. 30 Befragte bewerteten dieses Instrument mit der Note 3, und neun Befragte vergaben die Note 4. Die Note 5 ist von fünf Personen vergeben worden, niemand vergab die Note 6.

Im Durchschnitt entspricht das der Note 1,99 bei 182 vorliegenden Antworten.

**Bedeutung von Empfehlungen für die Personalbeschaffung**

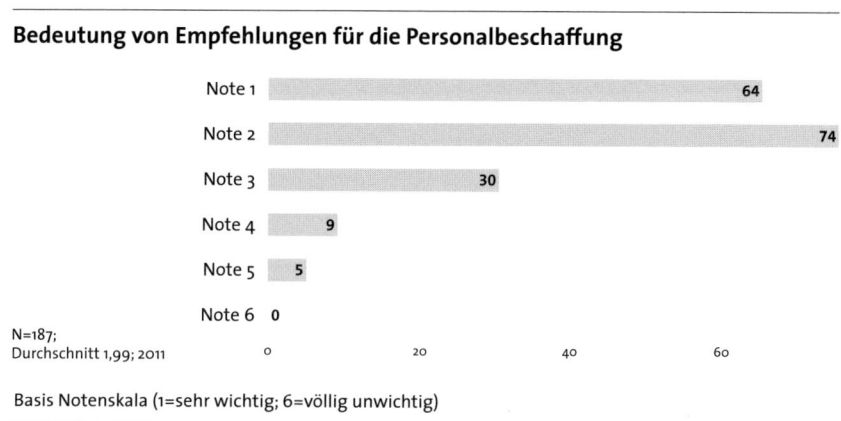

Abbildung 24: Bedeutung von Empfehlungen für die Personalbeschaffung aus Kundensicht nach Anzahl der Nennungen

*c) Relevanz der Personalberatungen für die Personalbeschaffung*
Durchschnittlich vergaben die 185 Befragten die Note 2,19 für die Wichtigkeit des Einsatzes von Personalberatungen bei der Personalbeschaffung.

Die Note 1 ist von 43 Befragten vergeben worden. Mit großer Deutlichkeit bewerteten 94 Unternehmensvertreter Personalberatungen als „wichtig" – also mit der Note 2. 32 Personen bewerten diese Instrument mit der Note 3. Sieben Nennungen gab es mit der Note 4 sowie vier Nennungen der Note 5. Fünf Befragte sehen dieses Instrument als völlig unwichtig an, das zeigt die Bewertung mit der Note 6.

Ergänzend hierzu die Aussage des Interviewpartners Dr. Joachim Brenk, Vorstand, L. Possehl & Co. mbH, der den Hintergrund der Wichtigkeit dieses Instruments beschreibt: „Das richtige Team an Bord zu haben ist essentiell für den Unternehmenserfolg. Die Anforderungen an die Qualifikation des Einzelnen sowie auch an die Zusammenstellung des Teams sind aber von Unternehmen zu Unternehmen extrem unterschiedlich. Folglich muss der Personalberater Einzelqualifikation und Teamfit analysieren und über die Fähigkeit verfügen, selbst ungenannte Anforderungen zu berücksichtigen."

**Bedeutung des Einsatzes von Personalberatungen für die Personalbeschaffung**

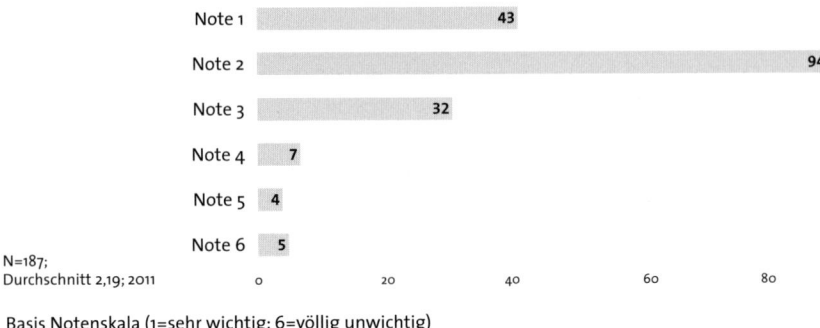

Basis Notenskala (1=sehr wichtig; 6=völlig unwichtig)

*Abbildung 25: Bedeutung des Einsatzes von Personalberatungen für die Personalbeschaffung aus Kundensicht nach Anzahl der Nennungen*

*d) Relevanz von Online-Stellenanzeigen für die Personalsuche*

Den Nutzen des Einsatzes von Online-Stellenanzeigen schätzen die Befragten unterschiedlich ein. So vergaben 64 Befragte die Note 1 für dieses Beschaffungsinstrument, 59 Unternehmen gaben die Note 2. Die Note 3 ist von 38 Vertretern vergeben worden. Elf Befragte vergaben die Note 4 sowie neun Personen die Note 5. Für fünf Befragte sind Online-Stellenanzeigen für die Personalbeschaffung „völlig unwichtig" (Note 6).

Durchschnittlich ist diese Frage von den 186 vorliegenden Antworten mit dem Wert von 2,23 bewertet worden.

**Bedeutung des Einsatzes von Online-Stellenanzeigen für die Personalbeschaffung**

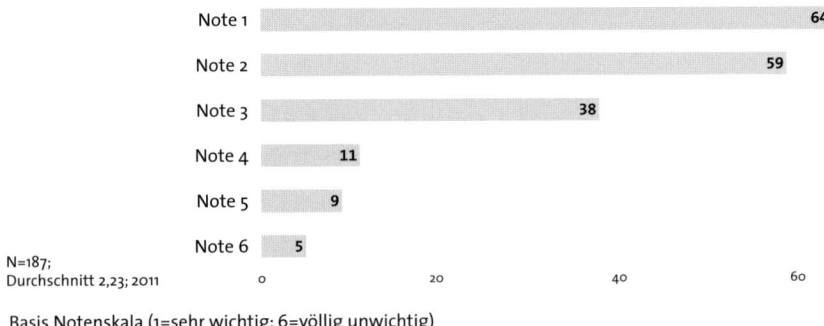

Basis Notenskala (1=sehr wichtig; 6=völlig unwichtig)

*Abbildung 26: Bedeutung des Einsatzes von Online-Stellenanzeigen für die Personalbeschaffung aus Kundensicht nach Anzahl der Nennungen*

470

Die Relevanz dieses Beschaffungsinstruments unterstreicht Ewald Kastner, Geschäftsführer Bereich Finanzen, ITT Germany GmbH: „Der Einsatz von Online-Stellenanzeigen ist für uns sehr wichtig, und wir nutzen diesen Beschaffungsweg aktiv. Allerdings werden für bestimmte Positionen – hauptsächlich Führungspositionen – nur Ausschreibungen über einen Personalberater gemacht."

Frank Schiewer, Vorstand, alfabet AG hat unterschiedliche Erfahrungen gemacht: „Der Erfolg des Einsatzes von Online-Stellenanzeigen für die Gewinnung neuer Mitarbeiter ist regional unterschiedlich und hängt auch von der Qualität der zu besetzenden Stelle ab. In den USA etwa ist der Einsatz von Onlinemedien zur Stellensuche sehr erfolgreich – und zwar für alle Funktionen und Hierarchieebenen. In unserem Fall, der IT-Branche, können wir auf diesem Wege Mitarbeiter von der Softwareentwicklung bis hin zum Vertrieb finden. Ganz anders ist das in Europa. Hier ist es kaum möglich, über Onlineinstrumente Vertriebsspezialisten oder Berater aus dem IT-Bereich zu gewinnen. Einsteiger können wir so ansprechen – Profis und Berufserfahrene eher nicht. Nach meiner Einschätzung hängt das mit der Einstellung der Personen zusammen: Der IT-Spezialist in Europa weiß, dass er auf dem Markt sehr gesucht ist, und hat daher keine Veranlassung, bei der Stellensuche selbst aktiv zu werden. Dieser Spezialist setzt darauf, von Personalberatern angesprochen zu werden. Und in den USA, wo die Situation anders und der Markt wirtschaftlich nicht stabil ist, ist diese Zielgruppe sehr aktiv, und die Stellenbesetzung erfolgt über soziale Netzwerke.

LinkedIn ist ein sehr gutes Beispiel dafür, wie der Markt funktioniert. Hier in Europa nutzen Menschen die Plattform, um ihr Profil zu veröffentlichen, und werden daraufhin von Personalberatern angesprochen. In den USA läuft die Personalsuche von Unternehmensseite sehr aktiv über dieses Netzwerk. Interessant ist auch: In Asien erfolgt die Stellenbesetzung ausschließlich über Personalberater. Das hat auch einen Grund, denn es gibt nicht nur einen Markt. Die asiatischen Märkte sind zu inhomogen, und es gibt sehr viele Sprachen, so dass es kaum möglich ist, online eine Stelle zu adressieren."

*e) Relevanz von Initiativbewerbungen für die Personalbeschaffung*
Unternehmensvertreter schätzen die Wichtigkeit von Initiativbewerbungen unterschiedlich ein. So sind Initiativbewerbungen für 17 Befragte sehr wichtig, sie vergaben dafür die Note 1; weitere 42 Personen bewerteten diese Möglichkeit der Personalbeschaffung mit der Note 2. Die Note 3 vergaben 65 Vertreter für dieses Instrument sowie 35 Personen die Note 4. Als „unwichtig" (Note 5) stuften 20 Personen diese Möglichkeit der Personalbeschaffung ein. Drei Befragte schließlich vergaben die Note 6.

So ist diese Frage von den 182 vorliegenden Antworten durchschnittlich mit der Note 3 (exakter Wert: 3,04) bewertet worden.

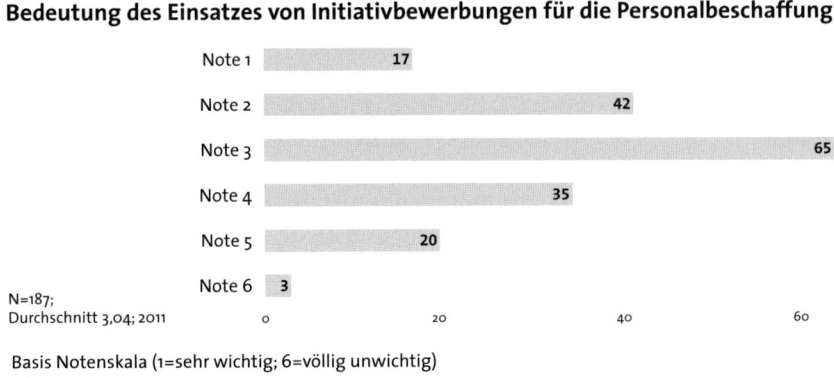

**Bedeutung des Einsatzes von Initiativbewerbungen für die Personalbeschaffung**

Note 1 — 17
Note 2 — 42
Note 3 — 65
Note 4 — 35
Note 5 — 20
Note 6 — 3

N=187;
Durchschnitt 3,04; 2011

Basis Notenskala (1=sehr wichtig; 6=völlig unwichtig)

*Abbildung 27: Bedeutung des Einsatzes von Initiativbewerbungen für die Personalbeschaffung aus Kundensicht nach Anzahl der Nennungen*

Praxisnah ergänzt hierzu Matthias Christophel, Personalleiter, C&A Mode KG: „Viele Initiativbewerbungen sind für uns sehr interessant – bis zu einem bestimmten Level können wir so einige Stellen besetzen. Die Besetzung in dieser Form ist zum Teil einfacher als über Onlinetools."

*f) Relevanz von Print-Stellenanzeigen für die Personalbeschaffung*
Welche Relevanz Print-Stellenanzeigen haben, lässt sich nicht eindeutig festlegen. Die Antwortbreite schwankt. So vergaben 21 Befragte die Note 1 für die Wichtigkeit des Einsatzes von Print-Stellenanzeigen, und 46 Aussagen unterstrichen, dass das Instrument „wichtig" ist (Note 2). Die Note 3 vergaben 34 Personen sowie 37 Personen die Note 4. Für 28 Befragte sind Print-Stellenanzeigen „unwichtig" (Note 5) sowie „völlig unwichtig" (Note 6) für 21 Befragte.

Im Durchschnitt vergaben die 187 Unternehmensvertreter die Note 3,36.

Ergänzend eine Aussage aus der Praxis: Dr. Thorsten Schliebe, Mitglied der Geschäftsleitung, MediFox GmbH & Co. KG, stellt in diesem Zusammenhang seine Erfahrungen mit dem Schalten von Stellenanzeigen für die Personalbeschaffung vor: „Mit Personalberatungen arbeiten wir zusammen, wenn wir Vakanzen in den obersten zwei Führungsebenen haben. Über normale Stellenanzeigen bekommen wir hier nicht immer die Qualität bei Kandidaten, die wir brauchen."

**Bedeutung des Einsatzes von Print-Stellenanzeigen für die Personalbeschaffung**

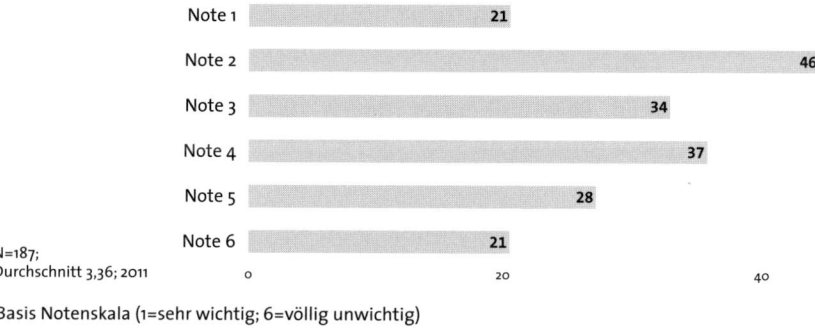

| | |
|---|---|
| Note 1 | 21 |
| Note 2 | 46 |
| Note 3 | 34 |
| Note 4 | 37 |
| Note 5 | 28 |
| Note 6 | 21 |

N=187;
Durchschnitt 3,36; 2011

0        20        40

Basis Notenskala (1=sehr wichtig; 6=völlig unwichtig)

*Abbildung 28: Bedeutung des Einsatzes von Print-Stellenanzeigen für die Personalbeschaffung aus Kundensicht nach Anzahl der Nennungen*

*g) Relevanz von Web 2.0 und Social Media für die Personalbeschaffung*
Im Durchschnitt bewerten 180 Befragte die Wichtigkeit von Web 2.0 und Social Media mit der Durchschnittsnote 3,96.

Im Einzelnen vergaben vier Befragte die Note 1 für dieses Instrument sowie weitere 24 Personen die Note 2. Mit der Note 3 bewerten 41 Befragte, mit der Note 4 insgesamt 45 Befragte die Relevanz von Web 2.0 und Social Media für die Personalbeschaffung. Als „unwichtig" (Note 5) sehen dieses Instrument 38 Befragte an; 28 Personen bewerten es mit „völlig unwichtig" (Note 6).

**Bedeutung des Einsatzes von Web 2.0/Social Media für die Personalbeschaffung**

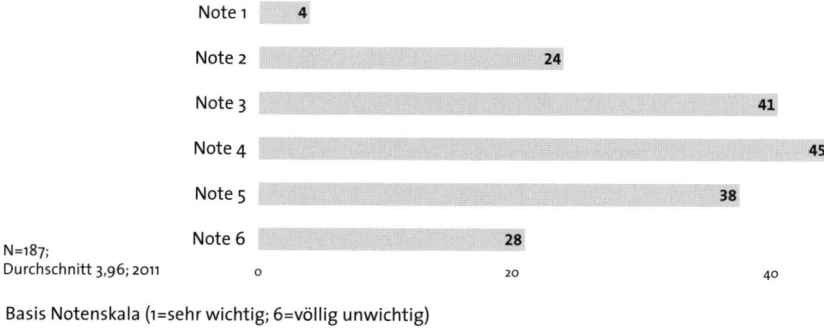

| | |
|---|---|
| Note 1 | 4 |
| Note 2 | 24 |
| Note 3 | 41 |
| Note 4 | 45 |
| Note 5 | 38 |
| Note 6 | 28 |

N=187;
Durchschnitt 3,96; 2011

0        20        40

Basis Notenskala (1=sehr wichtig; 6=völlig unwichtig)

*Abbildung 29: Bedeutung des Einsatzes von Web 2.0 und Social Media für die Personalbeschaffung aus Kundensicht nach Anzahl der Nennungen*

Die Relevanz der neuen Medien, wie etwa dem Web 2.0, beschreibt Prof. Dr. Christof Schimank, Mitglied des Vorstands, Horváth & Partner Management Consultants, Stuttgart. Er misst diesem Instrument eine hohe Bedeutung bei: „Für Personalberatungen wird die Suche nach Kandidaten zukünftig noch schwieriger werden. Nach meiner Einschätzung haben Personalberater durch das Web 2.0 Konkurrenz bekommen. Auch wir sind im Web 2.0 sehr aktiv und haben über diese Kanäle schon Mitarbeiter eingestellt."

Aber auch die Nutzung von Onlinemöglichkeiten zur Personalsuche durch Personalberater wird nach Einschätzung der Unternehmensvertreter praktiziert. So hebt Oliver Kaltenbach, Leiter Zentrales Personalwesen der SIXT AG, hervor: „Meiner Einschätzung nach nutzen mittlerweile viele Personalberater verstärkt Online-Netzwerke wie Xing oder LinkedIn, um dort Kandidaten zu identifizieren und zu gewinnen."

## IV.  Anforderungen an ein Executive-Search-Projekt aus Kundensicht

### 1.  Auswahlkriterien der Kunden in Bezug auf die Zusammenarbeit mit einem Personalberater

Im Blickpunkt: Aus der Unternehmens- und Kundensicht ist ein Bündel von Einzelaspekten wichtig für eine erfolgreiche Zusammenarbeit mit einem Personalberater.

Die zugrundeliegende Frage[25] zielte darauf ab, herauszufinden, wie wichtig den Befragten einzelne Punkte im Rahmen der Projektumsetzung mit einem Personalberater sind. In der Übersicht sind die im Fragebogen vorgegebenen Kriterien nach der Wichtigkeit absteigend angeführt. Basis ist dabei die jeweilige Durchschnittsnote, die aus den Kundenbewertungen anhand einer der Schulnotenskala vergleichbaren Systematik ermittelt wurde (Note 1 = „sehr wichtig" bis Note 6 „völlig unwichtig").[26]

---

25  Die Frage im Fragebogen lautete: „III. Projektdurchführung: die Kundensicht: 1. Erwartungshaltung an den Berater: Wie wichtig sind Ihnen die folgenden Punkte bei der Zusammenarbeit mit einem Personalberater? (Die Beurteilung erfolgt nach der Skala 1 = sehr wichtig bis 6 = völlig unwichtig; Mehrfachnennungen möglich)".

26  Die Durchschnittswerte beziehen sich jeweils auf die Anzahl der vorliegenden Antworten. Die Anzahl kann von Antwort zu Antwort variieren, da Mehrfachnennungen möglich waren.

**Wie wichtig sind Ihnen die folgenden Punkte bei der Zusammenarbeit?**

| Kriterium | Wert |
|---|---|
| Briefinggespräch mit dem Berater | 1,33 |
| Branchen-Know-how des Beraters | 1,50 |
| Regelmäßiges Feedback zum Projektstand durch den Berater | 1,78 |
| Persönliche Erreichbarkeit des Beraters | 1,89 |
| Positionsspezifisches Know-how des Beraters | 1,94 |
| Umfassende schriftliche Informationen über vorgeschlagene Kandidaten | 1,96 |
| Schnelligkeit der Auftragsabwicklung | 1,98 |
| Schriftliche Spezifikation des Auftragsprofils durch den Berater | 2,22 |
| Transparenz des Prozesshandlings | 2,35 |

N = 187; 2011

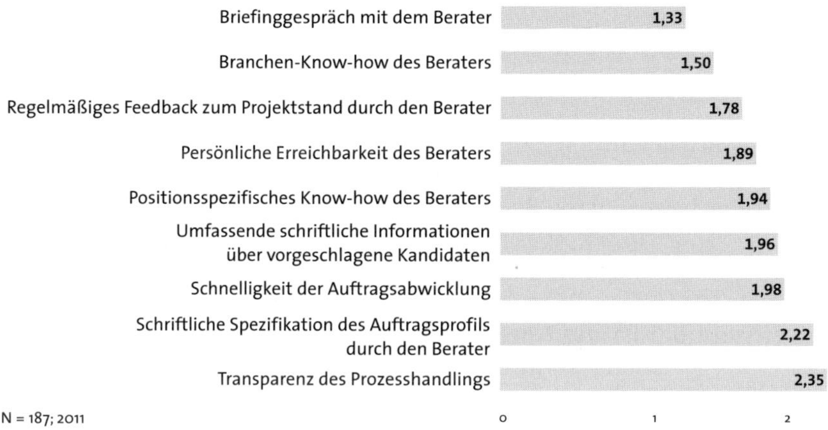

*Abbildung 30: Übersicht über die Kriterien, die für die Zusammenarbeit mit einem Personalberater aus Kundensicht wichtig sind*

So haben die Befragten das Briefinggespräch mit dem Berater mit einer Durchschnittsnote von 1,33 bewertet. Das Branchen-Know-how des Beraters ist für die Unternehmen das zweitwichtigste Kriterium mit einem Durchschnittswert von 1,50. Regelmäßiges Feedback zum Projektstand durch den Berater schätzen die Befragten mit einem Durchschnittswert von 1,78 ebenso als wichtig ein. Durchschnittlich mit 1,89 wird die persönliche Erreichbarkeit des Beraters als wichtiges Kriterium bewertet sowie mit 1,94 als Durchschnittswert das positionsspezifische Know-how des Beraters.

Vergleichsweise wichtig (Durchschnittsnote 1,96) sind die umfassenden schriftlichen Informationen über die vorgeschlagenen Kandidaten. Fast gleichbedeutend (Durchschnittsnote 1,98) ist die Schnelligkeit der Auftragsabwicklung aus Kundensicht zu sehen. Wichtig ist den Befragten die schriftliche Spezifikation des Auftragsprofils durch den Berater mit einem Wert von 2,22 sowie die Transparenz des Prozesshandlings mit einer durchschnittlichen Bewertung von 2,35.

Im Vergleich zu den Befragungsergebnissen aus dem Jahr 2007: Das Briefinggespräch mit dem Berater war 2007 als wichtigstes Kriterium bei der Zusammenarbeit mit einer Durchschnittsnote von 1,6 genannt worden, gefolgt vom Branchen-Know-how mit einem Durchschnittswert von 1,73. Hier gibt es in der vorliegenden Untersuchung keine Veränderung bei der Wichtigkeit der

Punkte – allerdings ist die Bedeutung der beiden Kriterien insgesamt heute in der Gesamteinschätzung der Unternehmen nochmals gestiegen.

Die Analyse der einzelnen Nennungen erfolgt im Weiteren.

*a) Wichtigkeit des Briefinggesprächs mit dem Personalberater*
Die Frage nach der Wichtigkeit des Briefinggesprächs mit dem Personalberater bewerten die Befragten mit der Durchschnittsnote 1,33.

Im Einzelnen vergaben 129 Befragte die Note 1 sowie 40 Teilnehmer die Note 2 für dieses Kriterium. Die Note 3 vergaben fünf Vertreter. Jeweils einmal ist die Note 4 sowie die Note 6 verteilt worden, mit der Note 5 erfolgte keine Aussage. Insgesamt lagen 176 Antworten vor.

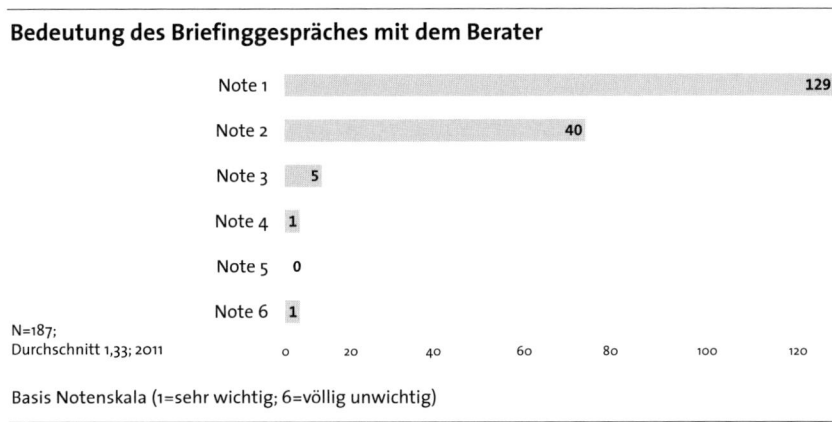

**Bedeutung des Briefinggespräches mit dem Berater**

| | |
|---|---|
| Note 1 | 129 |
| Note 2 | 40 |
| Note 3 | 5 |
| Note 4 | 1 |
| Note 5 | 0 |
| Note 6 | 1 |

N=187;
Durchschnitt 1,33; 2011

Basis Notenskala (1=sehr wichtig; 6=völlig unwichtig)

*Abbildung 31: Bedeutung des Briefinggesprächs mit dem Berater aus Kundensicht nach Anzahl der Nennungen*

Andreas Ziegenhagen, Managing Partner Germany, Salans LLP, hebt im Zusammenhang mit den vorbereitenden Briefinggesprächen hervor: „Wir arbeiten grundsätzlich sehr opportunistisch mit Personalberatern zusammen, wenn diese für uns geeignete Partnerkandidaten vorstellen. Eine wichtige Voraussetzung ist aus meiner Sicht, dass wir den Personalberatern vorab unsere Salans-Struktur und den Lateralprozess transparent darstellen. Damit vermitteln wir den Personalberatern ein entsprechendes realistisches Bild über unsere Kanzlei und können somit von vornherein die Vorstellung auf geeignete Partnerkandidaten begrenzen. Wir vereinbaren in diesem Zusammenhang eine einheitliche erfolgsbasierte Vergütung auf dem jeweils aktuellen Marktstandard." Für Dr. Gottfried Freier, Managing Partner, Kaye Scholer Germany LLP, sind die Qualitätskriterien zur Einschätzung eines Personalberaters folgende: „Für mich ist wichtig, welche Tiefe und Breite die Marktkenntnis des Personalberaters hat und welche Beratungskompetenz daraus zugunsten des Kunden resultiert. Diese Beratungskompetenz bezieht sich sowohl ‚outbound', also auf Information des Kunden über den Markt, als auch ‚inbound' auf das Feedback an den Kunden über dessen Wahrnehmung durch den Markt. Daneben spielen der Vernetzungsgrad und die Kommunikationskompetenz eine entscheidende Rolle. Diese Kompetenz macht sich für mich fest in der Wahrnehmung und auch der Überbrückung von Verständnisdefiziten zwischen Kunden und Kandidaten."

*b) Wichtigkeit des Branchen-Know-hows des Personalberaters*
Die Note 1 als wichtigstes Kriterium für die Zusammenarbeit mit dem Personalberater haben 108 Befragte vergeben, die Note 2 insgesamt 54 Personen, zwölf Befragte die Note 3 sowie zwei Teilnehmer die Note 4. Ein Teilnehmer gab an, dass ihm das Branchen-Know-how „völlig unwichtig" ist.

So wird die Wichtigkeit des Branchen-Know-hows des Beraters im Durchschnitt von 177 Teilnehmern mit der Note 1,50 bewertet.

**Bedeutung des Branchen-Know-how des Beraters**

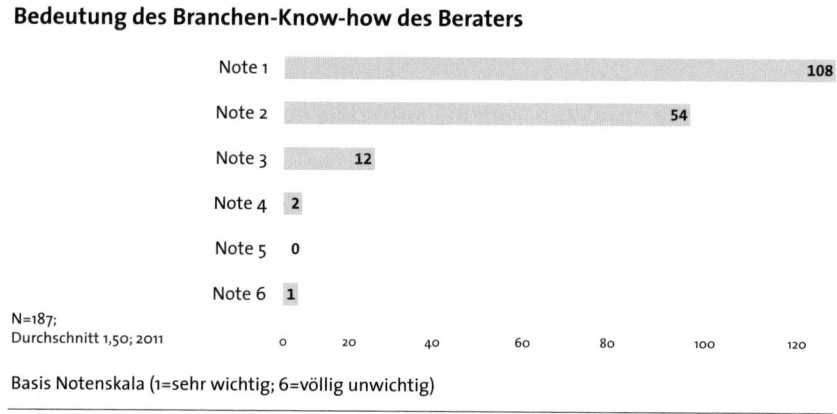

N=187;
Durchschnitt 1,50; 2011

Basis Notenskala (1=sehr wichtig; 6=völlig unwichtig)

*Abbildung 32: Bedeutung des Branchen-Know-hows des Personalberaters aus Kundensicht nach Anzahl der Nennungen*

Hierzu eine Erfahrung aus der Praxis von Hans-Jürgen Schäfer, Geschäftsführer, Warburg Invest Kapitalanlagegesellschaft mbH: „Am Track-Record kann ich erkennen, wie erfolgreich ein Berater in der Vergangenheit gewesen ist, welche Stellen er besetzt hat, ob er in der Industrie selbst tätig war. Das sind Qualitätskriterien für die Auswahl. Daneben ist auch der Ruf der Personalberatung für mich wichtig."

Diese Einschätzung teilt Detlev Baumeister, Kaufmännischer Geschäftsführer, Nordmark Arzneimittel GmbH & Co. KG: „Bei der Auswahl von Personalberatungen ist für mich entscheidend, dass der Berater Branchenkenntnisse mitbringt. Kontakte zu Personalberatungen ergeben sich aber auch daraus, dass man selbst über einen Personalberater für ein Unternehmen empfohlen worden ist oder das Unternehmen schon bestehende Kontakte zu Beratern hat. In jedem Fall ist für mich die Qualität der Arbeit entscheidend. Qualität in diesem Zusammenhang zeichnet sich für mich durch die Diskretion eines Beraters aus und dadurch, dass derjenige sein Handwerk versteht. Ein Personalberater muss Menschen neutral ansprechen und prüfen, ob ein möglicher Kandidat zum jeweiligen Unternehmen passt. In der Zusammenarbeit muss aber auch die Chemie zwischen Auftraggeber und Berater stimmen."

Jürgen Glaser, Vorsitzender der Geschäftsführung, NORDSEE Holding GmbH, ergänzt in diesem Zusammenhang: „Aus meiner Sicht gibt es zumindest zwei Varianten von Personalberatern:

1) den klassischen Dienstleister, der die Suche nach möglichen Kandidaten (unterschiedlich) professionell umsetzt, und

2) den Personalberater als Dienstleister und als Berater, der Branchenkenntnis hat und ad hoc auch seine Einschätzung zur Entwicklung der Branche und zur Personalsituation in der Branche abgeben kann.

Leider beschäftigen sich nur wenige Personalberater intensiv mit Branchen- und Arbeitsmarktthemen und können Unternehmen frühzeitig auf gravierende Entwicklungen aufmerksam machen.

Wichtig ist für den Kunden die Sicherheit, dass der Personalberater das Geschäft des Auftraggebers versteht und nicht nur standardisiert Mechanismen der Personalrekrutierung ablaufen lässt. Die Mehrheit der Personalberater sind Dienstleister, wenige sind wirkliche Berater, die ein hohes Maß an Branchenkenntnis über den Markt des Kunden mitbringen und dann auch beratend tätig werden könnten."

*c) Wichtigkeit des regelmäßigen Feedbacks zum Projektstand durch den Personalberater*
Das regelmäßige Feedback zum Projektstand ist für 69 Befragte „sehr wichtig" (Note 1). 82 Teilnehmer vergaben für dieses Kriterium die

Note 2 und 22 Befragte die Note 3. Zweimal ist die Note 4 vergeben worden sowie einmal die Note 6. Die Note 5 ist nicht vergeben worden. Zu dieser Frage lagen 176 Antworten vor.

Durchschnittlich wird das Kriterium „regelmäßiges Feedback zum Projektstand durch den Personalberater" mit der Note 1,78 bewertet.

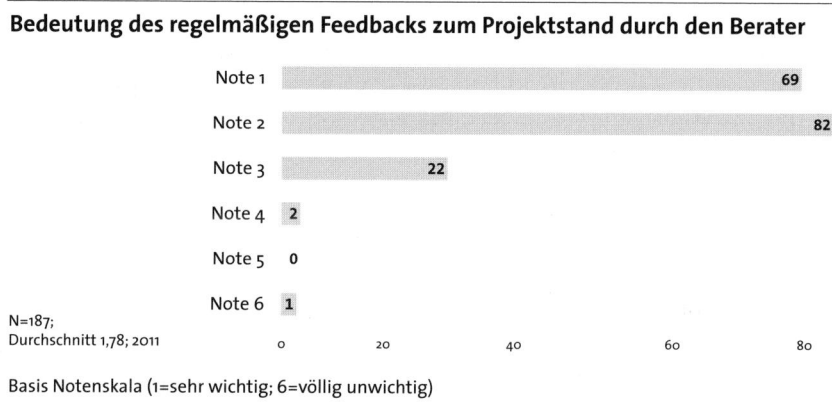

**Bedeutung des regelmäßigen Feedbacks zum Projektstand durch den Berater**

Abbildung 33: Bedeutung des regelmäßigen Feedbacks zum Projektstand durch den Personalberater aus Kundensicht nach Anzahl der Nennungen

Kriterien, die in der Zusammenarbeit mit einem Personalberater besonders wichtig sind, definiert Rolf Knoll, Sprecher des Vorstands, Homag Group AG, neben dem Feedback zum Projektstand folgendermaßen: „Zuallererst persönliches Vertrauen und dann das Gefühl, dass der Personalberater sowohl zuhören kann als auch uns mit dem notwendigen Feedback unterstützen und helfen kann. Dazu ist es uns wichtig, dass sich der Personalberater die Unternehmenskultur und die Unternehmensorganisation so weit zu eigen macht, dass er wirklich ganz gezielt bei der Suche und Auswahl der Kandidaten vorgeht. Dieses Vertrauen muss sich der Personalberater zunächst durch seine Persönlichkeit, dann aber auch durch erste erfolgreiche gemeinsame Projekte erarbeiten."

Die Erwartungshaltung aus Kundensicht stellt Matthias Christophel, Personalleiter, C&A Mode KG, wie folgt dar: „Personalberater sind für mich Fachleute mit aktuellen Marktkenntnissen. Von einem Personalberater erwarte ich nicht nur, dass der Berater am Markt nach möglichen Kandidaten sucht. Ich erwarte und wünsche mir, mit dem Berater im direkten Dialog zu sein. Der Berater muss mir im Vorfeld sagen, wie die aktuelle Situation am Markt ist: seine Einschätzung etwa zu

Themen wie dem demographischen Wandel oder auch wo ein Mangel an Fachkräften besteht. So ist mir auch wichtig zu erfahren, wie sich unsere Wettbewerber am Markt positionieren, wie attraktiv unser Unternehmen am Markt ist und welche Themen im Markt aktuell sind. Das ist für mich sehr hilfreich."

*d) Wichtigkeit der persönlichen Erreichbarkeit eines Beraters*
Die persönliche Erreichbarkeit des Beraters bewerteten 176 Unternehmensvertreter mit der Durchschnittsnote 1,89.

Die Bewertungen im Einzelnen waren: 62 Befragte vergaben für dieses Kriterium die Note 1 sowie 82 Unternehmensvertreter die Note 2. Weitere 25 Teilnehmer bewerteten die Erreichbarkeit des Personalberaters mit der Note 3 sowie fünf Personen mit der Note 4. Jeweils einmal ist die Note 5 sowie die Note 6 („völlig unwichtig") vergeben worden.

**Bedeutung der persönlichen Erreichbarkeit des Beraters**

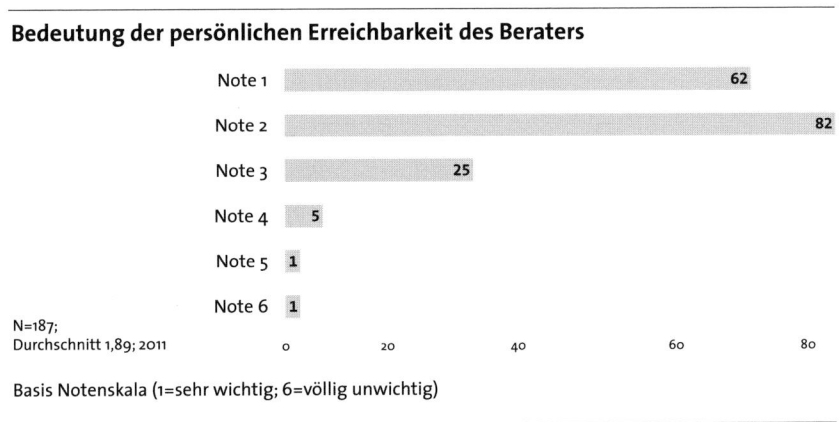

N=187;
Durchschnitt 1,89; 2011

Basis Notenskala (1=sehr wichtig; 6=völlig unwichtig)

*Abbildung 34: Bedeutung der persönlichen Erreichbarkeit des Personalberaters aus Kundensicht nach Anzahl der Nennungen*

Ewald Kastner, Geschäftsführer Bereich Finanzen, ITT Germany GmbH: „In der Regel hat sich eine Beziehung zum Personalberater über die Zeit aufgebaut. Eine persönliche Erreichbarkeit ist deshalb in der Praxis gegeben."

Frank Schiewer, Vorstand, alfabet AG, teilt diese Auffassung: „Die persönliche Erreichbarkeit eines Beraters ist mir wichtig – aber das funktioniert in der Regel auch problemlos. Meine Erfahrung ist die, dass Personalberater auch dann schnell agieren, wenn die Situation akut ist – würden sie das nicht tun, würde auf allen Seiten das Interesse erlahmen."

*e) Wichtigkeit des positionsspezifischen Know-hows eines Personalberaters*
Das Know-how des Beraters bezogen auf die zu besetzende Position wird von 175 Personen mit einem Wert von durchschnittlich 1,94 bewertet.

So vergaben für dieses Kriterium 61 Personen die Note 1 sowie 74 Teilnehmer die Note 2 und 32 Teilnehmer die Note 3. Mit der Note 4 bewerteten sechs Teilnehmer die Relevanz des positionsspezifischen Knowhows. Jeweils einer der 175 Teilnehmer vergab die Note 5 sowie die Note 6.

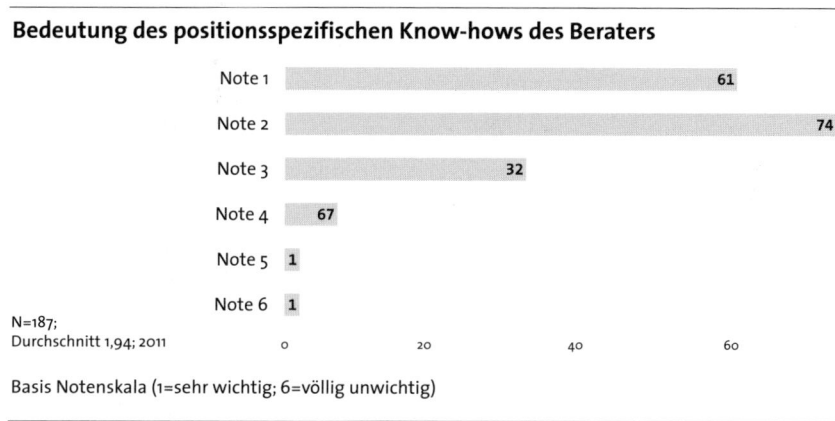

**Bedeutung des positionsspezifischen Know-hows des Beraters**

Note 1 — 61
Note 2 — 74
Note 3 — 32
Note 4 — 67
Note 5 — 1
Note 6 — 1

N=187;
Durchschnitt 1,94; 2011

Basis Notenskala (1=sehr wichtig; 6=völlig unwichtig)

*Abbildung 35: Bedeutung des positionsspezifischen Know-hows des Personalberaters aus Kundensicht nach Anzahl der Nennungen*

*f) Wichtigkeit umfassender schriftlicher Informationen über vorgeschlagene Kandidaten*
Mit der Note 1,96 bewerteten die 175 Befragten den Punkt der „umfassenden schriftlichen Informationen über vorgeschlagene Kandidaten".

Im Einzelnen wurde 60-mal die Note 1 sowie 74-mal die Note 2 vergeben. Von den Befragten vergaben 32 Personen die Note 3 sowie sieben die Note 4. Für „unwichtig" (Note 5) hält ein Befragter dieses Kriterium, ein weiterer hält es für „völlig unwichtig" (Note 6).

Prof. Dr. Christof Schimank, Mitglied des Vorstands, Horváth & Partner Management Consultants, Stuttgart, unterstreicht nochmals die Relevanz dieses Punktes: „Ein Personalberater muss die Wechselmotivation eines Kandidaten herausfinden: Fühlt sich der Kandidat im derzeitigen Arbeitsverhältnis unwohl, da keine Karriereperspektiven sichtbar sind, keine Weiterentwicklung möglich oder die Gehaltsbandbreite nicht zufriedenstellend ist? Für unser Unternehmen stehen die wesentlichen Kulturelemente: Unternehmertum, Kompetenz und Offenheit. Diese Elemente muss ein Personalberater Kandidaten vermitteln können."

Auch Dr. Wolf Wagner, Managing Director, Kurt Salmon Germany GmbH, führt einen wichtigen Punkt an: „Nachdem die erste Kontaktliste abgearbeitet ist, wird es in der Regel unwahrscheinlich, noch auf geeignete Kandidaten zu stoßen. Ein zweiter Anlauf lohnt sich dann erst einige Monate später."

**Bedeutung der umfassenden schriftlichen Informationen über vorgeschlagene Kandidaten**

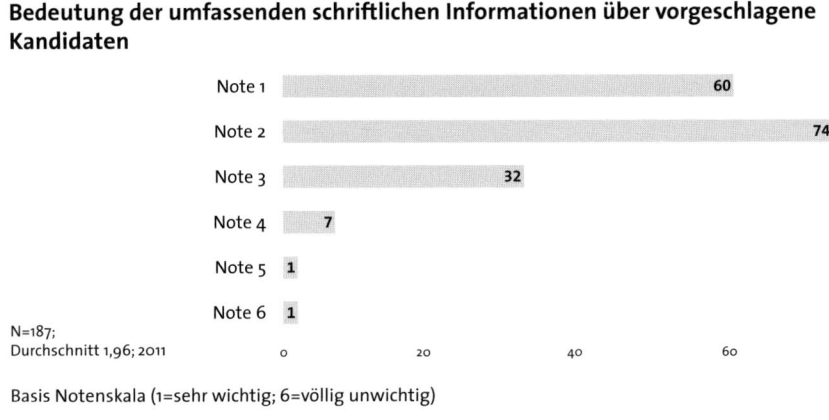

Abbildung 36: Bedeutung umfassender schriftlicher Informationen über vorgeschlagene Kandidaten aus Kundensicht nach Anzahl der Nennungen

*g) Wichtigkeit der Schnelligkeit der Auftragsabwicklung durch den Personalberater*
Die Schnelligkeit der Auftragsabwicklung wird von 173 Befragten durchschnittlich mit der Note 1,98 bewertet.

Das sind im Einzelnen 52 Bewertungen mit der Note 1 als „sehr wichtiges" Kriterium sowie 83 Nennungen der Note 2 als „wichtiger" Punkt. 31 Personen vergaben die Note 3 sowie fünf Befragte die Note 4. Jeweils einmal vergaben die Befragten die Note 5 sowie die Note 6.

In diesem Zusammenhang skizziert Rolf Knoll, Sprecher des Vorstands, Homag Group AG, seine Erwartungen an ein Personalberatungsunternehmen wie folgt: „Wir erwarten ausreichende qualitative und quantitative Kapazität, um sowohl die Suche als auch die Auswahl von Führungskräften möglichst zügig und am Ende mit wenigen geeigneten Kandidaten durchführen zu können. Das Personalberatungsunternehmen ist für uns Dienstleister, was uns sowohl bei der Bedarfsanalyse als auch beim Anforderungsprofil und der Auswahl der Kandidaten deutlich entlastet. Wir beachten auch die wirtschaftlichen Faktoren, das heißt, das Honorar der Personalberatung darf nicht unangemessen hoch sein, vor allen Dingen mit Blick auf die mittelständischen Vergütungsstrukturen in unserem Unternehmen. Aber noch wichtiger ist, dass auch fachlich und persönlich geeignete Kandidaten für uns gefunden werden, die in das überwiegend ländliche Umfeld unserer Unternehmen und in unsere mittelständische Vergütungsstruktur passen. Daneben stellt sich auch die Aufgabe, für unsere ausländischen Vertriebs- und Produktionsgesellschaften Führungskräfte zu finden."

**Bedeutung der Schnelligkeit der Auftragsabwicklung**

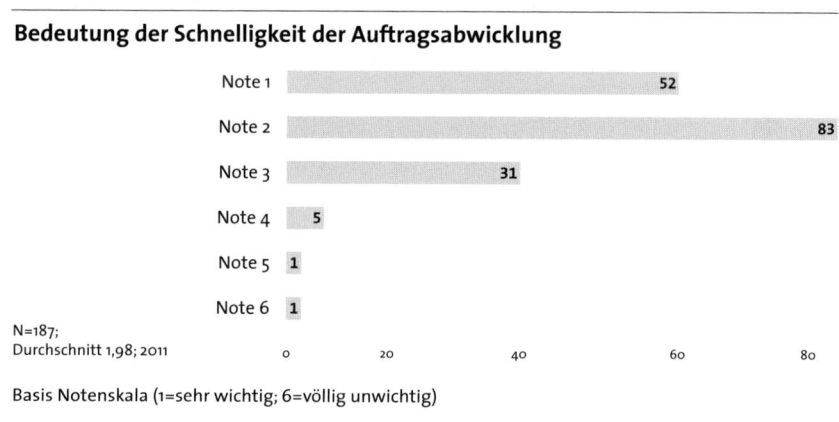

*Abbildung 37: Bedeutung der Schnelligkeit der Auftragsabwicklung aus Kundensicht nach Anzahl der Nennungen*

Neben dem Faktor Schnelligkeit unterstreicht Dr. Michael Prochaska, Direktor Personal, Franz Haniel & Cie. GmbH, folgende Punkte: „Personalberatung ist ein Beziehungsgeschäft: Wenn man zum Beispiel ein Besetzungsproblem hat oder eine Aufgabe zu lösen ist, die mit eigenen Kräften nicht gelöst werden kann, dann ist es gut, wenn man jemanden kennt, der das Problem gut lösen kann. Im Erfolgsfall beauftrage ich den Personalberater bei Bedarf gern wieder. Für die Zusammenarbeit mit Personalberatungen sind für mich Professionalität, Schnelligkeit und die Qualität der Arbeit entscheidend."

Als Beispiel für die die Nachbesetzung von Schlüsselpositionen in der Unternehmenspraxis führt Detlef Stramma, Head of Human Resources Deutschland von ALSTOM Deutschland GmbH, aus: „Meine Erwartungen an einen Berater hängen vom Auftrag ab. Standardaufträge kann man gelassen planen. Werden Stellen neu besetzt, bei denen der jetzige Stelleninhaber in Rente geht, können diese langfristig umgesetzt werden. Wichtig ist uns dabei, dass wir etwa eine dreimonatige Überlappungszeit haben, in der der bisherige Stelleninhaber den neuen Mitarbeiter einarbeitet. Schwierig sind die Problemfälle: Fällt jemand aus einer Schlüsselposition von heute auf morgen weg, müssen wir schnellstens eine solche Position wieder besetzen. Da hilft es nicht, wenn ein externer Berater zusammen mit uns in Panik verfällt. Sondern der Personalberater übernimmt hier das Zepter und arbeitet zielgerichtet darauf hin, dass die Stelle wiederbesetzt werden kann. In einem Fall zum Beispiel ging es um eine schnelle Wiederbesetzung einer Topposition. Doch alle möglichen sehr guten Kandidaten sind uns von der Zentrale sozusagen weggeschnappt worden, nachdem der Berater dort die Kandidaten vorgestellt hatte. In dem relevanten Fall jedoch hatte der externe Berater unsere Einschätzung und Befürchtung an die Zentrale weitergegeben und hat dafür gesorgt, dass der Kandidat auch bei uns einsteigen kann. Das war wertvoll für uns, denn langfristig wollen wir für das gesamte Unternehmen die Besten auf die jeweiligen Positionen bringen."

*h) Wichtigkeit der schriftlichen Spezifikation des Auftragsprofils durch den Berater*
Die schriftliche Spezifikation des Auftragsprofils durch den Berater wird als wichtiges Kriterium mit der Durchschnittsnote 2,22 von 176 Befragten bewertet.

So vergaben 33 Personen die Note 1, 89 Befragte die Note 2 als „sehr wichtiges" beziehungsweise „wichtiges" Kriterium. Die Note 3 vergaben 41 Befragte sowie neun Personen die Note 4. Für drei Befragte ist das Kriterium schriftliche Spezifikation des Auftragsprofils durch den Berater „unwichtig" und wurde von ihnen mit der Note 5 bewertet. Ein Befragter schätzte diesen Punkt als „völlig unwichtig" ein und vergab die Note 6.

Andrei Frömmer, Abteilungsleiter Führungskräfteentwicklung und -betreuung, Deutsche Postbank AG, ergänzt hierzu: „Bei der Auftragsvergabe an eine Personalberatung ist mir die schriftliche Spezifikation des Auftragsprofils durch den Berater extrem wichtig. Ohne eine solche Spezifikation arbeite ich nicht in beauftragten Personalsuchen. Meine Erfahrung ist die, dass ohne umfassende Spezifikation die Suche schnell in eine falsche Richtung laufen kann. So haben beide Seiten auch eine gute Kontrolle darüber, ob Auftraggeber und Personalberater von dem gleichen Anforderungsprofil ausgehen. In der Praxis ist die zuerst erstellte Version des Anforderungsprofils noch nie die finale gewesen, wir haben immer noch einmal spezifizieren müssen."

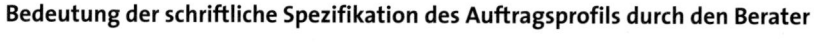

**Bedeutung der schriftliche Spezifikation des Auftragsprofils durch den Berater**

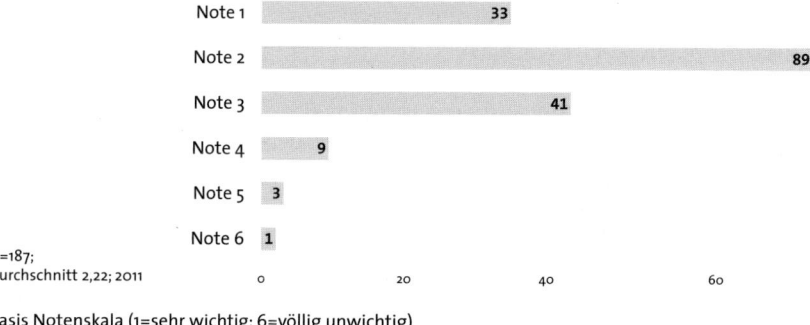

Note 1    33
Note 2    89
Note 3    41
Note 4    9
Note 5    3
Note 6    1

N=187;
Durchschnitt 2,22; 2011    0    20    40    60

Basis Notenskala (1=sehr wichtig; 6=völlig unwichtig)

*Abbildung 38: Bedeutung der schriftlichen Spezifikation des Auftragsprofils durch den Personalberater aus Kundensicht nach Anzahl der Nennungen*

*i) Wichtigkeit der Transparenz des Prozesshandlings*
Das Kriterium „Transparenz des Prozesshandlings" erhielt von 173 Befragten den Durchschnittswert von 2,35.

Für 29 Befragte ist dieses Kriterium „sehr wichtig" (Note 1) sowie für 78 Personen „wichtig" (Note 2). Die Note 3 vergaben 50 Befragte sowie zehn Personen die Note 4. Fünf Nennungen gab es mit der Note 5 sowie eine Nennung mit der Note 6.

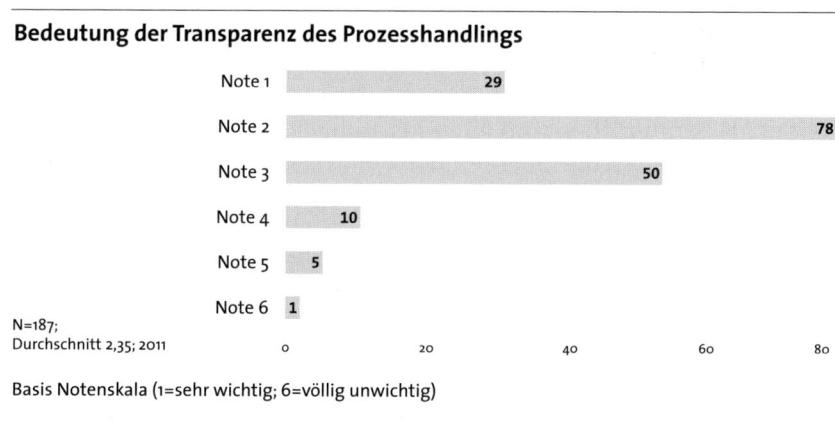

**Bedeutung der Transparenz des Prozesshandlings**

Note 1    29
Note 2    78
Note 3    50
Note 4    10
Note 5    5
Note 6    1

N=187;
Durchschnitt 2,35; 2011    0    20    40    60    80

Basis Notenskala (1=sehr wichtig; 6=völlig unwichtig)

*Abbildung 39: Bedeutung der Transparenz des Prozesshandlings aus Kundensicht nach Anzahl der Nennungen*

Dieses Befragungsergebnis konkretisiert Dr. Stephan Zoll, Geschäftsführer eBay GmbH und eBay Advertising Group GmbH, durch eine Beschreibung aus der Unternehmenspraxis: „Der Prozess der Personaleinstellung über Personalberatungen erfolgt so, dass der Personalberater die ersten Gespräche mit möglichen Kandidaten in Interviews prüft und wir anschließend eine sogenannte Shortlist bekommen. Ab diesem Schritt übernehmen wir den Prozess und haben eine umfangreiche Abfolge von strukturierten Interviews innerhalb des Unternehmens. Jeder Bewerber hat etwa zwei Gesprächsrunden mit jeweils drei bis vier Interviews mit unterschiedlichen Zielgruppen: mögliche Kollegen, dem Vorgesetzten, eventuell mit dem Vor-Vorgesetzten. Alle Gespräche werden von der internen Personalabteilung begleitet. Nach diesen Interviews geht der Link zurück zum Personalberater, der dann die weiteren Einzelheiten mit den Kandidaten für uns klärt."

Ergänzend hierzu auch zwei Aussagen, die die Erwartungen aus Unternehmenssicht zur Umsetzung des Personalbeschaffungsprozesses näher erläutern. So betont Jörg Dassel, HR Director, Pricewaterhouse-Coopers Deutschland: „Das Selbstverständnis von Personalberatern geht oft dahin, dass sie sich als Berater für die Unternehmen verstehen: Sie bieten an, uns bei Gehaltsverhandlungen zu unterstützen oder auch neue Mitarbeiter bei der Einarbeitung zu betreuen. Da überschätzen sich jedoch die Berater nach meiner Meinung."

Dr. Arno Frings, Managing Partner, Orrick Hölters & Elsing, formuliert seine Erwartungen wie folgt: „Ich erwarte von einem Personalberater in erster Linie, dass er Zugriff auf exzellente Kandidaten hat. Hierzu ist eine sehr gute Vernetzung und auch eine überzeugende Beraterpersönlichkeit Voraussetzung. Damit bin ich bei den Fähigkeiten als Berater. Hier sind auch kritische Stellungnahmen gefragt, damit er als Sparringspartner bei den Personalthemen fungieren kann."

*j) Sonstige Auswahlkriterien, die für Unternehmen relevant sind*
Im Rahmen der Onlinebefragung haben zehn Unternehmensvertreter neben den vorgegebenen Antwortmöglichkeiten weitere Punkte aufgeführt, die ihnen bei der Zusammenarbeit mit einem Personalberater wichtig sind. Das sind:

- „exzellente Vorauswahl der Kandidaten"

- „Qualität der vorgeschlagenen Kandidaten"

- „Kenntnis des auftraggebenden Unternehmens und der wichtigsten Führungspersonen"

- „Vollständigkeit der Unterlagen, gute Menschenkenntnis, ob der Bewerber zum Unternehmen passen würde"

- „Vertrauen"

- „Gehaltsvorstellungen der Kandidaten müssen ins Gehaltsgefüge der Firma passen"

- „muss unser Unternehmen gut präsentieren, kritischer Sparringspartner sein"

- „Verständnis der konkreten Anforderungen im Unternehmen" sowie „Kenntnis des Unternehmens"

- „Erfüllung des Auftrags"

- „Kann er unsere Firma gegenüber den Kandidaten richtig repräsentieren?"

Ergänzend hierzu noch zwei Aussagen aus der Unternehmenspraxis, zunächst von Dr. Peter M. Haid, Mitglied des Vorstands der BW-Bank Stuttgart: „Für die Auswahl, mit welcher Personalberatung wir zusammenarbeiten, sind für mich sowohl objektive als auch subjektive Kriterien ausschlaggebend. Objektiv zählt für mich zum Beispiel das Renommee und der Track-Record einer Personalberatung. Subjektiv beeinflussen die Entscheidung für oder gegen einen Personalberater auch der persönliche Eindruck und das Engagement des Personalberaters – hier zählt die Vertrauensbasis."

Detlev Baumeister, Kaufmännischer Geschäftsführer, Nordmark Arzneimittel GmbH & Co. KG, merkt hierzu an: „Nur einmal habe ich ein unprofessionelles Verhalten eines Personalberaters erlebt. In der Vergangenheit ist mir einmal eine Stelle angeboten worden, die ich selbst abgelehnt habe. Daraufhin hat mir der Personalberater, der mir die Stelle vermittelt hatte, den Kontakt verweigert."

## 2. Auswahlkriterien der Kunden in Bezug auf die Zusammenarbeit mit einem Personalberatungsunternehmen

Im Blickpunkt: Das Honorar gilt für die Unternehmensvertreter als wichtigstes Auswahlkriterium für eine Personalberatung

Die vorherige Frage bezog sich auf die Erwartungen an den Personalberater selbst. Die im Fragebogen folgende Frage[27] geht gezielt auf die Kriterien für die Auswahl eines Personalberatungsunternehmens ein.

Zunächst zeigt die Übersicht, wie die vorgegebenen Kriterien aus Kundensicht im Durchschnitt bewertet worden sind (siehe Abbildung 40).

Vergleicht man die Relevanz der Kriterien zur Auswahl einer Personalberatung zeigt sich, dass die Honorargestaltung als das wichtigste Kriterium mit der Durchschnittsnote von 2,13 genannt wird. Gefolgt wird dieses vom Kriterium „umfassendes Servicepaket der Personalberatung" mit einer durchschnittlichen Bewertung von 2,83.

Als weniger wichtiges Kriterium mit dem Durchschnittswert von 3,07 folgt das Kriterium „Internationale Kompetenz des Personalberatungsunternehmen", der Bekanntheitsgrad wird mit einem Durchschnittswert von 3,24 genannt. Die Kriterien „Internationale Präsenz" sowie „Größe der Personalberatung" werden mit den Werten 3,53 und 3,57 eingeschätzt. Den Durchschnittswert von 4,18 vergaben die Befragten für das Auswahlkriterium „Anzahl der Standorte der Personalberatung".

Die Übersicht zeigt die Gewichtung der Kriterien mit den Durchschnittswerten[28]:

Im Vergleich zu den Befragungsergebnissen aus dem Jahr 2007: Bei der damals durchgeführten Befragung war die Honorargestaltung mit einem Durchschnittswert von 2,05 bei 155 Nennungen bewertet worden. Dieses Auswahlkriterium einer Personalberatung ist also in beiden Untersuchungen das wichtigste Merkmal.

---

27  Die Frage im Fragebogen lautete: „III. Projektdurchführung: Die Kundensicht: 2. Erwartungshaltung an das Beratungsunternehmen: Wie wichtig sind Ihnen folgende Punkte in Bezug auf das Beratungsunternehmen Ihrer Wahl? (Skala 1 = sehr wichtig bis 6 = völlig unwichtig; Mehrfachnennungen möglich)".

28  Die Durchschnittswerte beziehen sich jeweils auf die Anzahl der vorliegenden Nennungen pro Kriterium.

Als zweitwichtigstes Kriterium mit der Durchschnittsnote von 2,52 wurde seinerzeit die internationale Kompetenz sowie mit dem Wert von 2,68 das Servicepaket der Personalberatung genannt. Beide Punkte sind ebenso in der aktuellen Befragung von hoher Bedeutung.

Der Durchschnittswert von 2,86 wurde 2007 für das Kriterium der „Internationalen Präsenz" vergeben sowie 3,02 für den Bekanntheitsgrad der Personalberatung.

Die Anzahl der Standorte (Bewertung mit dem Durchschnittswert 3,27) sowie die Größe des Unternehmens (Durchschnittswert 3,31) waren bei der Befragung aus dem Jahr 2007 ebenso wie die zuletzt genannten Kriterien in umgekehrter Reihenfolge genannt worden.

**Wie wichtig sind Ihnen folgende Punkte in Bezug auf das Beratungsunternehmen Ihrer Wahl?**

| Kriterium | Wert |
|---|---|
| Honorargestaltung | 2,13 |
| Umfassendes Servicepaket des Unternehmens (etwa: Begleitung der Vertragsverhandlungen) | 2,83 |
| Internationale Kompetenz des Unternehmens | 3,07 |
| Bekanntheit des Unternehmens im Markt | 3,24 |
| Internationale Präsenz des Unternehmens | 3,53 |
| Größe des Unternehmens (Berater, Research, Backoffice) | 3,57 |
| Anzahl der Standorte des Unternehmens | 4,18 |

N=187, 2011                                    0,00  2,00  4,00  6,00

Basis Notenskala (1=sehr wichtig; 6=völlig unwichtig; Mehrfachnennungen waren möglich)

*Abbildung 40: Übersicht über die Auswahlkriterien von Unternehmensvertretern für ein Personalberatungsunternehmen*

*a) Wichtigkeit der Honorargestaltung durch das Personalberatungsunternehmen*
Die Note 1 ist von den vorliegenden 176 Nennungen zu dieser Frage von 30 Personen vergeben worden sowie 106-mal die Note 2. Weitere 29 Befragte bewerteten das Kriterium mit einer Note 3 sowie zehn Personen mit der Note 4. Keiner der Befragten vergab die Note 5 und eine Person die Note 6.

So ergibt sich für das Auswahlkriterium der Honorargestaltung bei 176 Nennungen als wichtigstes Kriterium der Durchschnittswert von 2,13.

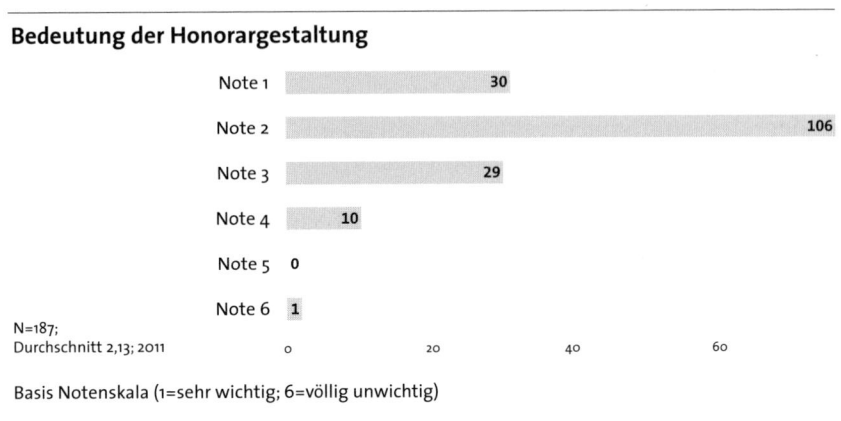

**Bedeutung der Honorargestaltung**

Note 1    30
Note 2    106
Note 3    29
Note 4    10
Note 5    0
Note 6    1

N=187;
Durchschnitt 2,13; 2011

0    20    40    60

Basis Notenskala (1=sehr wichtig; 6=völlig unwichtig)

*Abbildung 41: Bedeutung der Honorargestaltung einer Personalberatung aus Kundensicht nach Anzahl der Nennungen*

Ergänzend hierzu beschreibt Ulrich C. Nießen, Mitglied des Vorstands, AXA Konzern AG, die Voraussetzungen zur Zusammenarbeit mit Personalberatungen aus seiner Sicht: „Wir haben globale Rahmenverträge mit Personalberatern für die Suche nach Top-Executives und Vorständen, so dass jede Landesgesellschaft von sich aus auf die Dienstleistungen dieser ausgewählten Partner zurückgreifen kann."

Martin Clemens, Direktor Verwaltung, IZA – Forschungsinstitut zur Zukunft der Arbeit GmbH, führt in diesem Zusammenhang an: „In der Zusammenarbeit mit einem Personalberater ist mir vor allem eines wichtig: die Unabhängigkeit des Beraters. Damit meine ich auch finanzielle Unabhängigkeit. Ich habe ein Problem mit einem Berater, der das Honorar oder die Provision in den Vordergrund stellt. Der Berater sollte einen gestandenen Charakter haben, jemand der im Leben schon etwas gesehen hat, etwas kantig darf er sein. Integrität entspricht hier für mich der inneren Unabhängigkeit. Für mich zählt der ehrbare Kaufmann – der Vertrag per Handschlag: Beide Seiten sollten sich daran erinnern, was man vereinbart hat. Ein Personalberater sollte für mich eine uneitle Persönlichkeit sein. Der zentrale Punkt ist, dass ein Personalberater verantwortungsbewusst mit seinem Auftraggeber und dem Mandanten umgeht. Er ist der Brückenbauer."

*b) Wichtigkeit eines umfassenden Servicepakets seitens des Personalberatungs-
unternehmens*
Im Einzelnen ist von 16 Befragten für dieses Kriterium die Note 1 sowie
von 66 Befragten die Note 2 vergeben worden. Die Note 3 haben 49 Personen vergeben sowie 22 Befragte die Note 4. Als „unwichtig" mit der
Bewertung durch die Note 5" schätzten das Kriterium 14 Personen ein,
sechs Befragte vergaben die Note 6 für ein aus ihrer Sicht „völlig
unwichtiges" Kriterium.

Durchschnittlich ist das umfassende Servicepaket, wie etwa die Begleitung der Vertragsverhandlungen durch eine Personalberatung, von
173 Befragten mit dem Wert von 2,83 benotet worden.

**Bedeutung des umfassenden Servicepakets des Unternehmens
(etwa: Begleitung der Vertragsverhandlungen)**

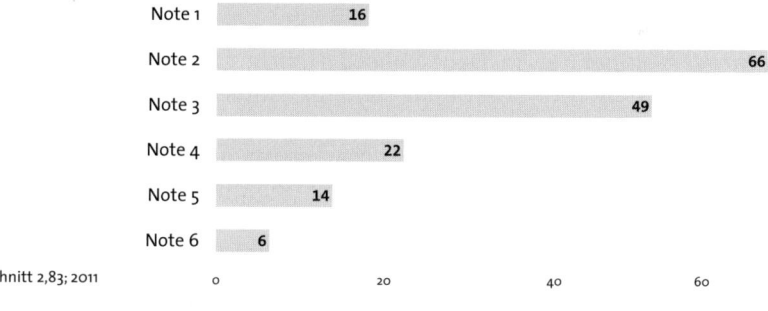

*Abbildung 42: Bedeutung des umfassenden Servicepakets des Personalberatungsunternehmens aus
Kundensicht nach Anzahl der Nennungen*

*c) Wichtigkeit der internationalen Kompetenz des Personalberatungsunternehmens*
Im Durchschnitt schätzen die 177 Befragten die internationale Kompetenz des Personalberatungsunternehmens mit dem Wert 3,07 ein.

Im Einzelnen erfolgte die Notenvergabe sehr heterogen. Für 31 Befragte ist dieses Kriterium „sehr wichtig", und sie vergaben die Note 1. Die
Note 2 ist von 46 Personen vergeben worden sowie 42 Nennungen der
Note 3. Für 20 Befragte ist dieses Kriterium „unwichtig", sie bewerteten
diesen Punkt mit der Note 4. Weitere 13 Personen vergaben die Note 5
sowie 25 Befragte die Note 6.

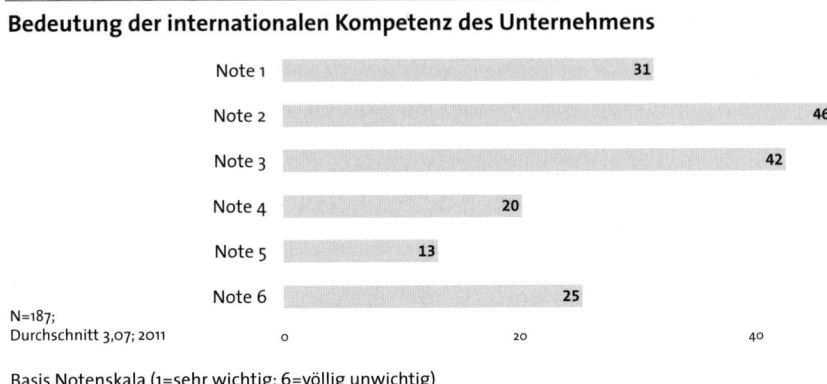

**Bedeutung der internationalen Kompetenz des Unternehmens**

| | |
|---|---|
| Note 1 | 31 |
| Note 2 | 46 |
| Note 3 | 42 |
| Note 4 | 20 |
| Note 5 | 13 |
| Note 6 | 25 |

N=187;
Durchschnitt 3,07; 2011

Basis Notenskala (1=sehr wichtig; 6=völlig unwichtig)

*Abbildung 43: Bedeutung der internationalen Kompetenz des Personalberatungsunternehmens aus Kundensicht nach Anzahl der Nennungen*

Frank Schiewer, Vorstand, alfabet AG, merkt hierzu gezielt an: „Wenn ein Personalberater in Deutschland richtig gut ist, heißt das nicht, dass er das auch international ist – hier müssen wir bisher bei jeder Stelle wieder eine Personalberatung suchen und benötigen in der Regel ein paar Anläufe. Es wäre schön, wenn auch kleinere Personalberatungen sich auf den IT-Sektor international spezialisieren würden."

Bernhard Just, Senior Vice President Corporate Human Resources, Carl Zeiss AG, hebt hervor: „Gerade in der internationalen Suche nach Mitarbeitern ist für mich entscheidend, dass die Schnittstelle zwischen den Ländern – also Deutschland und beispielsweise China – problemlos funktioniert. Wichtig ist ein Key-Account-Manager in Deutschland mit Kontakten in den jeweiligen Landeseinheiten. Hierbei unterscheiden sich die Personalberatungen deutlich. Wie viele Standorte eine Personalberatung hat, ist für mich nicht relevant, sondern nur die Vertretung in den Ländern, in denen unser Unternehmen aktiv ist. Das sind für uns die klassischen Länder und keine exotischen Standorte."

*d) Wichtigkeit der Bekanntheit des Personalberatungsunternehmens im Markt*
Den Bekanntheitsgrad eines Personalberatungsunternehmens im Markt bewerten die 177 Befragten mit durchschnittlich 3,24.

So vergaben acht Personen die Note 1 und 51 Personen die Note 2 für das Kriterium. Von 54 Befragten kam die Note 3 sowie von 32 Befragten die Note 4. Die Note 5 vergaben 19 Personen sowie 13 die Note 6 für ein aus ihrer Sicht „völlig unwichtiges" Kriterium.

492

**Bedeutung der Bekanntheit des Unternehmens im Markt**

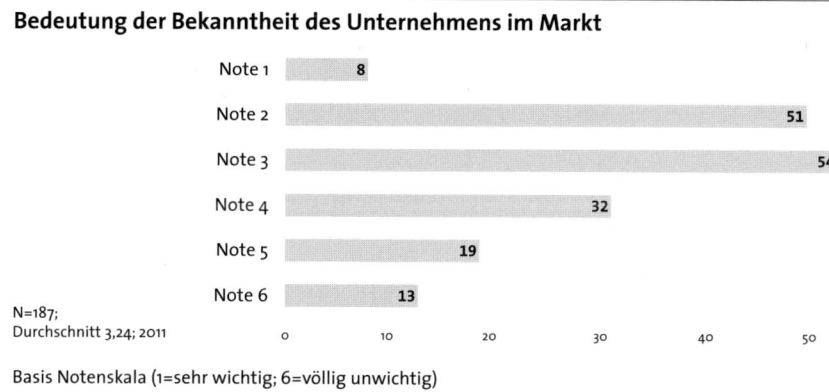

N=187;
Durchschnitt 3,24; 2011

Basis Notenskala (1=sehr wichtig; 6=völlig unwichtig)

*Abbildung 44: Bedeutung der Bekanntheit des Personalberatungsunternehmens im Markt aus Kundensicht nach Anzahl der Nennungen*

*e) Wichtigkeit der internationalen Präsenz des Personalberatungsunternehmens*
Als ein weiteres Kriterium für die Wichtigkeit bei der Auswahl eines Personalberatungsunternehmens wurde nach der internationalen Präsenz des Unternehmens gefragt. Dieser Punkt wird mit durchschnittlich 3,53 von den 177 Befragten bewertet.

Von den vorliegenden Antworten haben 16 Befragte die Note 1 vergeben sowie 36 Personen die Note 2. Die Note 3 vergaben 40 Befragte sowie 36 die Note 4. Als „unwichtiges" Kriterium (Note 5) schätzten 21 Befragte diesen Punkt ein, für 28 Befragte ist er „völlig unwichtig" (Note 6).

**Bedeutung der internationalen Präsenz des Unternehmens**

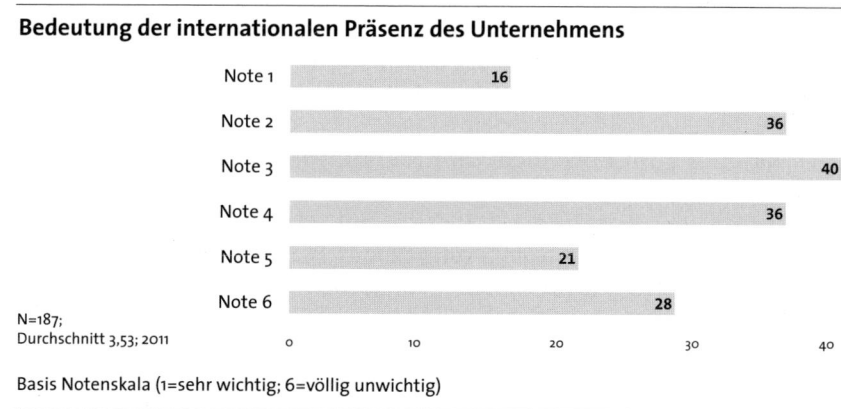

N=187;
Durchschnitt 3,53; 2011

Basis Notenskala (1=sehr wichtig; 6=völlig unwichtig)

*Abbildung 45: Bedeutung der internationalen Präsenz des Personalberatungsunternehmens aus Kundensicht nach Anzahl der Nennungen*

*f) Wichtigkeit der Größe eines Personalberatungsunternehmens*
Die Größe des Personalberatungsunternehmens in Bezug auf die Anzahl der Personalberater, Möglichkeiten des Research über Datenbanken oder auch das vorhandene Backoffice wird von 178 Befragten mit durchschnittlich 3,57 bewertet.

So vergaben für diesen Punkt sechs Befragte die Note 1 für ein aus ihrer Sicht „sehr wichtiges" Kriterium sowie 23 Befragte die Note 2. Hingegen bewerteten 67 Befragte diesen Punkt mit der Note 3, 44 mit der Note 4 und 21 mit der Note 5. Für 17 Personen ist dieses Kriterium „völlig unwichtig" und sie vergaben die Note 6.

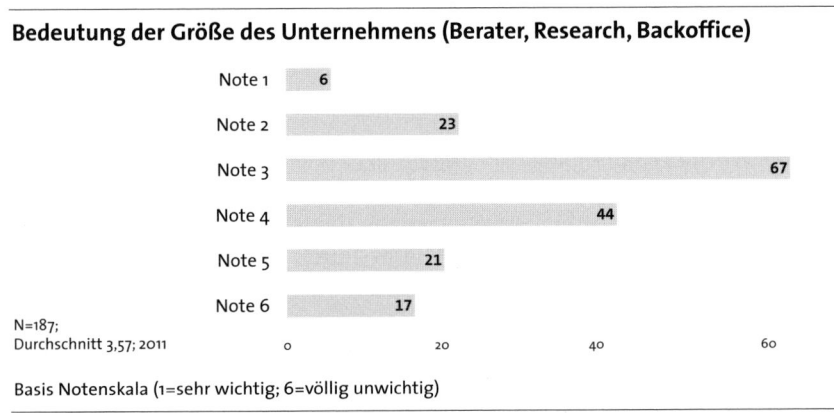

**Bedeutung der Größe des Unternehmens (Berater, Research, Backoffice)**

N=187;
Durchschnitt 3,57; 2011

Basis Notenskala (1=sehr wichtig; 6=völlig unwichtig)

*Abbildung 46: Bedeutung der Größe des Personalberatungsunternehmens aus Kundensicht nach Anzahl der Nennungen*

*g) Wichtigkeit der Anzahl der Standorte des Personalberatungsunternehmens*
Die Anzahl der Standorte des Personalberatungsunternehmens bewerten 177 Befragten mit durchschnittlich 4,18.

Die Verteilung im Einzelnen: drei Nennungen gab es mit der Note 1, sieben Befragte vergaben die Note 2. Weitere 47 Befragte bewerteten die Wichtigkeit der Anzahl der Standorte mit der Note 3 sowie 49 Personen mit der Note 4. Die Note 5 vergaben 41 Befragte sowie 30 Personen die Note 6 für ein aus ihrer Sicht „völlig unwichtiges" Kriterium.

Dominik Metzler, Group Vice President Sheet-fed Division, Euro-Druckservice GmbH, merkt zu diesem Aspekt an: „Die Anzahl der Standorte ist mir bei der Auswahl einer Personalberatung völlig unwichtig. Aus meiner Sicht gibt es bei den Beratungen einen Old-Style-Ansatz (der Personalberater ist beim Gespräch dabei) und einen moderneren, pragmatischeren, durch elektronische Kommunikation geprägten Weg. Mir reicht eigentlich eine ordentliche Vorauswahl beziehungsweise die Lebensläufe und dann das Kandidateninterview. Ich muss den Personalberater nicht in der Tiefe kennenlernen."

**Bedeutung der Anzahl der Standorte des Unternehmens**

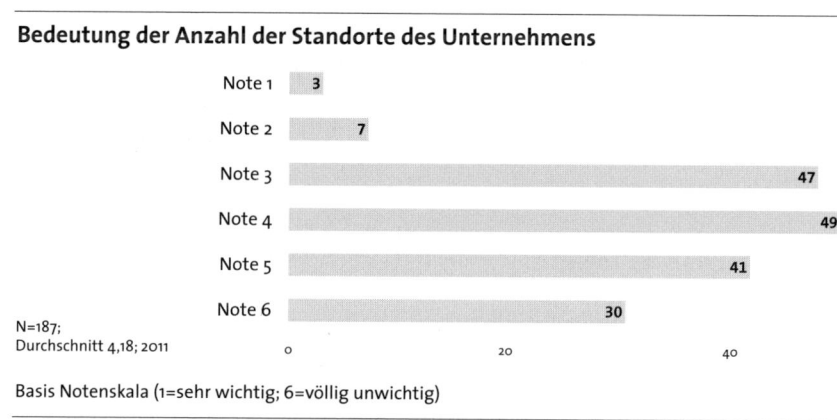

Basis Notenskala (1=sehr wichtig; 6=völlig unwichtig)

*Abbildung 47: Bedeutung der Anzahl der Standorte des Personalberatungsunternehmens aus Kundensicht nach Anzahl der Nennungen*

*h) Sonstige Auswahlkriterien, die für Unternehmen relevant sind*
Zu den vorgegebenen Antworten auf die Frage „Wie wichtig sind Ihnen folgende Punkte in Bezug auf das Beratungsunternehmen Ihrer Wahl?" ergänzten zwölf Befragte folgende Punkte:

**Bezogen auf das Personalberatungsunternehmen**

- „große Datenbank; seriöses Unternehmen"

- „stabile Real Estate Practice mit umfassenden lokalen und internationalen Erfahrungen in diesem Bereich"

- „Ebenfalls wichtig ist eine Garantie für den Kandidaten für mindestens zwölf Monate."

**Weitere Punkte, die sich auf den Personalberater selbst beziehen**

- „Reputation, professioneller Auftritt"

- „umfangreiche, vielfältige Investigation von potentiellen Kandidaten"

- „Kompetenz, persönlich sicheres Auftreten des Beraters = Visitenkarte nach außen"

- „persönliche Kompetenz des individuellen Beraters und seine Adaptionsfähigkeit an unser Unternehmen"

- „ausgewiesene Kompetenz in der Potential- und Kompetenzeinschätzung von Kandidaten"

- „ein Ansprechpartner"

- „Branchen-Know-how"

- „hohes Maß an Integrität".

Auch die Aussage eines Praxisvertreters unterstreicht diese Punkte. Dr. Christopher Zorn, Director Human Resources, SCA Personal Care Product Supply, stellt seine Erfahrungen wie folgt dar: „Im Allgemeinen habe ich positive Erfahrungen mit Personalberatern gemacht. Die vorhandenen Geschäftsbeziehungen zu Personalberatungen bestehen seit vielen Jahren, sind jedoch immer an einen bestimmten Berater geknüpft, nicht an bestimmte Firmen. Ich arbeite mit zwei bis drei Beratern seit mehr als zehn Jahren zusammen, die in dieser Zeit für unterschiedliche Beratungen wie etwa Kienbaum, Mercuri Urval, Spencer Stuart, Neumann tätig waren. Der große Vorteil ist der, dass man sich persönlich und die Vorgehensweise der Berater kennt. Die einzelnen Firmenkulturen und -unterschiede einzelner Personalberatungen treten für mich dabei in den Hintergrund. Häufig zeigt sich in der Praxis, dass die angepriesenen Alleinstellungsmerkmale der Unternehmen wenig differenzierend sind."

Insgesamt beschreibt Rolf Knoll, Sprecher des Vorstands, Homag Group AG, seine Erfahrungen in der Zusammenarbeit mit Personalberatungen als positiv: „Nachdem sich das Vertrauen zwischen Personalberater und uns einmal gefestigt hat, konnten wir überwiegend positive Erfahrungen machen. In der Regel konnte die überwiegende Zahl der Fälle mit der Einstellung geeigneter Kandidaten beendet werden. Wirklich schlechte Erfahrungen mit Personalberatungen liegen schon lange zurück. Positive Beispiele gibt es eine ganze Reihe. Wir haben in den vergangenen zehn Jahren wichtige Geschäftsführerfunktionen für mittelständische Maschinenbauunternehmen gemeinsam mit unserem Personalberater erfolgreich besetzt. Ebenso wichtige Positionen in der Führung unserer weltweiten Vertriebsorganisation."

Bezogen auf die Wichtigkeit des Personalberaters beleuchtet eine Aussage von Jürgen Glaser, Vorsitzender der Geschäftsführung, NORDSEE Holding GmbH, einen interessanten Aspekt: „Personalberatung ist ein personalisiertes Geschäft – am Ende kommt es auf den einzelnen Personalberater selbst an. Ich kann jedoch auch verstehen, dass Personalberatungen ihre Broschüren nicht stärker personalisiert ausrichten – die Fluktuationsrate ist doch relativ hoch in dieser Branche."

## 3. Der Prozess der Personalsuche durch Personalberater aus Praktikersicht

Ergänzend zu der Auswertung werden im Folgenden relevante Aussagen zum Prozess im Zusammenhang mit Personalberatungen aufgeführt.

Für Dr. Diethard Bühler, Vorsitzender der Geschäftsführung der Arthur D. Little GmbH für Zentraleuropa, steht die Qualität der Auswahl neuer Mitarbeiter im Fokus: „Junior-Partner (Principals) werden von unseren Funktionsleitern, den sogenannten Practice Leadern, in einem eigenen Prozess ausgewählt. Die Entscheidung, wen wir dann einstellen, erfolgt nach Abstimmung mit mir. Anders bei den Partnern – hier geht jede Bewerbung über meinen Tisch. Dabei ist es nicht so, dass wir derzeit auf der konkreten Suche nach neuen Partnern sind. Im Übrigen: 90 Prozent der Bewerber fallen durch unser Auswahlraster. Kandidaten müssen eine Ausrichtung in Strategiethemen haben, in Kombination mit Erfahrungen in den Bereichen Technologie und Innovation. Und das bringen nicht viele Bewerber mit. Um Innovationen umzusetzen, müssen Unternehmen und Zulieferer neue Technologien beherrschen. Technologie ist dabei der Schlüssel zur Lösung der Probleme, und bei dieser Umsetzung beraten wir".

Detlev Baumeister, Kaufmännischer Geschäftsführer, Nordmark Arzneimittel GmbH & Co. KG, beschreibt den Prozess wie folgt: „Gute Personalberater verstehen ihre Aufgabe so: Es geht nicht um ein Abarbeiten von Aufträgen, sondern im Wesentlichen um eine Marketingaufgabe für das auftraggebende Unternehmen. Der Personalberater stellt das Unternehmen mit möglichen interessanten Aufgaben verschiedenen Kandidaten vor und repräsentiert die Unternehmensinteressen. Der Berater hat also eine Mittlerrolle zwischen Unternehmen und Kandidaten. In den dann folgenden Gesprächen im Unternehmen, ist der Berater eher zurückhaltend. Wird ein Personalberater in den Vorstellungsgesprächen aktiv, so ist es meist schon zu spät, wie es sich in der Praxis zeigt, und ein Kandidat erweist sich als nicht geeignet."

Die Rolle des Personalberaters im Rekrutierungsprozess definiert Dr. Harald Ring, Vice President Human Resources, Rütgers Holding GmbH, folgendermaßen: „Wenn ein externer Berater den gesamten Prozess der Personalsuche begleitet, finde ich das sehr gut. Ein Berater kann dabei jemand sein, der Interviewtechniken anwendet, Gesprächssequenzen mitschreibt, aber auch den Unternehmensvertretern einen Interviewleitfaden zur Verfügung stellt. Darüber hinaus ist für mich der Rekrutierungsprozess nicht zu Ende, wenn der Vertrag unterschrieben ist. Personalberater sollten sowohl das Unternehmen als auch den neuen Mitarbeiter bei der Einarbeitung begleiten. Nach circa drei bis sechs Monaten könnte der Personalberater sich bei dem Kandidaten nach dem Einstieg erkundigen oder auch das Unternehmen besuchen und den Prozess reflektieren."

Prof. Dr. Christof Schimank, Mitglied des Vorstands, Horváth & Partner Management Consultants, Stuttgart, fasst zusammen: „Die Erwartungen an einen Personalberater sind klar: Ein Berater muss

- schnell verstehen, wen wir suchen;

- Zielunternehmen für die Personalsuche identifizieren;

- uns in kurzer Zeit mögliche Kandidaten vorstellen und

- unterschiedliche Personen, die für unser Unternehmen in Frage kommen könnten, auswählen.

Und was mir auch sehr wichtig ist: Ich möchte eine Transparenz über den Suchprozess hinweg haben, um zu wissen, wo wir gerade stehen."

Dr. Peter M. Haid, Mitglied des Vorstands der BW-Bank Stuttgart. sagt dazu: „Stellenbesetzungen erfolgen idealerweise unternehmensintern. Dies ist natürlich vor allem abhängig von einem hochqualifizierten Personalmanagement. Werden neue Mitarbeiter aus dem eigenen Unternehmen rekrutiert, können Unsicherheiten fast ausgeschaltet werden. Eine Mitarbeiterauswahl über einen persönlich belastbaren Kontakt – sofern es sich nicht um Freundschaftseinstellungen handelt – kann auch sehr effektiv sein."

Ulrich C. Nießen, Mitglied des Vorstands, AXA Konzern AG, betont die Wichtigkeit der unternehmensinternen Nachfolgeplanung: „Natürlich hat für uns die Besetzung einer Stelle mit eigenen Mitarbeitern oberste Priorität. Nur wenn wir ausnahmsweise keinen eigenen Kandidaten haben, wenden wir uns an einen Personalberater. In solchen Fällen erwarten wir, dass der Personalberater – um das vorab zu sagen – uns Kandidaten präsentiert, die Potential haben, nicht nur für die ausgeschriebene Funktion in Frage zu kommen, sondern geeignet sind, auch einen Schritt weiter zu machen. Danach läuft der Suchprozess nach einem Kandidaten zur Stellenbesetzung bei uns üblicherweise wie folgt ab: Zunächst überprüfen wir das Profil und besprechen es mit dem Vorgesetzten, insbesondere im Hinblick auf die zukünftigen Anforderungen an die Funktion; wir suchen nicht einfach nur einen Nachfolger. Wichtig ist es für uns, dass der Berater auch den zukünftigen Vorgesetzten kennenlernt, denn die Chemie muss stimmen – sonst passt auch der beste Kandidat nicht. Mit diesen auch vorausschauenden Informationen briefen wir den von uns ausgewählten Personalberater und erhalten dann dessen Longlist und Shortlist. Bei der Auswahl der Kandidaten aus der Shortlist bedienen wir uns nach Gesprächen mit diesen Kandidaten zur Qualitätssicherung auch noch eines Assessment-Centers – dies ist in unserem Haus üblich bei wichtigen Personalentscheidungen. Häufig geschieht dies übrigens zum Leidwesen der Personalberater, weil sie natürlich mehr Aufwand dadurch haben, dass wir genauer hinschauen."

Und noch ein Erfolgmodell aus der Praxis, wie es Dr. Diethard Bühler, Vorsitzender der Geschäftsführung der Arthur D. Little GmbH für Zentraleuropa, beschreibt: „Ein Beispiel, wie ich es selbst erfahren habe, möchte ich als hervorragende Strategie der Personalsuche näher darstellen. Bei einem Auftrag zur Suche nach Experten aus dem Bereich der Telekommunikation hat die Unternehmensberatung einen Auftrag an eine Personalberatung vergeben, bei den großen Kunden einmal nach denjenigen Beratern zu recherchieren, die sich einen guten Ruf erarbeitet haben. So kam eine Liste der erfolgreichen Berater zustande; diese waren zwar nicht unmittelbar wechselwillig, waren aber bei den Ziel-Klienten exzellent positioniert und vertrauensvoll etabliert. Das sind die idealen Kandidaten: Sie kommen aus einem vergleichbaren kulturellen Umfeld. Diese Vorgehensweise ist zwar teurer, weil man die Berater aus ihrer jetzigen Position herauslösen muss – aber sie verspricht, ungleich erfolgreicher zu sein."

4.    Ein Personalberater oder mehrere: Wie handhabt die Praxis das?

Ob Unternehmen mit einem kleinen ausgewählten Kreis von Personalberatungen zusammenarbeiten oder einen größeren Pool haben, wird im Markt sehr unterschiedlich gehandhabt. Dazu einige Statements von Praktikern.

*a) Nur ein ausgewählter Kreis von Personalberatungen*
In den persönlichen Interviews ist darauf eingegangen worden, ob die Unternehmensvertreter mit einem kleinen Kreis von Personalberatungen zusammenarbeiten oder mehrere Beratungen für die Personalbeschaffung nutzen. Interessant sind insoweit die Aussagen der Befragten, die nur mit einer kleineren Anzahl von Personalberatungen zusammenarbeiten. So etwa Prof. Dr. Christof Schimank, Mitglied des Vorstands, Horváth & Partner Management Consultants, Stuttgart: „Wir versuchen, die Anzahl der Personalberater zu begrenzen, mit denen wir zusammenarbeiten. Für Deutschland sind es drei bis fünf Personalberatungen, wobei wir eine unterschiedliche Intensität in der jeweiligen Zusammenarbeit haben."

Auch Dr. Stephan Zoll, Geschäftsführer eBay GmbH und eBay Advertising Group GmbH, skizziert seine vergleichbare Ausrichtung: „Europaweit bündeln wir derzeit die Personalberatungen, mit denen wir bei der Personalsuche zusammenarbeiten werden. Ziel ist es, nur zwei bis drei Partner europaweit einzusetzen, um mit vergleichbaren Standards zu arbeiten, die Prozesse effizienter zu verwalten, die Beraterleistungen vergleichbar anzusetzen – damit kein Flickenteppich bei den Kriterien für die Stellenbesetzung entsteht."

Für Dr. Diethard Bühler, Vorsitzender der Geschäftsführung der Arthur D. Little GmbH für Zentraleuropa, steht fest: „Viele Personalberater und Personalberatungen habe ich kennengelernt. Aktiv arbeite ich jedoch nur mit zwei bis drei Beratungen zusammen. Insbesondere deshalb, weil ich in die Umsetzung der Rekrutierungsprozesse einbezogen bin und eine über den jeweiligen Stand informiert bin. Damit habe ich das Gefühl, Kandidaten selbst mit ausgewählt zu haben."

Ebenso betont Matthias Christophel, Personalleiter, C&A Mode KG: „Wir arbeiten bevorzugt mit einigen wenigen Personalberatungen zusammen. Um das zu veranschaulichen ein kleines Beispiel: Wenn Sie ein T-Shirt produzieren lassen wollen, können Sie bei einer Menge von 10 Millionen T-Shirts zehn Fabriken beauftragen – oder eine Fabrik. Die Realisierung mit einer Fabrik ist für beide Seiten natürlich wesentlich einfacher – birgt aber ein höheres Risiko, denn beide Partner begeben sich in eine gewisse Abhängigkeit voneinander. Ein vertrauensvoller Umgang hat für uns eine sehr hohe Priorität und bildet die Basis der Zusammenarbeit."

*b) Mehrere Personalberatungen aufgrund unterschiedlicher Anforderungen*
Hingegen gibt es vergleichbar viele Aussagen von Praktikern, die eher eine größere Anzahl von Personalberatungen als Partner nutzen. Jörg

500

Dassel, HR Director, PricewaterhouseCoopers Deutschland, beschreibt diese Entscheidung näher: „Wir arbeiten mit einer wechselnden Anzahl an Personalberatungen. In der Regel sind das vier bis fünf Unternehmen. Da unser Suchfeld sehr heterogen ist, könnten wir uns nicht nur auf ein bis zwei Personalberatungen konzentrieren."

Ebenso sieht das Hans-Jürgen Schäfer, Geschäftsführer, Warburg Invest Kapitalanlagegesellschaft mbH: „Heute arbeiten wir mit mehreren Personalberatungen zusammen, damit nicht ein Headhunter erfährt, was wir im Unternehmen insgesamt realisieren möchten."

Für Dr. Stephan Zoll, Geschäftsführer eBay GmbH und eBay Advertising Group GmbH, hat die Zusammenarbeit mit mehreren Beratungsunternehmen folgenden Hintergrund: „Wir arbeiten als Unternehmen mit unterschiedlichen Personalberatungen zusammen. Für die Auswahl des Beraters ist die jeweilige Branchenexpertise wichtig – also in unserem Fall die Erfahrung im Onlinebereich – sowie jeweils Hintergrundwissen in dem Unternehmensbereich, in dem die neue Stelle besetzt werden soll, wie beispielsweise im Zahlungsverkehr oder im Handel. Neben dieser Expertise ist der persönliche Kontakt ein weiteres Auswahlkriterium."

Dr. Michael Prochaska, Direktor Personal, Franz Haniel & Cie. GmbH betont hierbei: „Bei der Suche nach neuen Mitarbeitern arbeiten wir im Konzern mit mehreren Personalberatungen zusammen. Das gilt auch für die Besetzung von internationalen Funktionen. Hier hängt die Auswahl der Personalberatung von der Position ab. Bei Vakanzen im Bereich der Top-Führungskräfte erfolgt die Suche über die Zentrale in Duisburg, bei allen anderen Funktionen unterhalb dieser Hierarchieebene haben die Geschäftsbereiche die Freiheit, selbst eine Personalberatung für die Suche zu beauftragen."

5. Erfolgskontrolle bei der Zusammenarbeit mit Personalberatungen – geht das?

In den persönlich geführten Interviews sind die Gesprächspartner gefragt worden, ob und wie sie eine Erfolgskontrolle in der Zusammenarbeit mit Personalberatungen durchführen. Hierzu einige Aussagen aus den Gesprächen.

Dr. Diethard Bühler, Vorsitzender der Geschäftsführung der Arthur D. Little GmbH für Zentraleuropa, beschreibt seine eigene Erfahrung: „Auf Partnerebene ist die Erfolgsquote bei der Vermittlung von Mitarbeitern über Personalberatungen sehr gering. Das ist ein Problem. Im Wesentlichen entscheiden wir danach, welche Erfolgschance ein neuer Mitarbeiter hat und ob er schnell eigenes Geschäft generieren wird. Sicherlich versuchen wir das über den Track-Record – also die bestehende Kundenbasis des Beraters – herauszufinden. Aber der wirkliche Erfolg zeigt sich erst in der Praxis. Entscheidend ist auch: Passt der Mensch kulturell in unser Unternehmen? Und dieser Punkt ist eigentlich noch wichtiger. Wir suchen eigenständige, unternehmerische Persönlichkeiten mit Teamorientierung, nicht egozentrische Stars. Wir wollen nicht den besonderen ‚Arthur D. Little-Spirit' zerstört sehen durch unsere Neuerwerbungen. Das wollen wir natürlich verhindern."

Ergänzend führt Dr. Peter M. Haid, Mitglied des Vorstands der BW-Bank Stuttgart, Kriterien zur Erfolgskontrolle in der Zusammenarbeit mit Personalberatungen auf: „Den Erfolg einer Besetzung mache ich an folgenden Kriterien fest:

1) Wie hat sich der neue Mitarbeiter in der Unternehmenskultur eingelebt?

2) Hat er sich im Einarbeitungsprozess geräuschlos integriert?

3) Ist der neue Mitarbeiter menschlich und fachlich eine wertvolle Bereicherung beziehungsweise Verstärkung für unser Team und damit für das Unternehmen?

4) Setzt er seine Aufgaben in hervorragender Art und Weise um?"

Interessant hierzu auch die Aussage von Prof. Dr. Christof Schimank, Mitglied des Vorstands, Horváth & Partner Management Consultants, Stuttgart: „Statistiken führen wir darüber, welches Personalberatungsunternehmen wir mit wie vielen Suchpositionen beauftragt haben und wie viele der Vakanzen besetzt werden konnten. Kennzahlen ermitteln wir nicht weitergehend – also ob ein Mitarbeiter, der über eine Personalberatung zu uns gekommen ist, noch im Unternehmen ist und wie erfolgreich er arbeitet. Denn hier ist klar: Die Einstellung von Mitarbeitern erfolgt über Horváth & Partner und nicht über einen Berater. Ein Personalberater kann nicht die Verantwortung für die Einstellung und die Integration übernehmen."

Dr. Stephan Zoll, Geschäftsführer eBay GmbH und eBay Advertising Group GmbH, ergänzt noch einen weiteren Punkt: „Eine Erfolgskontrolle über die Vermittlung von neuen Mitarbeitern über Personalberatungen führen wir in der Form, dass wir auswerten, wie viele Kandidaten eine Personalberatung vorgestellt hat, wie viele Interviews wir geführt und welche Personen wir dann eingestellt haben. Dabei liegt die eigentliche Verantwortung für eine erfolgreiche Mitarbeitereinstellung bei uns selbst. Im Unternehmen haben wir einen umfassenden Prozess im Rahmen der Personalabteilung implementiert, der durch viele Interviews mit Bewerbern die bestmögliche Mitarbeiterauswahl sicherstellen soll."

### 6. Nutzen zusätzlicher Dienstleistungen von Personalberatungen in der Praxis

*a) Ergebnisse der Befragung*
Auf die Frage[29], welche zusätzlichen Beratungsleistungen die Unternehmensvertreter von einer Personalberatung neben der klassischen Personalsuche und -vermittlung nutzen würden, haben 187 Personen der Onlinebefragung geantwortet.

Dabei gaben 70 Befragte an, dass sie ergänzend auch Coaching für das Topmanagement nutzen würden. Eine ähnlich hohe Nennung von 68 Befragten zeigt, dass auch die Vermittlung von Interimsmanagern für die Unternehmensvertreter interessant wäre. Weitere 63 Befragte gaben an, dass sie sich vorstellen können, über Personalberatungen auch Management Audits (vgl. dazu Obermann, S. 122ff.) durchzuführen. Die Entwicklung oder Bewertung von Vergütungsmodellen für Vorstände ist für insgesamt 28 Befragte eine weitere Dienstleistung, die sie nutzen würden. Die Begleitung des Einarbeitungsprozesses neuer Mitarbeiter – auch „Onboarding" genannt – ist für 24 Unternehmensvertreter eine weitere gefragte Dienstleistung (vgl. dazu Dembkowski, S. 107ff.). 16 Unternehmen sehen einen möglichen weiteren Bedarf für Personalberatungen bei der Beratung zu Rechten und Pflichten von Aufsichtsräten in der Unternehmenspraxis (vgl. dazu Smend, S. 80ff.).

Keine weiteren Dienstleistungen würden 48 Befragte über Personalberatungen nutzen, so die Ergebnisse der Onlinebefragung.

Hierzu eine Stimme aus der Praxis von Matthias Christophel, Personalleiter, C&A Mode KG: „Eine Personalberatung sollte breit aufgestellt sein. Wenn eine Personalberatung etwa über die Beratung hinaus auch

---

29 Die Frage im Fragebogen lautete: „III. Projektdurchführung: Die Kundensicht: 3. Welche zusätzlichen Beratungsleistungen würden Sie von einer Personalberatung nutzen neben der klassischen Personalsuche und -vermittlung? (Zutreffendes bitte ankreuzen; Mehrfachnennungen möglich)"

aktuelle Gehaltsstudien herausgibt, warum sollte ich dann nicht auf diese Dienstleistung zusätzlich zugreifen? Vertrauen ist dabei die Basis für eine Zusammenarbeit. Wenn ich ein, sagen wir, Generalunternehmen habe, das weiß, wie unser Unternehmen ausgerichtet ist, kann das bei der Zusammenarbeit bei anderen Themen äußerst hilfreich sein."

---

**Welche zusätzlichen Beratungsleistungen würden Sie von einer Personalberatung nutzen neben der klassischen Personalsuche und -vermittlung?**

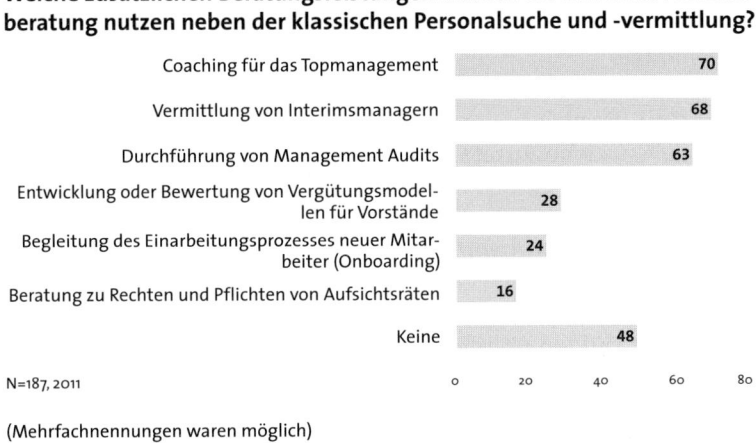

N=187, 2011

(Mehrfachnennungen waren möglich)

---

*Abbildung 48: Übersicht über weitere Beratungsleistungen, die Unternehmen ergänzend von Personalberatungen nutzen würden*

Oder auch Jürgen Glaser, Vorsitzender der Geschäftsführung, NORD-SEE Holding GmbH: „Ergänzende Dienstleistungen von Personalberatern nutzen wir aktuell nicht. Früher haben wir in Einzelfällen die Outplacementdienstleistung einer Personalberatung nachgefragt. Hier war uns wichtig, dass wir eine große Personalberatung als Partner hatten, um dann mit unterschiedlichen Personen aus unterschiedlichen Sparten das Outplacement umzusetzen – mit einer Person kann das meiner Meinung nach nicht realisiert werden."

Für ein Beratungsunternehmen kann sich die Frage zusätzlicher Dienstleistungen anders stellen. Dazu Dr. Wolf Wagner, Managing Director, Kurt Salmon Germany GmbH: „Wir nutzen keine ergänzenden Dienstleistungsangebote von Personalberatungen. Als Beratungsunternehmen haben wir ausreichend Tools und vor allem auch Knowhow, um das Potential unserer Berater beurteilen zu können. Wir bleiben hier bei den internen Prozessen."

Dr. Joachim Brenk, Vorstand, L. Possehl & Co. mbH, ergänzt: „Coachings oder Auditangebote wären auf jeden Fall für schlanke, professionell arbeitende Organisationen sinnvoll, sind aber meines Erachtens bei klassischen Personalberatern kaum zu finden. Folglich analysiert man sein Team eher in Eigenregie und wählt externe Schulungen aus. Vermutlich ist die Partnerstruktur nicht hilfreich, ganzheitliche Angebote wirtschaftlich zu realisieren."

Bernhard Just, Senior Vice President Corporate Human Resources, Carl Zeiss AG, hat Erfahrungen mit dem Einsatz von Management Audits gemacht: „Im Einzelfall nutzen wir auch ergänzende Dienstleistungsangebote von Personalberatungen. Aktuell setzen wir ein Management Audit mit einem Beratungsunternehmen um. Für ein solches Projekt machen wir bei unseren bevorzugten Personalberatungen – das sind drei bis sechs Unternehmen – eine Ausschreibung."

Vergleichbar ist auch die Aussage von Dr. Christopher Zorn, Director Human Resources, SCA Personal Care Product Supply: „Ergänzende Dienstleistungsangebote von Personalberatungen habe ich in der Vergangenheit auch genutzt. So haben wir zum Beispiel mit Unterstützung einer Personalberatung Teamassessments oder Development-Center realisiert. Der Added Value ist allerdings aus meiner Sicht begrenzt und wird eher von unserem eigenen Personal hinzugefügt. Die Berater führen in den meisten Fällen nur den Prozess durch und erstellen die Reports. Die eigentliche Umsetzung von möglichen Maßnahmen geschieht durch unsere eigenen Mitarbeiter. Das ist auch der Grund, warum ich diese zusätzlichen Dienstleistungen von Personalberatungen nur sehr selten in Anspruch nehme."

Frank Schiewer, Vorstand, alfabet AG, fügt hinzu: „Ergänzende Dienstleistungsangebote von Personalberatungen haben wir bisher nicht genutzt, sondern uns in der Zusammenarbeit auf die Personalsuche konzentriert. Aber es würde sich anbieten, dass Personalberatungen ihre weiteren Dienstleistungsangebote herausstellen. Die meisten Personalberatungen konzentrieren sich meiner Ansicht nach auf die Provisionen und weniger auf die Beratung."

Martin Clemens, Direktor Verwaltung, IZA – Forschungsinstitut zur Zukunft der Arbeit GmbH berichtet in diesem Zusammenhang von seinen Erfahrungen: „Gerade im Einsatz ergänzender Dienstleistungen von Personalberatungen habe ich eine weniger gute Erfahrung gemacht. So hatten wir in einem anderen Unternehmen mit einem bekannten Personaldienstleister ein Management Audit durchgeführt. Dabei konnte ich mich nicht des Eindrucks erwehren, dass die Berater das Ergebnis bewusst etwas nach unten relativiert hatten, um uns anschließend anzubieten, dass sie für die Lücke geeignete Personen mit den entsprechenden Kompetenzen vermitteln könnten. Ich persönlich würde zukünftig niemals wieder für die Personalsuche sowie für die Durchführung von Audits die gleiche Beratung parallel einsetzen."

*b) Weitere Dienstleistungen von Personalberatungen, die Unternehmen nutzen würden*

Die Befragten hatten die Möglichkeit, den Bedarf an weiteren Dienstleistungsangeboten, die für ihr Unternehmen relevant sind, zu ergänzen. So gaben einige Unternehmen folgende mögliche Dienstleistungsangebote an:

**Angebote im Rahmen von Vergütungsthemen**

- „Beratung hinsichtlich der Ausgestaltung von Vergütungssystemen auch für die zweite Führungsebene und Spezialisten"

- „Bewertung von Vergütungsmodellen (punktuell)"

**Vergleichsstudien**

- „branchenbezogene Personalmanagementinformationen (‚Wie machen es unsere Konkurrenten?')"

- „internationale Vergütungsstudien"

- „Research"

- „Benchmark zu Organisation und Strukturen vergleichbarer Unternehmen"

**Konzeption und Umsetzung von Personal- und Organisationsentwicklung**

- „Changemanagementprozesse"

- „Nachfolgeplanung"

- „360-Grad-Feedback-Assessments"

Erfahrungen aus der Praxis zeigen unterschiedliche Aspekte: Für Hans-Jürgen Schäfer, Geschäftsführer, Warburg Invest Kapitalanlagegesellschaft mbH sind Coachingangebote von hoher Relevanz: „Zusätzliche

Dienstleistungen von Personalberatungen würde ich nutzen. Denkbar ist etwa das Angebot des Coachings. Wobei diese Dienstleistungen nicht notwendigerweise von Personalberatungen umgesetzt werden. Wir arbeiten heute mit anderen spezialisierten Beratern zusammen. So ist es zwar denkbar, dass ein Headhunter auch Coaching anbietet, jedoch ein Coach nicht unbedingt die Personalsuche übernehmen kann. Kommen zusätzliche Dienstleistungen aus einem Unternehmen, sollten in jedem Fall verschiedene Personen auftreten."

Eine vergleichbare Einschätzung hat Dr. Thorsten Schliebe, Mitglied der Geschäftsleitung, MediFox GmbH & Co. KG: „Die Personalrekrutierung ist für mich das wichtigste Aufgabenfeld einer Personalberatung. Zusätzliche Dienstleistungen einer Personalberatung könnte ich mir für uns eventuell im Interimsmanagement vorstellen, nicht jedoch in der Beratung zu Rechten und Pflichten der Geschäftsführung oder im Coaching. Coaching wird bei Mittelständlern noch immer selten genutzt."

Detlev Baumeister, Kaufmännischer Geschäftsführer, Nordmark Arzneimittel GmbH & Co. KG, hebt hier kritisch hervor: „Wenn Personalberatungen zusätzliche Dienstleistungen anbieten, ist das sicherlich für die Diversifikation sinnvoll. Doch: Passt dann noch das gleiche Profil eines Beraters? Ich persönlich würde solche zusätzlichen Dienstleistungen nutzen. So könnte ein Berater für mich als Sparringspartner – als unabhängiger Dritter – auftreten, mit dem ich Themen bespreche, die eher den zwischenmenschlichen als den fachlichen Bereich betreffen."

Dr. Peter M. Haid, Mitglied des Vorstands der BW-Bank Stuttgart, geht mit seiner Einschätzung in eine ähnliche Richtung: „Bieten Personalberatungen neben dem klassischen Aufgabenfeld des sogenannten Headhunting auch ergänzende Angebote als ganzheitlicher Personalberater an, ist das grundsätzlich interessant. Meistens wird dies von Personalberatungen jedoch nicht aktiv angeboten. Fragt man danach, behaupten alle, dass sie das auch können. Diesen Dienstleistungsanteil schätze ich im kleinen zweistelligen Prozentbereich. Gleichzeitig kenne ich in der Praxis nur sehr wenige Unternehmen, die die ganzheitliche Personalberatung im Sinne eines strategischen Personalmanagements wirklich nachfragen."

Die Auswahlkriterien für zusätzliche Dienstleistungsanbote spezifiziert Dr. Michael Prochaska, Direktor Personal, Franz Haniel & Cie. GmbH, wie folgt: „Über Headhunting hinausgehende Dienstleistungsangebote von Personalberatungen nutze ich, wenn ganz spezielle Kenntnisse und Erfahrungen gefordert sind. Dann wähle ich immer das Beratungsunternehmen aus, das sich auf diesen Kompetenzbereich spezialisiert hat. So haben etwa Towers Watson, die Hay Group oder Mercer einen Schwerpunkt in Themen der Vergütungsberatung, und ich würde diese Expertise nutzen, wenn ich etwa ein Vergütungsthema im Unternehmen zu bearbeiten habe, bei dem eine externe Benchmark wichtig ist. Die Grundphilosophie bei der Beauftragung von externen Personalberatern für mich ist: Ich arbeite immer mit den ‚Besten in ihren Bereichen' zusammen."

Frank Schiewer, Vorstand, alfabet AG, sagt dazu: „Ich glaube, dass zukünftig die Suche und Akquise neuer Kandidaten aufgrund der schwindenden Verfügbarkeit von Ressourcen die Herausforderung sein wird. Ein Experte zum Beispiel mit zehn Jahren Berufserfahrung, der beim Wettbewerb tätig war, wird zukünftig schwerer zu finden sein. Personalberater stehen daher vor der Herausforderung, das Spektrum für Quereinsteiger auf- und auszubauen: Warum könnte der eine oder andere Kandidat als Quereinsteiger eine gute Ergänzung zu den vorhandenen Kompetenzen sein, wird die Frage lauten."

*c) Personalberatungen und Outplacement*
Während der empirischen Untersuchung gab es vier Nennungen für den Bedarf an ergänzenden Dienstleistungen zu Outplacementprozessen und einen Bedarf zum Angebot eines Freelancer-Netzwerks.

Zum Thema „Outplacement" sind zwei Aussagen von Unternehmensvertretern hervorzuheben, die auf den aus ihrer Sicht kritischen Aspekt der Zusammenarbeit mit Personalberatungen verweisen. So beispielsweise Detlef Stramma, Head of Human Resources Deutschland, ALSTOM Deutschland GmbH: „Wenn es um das Angebot weiterer Dienstleistungen von Personalberatungen geht, kann ich mir nicht vorstellen, eine Beratung sowohl für die Besetzung neuer Positionen als auch für das Angebot eines Outplacement einzusetzen. Das sind jeweils andere Vorgehensweisen. So kann der Berater nicht beide Rollen ausfüllen und einerseits mit Kandidaten arbeiten, die er im Unternehmen platzieren soll, sowie andererseits mit Mitarbeitern, die er aus dem Unternehmen begleitet. In Einzelfällen bieten wir Mitarbeitern, von denen wir uns trennen wollen, ein bestimmtes Paket zur Unterstützung an. Dabei kann der Mitarbeiter zwischen vier und fünf Beratern selbst auswählen, mit wem er zusammen arbeiten möchte und wer ihn beraten soll. Das kann neben den vorgestellten Personen auch jemand ganz anderes sein. Da ist der Mitarbeiter frei in der Auswahl. Hingegen kann ich mir sehr gut vorstellen, dass ein Personalberater auch Coaching anbietet. Ein guter Berater sollte den Kunden auch coachen, ohne das extra zu verrechnen. Berater sollen nach meiner Einschätzung einen guten Kontakt zu den Mitarbeitern halten, die sie ins Unternehmen gebracht haben, aber auch zu den Kunden. In der Praxis ist es häufig so, dass der neue Mitarbeiter zum Personalberater zu Beginn mehr Vertrauen hat als zu seinem neuen Vorgesetzten oder der Personalabteilung. Dann kann ein Personalberater auch als Moderator auftreten, falls es notwendig sein sollte."

Auch die Einschätzung von Ulrich C. Nießen, Mitglied des Vorstands, AXA Konzern AG, hebt diesen Punkt hervor: „Beim Thema Coaching arbeiten wir seit vielen Jahren mit Einzelcoaches, die nicht an eine Personalberatung gebunden sind, zusammen. Ebenso arbeiten wir auch beim Thema Outplacement mit anderen Partnern zusammen, denn hier kann es meiner Einschätzung nach zu Konflikten für den Personalberater kommen."

## 7. Erwartungen international tätiger Unternehmen an Personalberatungen

Welche Erwartungen die Unternehmen haben, die international ausgerichtet sind, sollte durch eine weitere Frage[30] ermittelt werden. 178 Antworten zu dieser Frage liegen vor.[31]

So nannten 51 Befragte (28,7 Prozent): „Wir arbeiten länderspezifisch über die Personalleiter anderer Standorte mit unterschiedlichen Personalberatungen zusammen." Weitere 34 Unternehmensvertreter (19,1 Prozent) gaben an, dass die Personalberatung „über ihr internationales Netzwerk im Ausland Personalberatung leisten" kann.

Bei der Suche im internationalen Kontext sagten 24 Befragte, also 13,5 Prozent, dass die Personalberatung „über feste Kooperationspartner („Best Friends") im Ausland Personalberatung leisten" könne. Die Erwartung, dass die Personalberatung „selbst internationale Standorte haben" sollte, äußerten 18 Unternehmensvertreter, also 10,1 Prozent.

Von den 178 vorliegenden Antworten sind 51 Unternehmen „nicht international ausgerichtet", das entspricht 28,7 Prozent.

---

30  Die Frage im Fragebogen lautete: „III. Projektdurchführung: Die Kundensicht: 4. Wenn Ihr Unternehmen international ausgerichtet ist, welche Erwartungen haben Sie an die Personalberatung, mit der Sie zusammenarbeiten? (Zutreffendes bitte ankreuzen)".
31  Die Frage nach der Ausrichtung von Personalberatungen im internationalen Kontext ist erstmals 2011 gestellt worden. Daher liegen keine Vergleichswerte mit der ersten Auflage vor.

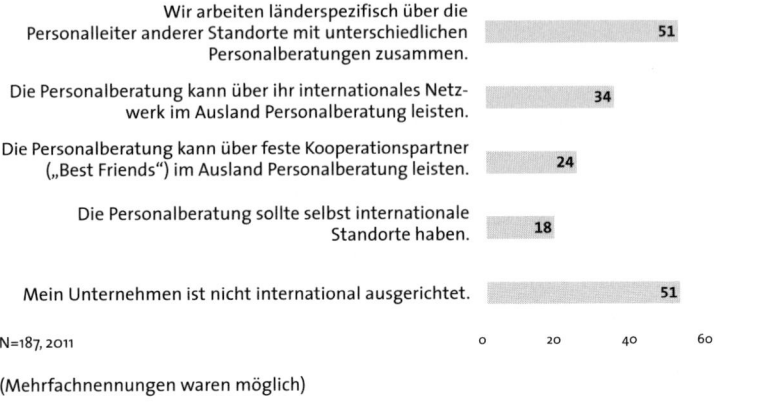

**Wenn Ihr Unternehmen international ausgerichtet ist, welche Erwartungen haben Sie an die Personalberatung, mit der Sie zusammenarbeiten?**

Wir arbeiten länderspezifisch über die Personalleiter anderer Standorte mit unterschiedlichen Personalberatungen zusammen. — 51

Die Personalberatung kann über ihr internationales Netzwerk im Ausland Personalberatung leisten. — 34

Die Personalberatung kann über feste Kooperationspartner ("Best Friends") im Ausland Personalberatung leisten. — 24

Die Personalberatung sollte selbst internationale Standorte haben. — 18

Mein Unternehmen ist nicht international ausgerichtet. — 51

N=187, 2011

0   20   40   60

(Mehrfachnennungen waren möglich)

*Abbildung 49: Erwartungen international tätiger Unternehmen an Personalberatungen*

Folgende Einzelnennungen sind zu dieser Frage ergänzt worden:

- „Wichtiger als internationale Präsenz eines Beraters sind in der Regel lokale Präsenz und lokale Kompetenz."

- „Eine Personalberatung ist nicht sofort international gesetzt, sondern kann länderspezifisch ausgesucht werden."

Ergänzend seien folgende passende Aussagen der Praxisvertreter aus den Interviews aufgeführt zum Beispiel die von Dr. Stephan Zoll, Geschäftsführer eBay GmbH und eBay Advertising Group GmbH: „International ab Direktorenebene führt der mögliche Kandidat Gespräche an unseren unterschiedlichen Standorten. Diese Gespräche sollen persönlich stattfinden – Videokonferenzen gibt es nur in Ausnahmen; dies ist nicht das von uns gewünschte Instrument der Personalauswahl."

Dr. Joachim Brenk, Vorstand, L. Possehl & Co. mbH, stellt seine Praxiserfahrung dar: „Seitens der Holding setzen wir auf Dezentralität beziehungsweise auf die Managemententscheidung der jeweiligen Muttergesellschaften in unserem Portfolio. Diese entscheiden frei, wer ihnen bei der Besetzung von internationalen Führungspositionen hilft. Sicherlich würde eine nachweislich international gut aufgestellte Personalberatung durch die Holding empfohlen. Unser Eindruck ist aber, dass teils nur gruppenintern weitervermittelt wird und die Provisionen steigen."

Dr. Christopher Zorn, Director Human Resources, SCA Personal Care Product Supply, ergänzt: „Ich nutze einen Personalberater für die Besetzung von Positionen in den Märkten in Westeuropa und einen anderen Berater für Osteuropa, und zwar von verschiedenen Beratungsfirmen. Grundlegend ist dabei, dass wir immer mit Festpreis-Agreements arbeiten und nicht gehaltsabhängig. Ganz nach dem Motto: „no win – no fee". Auch haben wir in diesem Zusammenhang keine Drittelung bei der Vergütung. Neu ist, dass wir eine zusätzliche Klausel „bei Nichtgefallen" aufgenommen haben. Standardverträge haben wir dahingehend verändert, dass wir sechs Monate „Garantie" auf den jeweiligen Kandidaten haben und diese Zeit nutzen können, um über die Auswahl zu entscheiden. Damit haben wir sehr gute Erfahrungen gemacht."

Dr. Harald Ring, Vice President Human Resources, Rütgers Holding GmbH, hält „nicht so viel davon, wenn große Personalberatungsunternehmen ihre internationale Kompetenz hervorheben. Internationalität bei Personalberatungen sieht wunderbar aus – ist in der Praxis aber wenig hilfreich. Zum einen gibt es nur sehr wenige Personen, die wirklich von Deutschland nach Japan, von Japan nach Spanien und dann in die USA wechseln würden. In diesem Fall wäre die internationale Ausrichtung einer Personalberatung hilfreich. Wenn ich jedoch in England eine Stelle zu besetzen habe, hilft es mir nicht, in Deutschland mit einem Personalberater zu sprechen. Wichtig und wesentlich sind Kenntnisse des jeweiligen nationalen Markts. Daher ist hier die Kompetenz in der Niederlassung besonders wichtig."

Prof. Dr. Christof Schimank, Mitglied des Vorstands, Horváth & Partner Management Consultants, Stuttgart, ergänzt: „Meine Vision ist, dass die Personalberatungsbranche in den nächsten zehn Jahren einen ungeahnten Boom erleben wird, da es immer weniger junge qualifizierte Menschen gibt. Gleichzeitig steigen die Erwartungen der Kunden. Personalberatungen werden daher stärker international ihren Suchraum erweitern müssen. Personalberater werden meiner Ansicht nach ein fester Bestandteil der Lieferkette. Dafür sind Personalberater aber noch nicht aufgestellt, denn der sogenannte ‚War for Talents' geht jetzt erst richtig los."

## V. Rückblick: Was hat sich in den vergangenen Jahren am Markt verändert?

Im Blickpunkt: Knapp die Hälfte der Befragten gaben an, dass sie häufiger Personalberatungen beauftragt haben, und auch, dass Personalberater zunehmend branchenbezogen arbeiten.

Auf die Erfahrungen aus den vergangenen fünf Jahren, die die Unternehmen mit Personalberatungen gemacht haben, zielte eine weitere Frage[32] ab.

Die größte Zustimmung mit 105 Nennungen bezog sich auf die Aussage, dass die Unternehmen häufiger eine bestimmte Personalberatung, den „Preferred Supplier", beauftragt haben. 101 Zustimmungen gab es für die Einschätzung, dass der einzelne Personalberater sich zunehmend auf die jeweilige Branche spezialisiert hat. An dritter Stelle ist genannt worden, dass die Unternehmen in steigendem Maße international ausgerichtete Aufträge an Personalberatungen vergeben; das bejahten 63 Unternehmensvertreter.

Ebenfalls 63 zustimmende Aussagen gab es dafür, dass Personalberater zunehmend professioneller auftreten und agieren. Mit 62 Nennungen haben die Unternehmensvertreter bestätigt, dass Personalberatungsunternehmen sich verstärkt als Unternehmen auf bestimmte Branchen fokussieren. Auch die Professionalisierung der Personalberatungen selbst hat zugenommen hat; hierzu liegen 58 zustimmende Aussagen vor.

Die Einschätzung, dass die Honorare für Personalberatungsdienstleistungen gestiegen sind, teilen 56 Befragte. Zugleich sagen 28 Unternehmensvertreter, dass ihrer Einschätzung nach die Honorare von Personalberatungen gesunken sind.

Eine stärkere Ausrichtung des Personalberaters auf einzelne zu besetzende Positionen sehen 49 Befragte; und die Ausrichtung ganzer Personalberatungsunternehmen auf bestimmte Positionen und/oder Hierarchien in den Unternehmen und Branchen nehmen 30 Unternehmen wahr.

Im Vergleich zu den Befragungsergebnissen aus dem Jahr 2007: Knapp die Hälfte der 155 Teilnehmer – genau 73 Personen – gaben

---

32  Die Frage im Fragebogen lautete: „VII. Weitere statistische Fragen: 4. Wenn Sie im Rückblick einen Fünfjahreszeitraum nehmen: Was hat sich aus Ihrer Sicht bei der Zusammenarbeit mit Personalberatungen verändert? (Mehrfachnennungen möglich)"

damals an, dass die Suchaufträge über Personalberatungen zunehmend internationaler werden. 68 Befragte gaben an, dass sie häufiger Personalberatungen beauftragt haben.

Die zusammengefassten Einzelaussagen werden im Folgenden in der genannten Reihenfolge vertiefend und detailliert analysiert.

---

**Wenn Sie im Rückblick einen Fünfjahreszeitraum nehmen: Was hat sich aus Ihrer Sicht bei der Zuammenarbeit mit Personalberatung verändert?**

N=187, 2011

Aussagen der vorgegebenen Antwortmöglichkeiten je Frage, die mit „Ja" beantwortet wurden. Mehrfachnennungen waren möglich

---

*Abbildung 50: Einschätzung der Veränderungen in der Zusammenarbeit mit Personalberatungen im Laufe der vergangenen fünf Jahre*

1. **Beauftragen Unternehmen häufiger „Preferred Supplier" für die Personalsuche?**

Im Blickpunkt: Die meisten Befragten haben ihren „Preferred Supplier" in den vergangenen fünf Jahren häufiger beauftragt.

Die Mehrheit der Befragten, genau 105 Personen (56,15 Prozent), hat in den vergangenen fünf Jahren eine bestimmte Personalberatung häufiger beauftragt. Verneint haben diese Frage 44 Personen (23,53 Prozent). Keine Angaben machten zu dieser Frage 38 Befragte (20,32 Prozent).

**Rückblick auf einen Fünfjahreszeitraum: „Häufigere Beauftragung eines bestimmten Personalberatungsunternehmens"**

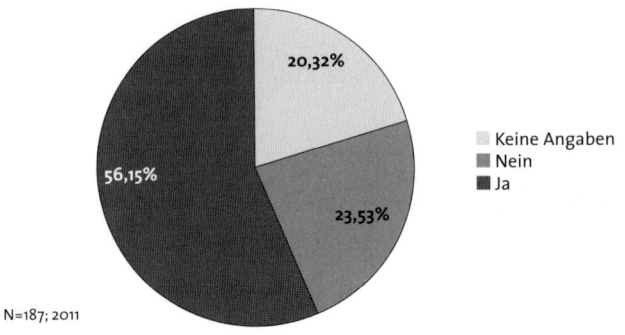

N=187; 2011

*Abbildung 51: Rückblick auf die Zusammenarbeit mit Personalberatungen: Ist eine bestimmte Personalberatung häufiger beauftragt worden?*

Im Vergleich zu den Befragungsergebnissen aus dem Jahr 2007: Knapp die Hälfte der insgesamt 155 Befragten, also 75 Unternehmen (48,39 Prozent), hatte damals in den vorangegangenen Jahren keine steigende Frequenz bei der Zusammenarbeit mit Personalberatungen zu verzeichnen.

Andrei Frömmer, Abteilungsleiter Führungskräfteentwicklung und -betreuung, Deutsche Postbank AG, sagt dazu: „Ich schätze es nicht, wenn Personalberater übertrieben vertriebshaft agieren. So kann ich mich manchmal vor Anrufen nicht retten. Es gibt nur sehr wenige Personalberater, die sich über gute Alleinstellungsmerkmale definieren, wie etwa die Suche über innovative Wege oder auch neue Ideen insgesamt."

2.     **Hat die Branchenspezialisierung einzelner Personalberater zugenommen?**

Im Blickpunkt: Über die Hälfte der Befragten gab an, dass sich Personalberater zunehmend auf eine bestimmte Branche spezialisiert haben.

101 Unternehmensvertreter und damit etwas mehr als die Hälfte der Befragten (54,01 Prozent) haben den Eindruck, dass sich die Personalberater zunehmend auf die jeweiligen Branchen spezialisiert haben. Diesen Eindruck teilen 51 Befragte (27,27 Prozent) nicht. Keine Angaben machten 35 Personen, das sind 18,72 Prozent.[33]

**Rückblick auf einen Fünfjahreszeitraum:**
**„Zunehmende Branchenspezialisierung der Berater"**

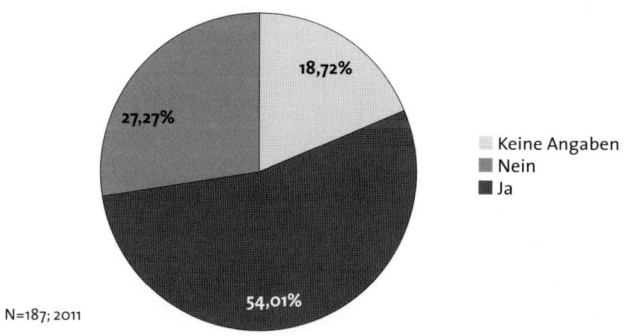

Abbildung 52: Rückblick auf die Zusammenarbeit mit Personalberatungen: Ist eine zunehmende Branchenspezialisierung der Personalberater aus Kundensicht erkennbar?

### 3. Werden Personalberater nach Einschätzung der Unternehmen zunehmend professioneller?

Im Blickpunkt: Eine zunehmende Professionalisierung von einzelnen Personalberatern sehen rund 46 Prozent der Befragen nicht, hingegen geben rund 34 Prozent an, diese wahrzunehmen.

Mehr als ein Drittel der Befragten (33,69 Prozent), das sind 63 Nennungen, haben den Eindruck, dass der einzelne Personalberater zunehmend professioneller arbeitet. 45,99 Prozent, dass sind 86 Personen, teilen diese Einschätzung nicht. 38 Befragte, also 20,32 Prozent, machten hierzu keine Angaben.

Im Vergleich zu den Befragungsergebnissen aus dem Jahr 2007: Von den befragten 155 Personen sahen 51,61 Prozent keine steigende Professionalisierung bei Personalberatungen.

Dr. Harald Ring, Vice President Human Resources, Rütgers Holding GmbH, erläutert seine Erfahrung mit Personalberatern und Personalberatungen wie folgt: „In den vergangenen fünf Jahren hat sich die Personalberaterbranche dramatisch verändert: In großen Beratungs-

---

33    Im Rahmen der Frage „7.4. Wenn Sie im Rückblick einen Fünfjahreszeitraum nehmen: Was hat sich aus Ihrer Sicht bei der Zusammenarbeit mit Personalberatungen verändert?" war die vorgegebene Antwortmöglichkeit „Zunehmende Branchenspezialisierung der Berater" in der Vorauflage 2007 nicht vorgegeben.

unternehmen fand ein großer Wechsel von langjährigen Ansprechpartnern statt, die das Unternehmen verlassen haben. So traf die
Wirtschaftskrise massiv auch die Personalberatungsbranche. Darüber hinaus sind viele Leute, in den Markt gekommen und haben
sich als Personalberater selbständig gemacht, um der Arbeitslosigkeit
zu entgehen. Dabei war der Marktauftritt dieser Personen häufig
sehr unprofessionell – denn so trivial ist die Aufgabe eines Personalberaters nicht, dass diese Tätigkeit gleich jeder übernehmen kann.
Auch kann man seit einiger Zeit über Preise mit Personalberatungen
ganz anders reden als noch vor einigen Jahren. Die klassische Drittelregelung ist heute auf einem niedrigeren Niveau und liegt bei etwa
25 Prozent bis 30 Prozent. Ebenso kann man die Zahlungsfristen
deutlich verlängern: 1/3 bei Beauftragung, 1/3 bei Unterschrift und
Zahlung des letzten 1/3 nach Ende der Probezeit eines Kandidaten.
Doch die Handhabung dieser Regelungen ist eine Frage der Fairness
und hängt für mich davon ab, wie lange man mit einem Berater
schon erfolgreich zusammengearbeitet hat."

**Rückblick auf einen Fünfjahreszeitraum:**
**„Zunehmende Professionalisierung der Berater"**

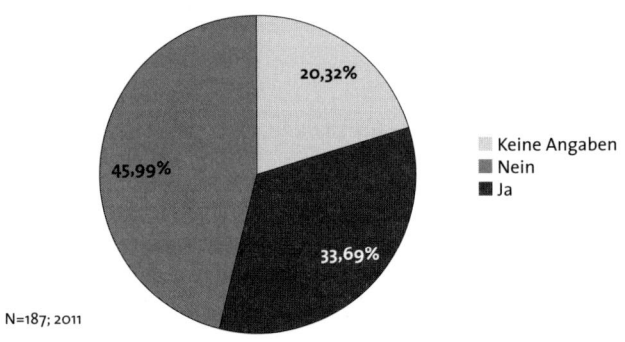

20,32%

45,99%

33,69%

Keine Angaben
Nein
Ja

N=187; 2011

*Abbildung 53: Rückblick auf die Zusammenarbeit mit Personalberatungen: Ist eine zunehmende*
*Professionalisierung einzelner Personalberater erkennbar?*

4.     Vergeben Unternehmen häufiger internationale Aufträge?

Im Blickpunkt: Für die Mehrheit der Befragten ist keine stärkere
internationale Ausrichtung bei der Personalsuche erkennbar.
Etwa 34 Prozent unterstreichen die zunehmende Internationalisierung bei den Suchaufträgen über Personalberatungen.

Die Frage, ob die Aufträge an Personalberatungen zunehmend internationaler geworden sind, verneinten 80 Befragte (42,78 Prozent). Eine positive Antwort gaben 63 Unternehmensvertreter (33,69 Prozent). Keine Angabe machten 44 Personen (23,53 Prozent).

**Rückblick auf einen Fünfjahreszeitraum: „Zunehmende Internationalisierung der vergebenen Aufträge"**

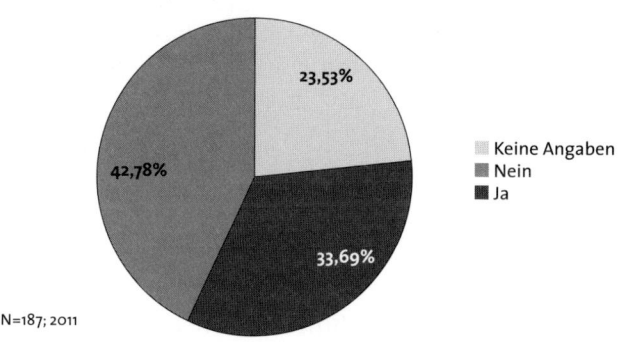

N=187; 2011

*Abbildung 54: Rückblick auf die Zusammenarbeit mit Personalberatungen: Ist eine stärkere internationale Ausrichtung von Aufträgen festzustellen?*

Im Vergleich zu den Befragungsergebnissen aus dem Jahr 2007: 47,10 Prozent (73 von 155 Befragten) gaben damals an, dass die Suchaufträge zunehmend internationaler geworden sind. 45,16 Prozent (70 Unternehmen) verneinten das.

5.  Hat die Branchenspezialisierung von Beratungsunternehmen zugenommen?

Im Blickpunkt: Für knapp 44 Prozent der Befragten gibt es keine höhere Branchenspezialisierung der Personalberatungen. Etwa 33 Prozent betonen, diese Branchenorientierung stärker zu erkennen.

Bezogen auf die Branchenspezialisierung von Personalberatungsunternehmen selbst[34] gaben 62 Unternehmen (33,16 Prozent) an, dass sie diese feststellen können. Für 82 Unternehmen (43,85 Prozent) gab es in diesem Punkt keine feststellbare Veränderung. Keine Antwort gaben 43 Personen, das entspricht 22,99 Prozent.

**Rückblick auf einen Fünfjahreszeitraum:**
**„Zunehmende Branchenspezialisierung der Beratungsunternehmen"**

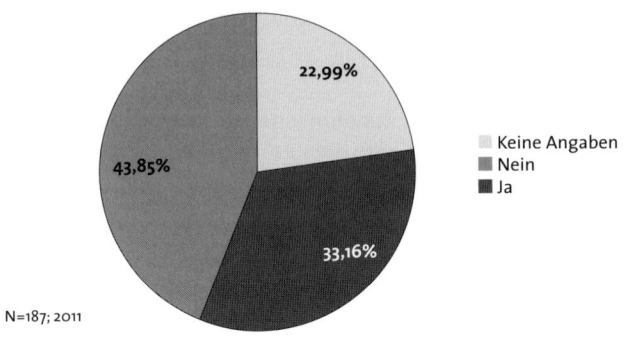

N=187; 2011

*Abbildung 55: Rückblick auf die Zusammenarbeit mit Personalberatungen: Ist eine Zunahme*
*der Branchenspezialisierung der Personalberatungsunternehmen erkennbar?*

## 6. Werden Personalberatungsunternehmen als zunehmend professioneller wahrgenommen?

Im Blickpunkt: 31 Prozent der Befragten stellen eine steigende Professionalisierung von Personalberatungsunternehmen fest.

Für 58 Unternehmen (31,02 Prozent) sind Personalberatungsunternehmen mehr und mehr professionell aufgestellt. 92 Personen (49,20 Prozent) verneinen das; 37 Befragte (19,79 Prozent) machten zu dieser Frage keine Angaben.

Im Vergleich zu den Befragungsergebnissen aus dem Jahr 2007: Für 40,65 Prozent (das waren 63 von 155 befragten Unternehmen) stellten sich Personalberatungen zunehmend professioneller auf. 80 Unternehmen (51,61 Prozent) hatten das verneint.

Hierzu ein Statement aus der Praxis von Jürgen Glaser, Vorsitzender der Geschäftsführung, NORDSEE Holding GmbH: „Seit 2007 hat sich in der Zusammenarbeit mit Personalberatern weder in den Inhalten noch an den Methoden viel verändert. Bezogen auf die Honorare sind in den Krisenzeiten die Personalberater etwas geschmeidiger geworden – das

---

34  Im Rahmen der Frage „VII.4. Wenn Sie im Rückblick einen Fünfjahreszeitraum nehmen: Was hat sich aus Ihrer Sicht bei der Zusammenarbeit mit Personalberatungen verändert?" war die vorgegebene Antwortmöglichkeit „Zunehmende Branchenspezialisierung der Personalberatung" im Rahmen der Vorauflage 2007 nicht vorgegeben.

bedeutet, dass es deutlich leichter geworden ist, über Honorare zu verhandeln. Auffällig ist, dass Personalberatungen zunehmend ihre internationale Ausrichtung in den Vordergrund stellen. Deutlich wird dies in den Prospekten und Unterlagen der Personalberatungen sowie insbesondere durch die Hinweise auf internationale Referenzen."

**Rückblick auf einen Fünfjahreszeitraum: „Zunehmende Professionalisierung der Beratungsunternehmen"**

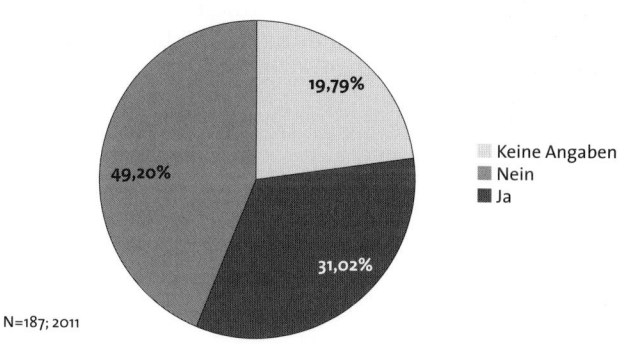

Abbildung 56: Rückblick auf die Zusammenarbeit mit Personalberatungen: Ist eine zunehmende Professionalisierung der Beratungsunternehmen aus Kundensicht festzustellen?

7.  **Ist aus Kundensicht das Honorar für den Einsatz von Personalberatungen gestiegen?**

Im Blickpunkt: Die Hälfte der Befragten gab an, dass das Honorar von Personalberatern nicht gestiegen ist.

Genau 95 Befragte (50,80 Prozent) gaben an, dass das Honorar für den Einsatz von Personalberatern bei der Suche nach neuen Mitarbeitern nicht gestiegen ist. 29,95 Prozent, das entspricht 56 Unternehmen, haben eine andere Erfahrung gemacht: Sie gaben an, dass das Honorar gestiegen ist. 36 Befragte (19,25 Prozent) machten zu diesem Punkt keine Aussage.

Im Vergleich zu den Befragungsergebnissen aus dem Jahr 2007: 58,06 Prozent der Befragten, also 90 Unternehmen, sahen damals keine steigenden Honorare der Personalberatungen im Rückblick auf die vorangegangenen Jahre.

Ulrich C. Nießen, Mitglied des Vorstands, AXA Konzern AG, beschreibt seine Erfahrung in Bezug auf Honorare von Personalberatungen wie folgt: „Meiner Wahrnehmung nach findet seit einiger Zeit ein Zersplitterungsprozess bei Personalberatungen statt. Auf dem Markt sind immer mehr kleinere Anbieter, die erfolgreich sind. Ein Vorteil hiervon ist, dass sich der Wettbewerb erhöht – was sich jedoch leider nicht auf die Konditionen auswirkt. Generell möchte ich zum Thema Konditionen anfügen, dass sich diese meines Erachtens stärker nach dem Aufwand richten sollten und nicht ausschließlich nach dem prozentualen Anteil des Jahreseinkommens, mit dem die Stelle dotiert ist. In diesem Zusammenhang ist dann auch ein höherer Grad an Transparenz des in Rechnung gestellten Aufwands erforderlich.“

**Rückblick auf einen Fünfjahreszeitraum: „Honorarhöhe gestiegen"**

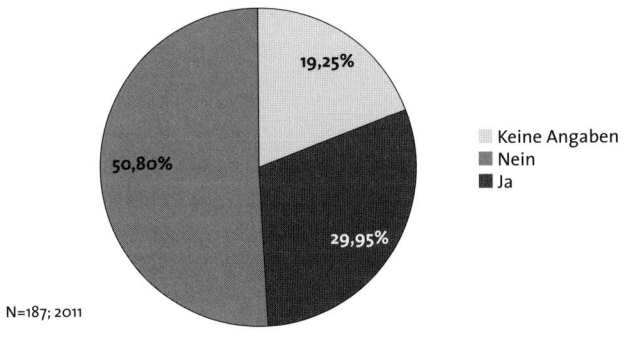

Abbildung 57: Rückblick auf die Zusammenarbeit mit Personalberatungen: Ist die die Honorarhöhe gestiegen?

## 8. Spezialisieren sich Personalberater zunehmend auf die Suche bestimmter Positionen?

Im Blickpunkt: Über die Hälfte der Befragten sieht keine Fokussierung der Personalberater auf bestimmte zu besetzende Positionen.

So gaben 97 Befragte (51,87 Prozent) an, dass sie keine Spezialisierung von Beratern auf Positionen erkennen können. 49 Unternehmen (26,20 Prozent) sehen das anders. Keine Angabe machten 41 Unternehmen (21,93 Prozent).[35]

**Rückblick auf einen Fünfjahreszeitraum:**
**„Zunehmende Positionsspezialisierung der Berater"**

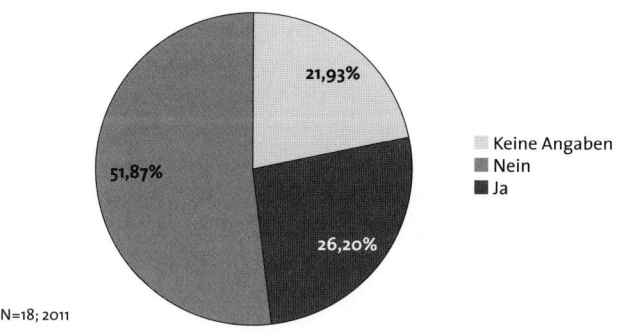

Keine Angaben
Nein
Ja

N=18; 2011

*Abbildung 58: Rückblick auf die Zusammenarbeit mit Personalberatungen: Ist eine zunehmende Positionsspezialisierung der Personalberater aus Kundensicht festzustellen?*

## 9. Fokussieren sich Personalberatungen verstärkt auf bestimmte Positionen?

Im Blickpunkt: Die deutliche Mehrheit – über 60 Prozent der Befragten – sieht keine Konzentration auf bestimmte Positionen bei Personalberatungen.

114 Unternehmen (60,96 Prozent) sehen keine veränderte Ausrichtung der Personalberatungsarbeit auf bestimmte Positionen. Weitere 30 Unternehmen (16,04 Prozent) hingegen sehen diese. 43 Unternehmensvertreter (22,99 Prozent) äußerten sich zu der Frage nicht.[36]

Oliver Kaltenbach, Leiter Zentrales Personalwesen, SIXT AG, hebt die Voraussetzung für Stellenbesetzungen über Personalberatungen wie folgt hervor: „Das Briefinggespräch mit dem Personalberater ist umso wichtiger, je weniger er unser Unternehmen, unsere Unternehmenskultur und -struktur sowie den Rekrutierungsmanager kennt."

---

35    Im Rahmen der Frage „VII.4. Wenn Sie im Rückblick einen Fünfjahreszeitraum
      nehmen: Was hat sich aus Ihrer Sicht bei der Zusammenarbeit mit Personalberatungen
      verändert?" war die vorgegebene Antwortmöglichkeit „Zunehmende Positionsspeziali-
      sierung der Berater" in 2007 nicht vorgegeben.
36    Im Rahmen der Frage „VII.4. Wenn Sie im Rückblick einen Fünfjahreszeitraum
      nehmen: Was hat sich aus Ihrer Sicht bei der Zusammenarbeit mit Personalberatungen
      verändert?" war die vorgegebene Antwortmöglichkeit „Zunehmende Positionsspeziali-
      sierung der Beratungsunternehmen" in der Befragung im Rahmen der Erstauflage 2007
      nicht vorgegeben.

**Rückblick auf einen Fünfjahreszeitraum:**
**„Zunehmende Positionsspezialisierung der Beratungsunternehmen"**

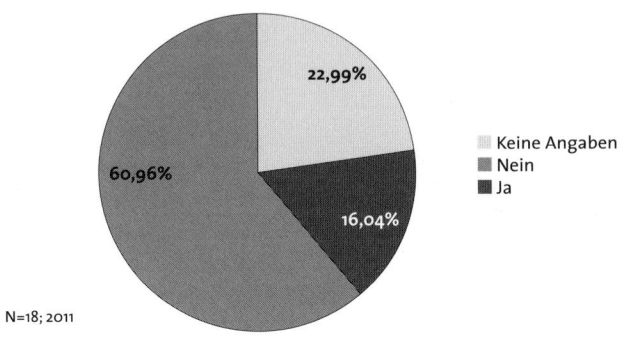

N=18; 2011

*Abbildung 59: Rückblick auf die Zusammenarbeit mit Personalberatungen: Ist eine zunehmende Positionsspezialisierung der Beratungsunternehmen aus Kundensicht feststellbar?*

## 10.  Einschätzung der Befragten, ob die Honorarhöhe gesunken ist

Im Blickpunkt: 60 Prozent der Befragten gaben an, dass das Honorar für den Einsatz von Personalberatungsdienstleistungen nicht gesunken ist.

113 Befragte, das entspricht genau 60,43 Prozent, verneinten die Frage, ob das Honorar von Personalberatungen gesunken ist. Hingegen gaben 28 Unternehmensvertreter (14,97 Prozent) an, dass sich das Honorar gesunken ist. 46 Befragte (24,60 Prozent) machten dazu keine Aussage.

**Rückblick auf einen Fünfjahreszeitraum: „Honorarhöhe gesunken"**

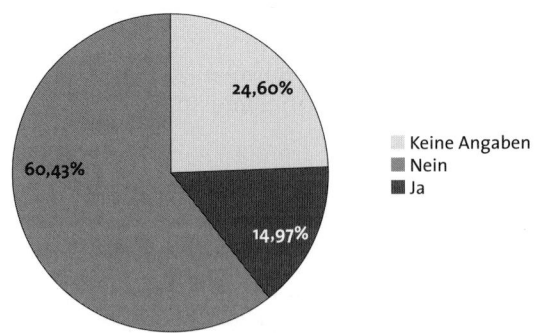

*Abbildung 60: Rückblick auf die Zusammenarbeit mit Personalberatungen: Ist die Honorarhöhe gesunken?*

522

Im Vergleich zu den Befragungsergebnissen aus dem Jahr 2007: 80 Prozent, das waren 124 Unternehmen von insgesamt 155 Befragten, gaben damals an, dass das Honorar für Personaldienstleistungen nicht gesunken ist.

Folgende Punkte sind ergänzend von den Befragten genannt worden, die ihnen im Rückblick eines Fünfjahreszeitraums wichtig sind:

- „Es gibt leider immer noch zu viele Blender auf dem Markt. Jede Stellenausschreibung muss komplett neu bewertet werden. Nur weil im Fall A die Zusammenarbeit mit Berater A gut geklappt hat, darf man nicht davon ausgehen, dass sich dies in der Zukunft fortschreibt."

- „Nutzung von etwa fünf Beratungsunternehmen sowie gelegentliche Nutzung anderer Berater."

- „Die Versprechungen weichen in der Praxis überwiegend von der erbrachten Leistung ab. Wir ziehen Personalberater mit Industrie- und Branchenerfahrung vor (Berater, die selbst schon mal in der Branche gearbeitet haben)."

- „Weiter zunehmende persönliche Bindung ist entscheidend für die Vergabe."

- „Oft sind Personalberater auf einen schnellen Deal aus."

- „In jüngerer Zeit erleben wir einen schwierigeren Vermittlungsprozess durch abnehmende Wechselbereitschaft der Kandidaten."

- „Indiskretionen."

Ergänzend zu den Ergebnissen der Onlinebefragung wurden die Interviewpartner nach ihren Erfahrungen in der Zusammenarbeit mit Personalberatungen in den vergangenen fünf Jahren befragt. Es folgen einige Aussagen aus der Unternehmenspraxis.

Jörg Dassel, HR Director, PricewaterhouseCoopers Deutschland beschreibt die Veränderungen auf dem Markt wie folgt: „Die Gesamtlandschaft der Personalberatungen hat sich nach meiner Einschätzung dahin entwickelt, dass zunehmend kleinere Beratungen auf Erfolgsbasis ihre Dienstleistungen anbieten. Das Modell kommt aus England. Diese kleineren Beratungen suchen oft auch im niedrigeren Segment, also in Bezug auf Positionen auf dem Level mit drei bis fünf Jahren Berufserfahrung. Dieses Angebot ist extrem hilfreich. Denn für größere Personalberatungen sind diese Zielgruppen nicht attraktiv, da auch die Suche sehr aufwendig ist."

Für Hans-Jürgen Schäfer, Geschäftsführer, Warburg Invest Kapitalanlagegesellschaft mbH, zeigen sich folgende Veränderungen: „In den vergangenen fünf Jahren ist der Ertragsdruck der Personalberatung deutlich gestiegen, so mein Eindruck. Daher wird manchmal oberflächlich gearbeitet und nicht so tief recherchiert, um mehr Aufträge abwickeln zu können."

Detlev Baumeister, Kaufmännischer Geschäftsführer, Nordmark Arzneimittel GmbH & Co. KG, beschreibt seine Erfahrungen wie folgt: „In den vergangenen Jahren habe ich in Personalberatungen ständig neue Ansprechpartner bekommen. Das ist für mich nicht befriedigend. Früher war es eher so, dass der Kunde bei einem Wechsel des Personalberaters beim Berater geblieben ist. Das war eine 1:1-Vertrauensbeziehung – vergleichbar mit einem Zahnarzt. Ich fahre jetzt auch mehr Kilometer, um zu meinem Zahnarzt zu kommen, da mein Zahnarzt umgezogen ist."

Ergänzend noch eine Aussage von einem Praxisvertreter in Bezug auf die Herausforderungen für Personalberatungen. Dr. Stephan Zoll, Geschäftsführer eBay GmbH und eBay Advertising Group GmbH, sieht folgende Punkte als besonders relevant für Personalberatungen: „De facto werden sich Unternehmen zukünftig noch stärker über ihre Mitarbeiter im Wettbewerb definieren. Damit werden Personalgewinnung und -bindung wesentliche Aufgaben für Unternehmen sein. Das wird nach meiner Einschätzung bisher von vielen Unternehmen unterschätzt."


## VI. Blick in die Zukunft

Im Rahmen der Onlinebefragung war es auch wichtig, herauszufinden, wie die Befragten die Zusammenarbeit mit Personalberatungen in der Zukunft einschätzen. So haben wir mit der folgenden Frage[37] ermittelt, wie häufig die Unternehmen zukünftig Personalberatungen einsetzen werden, um neue Mitarbeiter zu rekrutieren.

---

37  Die Frage im Fragebogen lautete: „VII. Weitere statistische Fragen: 5. Wenn Sie eine Prognose zu der zukünftigen Entwicklung in Ihrem Unternehmen abgeben, würden Sie dann sagen, dass Sie zukünftig häufiger als bisher mit Personalberatungen zusammenarbeiten werden?"

Von den 187 vorliegenden Antworten gaben 75 Befragte, also 40,11 Prozent, an, dass sie zukünftig häufiger mit Personalberatungen zusammenarbeiten werden. 85 Befragte (45,45 Prozent) werden zukünftig nicht häufiger Personalberatungen einsetzen, und 27 Befragte (14,44 Prozent) machten hierzu keine Angabe.

**Wenn Sie eine Prognose zu der zukünftigen Entwicklung in Ihrem Unternehmen abgeben, würden Sie dann sagen, dass Sie zukünftig häufiger als bisher mit Personalberatungen zusammenarbeiten werden?**

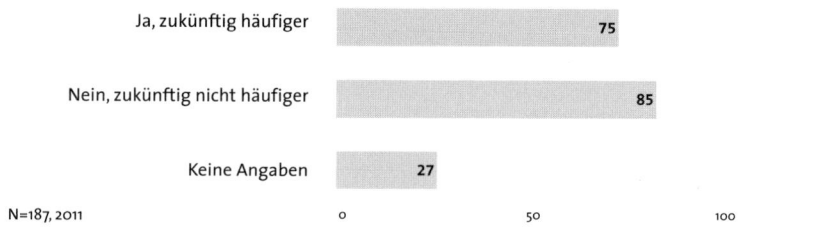

*Abbildung 61: Einschätzung der Häufigkeit zukünftiger Zusammenarbeit mit Personalberatungen aus Kundensicht*

Im Anschluss an die Frage, ob die Befragten zukünftig häufiger als bisher mit Personalberatungen zusammenarbeiten werden, wurden die Befragten gebeten, ihre Prognose zu begründen[38]. Die Antworten der Teilnehmer sind aus Gründen der besseren Übersichtlichkeit in drei Kategorien zusammengefasst. Hinzuweisen ist wiederum darauf, dass Mehrfachnennungen möglich waren und dass aufgrund der Anonymität der Befragung keine Zuordnung zu einem bestimmten Unternehmen oder einer Branche möglich ist.

1.    Gründe, warum Unternehmen zukünftig häufiger mit Personalberatungen zusammenarbeiten werden

Im Blickpunkt: Neben dem schon jetzt erkennbaren und immer relevanter werdenden Thema „Fachkräftemangel" gaben die Befragten auch das Thema „Unternehmenswachstum" als Grund für eine häufigere Beauftragung von Personalberatungen an.

---

38    Die Frage im Fragebogen lautete: „VII. Weitere statistische Fragen: 6. Bitte geben Sie eine kurze Begründung für Ihre getroffene Prognose in der vorangegangenen Frage." Die Antworten sind aufgrund der besseren Übersicht den jeweiligen Antwortkategorien zugeordnet worden. Aufgeführt sind ausgewählte Aussagen, die die Gründe verdeutlichen.

Die Übersicht zeigt die Verteilung der 64 vorliegenden Antworten.

**Gründe, warum die Befragten zukünftig häufiger mit Personalberatungen zusammenarbeiten werden**

| | |
|---|---|
| Fach- und Führungskräftemangel | 25 |
| Unternehmenswachstum | 20 |
| Demographische Veränderungen | 8 |
| Internationalisierung | 6 |
| Bezogen auf Dienstleistungsangebote von Personalberatungen | 5 |

N=187

0    10    20    30

*Abbildung 62: Gründe, warum die Befragten zukünftig häufiger mit Personalberatungen zusammenarbeiten werden nach Anzahl der Nennungen*

25 Unternehmen führten den Fach- und Führungskräftemangel als Grund dafür an, zukünftig verstärkt mit Personalberatungen zusammenzuarbeiten. Insgesamt fünf Unternehmen gaben an, dass die Beschaffung von Fach- und Führungskräften zunehmend schwieriger wird: „Wir als Unternehmen kommen an unsere Grenzen und brauchen professionelle Unterstützung."

Warum sie zukünftig stärker mit Personalberatungen zusammenarbeiten wollen, begründeten die Unternehmensvertreter außerdem mit folgenden Einzelaussagen:

• „Aufgrund der zunehmenden Enge des Markts der für spezifische Positionen geeigneten Personen."

• „Mangel an hochqualifizierten Spezialisten – erweiterte Suche mit Personalberatern."

• „Aufgrund der Nachfragesituation von Hochqualifizierten."

• „Wachsender Personalbedarf bei härterem Wettbewerb um die geeigneten Kandidaten."

• „Gutes Personal ist knapp, besonders im Gesundheitssektor."

- „Es wird zunehmend schwieriger, für spezielle Qualifikationen geeignetes Personal zu finden."

- „War for Talents."

- „Arbeitnehmer-Arbeitsmarkt."

- „Der Wettbewerb geht über Köpfe."

- „Zunehmender Fachkräftemangel in bestimmten Bereichen."

- „Die Besetzung von Führungspositionen ist eine strategische Investition und verlangt maximale Kompetenz."

- „Bereits heute nutzen wir Personalberatungen bei der Besetzung von Fach- und Führungskräften und auch bei Interimsaufgaben."

- „Da es immer schwieriger wird, Fachkräfte über Direktbewerbung zu rekrutieren."

- „Es wird zunehmend schwieriger, Spezialisten aus eigenen Netzwerken oder über Anzeigen zu finden."

- „Nach Bedarfslage nutzen wir alle Rekrutierungswege. Deshalb planen wir keine Steigerung des Einsatzes von Personalberatern gemessen an den zu vergebenden Aufträgen."

- „Gute Leute werden immer stärker nachgefragt sein und müssen sich nicht mehr selbst bewerben."

Die Gründe, häufiger mit Personalberatungen zusammenzuarbeiten, beziehen sich bei 20 Unternehmensvertretern auf das Wachstum des eigenen Unternehmens. Fünf Vertreter nannten „enormes Wachstum" sowie „starke Expansion in neuen Märkten" als Gründe. Weitere einzelne Aussagen sind hierbei:

- „Starkes Unternehmenswachstum bei knappen qualifizierten Personalresourcen im Markt."

- „Wir haben eine zweistellige Umsatzsteigerung gegenüber dem Vorjahr und sind expansiv ausgerichtet."

- „Personalbestand wird zunehmen, Funktionen werden spezialisierter, Zeitdruck für die Besetzung von Stellen nimmt zu."

- „Weil wir sehr häufig Mitarbeiter suchen und einstellen und die Rekrutierung sehr zeitaufwendig und teuer ist."

- „Vergrößerung des Unternehmensportfolios durch Wachstum."

- „Zahl der Vakanzen im Führungsbereich wird steigen."

- „Anstieg des Bedarfs an Nischenprofilen und Topmanagement; starkes Wachstum."

- „Wachstumsbedingter Recruitingbedarf auf der zweiten und dritten Ebene."

- „Es ist die logische Reaktion auf die sich abzeichnende Situation am Arbeitsmarkt. Unternehmen wie das unsere sind in ihrer Größenordnung nicht in der Lage, die Schlüsselpositionen aus eigener Kraft perspektivisch sinnvoll zu besetzen."

Insgesamt nannten acht Unternehmensvertreter als Grund für eine häufigere Beauftragung von Personalberatungen den Demographischen Wandel. Ausgewählte Einzelnennungen waren auch:

- „Verstärkter Einsatz von Interimsmanagern und Verknappung der Ressourcen (Demographie)."

- „Die Zahl der am Markt verfügbaren potentiellen Kandidaten nimmt ab."

Weitere sechs Nennungen bezogen sich auf die stärkere internationale Ausrichtung des Unternehmens als Grund für einen höheren Personalbedarf. Aussagen waren:

- „Wir haben gerade eine strategische Partnerschaft mit einem international tätigen Unternehmen geschlossen, so dass sich vermutlich auch unser Markt und damit verbunden die Anforderungen verändern werden."

- „Die weitere Internationalisierung sowie Managementwechsel erfordern eine weitere Suche nach Top-Führungskräften."

- „Weil internationalere Profile gesucht werden: Hier brauchen wir gegebenenfalls ein externes Netzwerk."

- „Internationalisierungsgrad und Anforderungen an Positionen, Marktenge nehmen zu."

Fünf Nennungen bezogen sich direkt auf die Kompetenzen von Personalberatungen, so dass diese Gründe separat aufgeführt sind, etwa:

- „Die Suche und Auswahl qualifizierter Mitarbeiter und Mitarbeiterinnen erfordert eine gute Marktkenntnis und Vernetzung innerhalb der Branche."

- „Weniger Zeit in den Unternehmen, und damit ist eine Vorselektion sinnvoll. Gute Leute müssen aktiv angesprochen werden. Meist schauen gute Leute nicht in Stellenanzeigen oder andere Medien."

- „Zunehmender Zeitmangel."

2. Gründe, warum Unternehmen zukünftig nicht häufiger mit Personalberatungen zusammenarbeiten werden

Im Blickpunkt: Diejenigen Unternehmensvertreter, die nicht davon ausgehen, zukünftig häufiger mit Personalberatungen zusammenzuarbeiten, geben an, keinen oder geringen Personalbedarf zu haben.

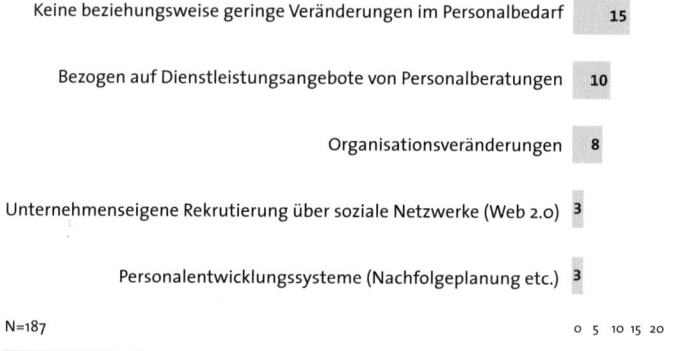

**Gründe, warum die Befragten zukünftig nicht häufiger mit Personalberatungen zusammenarbeiten werden**

| | |
|---|---|
| Keine beziehungsweise geringe Veränderungen im Personalbedarf | 15 |
| Bezogen auf Dienstleistungsangebote von Personalberatungen | 10 |
| Organisationsveränderungen | 8 |
| Unternehmenseigene Rekrutierung über soziale Netzwerke (Web 2.0) | 3 |
| Personalentwicklungssysteme (Nachfolgeplanung etc.) | 3 |

N=187                        0   5   10  15  20

*Abbildung 63: Gründe, warum die Befragten zukünftig nicht häufiger mit Personalberatungen zusammenarbeiten werden nach Anzahl der Nennungen*

Gründe dafür, warum Unternehmen nicht häufiger mit Personalberatungen zusammenarbeiten, gaben 39 Vertreter an. Diese werden in folgende Kategorien aufgeteilt.

So gaben insgesamt 15 Unternehmen an, dass keine oder nur geringe
Veränderungen im Personalbedarf absehbar sind. Einzelaussagen hierzu sind:

- „Es ist eine geringe Fluktuation zu erwarten."

- „Für die verschlankte Managementstruktur reicht der Nachwuchs
  aus dem Konzern."

- „Stärkerer Fokus auf interne Rekrutierung."

- „Wir bewegen uns ohnehin schon auf einem hohen Niveau in Bezug
  auf die Anzahl der Aufträge. Ziel ist es, die Zusammenarbeit auf
  weniger Berater zu beschränken und insgesamt weniger Aufträge zu
  vergeben."

- „Personalberater sind zu teuer."

- „Wir setzen Personalberater für spezifische seniore oder fachlich
  spezielle Suchen ein, sind aber auch direkt in der Personalsuche
  tätig. Daher kein häufigerer Einsatz in der Zukunft als heute."

Ganz gezielt im Hinblick auf die Zusammenarbeit mit Personalberatungen machten zehn Unternehmen eine Aussage dazu, warum die
Beauftragung nicht häufiger stattfinden wird:

- „Die Besetzungsgeschwindigkeit ist zu gering. Direkte Kontakte versprechen mehr Erfolg als eine langwierige Suche durch Personalberater."

- „Zu hohe Preise, zu wenig branchenspezifisches Know-how, zu
  schlechte Erfahrungen."

- „Wir suchen nur sehr wenige Mitarbeiter in Positionen, die über
  Beratungen vermittelt werden. Wir werden weiterhin versuchen,
  frei werdende Positionen mit internen Kandidaten im Rahmen
  unserer Personalentwicklung zu besetzen."

- „Nutzen nicht unbedingt erkennbar."

- „Qualität aller in der Vergangenheit versuchten Stellenbesetzungen war – mit einer Ausnahme – schlecht (erfolglos). Es haben sich die falschen Kandidaten vorgestellt, deren Profile oder Hierarchievorstellungen nicht passten."

- „Viele Berater haben wenig oder keine Hands-on-Industrie-/Branchenerfahrung, daher verstehen sie kaum, was man als Unternehmen wirklich braucht. Die Erarbeitung von Kandidaten- und Anforderungsprofilen ist sehr mühsam und zeitraubend."

Aufgrund unternehmensinterner Organisationsveränderungen sehen viele Unternehmen einen geringeren Anlass, Aufträge nach außen zu vergeben. Exemplarisch hierzu:

- „Eigene Recruiter werden selbst verstärkt in den Markt gehen."

- „Es gibt innerhalb des Konzerns eine Einheit, die wie eine Personalberatung fungiert."

- „Wir mussten sehr viel mit Personalberatern arbeiten, da wir eine sehr schwache HR Abteilung hatten, deshalb der Rückgang."

- „Nach der krisenbedingten Sanierung ist jetzt Konsolidierung und etwas Kontinuität gefordert. Wesentliche Personalmaßnahmen sind abgeschlossen."

- „Abgeschlossene Restrukturierung; massiver Personalabbau; personeller Aufbau frühestens Ende 2011/Anfang 2012."

- „Vermehrte Besetzung von Positionen in der operativen Unternehmenssanierung."

Drei Aussagen, die sich auf eine weniger häufige Beauftragung beziehen, betreffen den Bereich unternehmensinterner Personalentwicklungssysteme. Die Aussagen waren:

- „Ausbau des internen Talentmanagement ist geplant."

- „Aufbau interner Nachfolgebesetzungssysteme."

- „Es wird eher über interne Programme gearbeitet."

Außerdem bezogen sich drei Aussagen auf eine unternehmenseigene Rekrutierung neuer Mitarbeiter über soziale Netzwerke (Web 2.0):

- „Soziale Medien (LinkedIn) ersetzen zum Teil die Aufgaben von Personalberatern."

- „Bewerbungen über soziale Netzwerke nehmen an Quantität und Qualität zu. Wenn man selbst ein gutes Netzwerk hat, dann sollte man dieses häufiger nutzen wegen der besseren Referenzqualität und der Geschwindigkeit."

- „Durch das Wachstum unserer Firma werden wir in Zukunft mehr Initiativbewerbungen und Netzwerkwerbungen haben."

3. Gründe, warum Unternehmen keine Veränderungen bei der Zusammenarbeit mit Personalberatungen sehen

Im Blickpunkt: Da der Großteil der befragten Unternehmen keine Veränderungen im Personalbestand erwartet, werden auch keine Veränderungen in der Beauftragung von Personalberatungen gesehen.

**Gründe, warum Unternehmen keine Veränderungen bei Zusammenarbeit mit Personalberatungen sehen**

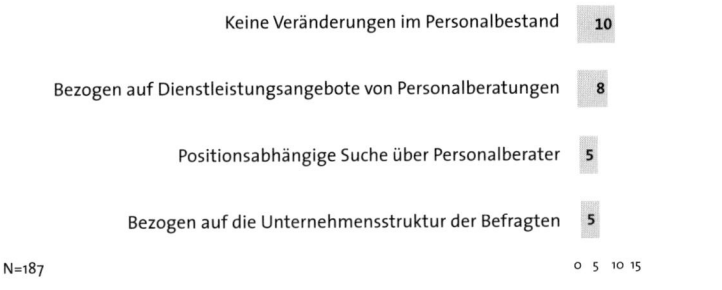

| | |
|---|---|
| Keine Veränderungen im Personalbestand | 10 |
| Bezogen auf Dienstleistungsangebote von Personalberatungen | 8 |
| Positionsabhängige Suche über Personalberater | 5 |
| Bezogen auf die Unternehmensstruktur der Befragten | 5 |

N=187

0  5  10  15

*Abbildung 64: Gründe, warum die Befragten keine Veränderungen bei der Zusammenarbeit mit Personalberatungen sehen nach Anzahl der Nennungen*

Zehn Unternehmen gaben an, dass keine Veränderungen im Personalbestand bei den Unternehmen erwartet werden. Exemplarisch folgende Einzelaussagen zu diesem Punkt:

- „Für das Topmanagement gleichbleibende Quote von 30 bis 50 Prozent externe Besetzungen."

- „Ich gehe davon aus, dass die Fluktuation der betroffenen Stellen gleich bleibt."

- „Wir planen auf Vorjahresniveau und erwarten keine großen Veränderungen."

- „Business is ongoing."

Acht Aussagen sind gezielt auf die bisherige Zusammenarbeit mit Personalberatungen gerichtet. Beispielsweise:

- „Wir arbeiten bereits intensiv mit einer Personalberatung zusammen, weitere Intensivierung ist nicht notwendig."

- „Wir suchen schon immer ausgewählte Führungskräfte mit Personalberatern."

- „Wir haben eine Gruppe von ‚Preffered Suppliers', mit denen wir in der Vergangenheit gute Erfahrungen gemacht haben. Dies deckt unseren Bedarf ab."

- „Zusammenarbeit so häufig wie bisher."

- „Wir tun dies jetzt schon bei Bedarf und werden das auch in Zukunft tun."

- „Eine Zusammenarbeit mit Personalberatungen kommt schon recht häufig vor. Nur reine Sachbearbeiter- und niedrige Spezialistenfunktionen werden in der Regel online ohne Beratereinsatz besetzt."

Fünf Aussagen bezogen sich auf spezifische Positionen im Unternehmen:

- „Stellen sind auf einer Ebene, die ohne Beratung besetzt wird."

- „Wir arbeiten schon relativ viel mit Personalberatern und werden eventuell einfachere Suchen selbst übernehmen. Bei den komplexeren Suchen werden wir auf andere, besser geeignete Unternehmen (wie etwa GEMINI) zurückkommen."

- „Positionsabhängig/einzelfallbezogen."

- „Branchenspezifisch sowie Positionsspezialisierung."

- „Zurzeit zeichnet sich keine Nachbesetzung in der ersten Führungsebene ab."

Weitere fünf Gründe beziehen sich auf die Unternehmensstruktur:

- „Unser Unternehmen ist stabil und zukunftsorientiert am Gesundheitsmarkt aufgestellt."

- „Generationenwechsel ist bis auf weiteres abgeschlossen."

- „Keine Anzeichen für entsprechende Fluktuation; Eigenentwicklung des Nachwuchses."

- „Auslandsniederlassungen arbeiten selbständig."

- „Zunehmend werden eigene Ressourcen für die Personalgewinnung aufgebaut."

## VII. Was Topentscheider aus der Praxis Personalberatern mit auf den Weg geben

Zur Abrundung der Befragung waren die Interviewpartner eingeladen, Personalberatern noch Empfehlungen, Wünsche oder Hinweise zu geben.

Prof. Dr. Christof Schimank, Mitglied des Vorstands, Horváth & Partner Management Consultants, Stuttgart, rät: „Personalberater werden zukünftig stärker Persönlichkeiten suchen müssen, die von der fachlichen Seite weiter entfernt sind. Dann wird für die Auswahl eines Kandidaten entscheidend sein: die Persönlichkeit, die Führungserfahrung und der Fleiß des Einzelnen."

Frank Schiewer, Vorstand, alfabet AG, ergänzt: „Seniore und erfahrene Leute, die aufgrund ihres Alters oder der Chance einer Frühverrentung nicht mehr aktiv im Berufsleben stehen, sind für uns eine sehr attraktive und interessante Zielgruppe. Viele dieser Menschen wollen arbeiten und bringen sehr viel Erfahrung mit. Kandidaten ab 50 Jahre sind rar gesät, aber unglaublich erfahren. Sicherlich ist bei vielen aus dieser Zielgruppe die Belastbarkeit mit ständiger Reisetätigkeit nicht so hoch wie bei Jüngeren. Doch für mich heißt das Erfolgsrezept: Die Mischung von jüngeren und älteren Arbeitnehmern macht es aus."

Jörg Dassel, HR Director, PricewaterhouseCoopers Deutschland, gibt Personalberatern folgenden Rat: „Meine Empfehlung an Personalberatungen: sich deutlich zu spezialisieren und umfassende Netzwerke in ihren Märkten aufzubauen."

Detlev Baumeister, Kaufmännischer Geschäftsführer, Nordmark Arzneimittel GmbH & Co. KG, findet es schwierig, „dass zu viele Personalberatungen Direktansprache in Unternehmen betreiben. Personalberater müssen sich von der Masse abheben, und so halte ich es nicht für sinnvoll, wenn immer mehr Menschen ihr eigenes Personalberatungsunternehmen gründen. Empfehlen würde ich, dass Personalberater in einem Firmenverbund – einem Netzwerk – arbeiten und auftreten."

Ulrich C. Nießen, Mitglied des Vorstands, AXA Konzern AG, fügt hinzu: „Wenn ich Personalberatern Ratschläge geben müsste, so wären das folgende:

1) Personalberater sollten flexibler bei den Konditionen sein. Diese sollten sich meines Erachtens stärker nach dem Aufwand richten und weniger nach einem prozentualen Anteil des Jahreseinkommens, mit dem die Stelle dotiert ist.

2) Berater sollten initiativ Unternehmen strategisch beraten: Welche Themen werden zukünftig an Bedeutung gewinnen, und welche Personen werden daher bald schwer auf dem Markt zu bekommen sein?

3) Personalberater sollten sich intensiver mit den Unternehmen und ihrer jeweiligen individuellen Kultur auseinandersetzen. Außerdem sollten auf die Shortlist wirklich nur diejenigen Kandidaten gesetzt werden, die auch tatsächlich zum Unternehmen wechseln würden. Wir erleben es in letzter Zeit immer wieder, dass geeignete Personen auf der Shortlist sind, deren persönliche Situation aber klar erkennen lässt, dass sie gar nicht wechselbereit sind, sondern nur ihren Marktwert testen wollen. Dies verursacht für uns unnötigen Aufwand und Kosten und sollte von den Personalberatern im Vorhinein besser erkannt werden."

Detlef Stramma, Head of Human Resources Deutschland, ALSTOM Deutschland GmbH, rät: „Personalberatungen würde ich empfehlen, bei der Auswahl der Berater unbedingt darauf zu achten, gestandene individuelle Persönlichkeiten einzustellen: Menschen, die standhaft sind und Kunden wirklich begleiten können."

Dr. Harald Ring, Vice President Human Resources, Rütgers Holding GmbH, würde jedem empfehlen, „mit mehreren Personalberatungen zusammenzuarbeiten. Sonst wird die Abhängigkeit von einem Berater zu groß. Ich habe im Allgemeinen immer mit zwei Personalberatungen bei der Besetzung von Toppositionen zusammengearbeitet und mit zwei anderen bei der Suche nach Ingenieuren beziehungsweise Fachkräftepositionen. Für die Auswahl der Personalberatungen bin ich dabei in meiner Verantwortung bei TUI so vorgegangen, dass ich bei allen Personalleitern der verschiedenen Standorte des Unternehmens den aktuellen Stand bei der Zusammenarbeit mit Personalberatungen abgefragt habe: Name des Beratungsunternehmen, welcher Berater, wie zufrieden der Einzelne mit der Zusammenarbeit ist sowie die Konditionen. Das habe ich zusammengefasst und eine Strategie für die Zusammenarbeit mit ausgewählten Personalberatungen entwickelt.“

Hans-Jürgen Schäfer, Geschäftsführer, Warburg Invest Kapitalanlagegesellschaft mbH, wünscht sich: „Personalberater sollten am Anfang sehr gut zuhören, was der Kunde wirklich will, und Aufträge nur annehmen, wenn man diese wirklich realisieren kann. Das wäre mein Wunsch.“

Dr. Stephan Zoll, Geschäftsführer eBay GmbH und eBay Advertising Group GmbH, ergänzt: „Insgesamt wünsche ich mir für beide Parteien – als Unternehmensvertreter, aber auch aus Sicht der Kandidaten – eine partnerschaftliche längerfristige Zusammenarbeit mit Personalberatungen und auch ein längerfristiges Engagement der Personalberater selbst. Oft geht es kurzfristig nur um den Abschluss einer Transaktion. Als Kandidat kann man sich schnell als eine Nummer und damit schlecht oder zu wenig beraten fühlen. Im Vordergrund sollte die Beziehung stehen – und nicht der Prozess, der durch das transaktionsbezogene Preismodell getrieben wird. Jedenfalls sollte das die Intention sein.“

Oder auch Martin Clemens, Direktor Verwaltung, IZA – Forschungsinstitut zur Zukunft der Arbeit GmbH: „Ich wünsche mir Personalberater als meine Partner, die sich selbst nicht zu wichtig nehmen.“

Dr. Peter M. Haid, Mitglied des Vorstands der BW-Bank Stuttgart, weist auf Folgendes hin: „Spannend finde ich die Arbeit der Personalberater mit Blick auf die Nachhaltigkeit. Würden meine Mitarbeiter nur so punktuell agieren, wie ich es zum Teil bei Personalberatungen erlebe, dann hätte ich viel zu verändern. Was meine ich damit? Erfolgt nach einem ersten Sondierungsgespräch nicht sofort die Mandatierung, ist die Kommunikation mit dem Unternehmen schnell beendet. Im Sinne eines Vertrauensaufbaus halte ich ein stetiges Vertriebsbemühen für wesentlich.“

Dr. Thorsten Schliebe, Mitglied der Geschäftsleitung, MediFox GmbH & Co. KG, weiß: „Mittelständische Unternehmen sind stark von der Unternehmerpersönlichkeit geprägt. Es geht immer darum, eine schnelle und funktionierende Lösung zu finden und nicht strukturell, akademisch und prozessorientiert überhöhte Methoden zu benutzen."

Jürgen Glaser, Vorsitzender der Geschäftsführung, NORDSEE Holding GmbH, glaubt, „dass sich Personalberatungen zukünftig Nischen für ihr Arbeitsfeld suchen müssen. Schwieriger wird es für Personalberatungen zunehmend, sich neben Internetplattformen mit ihren Dienstleistungen zu behaupten. Fachkräfte werden zukünftig mehrheitlich über das Internet zu finden sein. So müssen Personalberatungen mit wirklich neuen und interessanten Aspekten auf dem Markt auftreten. Spontan fällt mir ein: einen Mitarbeitertausch zwischen Unternehmen anbieten, Unternehmen zu Interessengemeinschaften im Personalbereich bündeln oder auch kulturell noch näher an den Unternehmen und ihren Branchen sein. Das gilt für mich auch nicht nur für den einzelnen Berater, sondern für das gesamte Team, das einen Auftrag realisiert."

Abschließend ein Zitat von Dr. Diethard Bühler, Vorsitzender der Geschäftsführung der Arthur D. Little GmbH für Zentraleuropa: „Personalberater müssen herausfinden, welcher Kandidat Potential für einen nächsten Entwicklungsschritt hat, um ihn dann für ein Unternehmen auf die nächste Stufe zu empfehlen."

## VIII. Fazit

Wie bereits im Executive Summary beschrieben, kann man sowohl auf praktischer Seite – geschildert in den Branchenberichten – als auch belegt durch die Empirie einige zentrale Entwicklungen erkennen, die die nächsten Jahre in der Personalberatung beeinflussen werden. Sowohl durch die Onlinebefragung unter 4.000 Entscheidern als auch durch die ausgewählten Unternehmensvertreter, die ihre Einschätzungen in offenen Interviews erläutert haben, werden fünf zentrale Punkte deutlich.

Es ist heute für eine erfolgreiche Zusammenarbeit nicht nur sehr wichtig, dass Berater sich im Markt ihres Kunden exzellent auskennen, sondern auch, dass sie dort sehr gut vernetzt sind sowie schnell und international liefern können. Eine Erweiterung des Dienstleistungsportfolios sollte aus Sicht des Kunden in Richtung Management Audits, Interim Management oder Coaching gehen.

# Kurzprofile der Interviewpartner

| Nachname, Vorname | Funktion | Unternehmen |
|---|---|---|
| Baumeister, Detlev | Kaufmännischer Geschäftsführer | Nordmark Arzneimittel GmbH & Co KG |
| Brenk, Joachim, Dr. | Vorstand | L. Possehl & Co. mbH |
| Bühler, Diethard, Dr. | Vorsitzender der Geschäftsführung für Zentraleuropa | Arthur D. Little GmbH |
| Christophel, Matthias | Personalleiter | C&A Mode KG |
| Clemens, Martin | Direktor Verwaltung | IZA – Forschungsinstitut zur Zukunft der Arbeit GmbH |
| Dassel, Jörg | Human Resources Director | PricewaterhouseCoopers (PwC) Deutschland AG |
| Freier, Gottfried, Dr. | Managing Partner | Kaye Scholer Germany LLP |
| Frings, Arno, Dr. | Managing Partner | Orrick Hölters & Elsing |
| Frömmer, Andrei | Abteilungsleiter Führungskräfteentwicklung und -betreuung | Deutsche Postbank AG |
| Glaser, Jürgen | Vorsitzender der Geschäftsführung | NORDSEE Holding GmbH |
| Haid, Peter M., Dr. | Mitglied des Vorstands der BW-Bank Stuttgart, unter anderem zuständig für das Wealth-Management und das Private Banking | Baden-Württembergische Bank |
| Hamm, Christoph | Managing Partner | HEUSSEN Rechtsanwaltsgesellschaft mbH |
| Just, Bernhard | Senior Vice President Corporate Human Resources | Carl Zeiss AG |
| Kaltenbach, Oliver | Leiter Zentrales Personalwesen | SIXT AG |
| Kastner, Ewald | Geschäftsführer Bereich Finanzen | ITT Germany GmbH |
| Knoll, Rolf | Sprecher des Vorstands | Homag Group AG |
| Metzler, Dominik | Group Vice President Sheet-fed Division | Euro-Druckservice GmbH |
| Nießen, Ulrich C. | Mitglied des Vorstands | AXA Konzern AG |
| Prochaska, Michael, Dr. | Direktor Personal | Franz Haniel & Cie. GmbH |
| Ring, Harald, Dr. | Vice President Human Resources | Rütgers Holding Germany GmbH |
| Rizor, Stefan, LLM | Managing Partner | Osborn Clarke |

| Nachname, Vorname | Funktion | Unternehmen |
|---|---|---|
| Schäfer, Hans-Jürgen | Geschäftsführer | WARBURG INVEST KAPITALANLAGE GESELLSCHAFT MBH |
| Schiewer, Frank | Vorstand | alfabet AG |
| Schimank, Christof, Prof. Dr. | Mitglied des Vorstands | Horváth & Partner Management Consultants, Stuttgart |
| Schliebe, Thorsten, Dr. | Mitglied der Geschäftsleitung | MediFox GmbH & Co. KG |
| Stramma, Detlef | Head of Human Resources | ALSTOM Deutschland GmbH |
| Wagner, Wolf, Dr. | Managing Director | Kurt Salmon Germany GmbH |
| Ziegenhagen, Andreas | Managing Partner Germany | Salans LLP |
| Zoll, Stephan, Dr. | Geschäftsführer | eBay GmbH |
| Zorn, Christopher, Dr. | Director Human Resources | SCA Hygiene Products GmbH |

# V

Branchenbarometer & Ausblick

# Erfolgreiche Personalberatung in der Zukunft

Stephan Füchtner, Bad Homburg, und Thomas Wegerich, Stuttgart

## I.  Die Ausgangsbasis

In den vorstehenden Kapiteln ist der Markt der Personalberatung in allen relevanten Facetten sehr ausführlich beleuchtet worden. Aus den branchenbezogenen Insiderkenntnissen der Berater (siehe S. 447f.), aus den Ergebnissen der durchgeführten Onlinebefragung sowie der Vertiefungsinterviews (siehe S. 437f.) und nicht zuletzt aufgrund der eigenen beruflichen Praxiserfahrung lassen sich nach Ansicht der Verfasser Trends ableiten, die Schlussfolgerungen auf die zukünftigen Anforderungen in der Personalberatungsbranche erlauben.

Im Folgenden möchten wir daher Thesen zu aktuellen Trends aufstellen, die Auswirkungen auf den nachhaltigen Erfolg einer professionellen Personalberatung haben werden.

## II.  Personalberatung – Quo vadis?

### 1.  Branchenspezialisierung

Auf den Berater kommt es an: Der Personalberater als Allrounder, der in ganz unterschiedlichen Branchen beratend tätig wird, ist ein Auslaufmodell in der Praxis. In einer zunehmend spezialisierten Wirtschaft und vor dem Hintergrund der fortschreitenden Internationalisierung und Globalisierung (vgl. dazu unten Kapitel III., S. 190) ist es für den beruflichen Erfolg und für eine professionelle Performance gegenüber dem Kunden unerlässlich, dass der Berater sich auf eine bestimmte Branche – sogar auf eine bestimmte Community innerhalb einer Branche – konzentriert, darin Spezialkenntnisse erwirbt und sein Netzwerk zu Kunden und Kandidaten beständig auf- und ausbaut. Denn: Nur so dann kann er die – berechtigterweise – anspruchsvollen Kundenerwartungen erfüllen und ein akzeptierter Ansprechpartner auf Augenhöhe sein.

## 2. Durch Vernetzung zu mehr Erfolg für den Kunden

Aus den vorherigen Ausführungen folgt: Die steigenden und sich wandelnden Kundenanforderungen, der wachsende Konkurrenzdruck in der Branche sowie der zukünftig verstärkt erforderliche Aufbau von sehr spezialisiert und zunehmend international arbeitenden Beratern und Teams führen dazu, dass auch die internen Strukturen der Personalberatungsunternehmen selbst immer mehr zu einem wichtigen Faktor für den dauerhaften Markterfolg werden. Die nachhaltige Professionalisierung und Schulung der Mitarbeiter ist dabei ebenso unerlässlich wie die beständige Anpassung der Unternehmensstrukturen an die jeweiligen Markterfordernisse. Besonders wichtig wird die Zusammenarbeit im Team – ob unter Beratern oder mit Researchern –, da damit ein Mehrwert für den Kunden geschaffen wird. Denn auch durch die Vernetzung unter den Kollegen bleibt der Berater up to date, das ganze Team kann schneller auf Kundenanforderungen reagieren und kennt den Markt umso intensiver. Dem Credo „Das Ganze ist mehr als die Summe seiner Teile" folgend, schafft Teamwork schnellere Erfolge für den Kunden.

## 3. Professionalisierung der Personalberater: vom Headhunter zum Trusted Partner für den Kunden

Eines darf nicht übersehen werden: Die Dienstleistung der Personalberatung war und ist ein „People Business". Die Entscheidungsträger in den beauftragenden Unternehmen wählen sich in aller Regel „ihren" Berater aus, zu dem sie ein Vertrauensverhältnis aufgebaut haben und den sie als den angemessenen Repräsentanten ihres Unternehmens im Markt – und damit auch gegenüber den anzusprechenden Kandidaten – ansehen (vgl. dazu Tarhan, S. 67ff., sowie die Ergebnisse der Vertiefungsinterviews, S. 437f.).

Die Kernkompetenzen eines jeden Personalberaters – diese sind: tiefgehende und möglichst in der Praxis erworbene Kenntnisse über die jeweilige Branche, Diskretion und Seriosität gegenüber allen am Prozess Beteiligten sowie ein professionelles und schnelles Handling der jeweiligen Projekte – gehen dabei weit über das vermeintlich bekannte (tatsächlich indes vielfach unklare) Bild vom Headhunter hinaus.

Unsere These lautet daher: Der Erfolg des professionell arbeitenden Personalberaters wird zukünftig verstärkt von der eigenen Interpretation seiner Rolle abhängen. Je enger die Beziehung zu dem Kunden ausgestaltet ist, desto vielfältiger – und für den Kunden nutzbringender – kann die Verbindung zwischen Berater und Unternehmensvertreter in der Praxis gelebt werden. Eine Begegnung auf Augenhöhe ist dabei, wie zuvor gezeigt (vgl. dazu oben Kapitel I., S. 19f.), unverzichtbar, so dass der Berater sich als ein „Trusted Partner" in allen unternehmensrelevanten Fragen positionieren kann und auch sollte (vgl. dazu insbesondere Tarhan, S. 67ff., Tils, S. 406ff., und T. Wegerich, S. 355ff.). Außer Frage steht, dass eine solche Stellung nur gerechtfertigt ist (und in der Praxis akzeptiert wird), wenn der Berater aufgrund seiner inhaltlichen Kompetenz und seiner Persönlichkeit überzeugen kann. Dabei gilt als Faustregel: Je (thematisch) breiter aufgestellt ein Berater sich im Markt positioniert, desto schwieriger wird es sein, diesen Anspruch gegenüber Kunden und Kandidaten glaubwürdig und seriös zu rechtfertigen.

4. Die Folge: Personalberatung als langfristige, wertschöpfende und unternehmensnahe Dienstleistung

Ein Perspektivenwechsel, der neben der Person des Beraters auch die Kundenseite einbezieht, führt zu unserer These: Die Entwicklung langfristiger und vertrauensvoller Kundenbeziehungen zwischen dem Berater und dem Unternehmen ist für beide Parteien gleichermaßen wichtig und ein nicht hoch genug zu bewertender Faktor für eine erfolgreiche und ergebnisorientierte Zusammenarbeit. Denn: Je näher und intensiver der Berater dauerhaft das jeweilige Unternehmen begleitet, desto präziser ist seine Kenntnis über Strukturen, Personen und wirtschaftliche wie strategische Ziele des Unternehmens. Im Idealfall führt das zu einer professionellen Verbindung, die bereits in einem der im Rahmen der ersten Auflage dieses Handbuches geführten Vertiefungsinterviews sehr treffend umschrieben worden ist: „Personalberatungen sollten der Relationship-Manager der Unternehmen in Personalfragen sein" (vgl. dazu S. 338 sowie nochmals weiterführend Tarhan, S. 67ff.).

5. Internationalisierung

Die Vernetzung der deutschen Wirtschaft und alle mit der Globalisierung zusammenhängenden zukünftigen Veränderungen in Bezug auf die Unternehmensstrukturen, auf die Standorte im In- und Ausland und auf die erforderlichen Qualifikationen der Fach- und Führungskräfte zeigen eines sehr deutlich: Personalberatung, die sich allein auf den deutschen Markt beschränkt, greift immer häufiger zu kurz. Das ist in der Beratungspraxis schon heute unverkennbar, und es bedarf keiner prophetischen Gaben, um vorherzusagen, dass sich diese Entwicklung noch verstärken wird.

Die im Rahmen dieses Handbuches durchgeführte Befragung von insgesamt knapp 4.000 Unternehmen aller Größenordnungen und aller relevanten Branchen zeigt das ganz klar: Fast drei Viertel der befragten Unternehmen sind bereits (auch) international tätig oder planen zukünftig den unternehmerischen Schritt ins Ausland (siehe S. 434ff.). Diese Tendenz wirkt sich unmittelbar auf das Leistungsportfolio von Personalberatungen aus, denn es wird zunehmend selbstverständlich sein, dass für eine wachsende Zahl der Kunden auch international angelegte Suchprozesse erfolgreich durchgeführt werden können.

Aus Sicht der Personalberatungen ist es daher – zumindest ab einem bestimmten Level der jeweiligen Marktpositionierung – zukünftig strategisch unverzichtbar, auch bei internationalen Projekten ein professioneller Partner und Dienstleister für die beauftragenden Unternehmen zu sein. Die Leistungsfähigkeit auf internationaler Ebene wird daher zu einem mitentscheidenden Merkmal im Wettbewerb um Kunden und damit zugleich ein maßgebliches Kriterium für die Akquisition neuer Aufträge sowie auch für die Bindung und Festigung bereits bestehender Kundenbeziehungen (vgl. dazu T. Wegerich, S. 355ff., und Müller-Albrecht, S. 294ff.).

6. Diversifizierung der Dienstleistungspalette: neue Chancen im Wettbewerb

Mit den veränderten Kundenanforderungen geht einher, dass sich die Dienstleistungspalette der Personalberatungen erweitern wird. Heute werden 85,5 Prozent der Umsätze in der Personalberatung in dem Bereich der Kernkompetenz, also der begleitenden Suche und Auswahl von Fach- und Führungskräften, generiert (vgl. dazu die aktuelle BDU-Studie 2010/2011, S. 8, und Werle, S. 16ff.).

Die anders gelagerten verwandten Beratungsfelder – etwa Management Audits (vgl. dazu Obermann, S. 122ff.), Karriereberatung, Coaching, Assessment-Center, Changemanagement oder Outplacement – stellen daher für den großen Teil der im Markt aktiven Personalberatungsunternehmen noch immer ergänzende Dienstleistungsangebote dar.

Unsere These lautet: In diesen zuvor genannten Bereichen gibt es ein erkennbares Potential für die Ausweitung des Beratungsangebots.

Denn für den Kunden ist es wichtig, Beratung aus einer Hand zu erhalten. Die Erfahrungen der hinter uns liegenden Wirtschaftskrise zeigen überdies, dass eine breitere Aufstellung eines Personalberatungsunternehmens in schwierigen Marktsituationen Stabilität geben kann. Zudem liegen in diesen Bereichen auch Marktchancen für Nischenanbieter. Wir gehen dabei von der Annahme aus, dass sich die Rolle des Personalberaters zukünftig zumindest in Teilbereichen der Profession ändern wird – aus dem professionellen „Personalbeschaffer" wird ein strategischer Partner der Unternehmen in HR-Fragen. Zu bedenken ist jedoch, dass nicht jedes Personalberatungsunternehmen gleichermaßen auch die obengenannten ergänzenden Leistungen abdecken kann. Oft sind hierfür Spezialisten notwendig, die mit klassischer Personalberatung nicht vertraut sind. Insofern ist unsere These zwar, dass sich das Beratungsangebot der Personalberatungen auf diese Bereiche erweitern wird, dies jedoch nicht zwingend aus den eigenen Reihen geleistet werden sollte. In vielen Fällen eignen sich dort auch externe Partner. Auch das stellt sicher, dass der Kunde alle Leistungen aus einer Hand erhält und die Betreuung zentralisiert ist. Es ist also naheliegend, die intensive Markt-, Branchen- und Unternehmenskenntnis auch dafür zu nutzen, zukünftig verstärkt eine diversifizierte (und damit breitere und potentiell wertsteigernde) Dienstleistung im Interesse der Kunden anzubieten. Hier liegt die Chance, unmittelbaren und zusätzlichen Mehrwert für den Auftraggeber zu schaffen.

## 7. Demographischer Wandel

Der demographische Wandel erschwert zunehmend die Besetzung (hochkarätiger) Positionen. Nach dem Ende der Wirtschaftskrise ist der Markt für Fach- und Führungskräfte in der gegenwärtigen konjunkturellen Lage in zahlreichen Branchensegmenten wieder sehr angespannt. Der „Kampf um die Köpfe" hat längst wieder begonnen. Dies ist aber auch unabhängig von der aktuellen Wirtschaftslage und vor allem im Hinblick auf die demographischen Entwicklungen ein Trend, der anhalten wird. Die Folge ist, dass die Zielerfüllung jeder erfolgreichen Personalberatung – und diese ist sehr einfach daran zu messen, ob die erfolgreiche Besetzung einer vakanten Position im beauftragenden Unternehmen gelingt oder nicht – objektiv nicht leichter wird.

Im Umkehrschluss heißt das aber auch: Die unternehmensnahe und wertschöpfende Dienstleistung der professionellen Personalberatung wird aus der Sicht der Auftraggeber zukünftig werthaltiger und damit wichtiger, denn es ist davon auszugehen, dass die unternehmensinternen HR-Abteilungen in Anbetracht einer schwierigen Marktlage häufiger auf externe Profis bei der Personalsuche zurückgreifen werden (vgl. dazu auch die Ergebnisse der Onlinebefragung, S. 427). Diese These gilt jedenfalls für das gehobene Segment des Executive Search, und zwar unabhängig von der insgesamt gestiegenen Markttransparenz durch soziale Netzwerke und durch das Internet.

## 8. Das Wichtigste zum Schluss: immer an die Kandidaten denken

Last but not least unsere in praktischer Hinsicht sehr wichtige These: Neben den zuvor genannten Voraussetzungen für eine erfolgreiche und nachhaltige Positionierung im Personalberatungsmarkt ist es unerlässlich, dass der Berater sich gegenüber seinen Kandidaten als jederzeit zuverlässiger, offen kommunizierender und vertrauenswürdiger (Trusted) Partner erweist. Denn: Gegenseitiges Vertrauen ist die alles entscheidende Grundlage dieser sehr sensiblen Verbindung.

## III. Fazit

Die genannten Thesen zeigen einige Trends auf, die die Herausgeber dieses Praxishandbuches als besonders wichtig und zukunftsweisend ansehen. Bei der Umsetzung der zuvor definierten Anforderungen an ein erfolgreiches Personalberatungsunternehmen – und damit letztlich an jeden in diesem Markt tätigen Berater – haben wir indes eine klare Vorstellung über das zu erreichende Ergebnis:

Eine Personalberatung wird immer dann (aber eben auch nur dann) erfolgreich für ihre Kunden tätig sein können, wenn die sehr vielschichtige, wertschöpfende und unternehmensnahe Dienstleistung auf einem höchstmöglichen inhaltlichen und organisatorischen und dabei so projekt- wie prozessbezogenen professionellen Niveau angeboten wird.

# VI

Anhang

# Fragebogen als Grundlage für die Ermittlung der Erfolgsfaktoren aus der Kundensicht

Erfolgsfaktoren für professionelle Personalberatung aus Kundensicht

## I.    Einführung Befragung

Im F.A.Z.-Buchverlag erscheint in Kürze „Das Handbuch der Personalberatung" in der zweiten, überarbeiteten und erweiterten Auflage. Es beschäftigt sich mit den Erfolgsfaktoren der Personalberatung aus Kunden- und Beratersicht.

Wir möchten Sie gern einladen, uns bei der Aktualisierung und Erweiterung dieses erfolgreichen Buches zu unterstützen, und würden uns freuen, wenn Sie sich einige wenige Minuten Zeit für unseren Fragebogen nehmen könnten.

Ein Mausklick genügt: http://www.surveymonkey.com/s.aspx?sm=L7d Acl_2fEEnJeo-OTGdfcFUw_3d_3d. An der Befragung können Sie bis zum 16. November 2010 teilnehmen. Der Link zu dieser Umfrage ist an Ihre E-Mail-Adresse gebunden. Bitte leiten Sie diese Nachricht nicht weiter.

Ihre Angaben werden streng vertraulich behandelt und nur zu wissenschaftlichen Zwecken verwendet.

Die Studie wird wissenschaftlich betreut von Prof. Dr.-Ing. Christine Wegerich, Professorin für Personalmanagement und Personalentwicklung an der Hochschule Würzburg-Schweinfurt (Fakultät Wirtschaftswissenschaften).

Wenn Sie es wünschen, werden wir Ihnen als Teilnehmer der Befragung eine Zusammenfassung der wesentlichen Ergebnisse der wissenschaftlichen Untersuchung per E-Mail zur Verfügung stellen.

Schon jetzt möchten wir Ihnen für Ihre Beteiligung an dem Buchprojekt herzlich danken.

Mit besten Grüßen

Ihre
Stephan Füchtner        Prof. Dr. Thomas Wegerich

# Fragebogen

## II.  Allgemeines

**1. Wann setzen Sie Personalberatungen für die Besetzung unternehmensinterner Positionen ein?** (Mehrfachnennungen möglich)

Für die erste Führungsebene?          ◯ Ja      ◯ Nein

Für die zweite Führungsebene?          ◯ Ja      ◯ Nein

Für Spezialisten?          ◯ Ja      ◯ Nein

Sonstige Positionen

**2. Ab welchem Jahresgehalt setzen Sie Personalberatungen für die Besetzung unternehmensinterner Positionen ein?**
(Bitte geben Sie nur ganze Zahlen an.)

**3. Nach welchen Kriterien wählen Sie Personalberatungen aus?**
(Mehrfachnennungen möglich)

Nach Veröffentlichungen in Rankings          ◯ Ja      ◯ Nein

Nach persönlichen Empfehlungen          ◯ Ja      ◯ Nein

Nach dem angebotenen Servicepaket          ◯ Ja      ◯ Nein

Nach Preisgesichtspunkten          ◯ Ja      ◯ Nein

Sonstige Kriterien

**4. Gibt es in Ihrem Unternehmen ein Panel gelisteter Personalberatungen („Preferred Suppliers"), aus dem Sie auswählen?**

◯ Ja      ◯ Nein

**5. Laden Sie verschiedene Personalberatungen vor der Auftragsvergabe zu Pitches ein?**

◯ Ja      ◯ Nein

**6. Welche Bedeutung haben folgende Beschaffungsinstrumente von Führungskräften und Spezialisten für Sie?**

(Mehrfachnennungen möglich) 1 = sehr wichtig 2 3 4 5 6 = völlig unwichtig

|  | 1 | 2 | 3 | 4 | 5 | 6 |
|---|---|---|---|---|---|---|
| Print-Stellenanzeigen | ○ | ○ | ○ | ○ | ○ | ○ |
| Online-Stellenanzeigen | ○ | ○ | ○ | ○ | ○ | ○ |
| Initiativbewerbungen | ○ | ○ | ○ | ○ | ○ | ○ |
| Persönliche Netzwerke | ○ | ○ | ○ | ○ | ○ | ○ |
| Empfehlungen | ○ | ○ | ○ | ○ | ○ | ○ |
| Web 2.0/Social Media (Xing, LinkedIn, Facebook, Twitter o.Ä.) | ○ | ○ | ○ | ○ | ○ | ○ |
| Personalberatungen | ○ | ○ | ○ | ○ | ○ | ○ |

Andere wichtige Beschaffungs-instrumente:

## III. Projektdurchführung: die Kundensicht

Hier soll die Erwartungshaltung aus Kundensicht an den Berater und die Personalberatung ermittelt werden.

**1. Erwartungshaltung an den Berater: Wie wichtig sind Ihnen die folgenden Punkte bei der Zusammenarbeit mit einem Personalberater?** (Die Beurteilung erfolgt nach der Skala 1 = sehr wichtig bis 6 = völlig unwichtig; Mehrfachnennungen möglich)

|  | 1 | 2 | 3 | 4 | 5 | 6 |
|---|---|---|---|---|---|---|
| Briefinggespräch mit dem Berater | ○ | ○ | ○ | ○ | ○ | ○ |
| Branchen-Know-how des Beraters | ○ | ○ | ○ | ○ | ○ | ○ |
| Positionsspezifisches Know-how des Beraters | ○ | ○ | ○ | ○ | ○ | ○ |
| Schriftliche Spezifikation des Auftragsprofils durch den Berater | ○ | ○ | ○ | ○ | ○ | ○ |
| Schnelligkeit der Auftrags-abwicklung | ○ | ○ | ○ | ○ | ○ | ○ |

| Regelmäßiges Feedback zum Projektstand durch den Berater | ○ | ○ | ○ | ○ | ○ | ○ |
|---|---|---|---|---|---|---|
| Umfassende schriftliche Informationen über vorge-schlagene Kandidaten | ○ | ○ | ○ | ○ | ○ | ○ |
| Transparenz des Prozesshandlings | ○ | ○ | ○ | ○ | ○ | ○ |
| Persönliche Erreichbarkeit | ○ | ○ | ○ | ○ | ○ | ○ |

Sonstige wichtige Punkte:

2. **Erwartungshaltung an das Beratungsunternehmen: Wie wichtig sind Ihnen folgende Punkte in Bezug auf das Beratungsunternehmen Ihrer Wahl?** (Skala von 1 = sehr wichtig bis 6 = völlig unwichtig; Mehrfachnennungen möglich)

|  | 1 | 2 | 3 | 4 | 5 | 6 |
|---|---|---|---|---|---|---|
| Größe des Unternehmens (Berater, Research, Backoffice) | ○ | ○ | ○ | ○ | ○ | ○ |
| Bekanntheit des Unternehmens im Markt | ○ | ○ | ○ | ○ | ○ | ○ |
| Anzahl der Standorte des Unternehmens | ○ | ○ | ○ | ○ | ○ | ○ |
| Internationale Präsenz des Unternehmens | ○ | ○ | ○ | ○ | ○ | ○ |
| Internationale Kompetenz des Unternehmens | ○ | ○ | ○ | ○ | ○ | ○ |
| Honorargestaltung | ○ | ○ | ○ | ○ | ○ | ○ |
| Umfassendes Servicepaket des Unternehmens (etwa Begleitung der Vertragsverhandlungen) | ○ | ○ | ○ | ○ | ○ | ○ |

Weitere Punkte, die Ihnen wichtig sind:

3. **Welche zusätzlichen Beratungsleistungen würden Sie von einer Personalberatung nutzen neben der klassischen Personalsuche und -vermittlung?** (Zutreffendes bitte ankreuzen; Mehrfachnennungen möglich)

| Durchführung von Management Audits | ○ |
|---|---|
| Coaching für das Topmanagement | ○ |

Begleitung des Einarbeitungsprozesses
neuer Mitarbeiter (Onboarding)                                    ◯

Vermittlung von Interimsmanagern                                  ◯

Entwicklung oder Bewertung von Vergütungs-
modellen für Vorstände                                           ◯

Beratung zu Rechten und Pflichten von
Aufsichtsräten                                                   ◯

Weitere Dienstleistungen wie zum Beispiel:

**4. Wenn Ihr Unternehmen international ausgerichtet ist, welche Erwartungen haben Sie an die Personalberatung, mit der Sie zusammenarbeiten?** (Zutreffendes bitte ankreuzen)

Mein Unternehmen ist nicht international
ausgerichtet.                                                    ◯

Die Personalberatung sollte selbst internationale
Standorte haben.                                                 ◯

Die Personalberatung kann über ihr internationales
Netzwerk im Ausland Personalberatung leisten.                    ◯

Die Personalberatung kann über feste Kooperationspartner („Best Friends") im Ausland Personal-
beratung leisten.                                                ◯

Wir arbeiten länderspezifisch über die Personalleiter anderer Standorte mit unterschiedlichen
Personalberatungen zusammen.                                     ◯

Ergänzende oder andere Erwartungen:

## IV.   Statistische Fragen

**1. Wie viele Mitarbeiter hat Ihr Unternehmen?**
(Bitte geben Sie hier ganze Zahlen an.)

**2. In welcher Branche (welchen Branchen) ist Ihr Unternehmen tätig?**

**3. Welchen Umsatz erzielt Ihr Unternehmen pro Jahr?**
(Bitte geben Sie den Umsatz 2009 an.)

**4. Sind Sie in ausländischen Märkten tätig?**

Ja, in Europa      ◯

Ja, weltweit      ◯

Nein      ◯

Keine Angabe      ◯

## V.     Auslandsmärkte Ihres Unternehmens:

**1. Unterhält Ihr Unternehmen eigene Niederlassungen in Auslandsmärkten?**

Ja      ◯

Nein      ◯

**2. Planen Sie den weiteren Ausbau Ihrer Auslandsaktivitäten?**

Ja      ◯

Nein      ◯

Wenn ja, in welchen Ländern?

## VI.     Geplante Auslandsaktivitäten Ihres Unternehmens:

**1. Planen Sie für Ihr Unternehmen den Schritt ins Ausland?**

Ja      ◯

Nein      ◯

**Wenn ja, in welche Länder wollen Sie vordringen?**

## VII.     Weitere statistische Fragen:

**1.   Welche Position haben Sie persönlich in Ihrem Unternehmen?**

2. **Wie oft haben Sie in den vergangenen zwei Jahren mit einer Personalberatung zusammengearbeitet?** (Bitte geben Sie 0 an, wenn Sie bisher mit keiner Personalberatung gearbeitet haben.)

3. **Wie beurteilen Sie diese Zusammenarbeit?**
(Skala 1 = sehr zufrieden bis 6 = völlig unzufrieden)

|  | 1 | 2 | 3 | 4 | 5 | 6 |
|---|---|---|---|---|---|---|
| Mit der Zusammenarbeit war ich | ○ | ○ | ○ | ○ | ○ | ○ |

Mein Unternehmen arbeitet bisher ○
nicht mit Personalberatungen.

4. **Wenn Sie im Rückblick einen Fünfjahreszeitraum nehmen: Was hat sich aus Ihrer Sicht bei der Zusammenarbeit mit Personalberatungen verändert?** (Mehrfachnennungen möglich)

| | | |
|---|---|---|
| Honorarhöhe gestiegen | ○ Ja | ○ Nein |
| Honorarhöhe gesunken | ○ Ja | ○ Nein |
| Zunehmende Professionalisierung der Berater | ○ Ja | ○ Nein |
| Zunehmende Professionalisierung der Beratungsunternehmen | ○ Ja | ○ Nein |
| Zunehmende Branchenspezialisierung der Berater | ○ Ja | ○ Nein |
| Zunehmende Branchenspezialisierung der Beratungsunternehmen | ○ Ja | ○ Nein |
| Zunehmende Positionsspezialisierung der Berater | ○ Ja | ○ Nein |
| Zunehmende Positionsspezialisierung der Beratungsunternehmen | ○ Ja | ○ Nein |
| Zunehmende Internationalisierung der vergebenen Aufträge | ○ Ja | ○ Nein |
| Häufigere Beauftragung eines bestimmten Personalberatungs- unternehmens („Preferred Supplier") | ○ Ja | ○ Nein |

Sonstiges

5.  **Wenn Sie eine Prognose zu der zukünftigen Entwicklung in Ihrem Unternehmen abgeben, würden Sie dann sagen, dass Sie zukünftig häufiger als bisher mit Personalberatungen zusammenarbeiten werden?**

    Ja ⭘

    Nein ⭘

6.  **Bitte geben Sie eine kurze Begründung für Ihre getroffene Prognose in der vorangegangenen Frage:**

## VIII. Auswertung der Studie

1. Haben Sie Anregungen, Verbesserungsvorschläge oder Wünsche zur empirischen Erhebung für das „Handbuch der Personalberatung"?
2. Falls Sie die Auswertung der Studie erhalten möchten, geben Sie hier bitte Ihre E-Mail-Adresse an oder schicken uns separat von Ihren Antworten eine E-Mail mit Betreff „Studienergebnisse Handbuch der Personalberatung" an: publications@gemini-exs.com.

Wir bedanken uns für Ihre Unterstützung und Ihr Mitwirken an der Befragung.

Sollten Sie die Studienergebnisse bestellt haben, erhalten Sie diese von uns per E-Mail, sobald sie fertiggestellt sind.

Mit den besten Grüßen

GEMINI Executive Search

# Ausgewählte Literaturempfehlungen

Bundesverband Deutscher Kapitalbeteiligungsgesellschaften – German Private Equity and Venture Capital Association e.V. (BVK) (Hrsg.): BVK Special Private Equity in Europa 2008, Berlin, 2009

Bundesverband Deutscher Kapitalbeteiligungsgesellschaften – German Private Equity and Venture Capital Association e.V. (BVK) (Hrsg.): BVK Statistik: Der deutsche Beteiligungsmarkt im 1. Quartal 2010, Berlin, 2010

Bundesverband Deutscher Unternehmensberater BDU e.V. (Hrsg.): Personalberatung in Deutschland 2009/2010, Marktstudie zur Suche und Auswahl von Fach- und Führungskräften, Bonn, 2009/2010

Bundesverband Deutscher Unternehmensberater BDU e.V. (Hrsg.): Personalberatung in Deutschland 2010/2011, Marktstudie zur Suche und Auswahl von Fach- und Führungskräften, Bonn, 2010/2011

Capgemini (Hrsg.): Wachstumsdynamik nach der Wirtschaftskrise, eine Studie von Capgemini, Berlin, 01/2010

Kühne, M.: The Story of Unstoring, in: Duttweiler G. Institute (Hrsg.): GDI Study No. 33/2010, Rüschlikon/Zürich, 2010

Meckel, M: Das Glück der Unerreichbarkeit, München, 2008

Stiftung Familienunternehmen (Hrsg.) in Zusammenarbeit mit dem Zentrum für Europäische Wirtschaftsforschung (ZEW): Die volkswirtschaftliche Bedeutung der Familienunternehmen, München, 2009

Trill R./Grupe F.: Markenbildung in der Gesundheitswirtschaft, GEMINI Management & Markets, Bad Homburg 2009

Wegerich, C.: Strategische Personalentwickung in der Praxis, 2. Auflage, Weinheim, 2011

# Die Autoren

*Michael Barz* ist Partner im Bad Homburger Büro von GEMINI Executive Search. Er ist spezialisiert auf die Suche nach Führungspersönlichkeiten im Bereich Automotive und berät sowohl führende Unternehmen der Zulieferindustrie als auch Automobilhersteller. Aufgrund langjähriger Führungserfahrung ist er zudem Mitglied im Competence-Center Consumer Goods, Retail, wo er sich auf den europäischen Groß- und Einzelhandel und die Herstellerseite konzentriert.

Seit 1999 ist Michael Barz im Executive Search tätig, zuletzt als Partner in einer international agierenden Personalberatung. Davor war er als Vorstand Marketing/Vertrieb eines deutschen Einzelhandelsunternehmens mit Konzernanbindung und als Geschäftsführer in einem führenden europäischen Großhandelsunternehmen tätig.

Michael Barz hat einen Abschluss als Diplom-Kaufmann und studierte darüber hinaus an der INSEAD in Fontainebleau.

*Thorsten Brunsemann* ist als Partner bei GEMINI Executive Search in Köln mit Schwerpunkt in der Suche und Auswahl von Führungskräften tätig. Seine Branchenkompetenz liegt in den Bereichen Versicherungswirtschaft/Financial Services und TIMES. Zuvor war er für die internationalen Beratungsgesellschaften Kienbaum Executive Consultants und Mercuri Urval als Partner sowohl für die Besetzung von Fach- und Führungspositionen im In- und Ausland als auch für die Konzeption und Durchführung von Management Audits und Assessments verantwortlich. Insgesamt verfügt er über mehr als 15-jährige Erfahrung aus mehr als 500 nationalen und internationalen Projekten in der Personalberatung von Konzernen und mittelständischen Unternehmen.

Thorsten Brunsemann studierte an der Universität Hamburg Wirtschafts- und Organisationswissenschaften.

*Dr. Sabine Dembkowski* ist geschäftsführende Gesellschafterin von The Coaching Centre, einer internationalen Beratung für individuelle Entwicklungsprogramme, Executive Coaching und Leadership Services mit Sitz in London, Köln und Frankfurt am Main. Mit ihrem Team betreut sie Vorstände, Führungskräfte und High Potentials in DAX-30-Organisationen und Beratungs- und Dienstleistungsunternehmen. Ihre Best-Practice-Studie „Executive Coaching" wurde international veröffentlicht und ist als Buch unter dem Titel „The seven steps of effective coaching" erschienen.

*Kasra Derakhshan* ist Managing Partner im Bad Homburger Büro von GEMINI Executive Search. Er ist Leiter des Competence-Centers Energy & Utilities mit den Schwerpunkten erneuerbare Energien, Kraftwerke, Oil & Gas und Energieversorger. Zudem berät er Unternehmen bei der Suche und Auswahl von Führungskräften im Bereich Healthcare/Pharma. Kasra Derakhshan berät seit 2003 nationale und internationale Unternehmen bei der Besetzung von Führungspositionen der ersten und zweiten Ebene. Bevor er Anfang 2003 in die Personalberatung wechselte, war Kasra Derakhshan mehrere Jahre in Europa und in den USA für international agierende Unternehmen in leitender Position tätig. Dabei war er verantwortlich für die Entwicklung von Organisationen und Strategien auf nationaler und internationaler Ebene (USA, Europa und Mittlerer Osten) und führte größere Teams in Linien- und Stabsfunktion. Kasra Derakhshan studierte International Business Administration an der University of Southern California (USC), Los Angeles, USA.

*Stefan Diemer* ist Managing Partner im Münchner Büro von GEMINI Executive Search. Er berät und unterstützt sowohl mittelständische, inhabergeführte Unternehmen als auch Geschäftsführung und Vorstände von Konzernen bei der Besetzung von Führungspositionen und ist fokussiert auf die Bereiche Manufacturing und Real Estate.
Bevor er 2001 in die GEMINI-Executive-Search-Gruppe eintrat, war Stefan Diemer 14 Jahre bei führenden internationalen Executive-Search-Unternehmen tätig. Basierend auf der langjährigen Berufserfahrung, auch im internationalen Umfeld, liegen seine Beratungsschwerpunkte heute in den Bereichen Maschinen- und Anlagenbau, Real Estate und im klassischen Mittelstand.

Stefan Diemer hat an der Universität des Saarlandes in Saarbrücken Psychologie und Informatik studiert mit den Schwerpunkten Organisationspsychologie und Diagnostik.

*Astrid Dutschei* ist Managing Consultant im Bad Homburger Office der GEMINI Executive Search. Ihre Schwerpunkte liegen im Competence-Center Professional Services, wo sie Strategie-, Management- und IT-Beratungen bei der Auswahl von Führungspositionen unterstützt. Als Mitglied im Competence-Center Energy & Utilities besitzt sie zudem langjährige Expertise in der Beratung namhafter nationaler und internationaler Unternehmen. Astrid Dutschei war bereits während ihres Studiums für eine führende, internationale Beratung tätig, bevor sie 1996 zu GEMINI wechselte. Sie absolvierte eine Ausbildung bei einer US-amerikanischen Bank und studierte an der Johann Wolfgang Goethe-Universität in Frankfurt am Main und der University of California in San Diego, USA, Betriebswirtschaftslehre und Management.

*Dr. Heinz Evers* ist selbständiger Unternehmensberater, spezialisiert auf alle Fragen der angemessenen Vergütung im Topmanagement. Dr. Heinz Evers war bis 2006 Geschäftsführender Gesellschafter sowie Leiter der Kienbaum-Vergütungsberatung in Gummersbach und Initiator und Herausgeber regelmäßiger Studien zur Vorstands- und Geschäftsführervergütung. Dr. Heinz Evers hat jahrzehntelange Beratungserfahrungen in Unternehmen verschiedenster Branchen. Er ist Autor zahlreicher Fachpublikationen zu Fragen wirksamer Vergütungsgestaltung und hält dazu Vorträge und Seminare. Als Gutachter ist er für Finanz- und Zivilgerichte tätig und arbeitet in Regierungs- und Expertenkommissionen mit.

*Stephan Füchtner* ist Managing Partner, Geschäftsführender Gesellschafter und Mitgründer von GEMINI Executive Search. Er ist spezialisiert auf die Suche und Auswahl von Führungspersönlichkeiten in den Bereichen Financial Services und Public Sector. Ein weiterer Schwerpunkt liegt in der Besetzung von Schlüsselpositionen bei mittelständischen Unternehmen, häufig im Kontext mit Unternehmernachfolgen, Turn-around-Situationen oder Eigentümerwechseln.

Stephan Füchtner stieg bereits während seines Studiums in die Personalberatung ein. Stationen bei Spencer Stuart und Roland Berger folgte 1993 sein Schritt in die Executive Search Division von GEMINI Consulting, wo er bis zum Management-Buy-out im Jahr 2000 zuletzt als Vice President tätig war.

Stephan Füchtner absolvierte eine Banklehre und studierte Wirtschaftswissenschaften an der Johann Wolfgang Goethe-Universität in Frankfurt am Main mit den Schwerpunkten Personal, Organisation und Versicherungsbetriebslehre.

*Fritz Grupe* ist als Managing Partner im Hamburger Büro von GEMINI Executive Search tätig. Er ist Leiter des Competence-Centers Health Care und zudem fokussiert auf den Public Sector. Darüber hinaus berät er Unternehmen bei der Suche nach Beirats- und Aufsichtsratsmitgliedern, insbesondere im Bereich Health Care/Life Science.

Seit 1987 arbeitet Fritz Grupe in der Personal- und Managementberatung und hat während dieser Zeit neben den klassisch operativen Aufgaben umfangreiche Führungsaufgaben auf Geschäftsleitungsebene wahrgenommen sowie erfolgreich unternehmerische Aufbauarbeit geleistet, bis er 2005 zu GEMINI wechselte.

Er absolvierte eine technische und kaufmännische Ausbildung und studierte Wirtschaftswissenschaften und Psychologie an der Universität Essen. Im März 2006 wurde er in den Hochschulbeirat der Fachhochschule Flensburg berufen. Seit Oktober 2007 ist er Lehrbeauftragter für „International Human Resource Management" an der Hochschule für Angewandte Wissenschaften Hamburg.

*Prof. Dr. Helmut Haussmann* ist seit 2001 Vorsitzender des Beirats von GEMINI Executive Search und gehört seit 1991 zum Führungskreis von Capgemini.

Nach seinem beruflichen Einstieg als Geschäftsführender Gesellschafter eines mittelständischen Unternehmens war er ab 1980 wirtschaftspolitischer Sprecher der FDP-Bundestagsfraktion. 1984 wurde er zum Generalsekretär der Bundes-FDP gewählt und war von 1988 bis 1991 während der Wiedervereinigung Bundesminister für Wirtschaft. Von 1976 bis 2002 war er Mitglied des Deutschen Bundestages, zunächst im Haushalts-, dann im Wirtschaftssausschuss, sodann im Auswärtigen Ausschuss und im Europa-Ausschuss als europapolitischer Sprecher.

Er studierte Wirtschafts- und Sozialwissenschaften in Tübingen, Hamburg und Erlangen-Nürnberg und promovierte dort 1975. Seit 1996 ist er Honorarprofessor an der Universität Erlangen-Nürnberg im Fachgebiet Internationales Management, seit 2010 Gastprofessor an der Universität Tübingen im Bereich International Business und vertritt seit 1997 die Bundesregierung in der Asia-Europe Foundation (ASEF) in Singapur. Er ist ständiges Mitglied im Außenwirtschaftsbeirat beim Bundesministerium für Wirtschaft und Technologie.

*Hedda Hanke* ist Managing Partner im Kölner Büro von GEMINI Executive Search und leitet das internationale Competence-Center Retail. Darüber hinaus ist sie Mitglied des Competence-Center Manufacturing. Sie verfügt über langjährige Erfahrung in der Suche nach Führungskräften – auch auf internationaler Ebene. Ihre Schwerpunktbranchen sind neben dem Handel und dem Maschinenbau vor allem die Werkzeug- sowie die Bauzulieferindustrie. Ein besonderer Fokus liegt dabei auf der Beratung und Betreuung erfolgreicher und international aufgestellter Familienunternehmen.

Hedda Hanke ist seit 1990 im Executive Search tätig, zunächst für eine führende europäische Beratungsgesellschaft. Zuvor baute sie für einen internationalen Handels- und Dienstleistungskonzern die Marketing- und Kommunikationsabteilung in Deutschland auf.

Hedda Hanke studierte Anglistik, Romanistik und Kunstgeschichte an der Universität Köln.

*Ernst Heilgenthal* ist Managing Partner und Leiter des Kölner Offices von GEMINI Executive Search. Seine Schwerpunkte liegen in den Bereichen der Investitions- und Konsumgüterindustrie und Manufacturing. Weiterhin beschäftigt er sich sowohl mit Inhaberberatung im Zusammenhang mit der Nachfolgesicherung im Mittelstand als auch mit Interims- und Sanierungsmanagement.

Von 1978 bis 1998 war Ernst Heilgenthal als Berater bei Kienbaum, zuletzt als Geschäftsführer und Gesellschafter, verantwortlich für die Suche und Auswahl von Führungskräften in Deutschland, Österreich und der Schweiz. 1998 gründete er die Personalberatung Heilgenthal & Comp. Management Consultants GmbH, die er 2003 an die TMP Worldwide – die spätere Hudson Highland Group – verkaufte. Mit dem Rückzug des Beratungsunternehmens aus Deutschland wechselte er 2004 zu GEMINI Executive Search. Ernst Heilgenthal studierte Psychologie in Würzburg.

*Ludwig Heuse* arbeitete nach Abschluss seines Studiums an der Johns Hopkins University in Washington D.C./Baltimore, USA, von 1982 bis 1986 in der Beteiligungsabteilung der Deutschen Bank. Danach war er bei der Metallgesellschaft beschäft. Im Anschluss war er bei der BHF-Bank als Geschäftsführer einer Tochtergesellschaft tätig.

Seit 1990 ist Ludwig Heuse als Interim Management-Provider tätig, seit 1993 mit der Ludwig Heuse GmbH interim-management.de (www.interim-management.de).

*Stefan Hübner* ist Managing Partner bei GEMINI Executive Search in München und Leiter des Competence-Centers Manufacturing. Seine inhaltlichen Schwerpunkte liegen in den Bereichen Maschinen- und Anlagenbau, Gebrauchsgüter und Real Estate. Hier betreut er national und international angelegte Suchmandate für große mittelständische, oft inhabergeführte Unternehmen.

Stefan Hübner studierte Betriebswirtschaft und ist seit 1998 in der Personalberatung tätig. Nach seinem Studium führte er zunächst Vertriebsorganisationen in der Möbel- und Bauzulieferindustrie und wechselte dann zu einem der großen deutschen Personalberatungsunternehmen. Seit 2001 ist er Partner der GEMINI Executive Search.

*Anke Kaiser* ist Partnerin bei GEMINI Executive Search in Bad Homburg. Sie ist spezialisiert auf die Suche von Führungskräften auf nationaler und internationaler Ebene. Ihre Kernbereiche sind Pharmaceuticals, Life-Science, Medizintechnik und Chemicals. Zu ihren Kunden gehören große international operierende Konzerne sowie Mittelstandsunternehmen.

Anke Kaiser erlernte die Personalarbeit bei einem international führenden Personaldienstleistungsunternehmen. Dort war sie acht Jahre in verschiedenen Funktionen erfolgreich tätig. Seit 2001 ist sie in der Personalberatung beschäftigt und fand ihren Einstieg bei Heidrick & Struggles im Bereich Management-Search.

Sie studierte Betriebswirtschaftslehre an der Johann Wolfgang Goethe-Universität in Frankfurt am Main mit den Schwerpunkten Marketing, Organisation und Personal.

*Dr. Udo Maier* ist Managing Partner und Geschäftsführender Gesellschafter von GEMINI Executive Search. Er führt das Münchner Büro und ist Leiter des Competence-Centers Professional Services. Schwerpunkt seiner Tätigkeit ist die Suche und Auswahl von Führungskräften für nationale und internationale Strategie- und Managementberatungen. Daneben fokussiert er sich auf Unternehmen im Bereich TIMES mit Schwerpunkt E-Commerce.

Seit 2001 ist Dr. Udo Maier für GEMINI tätig. Zuvor war er Geschäftsführer innerhalb der Primus-Online-Gruppe (Metro-Gruppe). Seinen Berufseinstieg fand er als Strategieberater für internationale Topmanagementberatungen.

Dr. Udo Maier hat eine Ausbildung als Bankkaufmann, studierte Betriebswirtschaft und promovierte im Anschluss an der Universität Bayreuth. Seine Dissertation schrieb er über die internationale Wettbewerbsfähigkeit des Wirtschaftsstandortes Deutschland.

*Raik-Michael Meinshausen* ist als Principal im Kölner Büro von GEMINI Executive Search beschäftigt. Dort führt er Mandate in den Segmenten Professional Services und Energy/Utilities und hat sich neben Executive Search auf die Eignungs-/Neigungs-/Leistungsdiagnostik spezialisiert (Einzel-Assessment, Management Audit, Changemanagement). Hierbei konzentriert sich Raik-Michael Meinshausen auf den technischen und kaufmännischen Bereich.

Vor seinem Studium arbeitete Raik-Michael Meinshausen in verantwortlicher Position in der Hightechindustrie, wobei er sich insbesondere mit dem Thema Qualitätsmanagement befasste. Seit 1997 ist Raik-Michael Meinshausen in der Personalberatung tätig. Bevor er zu GEMINI Executive Search wechselte, war er bei ifp beschäftigt.

Nach einer Ausbildung zum Energiegeräteelektroniker studierte Raik-Michael Meinshausen an den Universitäten Jena, Trier und Berlin Psychologie auf Diplom.

*Roman Müller-Albrecht* ist Managing Partner, Mitgründer und Geschäftsführender Gesellschafter von GEMINI Executive Search. Er ist spezialisiert auf die Suche nach Führungspersönlichkeiten aus dem Bereich Consumer Goods und Logistik. Darüber hinaus führt er vorwiegend Mandate zur Besetzung der ersten und zweiten Führungsebene von Konzernen. Ergänzend zur Kernfunktion des Executive Search befasst er sich mit der Durchführung von Management Audits.

Nach dem Abitur war Roman Müller-Albrecht zunächst zehn Jahre als Offizier in verschiedenen Führungspositionen in Deutschland und den USA bei der Bundeswehr tätig. 1993 trat er in die Executive Search Division von GEMINI Consulting ein, wo er bis zum Management-Buy-out im Jahr 2000 zuletzt als Vice President tätig war.

Roman Müller-Albrecht absolvierte ein Studium der Pädagogik, Soziologie und Geschichte sowie der Wirtschaftswissenschaften an der Universität der Bundeswehr in Hamburg mit Abschluss Diplom-Kaufmann und Diplom-Pädagoge.

*Philipp B. Nisowzew* ist Managing Consultant im Bad Homburger Büro von GEMINI Executive Search. Er ist spezialisiert auf die Suche und Auswahl von Führungskräften in den Branchen Automotive, Chemicals und Life Sciences sowie branchenübergreifend auf die Funktionen der Human Resources Officers und der Financial Officers. Zu seinen Kunden gehören sowohl international tätige Großkonzerne als auch der klassische deutsche Mittelstand.

Vor seinem Eintritt in die GEMINI Executive Search war er vier Jahre bei Korn/Ferry International beschäftigt. Während dieses Zeitraums fokussierte er sich auf die systematische Projektabwicklung und die Akquisition von Suchmandaten. Zuvor durchlief er über acht Jahre hinweg bei der Deininger Unternehmensberatung alle maßgeblichen Stationen verantwortlicher Projektbearbeitung. Über den deutschen Markt hinaus ist er auch kompetenter Ansprechpartner für internationale Mandate.

Philipp B. Nisowzew studierte Rechtswissenschaften an den Universitäten Frankfurt am Main und Passau und spricht neben Deutsch fließend Englisch und Russisch.

*Prof. Dr. Christof Obermann* ist Spezialist für Management Audits. Seit dem Ende seines Studiums der Psychologie in Mannheim und Berkeley (Kalifornien) sowie seiner Promotion in Bochum arbeitet er mit einer spezialisierten Beratungsmannschaft für viele DAX-30 Unternehmen und große Mittelständler.

Sein Standardwerk „Assessment Center" ist mittlerweile in der 4., komplett überarbeiteten Auflage im Gabler Verlag veröffentlicht worden.

Dr. Christof Obermann hat für den fachlichen Nachwuchs an der Rheinischen Fachhochschule in Köln den Studiengang Wirtschaftspsychologie aufgebaut. 2009 wurde ihm vom NRW-Ministerium für Innovation, Wissenschaft, Forschung und Technologie der Titel „Professor" verliehen.

Dr. Christof Obermann lebt in Köln und hat vier Kinder.

*Thoralf Reise* ist Managing Partner im Kölner Büro von GEMINI Executive Search, Leiter des Competence-Centers Real Estate, Construction und Mitglied des Comptence-Centers Financial Services. Seine Schwerpunkte liegen in der Beratung nationaler und internationaler Immobilienunternehmen.

Thoralf Reise verfügt über umfangreiche Erfahrungen in der Besetzung von Führungspositionen entlang der gesamten Wertschöpfungskette der Immobilie und berät seit vielen Jahren unter anderem Investment- und Assetmanagementgesellschaften, Banken, Fonds, Projektentwickler und Wohnungsbaugesellschaften. Bevor er 2005 zu GEMINI kam, war er viele Jahre für Heidrick & Struggles tätig und dort verantwortlich für die erfolgreiche Bearbeitung von Suchmandaten in der Immobilienwirtschaft.

Thoralf Reise studierte Betriebswirtschaftslehre in Deutschland und Spanien. Er spricht fließend Spanisch und Englisch und verfügt über gute Sprachkenntnisse in Französisch.

*Sebastian Schäfer* ist Managing Partner im Kölner Office von GEMINI Executive Search. Er ist fokussiert auf die Branchen TIMES und die Automobilindustrie und besetzt Führungspositionen der ersten und zweiten Ebene für die führenden Unternehmen dieser Branchen in Europa, den USA, Russland und dem asiatischem Raum.

Nach Stationen im Management bei einer internationalen Personalberatung und als Partner zuletzt bei Kienbaum Executive Consultants stieg er 2010 in die GEMINI Executive Search ein. Sebastian Schäfer verfügt über ein internationales kaufmännisches und technisches Studium sowie über eine Reihe qualifizierter Weiterbildungen.

*Dr. jur. Axel Smend* ist seit 2002 Geschäftsführender Gesellschafter der Deutschen Agentur für Aufsichtsräte, Berlin (www.aufsichtsrats-agentur.de). Diese Gesellschaft berät rund um die Aufsichtsrats- und Beiratspraxis: Sie berät mittelständische Unternehmen und Großkonzerne bei der Evaluierung und Besetzung von Aufsichts- und Beiratsgremien; sie strukturiert Gremien (Neuetablierung, Vergrößerung, Austausch) und coacht Gremienmitglieder; sie führt Konferenzen, Workshops und Schulungen zu aufsichtsrats- und beiratsrelevanten Themen durch.

Ferner ist Dr. Axel Smend Rechtsanwalt und Of Counsel bei der Luther Rechtsanwaltsgesellschaft mbH, Berlin. Bis 2002 war Dr. Axel Smend Banker im In- und Ausland, zuletzt Generalbevollmächtigter der DZ BANK AG in Frankfurt am Main und Berlin.

Er ist Verfasser diverser Artikel und Beiträge zur Aufsichtsrats- und Beiratspraxis und Dozent an der Verwaltungsakademie Berlin; ferner Mitglied der Expertenrunde zum Public Corporate Governance Kodex des Bundes, Mitglied des Arbeitskreises „Nachhaltige Unternehmensführung" der Schmalenbach-Gesellschaft für Betriebswirtschaft e.V., Mitglied des Arbeitskreises „Wirtschaft und Ethik" des VBKI Berlin und Vorsitzender des Kuratoriums der Stiftung 20. Juli 1944 Berlin.

*Tarik Tarhan* ist Managing Partner, Leiter des Stuttgarter Büros und Mitglied der Geschäftsleitung von GEMINI Executive Search. Er konzentriert sich auf Suchmandate im technischen, vertrieblichen und kaufmännischen Umfeld in den Bereichen Manufacturing und TIMES sowohl für Mittelstandsunternehmen als auch für namhafte internationale Konzerne.

Seine Karriere begann Tarik Tarhan bei einem Premium-Automobilhersteller in Süddeutschland. Anschließend wechselte er in die Personalberatung, wo er seine Mandanten seit 1998 erfolgreich bei der Besetzung von Schlüsselpositionen unterstützt. Die internationale Erfahrung von Tarik Tarhan erstreckt sich neben dem deutschsprachigen Raum auf Großbritannien, Frankreich, Spanien, Italien und die Türkei.
Tarik Tarhan studierte Volkswirtschaftslehre an der Universität Mannheim und hat darüber hinaus einen Abschluss als Diplom-Betriebswirt der Hochschule für Wirtschaft Ludwigshafen.

*Stephan Tils* ist Managing Partner im Hamburger Büro von GEMINI Executive Search und Leiter des Competence-Centers TIMES. Darüber hinaus ist er Mitglied des Competence-Centers Professional Services.
Seit 1995 ist Stephan Tils als Personalberater – zunächst in Paris – tätig und fokussiert sich auf nationale und internationale Mandate in den Bereichen E-Commerce/Internet, Entertainment/Social Media, IT-Consulting und Software. Stephan Tils besitzt zudem umfassende Kenntnisse in den Bereichen Offshore/ Nearshore und den neuesten Webtechnologien. Ferner unterhält er ein langjähriges Netzwerk zu Venture-Capital- und Private-Equity-Organisationen. Bevor er 2005 zu GEMINI kam, war er acht Jahre bei Heidrick & Struggles beschäftigt, zuletzt in der Rolle des Senior Managers in der IT-Practice.
Stephan Tils studierte European Business Management mit deutschem und französischem Abschluss. Seine Schwerpunkte waren Unternehmensführung, Personal und Marketing.

*Prof. Dr.-Ing. Christine Wegerich* hat zum Oktober 2009 einen Ruf auf die Professur Personalmanagement und Personalentwicklung an der Fakultät Betriebswirtschaft der Hochschule für angewandte Wissenschaften Würzburg-Schweinfurt angenommen. Zuvor hatte sie einen Lehrstuhl für Personalentwicklung an der Hochschule für Technik und Wirtschaft in Berlin inne.

Als Beraterin für Personal- und Organisationsentwicklung bei der Heidelberger Druckmaschinen AG, Heidelberg, verantwortete sie fast sieben Jahre die Betreuung und Beratung der Unternehmensbereiche Personal, Unternehmensentwicklung sowie der Verkaufseinheit Amerika. Zudem leitete Christine Wegerich das „Heidelberg Graduate Development Program"; sie war darüber hinaus zuständig für die weltweite Potentialentwicklung und Nachfolgeplanung im Unternehmen. Von 2003 bis 2005 schloss sie ihre nebenberuflich erstellte Promotion zum Thema „Strategische Personalentwicklung als Instrument zur Erreichung des Unternehmensziels" ab. Von 1997 bis 2001 war sie Bereichsleiterin Seminare und Kongresse bei der F.A.Z.-Institut für Management-, Markt- und Medieninformationen GmbH in Frankfurt am Main.
Christine Wegerich ist stellvertretende Beiratsvorsitzende im Institut für Beschäftigung und Employability (IBE) der Fachhochschule Ludwigshafen sowie im Fachbeirat des Masterstudiengangs Berufs- und organisationsbezogene Beratungswissenschaft des Instituts für Bildungswissenschaft der Ruprecht-Karls-Universität Heidelberg. Sie hat mehrere Buch- und Zeitschriftenbeiträge zu den Themen der strategischen Personalentwicklung und der systematischen Nachwuchsförderung veröffentlicht.

*Prof. Dr. Thomas Wegerich* ist Mitglied des Senior Advisory Boards von GEMINI. Er leitete zuvor dort den Bereich Legal & Tax. Thomas Wegerich war nach seinem Berufseinstieg im Verlag C.H. Beck Geschäftsführer und Chefredakteur im Verlag der Fachzeitschrift „Betriebs-Berater" sowie Verlagsleiter im Deutschen Fachverlag. Er ist Gründer und Verleger des Fachverlags German Law Publishers und Mitglied der Geschäftsleitung sowie Programmchef des führenden juristischen Fachverlags Richard Boorberg. Gemeinsam mit dem F.A.Z.-Institut gibt er das von ihm gegründete Onlinemagazin „Deutscher AnwaltSpiegel" heraus. Zudem ist er Gründer und Herausgeber des Onlinemagazins „PUBLICUS".

Thomas Wegerich ist Rechtsanwalt und Partner in der Sozietät Graf Kanitz, Schüppen & Partner sowie Autor und Herausgeber mehrerer Fachbücher. Er ist Honorarprofessor für nationales und internationales Wirtschaftsrecht an der Brandenburgischen Technischen Universität, Lehrbeauftragter an der European Business School sowie Press Fellow am Wolfson College der Universität Cambridge.

*Klaus Werle,* Jahrgang 1973, verantwortet die Ressorts „Karriere" und „Privat" beim „manager magazin". Er ist Autor mehrerer Bücher (zuletzt „Die Perfektionierer") und lebt mit seiner Familie in Hamburg.

## Über GEMINI Executive Search

Hervorgegangen aus der Cap Gemini Ernst & Young Gruppe als einer der bedeutendsten global agierenden Consultinggesellschaften, ist die GEMINI Executive Search GmbH nach einem erfolgreichen Management-Buy-out im Jahr 2000 ein juristisch und wirtschaftlich unabhängiges Unternehmen. Sie zählt zu den führenden auf Direktansprache spezialisierten Personalberatungen in Deutschland und Europa.

Mehr als 30 qualifizierte und praxiserfahrene Berater und über 70 fachliche Mitarbeiter an den Standorten Bad Homburg, Hamburg, Köln, München, Stuttgart, Prag und Päffikon/Zürich sind auf die Direktansprache von Führungspersönlichkeiten der ersten und zweiten Ebene in allen Bereichen der Wirtschaft sowie auf Human Capital Solutions – darunter auch Management Audits – spezialisiert.

Weitere Informationen finden Sie unter: www.gemini-exs.com